Grundlehren der
mathematischen Wissenschaften 39

A Series of Comprehensive Studies in Mathematics

Felix Klein

Vorlesungen über die hypergeometrische Funktion

Reprint

Springer-Verlag Berlin Heidelberg GmbH 1981

CIP-Kurztitelaufnahme der Deutschen Bibliothek:

Klein, Felix:
Vorlesungen über die hypergeometrische Funktion/Felix Klein. - Reprint [d. Ausg.]

(Grundlehren der mathematischen Wissenschaften; Bd. 39)

ISBN 978-3-540-10455-1 ISBN 978-3-642-67888-2 (eBook)
DOI 10.1007/978-3-642-67888-2

AMS-Subject Classifications (1970): 30 C XX, 33-XX

Ursprünglich erschienen bei Julius Springer in Berlin 1933
Softcover reprint of the hardcover 1st edition 1933

2140/3014-54321

DIE GRUNDLEHREN DER

MATHEMATISCHEN WISSENSCHAFTEN

IN EINZELDARSTELLUNGEN MIT BESONDERER BERÜCKSICHTIGUNG DER ANWENDUNGSGEBIETE

GEMEINSAM MIT

W. BLASCHKE
HAMBURG

M. BORN
GÖTTINGEN

C. RUNGE †
GÖTTINGEN

HERAUSGEGEBEN VON

R. COURANT
GÖTTINGEN

BAND XXXIX

VORLESUNGEN ÜBER DIE HYPERGEOMETRISCHE FUNKTION

VON

FELIX KLEIN

SPRINGER-VERLAG BERLIN HEIDELBERG GMBH
1933

FELIX KLEIN

VORLESUNGEN ÜBER DIE HYPERGEOMETRISCHE FUNKTION

GEHALTEN AN DER UNIVERSITÄT GÖTTINGEN
IM WINTERSEMESTER 1893/94

AUSGEARBEITET VON
ERNST RITTER

HERAUSGEGEBEN
UND MIT ANMERKUNGEN VERSEHEN VON

OTTO HAUPT
PROFESSOR DER MATHEMATIK
AN DER UNIVERSITÄT ERLANGEN

MIT 96 FIGUREN

SPRINGER-VERLAG BERLIN HEIDELBERG GMBH
1933

Vorwort.

Bei der Herausgabe der KLEINschen Vorlesung über die hyper geometrische Funktion erschienen nur zwei Wege gangbar: Entweder eine durchgreifende Umarbeitung, auch im großen, oder eine möglichst weitgehende Erhaltung der ursprünglichen Form. Vor allem auch aus historischen Gründen wurde der letztere Weg beschritten. Daher ist die Anordnung des Stoffes erhalten geblieben; es ist nur, von kleinen Änderungen abgesehen, ein Exkurs über homogene Schreibweise aus der KLEINschen Vorlesung über lineare Differentialgleichungen eingefügt, ferner sind die Schlußbemerkungen zur geometrischen Theorie im Falle *komplexer* Exponenten als durch die Arbeiten von F. SCHILLING überholt, weggelassen. Aus dem obengenannten Grunde sind beispielsweise auch Entwicklungen beibehalten worden, die heute schon dem Anfänger geläufig sind (etwa die Ausführungen über stereographische Projektion). In Rücksicht auf möglichste Erhaltung der KLEINschen Darstellung sind ferner Hinweise des Herausgebers auf inzwischen gemachte Fortschritte der Wissenschaft vom Texte getrennt als Anmerkungen am Schluß zusammengestellt. Diese Hinweise erheben aber in keiner Weise den Anspruch auf Vollständigkeit. Bei der nicht zu umgehenden Revision des Textes im einzelnen ist, dem oben angegebenen Gesichtspunkt entsprechend, möglichste Wahrung des persönlichen KLEINschen Stils angestrebt.

Übrigens habe ich darauf Bedacht genommen, auch dem *Anfänger* die Lektüre durch Anmerkungen und durch Nachweise der KLEINschen Zitate zu erleichtern. Denn zweifellos bieten gerade diese Vorlesungen eine treffliche Ergänzung und Weiterführung dessen, was der Studierende mittleren Semesters an Geometrie und Funktionentheorie kennengelernt hat. Alles in allem wurde danach getrachtet, dem Zweck der vorliegenden Neuausgabe gerecht zu werden: Auch diesem Werke KLEINS den ihm gebührenden Platz, insbesondere im Unterrichte, zu erhalten.

Es war ursprünglich geplant, der vorliegenden Ausgabe einen Anhang über lineare Differentialgleichungen anzufügen, in welchem unter anderem auch die in der gleichnamigen Vorlesung von KLEIN besprochenen Fragen behandelt und in welchem auch die Literaturnachweise vervollständigt werden sollten. Die Ungunst der Zeit zwang dazu, die Ausführung dieses Planes auf später zu verschieben.

Herzlichst zu danken habe ich vor allem Herrn W. WIRTINGER-Wien für viele, höchst wertvolle Bemerkungen, die in den Anmerkungen ihren Niederschlag fanden. So gehen — unter anderem — auf Anregungen von Herrn WIRTINGER zurück die Anmerkungen: [*] zu Seite 15; [**] zu Seite 16; [*] zu Seite 32; erster Absatz von [**] zu Seite 33; [*] zu Seite 51; [*] zu Seite 64; [*] zu Seite 131. Ebenfalls sehr verpflichtet bin ich Herrn E. VON WEBER-Würzburg für seine so förderlichen Ratschläge gelegentlich der Durchsicht des Manuskriptes. Meinen besten Dank sage ich ferner Herrn R. BAER-Halle für Mitteilungen bezüglich des gegenwärtigen Standes der PICARD-VESSIOTschen Theorie, welche in der Anmerkung [*] zu Seite 279 zusammengefaßt sind. Endlich hatte Exzellenz VON RAUCHENBERGER-München die große Liebenswürdigkeit, das Manuskript einer genauen Durchsicht zu unterziehen sowie die Korrekturen mit zu lesen. Herr A. VÖLKL-Nürnberg hat mich auch diesmal aufs beste unterstützt; er hat die Korrekturen mitgelesen, die sämtlichen Figuren entworfen sowie bei der Fertigstellung des Literaturverzeichnisses mitgewirkt. Nicht verfehlen möchte ich auch, das liebenswürdige Entgegenkommen hervorzuheben, mit dem der Herausgeber sowie der Verlag meinen Wünschen entgegenkamen. Ich schließe mit herzlichstem Dank an meine Frau, welche mir durch die Herstellung der Reinschrift des Manuskriptes wieder so sehr viel geholfen hat.

Erlangen, im April 1933. HAUPT.

Inhaltsverzeichnis.

Zweiter Teil.

Erste Hälfte.

Zweite Hälfte.

Vorbemerkung*.

In den Elementen der Analysis beschränkt man sich im wesentlichen auf den Bereich derjenigen Funktionen, die sich aus den *elementaren Funktionen* (d. h. den rationalen Funktionen, der Exponentialfunktion, dem Logarithmus, den trigonometrischen und zyklometrischen Funktionen) durch eine endliche Anzahl von Zusammensetzungsprozessen bilden lassen.

Darüber hinaus haben in der höheren Analysis besonders zwei Kategorien von Funktionen besondere Wichtigkeit gewonnen:

1. *Die elliptischen Funktionen und ihre verschiedenen Verallgemeinerungen*, wie hyperelliptische Integrale und Funktionen, ABELsche Integrale und Funktionen.

2. Solche Funktionen, welche durch gewöhnliche *lineare Differentialgleichungen 2. Ordnung* definiert sind und welche uns gerade in dieser Vorlesung speziell interessieren sollen, und zwar durch Differentialgleichungen von folgender Art:

$$L(x)\frac{d^2y}{dx^2} + M(x)\frac{dy}{dx} + N(x)\,y = 0\,,$$

wo unter L, M, N rationale Funktionen von x verstanden sind und y die zu definierende Funktion vorstellt. Hierher gehören z. B. die Kugelfunktionen, die BESSELschen Funktionen usw. als Beispiele, die in der mathematischen Physik ausgezeichnete Verwendung finden [*]. Aber all diese eben genannten Fälle werden umfaßt durch die *hypergeometrische Funktion*.

Die darüber hinausgehende Theorie der *allgemeinen linearen Differentialgleichung* (nicht nur derjenigen 2. Ordnung) beschäftigt noch jetzt in besonderem Maße das Interesse der Mathematiker.

Die an erster Stelle genannten Funktionen sind schon seit langer Zeit in Vorlesungen wie in Lehrbüchern, an jeder Universität und in jeder Sprache eingehend behandelt worden, während die Funktionen der zweiten Klasse verhältnismäßig noch lange nicht so allgemein bekannt sind, wie sie es sowohl wegen ihrer interessanten Eigenschaften und der durch sie eröffneten weiteren Perspektiven als auch um ihrer praktischen Verwendbarkeit willen verdienen. Denn wie die elliptischen Funktionen z. B. zum Studium der Pendelschwingungen, so sind die hypergeometrischen Funktionen fundamental für die Theorie der schwingenden Membranen, in der rechnenden Astronomie beim KEPLERschen Problem usw.

* Der *Beginn einer neuen Vorlesung* ist jeweils durch Aussparung einiger Zeilen im Text und durch einen entsprechenden Hinweis am Fuße der Seite kenntlich gemacht. — Zeichen [*] usw. im Text weisen auf *Anmerkungen* hin.

Beginn der ersten Vorlesung.

Erster Teil.

Die geschichtliche Entwicklung bis einschließlich RIEMANNS Arbeit aus dem Jahre 1857 [*].

Einleitung: Erstes Auftreten der hypergeometrischen Funktion: Reihe, Differentialgleichung, bestimmtes Integral.

Im Mittelpunkt unserer Betrachtungen über die hypergeometrische Funktion wird die Arbeit von RIEMANN stehen: „Beiträge zur Theorie der durch die GAUSSsche Reihe $F(a, b; c; x)$ darstellbaren Funktionen." Abh. d. Kgl. Ges. d. W. z. Gött. Bd. 7, 1857 (= RIEMANN [1], S. 67ff.) [**].

Das vollständige und allseitige Verständnis dieser Arbeit und ihrer Tragweite zu erwecken, wird ein Hauptziel meiner Vorlesung sein.

Übrigens schließe ich mich zunächst an die geschichtliche Entwicklung unseres Gegenstandes an.

Es sind drei koordinierte Gesichtspunkte, unter welchen sich, geschichtlich betrachtet, den Mathematikern die hypergeometrische Funktion zuerst dargeboten hat:

1. als Potenzreihe: *hypergeometrische Reihe,*
2. als Lösung einer gewissen linearen Differentialgleichung 2. Ordnung: *hypergeometrische Differentialgleichung,*
3. als bestimmtes Integral: *hypergeometrische Integrale.*

Alle diese Gesichtspunkte treten bereits bei EULER hervor.

Zu 1. *Unter der hypergeometrischen Reihe, auch als gewöhnliche hypergeometrische Reihe oder* GAUSS*sche Reihe bezeichnet, versteht man folgende Potenzreihe:*

$$F(a, b; c; x) = 1 + \frac{a \cdot b}{1 \cdot c} x + \frac{a(a+1) \cdot b(b+1)}{1 \cdot 2 \cdot c(c+1)} x^2 + \frac{a(a+1)(a+2) \cdot b(b+1)(b+2)}{1 \cdot 2 \cdot 3 \cdot c(c+1)(c+2)} x^3 + \cdots.$$

Dabei sollen a, b, c (zunächst reelle) Zahlen bedeuten, und c *darf weder Null noch eine negative ganze Zahl sein.*

Zusatz: Ist a oder b gleich Null oder gleich einer negativen ganzen Zahl, z. B. $b = -\nu \leqq 0$, so bricht die Reihe ab, und man hat ein Polynom ν-ten Grades; übrigens darf dann c auch gleich $-(\nu + \varkappa)$, $\varkappa = 1, 2, \ldots$, sein, weil ja durch rechtzeitiges Nullwerden der Zähler in den Koeffizienten das Sinnloswerden der letzteren (infolge Nullwerdens des Nenners) verhindert wird.

Was den Namen „hypergeometrische Reihe" betrifft, so kommt dieser zuerst bei WALLIS, Arithmetica infinitorum (1656) vor, und zwar wird er vorgeschlagen, weil eben das Bildungsgesetz der einzelnen Glieder ein höheres ist als dasjenige der geometrischen Reihe a, ab, ab^2, ..., welche man bis dahin allein betrachtet hatte. Bei WALLIS ist aber die hypergeometrische Reihe noch keine Potenzreihe; als solche und *als Funktion der Veränderlichen* x aufgefaßt, tritt sie zuerst bei EULER [1] auf in einer Abhandlung: Specimen transformationis singularis serierum (1794) oder auch schon vorher (EULER [2]) in etwas allgemeinerer Form in Bd. II der EULERschen Integralrechnung: Institutiones calculi integralis [*]. Insofern wir — was nun wesentlich ist — die hypergeometrische Reihe als Funktion von x auffassen, nennen wir sie die *„hypergeometrische Funktion"*. Später werden wir jedoch diesen Begriff etwas weiter fassen, indem wir unsere durch die obige Reihe definierte Funktion noch mit einer Potenz von x, einer solchen von $(1 - x)$ und mit einer von x unabhängigen willkürlichen Konstanten multiplizieren.

Im allgemeinen Sinne verstehen wir also unter einer hypergeometrischen Funktion eine Funktion folgender Art:

$$C x^{\alpha} (1 - x)^{\gamma} \cdot F(a, b; c; x),$$

unter α und γ zunächst reelle Zahlen verstanden.

Wir erwähnen hier gleich den Namen JOH. FRIEDR. PFAFF, einen der bedeutendsten Mathematiker Deutschlands zu Ende des vorigen Jahrhunderts, für uns dadurch besonders von Bedeutung, weil er als Professor an der — später mit Göttingen vereinigten — Universität Helmstedt Lehrer von GAUSS gewesen ist. Es würde ohne Zweifel interessant sein, zu verfolgen, inwieweit die (weiter unten [vgl. S. 8ff.] noch zu nennende) GAUSSsche Arbeit über die hypergeometrische Reihe mit den Ideen von PFAFF zusammenhängt.

PFAFF [1] hat im Jahre 1797 ein Werk: „Disquisitiones analyticae Vol. I" erscheinen lassen, in welchem unserer Reihe ein besonderes Kapitel gewidmet ist und worin zum ersten Male auch für die Potenzreihe (nicht nur für die WALLISsche Reihe) der Name „hypergeometrische Reihe" gebraucht wird. PFAFF stellt sich darin die Frage, auf die wir noch oft zurückkommen und die auch EULER schon in Angriff genommen hatte: Wann kann man die hypergeometrische Reihe auf niedere Funktionen zurückführen? Und er findet eine große Anzahl solcher Fälle.

Ein zweiter Band, für welchen er weitere Untersuchungen in Aussicht stellt, ist nicht erschienen.

Zu 2. Die durch unsere Reihe definierte Funktion genügt einer linearen Differentialgleichung 2. Ordnung (wie man durch Einsetzen der Reihen für F, $\frac{dF}{dx}$, $\frac{d^2F}{dx^2}$ erkennt), welche ebenfalls schon EULER [1] an der genannten Stelle ausgerechnet hat; er findet nämlich:

$$x(1-x)\frac{d^2F}{dx^2}+(c-(a+b+1)x)\frac{dF}{dx}-abF=0.$$

Die Reihe ist eine partikuläre Lösung dieser Differentialgleichung.

Wir unsererseits kehren den Gedankengang um, indem wir unter einer hypergeometrischen Funktion nicht nur dieses eine, sondern allgemein irgendeine Lösung der vorstehenden Differentialgleichung verstehen wollen.

Wir setzen, indem wir unter y die allgemeinere, auf der vorigen Seite definierte hypergeometrische Funktion verstehen:

$$y=Cx^{\alpha}(1-x)^{\gamma}F(a,b;c;x).$$

Wir führen nun, um der Symmetrie des Resultates willen, gewisse sechs Konstanten α, α', β, β', γ, γ' durch folgende Gleichungen ein:

$$\begin{aligned}\alpha&=\alpha, & \beta&=a-\alpha-\gamma, & \gamma&=\gamma,\\ \alpha'&=1-c+\alpha, & \beta'&=b-\alpha-\gamma, & \gamma'&=c-a-b+\gamma,\end{aligned}$$

welche (zufolge ihrer Definition) der Relation genügen:

$$\alpha+\alpha'+\beta+\beta'+\gamma+\gamma'=1.$$

Dann zeigt sich, daß y folgender Differentialgleichung, der „*allgemeinen hypergeometrischen Differentialgleichung*", genügt:

$$\begin{aligned}x^2(1-x)^2\frac{d^2y}{dx^2}-x(1-x)\{(\alpha+\alpha'-1)+(\beta+\beta'+1)x\}\frac{dy}{dx}\\ +\{\alpha\alpha'-(\alpha\alpha'+\beta\beta'-\gamma\gamma')x+\beta\beta'x^2\}y=0.\end{aligned}$$

Mit Rücksicht auf die zwischen den α, α' usw. bestehende Relation läßt sich diese Gleichung in die einfachere Form bringen:

$$\frac{d^2y}{dx^2}+\left\{\frac{1-\alpha-\alpha'}{x}+\frac{1-\gamma-\gamma'}{x-1}\right\}\frac{dy}{dx}+\left\{-\frac{\alpha\alpha'}{x}+\frac{\gamma\gamma'}{x-1}+\beta\beta'\right\}\frac{y}{x(x-1)}=0.$$

Als neue Definition der hypergeometrischen Funktion ergibt sich jetzt die, daß wir als hypergeometrische Funktion irgendeine partikuläre Lösung der vorstehenden Differentialgleichung bezeichnen.

Zu 3. Wir wollen heute zusehen, wieso bei EULER die hypergeometrische Funktion als bestimmtes Integral auftritt.

Es kommt hier Kap. X des schon (vgl. S. 3) genannten II. Bandes der EULERschen Integralrechnung in Betracht, insbesondere S. 287ff.

Beginn der zweiten Vorlesung.

(der Ausgabe von 1769). Dieses Kapitel ist überschrieben: De constructione aequationum differentio-differentialium per quadraturas curvarum.

Wir behaupten, daß das bestimmte Integral:

$$f(x) = \int_0^1 u^{b-1}(1-u)^{c-b-1}(1-xu)^{-a}\,du\,,$$

als Funktion des (zunächst reellen) Parameters x betrachtet, eine hypergeometrische Funktion ist, d. h. sowohl der hypergeometrischen Differentialgleichung genügt, als auch sich durch die hypergeometrische Reihe darstellen läßt. Dabei seien wieder a, b, c reelle Zahlen. Es sei $|x| < 1$ und der reelle Wert des Integranden gewählt. Das Integral hat dann bekanntlich einen Sinn, falls z. B. $b > 0$, $c - b > 0$, was wir im folgenden annehmen wollen. Unser Integral liefert dann überdies, wie bekannt, eine stetige Funktion von x [*].

Die Auffassung eines bestimmten Integrals als Funktion eines Parameters ist leicht zu verstehen:

Deutet man, bei festgehaltenem Parameter x, die Integrationsvariable u als Abszisse, den Integranden selbst als Ordinate eines Punktes, so liefert (für $0 \leqq u \leqq 1$) der Integrand offenbar eine gewisse, zwischen den Abszissen 0 und 1 verlaufende Kurve, welche z. B., wenn $b > 1$ und $(c - b) > 1$ ist, stetig ist und durch die Punkte $u = 0$ und $u = 1$ hindurchgeht. Das Integral bedeutet dann offenbar den Flächeninhalt der von der Kurve und der Strecke $0 \leqq u \leqq 1$ sowie von den Ordinaten in $u = 0$ und $u = 1$ begrenzten „Figur". Ändert man nun den Parameter x, so ändert sich die Kurve und also auch (im allgemeinen) der von ihr und der Abszissenachse begrenzte Flächeninhalt; letzterer ist also eine Funktion von x. Man kann diese Funktion von x für jeden geeigneten Wert von x leicht durch mechanische Quadratur mit beliebiger Annäherung berechnen. Wir wiederholen ausdrücklich: *Die Darstellung einer Funktion von x durch ein bestimmtes Integral ist auch für die numerische Berechnung unmittelbar zweckmäßig, insofern man zur Auswertung des Integrals die Methode der mechanischen Quadratur verwenden kann.*

Wir zeigen nun, daß unser Integral als Funktion von x in der Tat der hypergeometrischen Differentialgleichung genügt: *hypergeometrisches Integral.* Es ist:

$$f(x) = \int_0^1 u^{b-1}(1-u)^{c-b-1}(1-xu)^{-a}\,du\,.$$

Ferner gilt

$$\frac{df}{dx} = a\int_0^1 u^{b}(1-u)^{c-b-1}(1-xu)^{-a-1}\,du \quad [**],$$

$$\frac{d^2f}{dx^2} = a(a+1)\int_0^1 u^{b+1}(1-u)^{c-b-1}(1-xu)^{-a-2}\,du \quad [**].$$

Setzen wir
$$\Phi = u^b(1-u)^{c-b}(1-xu)^{-a-1},$$
so ist
$$\frac{d\Phi}{du} = u^{b-1}(1-u)^{c-b-1}(1-xu)^{-a-2}$$
$$\cdot\{b(1-u)(1-xu) + (b-c)\,u(1-xu) + (a+1)\,xu(1-u)\}.$$
Statt des Ausdrucks in der geschweiften Klammer kann man setzen:
$$b(1-xu)^2 + (-c + (a+b+1)\,x)\,u(1-xu) + (a+1)\,x(x-1)\,u^2$$
und also
$$a\frac{d\Phi}{du} = ab\,u^{b-1}(1-u)^{c-b-1}(1-xu)^{-a} + (-c+(a+b+1)x)\,au^b(1-u)^{c-b-1}$$
$$\cdot(1-xu)^{-a-1} + x(x-1)\,a(a+1)\,u^{b+1}(1-u)^{c-b-1}(1-xu)^{-a-2}.$$
Bedenken wir nun, daß
$$\int_0^1 \frac{d\Phi}{du}\cdot du = (\Phi)_{u=1} - (\Phi)_{u=0}$$
ist, so gewinnt man
$$\int_0^1 a\frac{d\Phi}{du}\,du = x(x-1)\frac{d^2f}{dx^2} + (-c + (a+b+1)\,x)\frac{df}{dx} + abf = 0,$$
was zu beweisen war.

Das Integral f, aufgefaßt als Funktion von x, ist in der Tat eine Lösung der hypergeometrischen Differentialgleichung.

Nunmehr ist noch zu zeigen, daß das Integral f sich in eine, nach Potenzen des Parameters x fortschreitende Potenzreihe entwickeln läßt, welche im wesentlichen mit der hypergeometrischen Reihe übereinstimmt.

Ist $|x| < 1$, so ist wegen $0 \leqq u \leqq 1$:
$$(1-xu)^{-a} = 1 + \frac{a}{1}xu + \frac{a(a+1)}{1\cdot 2}x^2u^2 + \frac{a(a+1)(a+2)}{1\cdot 2\cdot 3}x^3u^3 + \cdots.$$
Wegen der für $0 \leqq u \leqq 1$ gleichmäßigen Konvergenz dieser Reihe (bei festem x, mit $|x| < 1$) darf gliedweise nach u integriert werden, und man erhält so:
$$f = \int_0^1 u^{b-1}(1-u)^{c-b-1}du + \frac{a}{1}x\int_0^1 u^b(1-u)^{c-b-1}du$$
$$+ \frac{a(a+1)}{1\cdot 2}x^2\int_0^1 u^{b+1}(1-u)^{c-b-1}du + \cdots.$$

Die einzelnen, hier auftretenden Integrale sind nun aber gerade sog. „EULERsche Integrale der ersten Gattung", welche man der Reihe nach zu bezeichnen pflegt mit
$$\mathrm{B}(b, c-b), \quad \mathrm{B}(b+1, c-b), \quad \mathrm{B}(b+2, c-b), \text{ usw.},$$

so daß also

$$f = \mathrm{B}(b,\, c-b) + \frac{a}{1} x \mathrm{B}(b+1,\, c-b) + \frac{a(a+1)}{1\cdot 2} x^2 \mathrm{B}(b+2,\, c-b) + \cdots$$

ist.

Nun gilt aber bekanntlich, wie man leicht durch partielle Integration nachweist, die Funktionalgleichung:

$$\mathrm{B}(b+1,\, c-b) = \frac{b}{c} \mathrm{B}(b,\, c-b)$$

und entsprechend

$$\mathrm{B}(b+2,\, c-b) = \frac{b+1}{c+1} \mathrm{B}(b+1,\, c-b) = \frac{b(b+1)}{c(c+1)} \mathrm{B}(b,\, c-b),$$

$$\mathrm{B}(b+3,\, c-b) = \frac{b+2}{c+2} \mathrm{B}(b+2,\, c-b) = \frac{b(b+1)(b+2)}{c(c+1)(c+2)} \mathrm{B}(b,\, c-b), \text{ usw.}$$

(Wegen $b > 0$, $c - b > 0$ ist auch $c + \nu > 0$ für $\nu \geqq 0$.)

Setzt man diese Werte ein, so resultiert durch Absonderung des ersten Gliedes die Entwicklung:

$$f = \mathrm{B}(b,\, c-b)\left\{1 + \frac{a\cdot b}{1\cdot c} x + \frac{a(a+1)\cdot b(b+1)}{1\cdot 2\cdot c(c+1)} x^2 + \frac{a(a+1)(a+2)\cdot b(b+1)(b+2)}{1\cdot 2\cdot 3\cdot c(c+1)(c+2)} x^3 + \cdots\right\},$$

d. h. die hypergeometrische Reihe, multipliziert mit einem gewissen, von den Konstanten abhängigen Faktor:

Das bestimmte Integral f wird unter den Bedingungen:

$$b > 0, \quad c - b > 0, \quad |x| < 1$$

dargestellt durch die hypergeometrische Reihe $F(a, b; c; x)$ multipliziert mit einem Faktor, der von x nicht mehr abhängt.

Gerade auf diesen Faktor werden wir aber später noch besonderen Wert zu legen haben. Denn weiterhin werden wir die hypergeometrische Funktion nicht nur als eine Funktion von x studieren, sondern auch als Funktion von a, b, c. Dann wird es aber nützlich sein, sich die Reihe F jedesmal mit dem Faktor $B = \mathrm{B}(b, c-b)$ behaftet zu denken.

Dann ist nämlich die Abhängigkeit von den a, b, c eine bedeutend einfachere als bei der ursprünglichen Reihe, „einfachere", insofern dann eben das Integral

$$\int_0^1 u^{b-1}(1-u)^{c-b-1}(1-xu)^{-a}\,du$$

die fragliche Abhängigkeit unmittelbar ersehen läßt.

Damit schließen wir die erste Einleitung, in welcher wir zusahen, wie sich die drei erwähnten Gesichtspunkte schon bei Euler verfolgen lassen.

Wir werden nun in den nächsten Wochen zunächst die dreierlei Definitionen, der Reihe nach, im einzelnen weiter besprechen, wobei wir allemal die historische Bezugnahme voranstellen.

Erster Abschnitt.

Die hypergeometrische Reihe $F(a, b; c; x)$.

§ 1. Gauss' Arbeit: Konvergenz der Reihe, verwandte Funktionen, Bestimmung von $F(a, b; c; 1)$.

Hierzu ist vor allen Dingen die Arbeit von Gauss [1]: Disquisitiones generales circa seriem infinitam

$$1 + \frac{a \cdot b}{1 \cdot c} x + \frac{a(a+1) \cdot b(b+1)}{1 \cdot 2 \cdot c(c+1)} x^2 + \cdots$$

zu nennen, welche 1813 in den Göttinger „Commentationes recentiores" Bd. II erschienen und in den Ges. Werken Bd. III (S. 123 ff.) abgedruckt ist. Diese Arbeit ist von Gauss selbst ausdrücklich als „pars prior" bezeichnet. Der zweite Teil ist jedoch nicht erschienen, sondern es haben sich nur in Gauss' Nachlaß Materialien zu demselben vorgefunden, welche in Bd. III, S. 207 ff. zusammengestellt sind und den Titel tragen: „Determinatio seriei nostrae per aequationem differentialem secundi ordinis."

Zunächst haben wir uns nur mit dem ersten Teil der Arbeit zu beschäftigen, in welchem von der unendlichen Reihe ausgegangen wird.

Zuerst stellt Gauss die Frage: Unter welchen Bedingungen konvergiert die Reihe? und beantwortet dieselbe nicht nur für reelle Werte der Veränderlichen x, sondern auch — wenn auch nur beiläufig — für komplexe Werte von x. Sein Resultat ist, daß für

$$|x| < 1$$

die Reihe sicher konvergiert, für

$$|x| > 1$$

dagegen sicher divergiert, während im Falle

$$|x| = 1$$

noch besondere Bedingungen gelten.

Zusatz: Ausgenommen sind hier und *bei* den folgenden *Konvergenzbetrachtungen* immer zwei triviale Fälle, daß nämlich *entweder a bzw. b, oder aber daß c eine negative ganze Zahl oder Null* ist. Im ersteren Falle und nur dann haben wir es bei F mit einer endlichen Reihe zu tun, die als solche immer konvergiert; dabei darf dann c sogar gleich gewissen negativen ganzen Zahlen sein (vgl. S. 3). Im zweiten Falle sind (weil die Nenner Null werden) die Koeffizienten von einem bestimmten ab sinnlos, und folglich ist es die Reihe selbst.

Hierin liegen *zwei neue Ideen* gegenüber der Eulerschen Periode; *erstens,* daß man überhaupt nach der Konvergenz einer Reihe fragt, während man sich zu Eulers Zeiten darum nicht kümmert, und *zweitens,* daß auch komplexe Werte der Veränderlichen x berücksichtigt werden;

Gauss zielt mit beiden schon auf das hin, was wir heutzutage (komplexe) Funktionentheorie nennen.

Wir wissen aus letzterer, daß jede Potenzreihe, wenn sie überhaupt für irgendwelche Werte der Veränderlichen konvergiert, dies immer im Innern eines gewissen Kreises, des „*Konvergenzkreises*" tut (Cauchy).

Gauss' *Resultat ist dies, daß der Konvergenzkreis von F der um den Nullpunkt herumgelegte Einheitskreis ist.*

Von unserem modern-funktionentheoretischen Standpunkt werden wir nun sagen:

Die Reihe F gibt nur erst ein „Element" einer (im Sinne von Weierstrass) *analytischen Funktion in x. Es wird zu fragen sein, wie man die Funktion analytisch fortzusetzen hat und welche Eigenschaften der Funktion dann zutage treten.*

Wir kommen in unserem Bericht über die Gaussschen Entwicklungen heute zu den Sätzen über die „verwandten Funktionen" (insbesondere über die „benachbarten Funktionen"), von Gauss als „relationes inter functiones contiguas" bezeichnet.

Man versteht unter „benachbarten" Funktionen F solche hypergeometrische Reihen, bei welchen sich die Werte eines der „Elemente" a, b, c um eine Einheit unterscheiden, während die der übrigen bzw. gleich sind; es gibt also sechs zu F(a, b; c; x) benachbarte Funktionen, nämlich

$$F(a \pm 1, b; c; x), \quad F(a, b \pm 1; c; x), \quad F(a, b; c \pm 1; x).$$

Bildet man zu den benachbarten Funktionen wieder die benachbarten, so kann man von $F(a, b; c; x)$ offenbar bis zu jeder Funktion $F(a+k, b+l; c+m; x)$ gelangen, deren erste drei Elemente sich bzw. nur um ganze Zahlen von a, b, c unterscheiden.

Solche hypergeometrische Reihen, deren erste drei Elemente bzw. nur um ganze Zahlen unterschieden sind, nennt man „verwandte" Funktionen F.

Gauss zeigt nun die Gültigkeit des folgenden Satzes:

Irgend drei verwandte Funktionen F_1, F_2, F_3 sind immer durch eine (identische) lineare Relation verbunden:

$$A_1F_1 + A_2F_2 + A_3F_3 = 0,$$

deren Koeffizienten A_1, A_2, A_3 rationale Funktionen von x sind.

Als Beispiel führen wir eine der *fünfzehn Relationen zwischen benachbarten Funktionen an* (vgl. Gauss [1], Art. 7):

$$(b-a)F(a, b; c; x) + aF(a+1, b; c; x) - bF(a, b+1; c; x) = 0.$$

Die allgemeinen Relationen zwischen verwandten Funktionen findet man, indem man die betreffenden Funktionen durch eine Kette von

---

Beginn der dritten Vorlesung.

Funktionen verbindet, von denen immer eine mit zwei anderen benachbart ist, und indem man aus den zwischen diesen bestehenden Gleichungen die Zwischenglieder eliminiert. Z. B. erhält man:

$$F(a, b+1; c+1; x) - F(a, b; c; x) = \frac{a(c-b)}{c(c+1)} x F(a+1, b+1; c+2; x),$$

$$F(a+1, b; c+1; x) - F(a, b; c; x) = \frac{b(c-a)}{c(c+1)} x F(a+1, b+1; c+2; x),$$

von welchen Gleichungen die zweite aus der ersten durch Vertauschung von a und b hervorgeht, gemäß dem Umstande, daß $F(a, b; c; x)$ in a und b symmetrisch ist. Diese „relationes inter functiones contiguas" sind ein Beispiel eines algebraischen Funktionaltheorems zwischen Funktionen (einer oder mehrerer Veränderlichen).

Wir verstehen unter einem „algebraischen Funktionaltheorem" für eine Funktion eine algebraische Gleichung, welcher solche Funktionswerte genügen, deren Argumente selber algebraisch verknüpft sind. (Die Koeffizienten der algebraischen Gleichung mögen etwa rationale Funktionen der unabhängigen Veränderlichen sein.)

Die GAUSS*schen Relationen zwischen verwandten Funktionen stellen für die Funktionen F der unabhängig Veränderlichen a, b, c, x ein solches algebraisches Funktionaltheorem dar* [*].

Die eben besprochenen Relationen zwischen verwandten Funktionen benutzt GAUSS selbst nach drei Richtungen hin:

Erstens zeigt GAUSS, *daß die lineare Differentialgleichung für die Funktion F ein spezieller Fall der Relationen zwischen verwandten Funktionen ist.*

Denn man rechnet (mit Hilfe der Reihenentwicklung) leicht nach, daß

$$\frac{dF(a, b; c; x)}{dx} = \frac{a \cdot b}{c} F(a+1, b+1; c+1; x),$$

$$\frac{d^2F(a, b; c; x)}{dx^2} = \frac{a(a+1) \cdot b(b+1)}{c(c+1)} F(a+2, b+2; c+2; x)$$

ist, daß also $F, \frac{dF}{dx}, \frac{d^2F}{dx^2}$ verwandte Funktionen sind, zwischen welchen eine lineare Identität mit rationalen Koeffizienten besteht, eben die hypergeometrische Differentialgleichung (vgl. S. 4).

Zweitens leitet GAUSS aus unseren Relationen eine *Kettenbruchentwicklung* für den Quotienten zweier F-Funktionen her.

Man kann nämlich (wenigstens im allgemeinen) eine Potenzreihe

$$\mathfrak{P}(x) = 1 + Bx + Cx^2 + Dx^3 + \cdots$$

rein formal in Gestalt eines Kettenbruches, des der Reihe „korrespondierenden Kettenbruches", umsetzen, den wir folgendermaßen schreiben wollen:

$$1 + \frac{A_1 x|}{|1} + \frac{A_2 x|}{|1} + \frac{A_3 x|}{|1} + \cdots,$$

wobei die A_ν alle von Null verschieden sein sollen. Übrigens ist A_1 bzw. A_2 bzw. A_3 bzw. usw. eine rationale Funktion von B bzw. von B, C bzw. von B, C, D bzw. usw. [**].

Von der Art des vorstehenden Kettenbruchs ist der von Gauss für den Quotienten aufgestellte Ausdruck, den wir als Gauss' *Kettenbruch* bezeichnen wollen.

Gauss schreibt (falls keines der F Null ist)

$$G(a, b, c, x) = \frac{F(a, b+1; c+1; x)}{F(a, b; c; x)} = \cfrac{1}{\cfrac{F(a, b; c; x)}{F(a, b+1; c+1; x)}}.$$

Nun folgt aber aus der zweiten der auf S. 10 oben angegebenen Relationen durch Division mit $F(a, b+1; c+1; x)$:

$$\frac{F(a, b; c; x)}{F(a, b+1; c+1; x)} = 1 - \frac{a(c-b)}{c(c+1)}\, x\, \frac{F(a+1, b+1; c+2; x)}{F(a, b+1; c+1; x)}$$

$$= 1 - \cfrac{\cfrac{a(c-b)}{c(c+1)}\, x}{\cfrac{F(a, b+1; c+1; x)}{F(a+1, b+1; c+2; x)}}.$$

Ferner folgt aus der dritten der dortigen Relationen, wenn man darin für a, b, c bzw. $a, b+1, c+1$ setzt, auf dieselbe Weise

$$\frac{F(a, b+1; c+1; x)}{F(a+1, b+1; c+2; x)} = 1 - \frac{(b+1)(c-a+1)}{(c+1)(c+2)}\, x\, \frac{F(a+1, b+2; c+3; x)}{F(a+1, b+1; c+2; x)}.$$

Man hat also

$$G(a, b, c, x) = \frac{F(a, b+1; c+1; x)}{F(a, b; c; x)}$$

$$= \cfrac{1}{1 - \cfrac{\cfrac{a(c-b)}{c(c+1)}\, x}{1 - \cfrac{(b+1)(c-a+1)}{(b+1)(c+2)}\, x\, \cfrac{F(a+1, b+2; c+3; x)}{F(a+1, b+1; c+2; x)}}}.$$

Nun kann man für $\dfrac{F(a+1, b+2; c+3; x)}{F(a+1, b+1; c+2; x)}$ einen gleichgestalteten Ausdruck finden wie für $G(a, b, c, x)$, indem man einfach für a, b, c einsetzt bzw. $a+1, b+1, c+2$.

Wiederholt man in dem F-Quotienten, der dann noch im letzten Nenner bleibt, dieselbe Operation, so gelangt man schließlich nach n-maliger Ausführung der geschilderten Schritte zu folgendem Kettenbruch:

$$\frac{F(a, b+1; c+1; x)}{F(a, b; c; x)} = \frac{1|}{|1} - \frac{\frac{a(c-b)}{c(c+1)}\, x\,\big|}{|1} - \frac{\frac{(b+1)(c-a+1)}{(c+1)(c+2)}\, x\,\big|}{|1}$$

$$- \frac{\frac{(a+1)(c-b+1)}{(c+2)(c+3)}\, x\,\big|}{|1} - \frac{\frac{(b+2)(c-a+2)}{(c+3)(c+4)}\, x\,\big|}{|1} - \cdots$$

$$- \frac{\frac{(a+n-1)(c-b+n-1)}{(c+2n-2)(c+2n-1)}\, x\,\big|}{|1}$$

$$- \frac{(b+n)(c-a+n)}{(c+2n-1)(c+2n)}\, x\, \frac{F(a+n, b+n+1; c+2n+1; x)}{F(a+n, b+n; c+2n; x)}.$$

Man kann sich, die Konvergenz vorausgesetzt (vgl. dazu weiter unten), diesen Kettenbruch entweder ins Unendliche fortgesetzt denken oder, um einen Näherungswert zu erhalten, etwa den letzten F-Quotienten durch 1 ersetzt denken.

Gauss' *Kettenbruch bezieht sich im allgemeinen Fall auf den Quotienten zweier verwandter F-Funktionen, nämlich auf* $\frac{F(a, b+1; c+1; x)}{F(a, b; c; x)}$. Setzt man aber $b = 0$, so wird $F(a, b; c; x) = 1$, und aus dem Quotienten wird eine F-Funktion selbst, deren zweites Element $b = 1$ ist und welche dann folgende Kettenbruchentwicklung besitzt:

$$F(a, 1; c+1; x) = \frac{1|}{|1} - \frac{\frac{ac}{c(c+1)}x\Big|}{|1} - \frac{\frac{1\cdot(c-a+1)}{(c+1)(c+2)}x\Big|}{|1} - \cdots$$

$$- \frac{\frac{(a+n-1)(c+n-1)}{(c+2n-2)(c+2n-1)}x\Big|}{|1}$$

$$- \frac{n(c-a+n)}{(c+2n-1)(c+2n)}x\,\frac{F(a+n, n+1; c+2n+1; x)}{F(a+n, n; c+2n; x)}.$$

Wir wollen dies den „*speziellen Fall*" von Gauss' Kettenbruchentwicklung nennen.

Gauss' *Kettenbruch stellt im speziellen Falle eine besondere F-Reihe selbst dar. Dieser Kettenbruch enthält, wie* Gauss *bemerkt, fast alle Kettenbruchentwicklungen in sich, welche man früher studiert hatte* [*].

Mit der Konvergenz des Kettenbruchs dagegen hat sich Gauss nicht beschäftigt, das haben erst später Riemann bzw. Heine und Thomé getan. Auch wir müssen dies bis auf später aufschieben, bis wir nämlich in den funktionentheoretischen Charakter unserer Funktionen tiefer eingedrungen sind (vgl. weiter unten S. 129ff.).

Drittens dienen Gauss die „relationes inter functiones contiguas" zur Bestimmung des Wertes der Reihe F für $x = 1$.

Wir wissen, daß die hypergeometrische Reihe für $|x| < 1$ sicher konvergiert, für $|x| > 1$ sicher divergiert. Es ist nun die Frage, ob und unter welchen Bedingungen die Reihe für $|x| = 1$ konvergiert und welchen geschlossenen Ausdruck durch niedere Funktionen sie dann besitzen mag. Gauss untersucht zu diesem Zwecke die Frage nach der Konvergenz irgendeiner Reihe überhaupt näher.

Bezeichnet man mit u_n das n-te Glied in der hypergeometrischen Reihe für den Fall $x = 1$, so lautet der Quotient zweier aufeinanderfolgender Glieder

$$\frac{u_{n+1}}{u_n} = \frac{(a+n)(b+n)}{(1+n)(c+n)} = \frac{n^2 + (a+b)n + ab}{n^2 + (c+1)n + c}.$$

Die rechte Seite läßt sich in eine nach fallenden Potenzen von n fortschreitende und für hinreichend große n auch konvergente Reihe entwickeln:

$$\frac{u_{n+1}}{u_n} = 1 + \frac{a+b-c-1}{n} + \frac{(c-a)(c-b)-(a+b-c-1)}{n^2} + \cdots.$$

GAUSS untersucht nun allgemein die Konvergenz solcher Reihen, bei denen sich der Quotient zweier aufeinanderfolgender Glieder u_n und u_{n+1} in eine nach fallenden Potenzen der Stellenzahl n fortschreitende Potenzreihe mit dem Anfangsgliede 1 entwickeln läßt [*]. Er findet durch Anwendung auf unsere Reihe, daß man die in folgender Tabelle zusammengestellten Fälle zu unterscheiden hat:

$x = 1$; a, b, c reell und verschieden von $0, -1, -2, \ldots$ (vgl. S. 8).

Wenn $a + b - c > 1$, so werden die Koeffizienten mit wachsendem Index beliebig groß.

Wenn $a + b - c = 1$, so konvergieren die Koeffizienten mit wachsendem Index gegen einen von Null verschiedenen Grenzwert.

Wenn $a + b - c < 1$, so werden die Koeffizienten mit wachsendem Index beliebig klein.

Ferner: *Die Reihe konvergiert nur, wenn $a + b - c < 0$ ist.*

Nur in diesem Falle kann man also von der „Summe" der Reihe (im üblichen Sinne) für $x = 1$ sprechen. Zur Berechnung dieses Wertes benutzt GAUSS ([1] S. 143) folgende Relation zwischen verwandten Funktionen:

$$c[c-1-x(2c-a-b-1)]F(a,b;c;x)+(c-a)(c-b)xF(a,b;c+1;x)$$
$$-c(c-1)(1-x)F(a,b;c-1;x)=0.$$

Man zeigt nun, daß $\lim\limits_{x\to 1}(1-x)F(a,b;c-1;x) = 0$ ist, falls nur $a + b - c < 0$ (und also $a + b - (c-1) < 1$) ist; dabei soll x auf der reellen Achse von links her gegen 1 streben. Der Beweis hierfür kann so geführt werden: In der Reihenentwicklung

$$F(a,b;c-1;x) = \sum_{\nu=0}^{\infty} u_\nu x^\nu \quad (\text{für } |x| < 1)$$

gehen die $u_\nu \to 0$ mit $\nu \to \infty$ [wegen $a + b - (c-1) < 1$]. Ferner gilt (für $|x| < 1$):

$$(1-x)F(a,b;c-1;x) = u_0 + (u_1 - u_0)x + (u_2 - u_1)x^2 + \cdots = \mathfrak{P}(x).$$

Wegen $u_\nu \to 0$ konvergiert aber die Reihe $\mathfrak{P}(1) = u_0 + (u_1 - u_0) + (u_2 - u_1) + \cdots$ gegen Null, also die Reihe, welche man erhält, indem man in $\sum (u_\nu - u_{\nu-1})x^\nu$ direkt $x = 1$ setzt. Nun besagt aber weiter der bekannte Satz von ABEL [**], daß $\mathfrak{P}(x)$ im Falle der Konvergenz von $\mathfrak{P}(1)$ stetig in $x = 1$ ist, d. h. daß jetzt auch

$$\lim_{x\to 1}(\mathfrak{P}(x)) = \mathfrak{P}(1), \quad \text{also} \quad \lim_{x\to 1}(1-x)F(a,b;c-1;x) = 0$$

wie behauptet. Der in der Benutzung des ABELschen Satzes enthaltene Beweisgedanke ist bei GAUSS jedenfalls nicht ausgesprochen. Also:

Das letzte Glied der linken Seite der obigen Relation geht für $x \to 1$ gegen Null (trotzdem die Reihe für $F(a,b;c-1;x)$ für $x = 1$ nicht zu

---

Beginn der vierten Vorlesung.

konvergieren braucht), weil die Koeffizienten in der Reihe für $F(a, b; c-1; x)$ mit wachsendem Index gegen Null konvergieren.

Da die Reihe für $F(a, b; c; x)$ bzw. für $F(a, b; c+1; x)$ auch noch für $x = 1$ konvergiert (wegen $a + b - c < 0$), so ist zufolge des ABELschen Satzes ihre Summe für $x = 1$ gleich $\lim\limits_{x \to 1} F(a, b; c; x) = F(a, b; c; 1)$ bzw. gleich $\lim\limits_{x \to 1} F(a, b; c+1; x) = F(a, b; c+1; 1)$. So bekommt man

$$c(c-a-b)\,F(a, b; c; 1) = (c-a)(c-b)\,F(a, b; c+1; 1), \quad \text{d. h.}$$

$$F(a, b; c; 1) = \frac{(c-a)(c-b)}{c(c-a-b)} F(a, b; c+1; 1);$$

ferner

$$F(a, b; c+1; 1) = \frac{(c-a+1)(c-b+1)}{(c+1)(c-a-b+1)} F(a, b; c+2; 1),$$

$$F(a, b; c+k-1; 1) = \frac{(c-a+k-1)(c-b+k-1)}{(c+k-1)(c-a-b+k-1)} F(a, b; c+k; 1),$$

und hieraus durch sukzessive Einsetzung:

$$F(a, b; c; 1) = \frac{(c-a)(c-a+1)\ldots(c-a+k-1)\cdot(c-b)(c-b+1)\ldots(c-b+k-1)}{c(c+1)\ldots(c+k-1)\cdot(c-a-b)(c-a-b+1)\ldots(c-a-b+k-1)} F(a, b; c+k; 1).$$

Nun gehe man zur Grenze für $k \to \infty$ über; man kann wegen

$$u_\nu = \frac{a(a+1)\ldots(a+\nu-1)\,b(b+1)\ldots(b+\nu-1)}{\nu!\,(c+k)(c+k+1)\ldots(c+k+\nu-1)}$$

schließen [*], daß

$$\lim_{k \to \infty} F(a, b; c+k; 1) = 1$$

ist, und man hat also

$$F(a, b; c; 1) = \lim_{k \to \infty} \frac{(c-a)(c-a+1)\ldots(c-a+k-1)\cdot(c-b)(c-b+1)\ldots(c-b+k-1)}{c(c+1)\ldots(c+k-1)\cdot(c-a-b)(c-a-b+1)\ldots(c-a-b+k-1)}.$$

Damit haben wir $F(a, b; c; 1)$ durch ein unendliches Produkt ausgedrückt.

Wir können übrigens für dieses Produkt noch einen besonderen geschlossenen Ausdruck gewinnen mit Hilfe des „EULERschen Integrals zweiter Gattung", der LEGENDREschen Funktion $\Gamma(z)$, welche in GAUSS' Bezeichnungsweise mit $\Pi(z-1)$ identisch ist, und welche für positive ganze Zahlen z mit der Fakultät: $1 \cdot 2 \cdot 3 \cdot \ldots \cdot (z-1) = (z-1)!$ übereinstimmt. Durch dieselbe drückt sich F aus wie folgt:

$$F(a, b; c; 1) = \frac{\Gamma(c)\cdot\Gamma(c-a-b)}{\Gamma(c-a)\cdot\Gamma(c-b)} = \frac{\Pi(c-1)\cdot\Pi(c-a-b-1)}{\Pi(c-a-1)\cdot\Pi(c-b-1)}.$$

Wir können das erst später ausführlicher erläutern (vgl. S. 74ff.). Also:

Das unendliche Produkt, welches wir für $F(a, b; c; 1)$ gefunden haben, läßt sich mit Hilfe des Zeichens $\Gamma(z)$ oder $\Pi(z)$, dessen Bedeutung wir erst später besprechen werden, in der angegebenen Form schreiben.

§ 2. Verhalten der Reihe auf dem Konvergenzkreis.

Wir wollen jetzt zu den GAUSSschen Konvergenzkriterien einige weitere Bemerkungen vom Standpunkte der modernen Funktionentheorie aus hinzufügen.

Wir wissen, daß eine Potenzreihe (wenn überhaupt) immer *im Innern* eines gewissen „Konvergenzkreises", hier des Einheitskreises, konvergiert, außerhalb desselben divergiert; man wird dann fragen, wie es mit der Konvergenz steht, wenn *x irgendwo auf* dem Konvergenzkreise selbst liegt.

Das ist der erste Mangel der GAUSSschen *Entwicklung, daß wir nicht erfahren, wie sich die Reihe überhaupt auf dem Konvergenzkreise verhält, sondern nur, wie sie sich an der Stelle* $x = 1$ *verhält.*

Der zweite Mangel ist der, daß die Konvergenz nur für reelle a, b, c *untersucht wird;* unter welchen Bedingungen konvergiert die Reihe auf dem Konvergenzkreise, wenn die a, b, c *komplexe* Werte haben? Ich wiederhole hierzu vorab die schon auf S. 8 gemachte Bemerkung:

Bei der ganzen Konvergenzbetrachtung werden wir die Fälle, daß a, b *oder* c *ganze negative Zahlen oder Null sind, von vorneherein von der Betrachtung ausschließen dürfen.*

Die Frage nach der Konvergenz bei komplexen a, b, c, x hat nun WEIERSTRASS beantwortet. [Über die Theorie der analytischen Fakultäten. Crelles J. Bd. 51 (1856).] (= WEIERSTRASS [1], Bd. 1 S. 153 ff.)

Wir geben ohne Beweis [*] die folgenden Tatsachen an [**]:

Es bezeichne

$$\Re(a + b - c)$$

den reellen Teil der komplexen Zahl $a + b - c$. Dann kann man die WEIERSTRASSschen Resultate in einer ganz entsprechenden Tabelle anordnen wie die GAUSSschen:

$|x| = 1$; a, b, c beliebig, aber verschieden von $0, -1, -2, \ldots$

$\Re(a + b - c) > 1$: die Koeffizienten werden mit wachsendem n absolut genommen beliebig groß.

$\Re(a + b - c) = 1$: die Koeffizienten bleiben absolut genommen oberhalb einer von Null verschiedenen Schranke.

$\Re(a + b - c) < 1$: die Koeffizienten werden mit wachsendem Index beliebig klein.

Ferner: Für $1 > \Re(a + b - c) \geqq 0$ herrscht Konvergenz auf dem ganzen Einheitskreise mit Ausnahme von $x = 1$; für $\Re(a + b - c) < 0$ herrscht (absolute) Konvergenz auf dem ganzen Konvergenzkreise einschließlich des Punktes $x = 1$. Schließlich ergibt sich aus dem oben angegebenen Verhalten der Koeffizienten, daß für $\Re(a + b - c) \geqq 1$ Divergenz auf dem ganzen Einheitskreis herrschen muß.

Man erkennt, wie sich hier die GAUSSschen Angaben einordnen. Diese selben Resultate sind auch von SCHEIBNER [1] in seiner Schrift: „Über unendliche Reihen und deren Konvergenz" (1860) ausführlich abgeleitet.

Übrigens kann man (wenigstens teilweise) die Frage nach dem Verhalten unserer Reihe auf dem Konvergenzkreis auch mit Hilfe von mehr funktionentheoretischen Betrachtungen zu beantworten suchen, insofern man nämlich einerseits weniger genau auf das Bildungsgesetz für die Koeffizienten der hypergeometrischen *Reihe* eingeht, dafür aber andererseits auf das Verhalten der durch unsere Reihe definierten *Funktion* $F(x)$ auf dem Einheitskreise Rücksicht nimmt.

Also: *Das gefundene Ergebnis betreffend das Verhalten der Reihe auf dem Konvergenzkreis kann (wenigstens teilweise) auch mit Hilfe allgemeiner funktionentheoretischer Sätze abgeleitet werden, sofern nur das Verhalten der durch die Reihe definierten Funktion auf dem Konvergenzkreise als bekannt vorausgesetzt wird.*

Zur beispielsweisen Erläuterung dieser allgemeinen Bemerkung wollen wir eine von RIEMANN in seiner Arbeit (vgl. RIEMANN [1], S. 82; auch S. 87) gemachte Andeutung etwas näher ausführen:

Wir denken uns nämlich in unserer Potenzreihe

$$\sum_{\nu=0}^{\infty} u_\nu x^\nu = \sum_{\nu=0}^{\infty} (A_\nu + i B_\nu) x^\nu$$

(wobei A_ν, B_ν reelle Zahlen bedeuten) $|x| = 1$, also $x = \cos\varphi + i \sin\varphi$ gesetzt.

Unsere Reihe liefert dann, in reellen und imaginären Teil (ohne Rücksicht auf ihre Konvergenz) zerlegt:

$$\left[A_0 + \sum_{\nu=1}^{\infty} (A_\nu \cos\nu\varphi - B_\nu \sin\nu\varphi)\right] + i\left[B_0 + \sum_{\nu=1}^{\infty} (A_\nu \sin\nu\varphi + B_\nu \cos\nu\varphi)\right].$$

Und unsere Potenzreihe konvergiert im Punkte $x^* = \cos\varphi^* + i \sin\varphi^*$ des Einheitskreises dann und nur dann, wenn für $\varphi = \varphi^*$ die in den eckigen Klammern stehenden „trigonometrischen" Reihen konvergieren.

Man kann nun zeigen — und dies ist für unsere Zwecke ausreichend: Für die Konvergenz der genannten trigonometrischen Reihen (wenigstens in den Stetigkeitspunkten von F auf dem Kreise) ist hinreichend, daß F auf $|x| = 1$ mit Ausnahme von höchstens endlich vielen Stellen regulär ist und daß für die Umgebung einer jeden der singulären Stellen $x = x_0$ gilt: $F(x) = O((x - x_0)^\sigma)$ mit $-1 < \sigma$, d. h. daß $|x - x_0|^{-\sigma} \cdot F$ dort beschränkt ist. Ist nämlich F derart beschaffen, so ergibt sich insbesondere, daß der reelle und der imaginäre Teil der Werte von F auf dem Einheitskreis je durch seine Fourierreihe darstellbar ist und daß diese Fourierreihen mit den obigen trigonometrischen Reihen identisch sind. Daraus ergibt sich die Behauptung. [*], [**].

Zur Anwendung der oben formulierten Konvergenzbedingung müssen wir also die singulären Stellen der Funktion F auf dem Einheitskreise kennen. Allgemein zu reden, lassen sich diese mittels der ursprünglich im Einheitskreis gegebenen Potenzreihenentwicklung durch analytische Fortsetzung ermitteln. Im Falle der hypergeometrischen Funktion kommen wir indes durch Heranziehung der Differentialgleichung viel einfacher zum Ziel, wie später ausführlich dargelegt wird (vgl. z. B. S. 33 ff.). Für uns kommen hier folgende Ergebnisse in Betracht, die wir vorderhand natürlich nur berichtweise anführen können:

Die Funktion $F(a, b; c; x)$ verhält sich mit Ausnahme des Punktes $x = \infty$ und des Punktes $x = 1$ in allen Punkten $x = x_0$ der Ebene, und also auch in allen Punkten auf dem Rande des Konvergenzkreises mit Ausnahme des Punktes $x = 1$ regulär analytisch, d. h. sie läßt sich in der Umgebung einer solchen Stelle x_0 in eine nach ganzen positiven Potenzen von $x - x_0$ fortschreitende konvergente Reihe entwickeln [*].

Um das Konvergenzkriterium (welches sich der Fourierentwicklung auf dem Einheitskreise bedient, vgl. oben) anwenden zu können, müssen wir aber noch Genaueres über den Charakter der singulären Stelle wissen. Auch hierüber gebe ich hier ohne Beweis das Nötige an, um es erst später (vgl. § 6 ff.) zu beweisen.

In der Umgebung der Stelle $x = 1$ hat unsere Funktion die folgende Gestalt:

$$F(x) = \mathfrak{P}_1(x-1) + (x-1)^{c-a-b}\,\mathfrak{P}_2(x-1).$$

Hier bedeuten $\mathfrak{P}_1$ und $\mathfrak{P}_2$ im allgemeinen gewöhnliche Potenzreihen, welche nach ganzen positiven Potenzen von $(x - 1)$ fortschreiten; und nur wenn $c - a - b$ eine ganze Zahl ist, treten in einer der beiden Reihen auch solche Glieder auf, welche mit $\log(x - 1)$ multipliziert sind, und zwar in $\mathfrak{P}_1$, wenn $c - a - b \leqq 0$ ist, hingegen in $\mathfrak{P}_2$, wenn $c - a - b \geqq 0$ ist. (Man beachte, daß c weder Null noch einc negative ganze Zahl sein soll.)

In besonderen Fällen können auch bei ganzzahligem Werte von $c - a - b$ die logarithmischen Glieder in $\mathfrak{P}_1(x - 1)$ bzw. $\mathfrak{P}_2(x - 1)$ fehlen; die Bedingung hierfür lautet:

Wenn $c - a - b = +n > 0$ ist (n natürliche Zahl) und wenn trotzdem keine logarithmischen Glieder auftreten sollen, so muß sein (vgl. S. 39):

$$a(a+1)\ldots(a+n-1)\cdot b(b+1)\ldots(b+n-1) = 0.$$

Wenn $c - a - b = -n < 0$ ist, so muß beim Wegfall der logarithmischen Glieder sein:

$$(a-1)(a-2)\ldots(a-n)\cdot(b-1)(b-2)\ldots(b-n) = 0.$$

D. h. die logarithmischen Glieder in $\mathfrak{P}_2(x - 1)$ bzw. $\mathfrak{P}_1(x - 1)$ können nur dann wegfallen, wenn eine der Zahlen a, b entweder eine nicht-

---

Beginn der fünften Vorlesung.

positive oder eine positive ganze Zahl ist. Im ersten der beiden Fälle bricht aber die Reihe mit einer endlichen Gliederzahl ab, so daß wir den Fall, daß $c - a - b = +n$ ist und daß die logarithmischen Glieder wegfallen, nicht mehr weiter zu berücksichtigen brauchen. Denn wir hatten diesen Fall ausdrücklich von der Konvergenzuntersuchung ausgeschlossen.

Wenn $c - a - b = 0$ ist, so müssen notwendig logarithmische Glieder auftreten; man kann dieselben dann beliebig zu $\mathfrak{P}_1$ oder $\mathfrak{P}_2$ rechnen, da in dem Ausdruck:

$$F(x) = \mathfrak{P}_1(x-1) + \mathfrak{P}_2(x-1),$$

in den sich der oben angegebene allgemeine Ausdruck für $F(x)$ im Falle $c - a - b = 0$ verwandelt, der Unterschied zwischen $\mathfrak{P}_1$ und $\mathfrak{P}_2$ offenbar verwischt ist.

Was folgt nun aus den gemachten Angaben für das Verhalten unserer hypergeometrischen Funktion in der Umgebung von $x = 1$?

Um nicht zu schwierige Fallunterscheidungen machen zu müssen, sei im folgenden wieder *vorausgesetzt, daß die Zahlen a, b, c reell seien.* Man sieht nun leicht:

Wenn $c - a - b < 0$ ist, so wird $(x-1)^{c-a-b}\mathfrak{P}_2(x-1)$ an der Stelle $x = 1$ unendlich; außerdem ist es für nicht ganzzahlige Werte von $c - a - b$ daselbst verzweigt wie $(x-1)^{c-a-b}$, während für ganzzahlige Werte von $c - a - b$ im allgemeinen Falle $\mathfrak{P}_1(x-1)$ wie $\log(x-1)$ verzweigt ist; nur in dem S. 17 erwähnten Ausnahmefall ist $x = 1$ eine unverzweigte Unendlichkeitsstelle von $F(x)$.

Wenn $c - a - b = 0$ ist, so wird $\mathfrak{P}_1$ oder $\mathfrak{P}_2$ bei $x = 1$ logarithmisch unendlich und ist dementsprechend ebendaselbst verzweigt.

Wenn $c - a - b > 0$ ist, so ist die Funktion bei $x = 1$ immer verzweigt, bei nicht ganzzahligem $c - a - b$ wie $(x-1)^{c-a-b}$, bei ganzzahligem wie $(x-1)^{c-a-b} \cdot \log(x-1)$, abgesehen von dem vorhin erwähnten Ausnahmefalle, in welchem die Reihe mit einer endlichen Gliederzahl abbricht und den wir deshalb von vornherein beiseite gelassen haben. Dabei ist die Funktion (oder genauer: irgendeiner von ihren Zweigen) in der Umgebung von $x = 1$ immer beschränkt, denn auch im Falle des Auftretens von logarithmischen Gliedern wird deren Unendlichwerden immer durch das Verschwinden von $(x-1)^{c-a-b}$ kompensiert.

Wir stellen das Resultat also folgendermaßen zusammen:

a, b, c reell.

1. $c - a - b \leqq 0$: *Funktion bei $x = 1$ unendlich und verzweigt wie $(x-1)^{c-a-b}$ bzw. wie $\log(x-1)$. (Unverzweigt im Ausnahmefall.)*

2. $c - a - b > 0$: *Funktion bei $x = 1$ endlich und verzweigt (Unverzweigt: die endlichen Reihen.)*

Es gilt nun in der Funktionentheorie der allgemeine Satz über die Entwicklung einer an der Stelle $x = x_0$ regulären Funktion in eine Potenzreihe, daß nämlich die Entwicklung nach steigenden Potenzen in der Umgebung des Punktes x_0 immer innerhalb eines Kreises konvergiert, welcher seinen Mittelpunkt in dem betreffenden Punkte x_0 hat und durch den nächsten singulären Punkt der Funktion geht.

Wenden wir diesen Satz an, so folgt aus 1. und 2. für unsere Reihe a priori:

Weil $x = 1$ ein singulärer Punkt ist, und zwar der nächste an $x = 0$ gelegene singuläre Punkt (denn nur $x = 1$ und $x = \infty$ kommen als singuläre Punkte in Frage, vgl. S. 17), so muß der Konvergenzkreis unserer Reihe der um $x = 0$ gelegte Einheitskreis sein. Ausgenommen ist dabei, wie stets, der Fall, daß a oder b oder c gleich Null oder gleich einer negativen ganzen Zahl ist.

Nachdem wir so das Verhalten der (durch die hypergeometrische Reihe definierten, analytischen) Funktion $F(a, b; c; x)$, insbesondere längs des Einheitskreises, überblicken, können wir erkennen, wann der reelle und imaginäre Teil von F längs des Einheitskreises durch (konvergente) Fourierreihen darstellbar sind (vgl. weiter unten) und schließen daraus (gemäß S. 16) auf die Konvergenz (bzw. Divergenz) der hypergeometrischen Reihe für die verschiedenen Punkte der Peripherie des Einheitskreises.

Wann kann nun eine reelle Funktion der reellen Veränderlichen φ durch ihre Fourierreihe dargestellt werden? Diese Frage hat DIRICHLET in seiner berühmten Abhandlung in Crelles J. Bd. 4 (1829) (= DIRICHLET [1], S. 117ff.) zuerst eingehend untersucht. [Vgl. auch die Abhandlung über die nach Kugelfunktionen fortschreitenden Reihen in Crelles J. Bd. 17 (1837) (= DIRICHLET [1], S. 283ff., insbesondere S. 305).] Für unsere Zwecke genügt hier die folgende hinreichende Bedingung, die wir ohne Beweis angeben:

Es sei $f(\varphi)$ eine reelle, für $0 \leqq \varphi < 2\pi$ eindeutige Funktion, welche (im RIEMANNschen Sinne) integrierbar ist. (Für jeden anderen Wert von φ möge $f(\varphi)$ vermöge der Festsetzung $f(\varphi) = f(\varphi + 2n\pi)$, $n = \pm 1, \pm 2, \ldots$ erklärt werden.) *Ferner sei $f(\varphi)$ differenzierbar (abgesehen von höchstens endlich vielen Ausnahmestellen). Dann wird $f(\varphi)$ — von höchstens den Ausnahmestellen abgesehen — durch seine Fourierreihe dargestellt* [*].

Da $F(a, b; c; x)$ für $|x| = 1$ nur in $x = 1$ aufhört, differenzierbar zu sein, so gilt Entsprechendes für den reellen und imaginären Teil (als Funktion von φ), und wir haben, dem verschiedenen Verhalten in $x = 1$ entsprechend:

Im Falle 2, in welchem $c - a - b > 0$ ist und die Funktion bei $x = 1$ endlich bleibt, konvergiert die FOURIERsche Reihe überall, und zwar gegen den Wert der Funktion im betreffenden Punkt.

Die Konvergenz für die Ausnahmestelle $x = 1$ muß allerdings noch näher begründet werden. Sie ergibt sich z. B. aus dem Kriterium von LIPSCHITZ [*].

Im Falle 1, in welchem $c - a - b \leqq 0$ ist, wird die Funktion bei $x = 1$ unendlich. Man hat dann zu unterscheiden, ob sie trotzdem noch integrierbar bleibt oder nicht, also:

A. $c - a - b > -1$: Die Funktion ist integrierbar, ihre FOURIERsche Reihe konvergiert und stellt die Funktion dar, jetzt natürlich mit Ausnahme der Stelle $x = 1$.

B. $c - a - b \leqq -1$: Die Funktion ist nicht integrierbar, die FOURIER-Reihe wird also überhaupt sinnlos. Zusammengefaßt:

Bei unserer Funktion liegt ein „integrierbares Unendlich" vor, sobald $c - a - b > -1$ ist; sobald aber $c - a - b \leqq -1$ ist, liegt ein „nicht integrierbares Unendlich" vor, und die FOURIER*sche Reihe ist unbrauchbar.*

Auf solche Weise bestätigt die Lehre von der FOURIER*schen Reihe genau das, was wir über die Konvergenz der Reihe F auf dem Konvergenzkreise mit* GAUSS *durch direkte Untersuchung des Koeffizientengesetzes gefunden hatten* (vgl. S. 13). Analog hätten sich für komplexe a, b, c die WEIERSTRASS*schen Konvergenzregeln* (vgl. S. 15) ergeben.

§ 3. Verschiedene Verallgemeinerungen.

Damit schließen wir unsere Betrachtungen über die Konvergenz der Reihe und wollen nun zum Schlusse, bevor wir diesen Abschnitt verlassen und zum Studium der Differentialgleichung übergehen, einige *Verallgemeinerungen der* GAUSS*schen Reihe* besprechen.

Solcher Verallgemeinerungen gibt es, soviel ich sehe, in der Literatur drei, welche wir kurz angeben wollen. Bezeichnen wir die bisher besprochene Reihe $F(a, b; c; x)$ als die *„gewöhnliche hypergeometrische Reihe"* oder die *„*GAUSS*sche Reihe"*, so nennen wir als

erste Verallgemeinerung: die höheren hypergeometrischen Reihen einer Veränderlichen, welche THOMAE [1] *(1870) aufgestellt hat.*

Diese Reihen haben folgende Gestalt:

$$F = 1 + \frac{a_1 a_2 \ldots a_n}{1 \cdot c_1 \cdot c_2 \ldots c_{n-1}} x + \frac{a_1(a_1+1)\, a_2(a_2+1) \ldots a_n(a_n+1)}{1 \cdot 2 \cdot c_1(c_1+1) \cdot c_2(c_2+1) \ldots} x^2 + \cdots$$

und gehen für $n = 2$ in gewöhnliche hypergeometrische Reihen über. Dabei bedeuten die a_ν und c_ν komplexe Zahlen; keines der c_ν soll Null oder eine negative ganze Zahl sein.

Die so definierten allgemeineren Reihen besitzen, wie THOMAE nachgewiesen hat, folgende, den Sätzen über die GAUSSsche Reihe genau entsprechenden Eigenschaften:

1. *Der Konvergenzkreis ist der Einheitskreis.*
2. *Sie genügen einer linearen Differentialgleichung n-ter Ordnung.*
3. *Man kann die Reihe F in einfacher Weise als ein $(n-1)$-faches bestimmtes Integral darstellen.*

4. *Zwischen je $n + 1$ „verwandten Reihen" besteht eine lineare Relation mit rationalen Koeffizienten* [*].

Als *zweite Verallgemeinerung* der GAUSSschen Reihe bieten sich die HEINE*schen Reihen* dar, welche HEINE in Bd. 32 und 34 des Crelleschen Journals (1846 und 1847) gebildet und untersucht hat und über welche er einen zusammenfassenden Bericht in seinem „Handbuch der Kugelfunktionen" (= HEINE [1], Bd. 1, S. 97ff.) erstattet [**].

Diese Reihen sind Funktionen von 5 Argumenten, nämlich

$$\varphi(a, b; c; q; z) = 1 + \frac{(1-q^a)\cdot(1-q^b)}{(1-q)\cdot(1-q^c)} q^z + \frac{(1-q^a)(1-q^{a+1})\cdot(1-q^b)(1-q^{b+1})}{(1-q)(1-q^2)\cdot(1-q^c)(1-q^{c+1})} q^{2z} + \cdots.$$

Dabei bedeuten wieder a, b, c, q komplexe Zahlen, die so beschaffen sind, daß keiner der Nenner in den Koeffizienten Null ist. Die Frage nach der Konvergenz der Reihen bleibt hier unerörtert.

Auch diese Reihen schließen die GAUSSsche Reihe als einen Grenzfall ein. Man hat, um die GAUSSsche Reihe zu erhalten, nur zu setzen:

$$q = 1 + \varepsilon, \qquad z = \frac{1}{\varepsilon} \log x$$

und das Verhalten der einzelnen Reihenglieder für $\varepsilon \to 0$ zu betrachten. Es ist nun

$$q^{a+\nu} = (1+\varepsilon)^{a+\nu} = 1 + (a+\nu)\varepsilon + \cdots, \quad 1 - q^{a+\nu} = -(a+\nu)\varepsilon + \cdots;$$

ebenso $\quad 1 - q^{b+\nu} = -(b+\nu)\varepsilon - \cdots$, usw.

Ferner wird

$$q^z = (1+\varepsilon)^{\left(\frac{1}{\varepsilon}\cdot\log x\right)} = \left[(1+\varepsilon)^{\frac{1}{\varepsilon}}\right]^{\log x}.$$

Man erhält daher für $\varepsilon \to 0$ z. B. 1 bzw. x an Stelle von $q^{a+\nu}$ bzw. von q^z.

Setzt man dies alles ein, so geht das allgemeine Glied der Reihe über in

$$\frac{a(a+1)\ldots(a+\nu)\cdot b(b+1)\ldots(b+\nu)}{1\cdot 2\ldots(\nu+1)\cdot c(c+1)\ldots(c+\nu)}\cdot x^{\nu+1},$$

die Reihe selbst also in

$$1 + \frac{a\cdot b}{1\cdot c}x + \frac{a(a+1)\cdot b(b+1)}{1\cdot 2\cdot c(c+1)}x^2 + \cdots,$$

d. h. in die GAUSSsche Reihe. Also:

Die GAUSS*sche Reihe (rein formal betrachtet) erscheint als Grenzfall der* HEINE*schen Reihe.*

Im übrigen mögen in betreff des Verhältnisses der HEINEschen zur GAUSSschen Reihe noch folgende Andeutungen hier Platz finden: Wir

---

Beginn der sechsten Vorlesung.

werden später noch mannigfache Beziehungen der hypergeometrischen Reihe zu den trigonometrischen Funktionen kennenlernen; ganz entsprechende Beziehungen besitzt nun die HEINEsche Reihe zu den elliptischen Funktionen [*]. Wir dürfen also sagen:

HEINE *erreicht durch seine Verallgemeinerung, daß die Beziehungen, welche die* GAUSSsche *Reihe zu den trigonometrischen Funktionen hat, in entsprechender Weise als Beziehungen zur Theorie der elliptischen Funktionen sich einstellen.*

Ferner, wenn wir nach dem Analogon der hypergeometrischen Differentialgleichung fragen:

Die HEINEsche *Reihe genügt in bezug auf z nicht mehr einer Differentialgleichung, sondern einer Differenzengleichung, von der dann eben die hypergeometrische Differentialgleichung selbst wieder ein Grenzfall ist* [**].

Die *dritte Verallgemeinerung der* GAUSSschen Reihe sind die *hypergeometrischen Reihen mit zwei Veränderlichen x, y,* welche zuerst APPELL [2] in den Pariser Comptes rendus (1880) angegeben hat, worauf PICARD [1] eine größere Abhandlung in den Annales de l'École Normale (1881) folgen ließ. In dieser Arbeit zeigt PICARD, daß die APPELLschen verallgemeinerten hypergeometrischen Reihen sich, wie die GAUSSsche, durch ein bestimmtes Integral in einfacher Weise ausdrücken, folgendermaßen:

Während die GAUSSsche Reihe, abgesehen von einer gewissen Konstanten, dem Integrale

$$\int_0^1 u^{b-1}(1-u)^{c-b-1}(1-xu)^{-a}du$$

gleich ist (vgl. S. 5), sind die APPELLschen Reihen im wesentlichen durch ein Integral von folgender allgemeiner Gestalt gegeben (das Integral soll natürlich einen Sinn haben):

$$\int_0^1 u^{\alpha}(1-u)^{\beta}(1-xu)^{\gamma}(1-yu)^{\delta}du.$$

Wenn man hierin den Integranden nach steigenden Potenzen von x und y entwickelt und dann gliedweise integriert, gelangt man zu den APPELLschen Reihen, multipliziert mit einer von x und y unabhängigen Größe.

Der hypergeometrischen Differentialgleichung entspricht hier ein System linearer partieller Differentialgleichungen nach den unabhängigen Veränderlichen x, y. PICARD [1] hat diese Funktion in ähnlicher Weise durch Funktionaleigenschaften definiert, wie dies RIEMANN für die gewöhnliche P-Funktion getan hat. Andererseits hat HORN [2] unsere Funktionen von dem System linearer partieller Differentialgleichungen aus studiert, dem sie genügen.

Als bestimmte Integrale, wenn auch noch nicht als Reihen, hat die vorliegenden Funktionen übrigens POCHHAMMER [1] schon 1870 in modern-funktionentheoretischem Sinne untersucht und bereits (bei n Veränderlichen $x, y, z, \ldots$) „*Hypergeometrische Funktionen n-ter Ordnung*" genannt, nur hat er nicht gerade die Reihen in den Vordergrund gestellt, auch eigentlich nur x als Veränderliche angesehen.

Über all diese Fragen hat auch GOURSAT (insbesondere [1]) gearbeitet [*], [**].

Ferner hat THOMAE [2] den RIEMANNschen Ansatz dahin verallgemeinert, daß er eine Funktion $W\begin{pmatrix}\alpha, \beta, \gamma \\ \alpha', \beta', \gamma'\end{pmatrix}, n)$ einführt, welche durch Unstetigkeits- und Grenzbedingungen definiert ist und welche, wie THOMAE zeigt, in bezug auf n einer linearen homogenen Differenzengleichung zweiter Ordnung genügt. Wegen der Einzelheiten, insbesondere auch der Beziehungen zu sonstigen Untersuchungen sei auf die Originalabhandlung verwiesen [***].

So viel zur Orientierung über die bekannten Verallgemeinerungen der GAUSSschen Reihe. Damit schließen wir überhaupt den Bericht über die hypergeometrische *Reihe* und besprechen nun

Zweiter Abschnitt.

Die hypergeometrische Differentialgleichung.

§ 4. Allgemeines über die Integration von Differentialgleichungen. Die RIEMANNsche Bezeichnung der P-Funktion.

Wie wir gesehen haben (S. 2), tritt die hypergeometrische Differentialgleichung bereits bei EULER sowie bei GAUSS auf, dagegen zum Mittelpunkt der Betrachtung macht sie zuerst KUMMER [1] in Bd. 15 des CRELLEschen Journals (1836).

Diese KUMMERsche Arbeit bildet die Grundlage der von der Differentialgleichung ausgehenden Behandlung der hypergeometrischen Funktion.

Obwohl damals KUMMER noch nicht prinzipiell den *komplexen* Veränderlichen seine Aufmerksamkeit widmet, so wollen wir doch in unserem Berichte uns von vornherein auf den Standpunkt der neueren Funktionentheorie stellen und werden daher gleich auch einiges bringen, was erst durch RIEMANN ([1]) gefunden worden ist.

Ferner wollen wir uns von vornherein mit der allgemeinen hypergeometrischen Differentialgleichung beschäftigen, die wir bereits auf S. 4 kennengelernt haben, nämlich

$$y'' + \left(\frac{1-\alpha-\alpha'}{x} + \frac{1-\gamma-\gamma'}{x-1}\right)y' + \left(\frac{-\alpha\alpha'}{x} + \frac{\gamma\gamma'}{x-1} + \beta\beta'\right)\frac{y}{x(x-1)} = 0,$$

worin y', y'' in bekannter Weise die erste und zweite Ableitung von y nach x bedeuten.

In der Behandlung unserer Differentialgleichung (und der Differentialgleichungen überhaupt) kann man *zweierlei wesentlich entgegengesetzte Betrachtungsweisen* unterscheiden, nämlich einen elementaren, antiquierten Standpunkt, der aber in älteren Lehrbüchern der Differentialrechnung noch vielfach eingenommen wird, und den *modernen funktionentheoretischen Standpunkt.*

Der elementare Standpunkt läßt sich etwa folgendermaßen charakterisieren:

1. Man zweifelt nicht daran, daß es Funktionen gibt, welche der Differentialgleichung Genüge leisten.

2. Hat man zwei partikuläre Lösungen y_1, y_2 gefunden, so sagt man, daß die allgemeine Lösung die Gestalt $y = c_1 y_1 + c_2 y_2$ haben muß (c_1, c_2 Konstanten), weil jeder solche Ausdruck die Differentialgleichung ebenfalls befriedigt und überdies zwei willkürliche Konstanten enthält.

3. Man sucht y_1 und y_2 durch „*elementare Funktionen*" auszudrücken; gelingt dies nicht, so sagt man, die Differentialgleichung sei nicht integrierbar und beschäftigt sich nicht mehr mit ihr. Der Begriff der „elementaren Funktion" muß natürlich genau definiert werden, worauf wir hier aber nicht einzugehen brauchen (man vgl. S. 1). Bemerkt sei nur noch, daß man, als Hilfsmittel zur Auflösung der Differentialgleichung, neben den elementaren Funktionen auch „Quadraturen" zulassen kann.

Auf diesem Standpunkte ist die Auflösung unserer (und überhaupt irgendeiner) Differentialgleichung lediglich Sache der Routine und der Übung in der Anwendung gewisser Kunstgriffe [*].

Ganz anders ist die Betrachtungsweise der modernen Theorie. Man verlangt da folgendes:

1. *Beweis für die „Existenz" von Funktionen $c_1 y_1 + c_2 y_2$, welche unserer Differentialgleichung genügen.*

2. *Erforschung der Eigenschaften dieser Funktionen.* Man sieht eben jede Differentialgleichung als *Definition* einer *bestimmten (evtl. neuen) Gattung transzendenter Funktionen* an.

Bei der von dieser Definition ausgehenden Untersuchung der Eigenschaften der Funktionen muß sich als Nebenresultat ergeben, wann sich unsere Funktionen auf schon früher bekannte Funktionen, insbesondere auf elementare Funktionen, reduzieren.

Das Hauptinteresse ruht aber hier nicht auf den Spezialfällen der niederen Funktionen, sondern gerade auf dem allgemeinen Fall, den neuen Funktionen [**].

Unter „Funktionentheorie" verstehen wir im folgenden fast ausschließlich die Theorie der analytischen Funktionen (komplexer Veränderlicher). Solche Funktionen sind bekanntlich dadurch charakterisiert, daß sie in der Umgebung jeder Stelle im Innern des Definitionsbereiches durch Potenzreihen darstellbar sind; sie besitzen also insbesondere Differentialquotienten jeder Ordnung (und sind stetig). Umgekehrt ist jede im Komplexen differenzierbare Funktion auch analytisch.

Läßt man die Forderung der Entwickelbarkeit in Potenzreihen fallen, so gelangt man zu viel allgemeineren Funktionen, welche z. B. nicht mehr stetig zu sein brauchen, welche keine Differentialquotienten zu besitzen brauchen und welche daher der Untersuchung vielfach größere Schwierigkeiten bieten. Z. B. gehört hierher die Theorie der allgemeinen, durch eine Fouriersche Reihe darstellbaren reellen Funktionen (einer reellen Veränderlichen). In dieser Richtung ist besonders das Buch von Dini [1] bemerkenswert [*].

Wir sprechen also folgenden Satz aus:

An sich besteht gar keine Notwendigkeit, funktionentheoretische Untersuchungen in der Weise zu führen, daß man nur analytische Funktionen zuläßt, vielmehr treten gewisse Feinheiten und Schwierigkeiten erst hervor, wenn man sich auch mit „nichtanalytischen" (d. h. mit nicht notwendig analytischen) *Funktionen* (reeller Veränderlicher) *beschäftigt, insofern dann der Funktionsbegriff allgemeiner ist. In diese Theorie (der nichtanalytischen Funktionen) gehören dann beispielsweise* Dirichlets *Untersuchungen über die* Fourier*sche Reihe, bei welcher die darzustellenden Funktionen nicht notwendig analytisch zu sein brauchen.*

In dieser Vorlesung will ich mich, wie gesagt, durchweg auf *analytische Funktionen komplexer Veränderlicher* beschränken. Wir werden daher die Aufgabe, betreffend Behandlung unserer (hypergeometrischen) Differentialgleichung, spezieller so stellen:

1. Wir verlangen einen Beweis für die Existenz *analytischer Funktionen* $c_1y_1 + c_2y_2$ *der komplexen Veränderlichen* x, welche der Differentialgleichung genügen; ferner den Nachweis, daß dies *alle* Lösungen sind [**].

2. Dann werden wir die Eigenschaften dieser Funktionen in der *komplexen Zahlenebene* als Definitionsbereich studieren.

In dieser Form ist das Problem zuerst von Cauchy gestellt, dem sich dann in Deutschland außer Riemann namentlich Weierstrass angeschlossen hat [***].

Wir werden also in der nächsten Vorlesung die Differentialgleichung an die Spitze stellen und fragen, ob man ihr durch konvergente Potenzreihen genügen kann und ob die so entstehenden allgemeinen Integrale in der Gestalt $y = c_1y_1 + c_2y_2$ sich aufbauen.

Die hypergeometrische Differentialgleichung in ihrer allgemeineren Form lautet, wie wir früher sahen:

$$y'' + \left(\frac{1-\alpha-\alpha'}{x} + \frac{1-\gamma-\gamma'}{x-1}\right)y' + \left(\frac{-\alpha\alpha'}{x} + \frac{\gamma\gamma'}{x-1} + \beta\beta'\right)\frac{y}{x(x-1)} = 0.$$

Beginn der siebenten Vorlesung.

Wir unterscheiden nun die Punkte („Stellen") der komplexen x-Ebene mit Bezug auf unsere Differentialgleichung in gewöhnliche und singuläre Punkte (Stellen). *Singulär* nennen wir diejenigen Punkte, in welchen einer der Koeffizienten singulär ist; alle übrigen Stellen mögen „*gewöhnliche*" („*reguläre*" oder „*nichtsinguläre*") heißen. Singuläre Stellen der hypergeometrischen Differentialgleichung sind also die Punkte $x = 0$ und $x = 1$; außerdem aber auch der Punkt $x = \infty$. Dieser letztere tritt zwar in unserer Differentialgleichung nicht in derselben unmittelbar sichtbaren Weise als singulär hervor wie die Punkte $x = 0$ und $x = 1$; die Gleichung ist aber auch nicht invariant geschrieben, es ist vielmehr in der Schreibweise der unendlich ferne Punkt bevorzugt. Um die wahre Natur desselben zu erkennen, muß man ihn erst durch irgendeine geeignete lineare Substitution ins Endliche transformieren. Wir wählen diese Substitution so, daß nicht zugleich einer der Punkte 0 und 1 ins Unendliche rückt und damit seine Natur unkenntlich wird, sondern daß die Punkte $0, \infty, 1$ in drei endliche, übrigens willkürliche Punkte a, b, c übergehen; dieses leistet folgende Substitution:

$$x = \frac{z-a}{z-b} \cdot \frac{c-b}{c-a}$$

(a, b, c alle verschieden) oder umgekehrt

$$z = \frac{b(a-c)x - a(b-c)}{(a-c)x - (b-c)}.$$

Die Differentialgleichung nimmt dann folgende ganz symmetrische Gestalt an, welche zuerst von PAPPERITZ in meinem Seminar ausgerechnet und in Bd. 25 der Mathematischen Annalen (1885) (= PAPPERITZ [1]) mitgeteilt worden ist:

$$\frac{d^2y}{dz^2} + \left\{\frac{1-\alpha-\alpha'}{z-a} + \frac{1-\beta-\beta'}{z-b} + \frac{1-\gamma-\gamma'}{z-c}\right\}\frac{dy}{dz} + \left\{\frac{\alpha\alpha'(a-b)(a-c)}{z-a}\right.$$
$$\left. + \frac{\beta\beta'(b-a)(b-c)}{z-b} + \frac{\gamma\gamma'(c-a)(c-b)}{z-c}\right\}\frac{y}{(z-a)(z-b)(z-c)} = 0.$$

Man sieht aus dieser Gestalt unmittelbar, daß die Zahlen α, α' zu dem singulären Punkte a in genau denselben Beziehungen stehen wie β, β' zu b und wie γ, γ' zu c. Setzt man $a = 0$, $b = \infty$ und $c = 1$, so geht die Gleichung wieder genau in die ursprüngliche über, welche also $0, \infty, 1$ als singuläre Punkte hat.

Von hier aus kommt man von selbst zu der RIEMANN*schen Bezeichnung:*

$$y = P\left|\begin{matrix} a & b & c & \\ \alpha & \beta & \gamma & z \\ \alpha' & \beta' & \gamma' & \end{matrix}\right| = P\left|\begin{matrix} 0 & \infty & 1 & \\ \alpha & \beta & \gamma & x \\ \alpha' & \beta' & \gamma' & \end{matrix}\right|.$$

Die 6 Zahlen $\alpha, \alpha', \beta, \beta', \gamma, \gamma'$, welche, wie von früher (S. 4) bekannt, der Bedingung

$$\alpha + \alpha' + \beta + \beta' + \gamma + \gamma' = 1$$

unterliegen, nennt man nach RIEMANN die „*Exponenten der P-Funktion*", und zwar α, α' die zu a bzw. 0 gehörigen, β, β' die zu b bzw. ∞ und γ, γ' die zu c bzw. 1 gehörigen Exponenten. Der Sinn dieser Benennung wird bald hervortreten.

Die drei singulären Punkte sind natürlich, wie aus der symmetrischen Gestalt der Gleichung folgt, ganz gleichberechtigt.

§ 5. Existenz der Lösungen.

Wir achten nun zuerst auf einen nichtsingulären Punkt z_0 der Ebene und sehen zu, ob sich eine in der Umgebung der Stelle z_0 konvergente Potenzreihe

$$y = \sum_{\nu=0}^{\nu=\infty} A_\nu (z - z_0)^\nu$$

finden läßt, welche der Differentialgleichung genügt.

In der Tat werden wir eine solche finden, und zwar wird sich zeigen, daß die allgemeinste derartige Potenzreihe sich durch zwei spezielle Potenzreihen y_1, y_2 in der Gestalt $c_1 y_1 + c_2 y_2$ ausdrückt.

Ferner werden wir finden, daß diese Potenzreihen in der Umgebung der Stelle z_0 wirklich konvergieren und daß der Konvergenzkreis mindestens bis an den nächsten der singulären Punkte unserer Differentialgleichung heranreicht.

Einen Beweis für diese Behauptungen, dessen Gedanke auf CAUCHY zurückgeht und auch für beliebige Differentialgleichungen (mit analytischen Koeffizienten) zum Ziele führt, wollen wir hier um der prinzipiellen Wichtigkeit solcher Existenz- und Konvergenzbeweise willen in größerer Ausführlichkeit wiedergeben [*].

Die Differentialgleichung heiße allgemein

$$y'' = p y' + q y,$$

unter p, q irgendwelche analytische Funktionen verstanden, welche an der Stelle $z = z_0$ sich nicht singulär verhalten.

Ohne der Allgemeinheit Abbruch zu tun, können wir $z_0 = 0$ annehmen; man braucht gegebenenfalls nur für $z - z_0$ eine neue Veränderliche z zu setzen. Dann lassen sich sowohl p wie q in der Umgebung der Stelle $z = 0$ nach Potenzen von z mit ganzen positiven Exponenten entwickeln:

$$p = \sum_{\nu=0}^{\infty} B_\nu z^\nu, \quad q = \sum_{\nu=0}^{\infty} C_\nu z^\nu,$$

wobei diese Entwicklungen beide innerhalb eines Kreises konvergieren, der bis an die nächste singuläre Stelle der Differentialgleichung heranreicht.

Zu den gesuchten Potenzreihen y_1, y_2 führt uns sofort die nachstehende *Analysis*: Wir nehmen an, es sei die in der Umgebung von $z = 0$ konvergente Potenzreihe:

$$y = \sum_{\nu=0}^{\infty} A_\nu z^\nu$$

eine Lösung der Differentialgleichung. Es gilt dann weiter

$$y' = \sum_{\nu=1}^{\infty} \nu A_\nu z^{\nu-1}, \quad y'' = \sum_{\nu=2}^{\infty} \nu(\nu-1) A_\nu z^{\nu-2}.$$

Setzen wir dies sowie die Potenzreihen für p und q in die lineare Differentialgleichung ein, so ergibt sich:

$$\sum_{\nu=2}^{\infty} \nu(\nu-1) A_\nu z^{\nu-2} = \left(\sum_{\nu=0}^{\infty} B_\nu z^\nu\right)\left(\sum_{\nu=1}^{\infty} \nu A_\nu z^{\nu-1}\right) + \left(\sum_{\nu=0}^{\infty} C_\nu z^\nu\right)\left(\sum_{\nu=0}^{\infty} A_\nu z^\nu\right)$$

oder ausführlicher:

$$\begin{aligned} 2A_2+6A_3z+12A_4z^2+\cdots &= (B_0+B_1z+B_2z^2+\cdots)(A_1+2A_2z+3A_3z^2+\cdots) \\ &\quad + (C_0+C_1z+C_2z^2+\cdots)(A_0+A_1z+A_2z^2+\cdots), \end{aligned}$$

woraus sich durch Vergleichung der Koeffizienten gleicher Potenzen von z rechts und links die Rekursionsformeln für die A_ν ergeben:

$$\begin{aligned} 2A_2 &= B_0A_1 + C_0A_0, \\ 6A_3 &= 2B_0A_2 + B_1A_1 + C_0A_1 + C_1A_0, \\ 12A_4 &= 3B_0A_3 + 2B_1A_2 + B_2A_1 + C_0A_2 + C_1A_1 + C_2A_0, \\ 20A_5 &= 4B_0A_4 + 3B_1A_3 + 2B_2A_2 + B_3A_1 + C_0A_3 + C_1A_2 + C_2A_1 + C_3A_0 \end{aligned}$$

usw.

Vermittels dieser Formeln berechnen sich $A_2, A_3, A_4, \ldots$ eindeutig, sobald wir A_0 und A_1 willkürlich angenommen haben. Dabei ist diese Bestimmung der A_ν immer möglich, da in jeder unserer Bestimmungsgleichungen der Koeffizient von A_ν immer eine von Null verschiedene natürliche Zahl ist.

Man findet z. B.

$$\begin{aligned} A_2 &= \tfrac{1}{2} C_0A_0 + \tfrac{1}{2} B_0A_1, \\ A_3 &= \tfrac{1}{6}(B_0C_0 + C_1)A_0 + \tfrac{1}{6}(B_0^2 + B_1 + C_0)A_1, \\ A_4 &= \tfrac{1}{24}(B_0^2C_0 + B_0C_1 + 2B_1C_0 + C_0^2 + 2C_2)A_0 \\ &\quad + \tfrac{1}{24}(B_0^3 + 3B_0B_1 + 2B_0C_0 + 2B_2 + 2C_1)A_1, \text{ usw.} \end{aligned}$$

Man sieht, wie man auch leicht durch Schluß von n auf $n+1$ beweist, *daß sich so sämtliche Koeffizienten A_ν als lineare homogene Funktionen*

$$A_\nu = L_\nu A_0 + M_\nu A_1$$

der zwei ersten Koeffizienten A_0 und A_1 ausdrücken, wobei L_ν und M_ν ganze rationale Funktionen der $\nu - 1$ ersten Koeffizienten B_ϱ bzw. *C_ϱ in den Entwicklungen von p und q, und zwar mit nur positiven Koeffizienten, sind.*

Da sich, wie wir sahen, jeder einzelne Koeffizient linear durch A_0 und A_1 ausdrückt, so können wir die ganze Reihe in einen mit A_0 und einen mit A_1 multiplizierten Teil spalten:

$$\mathfrak{P}(z) = A_0\mathfrak{P}_0(z) + A_1\mathfrak{P}_1(z),$$

welches Resultat wir, indem wir für A_0 und A_1 die Buchstaben c_1 und c_2 setzen, folgendermaßen in Worten aussprechen können:

Die allgemeine Reihe, welche wir hier finden, setzt sich in der Gestalt $c_1 y_1 + c_2 y_2$ *aus zwei partikulären Reihen* $y_1 = \mathfrak{P}_0(z)$, $y_2 = \mathfrak{P}_1(z)$ *zusammen, dem Umstande entsprechend, daß die sämtlichen* A_ν *linear und homogen aus den willkürlich bleibenden* A_0, A_1 *zusammengesetzt sind.* Dabei sind y_1 und y_2 *linear unabhängig*, d. h. aus $c_1 y_1 + c_2 y_2 = 0$ für konstante c_1, c_2 und für alle z folgt $c_1 = c_2 = 0$.

Wenn es also überhaupt (konvergente) Potenzreihen gibt, welche Lösungen unserer Differentialgleichung sind, so müssen sie unter den $c_1 y_1 + c_2 y_2$ enthalten sein.

Die gefundenen Entwicklungen haben jedoch so lange nur formalen Charakter, bis wir nachweisen, daß sie konvergieren und also wirklich Funktionen vorstellen. Daß schließlich die als konvergent nachgewiesenen Potenzreihen y_1, y_2 wirklich Lösungen der Differentialgleichung sind, verifiziert man unmittelbar durch Hinweis auf unsere Analysis, welche uns zu y_1 und y_2 geführt hat.

Den noch ausstehenden Konvergenzbeweis führen wir nun, indem wir die gefundene Potenzreihe mit einer anderen Potenzreihe vergleichen, von welcher wir wissen, daß sie konvergiert. Wir beachten nämlich, daß die Koeffizienten L_ν und M_ν in den Reihen

$$y_1 = \sum_{\nu=0}^{\infty} L_\nu z^\nu \quad \text{und} \quad y_2 = \sum_{\nu=0}^{\infty} M_\nu z^\nu$$

sich aus den Entwicklungskoeffizienten B_ν und C_ν von p und q *als ganze, rationale Funktionen mit positiven Koeffizienten* zusammensetzen.

Setzen wir daher statt der Funktionen p, q andere, deren Entwicklungskoeffizienten sämtlich positiv und nicht kleiner als die absoluten Werte der entsprechenden B_ν, C_ν sind, so erhalten wir für die L_ν, M_ν solche Werte L_ν^*, M_ν^*, welche positiv und nicht kleiner sind als die absoluten Werte der oben bestimmten L_ν, M_ν. Können wir nun von der Vergleichsreihe $\sum L_\nu^* z^\nu$ bzw. $\sum M_\nu^* z^\nu$ nachweisen, daß sie konvergiert, so muß die Reihe $\sum L_\nu z^\nu$ bzw. $\sum M_\nu z^\nu$ ebenfalls konvergieren, indem doch ihre Terme einzeln dem absoluten Betrage nach nicht größer sind als die Terme der absolut konvergenten Reihe $\sum L_\nu^* z^\nu$ bzw. $\sum M_\nu^* z^\nu$.

Dabei werden wir die an Stelle der p und q zu setzenden Funktionen so einrichten, daß die resultierende Vergleichsreihe ein hinreichend einfaches Bildungsgesetz besitzt, um ihre Konvergenz sofort erkennen zu können.

Wir schildern unser Verfahren kurz in folgendem Satz:

Wir werden die Konvergenz der Reihe y_1 *bzw.* y_2 *bei einer Hilfsdifferentialgleichung beweisen, deren* B_ν, C_ν *positiv und größer oder gleich den absoluten Beträgen der gegebenen* B_ν, C_ν *sind, aber ein einfaches Bildungsgesetz verfolgen, vermöge dessen man die Reihenkonvergenz sofort einsieht.*

Dann konvergiert die Reihe für die vorgelegte Differentialgleichung notwendig um so mehr.

Es ist dies die (wohl zuerst von CAUCHY ersonnene) „Methode der Reihenvergleichung" (auch als „*Majorantenmethode*" oder als „*calcul des limites*" bezeichnet). Die Vergleichsreihen heißen kurz „*Majoranten*".

Den Koeffizienten B_ν von z^ν in der Entwicklung der Funktion $p(z)$ können wir bekanntlich durch ein Integral

$$B_\nu = \frac{1}{2\pi i}\oint \frac{p(z)}{z^{\nu+1}}\,dz$$

ausdrücken, welches man längs einer einfachen geschlossenen (keinen singulären Punkt enthaltenden oder umschließenden), den Nullpunkt in positivem Sinne umlaufenden Kurve zu erstrecken hat, z. B. längs eines Kreises $\mathfrak{K}$ mit dem Radius R.

Nun können wir mit Hilfe dieses Integrals leicht eine obere Grenze für den absoluten Wert von B_ν finden. Aus der Definition des bestimmten Integrals als Grenzwert von gewissen Summen folgt nämlich, wie bekannt:

$$|B_\nu| \leqq \frac{1}{|2\pi i|}\oint_{\mathfrak{K}} \frac{|p(z)|}{|z^{\nu+1}|}\,|dz|\,.$$

Nun ist aber längs $\mathfrak{K}$

$$|z| = R\,, \qquad |dz| = R\,d\varphi\,.$$

Also

$$|B_\nu| \leqq \frac{1}{R^\nu}\cdot\frac{1}{2\pi}\int_0^{2\pi} |p(Re^{i\varphi})|\,d\varphi\,.$$

Da nun der Integrationsweg durch keinen der singulären Punkte geht, so ist $|p(z)|$ längs desselben stetig, besitzt also dort ein Maximum M. Dann ist aber

$$\frac{1}{2\pi}\int_0^{2\pi} |p(z)|\,d\varphi \leqq \frac{1}{2\pi}\int_0^{2\pi} M\,d\varphi = M\,,$$

und es ist also

$$|B_\nu| \leqq \frac{M}{R^\nu}\,.$$

Bedeutet M das Maximum, welches der absolute Betrag einer Funktion p auf der Peripherie des Kreises vom Radius R besitzt, so ist der absolute Betrag des ν-ten Koeffizienten B_ν kleiner oder höchstens gleich $M:R^\nu$.

Dieser Kreis vom Radius R ist nur an die Bedingung gebunden, keinen singulären Punkt der Funktion zu umschließen oder auf der Peripherie zu enthalten (damit M auf alle Fälle existiert).

Genau in derselben Weise findet man für die absoluten Werte der Koeffizienten C_ν eine obere Schranke

$$|C_\nu| \leqq \frac{N}{R^\nu}\,,$$

unter N das (sicher vorhandene) Maximum von $|q(z)|$ auf dem Kreise vom Radius R verstanden. Ohne Beschränkung der Allgemeinheit kann hier der gleiche Radius R gewählt werden wie bei $p(z)$.

Wir setzen nun in unserer Differentialgleichung statt B_ν und C_ν unserem Plane gemäß die oberen Schranken ihrer absoluten Beträge, erhalten also

$$y'' = \left(\sum_{\nu=0}^{\infty} \frac{M}{R^\nu} z^\nu\right) y' + \left(\sum_{\nu=0}^{\infty} \frac{N}{R^\nu} z^\nu\right) y .$$

Innerhalb der runden Klammern stehen hier geometrische Reihen, die für $|z| < R$ bzw. gegen $M : \left(1 - \frac{z}{R}\right)$ und $N : \left(1 - \frac{z}{R}\right)$ konvergieren. Daher erhalten wir:

$$y'' = \frac{M}{1 - \frac{z}{R}} y' + \frac{N}{1 - \frac{z}{R}} y$$

oder

$$\left(1 - \frac{z}{R}\right) y'' = M y' + N y .$$

Von dieser Hilfsdifferentialgleichung müssen wir nun nachweisen, daß sie sich in der Umgebung von $z = 0$ durch eine konvergente Potenzreihe von der bereits untersuchten Art integrieren läßt. Dann wird die Reihe, welche wir für die ursprüngliche Differentialgleichung konstruierten, um so mehr konvergieren.

In unserer Hilfsdifferentialgleichung setzen wir zur Vereinfachung

$$\frac{z}{R} = x , \qquad \frac{dy}{dz} = \frac{1}{R} \frac{dy}{dx}, \qquad \frac{d^2y}{dz^2} = \frac{1}{R^2} \frac{d^2y}{dx^2}$$

und erhalten so

$$(1 - x) \frac{d^2y}{dx^2} = MR \frac{dy}{dx} + NR^2 y ,$$

worin wir für MR, NR^2 zwei neue Konstanten P, Q einführen, so daß wir bekommen:

$$(1 - x) \frac{d^2y}{dx^2} = P \frac{dy}{dx} + Q y .$$

Wir integrieren diese Differentialgleichung zunächst formell durch die Reihe

$$\sum_{\nu=0}^{\infty} A_\nu^* x^\nu .$$

Die Rekursionsformeln zur Berechnung der A_ν haben im Falle dieser Hilfsdifferentialgleichung folgende bequeme Gestalt:

$$\nu(\nu - 1) A_\nu^* - (\nu - 1)(\nu - 2) A_{\nu-1}^* = (\nu - 1) P A_{\nu-1}^* + Q A_{\nu-2}^*$$

Beginn der achten Vorlesung.

oder
$$A_\nu^* = \frac{\nu - 2 + P}{\nu} A_{\nu-1}^* + \frac{Q}{\nu(\nu-1)} A_{\nu-2}^*, \qquad \nu = 2, 3, \ldots$$

Wir nehmen nun $A_0^* \geqq 0$, $A_1^* \geqq 0$, $A_0^* + A_1^* > 0$ sowie $P > 2$ an, so daß

$$A_\varrho^* > 0, \qquad \frac{A_{\nu-2}^*}{A_{\nu-1}^*} < 1 \quad (\varrho \geqq 2,\ \nu \geqq 5) \quad [*].$$

Die Betrachtung des Quotienten zweier aufeinanderfolgenden Koeffizienten zeigt nun: In

$$\frac{A_\nu^*}{A_{\nu-1}^*} = \frac{\nu - 2 + P}{\nu} + \frac{Q}{\nu(\nu-1)} \cdot \frac{A_{\nu-2}^*}{A_{\nu-1}^*}$$

geht für $\nu \to \infty$ das zweite Glied der Summe rechts gegen Null (wegen $\frac{A_{\nu-2}^*}{A_{\nu-1}^*} < 1$) und das erste nähert sich dem Grenzwerte Eins. Also gilt:

$$\lim_{\nu \to \infty} \frac{A_\nu^*}{A_{\nu-1}^*} = 1.$$

Die Hilfsdifferentialgleichung wird durch Potenzreihen $\sum L_\nu^* z^\nu$ bzw. $\sum M_\nu^* z^\nu$ integriert, bei welchen das Verhältnis zweier aufeinanderfolgenden Koeffizienten bei wachsender Stellenzahl sich der Eins unbegrenzt nähert.

Von hier aus ist selbstverständlich, daß unsere Reihen *für* $|x| < 1$ *konvergieren. D. h.: die Hilfsdifferentialgleichung mit der unabhängigen Veränderlichen* $z = Rx$ *besitzt innerhalb des Kreises mit dem Radius R konvergente Potenzreihen als Lösungen.*

Mindestens innerhalb desselben Kreises müssen also auch die Lösungen der ursprünglichen Differentialgleichung:

$$y_1 = \sum_{\nu=0}^{\infty} L_\nu z^\nu, \qquad y_2 = \sum_{\nu=0}^{\infty} M_\nu z^\nu$$

und folglich auch

$$y = \sum_{\nu=0}^{\infty} A_\nu z^\nu$$

konvergieren.

Da aber der bei der Hilfsdifferentialgleichung auftretende Kreis mit dem Radius R nur der Bedingung unterworfen ist, keinen der singulären Punkte von $p(z)$ und $q(z)$ einzuschließen oder zu erreichen, so kann ich R doch immer so wählen, daß der Konvergenzkreis beliebig nahe an den nächsten singulären Punkt der ursprünglichen Differentialgleichung heranreicht, d. h.:

Die gefundene Reihenentwicklung konvergiert mindestens innerhalb eines bis an den nächsten singulären Punkt von $p(z)$ oder $q(z)$ heranreichenden Kreises, evtl. mit Ausschluß des Randes.

Die Entwicklung $\sum A_\nu z^\nu$ kann man, wie für den Nullpunkt, so für jeden nichtsingulären Punkt der z-Ebene durchführen: immer findet man konvergente Potenzreihen, also wirklich analytische Funktionen als Lösungen, und zwar enthalten diese immer zwei willkürliche Konstanten.

Wir können daher die für irgendeinen Punkt z_0 gefundenen Lösungen überallhin in der z-Ebene fortsetzen, wenn wir nur die singulären Punkte vermeiden. Also:

Unsere Differentialgleichung definiert eine, von den zwei Parametern c_1, c_2 abhängige Schar analytischer Funktionen $c_1 y_1 + c_2 y_2$, deren einzelne Zweige überall in der Ebene mit Ausnahme höchstens der singulären Punkte der Differentialgleichung den Charakter einer ganzen Funktion haben (d. h. regulär analytisch sind) [*].

Was die Konvergenz der gefundenen Entwicklungen betrifft, so sahen wir schon, daß dieselben mindestens innerhalb eines bis an den nächsten singulären Punkt der Differentialgleichung heranreichenden Kreises konvergieren; dasselbe Resultat liefert im hypergeometrischen Fall die allgemeine Funktionentheorie:

Nach allgemeinen Grundsätzen der Funktionentheorie ist der Konvergenzkreis der in der letzten Vorlesung von uns betrachteten Reihenentwicklungen notwendig durch denjenigen um z_0 herumgelegten Kreis gegeben, der den nächstgelegenen singulären Punkt des durch die betrachtete Reihe definierten Zweiges der zugehörigen analytischen Funktion auf seinem Rande enthält, also im hypergeometrischen Falle höchstens die Punkte $z = 0$ oder $z = 1$ [**].

Die allgemeine Funktionentheorie gibt aber auch zu einer weiteren Frage Anlaß. Man kann ja von irgendeinem nichtsingulären Punkte z_0 aus einen anderen Punkt z auf verschiedene Weise durch analytische Fortsetzung erreichen, insbesondere kann man durch analytische Fortsetzung um einen singulären Punkt herum wieder zu z_0 zurückgelangen, d. h. einen singulären Punkt umkreisen.

Es entsteht also jetzt die Frage, wie sich unsere verschiedenen Funktionszweige bei Umkreisung des einzelnen singulären Punktes verhalten mögen.

§ 6. Reihenentwicklungen für die Umgebung einer singulären Stelle.

Ehe wir aber hierauf eingehen, untersuchen wir erst, wie sich die Lösungen in der Umgebung eines einzelnen singulären Punktes selbst verhalten. Dabei kehren wir insbesondere zur hypergeometrischen Differentialgleichung zurück.

Wir beschränken uns zuerst auf $x = 0$, weil die anderen singulären Punkte genau entsprechende Resultate geben müssen.

Mit einer Potenzreihe $\mathfrak{P}(x) = A_0 + A_1 x + \cdots$ können wir aber im allgemeinen unserer Differentialgleichung nicht genügen, wie wir sofort sehen; wir werden es daher mit der schon von EULER in solchen Fällen benutzten Entwicklung

$$y = x^{\varrho}\,\mathfrak{P}(x)$$

versuchen, in welcher ϱ nicht notwendig eine ganze Zahl zu sein braucht. Wir entwickeln zunächst die Koeffizienten der gegebenen Differentialgleichung

$$y'' + \left(\frac{1-\alpha-\alpha'}{x} + \frac{1-\gamma-\gamma'}{x-1}\right)y' + \left(\frac{-\alpha\alpha'}{x} + \frac{\gamma\gamma'}{x-1} + \beta\beta'\right)\frac{y}{x(x-1)} = 0$$

nach Potenzen von x, so daß wir erhalten

$$0 = y'' + \{(1-\alpha-\alpha')x^{-1} + (\gamma+\gamma'-1) + (\gamma+\gamma'-1)x + \cdots\}y' + \cdots.$$

Setzen wir nun versuchsweise

$$y = x^{\varrho} + A_1 x^{\varrho+1} + A_2 x^{\varrho+2} + \cdots$$

in die Differentialgleichung ein, so ergibt sich

$$\begin{aligned} 0 = {} & x^{\varrho-2}\{\varrho(\varrho-1) + (1-\alpha-\alpha')\varrho + \alpha\alpha'\} \\ & + x^{\varrho-1}\{A_1[(\varrho+1)\varrho + (1-\alpha-\alpha')(\varrho+1) + \alpha\alpha'] + (\gamma+\gamma'-1)\varrho + (\alpha\alpha'-\beta\beta'+\gamma\gamma')\} \\ & + \cdots\cdots\cdots \\ & \vdots \\ & + x^{\varrho+\nu-2}\{A_\nu[(\varrho+\nu)(\varrho+\nu-1) + (1-\alpha-\alpha')(\varrho+\nu) + \alpha\alpha'] + A_{\nu-1}[\cdots] + \cdots\} \\ & \vdots \\ & + \cdots\cdots\cdots \end{aligned}$$

Durch Nullsetzen des ersten Koeffizienten ergibt sich für den Exponenten ϱ die quadratische Gleichung

$$\varrho(\varrho-1) + (1-\alpha-\alpha')\varrho + \alpha\alpha' = 0$$

oder

$$(\varrho-\alpha)(\varrho-\alpha') = 0;$$

man nennt sie nach FUCHS die „*determinierende Fundamentalgleichung*", welche zu dem singulären Punkte gehört.

Des näheren werden in unserem Fall die Exponenten für den Punkt $x = 0$ *durch die beiden Zahlen* α, α' *selbst gegeben, in Übereinstimmung mit der Bezeichnung, die wir für diese Größen mit* RIEMANN *gewählt hatten* (S. 27).

Man erhält also (falls unser Ansatz zum Ziele führt) zwei partikuläre Lösungen der Gestalt:

$$y_1 = x^{\alpha}\mathfrak{P}_1(x), \qquad y_2 = x^{\alpha'}\mathfrak{P}_2(x)\,. \,.$$

Wie steht es nun mit der Berechnung der Entwicklungskoeffizienten A_ν; und wie steht es weiter mit der Konvergenz unserer Reihen? Wir überlegen:

Es war $A_0 = 1$. *Die folgenden Koeffizienten* A_ν *bestimmen sich in der Weise, daß man den Koeffizienten von* $x^{\varrho+\nu-2}$ *gleich* 0 *setzt* ($\nu = 1, 2, \ldots$).

Gesetzt, es seien $A_1, A_2, \ldots, A_{\nu-1}$ berechnet; dann ergeben sich, wenn man den Koeffizienten von $x^{\varrho+\nu-2}$ gleich Null setzt, für den Koeffizienten A_ν von y folgende Gleichungen:

$$0 = A_\nu((\alpha+\nu)(\alpha+\nu-1) + (1-\alpha-\alpha')(\alpha+\nu) + \alpha\alpha') + A_{\nu-1}(\cdots) + \cdots,$$
$$0 = A'_\nu((\alpha'+\nu)(\alpha'+\nu-1) + (1-\alpha-\alpha')(\alpha'+\nu) + \alpha\alpha') + A'_{\nu-1}(\cdots) + \cdots$$

oder zusammengezogen

$$0 = A_\nu \cdot \nu(\alpha-\alpha'+\nu) + \cdots,$$
$$0 = A'_\nu \cdot \nu(\alpha'-\alpha+\nu) + \cdots.$$

Ist $\alpha - \alpha'$ keine ganze Zahl (ist also insbesondere $\alpha \neq \alpha'$), dann sind diese Gleichungen sämtlich auflösbar und definieren uns (falls die mit den A_ν bzw. A'_ν gebildeten Potenzreihen konvergieren) zwei verschiedene, linear unabhängige Lösungen, aus denen man also jede andere Lösung linear zusammensetzen kann.

Ist aber $\alpha = \alpha'$, so geben uns beide Gleichungssysteme nur dieselbe Lösung; unsere Methode enthält also dann eine Lücke, insofern sie nur *eine* der beiden zu verlangenden partikulären Lösungen liefert.

Ist andererseits $\alpha - \alpha'$ eine positive oder negative ganze Zahl, etwa $\alpha - \alpha' = \pm n$, dann wird entweder in dem zweiten oder in dem ersten Gleichungssystem der Koeffizient von A'_n bzw. von A_n gleich Null. Die lineare Gleichung zur Bestimmung von A'_n bzw. A_n besitzt also keine Lösung; es sei denn, daß die n-te Gleichung nach Einsetzen der schon gefundenen Werte von $A'_1, A'_2, \ldots, A'_{n-1}$ bzw. von $A_1, A_2, \ldots, A_{n-1}$ bereits erfüllt ist, gleichgültig, welchen Wert man A'_n bzw. A_n erteilt, so daß also A'_n bzw. A_n willkürlich gewählt werden kann.

Der Fall, daß keine Lösung A'_n bzw. A_n vorhanden ist, kann aber nur für eine der beiden Entwicklungen eintreten, bei positivem $\alpha - \alpha'$ für die zweite, bei negativem für die erste; diese eine Entwicklung wird dann illusorisch, während die andere eine durchaus brauchbare Lösung liefert. Also:

Unsere Methode, welche erst noch durch Konvergenzbetrachtungen zu ergänzen ist, versagt, wenn die Differenz $\alpha - \alpha'$ gleich Null oder gleich einer ganzen Zahl ist, indem dann jedesmal nur eine — und zwar die zum Exponenten mit größtem reellen Bestandteil gehörige — Potenzreihenentwicklung in der Umgebung des singulären Punktes $x = 0$ gefunden wird und die andere entweder nichts Neues gibt oder sinnlos wird, es sei denn, daß ein „Ausnahmefall zweiter Ordnung" vorliegt, wo in der Gleichung zur Bestimmung entweder von A_n oder aber von A'_n nicht nur der Koeffizient von A_n bzw. von A'_n verschwindet, sondern diese Gleichung von selbst erfüllt ist, so daß A_n willkürlich bleibt (vgl. auch die Zusammenfassung S. 43 oben).

§ 7. Fortsetzung. — Reihenentwicklungen bei ganzzahligen Exponentendifferenzen: Ausnahmefall zweiter Ordnung.

Wir haben nun die in der letzten Stunde erwähnten Reihenentwicklungen noch näher, insbesondere auf ihre Konvergenz hin, zu untersuchen. Hierbei werden wir die einzelnen Fälle, zu denen wir in der letzten Stunde geführt wurden, am passendsten in der Weise weiter diskutieren, daß wir an unsere früheren Betrachtungen über die hypergeometrische Reihe anknüpfen.

Beginn der neunten Vorlesung.

Gegeben war die (von Ausnahmefällen abgesehen; vgl. S. 3, Zusatz) für $|x| < 1$ sicher konvergente Reihe $F(a, b; c; x)$. Es zeigte sich, daß diese Reihe einer gewissen Differentialgleichung zweiter Ordnung genügt; wir setzten nun

$$y = x^{\alpha}(1-x)^{\gamma} F(a, b; c; x),$$

unter α, γ irgend zwei willkürlich gewählte (reelle oder komplexe) Zahlen verstanden, und fanden, daß die so definierte *„allgemeine hypergeometrische Funktion"* der Differentialgleichung

$$y'' + \left(\frac{1-\alpha-\alpha'}{x} + \frac{1-\gamma-\gamma'}{x-1}\right) y' + \left(\frac{-\alpha\alpha'}{x} + \frac{\gamma\gamma'}{x-1} + \beta\beta'\right)\frac{y}{x(x-1)} = 0$$

genügt, wobei die Zahlen $\alpha', \beta, \beta', \gamma'$ mit den a, b, c und den willkürlichen Zahlen α, γ durch die Gleichungen zusammenhängen

$$\begin{aligned} a &= \alpha + \beta + \gamma, \\ b &= \alpha + \beta' + \gamma, \\ c &= 1 + \alpha - \alpha', \\ \alpha + \alpha' &+ \beta + \beta' + \gamma + \gamma' = 1. \end{aligned}$$

Wir haben nun nur die Betrachtung in umgekehrter Ordnung zu durchlaufen.

Wir gehen von der Differentialgleichung aus und wissen also nun von vornherein, daß eine Lösung derselben in folgender Gestalt existiert:

$$x^{\alpha}(1-x)^{\gamma} F(\alpha+\beta+\gamma, \alpha+\beta'+\gamma; 1+\alpha-\alpha'; x).$$

Dies ist nun in der Tat gerade die eine der gesuchten Partikularlösungen, nämlich $x^{\alpha}\mathfrak{P}_1(x)$.

Zugleich erkennen wir, daß $\mathfrak{P}_1(x)$ sicher für $|x| < 1$ konvergiert, von besonderen Fällen abgesehen.

Man kann aber dieselbe Lösung auch in anderer Gestalt erhalten. Wir sehen, daß die Differentialgleichung ganz symmetrisch in γ und γ' ist; man kann diese Zahlen also miteinander vertauschen und erhält dann für dieselbe Partikularlösung noch folgenden zweiten, mit dem ersten ganz gleichwertigen Ausdruck

$$x^{\alpha}(1-x)^{\gamma'} F(\alpha+\beta+\gamma', \alpha+\beta'+\gamma'; 1+\alpha-\alpha'; x).$$

Nun ist aber unsere Differentialgleichung auch in den Zahlen α und α' symmetrisch. Vertauschen wir also in unseren Lösungen α mit α', so muß man ebenfalls Partikularlösungen bekommen, und zwar, wie man sieht, gerade die zweite, in der Gestalt $x^{\alpha'}\mathfrak{P}_2(x)$ gesuchte Lösung.

Mit Hilfe der hypergeometrischen Reihen kann man die für die Stelle $x = 0$ gesuchten beiden Entwicklungen $x^{\alpha}\mathfrak{P}_1(x)$ und $x^{\alpha'}\mathfrak{P}_2(x)$ sofort explizit hinschreiben, und zwar jede noch in zwei verschiedenen Formen.

$$\begin{aligned} y_1 = x^{\alpha}\mathfrak{P}_1(x) &= x^{\alpha}(1-x)^{\gamma} F(\alpha+\beta+\gamma, \alpha+\beta'+\gamma; 1+\alpha-\alpha'; x) \\ &= x^{\alpha}(1-x)^{\gamma'} F(\alpha+\beta+\gamma', \alpha+\beta'+\gamma'; 1+\alpha-\alpha'; x), \\ y_2 = x^{\alpha'}\mathfrak{P}_2(x) &= x^{\alpha'}(1-x)^{\gamma} F(\alpha'+\beta+\gamma, \alpha'+\beta'+\gamma; 1+\alpha'-\alpha; x) \\ &= x^{\alpha'}(1-x)^{\gamma'} F(\alpha'+\beta+\gamma', \alpha'+\beta'+\gamma'; 1+\alpha'-\alpha; x). \end{aligned}$$

An diese explizit hingeschriebenen Entwicklungen knüpfen wir nun die Betrachtungen der letzten Vorlesung wieder an, indem wir nämlich fragen, wann die Entwicklungen konvergieren und inwieweit sie unsere Aufgabe erledigen; und wenn nicht, was dann an ihre Stelle zu setzen ist.

Wir haben für diese Diskussion drei Fälle zu unterscheiden, *erstens* den Fall, daß $\alpha - \alpha'$ weder Null noch eine positive oder negative ganze Zahl ist — diesen Fall nennen wir den „*allgemeinen Fall*" —, *zweitens*, daß $\alpha - \alpha' = 0$ ist, und *drittens*, daß $\alpha - \alpha'$ eine von Null verschiedene ganze Zahl ist.

Wir besprechen die Fälle nacheinander:

1. *Es ist $\alpha - \alpha'$ keine ganze Zahl, insbesondere nicht gleich Null.*

In diesem, allgemeinen Falle sind beide Reihenentwicklungen vernünftig und voneinander verschieden, sie liefern in der Umgebung des Nullpunktes zwei linear unabhängige Partikularlösungen der Differentialgleichung, und erledigen damit die Fragestellung. Der Konvergenzkreis von $\mathfrak{P}_1(x)$ und $\mathfrak{P}_2(x)$ ist der Einheitskreis, der in der Tat bis an den nächsten singulären Punkt, nämlich $x = 1$, heranreicht [*].

2. *Es ist $\alpha - \alpha' = 0$.*

Im Falle $\alpha - \alpha' = 0$ fallen unsere beiden Formelgruppen leider zusammen und liefern nur eine Partikularlösung. Da ist also eine zweite Partikularlösung noch erst zu suchen (vgl. § 8). *Übrigens liegt dann immer ein „Ausnahmefall erster Ordnung" vor.*

3. *Es ist $\alpha - \alpha'$ eine von Null verschiedene ganze Zahl.*

Wir wollen annehmen, daß $\alpha - \alpha'$ *eine (von Null verschiedene) negative ganze Zahl* sei, etwa

$$\alpha - \alpha' = -k.$$

Dann wird aber in den F-Reihen der ersten Formelgruppe (S. 36 unten) das dritte Argument:

$$c = 1 + \alpha - \alpha' = 1 - k$$

Null oder eine negative ganze Zahl; diese Reihen werden also im allgemeinen illusorisch (infolge des Verschwindens von Nennern in den Koeffizienten der Reihe [vgl. den Zusatz S. 8]). Dagegen wird das dritte Argument in der zweiten Formelgruppe:

$$c = 1 + \alpha' - \alpha = 1 + k$$

eine positive ganze Zahl, die Reihen bleiben also durchaus brauchbar.

Im Falle $\alpha - \alpha' = +k$ hat man in den letzten Aussagen nur die beiden Formelgruppen zu vertauschen.

Wir können also den Satz aussprechen:

Wenn $\alpha - \alpha' = -k$ ist, so bleibt die Reihe mit $x^{\alpha'}$ vernünftig, die Reihe mit x^{α} aber verliert, allgemein zu reden, ihren Sinn, und wir haben also wieder nur eine Lösung der hypergeometrischen Differentialgleichung gewonnen. Ausgenommen sind nur diejenigen Fälle, „Ausnahmefälle zweiter Ordnung", bei denen der Zähler in den Koeffizienten der hyper-

geometrischen Reihe rechtzeitig verschwindet, so daß das Illusorischwerden vermieden wird. Diese Ausnahmefälle bei der hypergeometrischen Reihe sind natürlich keine anderen als *die früher bei der Differentialgleichung* (§ 6) *erwähnten*, wie auch aus dem Folgenden hervorgeht.

Wann treten nun diese Ausnahmefälle zweiter Ordnung auf? Wir beginnen die Untersuchung mit einer *Vorbemerkung:*

Wenn $\alpha - \alpha' = -k$ ist, so lauten unsere beiden (formalen) Entwicklungen, wenn man den Faktor $(1-x)^\gamma$ heraussetzt, etwa so:

$$x^\alpha \mathfrak{P}_1(x) = (1-x)^\gamma (x^\alpha + A_1 x^{\alpha+1} + A_2 x^{\alpha+2} + \cdots),$$
$$x^{\alpha'} \mathfrak{P}_2(x) = (1-x)^\gamma (x^{\alpha+k} + A_1' x^{\alpha+k+1} + A_2' x^{\alpha+k+2} + \cdots).$$

(Wir nehmen für den Augenblick an, daß keine der Entwicklungen illusorisch wird.)

Man sieht nun, daß aus der ersten Entwicklung wieder eine die Differentialgleichung befriedigende Entwicklung gewonnen wird, wenn man die zweite Entwicklung, mit einer beliebigen Konstanten c multipliziert, hinzufügt:

$$x^\alpha \mathfrak{P}_1(x) + c\, x^{\alpha+k} \mathfrak{P}_2(x).$$

Man kann dadurch dem Koeffizienten A_k jeden beliebigen Wert geben; ebenso wie A_k ändern sich auch die höheren Koeffizienten A_{k+1}, $A_{k+2}, \ldots$ mit der Wahl der Konstanten c.

Hat man aber einmal über den Wert von A_k eine bestimmte Festsetzung getroffen, so sind hiermit c und damit auch alle weiteren Koeffizienten bestimmt. Also sprechen wir den Satz aus:

Ist $\alpha - \alpha' = -k \leqq -1$ *und soll (neben der sicher vorhandenen Lösung* $x^{\alpha'}\mathfrak{P}_2(x)$*) eine Lösung* $x^\alpha \mathfrak{P}_1(x)$ *existieren, so wird in der zugehörigen F-Reihe, d. h. in der Potenzreihenentwicklung von* $(1-x)^{-\gamma}\mathfrak{P}_1(x)$ *der Koeffizient von* x^k *unbestimmt bleiben müssen, und es werden die weiteren Koeffizienten erst wieder bestimmt sein, wenn ich den Koeffizienten von* x^k *mir erst irgendwie festlege.*

Mit dieser Vorbemerkung gehen wir nunmehr an unsere Ausnahmefälle zweiter Ordnung heran:

Der Koeffizient A_k würde formell lauten:

$$A_k = \frac{(\beta+\alpha+\gamma)(\beta+\alpha+\gamma+1)\ldots(\beta+\alpha+\gamma+k-1)\cdot(\beta'+\alpha+\gamma)(\beta'+\alpha+\gamma+1)\ldots(\beta'+\alpha+\gamma+k-1)}{1\cdot 2\ldots k\cdot(-k+1)(-k+2)\ldots(-k+k)},$$

was sinnlos ist, weil der Nenner Null ist. Schreiben wir aber statt dessen, wie es der Bestimmung der A_k aus den Rekursionsformeln (vgl. S. 34) entspricht:

$$k!\,(-k+1)(-k+2)\ldots(-k+k)A_k = (\beta+\alpha+\gamma)(\beta+\alpha+\gamma+1)\ldots$$
$$\ldots(\beta+\alpha+\gamma+k-1)(\beta'+\alpha+\gamma)(\beta'+\alpha+\gamma+1)\ldots(\beta'+\alpha+\gamma+k-1),$$

so muß, falls diese Gleichung für ein (beliebiges) A_k gelten soll, auch das Produkt rechter Hand Null sein. Setzt man insbesondere $A_k = 0$, so verschwinden auch alle nachfolgenden Koeffizienten, wie aus den Rekursionsformeln folgt. Also dürfen wir sagen:

Die Ausnahmefälle zweiter Ordnung sind diejenigen Fälle, wo $\alpha - \alpha' = -k \leqq -1$ *ist und wo der Zähler in dem hingeschriebenen Ausdruck für* A_k *verschwindet, und wir dürfen dann den Koeffizienten* A_k *unbeschadet der Allgemeinheit gleich Null setzen und die ganze Reihe an dieser Stelle abbrechen.*

Der Zähler verschwindet, wenn einer seiner Faktoren verschwindet, also:

Die Ausnahmefälle zweiter Ordnung, d. h. die Fälle, bei denen $x^\alpha \mathfrak{P}_1(x)$ *doch brauchbar bleibt und mithin unsere Integrationsaufgabe durch die beiden hingeschriebenen Reihenentwicklungen erledigt ist, sind diejenigen Fälle* $\alpha - \alpha' = -k \leqq -1$, *bei denen*

$$\begin{aligned} &\textit{entweder} \quad && \beta + \alpha + \gamma + \nu = 0 \\ &\textit{oder} && \beta' + \alpha + \gamma + \nu = 0 \end{aligned} \tag{$\dagger$}$$

ist, unter ν *eine geeignete ganze Zahl der Reihe* $0, 1, 2, \ldots, k-1$ *verstanden.*

Wir können diese Bedingung noch in anderer Weise schreiben, in der die Gleichberechtigung von γ mit γ' hervortritt.

Wir benutzen die Relation (vgl. S. 36):

$$\alpha + \alpha' + \beta + \beta' + \gamma + \gamma' - 1 = 0 \tag{*}$$

und ziehen die gefundenen Bedingungsgleichungen von dieser Relation ab. Man erhält:

$$\begin{aligned} &\text{entweder} \quad && \beta' + \gamma' + \alpha' - \nu - 1 = 0 \\ &\text{oder} && \beta + \gamma' + \alpha' - \nu - 1 = 0. \end{aligned}$$

Nun setzen wir $\alpha' = \alpha + k$ ein, schreiben zur Abkürzung $\nu' = k - \nu - 1$ und bekommen so die Gleichungen

$$\begin{aligned} &\text{entweder} \quad && \beta' + \gamma' + \alpha + \nu' = 0 \\ &\text{oder} && \beta + \gamma' + \alpha + \nu' = 0, \end{aligned} \tag{$\dagger\dagger$}$$

worin ν' ebenfalls eine der Zahlen $0, 1, 2, \ldots, k-1$ bedeutet.

Vergleichen wir diese neue Form der Bedingungsgleichungen mit der zuerst gefundenen, so sieht man, daß sie ganz entsprechende Form haben. Also:

Das Kennzeichen der Ausnahmefälle zweiter Ordnung läßt sich auch so schreiben, daß man γ' *statt* γ *einführt und statt* ν *entsprechend* ν' *setzt.*

Nun können wir aus je zwei gleichbedeutenden Gleichungen noch α eliminieren, indem wir etwa eine Gleichung (†) von der entsprechenden Gleichung (††) abziehen. Setzt man dann für $\nu' - \nu = k - 1 - 2\nu$ den Buchstaben σ, der dann also eine der Zahlen $-k+1, -k+3;$

$-k+5, \ldots, +k-5, +k-3, +k-1$ bedeutet, so lautet die eine Gleichung

$$+(\beta-\beta')+(\gamma-\gamma')=\sigma,$$

die andere

$$-(\beta-\beta')+(\gamma-\gamma')=\sigma.$$

Aus diesen Gleichungen erhält man übrigens rückwärts unter Benutzung von (*) wieder (††) bzw. (†).

Offenbar kann ich aber auch alle Vorzeichen auf den linken Seiten dieser Gleichungen umkehren, da dies, wegen $\sigma=\pm(k-2\lambda-1)$, auch auf den rechten Seiten erlaubt ist. Man kommt dann zu folgender Formulierung der Bedingung für das Eintreten des Ausnahmefalls zweiter Ordnung:

In ganz symmetrischer Weise lassen sich die Ausnahmefälle zweiter Ordnung, wo $\alpha-\alpha'=-k\leqq -1$ *ist, dadurch charakterisieren, daß eine der Zahlen* $\pm(\beta-\beta')\pm(\gamma-\gamma')$ (Vorzeichen voneinander unabhängig!) *in der Reihe der Zahlen* $-(k-1), -(k-3), \ldots, +(k-3), +(k-1)$ *enthalten sein muß.* Mit $\pm(\beta-\beta')\pm(\gamma-\gamma')$ ist dann natürlich immer auch $-(\pm(\beta-\beta')\pm(\gamma-\gamma'))$ in dieser Zahlenreihe vorhanden.

Übrigens ist wegen $\alpha-\alpha'=-k$ *das vorstehende Kriterium auch gleichbedeutend damit, daß* $(\alpha'-\alpha)\pm(\beta'-\beta)\pm(\gamma'-\gamma)$ *für eine geeignete Vorzeichenkombination eine positive ganze, ungerade Zahl und kleiner als* $2k$ *ist.*

In dieser Form, doch mit einer ganz anderen Methode der Herleitung, ist die Bedingung wohl zuerst von SCHWARZ [1] in der später noch eingehender zu besprechenden Arbeit „Über diejenigen Fälle, in welchen die GAUSSsche hypergeometrische Reihe eine algebraische Funktion ihres vierten Argumentes darstellt“ [Crelles J. Bd. 75 (1873)] angegeben worden. Vgl. die allgemeine Regel bei FUCHS [1].

§ 8. Reihenentwicklungen bei ganzzahligen Exponentendifferenzen: Ausnahmefall erster Ordnung.

Nachdem wir nun gesehen haben, in welchen Fällen durch unseren Ansatz: $y_1=x^{\alpha}\mathfrak{P}_1(x)$, $y_2=x^{\alpha'}\mathfrak{P}_2(x)$ die Auflösung der hypergeometrischen Differentialgleichung erledigt ist, wird es heute unsere Aufgabe sein, auch in den noch übrigen Fällen, wo wir bisher nur erst *eine* partikuläre Lösung gefunden haben, auch noch eine zweite partikuläre Lösung aufzustellen; dazu gehört insbesondere der Fall $\alpha=\alpha'$.

Ich gebe der Kürze halber gleich die allgemeine Form dieser zweiten Lösung an.

Beginn der zehnten Vorlesung.

Sind α und $\alpha' \geqq \alpha$ die Wurzeln der determinierenden Gleichung, und *ist* $\alpha - \alpha' = -k$, *ohne daß ein Ausnahmefall zweiter Ordnung vorliegt, oder* $\alpha - \alpha' = 0$, *so sprechen wir von einem „Ausnahmefall erster Ordnung“. In diesem haben die beiden partikulären Lösungen die Gestalt:*

$$y_1 = x^{\alpha}\mathfrak{P}_1(x) + x^{\alpha'}\mathfrak{P}_2(x)\cdot\log x,$$
$$y_2 = x^{\alpha'}\mathfrak{P}_2(x), \qquad \mathfrak{P}_2(0) = 1.$$

Dabei ist y_2 die schon durch unseren früheren Ansatz gefundene partikuläre Lösung. Zum Beweise bemerken wir: Sobald y_2 gegeben ist, ergibt sich die angegebene Gestalt von y_1 durch den Ansatz $y_1 = y_2 \cdot u$; setzt man nämlich $y_2 \cdot u$ in die Differentialgleichung zweiter Ordnung für y_1 ein, so resultiert eine lineare Differentialgleichung erster Ordnung für u', welche, vermittels Quadraturen aufgelöst, genau die behauptete Gestalt von y_1 liefert [*]. Man sieht also:

In den Ausnahmefällen erster Ordnung enthält die eine der beiden Lösungen logarithmische Glieder.

Wir wollen uns nun nicht dabei aufhalten, a posteriori die Brauchbarkeit dieses allgemeinen Ansatzes zu verifizieren, sondern wir wollen a priori durch einen Grenzübergang uns plausibel machen, wie der Ausnahmefall erster Ordnung aus dem allgemeinen Fall hervorgeht.

Wir setzen also, um z. B. zum Falle $\alpha' - \alpha = 0$ zu gelangen:

$$\alpha = \alpha' + \varepsilon.$$

Dann lauten die beiden Lösungen des bisherigen Ansatzes (vgl. S. 36):

$$Y_1 = x^{\alpha'}(1-x)^{\gamma} F(\beta + \alpha' + \gamma,\ \beta' + \alpha' + \gamma;\ 1 - \varepsilon;\ x),$$
$$Y_2 = x^{\alpha'+\varepsilon}(1-x)^{\gamma} F(\beta + \alpha' + \gamma + \varepsilon,\ \beta' + \alpha' + \gamma + \varepsilon;\ 1 + \varepsilon;\ x).$$

Statt aus Y_1 und Y_2 kann man die allgemeine Lösung auch aus Y_1 und $\frac{1}{\varepsilon}(Y_2 - Y_1)$ linear zusammensetzen. Die Kombination $\frac{1}{\varepsilon}(Y_2 - Y_1)$ ist es nun, welche für $\varepsilon \to 0$ die zweite Lösung mit den logarithmischen Gliedern liefert. Man braucht sich nur an den Begriff der Differentiation zu erinnern, um den geforderten Grenzübergang auszuführen. Man kommt so [**] zu

$$\left[\frac{d}{d\varepsilon}\{x^{\alpha'+\varepsilon}(1-x)^{\gamma} F(\beta + \alpha' + \gamma + \varepsilon,\ \beta' + \alpha' + \gamma + \varepsilon;\ 1 + 2\varepsilon;\ x\}\right]_{\varepsilon=0}$$
$$= x^{\alpha'}(1-x)^{\gamma}\left[\frac{d}{d\varepsilon}\{F(\beta + \alpha' + \gamma + \varepsilon,\ \beta' + \alpha' + \gamma + \varepsilon;\ 1 + 2\varepsilon;\ x)\}\right]_{\varepsilon=0}$$
$$+ \left[\frac{d(x^{\alpha'+\varepsilon})}{d\varepsilon}\right]_{\varepsilon=0}(1-x)^{\gamma} F(\beta + \alpha' + \gamma,\ \beta' + \alpha' + \gamma;\ 1;\ x).$$

Dabei wird natürlich vorausgesetzt, daß $F(a, b; c; x)$ nach a, b, c stetig differenzierbar ist. Wie aus späteren Feststellungen hervorgeht (vgl. z. B. Anmerkung [*] zu S. 50), ist das in der Tat der Fall.

Nun ist

$$\left[\frac{d(x^{\alpha'+\varepsilon})}{d\varepsilon}\right]_{\varepsilon=0} = [x^{\alpha'+\varepsilon}\log x]_{\varepsilon=0} = x^{\alpha'}\log x\,.$$

Der Grenzübergang führt also zur gesuchten Form der Lösung

$$x^{\alpha'}(1-x)^{\gamma}\mathfrak{P}(x) + (\log x)\,x^{\alpha'}(1-x)^{\gamma}F(\beta+\alpha'+\gamma,\ \beta'+\alpha'+\gamma;\ 1;\ x)\,.$$

Man sieht: *Das Glied mit* $\log x$ *stammt von dem Umstande her, daß bei dem Grenzübergang eine Potenz von* x *nach dem Exponenten differenziert wird.*

Um die vorstehende *heuristische* Betrachtung (Grenzübergang) zu einem *Beweise* für die Existenz der fraglichen Lösung auszugestalten, wäre die Konvergenz von $\mathfrak{P}(x)$ zu erhärten und zu verifizieren, daß die gefundene Funktion wirklich eine Lösung unserer Differentialgleichung ist.

Nach demselben Prinzip, mit etwas mehr Kompliziertheit, läßt sich der Fall $\alpha-\alpha' = -k < 0$ behandeln. Man setze

$$\alpha = \alpha' - k + \varepsilon\,,$$

$$Y_1^* = x^{\alpha'}(1-x)^{\gamma}F(\beta+\alpha'+\gamma,\ \beta'+\alpha'+\gamma;\ 1+k-\varepsilon;\ x)\,,$$

$$Y_2^* = x^{\alpha'-k+\varepsilon}(1-x)^{\gamma}F(\beta+\alpha'+\gamma-k+\varepsilon,\ \beta'+\alpha'+\gamma-k+\varepsilon;\ 1-k+\varepsilon;\ x)\,.$$

Würden wir $\varepsilon = 0$ setzen, so würde die Reihe für Y_2^* bzw. F sinnlos werden, da die Koeffizienten von x^k und den höheren Potenzen von x sinnlos würden. Für $\varepsilon \neq 0$ lautet der Koeffizient von x^k in der Reihenentwicklung für F folgendermaßen:

$$\frac{1}{m(k,\varepsilon)} = \frac{(\alpha'+\beta+\gamma-k+\varepsilon)(\alpha'+\beta+\gamma-k+\varepsilon+1)\ldots(\alpha'+\beta+\gamma+\varepsilon-1)}{1\cdot 2\ldots k}$$

$$\frac{\cdot(\alpha'+\beta'+\gamma-k+\varepsilon)(\alpha'+\beta'+\gamma-k+\varepsilon+1)\ldots(\alpha'+\beta'+\gamma+\varepsilon-2)\cdot(\alpha'+\beta'+\gamma+\varepsilon-1)}{\cdot(1-k+\varepsilon)(2-k+\varepsilon)\ldots(\varepsilon-1)\cdot\varepsilon}\,.$$

Die Reihe für $m(k,\varepsilon)\cdot Y_2^*$ bleibt dann für $\varepsilon\to 0$ endlich und geht in die Reihe für $(Y_1^*)_{\varepsilon=0}$ über. Wir bilden daher die Kombination $\frac{m(k,\varepsilon)\,Y_2^* - Y_1^*}{\varepsilon}$ und gehen mit $\varepsilon\to 0$ zur Grenze über. Wir unterdrücken das Detail der Ausrechnung und Beweise [*] und charakterisieren gleich das Resultat:

$$Y^{**} = \lim_{\varepsilon\to 0}\frac{m(k,\varepsilon)\,Y_2^* - Y_1^*}{\varepsilon}$$

ist eine Lösung und enthält in der Tat logarithmische Glieder, entsprechend dem von vornherein in Aussicht gestellten Schema.

Schließlich führe ich noch berichtweise an, daß, was ja einleuchtend ist, alle diese Entwicklungen für $|x| < 1$ konvergieren; ob auch für $|x| = 1$, darauf wollen wir nicht eingehen.

Wir können also nunmehr zusammenfassend sagen, *indem wir uns die Ausnahmefälle erster Ordnung als Grenzfälle,* ohne sie besonders zu schreiben, *eingeschlossen denken:*

Wir haben in der Umgebung von $x = 0$ immer zwei linear unabhängige Lösungen P^α und $P^{\alpha'}$, die „zur Stelle $x = 0$ gehörige Fundamentallösungen", von denen jede zwei Darstellungen durch hypergeometrische Reihen zuläßt, je nachdem man $(1-x)^\gamma$ oder $(1-x)^{\gamma'}$ heraussetzt:

$$P^\alpha = x^\alpha (1-x)^\gamma \, F(\alpha+\beta+\gamma,\ \alpha+\beta'+\gamma;\ 1+\alpha-\alpha';\ x)$$
$$= x^\alpha (1-x)^{\gamma'} F(\alpha+\beta+\gamma',\ \alpha+\beta'+\gamma';\ 1+\alpha-\alpha';\ x),$$
$$P^{\alpha'} = x^{\alpha'} (1-x)^\gamma \, F(\alpha'+\beta+\gamma,\ \alpha'+\beta'+\gamma;\ 1+\alpha'-\alpha;\ x)$$
$$= x^{\alpha'} (1-x)^{\gamma'} F(\alpha'+\beta+\gamma';\ \alpha'+\beta'+\gamma';\ 1+\alpha'-\alpha;\ x);$$

nur in den Ausnahmefällen erster Ordnung enthält eine der beiden Lösungen logarithmische Glieder. Zum Exponenten mit größtem reellem Bestandteil gehört aber immer eine logarithmenfreie Lösung.

§ 9. Die 24 Reihenentwicklungen von KUMMER und ihre Konvergenzbereiche.

Nachdem wir nun das Verhalten der Lösungen der Differentialgleichung an der Stelle $x = 0$ kennen, werden wir das Entsprechende für die Punkte $x = 1$ und $x = \infty$ zu erfahren suchen.

Wir werden eine lineare Substitution der Veränderlichen vornehmen, durch welche der zu untersuchende Punkt zum Nullpunkt wird; richtet man es zugleich so ein, daß die beiden anderen singulären Punkte in ∞ und 1 übergehen, so erhält man wieder eine P-Funktion derselben Art, mit den singulären Stellen $0, \infty, 1$, nur daß sich die Exponenten untereinander vertauscht haben.

In der Tat zeigt man leicht, daß die hypergeometrische Differentialgleichung bei Vornahme solcher linearer Substitutionen wieder in eine hypergeometrische Differentialgleichung übergeht, die aus der ursprünglichen auch durch entsprechende Vertauschung der Exponentenpaare α, α' bzw. β, β' bzw. γ, γ' erhalten werden kann. (Es genügt, dies für die Substitutionen $x' = \frac{1}{x}$ und $x' = 1 - x$ zu zeigen; vgl. unten.)

Man kommt so zu den Formeln der „linearen Transformation der hypergeometrischen Funktion", welche den Zweck haben, die für $x = 0$ gefundenen Resultate auf die anderen singulären Punkte zu übertragen, wobei sich von selbst noch eine gewisse Erweiterung der Resultate ergibt, die wir für $x = 0$ besitzen.

Es kommen im ganzen, einschließlich der Identität, sechs wohlbekannte lineare Substitutionen in Betracht, nämlich diejenigen, welche die Punkte $0, \infty, 1$ miteinander vertauschen. Sie sind

$$x' = x, \quad x' = \frac{x}{x-1}, \quad x' = \frac{1}{x}, \quad x' = \frac{1}{1-x}, \quad x' = 1-x, \quad x' = \frac{x-1}{x}.$$

Alle sechs Substitutionen lassen sich durch wiederholte Ausübung z. B. der folgenden erzeugen: $x' = \frac{1}{x}$, $x' = 1 - x$.

Die sechs Substitutionen bilden eine Gruppe. Es ist dieselbe Gruppe, welche in den verschiedensten Gebieten der Mathematik wiederkehrt, wie z. B. in der projektiven Geometrie als die verschiedenen Werte des Doppelverhältnisses von vier Punkten (sog. „anharmonische Gruppe"; sie ist isomorph zur Diedergruppe sechster Ordnung [*]).

Diese sechs linearen Transformationen führen uns zu folgendem Schema:

$x' = x$	0	∞	1	$P\left\{\begin{matrix} 0 & \infty & 1 & \\ \alpha & \beta & \gamma & x \\ \alpha' & \beta' & \gamma' & \end{matrix}\right\}$	$= P\left\{\begin{matrix} 0 & \infty & 1 & \\ \alpha & \beta & \gamma & x \\ \alpha' & \beta' & \gamma' & \end{matrix}\right\}$
$x' = \frac{x}{x-1}$	0	1	∞	$P\left\{\begin{matrix} 0 & 1 & \infty & \\ \alpha & \beta & \gamma & \frac{x}{x-1} \\ \alpha' & \beta' & \gamma' & \end{matrix}\right\}$	$= P\left\{\begin{matrix} 0 & \infty & 1 & \\ \alpha & \gamma & \beta & x' \\ \alpha' & \gamma' & \beta' & \end{matrix}\right\}$
$x' = \frac{1}{x}$	∞	0	1	$P\left\{\begin{matrix} \infty & 0 & 1 & \\ \alpha & \beta & \gamma & \frac{1}{x} \\ \alpha' & \beta' & \gamma' & \end{matrix}\right\}$	$= P\left\{\begin{matrix} 0 & \infty & 1 & \\ \beta & \alpha & \gamma & x' \\ \beta' & \alpha' & \gamma' & \end{matrix}\right\}$
$x' = \frac{1}{1-x}$	1	0	∞	$P\left\{\begin{matrix} 1 & 0 & \infty & \\ \alpha & \beta & \gamma & \frac{1}{1-x} \\ \alpha' & \beta' & \gamma' & \end{matrix}\right\}$	$= P\left\{\begin{matrix} 0 & \infty & 1 & \\ \beta & \gamma & \alpha & x' \\ \beta' & \gamma' & \alpha' & \end{matrix}\right\}$
$x' = 1 - x$	1	∞	0	$P\left\{\begin{matrix} 1 & \infty & 0 & \\ \alpha & \beta & \gamma & 1-x \\ \alpha' & \beta' & \gamma' & \end{matrix}\right\}$	$= P\left\{\begin{matrix} 0 & \infty & 1 & \\ \gamma & \beta & \alpha & x' \\ \gamma' & \beta' & \alpha' & \end{matrix}\right\}$
$x' = \frac{x-1}{x}$	∞	1	0	$P\left\{\begin{matrix} \infty & 1 & 0 & \\ \alpha & \beta & \gamma & \frac{x-1}{x} \\ \alpha' & \beta' & \gamma' & \end{matrix}\right\}$	$= P\left\{\begin{matrix} 0 & \infty & 1 & \\ \gamma & \alpha & \beta & x' \\ \gamma' & \alpha' & \beta' & \end{matrix}\right\}$

Die erste Spalte gibt hier die anzuwendende Substitution an, die drei folgenden geben die dadurch bewirkte Vertauschung der singulären Punkte, in der folgenden Spalte ist in der P-Funktion diese Vertauschung und gleichzeitig die entsprechende Substitution der Veränderlichen x vorgenommen, und die letzten Formeln unterscheiden sich von den vorhergehenden nur durch die Reihenfolge, in der die singulären Punkte angeschrieben sind, sowie durch Einführung von x' statt $\frac{x}{x-1}$ usw.

Man sieht also: Die Funktion

$$P\left\{\begin{matrix} 0 & \infty & 1 & \\ \alpha & \beta & \gamma & x \\ \alpha' & \beta' & \gamma' & \end{matrix}\right\}$$

kann noch in fünf anderen äquivalenten Weisen geschrieben werden, indem man das x geeigneten linearen Transformationen unterwirft und dementsprechend gleichzeitig $0, \infty, 1$ in geeigneter Weise permutiert.

Eine Vertauschung von $0, \infty, 1$ kommt auf dasselbe hinaus wie die inverse Vertauschung der Buchstaben α, β, γ. Unser Schema zeigt dies unmittelbar.

Wir fassen nun jede der sechs im Schema aufgeführten P-Funktionen, welche ja (als Funktionen von x betrachtet) schließlich untereinander identisch sind, zunächst als Funktionen von x' auf (vgl. die letzte Spalte) *und schreiben für jede Funktion ihre vier Reihenentwicklungen an der Stelle $x' = 0$ an. Sodann ersetzen wir x' in jeder dieser 24 Reihenentwicklungen durch den zugehörigen (linearen) Ausdruck in x. Damit erhalten wir im ganzen 24 Reihenentwicklungen, von denen acht für die Umgebung des Punktes $x = 0$, weitere acht für die Umgebung des Punktes $x = \infty$, und schließlich acht für die Umgebung des Punktes $x = 1$ gelten, so daß wir für den Punkt $x = 0$ selbst vier neue Entwicklungen haben und übrigens die Umgebung der Punkte $x = 0$ und $x = 1$ in demselben Maße beherrschen wie die Umgebung von $x = 0$* [*].

Vorstehende Ausführungen werden wir im folgenden noch näher erläutern.

Diese 24 Reihenentwicklungen bilden natürlich einen Kernpunkt in der Theorie, und es ist das Verdienst von KUMMER [1], diese 24 Reihen zuerst hingeschrieben zu haben. Wir selbst wollen dies nicht tun, da wir uns ja jetzt über die Entstehung derselben so klar sind, daß wir in jedem gegebenen Falle die gerade gewünschte Reihe uns sofort bilden können.

Wir haben gesehen: Für die Umgebung jedes der Punkte $0, \infty, 1$ existieren je zwei Fundamentallösungen $P^{\alpha}, P^{\alpha'}$ bzw. $P^{\beta}, P^{\beta'}$ und $P^{\gamma}, P^{\gamma'}$, für welche unsere oben gewonnenen Reihenentwicklungen in Betracht kommen.

Und zwar gehören von den acht zu der Umgebung des Punktes gehörenden Reihenentwicklungen immer je vier zu der einen, je vier zu der anderen der beiden Fundamentallösungen.

Wir schreiben hier nur die vier für den Zweig P^{α} geltenden Entwicklungen hin:

$$
\begin{aligned}
P^{\alpha} &= x^{\alpha}(1-x)^{\gamma} F(\alpha+\beta+\gamma,\ \alpha+\beta'+\gamma;\ 1+\alpha-\alpha';\ x)\\
&= x^{\alpha}(1-x)^{\gamma'} F(\alpha+\beta+\gamma',\ \alpha+\beta'+\gamma';\ 1+\alpha-\alpha';\ x)\\
&= \left(\frac{x}{x-1}\right)^{\alpha}\left(1-\frac{x}{x-1}\right)^{\beta} F\left(\alpha+\beta+\gamma,\ \alpha+\beta+\gamma';\ 1+\alpha-\alpha';\ \frac{x}{x-1}\right)\\
&= \left(\frac{x}{x-1}\right)^{\alpha}\left(1-\frac{x}{x-1}\right)^{\beta'} F\left(\alpha+\beta'+\gamma,\ \alpha+\beta'+\gamma';\ 1+\alpha-\alpha';\ \frac{x}{x-1}\right).
\end{aligned}
$$

Die für den anderen Zweig $P^{\alpha'}$ geltenden Entwicklungen findet man hieraus durch Vertauschung von α mit α', die Entwicklungen für P^{β}, $P^{\beta'}$ bzw. für P^{γ}, $P^{\gamma'}$ mittels Ersetzung von x durch $\frac{1}{x}$ bzw. $1-x$ und

---

Beginn der elften Vorlesung.

demgemäß von $\frac{x}{x-1}$ durch $\frac{x-1}{x}$ bzw. $\frac{1}{1-x}$ sowie durch entsprechende Vertauschung der Buchstaben α, β, γ, α', β', γ'.

Wir fragen nun aber, sobald wir zu irgendeinem Zwecke eine der Reihen auswählen sollen, vor allem nach der Konvergenz derselben.

Betrachten wir zuerst die nach Potenzen von x fortschreitenden Reihen, also die beiden ersten unter den vier soeben angegebenen. Innerhalb des Einheitskreises konvergieren beide gewiß. Wie aber steht es auf der Peripherie des Einheitskreises?

Wir wenden das früher (S. 15) gegebene Kriterium an; drücken wir darin a, b, c durch unsere Exponenten aus (vgl. S. 36), so ergibt sich folgende Fallunterscheidung:

	1. Reihe	2. Reihe
Konvergenz für alle x mit $\lvert x\rvert = 1$	$\Re(\gamma - \gamma') < 0$	$\Re(\gamma' - \gamma) < 0$
Konvergenz für $\lvert x\rvert = 1$ mit Ausnahme von $x = 1$	$0 \leqq \Re(\gamma - \gamma') < 1$	$0 \leqq \Re(\gamma' - \gamma) < 1$
Divergenz für alle $\lvert x\rvert = 1$	$1 \leqq \Re(\gamma - \gamma')$	$1 \leqq \Re(\gamma' - \gamma)$

Man sieht hieraus: Wenn an einer Stelle des Konvergenzkreises die eine Reihe divergieren sollte, dann konvergiert doch im allgemeinen immer wenigstens die andere; es sei denn, daß $\Re(\gamma - \gamma') = 0$ wäre, in welchem Falle *beide* Reihen zwar überall sonst auf dem Konvergenzkreise konvergieren, doch mit Ausnahme des Punktes $x = 1$ selbst, in welchem dann beide Reihen divergieren. *Abgesehen von diesem besonderen Falle* dürfen wir also sagen, daß *die eine Reihe auf dem Konvergenzkreis brauchbar* ist, *falls die andere versagen sollte.*

Wichtiger aber als diese Frage nach dem Verhalten auf der Grenze des Konvergenzgebietes ist die Frage nach dem Konvergenzgebiet selbst bei jeder einzelnen von unseren 24 Reihen.

Das Konvergenzgebiet der nach x fortschreitenden Reihen ist, wie wir wissen, das Innere des Einheitskreises, gegeben durch die Ungleichung

$$|x| < 1,$$

während die Grenze des Konvergenzgebietes, nämlich die Peripherie des Einheitskreises selbst, durch die Gleichung

$$|x| = 1$$

gegeben wird.

Genau ebenso wird das Konvergenzgebiet irgendeiner der anderen Reihen, etwa einer nach $x' = \frac{\alpha x + \beta}{\gamma x + \delta}$ fortschreitenden Reihe, durch die Ungleichung

$$|x'| = \left|\frac{\alpha x + \beta}{\gamma x + \delta}\right| < 1,$$

die Grenze durch die Gleichung

$$|x'| = \left|\frac{\alpha x + \beta}{\gamma x + \delta}\right| = 1$$

gegeben.

Man sieht nun, daß immer je zwei der als Veränderliche vorkommenden linearen Funktionen von x, nämlich x und $\frac{1}{x}$, $1 - x$ und $\frac{1}{1-x}$ sowie $\frac{x-1}{x}$ und $\frac{x}{x-1}$ reziproke Werte voneinander sind. Zu je zwei solchen Veränderlichen gehört dann immer dieselbe Konvergenzgrenze, die Konvergenzgebiete selbst liegen aber auf verschiedenen Seiten dieser Grenze und füllen zusammen gerade die ganze Ebene aus. Während z. B. die Reihen nach x im *Innern* des *Einheitskreises* konvergieren, konvergieren diejenigen nach $x' = \frac{1}{x}$ *außerhalb* desselben.

Entsprechend gehört zu $1 - x$ und $\frac{1}{1-x}$ dieselbe Konvergenzgrenze, nämlich *der mit dem Radius* 1 *um* $x = 1$ *als Mittelpunkt gelegte Kreis;* die Entwicklungen nach $1 - x$ konvergieren aber innerhalb, die nach $\frac{1}{1-x}$ außerhalb dieses Kreises. Für $\frac{x}{x-1}$ und $\frac{x-1}{x}$ ist *die im Punkte* $x = \frac{1}{2}$ *der reellen Achse errichtete Senkrechte* die Grenze der Konvergenz; das Konvergenzgebiet der nach Potenzen von $\frac{x}{x-1}$ fortschreitenden Entwicklungen ist die links von dieser Geraden gelegene Halbebene, das der Reihen nach $\frac{x-1}{x}$ die Halbebene rechts. Es sind diese Fälle im folgenden schematisch zusammengestellt:

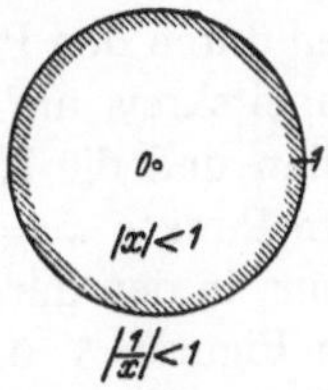

Fig. 1.

Fig. 2.

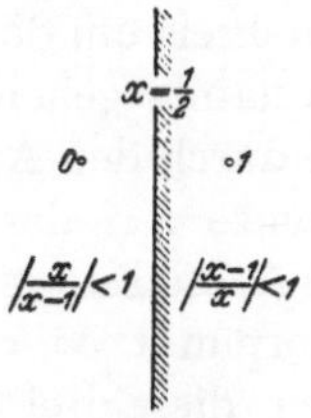

Fig. 3.

Fig. 1—3. Konvergenzbereich der Reihenentwickelungen hypergeometrischer Funktionen nach Potenzen von x, $\frac{1}{x}$, ..., $\frac{x-1}{x}$.

Auf diese sechs Konvergenzgebiete verteilen sich die 24 Reihen zu je vier, wobei die Frage, ob die einzelne Reihe auch noch auf der Grenze der Konvergenz gilt, durch spezielle Untersuchung zu entscheiden ist.

Auf den ersten Anblick mögen die sechs so erhaltenen Konvergenzgebiete als ganz ungleichartig erscheinen, überträgt man jedoch nach RIEMANN unsere Figuren in gewisser, sofort anzugebender Weise aus der Ebene auf eine Kugel, so zeigt sich, daß alle diese Gebiete ganz gleichberechtigt sind. In der Ebene nimmt eben das Unendlichferne für die Anschauung eine Sonderstellung ein, während auf einer Kugel alle Punkte gleichberechtigt erscheinen.

Man denke sich die Ebene der komplexen Zahlen x senkrecht zur Zeichenebene gestellt, so daß sie mit dieser die in der folgenden Abbildung mit AB bezeichnete Achse der reellen Zahlen gemeinsam hat.

Nun denke man sich über der Strecke $(0, +1)$ dieser reellen Achse ein gleichseitiges Dreieck in der Zeichenebene, also senkrecht zur komplexen Zahlenebene, konstruiert und die Höhe desselben zum Durchmesser einer Kugel gemacht, welche mithin die komplexe Zahlenebene im Punkte $x = \frac{1}{2}$ berührt (vgl. Fig. 4).

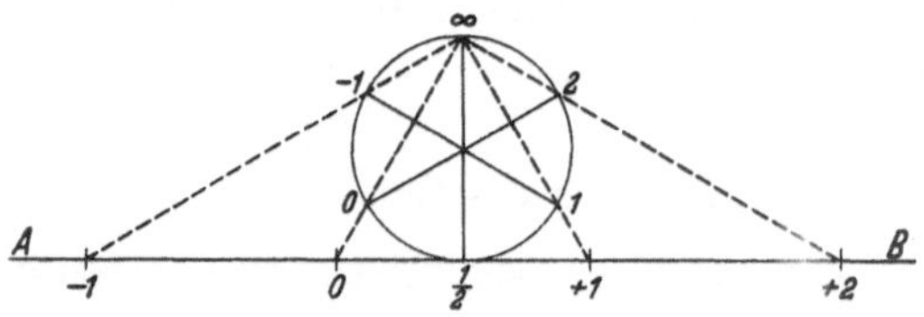

Fig. 4. Stereographische Projektion der Kugeloberfläche auf die Ebene.

Projiziert man nun die komplexe Zahlenebene von demjenigen Punkte der Kugel aus, welcher dem Berührungspunkte gegenüberliegt, auf die Kugelfläche *(„stereographische Projektion"), so entspricht der Achse der reellen Zahlen offenbar derjenige größte Kugelkreis, in welchem die Kugel die Zeichenebene schneidet. Die Punkte* $0, 1, \infty$ *entsprechen drei ganz gleich verteilten Punkten dieses Kreises,* denselben, welche auch in der Zeichnung mit $0, 1, \infty$ bezeichnet sind. Wir betrachten den (größten) Kugelkreis, welcher der reellen Achse entspricht, am bequemsten als Äquator der Kugel. Dann geht bei der beschriebenen stereographischen Projektion der Konvergenzkreis $|x| = \left|\frac{1}{x}\right| = 1$, d. h. der Einheitskreis um den Nullpunkt der x-Ebene, in den durch den Punkt 1 des Äquators gehenden „Meridian" über, der Einheitskreis um $x = 1$ in den durch den Äquatorpunkt 0 gehenden Meridian und die Konvergenzgrenze auf der obigen Fig. 3, nämlich die im Punkte $x = \frac{1}{2}$ zur reellen Achse senkrecht stehende Gerade der x-Ebene, in den durch den Äquatorpunkt ∞ gehenden Meridian. In unseren Figuren 5, 6, 7 erscheinen diese drei Meridiane orthogonal in die Zeichenebene projiziert, erscheinen daher als Durchmesser des gezeichneten Kreises.

Man sieht, daß die sechs Konvergenzbereiche auf der Kugel gar keine Unterschiede mehr zeigen; alle sind Halbkugeln, deren Begrenzungen durch die beiden Pole der Kugel gehen, nur jede um 30° gegen die andere gedreht. Dabei ergänzen sich immer je zwei zur vollen Kugelfläche, wie vorher die Konvergenzbereiche zur vollen Ebene. Die Konvergenzbereiche in den Figuren 1, 2, 3 zeigen also, auf die Kugel übertragen und sodann orthogonal auf die Zeichenebene projiziert, folgendes Aussehen (vgl. Fig. 5, 6, 7):

Bei unserer stereographischen Projektion verwandeln sich die drei Konvergenzgrenzen der x-Ebene in drei Meridiane der Kugel, welche mitein-

ander gleiche Winkel bilden, und die sechs Konvergenzbereiche in sechs Halbkugeln, von denen jede auf der Kugel um 30° gegen die vorhergehende gedreht ist (die Halbkugeln in passender Reihenfolge genommen).

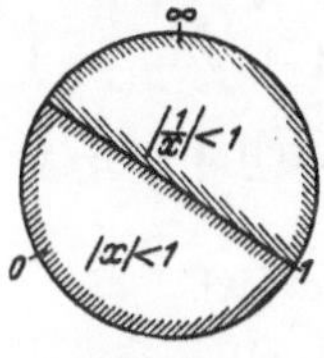

Fig. 5.

Fig. 6.

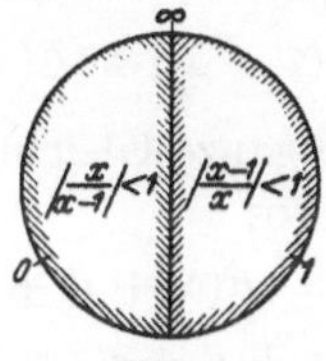

Fig. 7.

Fig. 5—7. Die, stereographisch auf die Kugel übertragenen, Konvergenzbereiche (vgl. Fig. 1—3) orthogonal auf die Zeichenebene projiziert.

Hierdurch dürfte die volle Gleichberechtigung aller unserer verschiedenen Reihenentwicklungen und Konvergenzbereiche hinreichend vor Augen geführt sein.

§ 10. Lineare Beziehungen zwischen den verschiedenen Fundamentallösungen.

Wir gehen nunmehr zu einer anderen Aufgabe über, zu welcher uns die Existenz der früher (S. 43) aufgestellten Fundamentallösungen P^α und $P^{\alpha'}$, P^β und $P^{\beta'}$, P^γ und $P^{\gamma'}$ hinführt.

Wir wissen nämlich, daß sich jede Lösung der hypergeometrischen Differentialgleichung aus irgend zwei linear unabhängigen Lösungen derselben linear mit konstanten Koeffizienten zusammensetzen lassen muß, also sowohl aus P^α, $P^{\alpha'}$ wie aus P^β, $P^{\beta'}$ oder aus P^γ, $P^{\gamma'}$. Insbesondere müssen sich die Fundamentallösungen P^α, $P^{\alpha'}$, jede linear sowohl aus P^β, $P^{\beta'}$ wie aus P^γ, $P^{\gamma'}$ herstellen lassen vermittels Formeln folgender Art:

$$P^\alpha = \alpha_\beta P^\beta + \alpha_{\beta'} P^{\beta'} = \alpha_\gamma P^\gamma + \alpha_{\gamma'} P^{\gamma'},$$

$$P^{\alpha'} = \alpha'_\beta P^\beta + \alpha'_{\beta'} P^{\beta'} = \alpha'_\gamma P^\gamma + \alpha'_{\gamma'} P^{\gamma'}.$$

Es handelt sich nun darum, die hierin eintretenden konstanten Koeffizienten α_β, $\alpha_{\beta'}$, α'_β, $\alpha'_{\beta'}$ usw. zu bestimmen. Die so zu erhaltenden Formeln, welche den Zusammenhang zwischen den zu den verschiedenen singulären Punkten gehörigen Fundamentallösungen herstellen, werden wir die „*Zusammenhangsformeln*" nennen.

Wir wollen z. B. α_γ und $\alpha_{\gamma'}$ bestimmen.

Wir setzen in die Gleichung:

$$P^\alpha = \alpha_\gamma P^\gamma + \alpha_{\gamma'} P^{\gamma'}$$

Beginn der zwölften Vorlesung.

die betreffenden Reihenentwicklungen ein und erhalten:

$$x^\alpha (1-x)^\gamma F(\alpha+\beta+\gamma,\ \alpha+\beta'+\gamma;\ 1+\alpha-\alpha';\ x)$$
$$= \alpha_\gamma (1-x)^\gamma x^\alpha F(\alpha+\beta+\gamma,\ \alpha+\beta'+\gamma;\ 1+\gamma-\gamma';\ 1-x)$$
$$+ \alpha_{\gamma'} (1-x)^{\gamma'} x^\alpha F(\alpha+\beta+\gamma',\ \alpha+\beta'+\gamma';\ 1+\gamma'-\gamma;\ 1-x)\,.$$

Diese ganze Gleichung dividieren wir noch durch $x^\alpha(1-x)^\gamma$ und erhalten also:

$$\left.\begin{aligned} &F(\alpha+\beta+\gamma,\ \alpha+\beta'+\gamma;\ 1+\alpha-\alpha';\ x)\\ &= \alpha_\gamma F(\alpha+\beta+\gamma,\ \alpha+\beta'+\gamma;\ 1+\gamma-\gamma';\ 1-x)\\ &+ \alpha_{\gamma'}(1-x)^{\gamma'-\gamma} F(\alpha+\beta+\gamma',\ \alpha+\beta'+\gamma';\ 1+\gamma'-\gamma;\ 1-x)\,.\end{aligned}\right\} \quad (0)$$

Um nun α_γ und $\alpha_{\gamma'}$ als Funktionen von $\alpha, \beta, \gamma, \alpha', \beta', \gamma'$ auszudrücken, hat man nur für x irgend zwei spezielle Werte x_1 und x_2 einzusetzen, für welche alle vorkommenden Reihen bei „beliebigen" Werten der Exponenten $\alpha, \alpha', \ldots$ konvergieren (von gewissen Ausnahmewerten abgesehen, z. B. von $c = 1+\alpha-\alpha' =$ negative ganze Zahl oder Null; vgl. S. 8) und also analytische Funktionen der α, α' usw. definieren.

Hierfür müssen x_1 und x_2 beide den Bedingungen $|x| < 1$, $|1-x| < 1$ gleichzeitig genügen [*].

Man kann etwa $x_1 = \frac{1}{2}$, $x_2 = \frac{1}{3}$ setzen.

Man erhält so zwei lineare Gleichungen für α_γ und $\alpha_{\gamma'}$, aus welchen man diese als analytische Funktionen der Exponenten berechnet, etwa

$$\alpha_\gamma = \varphi\begin{pmatrix}\alpha, & \beta, & \gamma\\ \alpha', & \beta', & \gamma'\end{pmatrix}, \qquad \alpha_{\gamma'} = \varphi\begin{pmatrix}\alpha, & \beta, & \gamma'\\ \alpha', & \beta', & \gamma\end{pmatrix}.$$

(Die $\alpha, \alpha', \ldots$ seien auf passend gewählte Gebiete beschränkt.) Dabei muß, wie leicht zu sehen, $\alpha_{\gamma'}$ aus α_γ durch Vertauschung von γ und γ' hervorgehen. Auch die anderen Koeffizienten α'_γ, $\alpha'_{\gamma'}$, α_β, $\alpha_{\beta'}$, α'_β, $\alpha'_{\beta'}$ usw. müssen sich aus der *einen* Funktion α_γ durch Buchstabenvertauschungen ergeben.

Es genügt also, wenn man irgendeinen der Koeffizienten, etwa α_γ, berechnen kann.

Diese Berechnung können wir nun noch in etwas anderer als der eben angedeuteten Weise vornehmen, so daß wir für α_γ einen handlichen Ausdruck erhalten. Wir setzen zu diesem Zwecke zunächst voraus, daß $\Re(\gamma-\gamma') < 0$ sei. Dann konvergieren für $x = 1$ sämtliche Reihen in (0): Die nach x fortschreitende (auf der linken Seite stehende) nach dem auf S. 46 angegebenen Konvergenzkriterium; die Reihen auf der rechten Seite, weil $1-x = 0$ ist. Ferner verschwindet das zweite Glied auf der rechten Seite wegen des Faktors $(1-x)^{\gamma'-\gamma}$, dessen Exponent einen positiven reellen Teil hat, und die mit α_γ multiplizierte F-Reihe reduziert sich, da ihr Argument verschwindet, auf ihr erstes Glied, also auf 1. Die Gleichung ergibt dann unmittelbar

$$\alpha_\gamma = F(\alpha+\beta+\gamma,\ \alpha+\beta'+\gamma;\ 1+\alpha-\alpha';\ 1)\,.$$

Hierbei ist aber wohl zu beachten, daß diese Bestimmung von α_γ, im Gegensatz zu der früheren Berechnung aus $x_1 = \frac{1}{2}$, $x_2 = \frac{1}{3}$, durchaus an die Bedingung $\Re(\gamma - \gamma') < 0$ gebunden ist.

Der Koeffizient α_γ ist eine analytische Funktion der sechs Exponenten $\alpha, \ldots, \gamma'$ und ist in dem Bereiche $\Re(\gamma - \gamma') < 0$ durch die unendliche Reihe

$$F(\alpha + \beta + \gamma,\ \alpha + \beta' + \gamma;\ 1 + \alpha - \alpha';\ 1)$$

darstellbar.

Um uns von der Einschränkung $\Re(\gamma - \gamma') < 0$ frei zu machen. können wir verfahren wie folgt.

Wir haben früher (S. 13/14) die hypergeometrische Reihe $F(a, b; c; 1)$ mit dem Argument 1 innerhalb ihres Konvergenzgebietes durch ein unendliches Produkt dargestellt und für letzteres, allerdings vorläufig nur rein berichtweise, einen geschlossenen Ausdruck mit Hilfe der GAUSSschen Π-Funktion angegeben:

$$F(a, b; c; 1) = \frac{\Pi(c-1)\,\Pi(c-a-b-1)}{\Pi(c-a-1)\,\Pi(c-b-1)}. \qquad [*]$$

Drückt man hierin die a, b, c durch die $\alpha, \alpha', \ldots, \gamma'$ aus (vgl. z. B. S. 36), so ergibt sich

$$\alpha_\gamma = \frac{\Pi(\alpha - \alpha')\,\Pi(\gamma' - \gamma - 1)}{\Pi(-\alpha' - \beta - \gamma)\,\Pi(-\alpha' - \beta' - \gamma)}.$$

α_γ ist durch unser Verfahren zunächst nur für den Bereich $\Re(\gamma - \gamma') < 0$ der Veränderlichen definiert, und auch nur so weit ist vorläufig die letzte Formel in Geltung. Wir werden aber später die GAUSSsche Π-Funktion als meromorphe Funktion ihres Arguments definieren können (vgl. S. 75). Dann gibt uns die letzte Formel zugleich die analytische Fortsetzung von α_γ über das Gebiet $\Re(\gamma - \gamma') < 0$ hinaus, und wir haben den Satz:

Die allgemeine Definition derjenigen analytischen Funktion der sechs Exponenten, welcher unser Koeffizient α_γ gleich ist, ergibt sich, wenn wir unsere F-Reihe mit GAUSS *durch das Funktionszeichen Π ausdrücken und eine allgemeingültige Definition für das Funktionszeichen Π aufstellen.*

Jeder einzelne der acht Koeffizienten wird als ein Produkt von vier Faktoren Π erscheinen, die sich durch Buchstabenvertauschung aus unserer einen Formel für α_γ ergeben.

Hierbei sind übrigens *zwei besondere Fälle* zu beachten, in denen die weiteren, an diese Ausdrücke zu knüpfenden Folgerungen versagen und welche wir deswegen hier *ausdrücklich ausschließen* müssen; nämlich *erstens* der Fall, daß eine oder mehrere der Exponentendifferenzen $\alpha - \alpha'$, $\beta - \beta'$, $\gamma - \gamma'$ ganze Zahlen sind, so daß einzelne der Ausdrücke α_γ usw. sinnlos werden, und *zweitens* der Fall, daß eine der acht Summen

$$\pm(\alpha - \alpha') \pm (\beta - \beta') \pm (\gamma - \gamma')$$

eine ungerade ganze Zahl ist. Ist nämlich etwa $-(\alpha - \alpha') + (\beta - \beta') + (\gamma - \gamma') = 2k + 1$, so folgt, wegen $\alpha + \alpha' + \beta + \beta' + \gamma + \gamma' = 1$, daß z. B. $\alpha' + \beta + \gamma$ und mithin auch $\alpha + \beta' + \gamma' = 1 - (\alpha' + \beta + \gamma)$ eine ganze Zahl ist. Es werden also im zweiten Falle einzelne der Nenner sinnlos bzw. einzelne der Koeffizienten α_γ usw. gleich Null. Davon *gilt übrigens auch die Umkehrung*, d. h. wenn z. B. $\alpha' + \beta + \gamma$ eine ganze Zahl ist, so ist auch eine der Zahlen $\pm(\alpha - \alpha') \pm (\beta - \beta') \pm (\gamma - \gamma')$ eine ungerade ganze Zahl. (Vgl. hierzu die geometrischen Auseinandersetzungen in § 49 und § 51.)

Dabei spielt aber auch folgende, schon früher (vgl. S. 7) bei Gelegenheit der Integraldarstellung für die hypergeometrische Funktion gestreifte Frage herein. Wir haben unter P^α eine Funktion von folgender Gestalt verstanden:

$$x^\alpha(1-x)^\gamma(1 + A_1 x + A_2 x^2 + \cdots),$$

also eine Funktion, für welche der erste Koeffizient der Reihenentwicklung gleich 1 ist. Wenn wir aber statt dieser Funktion P^α eine andere nehmen wollten, welche sich von ihr um irgendeinen bestimmten, von x unabhängigen Faktor unterscheidet, und entsprechend bei den anderen Fundamentallösungen verfahren, so würden wir natürlich für die Koeffizienten α_γ usw. andere Werte erhalten; es fragt sich, ob wir durch geeignete Wahl dieser multiplikativen Konstanten in den sechs Fundamentallösungen einfachere Zusammenhangsformeln erhalten würden. Wir verschieben die Beantwortung dieser Frage auf die Besprechung der Integraldarstellung (S. 106) und fixieren hier nur das Problem durch den Satz:

Bei der Bestimmung der α_γ usw. sind wir von der Annahme ausgegangen, daß der Koeffizient des ersten Gliedes in der Reihenentwicklung von P^α, $P^{\alpha'}$, P^β, $P^{\beta'}$, P^γ, $P^{\gamma'}$ jedesmal gleich Eins sei. Es wäre die Frage, ob man nicht in die Definition der Fundamentallösungen noch solche, von den Exponenten abhängende konstante Faktoren mit aufnehmen könnte, daß die Koeffizienten α_γ, . . . in den Zusammenhangsformeln entsprechend einfachere Werte bekommen.

Ferner verweisen wir schon hier auf einen Artikel von Bolza in Bd. 42 der Mathematischen Annalen (= Bolza [1]) und wollen ein bemerkenswertes Resultat hervorheben, welches dort abgeleitet wird:

Bei geeigneter Definition von Zusatzfaktoren entsteht eine merkwürdige Beziehung des Systems der Zusammenhangsformeln zur sphärischen Trigonometrie.

Fragen wir nun schließlich noch nach dem Nutzen unserer Zusammenhangsformeln, so sehen wir doch, daß uns z. B. die Formel (0) (auf S. 50) die Umwandlung einer nach x fortschreitenden hypergeometrischen Reihe in eine nach $(1-x)$ fortschreitende Potenzreihe leistet:

$$\mathfrak{P}(x) = \mathfrak{P}_1(1-x) + (1-x)^{\gamma'-\gamma}\mathfrak{P}_2(1-x).$$

Handelt es sich nun etwa um die numerische Berechnung der Reihe $\mathfrak{P}(x)$ für einen reellen Wert von x, der zwar noch kleiner als 1 ist, aber schon nahe bei 1 liegt, so konvergiert die Reihe $\mathfrak{P}(x)$ nur schlecht, die Reihen $\mathfrak{P}_1(1-x)$ und $\mathfrak{P}_2(1-x)$ konvergieren aber desto besser.

Gerade dieser *Gesichtspunkt der bequemen numerischen Ausrechnung* leitet die älteren Mathematiker, wie EULER [1] — bei dem die Entwicklung der vorstehenden Formel den Hauptinhalt der danach betitelten grundlegenden Arbeit (vgl. S. 3) bildet —, GAUSS [1] usw., wenn sie diese Formel besonders betonen.

EULER *und* GAUSS *haben diese Formel zunächst durchaus so angesehen, daß an Stelle der ursprünglichen hypergeometrischen Reihe, wenn sie schlecht konvergiert, besser konvergierende Reihenentwicklungen gesetzt werden können; denn bei* EULER *und* GAUSS *ist die wirkliche Berechnung der Funktionen immer ein hauptsächlicher Maßstab für den Wert einer Formel.*

§ 11. RIEMANNS Grundauffassung. Die Monodromiegruppe der P-Funktion.

Andererseits knüpft sich an diese Zusammenhangsformeln jene tiefere Auffassung vom Wesen der hypergeometrischen Funktion an, welche wir die RIEMANN*sche Auffassung* nennen.

Und zwar hat man hierin zwei Standpunkte zu unterscheiden.

Das eine Mal denken wir uns die drei singulären Punkte 0, 1 und ∞ durch einen von 0 über 1 nach ∞ verlaufenden, übrigens beliebig gestalteten „Querschnitt" (etwa einen sich nicht überschneidenden „Streckenzug") verbunden. Verabreden wir nun, daß die Veränderliche x diesen Querschnitt nicht überschreitet, so ist irgendeine Lösung y der Differentialgleichung in der ganzen zerschnittenen Ebene ein wohlbestimmter eindeutiger „*Funktionszweig*" [*]. Aus irgend zwei solchen Funktionszweigen y_1, y_2 setzt sich der allgemeinste, der Differentialgleichung genügende Funktionszweig in der Gestalt $c_1 y_1 + c_2 y_2$ zusammen (c_1, c_2 Konstante). Dieser Inbegriff aller linearen Kombinationen zweier Funktionszweige ist's, was ich eine „*binäre Schar von Funktionszweigen*" nenne.

Dieses wäre *die erste Bedeutung des Funktionszeichens*

$$P\left|\begin{matrix} 0 & \infty & 1 & \\ \alpha & \beta & \gamma & x \\ \alpha' & \beta' & \gamma' & \end{matrix}\right|,$$

nämlich: daß damit die ganze binäre Schar von Funktionszweigen $c_1 y_1 + c_2 y_2$ *gemeint ist, welche unsere Differentialgleichung befriedigt, wobei die nähere Definition dieser Zweige natürlich von der Art des Querschnitts bedingt ist, den wir uns in der x-Ebene gezogen denken.*

Zweitens aber denken wir uns irgendeinen Zweig vorgegeben und (als „*Anfangszweig*") festgehalten. Sodann denken wir uns diesen Zweig *über den Querschnitt hinüber* und beliebig um die singulären Punkte herum fortgesetzt. Wir erhalten dadurch beliebig viele Zweige, die alle die Gestalt $c_1 y_1 + c_2 y_2$ haben müssen, bei denen aber c_1, c_2 je nach der Wahl des Anfangszweiges und des ,,Weges" der analytischen Fortsetzung sich bestimmen. (Unter einem ,,Weg" sei hier und im folgenden immer etwa ein Streckenzug verstanden, *welcher keinen der Punkte* 0, 1, ∞ *enthält.*) Also:

Zweitens verstehen wir unter einer P-Funktion den Inbegriff aller derjenigen Zweige $c_1 y_1 + c_2 y_2$, *die sich aus einem beliebig gewählten, aber dann festgehaltenen Anfangszweige bei beliebiger Umlaufung der singulären Punkte (durch analytische Fortsetzung) ergeben.*

Alle die unendlich vielen Zweige, welche hier zu einer einzelnen P-Funktion zusammengefaßt erscheinen, sind immer in der binären Schar $c_1 y_1 + c_2 y_2$ *enthalten.*

Achten wir insbesondere auf die zum Punkte $x = 0$ gehörigen Fundamentalzweige:

$$P^{\alpha} = x^{\alpha} \mathfrak{P}(x), \qquad \mathfrak{P}^{\alpha'} = x^{\alpha'} \mathfrak{P}^*(x)$$

und lassen die Veränderliche den Nullpunkt einmal in positivem Sinne umkreisen. Dann geht x, und also auch die Potenzreihen $\mathfrak{P}(x)$ und $\mathfrak{P}^*(x)$, in sich selbst über; x^{α} aber multipliziert sich mit $e^{2i\pi\alpha}$, und $x^{\alpha'}$ mit $e^{2i\pi\alpha'}$. Dieselben Multiplikationen erleiden also die Fundamentalzweige P^{α}, $P^{\alpha'}$ selbst. Entsprechendes gilt für die zu $x = 1$ und zu $x = \infty$ gehörigen Fundamentallösungen; wir haben also das Ergebnis:

Insbesondere ändern sich: P^{α} *und* $P^{\alpha'}$ *bei Umlaufung des Punktes* $x = 0$, *ferner* P^{β} *und* $P^{\beta'}$ *bei Umlaufung des Punktes* $x = \infty$, *endlich* P^{γ} *und* $P^{\gamma'}$ *bei Umlaufung von* $x = 1$ *um je eine multiplikative Konstante.*

Wenn wir nun wissen, wie sich P^{α} und $P^{\alpha'}$ aus P^{β} und $P^{\beta'}$ bzw. aus P^{γ} und $P^{\gamma'}$ zusammensetzen, dann können wir auch sehen, was aus P^{α} und $P^{\alpha'}$ wird, wenn wir die Veränderliche um $x = 1$ bzw. um $x = \infty$ herumführen.

Unsere Zusammenhangsformeln (S. 49) *haben hier die Bedeutung, daß wir aus ihnen gleich ablesen können, wie sich z. B. die* P^{α}, $P^{\alpha'}$ *verhalten, wenn wir die Veränderliche* x, *statt um den Punkt* $x = 0$, *um den Punkt* $x = \infty$ *oder um den Punkt* $x = 1$ *herumlaufen lassen.*

Heute will ich zum Schlusse dieses Kapitels auf die RIEMANNsche Theorie, zu der wir das letztemal vorgedrungen sind, in einigen Punkten etwas näher eingehen.

Es seien als Anfangszweige irgend zwei linear unabhängige Zweige y_1, y_2 ausgewählt, welche der Differentialgleichung genügen. Läßt man

---

Beginn der dreizehnten Vorlesung.

nun die unabhängige Veränderliche x irgendeinen, die Punkte $0, 1, \infty$ in beliebiger Weise umlaufenden, geschlossenen Weg $\mathfrak{A}$ beschreiben, so verwandeln sich die y_1, y_2 beide in je einen neuen Zweig, der sich durch die Ausgangszweige y_1, y_2 linear ausdrückt, da diese als linear unabhängig vorausgesetzt werden; d. h. y_1 und y_2 erleiden bei Durchlaufung irgendeines geschlossenen Weges $\mathfrak{A}$ eine „lineare Substitution" S:

$$\text{Weg } \mathfrak{A}, \text{ Substitution } S: \quad \begin{aligned} y_1^* &= c_{11} y_1 + c_{12} y_2 \\ y_2^* &= c_{21} y_1 + c_{22} y_2 \end{aligned} \qquad [*].$$

Läßt man die Veränderliche x statt des Weges $\mathfrak{A}$ einen anderen geschlossenen Weg $\mathfrak{B}$ beschreiben, so erleiden y_1, y_2 eine andere lineare Substitution, die ich T nenne:

$$\text{Weg } \mathfrak{B}, \text{ Substitution } T: \quad \begin{aligned} y_1^{**} &= d_{11} y_1 + d_{12} y_2, \\ y_2^{**} &= d_{21} y_1 + d_{22} y_2. \end{aligned}$$

Läßt man nun die unabhängige Veränderliche zuerst den Weg $\mathfrak{A}$, sodann den Weg $\mathfrak{B}$ beschreiben, so verwandeln sich y_1, y_2 zuerst in

$$\begin{aligned} &c_{11} y_1 + c_{12} y_2, \\ &c_{21} y_1 + c_{22} y_2; \end{aligned}$$

sodann verwandeln sich die y_1, y_2 in diesen Ausdrücken, der Substitution T entsprechend, in

$$\begin{aligned} &d_{11} y_1 + d_{12} y_2, \\ &d_{21} y_1 + d_{22} y_2, \end{aligned}$$

so daß sich also schließlich y_1, y_2 in folgende Ausdrücke umgewandelt haben:

$$\begin{aligned} c_{11}(d_{11} y_1 + d_{12} y_2) + c_{12}(d_{21} y_1 + d_{22} y_2) &= (c_{11} d_{11} + c_{12} d_{21}) y_1 \\ &\quad + (c_{11} d_{12} + c_{12} d_{22}) y_2, \\ c_{21}(d_{11} y_1 + d_{12} y_2) + c_{22}(d_{21} y_1 + d_{22} y_2) &= (c_{21} d_{11} + c_{22} d_{21}) y_1 \\ &\quad + (c_{21} d_{12} + c_{22} d_{22}) y_2. \end{aligned}$$

Diese selbe lineare Substitution erhält man aber, wenn man auf y_1, y_2 zuerst die Substitution T anwendet und auf die so gefundenen y_1^{**}, y_2^{**} die Substitution Z. (Wenn man also, wie man zu sagen pflegt, T und S in der Reihenfolge TS *„zusammensetzt"*.) D. h.:

Der Aufeinanderfolge zweier Wege $\mathfrak{A}$, $\mathfrak{B}$ entspricht die Zusammensetzung der zugehörigen Substitutionen in umgekehrter Reihenfolge.

Jeder geschlossene Weg (Umlauf) in der x-Ebene läßt sich offenbar durch Kombination und Wiederholung aus drei *„Fundamentalwegen"* zusammensetzen, nämlich aus einfachen (im einen oder anderen Sinn durchlaufenen) Schleifen um je einen der Punkte $0, 1, \infty$. Man veranschaulicht sich das leicht an der Hand einer Skizze. Also lassen sich auch alle Substitutionen, welche y_1, y_2 bei Fortsetzung längs irgendwelcher

Wege erleiden, aus drei „*erzeugenden Substitutionen*“ zusammensetzen, welche je einem der drei *Fundamentalwege* entsprechen.

Die Gesamtheit aller dieser durch Kombination und Wiederholung der erzeugenden Substitutionen entstehenden Substitutionen bildet eine (zu den gegebenen Anfangszweigen gehörige) „*Gruppe linearer Substitutionen*“; als Verknüpfung der Gruppenelemente gilt dabei die oben definierte Zusammensetzung zweier Substitutionen.

Bei der Gesamtheit aller möglichen Umläufe, die wir in der x-Ebene ausführen, entsteht eine Gruppe linearer Substitutionen von y_1, y_2, welche diejenigen drei linearen Substitutionen, die den Umläufen um 0, 1, ∞ *einzeln entsprechen, zu „Erzeugenden“ hat.*

Dies nennt man die *Gruppe der P-Funktion*, genauer: *die zu den gegebenen Anfangszweigen y_1, y_2 gehörige Gruppe.*

Sie entsteht durch Wiederholung ganz bestimmter einzelner Schritte, besteht also im allgemeinen aus abzählbar unendlich vielen, in gewissen speziellen Fällen aus endlich vielen Substitutionen (betreffs dieser Spezialfälle vgl. § 57). Also:

Die Gruppe linearer Substitutionen, welche wir hier bei der P-Funktion finden, ist im allgemeinen von abzählbar unendlicher Ordnung; sie reduziert sich nur in speziellen Fällen auf eine endliche Gruppe linearer Substitutionen.

Es handelt sich nun darum, diese *zu zwei gegebenen Anfangszweigen y_1, y_2 gehörige Gruppe wirklich aufzustellen*, d. h. ihre drei Erzeugenden zu berechnen. Wir wollen zu diesem Zweck die Ebene längs der ganzen Achse der reellen Zahlen aufschneiden und uns zuerst nur in der positiven Halbebene bewegen. Dann werden die zwei Zweige y_1, y_2 durch ganz bestimmte lineare Verbindungen der zu 0, ∞, 1 gehörigen Fundamentalzweige dargestellt; es gilt also etwa:

$$y_1 = l_1 P^{\alpha} + l_1' P^{\alpha'} = m_1 P^{\beta} + m_1' P^{\beta'} = n_1 P^{\gamma} + n_1' P^{\gamma'};$$
$$y_2 = l_2 P^{\alpha} + l_2' P^{\alpha'} = m_2 P^{\beta} + m_2' P^{\beta'} = n_2 P^{\gamma} + n_2' P^{\gamma'}.$$

Dabei ist $\begin{vmatrix} l_1 & l_1' \\ l_2 & l_2' \end{vmatrix} \neq 0$ anzunehmen, weil y_1, y_2 linear unabhängig sein sollen; ebenso ist auch $\begin{vmatrix} m_1 & m_1' \\ m_2 & m_2' \end{vmatrix} \neq 0$, $\begin{vmatrix} n_1 & n_1' \\ n_2 & n_2' \end{vmatrix} \neq 0$.

Ich behaupte nun (was wir in speziellerer Form schon am Ende der vorigen Stunde berührten):

Wenn ich weiß, wie die Anfangszweige y_1, y_2 einerseits mit den P^{α}, $P^{\alpha'}$, andererseits mit den P^{β}, $P^{\beta'}$ und schließlich mit den P^{γ}, $P^{\gamma'}$ zusammenhängen, dann kann ich die Erzeugenden der Gruppe sofort berechnen.

Lassen wir x z. B. einen Umlauf um $x = 0$ machen, so multiplizieren sich P^{α}, $P^{\alpha'}$ mit $e^{2i\pi\alpha}$, $e^{2i\pi\alpha'}$.

Man hat also:

$$y_1 = l_1 P^{\alpha} + l_1' P^{\alpha'}, \qquad y_1^* = l_1 e^{2i\pi\alpha} P^{\alpha} + l_1' e^{2i\pi\alpha'} P^{\alpha'},$$
$$y_2 = l_2 P^{\alpha} + l_2' P^{\alpha'}, \qquad y_2^* = l_2 e^{2i\pi\alpha} P^{\alpha} + l_2' e^{2i\pi\alpha'} P^{\alpha'}.$$

Durch Elimination von P^α und $P^{\alpha'}$ erhält man nun in der Tat y_1^* und y_2^* linear durch y_1, y_2 ausgedrückt, d. h. *man berechnet die einem Umlaufe um $x = 0$ entsprechende Erzeugende der Gruppe durch Elimination von P^α und $P^{\alpha'}$ aus den obigen zwei Gleichungspaaren.*

Das Entsprechende gilt natürlich von den beiden anderen Erzeugenden der Gruppe.

Hier kommt nun die Bedeutung der Zusammenhangsformeln (S. 49) zum Vorschein: Wählen wir nämlich einmal die Zweige P^α, $P^{\alpha'}$ selbst als Anfangszweige, so kennen wir unmittelbar die Koeffizienten l, l'; m, m'; n, n' vermöge der Zusammenhangsformeln:

$$y_1 = 1 \cdot P^\alpha + 0 \cdot P^{\alpha'} = \alpha_\beta P^\beta + \alpha_{\beta'} P^{\beta'} = \alpha_\gamma P^\gamma + \alpha_{\gamma'} P^{\gamma'},$$
$$y_2 = 0 \cdot P^\alpha + 1 \cdot P^{\alpha'} = \alpha'_\beta P^\beta + \alpha'_{\beta'} P^{\beta'} = \alpha'_\gamma P^\gamma + \alpha'_{\gamma'} P^{\gamma'},$$

und man findet die zu $x = \infty$ und $x = 1$ gehörigen Substitutionen durch Elimination von P^β, $P^{\beta'}$ bzw. P^γ, $P^{\gamma'}$ aus diesen und den transformierten Gleichungssystemen, während einem Umlauf um $x = 0$ unmittelbar bloße Multiplikationen mit einer Konstanten entsprechen. Also: *Die Bedeutung der Zusammenhangsformeln der vorigen Stunde für unsere Betrachtungen ist jetzt zuvörderst die, daß sie uns die erzeugenden Substitutionen für die Gruppe derjenigen linearen Transformationen liefern, welche sich bei analytischer Fortsetzung für diejenigen beiden P-Funktionen ergeben, deren Anfangszweige die Fundamentallösungen P^α, $P^{\alpha'}$ sind.*

Wählen wir nun ein anderes Paar von linear unabhängigen Anfangszweigen:

$$y_1 = l_1 P^\alpha + l'_1 P^{\alpha'},$$
$$y_2 = l_2 P^\alpha + l'_2 P^{\alpha'},$$

mit beliebigen Zahlen l_1, l'_1; l_2, l'_2, für welche mithin $\begin{vmatrix} l_1 & l'_1 \\ l_2 & l'_2 \end{vmatrix} \neq 0$ sein soll, so können wir durch Einsetzen der Zusammenhangsformeln dieselben y_1 und y_2 auch durch P^β, $P^{\beta'}$ und durch P^γ, $P^{\gamma'}$ ausdrücken, also die Zahlen m_1, m'_1, ... und n_1, n'_1, ... (vgl. S. 56) und daraus die drei Fundamentalsubstitutionen berechnen. Also dürfen wir sagen: *Weitergehend erfahren wir überhaupt die Gruppe für irgend zwei Anfangszweige y_1, y_2, wenn wir nur wissen, wie sich y_1, y_2 insbesondere aus den Fundamentallösungen P^α, $P^{\alpha'}$ zusammensetzen.*

Die Zusammenhangsformeln sind also gewissermaßen die Grundlage für unsere Gruppe.

§ 12. Kanonische Form der erzeugenden Substitutionen.

Nunmehr wollen wir die *Betrachtung* in der Weise *umkehren*, daß wir von der, zu beliebig vorgegebenen Anfangszweigen y_1, y_2 gehörigen, Gruppe ausgehen und nun fragen, wodurch in Beziehung auf die Gruppe die zu 0, ∞, 1 gehörigen Fundamentalzweige vor anderen Funktionszweigen ausgezeichnet sind.

Eine Substitution heiße:

$$\begin{aligned} y_1^* &= c_{11} y_1 + c_{12} y_2, \\ y_2^* &= c_{21} y_1 + c_{22} y_2, \end{aligned} \qquad \text{wobei} \quad c_{11} c_{22} - c_{12} c_{21} \neq 0.$$

Wir fragen uns nun, ob wir diese Substitution nicht durch Einführung zweier linearen Verbindungen z_1 und z_2 von y_1, y_2 als neuer Anfangszweige auf eine sogleich anzugebende besonders einfache, eine sog. „*kanonische Form*" bringen können.

Wir setzen zunächst:

$$\begin{aligned} z_1 &= k_1 y_1 + k_2 y_2, \\ z_2 &= l_1 y_1 + l_2 y_2, \end{aligned} \qquad \text{wobei} \quad k_1 l_2 - k_2 l_1 \neq 0,$$

und wollen versuchen, die Konstanten k_1, k_2, l_1, l_2 so einzurichten, daß z_1 und z_2 Substitutionen von der „kanonischen" Gestalt:

$$\begin{aligned} z_1^* &= \varrho_1 z_1, \\ z_2^* &= \varrho_2 z_2 \end{aligned}$$

erleiden. D. h. es soll

$$\begin{aligned} k_1 y_1^* + k_2 y_2^* &= \varrho_1 (k_1 y_1 + k_2 y_2), \\ l_1 y_1^* + l_2 y_2^* &= \varrho_2 (l_1 y_1 + l_2 y_2) \end{aligned}$$

werden. Ich setze die Ausdrücke für y_1^*, y_2^* ein und bekomme:

$$\begin{aligned} (k_1 c_{11} + k_2 c_{21}) y_1 + (k_1 c_{12} + k_2 c_{22}) y_2 &= \varrho_1 k_1 y_1 + \varrho_1 k_2 y_2, \\ (l_1 c_{11} + l_2 c_{21}) y_1 + (l_1 c_{12} + l_2 c_{22}) y_2 &= \varrho_2 l_1 y_1 + \varrho_2 l_2 y_2. \end{aligned}$$

Diese Gleichungen sollen Identitäten sein, so daß (wegen der linearen Unabhängigkeit von y_1 und y_2) entsprechende Koeffizienten rechts und links gleich sein müssen. So folgen aus der ersten Identität die beiden Gleichungen

$$\begin{aligned} k_1 (c_{11} - \varrho_1) + k_2 c_{21} &= 0, \\ k_1 c_{12} + k_2 (c_{22} - \varrho_1) &= 0. \end{aligned}$$

Da k_1 und k_2 nicht beide Null sein sollen, ist die Determinante gleich Null, was für ϱ_1 eine Gleichung zweiten Grades liefert.

Eine Gleichung für ϱ_2 mit genau denselben Koeffizienten folgt aus der zweiten Identität. Mithin sind ϱ_1, ϱ_2 einfach Wurzeln folgender quadratischer Gleichung (sog. „*charakteristische Gleichung*" der ursprünglichen Substitution):

$$\begin{vmatrix} c_{11} - \varrho & c_{21} \\ c_{12} & c_{22} - \varrho \end{vmatrix} = 0;$$

übrigens sind diese Wurzeln stets von Null verschieden (wegen $c_{11} c_{22} - c_{12} c_{21} \neq 0$).

Dies gibt im allgemeinen zwei verschiedene Werte von ϱ_1, ϱ_2, aus denen sich dann die k_1, k_2 und l_1, l_2 ihrem Verhältnisse nach berechnen lassen, so daß je ein von Null verschiedener Proportionalitätsfaktor unbestimmt bleibt [*]. Also:

In der Tat läßt sich im allgemeinen (d. h. für $\varrho_1 \neq \varrho_2$) *die kanonische Form*

$$z_1^* = \varrho_1 z_1,$$
$$z_2^* = \varrho_2 z_2$$

herstellen; man hat für ϱ_1, ϱ_2 nur die beiden Wurzeln der „charakteristischen Gleichung" zu setzen.

Wir mußten diesen Satz mit der Einschränkung „im allgemeinen" aussprechen, weil $\varrho_1 \neq \varrho_2$ vorausgesetzt war. Es erhebt sich jetzt die Frage nach den Ausnahmefällen, in welchen die charakteristische Gleichung zwei gleiche Wurzeln $\varrho_1 = \varrho_2 = \varrho$ hat. Sie sind noch in „Ausnahmefälle erster Ordnung" und „Ausnahmefälle zweiter Ordnung" zu unterscheiden.

Ist $\varrho_1 = \varrho_2$, so sprechen wir von einem Ausnahmefall, bezeichnen aber insbesondere als „Ausnahmefall zweiter Ordnung" den Fall, daß sogar alle Unterdeterminanten unserer Matrix

$$\begin{Vmatrix} c_{11} - \varrho_1 & c_{12} \\ c_{21} & c_{22} - \varrho_1 \end{Vmatrix}$$

verschwinden, d. h. daß die Matrix den Rang Null hat, während von einem „Ausnahmefall erster Ordnung" gesprochen wird, falls $\varrho_1 = \varrho_2$ aber der Rang gleich Eins ist.

1. Im *allgemeinen Falle* ($\varrho_1 \neq \varrho_2$) lautet die kanonische Form in der Tat, wie wir von Anfang angenommen:

$$z_1^* = \varrho_1 z_1, \quad z_2^* = \varrho_2 z_2.$$

2. Im *Ausnahmefalle erster Ordnung*, der durch die Bedingung: Rang der Matrix gleich Eins und $\varrho = \varrho_1 = \varrho_2$, letzteres gleichbedeutend mit

$$4\, c_{12} c_{21} + (c_{11} - c_{22})^2 = 0,$$

charakterisiert ist, muß man als kanonische Form eine Substitution von etwas anderer, nämlich von der Gestalt

$$z_1^* = \varrho z_1 + \sigma z_2,$$
$$z_2^* = \qquad \varrho z_2$$

benutzen, in welcher σ eine von Null verschiedene Konstante ist [**].

3. Der *Ausnahmefall zweiter Ordnung* liegt vor, wenn

$$c_{12} = c_{21} = 0, \quad c_{11} = c_{22}$$

Beginn der vierzehnten Vorlesung.

ist. Dann lautet die kanonische Substitution wieder entsprechend wie im allgemeinen Fall, nämlich ($\varrho = c_{11} = c_{22}$ gesetzt):

$$z_1^* = \varrho z_1,$$
$$z_2^* = \varrho z_2,$$

und zwar *hat dann schon die gegebene Substitution diese kanonische Form.*

Betrachten wir, statt der Zweige z_1, z_2 selbst, ihren Quotienten $z = \frac{z_1}{z_2}$, so erleidet dieser im allgemeinen Falle eine Multiplikation mit einer Konstanten (wegen $\varrho_2 \neq 0$):

$$z^* = \frac{\varrho_1}{\varrho_2} z,$$

dagegen im Ausnahmefall erster Ordnung, den man als den Fall einer „*parabolischen Substitution*" zu bezeichnen pflegt, die Addition einer Konstanten:

$$z^* = z + \frac{\sigma}{\varrho};$$

endlich bleibt z im Ausnahmefall zweiter Ordnung ganz ungeändert:

$$z^* = z.$$

Beziehen wir nun diese Betrachtungen auf die Substitution der P-Funktion!

Führen wir die einem Umlauf um $x = 0$ entsprechende Substitution:

$$y_1^* = c_{11} y_1 + c_{12} y_2,$$
$$y_2^* = c_{21} y_1 + c_{22} y_2$$

irgend zweier Zweige durch die Formeln

$$z_1 = k_1 y_1 + k_2 y_2,$$
$$z_2 = l_1 y_1 + l_2 y_2$$

auf eine kanonische Form zurück, so ist zu fragen, was für besondere funktionentheoretische Bedeutung die so eingeführten speziellen Zweige z_1, z_2 haben. Ich behaupte nun:

Die kanonischen z_1, z_2 sind (bis auf konstante Faktoren) einfach die Fundamentallösungen, die wir für den Punkt $x = 0$ von früher kennen.

Oder anders ausgedrückt:

Die früher für den Punkt $x = 0$ aufgestellten Fundamentallösungen repräsentieren gerade diejenigen Funktionszweige, welche man zugrunde legen muß, damit unsere lineare Substitution in ihrer kanonischen Form erscheint.

Entsprechendes gilt für die beiden anderen singulären Stellen $x = 1$ und $x = \infty$.

In der Tat: Wir haben früher bei Aufstellung der Fundamentallösungen, ähnlich wie hier bei der kanonischen Form einer Substitution, einen allgemeinen Fall sowie Ausnahmefälle erster und zweiter Ordnung unterschieden (vgl. z. B. § 7 und § 8). Es zeigt sich nun, daß diese Fälle ganz genau den ebenso benannten Fällen der kanonischen Substitutionen entsprechen:

1. Im *allgemeinen Fall* können wir setzen:

$$z_1 = P^{\alpha} = x^{\alpha}\mathfrak{P}_1(x), \qquad z_2 = P^{\alpha'} = x^{\alpha'}\mathfrak{P}_2^*(x).$$

Dann ist nämlich

$$z_1^* = e^{2i\pi\alpha}x^{\alpha}\mathfrak{P}_1(x) = e^{2i\pi\alpha}z_1,$$
$$z_2^* = e^{2i\pi\alpha'}x^{\alpha'}\mathfrak{P}_2^*(x) = e^{2i\pi\alpha'}z_2,$$

also einfach

$$\varrho_1 = e^{2i\pi\alpha}, \qquad \varrho_2 = e^{2i\pi\alpha'},$$

und es liegt, da $\alpha - \alpha'$ keine ganze Zahl, also ϱ_1 von ϱ_2 verschieden ist, in der Tat der allgemeine Fall der kanonischen Substitution vor.

2. Im *Ausnahmefall erster Ordnung* ist $\alpha' = \alpha + k$. Wir können setzen:

$$z_1 = P^{\alpha} = x^{\alpha'}\mathfrak{P}(x) + (\log x)\, x^{\alpha'}\mathfrak{P}^*(x),$$
$$z_2 = P^{\alpha'} = x^{\alpha'}\mathfrak{P}^*(x).$$

Beim Umlauf des x um $x = 0$ multiplizieren sich nämlich sowohl $x^{\alpha}\mathfrak{P}(x)$ wie $x^{\alpha'}\mathfrak{P}^*(x)$ mit derselben Konstanten $\varrho = e^{2i\pi\alpha} = e^{2i\pi\alpha'}$, während $\log x$ um $2i\pi$ wächst. Und man ersieht daraus in der Tat, daß der Quotient von P^{α} und $P^{\alpha'}$ eine parabolische Substitution erleidet, und zwar eine solche mit den Koeffizienten

$$\varrho = e^{2i\pi\alpha} = e^{2i\pi\alpha'}, \qquad \sigma = 2i\pi\, e^{2i\pi\alpha}.$$

3. Im *Ausnahmefall zweiter Ordnung* endlich heißen die Fundamentallösungen:

$$P^{\alpha} = x^{\alpha}\mathfrak{P}(x), \qquad P^{\alpha'} = x^{\alpha'}\mathfrak{P}^*(x),$$

wobei wieder $\alpha' = \alpha + k$.

Und in der Tat erleiden hier bei einem Umlaufe um $x = 0$ beide Lösungen eine Multiplikation mit derselben Konstanten

$$\varrho = e^{2i\pi\alpha} = e^{2i\pi\alpha'},$$

genau dem Ausnahmefall zweiter Ordnung der kanonischen Substitution entsprechend.

Aber noch mehr: *Die bei der kanonischen Substitution auftretenden Lösungen z_1, z_2 sind mit den Fundamentallösungen identisch* (von konstanten Faktoren abgesehen). In der Tat ist z. B. im allgemeinen Falle die kanonische Form und damit z_1, z_2 im wesentlichen eindeutig bestimmt; und da die Fundamentallösungen sich in kanonischer Form substituieren, sind sie (bis auf konstante Faktoren) mit z_1, z_2 identisch. Analog schließt man in den Ausnahmefällen [*]. Die vorstehenden Betrachtungen lehren uns überdies:

Die früher aufgestellten Fundamentalzweige (bzw. ihr Quotient) liefern bei Umlaufung des Punktes $x = 0$ eine lineare Substitution, welche nicht *nur in kanonischer Form erscheint, sondern auch, entsprechend dem allgemeinen Fall bzw. den Ausnahmefällen erster und zweiter Ordnung bei der Differentialgleichung (vgl. §§ 7, 8), gerade in die Fälle 1., 2., 3. hineinpaßt, die wir bei der Herstellung der kanonischen Substitution (S. 58/59) aufgefunden haben.*

Insbesondere geht das Auftreten von Logarithmen mit dem Auftreten parabolischer Substitutionen Hand in Hand.

Wir schließen hiermit unsere Betrachtungen betr. die Definition der hypergeometrischen Funktion von der Differentialgleichung aus, welche schließlich in der Auffassung der hypergeometrischen Funktion als Inbegriff der analytischen Fortsetzungen eines Anfangszweiges sowie in den Begriffen: „Gruppe linearer Substitutionen" und „kanonische Form der Substitution" ihren Höhepunkt fanden.

Wir fügen hieran noch folgende allgemeinere Bemerkung:

Diese Behandlung der hypergeometrischen Funktion von der Differentialgleichung aus läßt sich im wesentlichen ungeändert von der Differentialgleichung zweiter Ordnung mit nur drei singulären Punkten, d. h. eben von der hypergeometrischen Differentialgleichung, auf lineare homogene Differentialgleichungen n-ter Ordnung mit einer beliebigen Anzahl singulärer Punkte übertragen. Und so ist denn die Lehre von der hypergeometrischen Funktion eine Einleitung in die allgemeine Theorie derjenigen Funktionen, welche durch lineare Differentialgleichungen definiert werden [*].

Wir wenden uns nunmehr zur Definition der hypergeometrischen Funktion durch bestimmte Integrale.

Dritter Abschnitt.

Darstellung der hypergeometrischen Funktion durch bestimmte Integrale.

§ 13. Integrationswege. Homogene Schreibweise.

Ich werde heute zuerst eine Reihe allgemeinerer Vorbemerkungen geben.

Wir haben schon zu Anfang der Vorlesung (S. 4ff.) die von Euler gefundene Beziehung zwischen der Funktion $F(a, b; c; x)$ und dem bestimmten Integral

$$\int_0^1 u^{b-1}(1-u)^{c-b-1}(1-xu)^{-a}\,du$$

kennengelernt.

Euler hat sich aber auch noch mit einer anderen, einfacheren Klasse bestimmter Integrale, die von ihm den Namen führen, besonders eingehend beschäftigt; ich meine die „*Eulerschen Integrale erster und zweiter Art*", für welche folgende Definitionen und Bezeichnungen gelten:

EULERsches *Integral erster Art („Betafunktion"):*

$$\mathrm{B}(p, q) = \int_0^1 u^{p-1}(1-u)^{q-1}\,du;$$

EULERsches *Integral zweiter Art („Gammafunktion"):*

$$\Gamma(p) = \int_0^\infty u^{p-1} e^{-u}\,du.$$

Dabei bedeuten u bzw. p, q zunächst reelle Veränderliche bzw. Zahlen ($p > 0$, $q > 0$) [*].

Die Bezeichnung $\mathrm{B}(p, q)$ ist durch die französischen Lehrbücher besonders verbreitet worden, und zwar wurde sie 1839 von BINET [1] zuerst eingeführt. Die Bezeichnung $\Gamma(p)$ stammt von LEGENDRE [1], während GAUSS [1] dieselbe Funktion nach dem Vorgang von EULER mit $\Pi(p-1)$ bezeichnet [**], [***].

Wir beabsichtigen nun, die sämtlichen in den obigen Formeln vorkommenden Buchstaben p, q und u als *komplexe* Veränderliche aufzufassen. Es wird dann $p = p' + ip''$ und $q = q' + iq''$ der Bedingung $\Re(p) = p' > 0$, $\Re(q) = q' > 0$ zu unterwerfen sein; ferner sollen u^{p-1} usw. beliebige, aber festgehaltene Zweige dieser Potenz (etwa die Hauptwerte) bedeuten. Als Integrationsweg werde vorläufig etwa die Verbindungsstrecke 0, 1 (bzw. 0, ∞) beibehalten (vgl. dazu auch § 15). Die hier betrachteten uneigentlichen Integrale existieren bekanntlich, sofern eben $\Re(p) > 0$, $\Re(q) > 0$. Ferner sind $\mathrm{B}(p, q)$ und $\Gamma(p)$ *analytische* Funktionen von p und q. Dabei ergibt sich nun, wenn wir an der obigen Schreibweise der Integrale festhalten, die Schwierigkeit, daß für gewisse Gebiete der Veränderlichen die Integrale notwendig ihren Sinn verlieren, ganz ähnlich wie die Potenzreihen außerhalb ihres Konvergenzkreises. Also:

Indem wir z. B. $\Gamma(p)$ durch das bestimmte Integral erklären, definieren wir das $\Gamma(p)$ nur für solche Werte von p, deren reeller Teil $\Re(p)$ positiv ist, und ob für Werte von p, deren reeller Teil Null oder negativ ist, eine Funktion $\Gamma(p)$ überhaupt definiert werden kann (genauer gesagt: ob die für $\Re(p) > 0$ durch das Integral definierte analytische Funktion sich analytisch in die Halbebene $\Re(p) \leqq 0$ fortsetzen läßt), bleibt zunächst völlig im unklaren, insofern das Integral dann unterschiedslos sinnlos wird.

Wir haben das vorige Mal einen Mangel in der gewöhnlichen Definition der Gammafunktion durch ein bestimmtes Integral gefunden; diese Unvollkommenheit hat denn auch zu manchen Versuchen geführt,

---

Beginn der fünfzehnten Vorlesung.

andere weniger beschränkte Definitionen derselben Funktion zugrunde zu legen, wie ja auch GAUSS seine Π-Funktion durch ein unendliches Produkt definiert. Wir werden hierauf erst an einer späteren Stelle (vgl. S. 73 ff.) genauer eingehen, während ich heute zeigen will, wie man bei Beibehaltung der Integraldefinition die besagte Schwierigkeit doch beheben kann. Es beruht dies Verfahren im wesentlichen auf Ideenbildungen RIEMANNS, die für diese Integrale von ihm selbst allerdings nur angedeutet worden sind und erst in neuerer Zeit weiter ausgebildet wurden (vgl. die im folgenden gemachten Literaturangaben).

Es handelt sich nämlich darum, statt der Wege von einem singulären Punkt in den anderen hinein solche Wege zu setzen, welche *um die singulären Punkte herumgehen*, so daß längs ihrer der Integrand nicht unendlich wird.

Bei dem Integral

$$\Gamma(p) = \int u^{p-1} e^{-u} du$$

erstreckt man in diesem Sinne die Integration (statt von Null bis Unendlich längs der *reellen u-Achse* vielmehr) längs einer um den Nullpunkt gelegten „Schleife“ in der *komplexen u-Ebene* (d. h. z. B. längs eines Weges, welcher besteht aus einem die positive reelle Achse nicht treffenden Kreisbogen mit dem Nullpunkt als Zentrum und mit einem Öffnungswinkel größer als π, und aus den beiden Halbstrahlen durch die beiden Endpunkte des Bogens, welche durch Parallelverschiebung aus der positiven reellen Achse hervorgehen). *Dieses Schleifenintegral* behält, wie man sieht, für *beliebiges p* eine gute Bedeutung. Dasselbe ist zuerst von HANKEL [1] eingeführt worden [*].

Das EULERsche Integral erster Art:

$$\mathrm{B}(p, q) = \int u^{p-1}(1-u)^{q-1} du,$$

welches bei Erstreckung längs der reellen Achse von 0 bis 1 den Beschränkungen $\Re(p) > 0$ und $\Re(q) > 0$ unterliegt, erstreckt man längs des folgenden, die Punkte 0 und 1 umgehenden, geschlossenen Weges, eines sog. „*Doppelumlaufs*“. Derselbe ist durch folgende Eigentümlichkeit gekennzeichnet: *Der Integrationsweg ist so eingerichtet, daß er sowohl den Punkt $u = 0$ als den Punkt $u = 1$ das eine Mal in positivem Sinne, das andere Mal in negativem Sinne umkreist.*

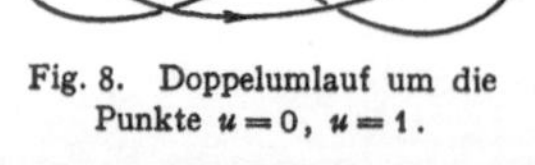

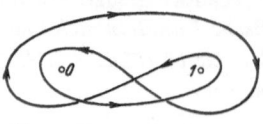

Fig. 8. Doppelumlauf um die Punkte $u = 0$, $u = 1$.

Wenn ich den Nullpunkt einmal in positivem Sinne umlaufe, so multipliziert sich u^{p-1} mit einer gewissen Konstanten, umlaufe ich ihn in negativem Sinne, so multipliziert sich u^{p-1} mit dem reziproken Wert des ersten Multiplikators, so daß also u^{p-1} nach den beiden Umläufen sich reproduziert hat. Dasselbe geschieht mit $(1-u)^{q-1}$ längs des positiven und negativen Umlaufs um $u = 1$. Das Endresultat ist also folgendes:

Der in Rede stehende geschlossene Weg (Doppelumlauf) hat die Eigenschaft, daß bei Durchlaufung desselben die zu integrierende Funktion sich reproduziert.

Dasselbe können wir etwas moderner folgendermaßen ausdrücken: Wir denken uns über der komplexen u-Ebene eine RIEMANNsche Fläche konstruiert, auf welcher der Ausdruck $u^{p-1}(1-u)^{q-1}$ eindeutig ist. Dieselbe ist bei $0, 1, \infty$ verzweigt; und zwar hängen daselbst bei reellem *rationalem* p bzw. q bzw. $p+q$ immer so viele Blätter zyklisch zusammen, als der Nenner des reduzierten Bruches für p bzw. q bzw. $p+q$ angibt, bei reellen, aber *irrationalen oder* bei *komplexen* Werten dieser Exponenten aber unendlich viele Blätter. Jedem Umlauf um einen der Verzweigungspunkte entspricht nun ein Übergang in ein anderes Blatt, und zwar im einen oder anderen Sinne, je nachdem der Umlauf in positivem oder negativem Sinne erfolgt [*].

Indem wir diese RIEMANN*sche Fläche konstruieren, ergibt sich als das Wesen des Doppelumlaufs, daß derselbe nicht nur in der u-Ebene, sondern auch auf der* RIEMANN*schen Fläche einen geschlossenen Weg liefert.*

Es ist nur ein Seitenstück zur RIEMANN*schen Definition der Perioden eines elliptischen oder* ABEL*schen Integrals, wenn wir einen solchen geschlossenen Integrationsweg auf der* RIEMANN*schen Fläche einführen.*

RIEMANN selbst hat hierüber nur Andeutungen gegeben. (Man vgl. dazu die genauen Zitate im 38. Bande der Mathematischen Annalen S. 148, 511, 512) [**].

Der erste neuere Mathematiker, der wirklich solche Doppelumläufe benutzt, ist C. JORDAN [1] im 3. Bande seines „Cours d'analyse", einem Buche, welches überhaupt von durchaus modernem Standpunkte aus die Dinge behandelt. Dann hat NEKRASSOFF [1] die Sache aufgenommen in einer Abhandlung, welche im 38. Bande der Mathematischen Annalen (1891) in Übersetzung erschienen ist. Endlich war POCHHAMMER [2—4] in den Jahren 1889—1890 schon selbständig auf die Benutzung des Doppelumlaufs gekommen; von ihm rührt auch diese Benennung unseres Integrationsweges her.

Zusatz: Entsprechende Ansätze wird man bei solchen Funktionen treffen können, die durch Doppelintegrale definiert sind; dabei sind die Auffassungen zugrunde zu legen, welche POINCARÉ [1] über Doppelintegrale im komplexen Gebiete entwickelt hat [***]. Ich denke z. B. an die verallgemeinerten hypergeometrischen Reihen von THOMAE [1] (vgl. § 3).

Diese Doppelumläufe werden wir in unserer Darstellung zur Geltung zu bringen haben. Außerdem wird uns aber noch ein zweites modernes Hilfsmittel vorzügliche Dienste leisten, nämlich die Anwendung der *homogenen Veränderlichen (homogenen Schreibweise)*. Wir führen nämlich in das EULERsche Integral erster Art für u den Quotienten u_1/u_2 ein, wobei u_1 bzw. u_2 etwa als eindeutige, stetig differenzierbare Funktionen des reellen Parameters ζ so gewählt seien, daß dem Integrationsweg (Doppelumlauf) ein-eindeutig etwa das Intervall $0 \leqq \zeta \leqq 1$ entspricht. Überdies sollen u_1 und u_2 nicht gleichzeitig verschwinden. Wir haben also zu setzen:

$$u = \frac{u_1(\zeta)}{u_2(\zeta)}, \qquad du = u_2^{-2} \cdot [u_1' u_2 - u_2' u_1]\, d\zeta .$$

Wird noch $u_1' d\zeta = du_1$ usw. gesetzt, so erhalten wir schließlich

$$\mathrm{B}(p, q) = \int u_1^{p-1} (u_2 - u_1)^{q-1} u_2^{-p-q} (u_2\, du_1 - u_1\, du_2) .$$

Dabei tritt nun deutlich hervor, daß der Integrand — wenn wir wieder auf die komplexe Veränderliche u zurückgehen — außer an den Stellen $u = 0$, d. h. $u_1 = 0$, und $u = 1$, d. h. $u_1 = u_2$, auch noch an der Stelle $u = \infty$, d. h. $u_2 = 0$, einen Verzweigungspunkt besitzt, und daß für die Stelle $u = \infty$ die Zahl $-p - q$ dieselbe Rolle spielt wie für $u = 0$ die Zahl $p - 1$ und für $u = 1$ die Zahl $q - 1$.

Noch deutlicher tritt die Gleichberechtigung der drei Verzweigungspunkte und ihrer Exponenten hervor, wenn wir die ersteren beliebig wählen und etwa eine Funktion geradezu durch das Integral definieren, welches längs eines Doppelumlaufs zu nehmen ist:

$$\int (u, a)^{\alpha} (u, b)^{\beta} (u, c)^{\gamma} (u, du) ,$$

worin wir unter (u, a) die Determinante $u_1 a_2 - u_2 a_1$, unter (u, du) den Differentialausdruck $u_1 du_2 - u_2 du_1$ verstehen. Dabei müssen wir aber die Exponenten α, β, γ, damit der Integrand ein Ausdruck nullter Dimension in u_1, u_2 sei, der durch $p - 1$, $q - 1$, $-p - q$ in der Tat erfüllten Bedingung unterwerfen:

$$\alpha + \beta + \gamma = -2 .$$

Wir wiederholen das in folgendem Satz:

Am deutlichsten tritt die Gleichberechtigung der drei singulären Punkte und überhaupt das Bildungsgesetz des EULER*schen Integrals erster Gattung hervor, indem wir von folgendem Integral (in homogener Schreibweise) ausgehen:*

$$\int (u, a)^{\alpha} (u, b)^{\beta} (u, c)^{\gamma} (u, du) ,$$

wobei

$$\alpha + \beta + \gamma = -2$$

sein muß.

Nun aber scheint die Gleichberechtigung der drei Verzweigungspunkte durch die Auswahl unseres Integrationsweges als Doppelumlauf um die Punkte a und b wieder illusorisch zu werden.

Indes: *Die nähere Betrachtung zeigt, daß auch unser Integrationsweg, der „Doppelumlauf", die drei Punkte a, b, c gleichförmig berücksichtigt.*

Derselbe ist nämlich im wesentlichen nichts anderes als eine Schleife, welche jeden der drei Punkte einmal in positivem Sinne umläuft (Kleeblattschleife). Deformiert man in der Fig. 9 die ausgezogene Schlinge um c zuerst in den gestrichelten Weg der Fig. 10 (indem man die

Schlinge über den Punkt $u = \infty$ hinüberzieht), diesen wiederum in den gestrichelten der Fig. 11, so erhält man in der Tat einen gewöhnlichen Doppelumlauf um a, b.

Es mögen hier noch einige Bemerkungen zur *Geschichte der homogenen Veränderlichen Platz finden.*

Das Mittel des Homogenmachens nichthomogener Ausdrücke stammt ursprünglich aus der analytischen Geometrie, in welcher es zuerst von PLÜCKER [1] (1830) angegeben und empfohlen worden ist.

Erst viel später (1861) hat ARONHOLD in den Monatsberichten der Berliner Akademie die homogenen Veränderlichen auch in die Funktionentheorie eingeführt, nämlich in die Theorie der ABELschen Integrale, woran sich dann die Arbeiten von CLEBSCH anschließen [*].

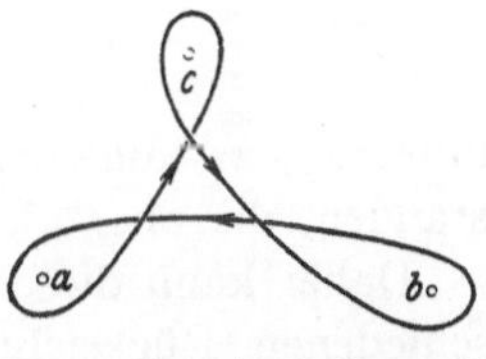

Fig. 9. Doppelumlauf um die Punkte $u = a$, $u = b$ als Schleife, welche jeden der drei Punkte $u = a$, $u = b$, $u = c$ einmal im positiven Sinne umkreist.

Wir wollen nun dasselbe Prinzip der homogenen Schreibweise hier auf die EULERschen Integrale, später auch auf die hypergeometrischen Integrale übertragen. Die Theorie gewinnt dadurch einerseits den Vorzug größerer Allgemeinheit, andererseits treten bei der völligen Symmetrie der Betrachtungen gleichberechtigte Dinge in gleicher Form in die Erscheinung. Eine Darstellung in diesem Sinne

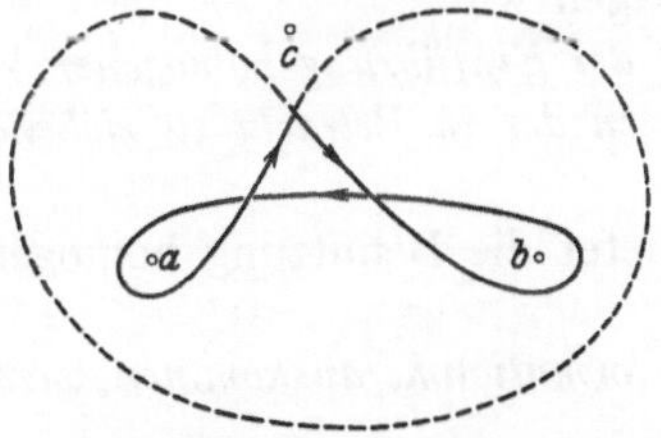

Fig. 10. Der den Punkt $u = c$ umkreisende Teil der Schleife in Fig. 9 ist über den Punkt $u = \infty$ hinweggezogen worden.

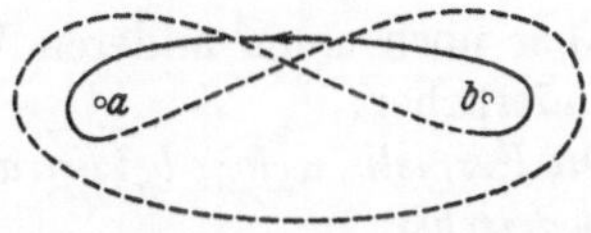

Fig. 11. Durch Deformation der Schleife der Fig. 10 entsteht der gewöhnliche Doppelumlauf um die Punkte $u = a$, $u = b$.

liegt vor in der Dissertation von SCHELLENBERG [1] (1892), auf welche wir später noch ausführlicher eingehen werden.

Zusatz: Was den Gebrauch homogener Veränderlicher betrifft, so herrschen darüber unter den Mathematikern zwei ganz entgegengesetzte Richtungen. Die einen, die algebraisch-geometrische Schule, welche an CAYLEY, CLEBSCH usw. anknüpft, arbeiten nur mit homogenen Veränderlichen und haben geradezu einen Widerwillen, man möchte sagen: ästhetischer Art, gegen nichthomogen geschriebene Formeln. Die andere Richtung umfaßt die Mehrzahl der Funktionentheoretiker, welche die homogenen Formeln für etwas Unbestimmtes zu halten scheinen, indem sie sich nicht gewöhnen können, einen homogenen Ausdruck wirklich als Funktion der *zwei* Veränderlichen x_1, x_2 anzusehen, sondern immer nur auf das Verhältnis $x_1 : x_2$ achten. Wir hier werden einen Mittelweg zwischen diesen beiden extremen Richtungen einhalten, indem wir bald die homogene, bald die unhomogene Schreibweise bevorzugen, je nach dem Zwecke, den wir gerade verfolgen.

Wenn wir irgendeine Funktion y von x haben:

$$y = F(x),$$

so spalten wir Argument und Funktion, indem wir setzen

$$x = \frac{x_1}{x_2},$$

$$F(x) = F\left(\frac{x_1}{x_2}\right) = \frac{\varphi(x_1, x_2)}{\psi(x_1, x_2)},$$

unter x_1, x_2 voneinander unabhängige (komplexe) Veränderliche verstanden, die aber nicht beide gleichzeitig Null werden dürfen.

Dabei kann diese Spaltung von F in Zähler und Nenner nach verschiedenen Rücksichten geschehen. Wenn z. B. $F(x)$ eine rationale Funktion ist, wird man $\varphi(x_1, x_2)$ und $\psi(x_1, x_2)$ so einrichten, daß es ganze rationale Formen von x_1, x_2 sind. Solche ganze Formen haben den Vorzug, für endliche Werte der Veränderlichen x_1, x_2 immer endlich zu bleiben. Unendlich große Werte der homogenen Veränderlichen dürfen wir aber von vornherein ausschließen, weil $x = \frac{x_1}{x_2}$ auch schon bei der Beschränkung auf endliche Werte von x_1, x_2 alle seine Werte annimmt. Im Zusammenhang damit sagen wir:

Überhaupt ist es ein Hauptzweck bei der Einführung homogener Veränderlicher, daß man das Unendlichwerden der in Betracht zu ziehenden Größen vermeidet.

Aber noch einen anderen Vorzug bietet die Benutzung homogener Veränderlicher:

Die Formeln, welche bei linearer Transformation herauskommen, werden symmetrischer.

Nämlich statt der gebrochenen Substitution

$$x' = \frac{\alpha x + \beta}{\gamma x + \delta}$$

erhalten wir eine ganze lineare binäre Substitution

$$x_1' = \alpha x_1 + \beta x_2,$$

$$x_2' = \gamma x_1 + \delta x_2.$$

Mit solchen Substitutionen hat es aber die gewöhnliche Invariantentheorie zu tun; wir sagen also:

Insbesondere erreichen wir durch Einführung der homogenen Veränderlichen den Anschluß an den Algorithmus der Invariantentheorie [*].

§ 14. Grundeigenschaften der Gammafunktion.

Heute beginnen wir mit einer näheren Betrachtung der Gammafunktion und wollen zuerst eine Übersicht über die ältere Theorie geben, um dann zu sehen, wie sich dieselbe Sache mit den vorgenannten neueren Hilfsmitteln angreifen läßt.

Was die historische Entwicklung des Gegenstandes betrifft, so existiert eine Monographie von BRUNEL [2] (1886), welche sehr reichhaltig ist, in der aber merkwürdigerweise die Entwicklungen von RIEMANN (vgl. S. 64) und HANKEL [1] ganz übersehen werden.

Wir gehen von der für $\Re(p) > 0$ geltenden Definition

$$\Gamma(p) = \int_0^\infty u^{p-1} e^{-u}\, du$$

aus und versuchen, uns zunächst einmal über die Werte der Funktion bei reellen positiven Werten von p eine Vorstellung zu machen, indem wir dieselben über den Abszissen p als Ordinaten auftragen (wobei u^{p-1} als reell und positiv angenommen wird für $u > 0$):

Wir gewinnen so eine ganz im ersten Quadranten gelegene, nach unten konvexe Kurve, welche sich bei $p = 0$ ins Unendliche erhebt, etwa bei $p = 1{,}462$ mit dem Werte $\Gamma = 0{,}886$ das (einzige) Minimum erreicht, um dann mit wachsendem p immer steiler anzusteigen (vgl. S. 72, Anmerkung [*]). Für den Verlauf des genannten Kurvenzweiges existieren ausführliche Tabellen sowohl von LEGENDRE ([1] S. 490) als von GAUSS ([1] S. 161–162), letztere auf 20 Dezimalen. Über die Berechnung der letzteren hat sich GAUSS [3] im Briefwechsel mit BESSEL genauer ausgelassen.

In der Theorie der Gammafunktion gibt es drei Sätze von fundamentaler Wichtigkeit [*]:

1. die „*Funktionalgleichung*": $\Gamma(p+1) = p\,\Gamma(p)$,
2. den „*Komplementensatz*": $\Gamma(p)\cdot\Gamma(1-p) = \dfrac{\pi}{\sin p\pi}$,
3. den „GAUSS*schen Produktsatz*":

$$\Gamma(p)\,\Gamma\left(p+\frac{1}{n}\right)\cdots\Gamma\left(p+\frac{n-1}{n}\right) = (2\pi)^{\frac{1}{2}(n-1)}\, n^{\frac{1}{2}-np}\,\Gamma(np)\,.$$

Dazu füge ich noch

4. als Ergänzung einen von HÖLDER [1] bewiesenen Satz:

HÖLDER [1] *hat gezeigt, daß die Gammafunktion keiner algebraischen Differentialgleichung genügt.* Dabei heißt eine Differentialgleichung $f(x, y, y', \ldots, y^{(n)}) = 0$ algebraisch, wenn f eine ganze rationale Funktion in den $x, y, \ldots, y^{(n)}$ ist [**].

Im übrigen machen wir zu den drei Hauptsätzen der Reihe nach folgende Bemerkungen:

Zu 1. Ist p eine ganze Zahl n, so folgert man aus der Funktionalgleichung durch wiederholte Anwendung derselben:

$$\Gamma(n+1) = n\cdot(n-1)\cdot(n-2)\cdot\ldots\cdot 3\cdot 2\cdot\Gamma(1).$$

Beginn der sechzehnten Vorlesung.

Nun ist aber

$$\Gamma(1) = \int_0^\infty e^{-u}\,du = 1\,,$$

also gilt für ganzzahlige n:

$$\Gamma(n+1) = n\cdot(n-1)\cdot\ldots\cdot 2\cdot 1 = n!$$

Die Gammafunktion $\Gamma(p)$ verwandelt sich für ganzzahlige positive Argumentwerte in die gewöhnliche Fakultät $(p-1)!$

Die ursprüngliche Entstehung der Gammafunktion geht in der Tat historisch gerade auf die Aufgabe zurück, die Reihe der Fakultäten zu interpolieren. (Vgl. den von FUSS [1] publizierten Brief von EULER an GOLDBACH 1729.)

Wir müssen freilich der Genauigkeit halber bemerken, daß die genannte Interpolationsaufgabe an sich keine Funktion eindeutig festlegt. Denn fügt man z. B. zu der Gammafunktion irgendeine Funktion hinzu, welche für alle positiven ganzzahligen Werte des Argumentes verschwindet — etwa $\sin n\pi$ —, so leistet die neue Funktion offenbar dasselbe, nämlich: für alle positiven ganzzahligen n mit der Fakultät übereinzustimmen.

Zu 2. Noch wichtiger für uns ist der *Komplementensatz:*

$$\Gamma(p)\cdot\Gamma(1-p) = \frac{\pi}{\sin p\pi}\,.$$

Achten wir auf die rechte Seite dieser Gleichung, so sehen wir sofort, daß dieselbe für alle ganzzahligen, positiven wie negativen Werte von p, einschließlich Null, Pole erster Ordnung besitzt. Das nämliche muß also mit der linken Seite der Gleichung der Fall sein, d. h. die singulären Stellen von $\Gamma(p)$ und $\Gamma(1-p)$ müssen Pole sein und sich gerade zur Reihe aller ganzen Zahlen ergänzen (sofern nicht z. B. ein Pol von $\Gamma(p)$ in $p = p_0$ durch eine Nullstelle von $\Gamma(1-p)$ in $p = p_0$ kompensiert wird, was an sich denkbar wäre).

In der Tat werden wir lernen (vgl. S. 75), daß $\Gamma(p)$ bei $0, -1, -2, \ldots$, und daß also $\Gamma(1-p)$ bei $+1, +2, +3, \ldots$ Pole (und sonst nirgends im Endlichen singuläre Stellen) besitzt.

$\Gamma(p)$								$\Gamma(1-p)$						
·	·	·	·	·	·	·	·	·	·	·	·	·	·	·
−7	−6	−5	−4	−3	−2	−1	−0	+1	+2	+3	+4	+5	+6	+7

Fragen wir in gleicher Weise nach den Nullstellen des Produkts $\Gamma(p)\cdot\Gamma(1-p)$, so kommt das auf die Frage hinaus, wo $\sin p\pi$ Pole besitzt. Die Antwort darauf lautet nun:

$\sin p\pi$ ist in der ganzen Ebene endlich, außer etwa bei $p = \infty$, wo es eine wesentliche Singularität besitzt.

Das heißt aber für unsere Gammafunktion:

Weder $\Gamma(p)$ noch natürlich auch $\Gamma(1-p)$ werden irgendwo in der Ebene der Veränderlichen p gleich Null (sie kommen nur bei Annäherung *an den wesentlich singulären Punkt $p = \infty$ dem Werte Null — und überhaupt jedem Wert — beliebig nahe).*

Wenn $\Gamma(p)$ nirgends verschwindet, so bleibt die Reziproke $\frac{1}{\Gamma(p)}$ überall endlich (abgesehen natürlich von $p = \infty$), und ihre Nullstellen sind Pole von $\Gamma(p)$; wir dürfen also, in WEIERSTRASSscher Sprechweise, sagen:

Die Reziproke von $\Gamma(p)$ ist eine ganze transzendente Funktion, welche nur bei $p = 0, -1, -2, \ldots$ (in erster Ordnung) verschwindet.

Da die Funktion $\frac{1}{\Gamma(p)}$ in dieser Beziehung (nämlich ganz-transzendent zu sein) mit $\sin p\pi$ übereinstimmt, aber nur den einen Teil der Nullstellen des Sinus besitzt, hat man für dieselbe den Namen „*Halbsinus*“ vorgeschlagen.

Ehe wir all diese Sätze beweisen können, müssen wir $\Gamma(p)$ erst für beliebige komplexe p definieren, welche nicht der Beschränkung $\Re(p) > 0$ unterworfen sind. Man hat dazu vorzüglich drei Methoden benutzt.

Erstens: Die Funktionalgleichung

$$\Gamma(p) = \frac{1}{p}\,\Gamma(p+1).$$

Durch das Integral ist eine Gammafunktion für alle Werte des Argumentes p erklärt, welche in der Halbebene rechts von der Achse der imaginären Zahlen sich befinden. Die Funktion $\Gamma(p+1)$ ist in der positiv-reellen Halbebene auch noch für Werte von p erklärt, für welche

$$\Re(p) > -1$$

ist, also noch für einen Streifen, innerhalb dessen die Funktion $\Gamma(p)$ durch das Integral nicht erklärt werden kann.

Benutzen wir nun aber geradezu die Funktionalgleichung

$$\Gamma(p) = \frac{1}{p}\,\Gamma(p+1)$$

zur Definition der Funktion $\Gamma(p)$, so haben wir damit eine solche Definition gewonnen, deren Gültigkeitsbereich gegen denjenigen der ursprünglichen Definition noch um einen Streifen der Breite Eins („Einheitsstreifen“) erweitert ist.

In derselben Weise erweitern wir mit Hilfe der Beziehungen

$$\Gamma(p) = \frac{1}{p(p+1)}\,\Gamma(p+2), \qquad \Gamma(p) = \frac{1}{p(p+1)(p+2)}\,\Gamma(p+3) \quad \text{usw.}$$

unsere Definition bzw. deren Gültigkeitsbereich um zwei, drei usw., kurz um beliebig viele Einheitsstreifen gegenüber dem ursprünglichen Definitionsbereich. Nun ist aber die Frage, ob diese Erweiterung der Definition durch die Funktionalgleichung wirklich erlaubt ist, d. h. ob man dadurch wirklich *die analytische Fortsetzung* der ursprünglich definierten Funktion bekommt.

Wir wenden hierzu einfach den fundamentalen Grundsatz der WEIERSTRASSschen Funktionentheorie an. Wir sehen nämlich, daß für Werte p mit positivem Realteil die beiden Funktionen

$$\Gamma(p) \quad \text{und} \quad \frac{\Gamma(p+1)}{p}$$

übereinstimmen, während $\frac{\Gamma(p+1)}{p}$ auch noch für Werte von p aus dem Streifen zwischen 0 und -1 analytisch ist und daher als die analytische Fortsetzung von $\frac{\Gamma(p+1)}{p}$ nach links über die Achse der imaginären Zahlen hinaus aufgefaßt werden kann.

Nach dem Grundsatze der Funktionentheorie, daß zwei analytische Funktionen, welche in einem Gebiet der Ebene übereinstimmen, auch in der Gesamtheit ihrer analytischen Fortsetzungen übereinstimmen, dürfen wir die Funktion $\Gamma(p)$ auch in dem Parallelstreifen links von der Achse der imaginären Zahlen mit $\frac{\Gamma(p+1)}{p}$ identisch setzen.

In dieser Weise können wir also das Definitionsgebiet der Gammafunktion in der Tat beliebig erweitern. Gleichzeitig damit erhält die obige *Funktionalgleichung Gültigkeit für jedes p* ($p \neq 0, -1, -2, \ldots$).

Wir erkennen bereits hier, daß die Punkte $0, -1, -2, \ldots$ *in der Tat Pole erster Ordnung der Gammafunktion sind.*

Denn setzen wir in der (durch n-malige Anwendung der Funktionalgleichung entstehenden) Beziehung

$$\Gamma(p) = \frac{\Gamma(p+n)}{p \cdot (p+1) \ldots (p+n-1)}$$

$p = 1 - n + z$, so kommt für $n \geqq 1$:

$$\Gamma(1-n+z) = \frac{\Gamma(z+1)}{(1-n+z)(2-n+z) \ldots z}.$$

Wegen $\Gamma(1) = 1$ besitzt also $\Gamma(p) = \Gamma(1-n+z)$ in der Tat an der Stelle $z = 0$ bzw. an der Stelle $p = 1 - n$ einen Pol erster Ordnung.

Vermittels der jetzt allgemeingültigen Funktionalgleichung können wir nun den Verlauf der Funktion für beliebige reelle p etwa aus dem bekannten Verlauf zwischen 0 und 1 berechnen und durch eine Kurve graphisch darstellen. Diese Kurve wird in der Umgebung von $0, -1, -2, \ldots$ sich ins Unendliche erstrecken, zwischen diesen Stellen abwechselnd durchweg positive bzw. durchweg negative Ordinaten haben und dabei der reellen p-Achse stets die konvexe Seite zuwenden [*].

Zweitens: Eine *zweite Methode,* die Funktion $\Gamma(p)$ für beliebige komplexe p zu definieren, ist die folgende:

Wir zerlegen das Integral in ein solches von 0 bis 1 und in ein solches von 1 bis ∞.

$$\Gamma(p) = \int_0^1 u^{p-1} e^{-u} du + \int_1^\infty u^{p-1} e^{-u} du = N + Q.$$

Der Integrand des zweiten Integrals Q ist nun im Integrationsintervall eine stetige Funktion von u, die mit $u \to +\infty$ so stark gegen Null geht, daß das Integral Q existiert, und zwar für *jedes* endliche (komplexe) p (für u^{p-1} können wir dabei einen beliebigen, aber festzuhaltenden Zweig wählen; vgl. dazu S. 77); also:

Q ist in der ganzen p-Ebene definiert (mit Ausnahme von $p = \infty$).

Das Integral N dagegen formen wir zunächst unter der Voraussetzung $\Re(p) > 0$ um, indem wir e^{-u} in eine Potenzreihe nach u entwickeln und dann gliedweise integrieren; die gliedweise Integration ist leicht zu rechtfertigen. Wir finden:

$$\int_0^1 u^{p-1}\left(1 - \frac{u}{1} + \frac{u^2}{2!} - \frac{u^3}{3!} + - \cdots\right) du$$

$$= \left[\frac{1}{p} u^p - \frac{1}{1!(p+1)} u^{p+1} + \frac{1}{2!(p+2)} u^{p+2} - \frac{1}{3!(p+3)} u^{p+3} + \cdots\right]_{u=0}^{u=1}$$

$$= \frac{1}{p} - \frac{1}{1!(p+1)} + \frac{1}{2!(p+2)} - \frac{1}{3!(p+3)} + \cdots.$$

Diese letzte Reihe, welche für $\Re(p) > 0$, also rechts von der Achse der imaginären Zahlen konvergiert und den Wert des Integrales N liefert, konvergiert im allgemeinen (d. h. abgesehen von $p = 0, -1, \ldots$) auch in dem Gebiete links von der imaginären Achse [*], stellt also dort die gesuchte analytische Fortsetzung des Integrals $\int_0^1 u^{p-1} e^{-u} du$ dar, und ergibt so mit Q zusammen eine allgemeingültige Definition der Gammafunktion.

Wir definieren also $\Gamma(p)$ durch folgenden Grenzwert:

$$\Gamma(p) = \frac{1}{p} - \frac{1}{1!(p+1)} + \frac{1}{2!(p+2)} - \frac{1}{3!(p+3)} + - \cdots + \int_1^\infty u^{p-1} e^{-u} du,$$

in welcher nun die bei $0, -1, -2, \ldots$ liegenden Pole unmittelbar ersichtlich sind.

Drittens: Die *dritte allgemeingültige Definition* der Gammafunktion ist die Gausssche durch ein unendliches Produkt.

Man gelangt zu derselben am einfachsten, indem man die Gammafunktion durch einen Grenzübergang aus dem Eulerschen Integral erster Art

$$\mathrm{B}(p, q) = \int_0^1 u^{p-1}(1-u)^{q-1} du$$

hervorgehen läßt.

Beginn der siebenzehnten Vorlesung.

Man setze für $(q - 1)$ der Kürze wegen n, schreibe also

$$\mathrm{B}(p, n+1) = \int_0^1 u^{p-1}(1-u)^n du.$$

Darin substituiere man

$$u = \frac{v}{n},$$

wodurch das Integral übergeht in:

$$\mathrm{B}(p, n+1) = n^{-p} \int_0^n v^{p-1}\left(1 - \frac{v}{n}\right)^n dv.$$

Da nun $\left(1 - \frac{v}{n}\right)^n \to e^{-v}$ für $n \to \infty$, so sieht man [*], daß $n^p \mathrm{B}(p, n+1)$ für unendlich wachsendes n gerade in das Eulersche Integral zweiter Art übergeht:

$$\Gamma(p) = \lim_{n\to\infty} [n^p \mathrm{B}(p, n+1)].$$

Die Gammafunktion kann aus der Betafunktion durch einen Grenzübergang abgeleitet werden.

Dieser Grenzübergang möge nun, statt durch stetiges Wachsenlassen von n, durch sprungweises Wachsenlassen von n ausgeführt werden, z. B. indem man n nur alle positiven *ganzen* Zahlen durchlaufen läßt; man erhält natürlich den gleichen Grenzwert.

Für ganzzahlige n ist aber das Integral:

$$\mathrm{B}(p, n+1) = \int_0^1 u^{p-1}(1-u)^n du$$

leicht auszurechnen; man findet den Ausdruck:

$$\frac{n!}{p(p+1)\dots(p+n)}$$

und also

$$\Gamma(p) = \lim_{n\to\infty} \left[\frac{n!\, n^p}{p(p+1)\dots(p+n)}\right].$$

Wir können die Gammafunktion durch das vorstehende unendliche Produkt erklären.

Dieses unendliche Produkt tritt bereits 1729 in dem oben (S. 70) erwähnten Briefe von Euler an Goldbach auf, ist aber von Gauss in seiner Arbeit [1] geradezu als Definition seiner Π-Funktion zugrunde gelegt worden.

Das unendliche Produkt konvergiert (gegen einen von Null verschiedenen Wert) für beliebige endliche Werte von p, die von $p = -\nu$ $(\nu = 0, 1, \dots)$ verschieden sind (und zwar ist die Konvergenz gleichmäßig in jedem, die Punkte $p = -\nu$ nicht enthaltenden, beschränkten, abgeschlossenen Bereich der p-Ebene [**]; hieraus folgt wieder, daß $\frac{1}{\Gamma(p)}$

im genannten Bereiche regulär analytisch ist). Das unendliche Produkt gibt also, da es für $\Re(p) > 0$ mit dem EULERschen Integral zweiter Art übereinstimmt, wirklich eine allgemeingültige Definition der Gammafunktion.

Ferner bleibt
$$(p+\nu)\left[\lim_{n\to\infty}\frac{n!\,n^p}{p(p+1)\dots(p+n)}\right]$$
beschränkt und von Null verschieden für alle p in einer Umgebung $\mathfrak{U}_\nu$ von $-\nu$ ($p \neq -\nu$; $\nu = 0, 1, 2, \dots$). D. h. $\Gamma(p)$ hat in $p = -\nu$ einen Pol erster Ordnung.

Für den reziproken Wert der Gammafunktion ist die Sache natürlich umgekehrt, und wir dürfen also sagen:

Wir lesen aus der Produktdarstellung ab, daß $\frac{1}{\Gamma(p)}$ *eine ganze transzendente Funktion ist, welche einfache Nullstellen bei* $p = 0, -1, -2, \dots$ *besitzt und keine anderen Nullstellen.*

Desgleichen ergibt sich bei GAUSS unmittelbar aus seiner Definition durch das unendliche Produkt die Funktionalgleichung, der Komplementensatz und der Produktsatz.

Aber noch mehr: GAUSS zerlegt geradezu die Funktion $\frac{1}{\Gamma(p)}$ in „Primfaktoren", d. h. er stellt die Funktion als ein (unendliches) Produkt einzelner Faktoren dar, von welchen jeder nur an einer der Nullstellen der Funktion verschwindet, eine Zerlegung, für welche später durch WEIERSTRASS [1] (Bd. 2, S. 77) die allgemeinen Prinzipien gegeben worden sind.

Man findet den einzelnen, etwa den ν-ten Primfaktor in unserem Falle am einfachsten, indem man in
$$\frac{1}{\Gamma_n(p)} = \frac{p(p+1)(p+2)\dots(p+n)}{n!\,n^p}$$
n der Reihe nach gleich $1, 2, 3, \dots \nu - 1, \nu$ setzt und den für $n = \nu$ erhaltenen Ausdruck durch den für $n = \nu - 1$ erhaltenen dividiert, indem man also setzt
$$\frac{1}{\Gamma(p)} = \frac{1}{\Gamma_1(p)}\cdot\left[\frac{1}{\Gamma_2(p)}:\frac{1}{\Gamma_1(p)}\right]\cdot\left[\frac{1}{\Gamma_3(p)}:\frac{1}{\Gamma_2(p)}\right]\dots\left[\frac{1}{\Gamma_\nu(p)}:\frac{1}{\Gamma_{\nu-1}(p)}\right]\dots.$$

Der ν-te Faktor ist, wie man ausrechnet,
$$\frac{p+\nu}{\nu}\cdot\frac{(\nu-1)^p}{\nu^p} = \left(1+\frac{p}{\nu}\right)\cdot\frac{(\nu-1)^p}{\nu^p}, \quad \nu = 2, 3, \dots,$$
ferner ist $\frac{1}{\Gamma_1(p)} = p\left(1+\frac{p}{1}\right)$ und das Produkt also
$$\frac{1}{\Gamma(p)} = p\left[\left(1+\frac{p}{1}\right)\right]\left[\left(1+\frac{p}{2}\right)\frac{1^p}{2^p}\right]\left[\left(1+\frac{p}{3}\right)\frac{2^p}{3^p}\right]\dots\left[\left(1+\frac{p}{\nu}\right)\left(\frac{(\nu-1)^p}{\nu^p}\right)\right]\dots$$

Dabei ist aber der Faktor $\frac{(\nu-1)^p}{\nu^p}$ wohlverstanden von $\left(1+\frac{p}{\nu}\right)$ untrennbar, insofern nämlich $\frac{1}{\Gamma(p)}$ definiert ist als das unendliche Produkt aus den durch die eckigen Klammern kenntlich gemachten Faktoren.

Mit dieser bei Gauss vorkommenden Darstellung haben wir tatsächlich eine Zerlegung der ganzen Funktion $\frac{1}{\Gamma(p)}$ in Primfaktoren geleistet.

Nunmehr können wir zu einer unserer früheren Entwicklungen den damals aufgeschobenen Beweis leicht nachtragen. Wir haben nämlich aus den „relationes inter functiones contiguas" gefunden, daß die Gaussche Reihe für den Wert 1 ihres vierten Arguments sich durch folgendes unendliches Produkt darstellt (S. 14):

$$F(a, b; c; 1) = \lim_{k\to\infty} \frac{(c-a)\dots(c-a+k)\cdot(c-b)\dots(c-b+k)}{c\dots(c+k)\cdot(c-a-b)\dots(c-a-b+k)},$$

wobei

$$\Re(c-a-b) > 0$$

vorausgesetzt war [*].

Wir schreiben dies folgendermaßen um:

$$F(a,b;c;1) = \lim_{k\to\infty}\left[\left\{\frac{k^c\cdot k!}{c(c+1)\dots(c+k)}\cdot\frac{k^{c-a-b}\cdot k!}{(c-a-b)(c-a-b+1)\dots(c-a-b+k)}\right\}\right.$$
$$\left.:\left\{\frac{k^{c-a}\cdot k!}{(c-a)(c-a+1)\dots(c-a+k)}\cdot\frac{k^{c-b}\cdot k!}{(c-b)(c-b+1)\dots(c-b+k)}\right\}\right],$$

in welchem Ausdruck die neu hinzugefügten Fakultäten und Potenzen von k sich offenbar gerade gegenseitig aufheben.

Da nun, wie oben gezeigt, die vier im Zähler und Nenner auftretenden Ausdrücke für $k\to\infty$ einzeln gegen $\Gamma(c)$ usw. konvergieren, so ergibt sich in der Tat, genau wie an jener Stelle behauptet wurde:

$$F(a, b; c; 1) = \frac{\Gamma(c)\cdot\Gamma(c-a-b)}{\Gamma(c-a)\cdot\Gamma(c-b)}.$$

Dies ist's, was wir über die ältere Theorie der Gammafunktion haben berichten wollen. Natürlich ist dieser Bericht durchaus nicht vollständig. Doch um rascher zu eigenen Untersuchungen vorwärts zu kommen, müssen wir es uns versagen, noch auf viele, sehr merkwürdige Eigenschaften der Gammafunktion einzugehen, welche durch die älteren Methoden entdeckt worden sind.

§ 15. Definition der Gammafunktion durch das Schleifenintegral.

Wir wollen nunmehr an Stelle des von 0 nach ∞ verlaufenden geradlinigen Integrationsweges einen, den Nullpunkt umlaufenden, *schleifenförmigen Integrationsweg* $\mathfrak{S}$ setzen (vgl. S. 64), wir wollen also jetzt von dem *Schleifenintegral* sprechen, welches wir mit

$$\int_{\mathfrak{S}} u^{p-1}e^{-u}\,du$$

bezeichnen wollen.

Dieses Schleifenintegral hat nun, im Gegensatz zu dem früher betrachteten, für *beliebige* (endliche) p eine gute Bedeutung. Für $\Re(p) > 0$

wollen wir es nun mit dem unter dieser Bedingung ebenfalls existierenden, längs der positiven, reellen u-Achse erstreckten Integral

$$\Gamma(p) = \int_0^\infty u^{p-1} e^{-u} \, du$$

vergleichen.

Dabei müssen wir uns vor allen Dingen vergegenwärtigen, daß im allgemeinen die Potenz u^{p-1} in den Integranden vieldeutig ist. Sie ist nämlich definiert als

$$u^{p-1} = e^{(p-1)\log u},$$

und $\log u$ ist nur bis auf ganzzahlige Multipla von $2\pi i$ erklärt. Wir müssen daher einen bestimmten Zweig von u^{p-1} festlegen. Dazu überlegen wir folgendes:

Wir können unseren Integrationsweg deformieren in einen solchen, der sich zusammensetzt (vgl. die Fig. 12): aus einem von $+\infty$ nach einem kleinen positiven Werte r längs der reellen Achse verlaufenden Weg, aus einer negativen Umkreisung des Nullpunktes und aus einem längs der reellen Achse von r nach $+\infty$ verlaufenden Integrationsweg.

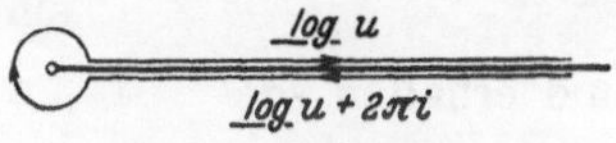

Fig. 12. Schleifenförmiger Weg, welcher den Punkt $u = 0$ umkreist, nebst zugehörigen Zweigen von $\log u$.

Wir *setzen jetzt fest*, daß längs des oberen geradlinigen Stückes dieses Weges von r bis $+\infty$ unter $\log u$ sein *Hauptwert*, d. h. der reelle Wert desselben verstanden werden soll, den wir mit $\underline{\log}\, u$ bezeichnen wollen. Damit ist dann ein bestimmter Zweig (der sog. *Hauptwert*) von u^{p-1} festgelegt.

Dann müssen wir, da wir zu dem anderen, unteren geradlinigen Teile des Integrationsweges vermittels einer positiven Umkreisung des Nullpunktes gelangen, bei welcher der Logarithmus um $2\pi i$ wächst, daselbst

$$\log u = 2\pi i + \underline{\log}\, u$$

setzen. Wenn wir nun r (unter der Voraussetzung $\Re(p) > 0$) gegen Null abnehmen lassen, so liefert der obere Teil des Integrationsweges den Beitrag

$$\lim_{r \to 0} \left[\int_r^\infty u^{p-1} e^{-u} \, du \right] = \int_0^\infty u^{p-1} e^{-u} \, du = \Gamma(p),$$

der untere Teil den Beitrag

$$-e^{2i\pi(p-1)} \int_0^\infty u^{p-1} e^{-u} \, du = -e^{2i\pi p}\, \Gamma(p);$$

der Kreis um den Nullpunkt liefert den Beitrag Null, weil der Integrand in der Umgebung von $u = 0$ (stetig und) beschränkt ist.

Daraus ergibt sich also das Resultat, daß für $\Re(p) > 0$ das Schleifenintegral mit

$$(1 - e^{2i\pi p})\,\Gamma(p)$$

übereinstimmt. Dieselbe Übereinstimmung muß auch in den übrigen Teilen der p-Ebene herrschen, wenn wir $\Gamma(p)$ — statt es durch das längs der reellen Achse von 0 bis ∞ erstreckte, uneigentliche Integral zu definieren — vermittels einer der angegebenen, für die ganze Ebene gültigen Definitionen analytisch fortsetzen, d. h.:

Das Schleifenintegral ist allgemein gleich $(1 - e^{2i\pi p})\,\Gamma(p)$.

Wir formen diesen so erhaltenen Ausdruck noch etwas um, indem wir schreiben:

$$(1 - e^{2i\pi p})\,\Gamma(p) = 2i e^{i\pi p}\,\frac{e^{-i\pi p} - e^{+i\pi p}}{2i}\,\Gamma(p) = -2i e^{i\pi p}(\sin\pi p)\,\Gamma(p)\,.$$

Nun ziehen wir den Komplementensatz (S. 69) heran:

$$\sin\pi p = \frac{\pi}{\Gamma(p)\,\Gamma(1-p)}$$

und erhalten so:

$$\int\limits_{\mathfrak{S}} u^{p-1} e^{-u}\,du = -\frac{2i\pi e^{i\pi p}}{\Gamma(1-p)}\,;$$

D. h.: *Unser Schleifenintegral ist, abgesehen von dem Faktor im Zähler, direkt gleich der ganzen transzendenten Funktion* $\frac{1}{\Gamma(1-p)}$, *deren Nullstellen* $p = 1, 2, 3, \ldots$ *sind.*

Damit haben wir das Schleifenintegral auf die von früher her bekannte, historisch gegebene Gammafunktion zurückgeführt. Wir können aber die Betrachtung umkehren und direkt das Schleifenintegral von seiner Definition aus auf seine Eigenschaften untersuchen.

Erstens sieht man dem Schleifenintegral ohne weiteres an, daß dasselbe eine bestimmte eindeutige, ganze Funktion von p *definiert, vorausgesetzt, daß man sich über die genauere Bedeutung von* u^{p-1} *entlang dem Integrationsweg geeinigt hat. (Würden wir die Verabredung ändern, so würde das bedeuten, daß der Faktor* $e^{2i\pi p}$ *in einer beliebigen ganzzahligen Potenz hinzuträte.)*

Aber noch mehr: Wenn $p - 1$ Null oder eine positive ganze Zahl ist, dann ist der Integrand im Nullpunkt regulär, ändert sich daher beim Umlauf um den Nullpunkt nicht, so daß sich die geradlinigen Teile des Integrationsweges in ihrer Wirkung gegenseitig aufheben. Zugleich liefert die Umkreisung des Nullpunktes keinen Beitrag, und das Gesamtintegral ist also gleich Null. Wir könnten auch sagen: Wir dürfen hier den Integrationsweg über den Nullpunkt, der überhaupt kein singulärer Punkt mehr ist, einfach wegziehen, also sozusagen gegen den unendlich fernen Punkt der positiven u-Achse zusammenziehen; das Integral verschwindet also.

Damit haben wir die Nullstellen unserer Funktion wiedergefunden [*]. *Wir sagen zusammenfassend: Hätten wir in solcher Weise mit dem Schleifenintegral begonnen, so würden wir nicht die Gammafunktion, sondern ihre Reziproke, d. h.* $\frac{1}{\Gamma(p)}$ *als fundamentale Funktion von vornherein eingeführt haben, was auch viel rationeller wäre.*

Wir sind in der letzten Stunde von unserem Schleifenintegrale aus zu der Funktion

$$-\frac{2i\pi e^{i\pi p}}{\Gamma(1-p)}$$

gelangt. Ich will heute noch als Ergänzung hierzu angeben, wie man durch eine Modifikation des Integranden und des Integrationsweges auch unmittelbar zu der ganzen Funktion $\frac{1}{\Gamma(p)}$ selbst gelangen kann: Man setze nämlich $v = -u$, $t = 1 - p$. Dann ergibt sich:

$$\frac{1}{2\pi i}\int\limits_{\mathfrak{S}^*} v^{-t}\, e^{v}\, dv = \frac{1}{\Gamma(t)},$$

wobei die Schleife $\mathfrak{S}^*$ des Integrationsweges von $-\infty$ in positivem Sinne um den Nullpunkt der v-Ebene herum wieder nach $-\infty$ zu ziehen ist.

So hat es HANKEL [1] vorgeschlagen (vgl. S. 64). Im übrigen wenden wir heute unsere Aufmerksamkeit der *Betafunktion* zu.

§ 16. Das EULERsche Integral erster Art.

Wir haben die alte Definition

$$\mathrm{B}(p, q) = \int\limits_0^1 u^{p-1}(1-u)^{q-1}\, du, \qquad \Re(q) > 0, \qquad \Re(p) > 0.$$

Hierbei liegt dieselbe Unbestimmtheit in der Definition des Wertes von u^{p-1} und zugleich von $(1-u)^{q-1}$ vor wie früher bei der Gammafunktion.

Je nachdem wir entlang unserem Integrationsweg die Potenzen u^{p-1} *und* $(1-u)^{q-1}$ *definieren wollen, modifiziert sich die Definition der Betafunktion um einen Exponentialfaktor* $e^{2\pi i(\sigma p + \tau q)}$, *unter* σ, τ *beliebige ganze Zahlen verstanden.*

Aus den Lehrbüchern lernt man die Betafunktion auf Gammafunktionen zurückzuführen durch die Formel:

$$\mathrm{B}(p, q) = \frac{\Gamma(p)\,\Gamma(q)}{\Gamma(p+q)},$$

welche bereits von EULER gefunden worden ist [**].

Beginn der achtzehnten Vorlesung.

Diese Formel gestattet mit einem Schlage, die Funktion $\mathrm{B}(p, q)$ *für beliebige komplexe Werte von p und q zu erklären. Zugleich zeigt die Formel, daß die Betafunktion keine selbständige Transzendente ist, die man eigens in die Analysis einzuführen hätte, vielmehr kommt sie auf die Gammafunktion zurück.*

Wir wollen nun hier die gemeinte Formel nicht besonders ableiten, sondern vielmehr zusehen, wie sie sich modifiziert, wenn wir erst den Doppelumlauf und schließlich auch die homogene Schreibweise einführen.

Unseren Doppelumlauf (vgl. S. 64 und 66) können wir auf vier geradlinige Stücke von 0 bis 1 und je zwei Umkreisungen der Punkte 0 und 1 zusammenziehen, wie nebenstehende Fig. 13 zeigt.

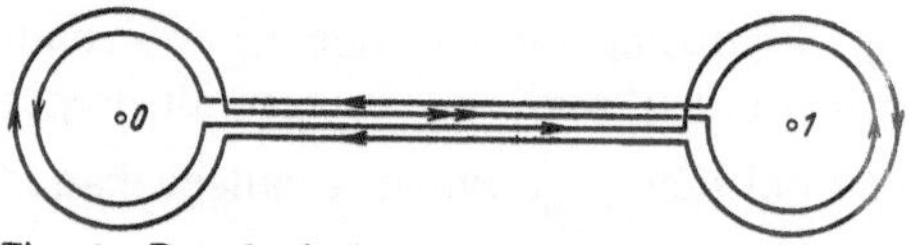

Fig. 13. Doppelumlauf um die Punkte $u = 0$ und $u = 1$.

Wir setzen etwa fest, daß längs des mit einem Doppelpfeil bezeichneten Wegstückes der Integrand gleich dem Produkt der Hauptwerte von u^{p-1} und $(1-u)^{q-1}$ angenommen werde. Er multipliziert sich bei der ersten positiven Umkreisung von $u = 1$ mit $e^{2i\pi q}$, bei der darauffolgenden positiven Umkreisung von $u = 0$ mit $e^{2i\pi p}$, dann bei der negativen Umkreisung von $u = 1$ mit $e^{-2i\pi q}$, um dann bei der negativen Umkreisung von $u = 0$ durch Multiplikation mit $e^{-2i\pi p}$ wieder seinen ursprünglichen Wert anzunehmen.

Die vier geradlinigen Wegstücke geben also, wenn man $\Re(p) > 0$, $\Re(q) > 0$ voraussetzt und die Kreise um $u = 0$ und $u = 1$ auf die Punkte selbst zusammenzieht, zusammen den Wert:

$$\int_0^1 u^{p-1}(1-u)^{q-1}\,du - e^{2i\pi q}\int_0^1 u^{p-1}(1-u)^{q-1}\,du$$
$$+ e^{2i\pi(p+q)}\int_0^1 u^{p-1}(1-u)^{q-1}\,du - e^{2i\pi p}\int_0^1 u^{p-1}(1-u)^{q-1}\,du,$$

wobei in allen Integranden dieselben Zweige für u^{p-1} und $(1-u)^{q-1}$ — wie im Integral für die Betafunktion — (etwa die Hauptwerte) zu nehmen sind. Wir erhalten somit:

$$\int_{\mathfrak{D}} u^{p-1}(1-u)^{q-1}\,du = (1 - e^{2i\pi p})(1 - e^{2i\pi q})\,\mathrm{B}(p, q),$$

wobei das Zeichen $\int_{\mathfrak{D}}$ andeuten soll, daß längs des Doppelumlaufes integriert wird.

Dieser für $\Re(p) > 0$, $\Re(q) > 0$ geltende Zusammenhang zwischen dem Doppelumlaufsintegral und der Betafunktion gilt ganz allgemein, da das Doppelumlaufsintegral auch für beliebige p, q Bedeutung behält und $\mathrm{B}(p, q)$ ebenfalls für beliebige p, q sich definieren läßt.

Wir setzen den Ausdruck in derselben Weise um, wie früher bei dem der Gammafunktion entsprechenden Schleifenintegral. Wir setzen zuerst:

$$(1 - e^{2i\pi p})(1 - e^{2i\pi q})\,\mathrm{B}(p, q) = -4e^{i\pi(p+q)}\sin\pi p\sin\pi q\,\mathrm{B}(p, q)$$

und finden weiter mit Rücksicht auf

$$\mathrm{B}(p, q) = \frac{\Gamma(p)\,\Gamma(q)}{\Gamma(p+q)}$$

sowie auf den Komplementensatz, d. h. auf die Formeln:

$$\sin\pi p = \frac{\pi}{\Gamma(p)\,\Gamma(1-p)}, \qquad \sin\pi q = \frac{\pi}{\Gamma(q)\,\Gamma(1-q)},$$

folgenden Ausdruck für das Doppelumlaufsintegral (*modifizierte* EULER*sche Formel*):

$$\int\limits_{\mathfrak{T}} u^{p-1}(1-u)^{q-1}\,du = -\frac{4\pi^2 e^{i\pi(p+q)}}{\Gamma(1-p)\,\Gamma(1-q)\,\Gamma(p+q)}.$$

Das Doppelumlaufsintegral erweist sich so als eine (eindeutige) ganze transzendente Funktion von p und q, welche für $p = 1, 2, 3, \ldots$, für $q = 1, 2, 3, \ldots$ und für $p + q = 0, -1, -2, \ldots$ und nur dort (einfache) Nullstellen besitzt, entsprechend den (einfachen) Polen der im Nenner stehenden Gammafaktoren.

Diesen Satz hätten wir nun, wenigstens teilweise, ebenso wie früher bei dem der Gammafunktion entsprechenden Schleifenintegral unmittelbar aus der Form unseres Doppelumlaufsintegrals ablesen können. Also:

Erstens ist klar, daß das Doppelumlaufsintegral bei getroffener Festsetzung über den Wert des Integranden eine eindeutige ganze, transzendente Funktion von p und q ist.

Ferner ergibt sich sofort, daß das Doppelumlaufsintegral für $p = 1, 2, 3, \ldots$ Nullstellen hat, wenn man bemerkt, daß dann $u = 0$ kein singulärer Punkt des Integranden mehr ist, daß man also den ganzen Doppelumlauf auf den Punkt $u = 1$ zusammenziehen kann, der dann, positiv und negativ hintereinander umkreist, Null liefert.

In derselben Weise sieht man ein, daß das Integral auch für $q = 1, 2, 3, \ldots$ verschwindet [*].

Schreiben wir endlich das Integral homogen:

$$\int\limits_{\mathfrak{T}} u_1^{p-1}(u_2 - u_1)^{q-1}\,u_2^{-q-p}(u_1\,du_2 - u_2\,du_1),$$

so sehen wir unmittelbar, daß für $p + q = 0, -1, -2, \ldots$ der Integrand hinsichtlich des unendlich fernen Punktes $u_2 = 0$ seinen singulären Charakter verliert, daß man dann also den Integrationsweg ohne weiteres über den unendlich fernen Punkt hinüberziehen kann; dadurch kann man aber den Weg in eine gewöhnliche, keinen singulären Punkt enthaltende Schlinge und schließlich auf einen beliebigen Punkt zusammenziehen, etwa wie die Reihenfolge nachstehender Figuren 14 bis 17 es zeigt: Längs eines solchen Weges muß das Integral natürlich

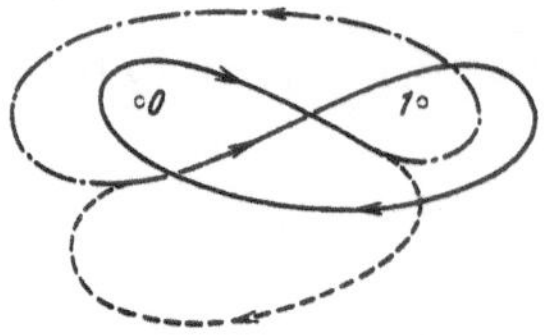

Fig. 14. Der strichpunktierte Teil des Doppelumlaufes wird über den Punkt $u=\infty$ hinweggezogen und geht so in den gestrichelten Wegteil über.

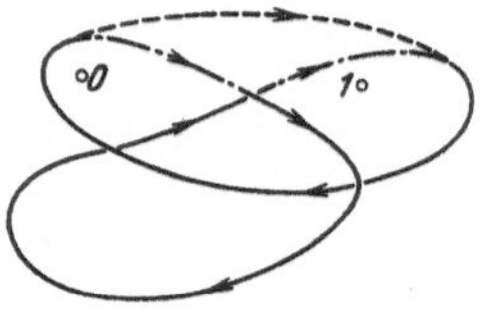

Fig. 15. Der die Punkte $u=0$ und $u=1$ nicht umkreisende Teil des Doppelumlaufes (Anfang und Ende strichpunktiert) wird auf den gestrichelten Bogen zusammengezogen.

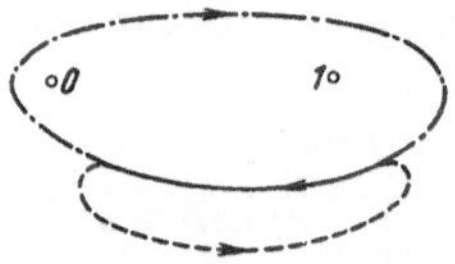

Fig. 16. Der strichpunktierte Teilbogen wird über den Punkt $u=\infty$ hinweggezogen und so in den gestrichelten Teilbogen übergeführt.

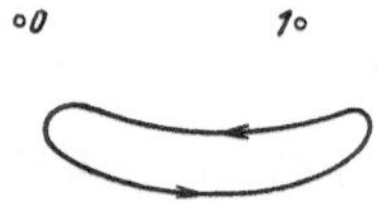

Fig. 17. Die in Fig. 16 beschriebene Deformation führt zu einer einfachen, $u=0$ und $u=1$ nicht umschließenden Kurve.

verschwinden. Also:

Das Verschwinden des Doppelumlaufsintegrals für die Werte $p+q=0$, -1, -2, ... kommt ebenfalls ganz einfach heraus, weil für diese Werte der unendlich ferne Punkt (der u-Ebene) nicht mehr singuläre Stelle des Integranden ist.

Alles was wir aus der modifizierten EULER*schen Formel entnommen haben, verifiziert sich also sofort am Doppelumlaufsintegral selbst.*

(Wie aber erkennt man aus dem Doppelumlaufsintegral, daß die Betafunktion oder auch die reziproke Gammafunktion keine anderen Nullpunkte besitzt als die angegebenen?) [*].

Wir wollen nun unser homogenes Integral noch symmetrischer schreiben. Wir setzen zunächst:

$$p-1=\alpha, \quad -p-q=\beta, \quad q-1=\gamma,$$

so daß also $\alpha+\beta+\gamma=-2$ ist. Dann können wir schreiben, nach Multiplikation der modifizierten EULERschen Formel für das Doppelumlaufsintegral (S. 81) mit -1:

$$\int\limits_{\mathfrak{D}} u_1^{\alpha} u_2^{\beta} (u_2-u_1)^{\gamma} (u_1 du_2 - u_2 du_1) = \frac{4\pi^2 e^{-i\pi\beta}}{\Gamma(-\alpha)\,\Gamma(-\beta)\,\Gamma(-\gamma)}$$

oder, indem wir mit $(-1)^{\beta}=e^{i\pi\beta}$ multiplizieren:

$$\int\limits_{\mathfrak{D}} u_1^{\alpha} (-u_2)^{\beta} (u_2-u_1)^{\gamma} (u_1\, du_2 - u_2\, du_1) = \frac{4\pi^2}{\Gamma(-\alpha)\Gamma(-\beta)\,\Gamma(-\gamma)}.$$

Auf der rechten Seite haben wir jetzt vollständige Symmetrie. Um auch links völlige Symmetrie zu erhalten, führen wir statt u_1, u_2 durch eine lineare binäre Substitution andere Veränderliche v_1, v_2 ein, derart, daß für $u = 0$ bzw. $u = \infty$ bzw. $u = 1$ der Quotient $v = \frac{v_1}{v_2}$ die Werte a, b, c annimmt.

Zugleich führen wir für a, b, c homogene Koordinaten a_1, a_2; b_1, b_2; c_1, c_2 ein. Wir setzen nämlich

$$u_1 = (v, a) \cdot (b, c),$$
$$-u_2 = (v, b) \cdot (c, a),$$

wobei
$$(b, c) \neq 0, \quad (c, a) \neq 0.$$

Mit Hilfe der bekannten Identität:

$$(v, a) \cdot (b, c) + (v, b) \cdot (c, a) + (v, c) \cdot (a, b) = 0$$

ergibt sich sofort:
$$u_2 - u_1 = (v, c) \cdot (a, b).$$

Ferner ist:

$$\begin{aligned} u_1 du_2 - u_2 du_1 &= (b, c) \cdot (c, a) \cdot \{-(v, a) \cdot (dv, b) + (v, b) \cdot (dv, a)\} \\ &= (b, c) \cdot (c, a) \cdot \{(v, a) \cdot (b, dv) + (v, b) \cdot (dv, a)\}, \end{aligned}$$

woraus wieder vermöge der Identität

$$(v, a) \cdot (b, dv) + (v, b) \cdot (dv, a) + (v, dv) \cdot (a, b) = 0$$

folgt:
$$u_1 du_2 - u_2 du_1 = -(v, dv) \cdot (b, c) \cdot (c, a) \cdot (a, b).$$

Unser Integral nimmt also die Gestalt an:

$$-(b, c)(c, a)(a, b) \int\limits_{\mathfrak{D}} ((v, a)(b, c))^\alpha ((v, b)(c, a))^\beta ((v, c)(a, b))^\gamma (v, dv),$$

wofür man auch schreiben kann:

$$-(b, c)^{\alpha+1} (c, a)^{\beta+1} (a, b)^{\gamma+1} \int\limits_{\mathfrak{D}} (v, a)^\alpha (v, b)^\beta (v, c)^\gamma (v, dv).$$

Diese Integrale sind, wie bereits angedeutet, längs eines Doppelumlaufes (einer „Kleeblattschleife", vgl. S. 66) zu erstrecken, welche jeden der gleichberechtigten drei singulären Punkte a, b, c in positivem Sinn umkreist.

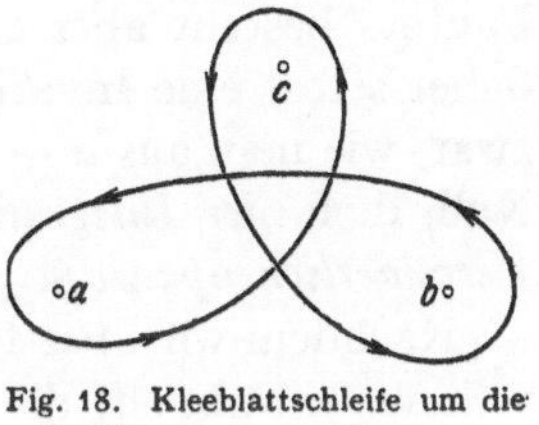

Fig. 18. Kleeblattschleife um die Punkte $u = a$, $u = b$, $u = c$.

Unser Integral, dessen Wert nach der EULER*schen Formel sich so darstellt:*

$$\frac{4\pi^2}{\Gamma(-\alpha)\Gamma(-\beta)\Gamma(-\gamma)},$$

läßt sich unter Einführung dreier beliebiger Punkte a, b, c *in der symmetrischen Form schreiben:*

$$-(b, c)^{\alpha+1} (c, a)^{\beta+1} (a, b)^{\gamma+1} \int\limits_{\mathfrak{D}} (v, a)^\alpha (v, b)^\beta (v, c)^\gamma (v, dv).$$

Infolge der vor dem Integralzeichen stehenden Potenzen von (b, c), (c, a), (a, b) und wegen $\alpha + \beta + \gamma + 2 = 0$ ist der Ausdruck in der Tat auch in bezug auf $a_1, a_2; b_1, b_2; c_1, c_2$ je vom Grade Null; daß er gar nicht von den a, b, c abhängt, ergibt sich aus seinem Verhalten bei linearen Substitutionen.

In der symmetrischen Form der EULERschen Relation, die ich in der letzten Stunde angegeben habe, ist die rechte Seite von den Punkten a, b, c ganz unabhängig; d. h. die Punkte a, b, c kommen auf der linken Seite nur „*scheinbar*" vor. In moderner Weise können wir diese Tatsache auch in folgender Weise ausdrücken und beweisen:

Wir führen statt u_1, u_2 zwei neue Veränderliche u_1', u_2', vermöge der linearen Substitution

$$u_1' = r_{11} u_1 + r_{12} u_2, \qquad u_2' = r_{21} u_1 + r_{22} u_2, \qquad \begin{vmatrix} r_{11} & r_{12} \\ r_{21} & r_{22} \end{vmatrix} = r \neq 0,$$

in das Integral ein, zugleich vermöge derselben Substitution statt a_1, a_2; b_1, b_2; c_1, c_2 die neuen Paare von Veränderlichen a_1', a_2'; b_1', b_2'; c_1', c_2' (indem wir für den Augenblick die a_1, a_2 usw. als homogene Veränderliche annehmen); dann wird

$$(u', a') = (u, a) \cdot r; \qquad (u', b') = (u, b) \cdot r; \qquad (u', c') = (u, c) \cdot r;$$
$$(b', c') = (b, c) \cdot r; \qquad (c', a') = (c, a) \cdot r; \qquad (a', b') = (a, b) \cdot r;$$
$$(u', du') = (u, du) \cdot r.$$

Alle diese Determinanten multiplizieren sich also bei simultaner Substitution der verschiedenen Veränderlichenpaare je mit der ersten Potenz der Substitutionsdeterminante r; d. h.

Die $(u, a), \ldots, (b, c), \ldots, (u, du)$ *sind Invarianten vom Gewichte* 1.

Der Integrand unseres Integrals einschließlich des davorstehenden Faktors besteht aber aus lauter solchen Invarianten als Faktoren, ist daher selbst eine Invariante der Paare u_1, u_2; a_1, a_2; b_1, b_2; c_1, c_2, und zwar, wie man aus $\alpha + \beta + \gamma + 2 = 0$ sieht, eine solche vom Gewichte Null, d. h. *der Integrand ist eine absolute simultane Invariante der vier Veränderlichenpaare* u_1, u_2; a_1, a_2; b_1, b_2; c_1, c_2.

Nachdem wir aber für a_1, a_2; b_1, b_2; c_1, c_2; u_1, u_2, wie es jetzt ohne weiteres erlaubt ist, die a_1', a_2'; b_1', b_2'; c_1', c_2'; u_1', u_2' gesetzt haben, dürfen wir für die Integrationsbuchstaben u_1', u_2' natürlich die andere Benennung u_1, u_2 wieder einführen. D. h. unser Integral bleibt ungeändert, wenn man für a_1, a_2; b_1, b_2; c_1, c_2 die linearen Funktionen a_1', a_2'; b_1', b_2'; c_1', c_2' setzt. (Der Integrationsweg $\mathfrak{D}$ in der u-Ebene ist dann natürlich, der linearen Transformation entsprechend, gegebenenfalls zu ändern.)

Nach seiner Zusammensetzung aus lauter Determinantenfaktoren erweist sich unser Integral als eine absolute Invariante der drei Punkte a,

---

Beginn der neunzehnten Vorlesung.

b, c, die ungeändert bleibt, wenn wir a, b, c simultan irgendeiner linearen Substitution unterwerfen.

Eine absolute Invariante dreier Punkte kann aber, da man ja durch eine geeignete Substitution irgend drei (verschiedene) Punkte immer in drei beliebige andere (verschiedene) Punkte transformieren kann, nur eine numerische Konstante sein, welche von der Lage der drei Punkte gar nicht abhängt.

Hiermit stimmt, daß unser Integral von den a, b, c gar nicht abhängt, denn wir können ja die Punkte a, b, c durch lineare Transformation in irgend drei andere Punkte verwandeln.

Diese ganze Betrachtungsweise haben wir heute nur angeführt, weil wir später für höhere Fälle ganz entsprechende Betrachtungen anstellen müssen.

Rationell wäre es nun, von unserem Doppelumlaufsintegral ausgehend, den Zahlenwert unserer absoluten Invariante festzulegen, wie es SCHELLENBERG ([1], § 2) *ausgeführt hat.*

Hier aber wollen wir unsere symmetrische Formel nur dazu benutzen, um uns über die systematische Stellung der EULERschen Integrale gewisse allgemeine Ideen zu bilden.

§ 17. Verallgemeinerung der EULERschen Integrale.

Das EULERsche Integral erster Art enthält unter dem Integralzeichen ein Produkt von drei Determinantenfaktoren (u, a), (u, b), (u, c), jeden zu einer bestimmten Potenz erhoben. Wir haben nun keinen Grund, uns gerade auf drei solche Faktoren zu beschränken. Wir nehmen eine beliebige Zahl, etwa n, solcher Faktoren an und untersuchen also, welche Funktionen einerseits für $n = 1, 2$, andererseits für $n = 4, 5, \ldots$, durch unser Integral definiert werden, wobei wir uns noch für jeden dieser Fälle einen Grenzübergang vorbehalten, wie denjenigen, der von der Betafunktion zur Gammafunktion führt, d. h. ein unendliches Wachsenlassen eines oder mehrerer Exponenten. Der Integrationsweg soll jeweils passend, d. h. so gewählt sein, daß sich der Integrand bei Durchlaufung des Weges reproduziert.

1. Wir finden *für* $n = 1$ das Integral

$$\int (u, a)^{-2} (u, du) .$$

Der Integrand besitzt nur den einen singulären Punkt a. Den geschlossenen Integrationsweg kann man daher, wie er auch verlaufen möge, stets durch das Unendliche hindurch auf einen gewöhnlichen Punkt zusammenziehen; wir erhalten daher Null als Wert des Integrals.

2. *Für* $n = 2$ haben wir das Integral

$$\int (u, a)^{\alpha} (u, b)^{-\alpha-2} (u, du) .$$

Der Doppelumlauf um a und b läßt sich, wie früher gezeigt, da der unendlich ferne Punkt P_∞ nicht singulär ist, vermittels Deformation über P_∞ hinüber auf einen gewöhnlichen Punkt zusammenziehen, so daß auch für $n = 2$ das Integral verschwindet.

3. *Für* $n = 3$ bekommen wir als ersten Fall eines nicht verschwindenden Integrals die Betafunktion.

4. *Für* $n = 4$ haben wir das Integral zu betrachten:

$$\int (u, a)^\alpha (u, b)^\beta (u, c)^\gamma (u, d)^\delta (u, du),$$

wobei $\alpha + \beta + \gamma + \delta = -2$ und wo das Integral längs einer geschlossenen Kurve zu erstrecken ist, längs deren der Integrand sich reproduziert.

Offenbar ist das hypergeometrische Integral

$$\int u^{b-1} (1 - u)^{c-b-1} (1 - xu)^{-a} du$$

(mit den im Integranden auftretenden Verzweigungspunkten 0, ∞, 1, $1/x$) ein Integral dieser Art, und wir werden bald sehen, wie sich sogar jedes Integral für $n = 4$ auf das hypergeometrische zurückführt. Wir würden uns also für die EULERschen Integrale mit beliebiger Zahl der Verzweigungspunkte etwa folgende Tabelle entwerfen können:

$n = 1$: $$\int (u, a)^{-2} (u, du) = 0,$$

$n = 2$: $$\int (u, a)^{-2} (u, b)^{-\alpha-2} (u, du) = 0,$$

$n = 3$: $$\int (u, a)^\alpha (u, b)^\beta (u, c)^\gamma (u, du) \quad \text{(Betafunktion)},$$
$$\alpha + \beta + \gamma = -2$$

$n = 4$: $$\int (u, a)^\alpha (u, b)^\beta (u, c)^\gamma (u, d)^\delta (u, du)$$
$$\alpha + \beta + \gamma + \delta = -2 \quad \text{(hypergeometrische Funktion)},$$

allgemein: $$\int (u, a)^\alpha (u, b)^\beta \ldots (u, m)^\mu (u, du),$$
$$\alpha + \beta + \cdots + \mu = -2 \text{ [*]}.$$

Dazu kommen noch die Integrale, die sich, wie schon oben angedeutet, (als Grenzfälle) ergeben, wenn man einen oder mehrere Exponenten in einem EULERschen Integral unbegrenzt wachsen läßt.

Bei dieser systematischen Aufzählung der EULER*schen Integrale macht die Betafunktion den Anfang, und es folgt dann das hypergeometrische Integral, mit dem wir uns ohnehin hier beschäftigen wollten.*

Nun wollen wir noch zusehen, zu welcher Art von Integralen wir durch den noch in Aussicht genommenen Grenzübergang gelangen. Ich verlasse dabei die homogene Schreibweise [**].

Es mögen in zweien der Faktoren, etwa in $(u - a)^\alpha$ und $(u - b)^\beta$, die beiden Stellen a und b einander unbegrenzt nahe rücken (so wie beim Übergang von der Beta- zur Gammafunktion die Stellen 1 und ∞, vgl. S. 73/74) und gleichzeitig mögen $|\alpha|$ und $|\beta|$ unbegrenzt wachsen, doch so, daß $\alpha + \beta$ sich dem endlichen Wert α' nähert. Ich setze

$$b = a - \varepsilon,$$
$$\alpha = \alpha' - \frac{a_1}{\varepsilon}, \qquad \beta = + \frac{a_1}{\varepsilon}.$$

Für $\varepsilon \to 0$ wird man dann aus

$$(u-a)^\alpha (u-b)^\beta = (u-a)^{\alpha' - \frac{a_1}{\varepsilon}} (u-a+\varepsilon)^{+\frac{a_1}{\varepsilon}}$$

erhalten:

$$(u-a)^{\alpha'} \cdot e^{\frac{a_1}{u-a}}.$$

Noch allgemeiner: durch Zusammenrückenlassen von mehr als zwei singulären Punkten bei geeignetem Unendlichwerden der Exponenten erhält man Faktoren der Gestalt:

$$(u-a)^\alpha \cdot e^{\sum\limits_{\varrho=1}^{\varrho=r} \frac{a_\varrho}{(u-a)^\varrho}},$$

(wobei wir in üblicher Weise für $a = \infty$ unter $u - a$ den Ausdruck $1/u$ zu verstehen haben).

Wir werden so zu folgendem Typus von Integralen, den allgemeinsten „EULERschen Integralen", geführt (wenn ich vorschlagen darf, diesen Namen einzuführen):

$$\int (u-a)^\alpha \cdot e^{\sum\limits_{\varrho=1}^{r} \frac{a_\varrho}{(u-a)^\varrho}} \cdot (u-b)^\beta \cdot e^{\sum\limits_{\sigma=1}^{s} \frac{b_\sigma}{(u-b)^\sigma}} \cdot \ldots \cdot (u-n)^\nu \cdot e^{\sum\limits_{\tau=1}^{t} \frac{n_\tau}{(u-n)^\tau}} \, du \quad [*].$$

Wir fragen nun, was für *Integrationswege* wir bei diesen allgemeinsten Integralen in Betracht zu ziehen haben, indem wir uns dabei immer die bei der Gammafunktion vorliegenden Verhältnisse vor Augen halten.

Dort ließen wir den Integrationsweg im Punkte $u = \infty$ beginnen, den Nullpunkt umkreisen und wieder im Punkte $u = \infty$ endigen. Dabei war es aber wesentlich, daß der Integrationsweg dem unendlich fernen Punkte nur in einer solchen Richtung, d. h. längs einer solchen orientierten Halbgeraden, sich näherte bzw. von ihm auslief, daß der reelle Teil von u positiv unendlich wurde, der Integrand $u^{p-1} \cdot e^{-u}$ also hinreichend stark gegen Null ging. Statt der von uns gewählten Richtung parallel zur (Halb-)Achse der positiven reellen Zahlen selbst hätten wir für die Ausgangs- wie für die Rückkehrrichtung des Integrationsweges jede dem ersten oder dem vierten Quadranten angehörige Richtung wählen dürfen, nicht aber eine zum zweiten oder dritten Quadranten gehörige. (Eine „Richtung" gehört zum ersten oder vierten Quadranten, wenn der kleinste Winkel, den sie mit der positiven reellen Achse bildet, kleiner ist als $\pi/2$.)

Analoges ist im allgemeinsten Falle zu beachten. Die singulären Punkte sollen in *algebraische* und in *transzendente* Verzweigungspunkte unterschieden werden, je nachdem zu demselben nur Potenzen $(u-a)^\alpha$ oder auch noch Exponentialfaktoren gehören. (Dabei rechnen wir auch die Fälle irrationaler oder komplexer α mit zu den algebraischen Fällen, sofern nur kein Exponentialfaktor vorhanden ist, trotzdem die betrachtete Stelle a alsdann ein Verzweigungspunkt von unendlich hoher Ordnung ist.)

Wenn nun a ein algebraischer Verzweigungspunkt ist, so soll der Integrationsweg um a herumführen. Ist hingegen a ein transzendenter Verzweigungspunkt und hat der Exponent $\sum_{\varrho=1}^{r} \frac{a_\varrho}{(u-a)^\varrho}$ $(r \geqq 1)$ in $u = a$ einen Pol r-ter Ordnung, so gibt es $2r$ von dem Punkte a auslaufende Richtungen, in denen, kurz gesagt, der reelle Teil des Exponenten verschwindet. In den dazwischenliegenden $2r$ Sektoren bzw. in den ihnen angehörigen Richtungen wird der reelle Teil des Exponenten abwechselnd positiv und negativ unendlich. Also:

Ist a ein transzendenter Verzweigungspunkt, bei dem die Summe in einem Exponenten bis r läuft $(r \geqq 1)$, so gibt es $2r$ von dem in Rede stehenden Punkte auslaufende Winkelräume von der Öffnung π/r, innerhalb deren der Faktor

$$(u-a)^\alpha e^{\sum_{\varrho=1}^{r} \frac{a_\varrho}{(u-a)^\varrho}}$$

abwechselnd gegen Null und gegen Unendlich geht.

Als erlaubte Integrationswege erscheinen solche, welche entweder geschlossen sich zwischen den singulären Punkten herumwinden, so daß bei Durchlaufung derselben der Integrand zu Anfang und Ende denselben Wert annimmt, z. B. Doppelumläufe, oder aber offene Wege, welche, von einem transzendenten Verzweigungspunkte auslaufend, wieder in einen transzendenten Verzweigungspunkt einlaufen, dabei aber immer in einem derjenigen r Winkelräume sich halten, innerhalb deren der Integrand nicht gegen Unendlich geht. (Die verbotenen Winkelräume sind in der Figur schraffiert.)

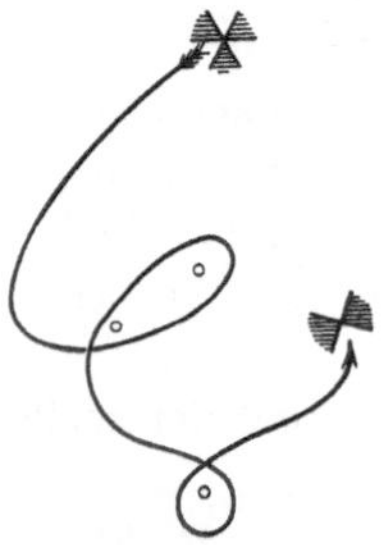

Fig. 19. Integrationsweg, welcher je in einem transzendenten Verzweigungspunkte beginnt und endet.

In dieser Allgemeinheit werden wir den Gegenstand in unserer Vorlesung nicht behandeln, dagegen nimmt die obenerwähnte Arbeit von NEKRASSOFF [1] diesen allgemeinen Standpunkt ein. Es sei nur noch bemerkt, daß unter diesen allgemeinsten EULERschen Integralen ein großer Teil der in der Literatur sonst vorkommenden Integrale enthalten ist, z. B. die Integrale für die BESSELschen Funktionen (vgl. Anm. [*] zu S. 87).

§ 18. Das hypergeometrische Integral. Seine Vieldeutigkeit.

Wir beschränken uns auf den ersten, über die Betafunktion hinausgehenden Fall, auf das *hypergeometrische Integral:*

$$\int (u,a)^\alpha (u,b)^\beta (u,c)^\gamma (u,d)^\delta (u,du)\,.$$

Wir teilen die hierüber zu machenden Bemerkungen in eine Reihe kleinerer Abschnitte.

A. Algebraische Bemerkungen.

Damit die Gesamtdimension des Integranden in u_1, u_2 gleich Null sei, muß

$$\alpha + \beta + \gamma + \delta = -2$$

sein. Dagegen ist das Integral, wie es vorliegt, in den Veränderlichen a_1, a_2 bzw. b_1, b_2 bzw. c_1, c_2 bzw. d_1, d_2 von den Dimensionen α bzw. β bzw. γ bzw. δ.

Es ist also eine „Form" sowohl von a_1, a_2 wie von b_1, b_2 usw. Und zwar ist diese Form eine „simultane Invariante" dieser vier Reihen von Veränderlichen, denn bei simultaner linearer Substitution derselben ändert sich jede Determinante des Integranden um die Substitutionsdeterminante s als Faktor, also ändert sich auch das Integral nur um den Faktor:

$$s^{\alpha+\beta+\gamma+\delta+1} = s^{-1}.$$

Diesen Charakter wird das Integral nicht verlieren, wenn wir es noch mit irgendwelchen Potenzen der sechs Determinanten (a, b), (a, c), (a, d), (b, c), (b, d), (c, d) multiplizieren.

Eine solche Form ist das von SCHELLENBERG [1] an die Spitze gestellte Integral

$$\Pi\begin{pmatrix} a_1, a_2 & b_1, b_2 & c_1, c_2 & d_1, d_2 \\ \alpha & \beta & \gamma & \delta \end{pmatrix},$$

welches folgendermaßen definiert ist:

$$(a,b)^{-\frac{\alpha+\beta+1}{2}} (a,c)^{-\frac{\alpha+\gamma+1}{2}} (a,d)^{-\frac{\alpha+\delta+1}{2}} (b,c)^{-\frac{\beta+\gamma+1}{2}} (b,d)^{-\frac{\beta+\delta+1}{2}} (c,d)^{-\frac{\gamma+\delta+1}{2}}$$
$$\cdot \int (u, a)^{\alpha} (u, b)^{\beta} (u, c)^{\gamma} (u, d)^{\delta} (u, du).$$

Diese Form ist in jedem der vier Veränderlichenpaare von der Dimension $-\frac{1}{2}$.

Um das SCHELLENBERGsche Π zu einer Form von der nullten Dimension in den a_1, a_2; b_1, b_2; c_1, c_2; d_1, d_2 zu machen, kann man irgendeinen Faktor der Form

$$((a, d)(b, c))^p ((b, d)(c, a))^q ((c, d)(a, b))^r$$

hinzufügen, wo $p + q + r = +\frac{1}{2}$ zu wählen ist, und von da aus eröffnet sich ein sehr einfacher Zusammenhang mit RIEMANNS P-Funktion.

Wie wir gestern sahen, multipliziert sich das Integral ohne Zusatzfaktoren bei simultaner Substitution seiner vier Veränderlichenpaare mit s^{-1}; es ist also eine Invariante vom Gewichte -1. Dasselbe gilt von dem SCHELLENBERGschen Π.

Beginn der zwanzigsten Vorlesung.

Die letzte in der vorigen Stunde aufgestellte *Form von der Dimension Null,* welche wir P *nennen* wollen, ist dagegen, wie leicht zu sehen, eine absolute Invariante [*].

Diesen letzteren Umstand benutzend, führen wir in P wieder inhomogene Veränderliche ein, indem wir setzen:

$$u = \frac{u_1'}{u_2'} = \frac{(a, u)(b, c)}{(b, u)(a, c)}, \qquad x = \frac{(a, d)(b, c)}{(b, d)(a, c)}.$$

Wird $\frac{u_1}{u_2}$ bzw. gleich $\frac{a_1}{a_2}, \frac{b_1}{b_2}, \frac{c_1}{c_2}, \frac{d_1}{d_2}$, so wird $u = \frac{u_1'}{u_2'}$ bzw. gleich $0, \infty, 1, x$. Wir haben also die vier Punkte a, b, c, d durch lineare Transformation in die Punkte $0, \infty, 1, x$ verwandelt, wo x das Doppelverhältnis derselben ist. Da unsere Form P in jedem Veränderlichenpaare von der Dimension Null ist, es also nur auf das Verhältnis von a_1 zu a_2 ankommt, so dürfen wir $a_1' = 0$, $a_2' = 1$ setzen, ebenso $b_1' = 1$, $b_2' = 0$; $c_1' = 1$, $c_2' = 1$; $d_1' = x$, $d_2' = 1$. Dann wird aber einfach, wenn wir zugleich $u_1' = u$, $u_2' = 1$ setzen:

$$(a', b') = -1, \quad (a', c') = -1, \quad (a', d') = -x, \quad (b', c') = +1, \quad (b', d') = +1,$$
$$(c', d') = 1 - x, \quad (a', d')(b', c') = -x, \quad (b', d')(c', a') = 1,$$
$$(c', d')(a', b') = -(1 - x), \quad (u', a') = u, \quad (u', b') = -1,$$
$$(u', c') = -(1 - u), \quad (u', d') = -(x - u), \quad (u', du') = -du.$$

Dies ins Integral eingesetzt, ergibt

$$P = (-1)^{1-q} x^{p - \frac{\alpha+\delta+1}{2}} (1 - x)^{r - \frac{\gamma+\delta+1}{2}} \int u^{\alpha} (1 - u)^{\gamma} (x - u)^{\delta} \, du .$$

Dieses letztere Integral ist von dem anfänglich eingeführten, unsymmetrischen, hypergeometrischen Integral

$$\int u^{b-1} (1 - u)^{c-b-1} (1 - xu)^{-a} \, du$$

nur unwesentlich verschieden (Substitution: u^{-1} für u). Also:

Unser Integral P verwandelt sich durch eine geeignete lineare Substitution in das vorstehende, wobei ersichtlich ist, daß eine geeignete inhomogene Schreibweise sehr viel kürzere Formeln liefert als die homogene Schreibweise, während letztere den Vorzug hat, vermöge ihrer symmetrischen Bauart die gleichberechtigten Elemente auch als gleichberechtigt erkennen zu lassen. Die kurze, aber unsymmetrische Formel ist in jedem einzelnen Falle für die wirkliche Rechnung heranzuziehen, nachdem man sie zweckmäßig ausgewählt hat. Die symmetrische Formel aber gibt den allgemeinen Überblick über die Theorie und tritt also an die Stelle der langen Tabellen von einzelnen Formeln, die man gewöhnlich in den Büchern findet.

B. Funktionentheoretische Bemerkungen.

Unser hypergeometrisches Integral P (vgl. oben) wird sich, je nach der Wahl des Integrationsweges, als der eine oder der andere Zweig (vgl. § 11) der RIEMANNschen P-Funktion

$$P\left|\begin{matrix} 0 & \infty & 1 & \\ p+\frac{\alpha+\delta+1}{2}, & q+\frac{\beta+\delta+1}{2}, & r+\frac{\gamma+\delta+1}{2} & x \\ p-\frac{\alpha+\delta+1}{2}, & q-\frac{\beta+\delta+1}{2}, & r-\frac{\gamma+\delta+1}{2} & \end{matrix}\right|$$

mit den Argumenten $0, \infty, 1, x$ erweisen (vgl. § 19).

Bislang haben wir eigentlich nur vom Integranden gesprochen. Wenn wir jetzt auf das Integral selbst eingehen, müssen wir uns vor allem über die *Vieldeutigkeit des Integrals* klar werden.

Wir werden das Integral längs irgendeines Weges erstrecken, der auf der zum Integranden gehörigen RIEMANNschen Fläche „geschlossen" ist, d. h. *längs dessen der Integrand wieder seinen Ausgangswert annimmt.*

Unser geschlossener Weg wird den einzelnen singulären Punkt gleich oft im positiven wie im negativen Sinn umkreisen müssen, damit er ein in unserem Sinne „geschlossener" Weg sei.

Solcher Wege gibt es natürlich unendlich viele. Zu der hieraus entspringenden Vieldeutigkeit der Definition kommt aber noch der Umstand hinzu, daß wir überdies mit gewisser Willkür festsetzen können, was wir unter dem Integranden längs des Weges verstehen wollen, d. h. wie wir die in ihm vorkommenden Potenzen (bzw. Exponentialfunktionen) definieren wollen.

Wir werden nun zuzusehen haben, wie wir in die Gesamtheit all dieser unendlich vielen verschiedenen Werte des Integrals Übersicht und Ordnung bringen.

Zunächst wollen wir in unserem hypergeometrischen Integral (vgl. oben) die a, b, c, d und die $\alpha, \beta, \gamma, \delta$ als konstant ansehen und also die verschiedenen möglichen Werte des Integrals als nebeneinander stehend betrachten, um erst in der nächsten Stunde auf die tiefer dringende Frage einzugehen, wie bei Variierung jener Konstanten die verschiedenen Zweige miteinander zusammenhängen mögen.

1. Wählen wir für $(u, a)^\alpha$ irgendeinen seiner Werte aus, so unterscheiden sich alle anderen Werte von diesem einen um einen Faktor $e^{2\varkappa\pi i\alpha}$, wo $\varkappa$ eine ganze Zahl ist. Analoges gilt für die anderen Faktoren des Integranden, so daß man den Satz hat:

Aus jedem Werte des betrachteten Integrals, den wir irgendwie festgelegt haben, ergeben sich — entsprechend anderen Definitionen der Potenzen $(u, a)^\alpha$, $(u, b)^\beta$, $(u, c)^\gamma$, $(u, d)^\delta$ — alle anderen, zum selben Integrationswege gehörenden Integralwerte durch Hinzufügung eines Faktors der Gestalt $e^{2i\pi(\varkappa\alpha+\lambda\beta+\mu\gamma+\nu\delta)}$, unter $\varkappa$, λ, μ, ν ganze Zahlen verstanden.

2. Zweitens fragen wir, wie die Definition des Integrals von der Auswahl des Integrationsweges abhängt.

Wir wenden hier, um die Beziehungen zwischen den unendlich vielen möglichen, geschlossenen Integrationswegen zu erforschen, folgendes Verfahren an, das eine Beschränkung auf besonders einfache Wege ermöglicht:

Wir sind früher zur Anwendung der Doppelumläufe durch den Umstand geführt worden, daß die offenen (d. h. die von einem singulären Punkt zu einem anderen singulären Punkt des Integranden gehenden) Integrationswege in manchen Fällen versagten. In denjenigen Fällen jedoch, wo auch die letzteren ihre Bedeutung haben, kann man die Beziehungen zwischen den verschiedenen Integralen auch mit Hilfe dieser offenen Wege ergründen; die so gefundenen Beziehungen müssen dann nach dem Prinzip der analytischen Fortsetzung allgemeine Bedeutung haben.

In diesem Sinne wollen wir jetzt verfahren. Wir machen also eine Zeitlang die Voraussetzungen

$$\Re(\alpha) > -1, \quad \Re(\beta) > -1, \quad \Re(\gamma) > -1, \quad \Re(\delta) > -1,$$

welche der Relation

$$\alpha + \beta + \gamma + \delta = -2$$

nicht widersprechen.

Unter diesen Voraussetzungen dürfen wir nämlich alsdann alle geschlossenen Wege bis an die singulären Punkte selbst heranziehen, so daß sie im wesentlichen aus offenen Wegen zwischen den einzelnen singulären Punkten zusammengesetzt sind. Die Mannigfaltigkeit solcher offenen Wege läßt sich nun leicht überschauen, womit man zugleich eine Übersicht über die Mannigfaltigkeit *aller* geschlossenen Wege gewinnt, bei der man dann die anfänglichen beschränkenden Voraussetzungen bezüglich $\Re(\alpha)$ usw. fallen lassen darf. Der Gedankengang wird also folgender sein:

Ich werde die Übersicht über die verschiedenen Werte unseres Integrals unter den beschränkenden Voraussetzungen

$$\Re(\alpha) > -1, \quad \Re(\beta) > -1, \quad \Re(\gamma) > -1, \quad \Re(\delta) > -1$$

herleiten, um dann zu überlegen, daß diese Übersicht allgemein gilt, auch wenn die beschränkenden Voraussetzungen nicht zutreffen.

Sei also W ein geschlossener, durch keinen Verzweigungspunkt des Integranden laufender Weg (längs dessen sich der Integrand reproduziert). I_W bezeichne den Wert des längs W erstreckten Integrals; die Vieldeutigkeit des Integranden sei dabei durch Verabredungen behoben, auf die wir gleich nachher zu sprechen kommen. Nun ändert sich I_W nicht, wenn wir W stetig in andere geschlossene Wege überführen, sofern nur bei der stetigen Deformation der Weg nicht über einen Verzweigungspunkt hinübergezogen wird. Solche Wege werden wir also bei unseren Betrachtungen als „*äquivalent*“ („gleich“) zu betrachten haben. (Die gemeinte Äquivalenz zwischen den Wegen hat in der Tat den Charakter einer Gleichheit.) Offenbar ist nun jeder Weg W einem Wege W^* äquivalent, der durch Aneinanderreihung geradliniger, je zwei Verzweigungspunkte verbindender Wege W_{ab}, W_{ac}, W_{ad}, W_{bc}, W_{bd}, W_{cd} entsteht — sog. „*Elementarwege*“ (vgl. die Fig. 20; alles gilt auch für den Fall, daß die Verzweigungspunkte a, b, c, d in einer Geraden liegen). Und dementsprechend läßt sich $I_W = I_{W^*}$ als Summe von Integralen darstellen, die längs der Wege W_{ab} usw. erstreckt sind und deren Werte wir kurz mit I_{ab} usw. bezeichnen wollen. Dabei ist aber wohl zu beachten, daß I_{ab} im allgemeinen unendlich vieldeutig ist. Um uns über die Art dieser Vieldeutigkeit klar zu werden, machen wir zunächst den Integranden durch ein bekanntes Verfahren eindeutig. Wir denken uns nämlich die Ebene längs der drei Wege W_{ad}, W_{bd}, W_{cd}

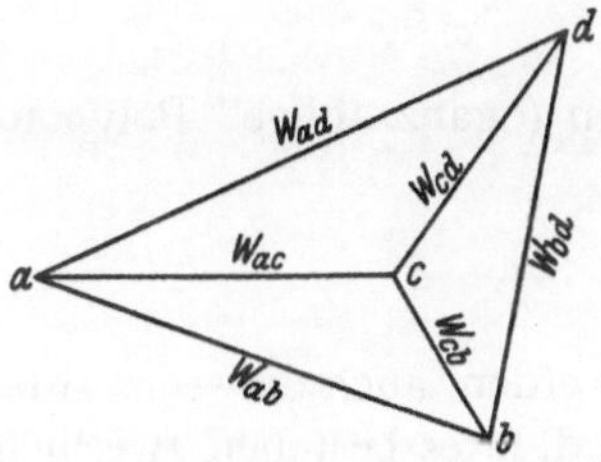

Fig. 20. Die sechs Elementarwege W_{ab} usw., durch welche je zwei der vier Verzweigungspunkte a, b, c, d verbunden werden.

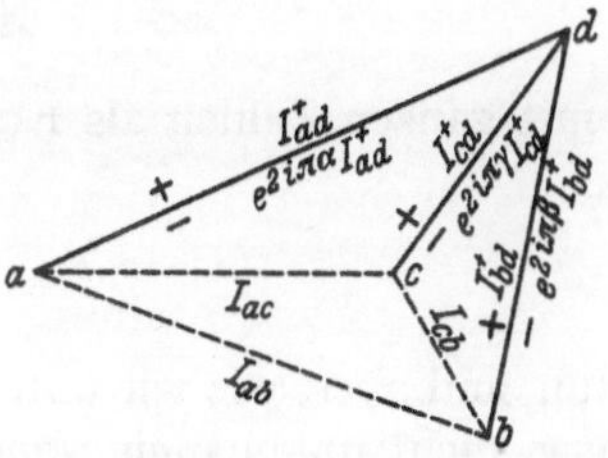

Fig. 21. Die längs da, db, dc aufgeschnittene u-Ebene nebst Integralwerten I^+_{ad} usw. auf den positiven und negativen Ufern.

aufgeschnitten. In dieser zerschnittenen Ebene kann man nun nach Belieben irgendeine Definition der Potenzen $(u,a)^\alpha$, $(u,b)^\beta$, $(u,c)^\gamma$, $(u,d)^\delta$ zugrunde legen und wird ohne Überschreitung des Einschnittsystems nie zu anderen Werten der Potenzen gelangen. Wir wählen also einen in der zerschnittenen Ebene eindeutigen Zweig des Integranden aus und halten ihn bei den folgenden Betrachtungen durchaus fest. Bei unseren Einschnitten W_{ad} usw. sind jetzt die beiden Seiten („*Ufer*“) etwa als positives (+) und negatives (—) Ufer zu unterscheiden (vgl. die Festsetzung in der Fig. 21), weil ja der Integrand am einen Ufer im allgemeinen einen anderen Wert besitzt als am anderen (vgl. unten).

Unter I^+_{ad} wollen wir nun den Wert des auf dem positiven Ufer des Schnittes W_{ad} *von a nach d erstreckten* Integrals verstehen, ebenso unter I^+_{cd}, I^+_{bd} die auf dem positiven Ufer der betreffenden Schnitte in der Richtung von c nach d bzw. von b nach d erstreckten Integrale.

Auf dem negativen Ufer von W_{ad} unterscheidet sich aber der Wert des Integranden von demjenigen auf dem positiven Ufer um den Faktor $e^{2i\pi\alpha}$. Also ergibt das auf dem negativen Ufer von a nach d erstreckte Integral den Wert $I^-_{ad} = e^{2i\pi\alpha} I^+_{ad}$. Entsprechend ergeben sich auf den negativen Ufern von W_{bd}, W_{cd} die Werte $e^{2i\pi\beta} I^+_{bd}$, $e^{2i\pi\gamma} I^+_{cd}$.

Die anderen Integrationswege W_{ac}, W_{bc}, W_{ab} dagegen ergeben auf beiden Ufern die gleichen Werte $I_{ac} = I^+_{ac} = I^-_{ac}$ usw.

Auf solche Weise haben wir für die sechs (geradlinigen) Wege W_{ab} usw. Integralwerte

$$I^\pm_{ab}, \quad I^\pm_{ac}, \quad I^\pm_{ad}, \quad I^\pm_{bc}, \quad I^\pm_{bd}, \quad I^\pm_{cd}$$

eindeutig festgelegt.

Nunmehr können wir präziser sagen: So wie man jeden beliebigen Integrationsweg aus den Elementarwegen

$$W_{ab}, \quad W_{ac}, \quad W_{ad}, \quad W_{bc}, \quad W_{bd}, \quad W_{cd}$$

zusammensetzen kann, so kann man jedes beliebige Integral (über einen geschlossenen Weg [vgl. S. 91]) aus den Integralen I^+_{ab}, I^+_{ac}, I^+_{ad}, I^+_{bc}, I^+_{bd}, I^+_{cd} linear zusammensetzen mit Koeffizienten, welche ihrerseits ganze rationale Funktionen (Polynome) der

$$e^{2i\pi\alpha}, \quad e^{2i\pi\beta}, \quad e^{2i\pi\gamma}, \quad e^{2i\pi\delta}$$

sind mit ganzen Zahlen als Koeffizienten („ganzzahlige" Polynome).

Nun sind aber, wie wir unten sehen werden, auch die sechs Integrale I^+_{ab} usw. nicht unabhängig voneinander, d. h. es bestehen zwischen den Integralen $I^+_{ab}, \ldots, I^+_{cd}$ lineare homogene Beziehungen, deren Koeffizienten ganzzahlige Polynome der $e^{2i\pi\alpha}$ usw. sind. Die genannten Beziehungen gestatten uns daher, diese sechs Integrale noch durch eine geringere Zahl unter ihnen auszudrücken. Um dies einzusehen, beachten wir:

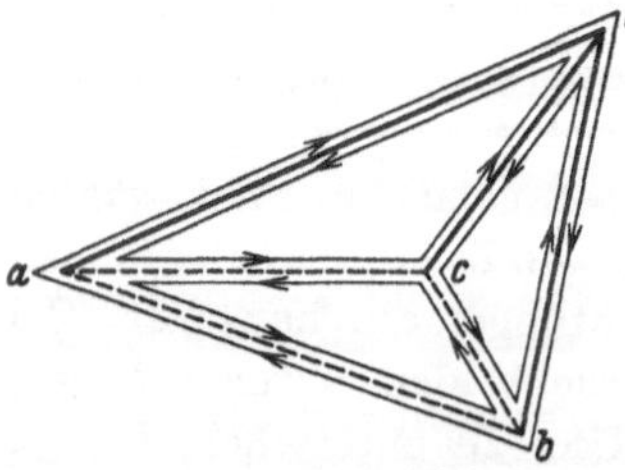

Fig. 22. Lineare Abhängigkeit der längs der verschiedenen Ufer der Elementarwege erstreckten Integrale.

Durch unsere sechs Wege W_{ab}, W_{ac}, W_{ad} usw. wird die ganze Ebene in vier Gebiete geteilt (vgl. die Fig. 22), nämlich in die Dreiecke bcd, acd, abc und in das Äußere des Dreiecks abd, welches ja selbst ein (den unendlich fernen Punkt enthaltendes) Dreieck in der komplexen u-Ebene ist.

Integriert man nun um irgendeines dieser Dreiecke herum, so muß man Null als Gesamtwert des Integrals bekommen. So erhält man folgende vier Relationen:

$$\begin{aligned} -I_{bc} + I^+_{bd} - e^{2i\pi\gamma} I^+_{cd} &= 0, \\ -I_{ca} + I^+_{cd} - e^{2i\pi\alpha} I^+_{ad} &= 0, \\ -I_{ab} + I^+_{ad} - e^{2i\pi\beta} I^+_{bd} &= 0, \\ I_{ab} + I_{bc} + I_{ca} \qquad &= 0. \end{aligned}$$

Beginn der einundzwanzigsten Vorlesung.

Lösen wir die ersten Relationen nach I_{bc}, I_{ca}, I_{ab} auf und setzen die so erhaltenen Ausdrücke für I_{bc} usw. in der letzten Relation ein, so nehmen die Relationen folgende Gestalt an:

1. $I_{bc} = I_{bd}^{+} - e^{2i\pi\gamma} I_{cd}^{+}$,
2. $I_{ca} = I_{cd}^{+} - e^{2i\pi\alpha} I_{ad}^{+}$,
3. $I_{ab} = I_{ad}^{+} - e^{2i\pi\beta} I_{bd}^{+}$,
4. $(1 - e^{2i\pi\alpha}) I_{ad}^{+} + (1 - e^{2i\pi\beta}) I_{bd}^{+} + (1 - e^{2i\pi\gamma}) I_{cd}^{+} = 0$.

Wir ersehen hieraus:

Alle unsere Integrale I sind lineare Verbindungen der drei Integrale I_{ad}^{+}, I_{bd}^{+}, I_{cd}^{+}, *zwischen denen überdies die Relation* 4. *besteht; und zwar sind die Koeffizienten der linearen Verbindungen ganzzahlige Polynome in den drei „Einheitswurzeln“*

$$e^{2i\pi\alpha}, \quad e^{2i\pi\beta}, \quad e^{2i\pi\gamma}.$$

Die sämtlichen Integrale I sind also sogar in einer binären, etwa aus I_{bd}^{+} *und* I_{cd}^{+} *abgeleiteten Schar enthalten* (vgl. § 11).

So gestaltet sich die Theorie der Integrale, wenn wir die Integration bis an die einzelnen Verzweigungspunkte selbst heranführen dürfen.

Zwischen den Integralen I_{ad} usw. und den Doppelumlaufsintegralen $\bar{I}_{ad}$ usw. besteht dann (vgl. S. 80) folgender Zusammenhang:

$$I_{ad}^{+} = \frac{\bar{I}_{ad}}{(1 - e^{2i\pi\alpha})(1 - e^{2i\pi\delta})}$$

und entsprechend für die anderen Integrale.

Wenn nun die Bedingungen $\Re(\alpha) > -1$, $\Re(\beta) > -1$ usw. nicht erfüllt sind, dann verlieren zwar die I_{ad}^{+} als Integrale ihre Bedeutung, nicht aber die Doppelumlaufsintegrale $\bar{I}_{ad}$.

Betrachten wir dann die vorstehende Formel geradezu als *Definition* der I_{ad}^{+}, so gilt diese auch dann, wenn die Exponenten keinen Beschränkungen unterworfen sind, und die für die Integrale I_{ad}^{+}, I_{bd}^{+}, I_{cd}^{+}, I_{ab}, I_{bc}, I_{ca} gefundenen linearen Relationen müssen dann auch für die in angegebener Weise durch die Doppelumlaufsintegrale $\bar{I}_{ad}$ usw. definierten analytischen Funktionen I_{ad}, I_{bd} usw. ihre Gültigkeit behalten [*]. Also:

Die so gewonnenen Formeln sind allgemeingültig, wenn wir unter den sechs Integralen I_{ad}, I_{bd}, I_{cd}, I_{ab}, I_{bc}, I_{ca} *gegebenenfalls nicht die längs ad usw. erstreckten Integrale* I_{ad}^{+} *usw. verstehen wollen, sondern die durch Doppelumlaufsintegrale definierten Ausdrücke:*

$$I_{ad} = \frac{\bar{I}_{ad}}{(1 - e^{2i\pi\alpha})(1 - e^{2i\pi\delta})}, \qquad I_{bd} = \frac{\bar{I}_{bd}}{(1 - e^{2i\pi\beta})(1 - e^{2i\pi\delta})},$$

$$I_{cd} = \frac{\bar{I}_{cd}}{(1 - e^{2i\pi\gamma})(1 - e^{2i\pi\delta})}, \qquad I_{bc} = \frac{\bar{I}_{bc}}{(1 - e^{2i\pi\beta})(1 - e^{2i\pi\gamma})},$$

$$I_{ca} = \frac{\bar{I}_{ca}}{(1 - e^{2i\pi\gamma})(1 - e^{2i\pi\alpha})}, \qquad I_{ab} = \frac{\bar{I}_{ab}}{(1 - e^{2i\pi\alpha})(1 - e^{2i\pi\beta})}.$$

§ 19. Funktionentheoretische Untersuchung des hypergeometrischen Integrals, insbesondere sein Zusammenhang mit der *P*-Funktion.

Es wird nicht nötig sein, hierin noch mehr ins einzelne zu gehen, sondern wir wollen nunmehr die in der vorigen Stunde schon in Aussicht genommene *funktionentheoretische Betrachtungsweise* einführen, indem wir jetzt die *bisherigen Konstanten* a, b, c, d und $\alpha, \beta, \gamma, \delta$ *als Veränderliche ansehen* und also den *analytischen Zusammenhang* zwischen den verschiedenen gefundenen Werten des Integrals untersuchen.

Denken wir uns also irgendeinen Wert des (über einen geschlossenen Weg erstreckten) Integrals

$$I = \int (u, a)^{\alpha} (u, b)^{\beta} (u, c)^{\gamma} (u, d)^{\delta} (u, du)$$

ausgewählt, und lassen wir dann zuerst die Exponenten $\alpha, \beta, \gamma, \delta$ variieren! Ich behaupte:

Jede einzelne Bestimmung von I, die wir machen können, liefert uns eine eindeutige ganze Funktion der Veränderlichen $\alpha, \beta, \gamma, \delta$, und alle diese eindeutigen Funktionen verlaufen voneinander getrennt in dem Sinne, daß sie nicht durch analytische Fortsetzung hinsichtlich der Veränderlichen $\alpha, \beta, \gamma, \delta$ ineinander überführbar sind.

Der Beweis unseres Theorems liegt einfach darin, daß jeder einzelne Exponentialfaktor des Integranden die in Rede stehende Eigenschaft hat. Denn habe ich einmal bestimmt, welchen Zweig ich in

$$(u, a)^{\alpha} = e^{\alpha \log(u, a)}$$

unter $\log(u, a)$ verstehen will, so definiert die Reihe

$$e^{\alpha \log(u, a)} = 1 + \alpha \frac{\log(u, a)}{1!} + \alpha^2 \frac{(\log(u, a))^2}{2!} + \cdots,$$

welche (bei beschränktem $\log(u, a)$) für beliebige (endliche) α konvergiert, eine wohlbestimmte eindeutige und ganze Funktion der Veränderlichen α; durch analytische Fortsetzung (hinsichtlich der Veränderlichen α, also bei festgehaltenem $\log(u, a)$) kann man also keinen der anderen Zweige von $(u, a)^{\alpha}$ bekommen, welche sich ja von dem ursprünglich festgelegten Zweig durch Faktoren $e^{2k\pi i\alpha}$ unterscheiden (k bedeutet eine ganze, von Null verschiedene Zahl). Dasselbe gilt für das Produkt der Potenzen in unserem Integranden und für das Integral selbst, wohlbemerkt sofern man allein die $\alpha, \beta, \gamma, \delta$ als veränderlich ansieht (also die gewählten Zweige von $\log(u, a)$ usw. beibehält).

Wie hängt nun aber unser Integral von den Verzweigungspunkten a, b, c, d und von etwaigen Umläufen derselben ab?

Natürlich hängt das (homogen geschriebene) Integral nicht nur von der Lage der Punkte a, b, c, d selbst ab, sondern auch von den Werten $a_1, a_2; b_1, b_2; c_1, c_2; d_1, d_2$ der „homogenen" Veränderlichen. Wir werden uns aber von dieser sekundären Abhängigkeit dadurch frei machen, daß wir von unserer *Form*

$$((a,d)(b,c))^p\,((b,d)(c,a))^q\,((c,d)(a,b))^r\,(a,b)^{-\frac{1}{2}(\alpha+\beta+1)}\,(a,c)^{-\frac{1}{2}(\alpha+\gamma+1)}$$
$$(a,d)^{-\frac{1}{2}(\alpha+\delta+1)}\,(b,c)^{-\frac{1}{2}(\beta+\gamma+1)}\,(b,d)^{-\frac{1}{2}(\beta+\delta+1)}\,(c,d)^{-\frac{1}{2}(\gamma+\delta+1)}$$
$$\int (u,a)^\alpha\,(u,b)^\beta\,(u,c)^\gamma\,(u,d)^\delta\,(u,du)$$

zu der oben (S. 90) mit P bezeichneten *Funktion* übergehen, welche nur von den Quotienten $a=\frac{a_1}{a_2}$, $b=\frac{b_1}{b_2}$, $c=\frac{c_1}{c_2}$, $d=\frac{d_1}{d_2}$ abhängt.

Wir behaupten nun:

Eine jede Bestimmungsweise des Integrals P, aufgefaßt als Funktion des Punktes a oder des Punktes b oder des Punktes c oder endlich des Punktes d, wird immer einen Zweig einer RIEMANN*schen P-Funktion liefern, und zwar behaupte ich spezieller für den Punkt d, daß es sich dabei um folgende* RIEMANN*sche P-Funktion handelt:*

$$P\left|\begin{matrix} a & b & c & \\ p+\frac{\alpha+\delta+1}{2} & q+\frac{\beta+\delta+1}{2} & r+\frac{\gamma+\delta+1}{2} & d \\ p-\frac{\alpha+\delta+1}{2} & q-\frac{\beta+\delta+1}{2} & r-\frac{\gamma+\delta+1}{2} & \end{matrix}\right|.$$

Zum Beweise hierfür gibt es drei Wege:

1. Einsetzen in die *Differentialgleichung* (hypergeometrische Differentialgleichung).

2. Die Entwicklung in eine *Potenzreihe* (hypergeometrische Reihe).

3. Direktes Studium der *analytischen Fortsetzung* vom Integral selbst aus.

Man kann nämlich *erstens* zeigen, daß unsere Doppelumlaufintegrale der hypergeometrischen Differentialgleichung genügen, *zweitens*, daß sie sich auf hypergeometrische Reihen zurückführen lassen. Diese beiden Methoden haben wir bereits zu Anfang des Semesters (Einleitung) auf das damals betrachtete (über ein reelles Intervall erstreckte) Integral angewendet, nach dem Vorgang von EULER, und wir werden sie mit geringen Modifikationen auch auf unsere Doppelumlaufintegrale sowie überhaupt auf die Integrale mit irgendwelchem geschlossenen Integrationsweg übertragen können.

Die *dritte Methode* dagegen wird uns wesentlich neue Gesichtspunkte liefern und ist insofern die interessanteste.

Doch wollen wir demungeachtet erst auch auf die *beiden ersten* Verfahrensweisen eingehen, um zu sehen, wie sich die uns schon bekannten Schlüsse hier modifizieren. Wir könnten, wie es SCHELLENBERG [1] in seiner Arbeit tut, die ganzen Betrachtungen mit Beibehaltung der homogenen Veränderlichen durchführen, doch wollen wir es uns, da doch nur Funktionen vorliegen, dadurch bequemer machen, daß wir das Doppelverhältnis von u zu a, b, c als Integrationsveränderliche einführen, also wie früher setzen:

$$u = \frac{(a, u)(b, c)}{(b, u)(a, c)}, \qquad x = \frac{(a, d)(b, c)}{(b, d)(a, c)}.$$

Die zu beweisende Gleichung geht dadurch über in (vgl. S. 90):

$$x^{p - \frac{\alpha+\delta+1}{2}} (1-x)^{r - \frac{\gamma+\delta+1}{2}} \int u^\alpha (1-u)^\gamma (x-u)^\delta \, du$$

$$= P \left| \begin{matrix} 0 & \infty & 1 & \\ p + \frac{\alpha+\delta+1}{2} & q + \frac{\beta+\delta+1}{2} & r + \frac{\gamma+\delta+1}{2} & x \\ p - \frac{\alpha+\delta+1}{2} & q - \frac{\beta+\delta+1}{2} & r - \frac{\gamma+\delta+1}{2} & \end{matrix} \right|.$$

(Der links im Unterschied zu S. 90 weggelassene Faktor $(-1)^{1-q}$ ist unwesentlich, da ja die RIEMANNsche P-Funktion noch eine willkürliche multiplikative Konstante enthält.)

Dividieren wir diese Gleichung noch durch den vor dem Integral stehenden Faktor (und berücksichtigen, daß $\alpha + \beta + \gamma + \delta + 2 = 0$, $2p + 2q + 2r - 1 = 0$), so geht sie über in

$$\int u^\alpha (1-u)^\gamma (x-u)^\delta \, du = P \left| \begin{matrix} 0 & \infty & 1 & \\ \alpha + \delta + 1 & \beta + 1 & \gamma + \delta + 1 & x \\ 0 & -\delta & 0 & \end{matrix} \right|.$$

Daß bei dieser Division der oben angegebenen P-Funktion mit

$$x^{p - \frac{1}{2}(\alpha+\delta+1)} (1-x)^{r - \frac{1}{2}(\gamma+\delta+1)}$$

wieder eine P-Funktion (natürlich mit anderem Exponenten) resultiert, ergibt sich unmittelbar aus dem Begriff der P-Funktion.

Setzt man nun noch für x die Veränderliche $1/x$, wendet rechts die bekannte Transformation der RIEMANNschen P-Funktion an (vgl. S. 43/44) und multipliziert schließlich die ganze Gleichung noch mit x^δ, so ergibt sich als zu beweisende Identität:

$$\int u^\alpha (1-u)^\gamma (1-xu)^\delta \, du = P \left| \begin{matrix} 0 & \infty & 1 & \\ \beta + \delta + 1 & \alpha + 1 & \gamma + \delta + 1 & x \\ 0 & -\delta & 0 & \end{matrix} \right|.$$

Das Integral auf der linken Seite unterscheidet sich jetzt von dem zu Anfang des Semesters (Einleitung) angegebenen EULERschen Integral nur dadurch, daß es längs eines geschlossenen Weges und spezieller eines *Doppelumlaufs um $u = 0$ und $u = 1$* zu erstrecken ist, während jenes längs des offenen Weges von $u = 0$ bis $u = 1$ zu nehmen war. Jenes hatte nur unter gewissen beschränkenden Voraussetzungen über die Exponenten eine Bedeutung, das jetzige hat immer einen Sinn. Diese Formel ist nun in der nächsten Stunde zu beweisen, sei es durch Aufstellung der Differentialgleichung, sei es durch Angabe der Reihenentwicklung; wohlverstanden: beides für das Doppelumlaufintegral.

Die in der vorigen Stunde vorgenommene Umformung des Integrals P kann man in eins zusammenfassen, indem man setzt:

$$u = \frac{(a, u)(b, c)}{(b, u)(a, c)}, \qquad x = \frac{(b, d)(a, c)}{(a, d)(b, c)}.$$

Das Integral verwandelt sich dabei genau in folgendes:

$$(-1)^{p-\frac{\gamma+\delta}{2}} x^{q-\frac{\beta+\delta+1}{2}} (1-x)^{r-\frac{\gamma+\delta+1}{2}} \int u^\alpha (1-u)^\gamma (1-xu)^\delta \, du.$$

Durch Division mit dem vor dem Integral stehenden Ausdruck entsteht dann die letzte in der vorigen Stunde angegebene RIEMANNsche P-Funktion.

Erstens: Wir wollen nunmehr beweisen, daß das Integral

$$\int_{\mathfrak{D}} u^\alpha (1-u)^\gamma (1-xu)^\delta \, du$$

in der Tat einer *hypergeometrischen Differentialgleichung* genügt ($\delta \neq 0$).

Wir bezeichnen den Integranden mit w, das Integral mit L und bilden uns, genau wie beim bestimmten Integral zu Anfang des Semesters (Einleitung), die Funktion

$$\Phi = u^{\alpha+1} (1-u)^{\gamma+1} (1-xu)^{\delta-1}$$

und ihren Differentialquotienten nach u:

$$\frac{d\Phi}{du} = u^\alpha (1-u)^\gamma (1-xu)^{\delta-2} \{(\alpha+1)(1-u)(1-xu) - (\gamma+1) u (1-xu) - x(\delta-1) u (1-u)\}.$$

Diesen können wir wieder linear, und zwar mit von u unabhängigen Koeffizienten, durch den Integranden w und seinen ersten und zweiten Differentialquotienten nach x darstellen ($\delta \neq 0$; der Fall $\delta = 0$ ist trivial):

$$\frac{d\Phi}{du} = (\alpha+1) w + \left(\frac{\alpha+\gamma+2}{\delta} + \frac{-\alpha+\delta-2}{\delta} x\right) \frac{\partial w}{\partial x} + \frac{x(1-x)}{\delta} \frac{\partial^2 w}{\partial x^2}.$$

Diese Formel wurde nun seinerzeit nach u zwischen 0 und 1 integriert und ergab dann (da die Funktion Φ, also das Integral von $d\Phi/du$, an beiden Integrationsgrenzen verschwand), wenigstens unter den für die Exponenten gemachten Voraussetzungen, eine lineare Differentialgleichung für das bestimmte Integral L, nämlich (wenn ich noch mit δ multipliziere):

$$0 = \delta(\alpha+1) L + (\alpha+\gamma+2+(-\alpha+\delta-2) x) \frac{dL}{dx} + x(1-x) \frac{d^2 L}{dx^2}.$$

Beginn der zweiundzwanzigsten Vorlesung.

Gegenwärtig haben wir es aber statt mit einem bestimmten Integrale von $u = 0$ bis $u = 1$ mit einem Doppelumlaufintegral um irgend zwei Verzweigungspunkte des Integranden zu tun.

Der Unterschied in der Ableitung der Differentialgleichung für L ist nun dieser, daß wir früher das Integral über $d\Phi/du$, zwischen $u = 0$ und $u = 1$ erstreckt, gleich Null setzten, weil Φ insbesondere so konstruiert war, daß es an den beiden Integrationsgrenzen verschwand, daß jetzt aber $\int\limits_{\mathfrak{D}} d\Phi = 0$ *zu setzen ist, weil es sich um einen Integrationsweg handelt, welcher auf der zu Φ gehörigen* Riemann*schen Fläche geschlossen ist.*

Der Hauptfortschritt gegen früher ist dabei der, daß der jetzige Ansatz ohne Unterschied für ganz beliebige Exponenten seine Gültigkeit behält.

Zweitens: In genau derselben Weise, wie früher das bestimmte (zwischen $u = 0$ und $u = 1$ erstreckte) Integral, setzen wir nun auch das Doppelumlaufintegral in eine *hypergeometrische Reihe* um (vgl. die Einleitung).

Wir entwickeln $(1 - xu)^\delta$ vermittels der binomischen Reihe nach steigenden Potenzen von x (für hinreichend kleine $|u|$ und $|x|$):

$$(1 - xu)^\delta = 1 - \delta x u + \binom{\delta}{2} x^2 u^2 - \binom{\delta}{3} x^3 u^3 + \cdots$$

und erhalten nach Multiplikation mit $u^\alpha (1 - u)^\gamma$ durch gliedweise Integration die (ebenfalls konvergente) Reihe:

$$\int u^\alpha (1 - u)^\gamma du - \delta x \int u^{\alpha+1} (1 - u)^\gamma du + \binom{\delta}{2} x^2 \int u^{\alpha+2} (1 - u)^\gamma du - \\ - \binom{\delta}{3} x^3 \int u^{\alpha+3} (1 - u)^\gamma du + \cdots,$$

wobei nur jetzt, zum Unterschied gegen früher, jedes Integral längs eines, die Punkte 0 und 1 (bzw. a und c) umschlingenden, Doppelumlaufs zu erstrecken ist, statt längs der Strecke 0, 1. Demgemäß haben wir für die einzelnen Integrale jetzt die modifizierte Euler*sche* Formel anzuwenden (vgl. S. 81), so daß man (abgesehen von einer Potenz von -1) erhält:

$$\frac{4\pi^2}{\Gamma(-\alpha)\Gamma(-\gamma)\Gamma(\alpha + \gamma + 2)} + \frac{4\pi^2 \delta}{\Gamma(-\alpha - 1)\Gamma(-\gamma)\Gamma(\alpha + \gamma + 3)} x \\ + \frac{4\pi^2 \frac{\delta(\delta - 1)}{1 \cdot 2}}{\Gamma(-\alpha - 2)\Gamma(-\gamma)\Gamma(\alpha + \gamma + 4)} x^2 + \cdots$$

$$= \frac{4\pi^2}{\Gamma(-\alpha)\Gamma(-\gamma)\Gamma(\alpha+\gamma+2)} \left\{ 1 + \frac{(-\delta)(\alpha+1)}{1!(\alpha+\gamma+2)} x + \frac{(-\delta)(-\delta+1)(\alpha+1)(\alpha+2)}{2!(\alpha+\gamma+2)(\alpha+\gamma+3)} x^2 \right. \\ \left. + \frac{(-\delta)(-\delta+1)(-\delta+2)(\alpha+1)(\alpha+2)(\alpha+3)}{3!(\alpha+\gamma+2)(\alpha+\gamma+3)(\alpha+\gamma+4)} x^3 + \cdots \right\}$$

$$= \frac{4\pi^2}{\Gamma(-\alpha)\Gamma(-\gamma)\Gamma(\alpha + \gamma + 2)} F(\alpha + 1, -\delta; \alpha + \gamma + 2; x).$$

(Falls α oder γ oder $-(\alpha+\gamma+2)$ gleich $0, +1, +2, \ldots$ sind, ist der Faktor von F gleich Null).

So sind wir in der Tat zur hypergeometrischen Reihe gelangt, nur mit einem bestimmten, von den Exponenten abhängigen Faktor behaftet.

Das ursprüngliche, homogen geschriebene Integral P (vgl. z. B. S. 97) erhält man hieraus durch Multiplikation mit $x^{q-\frac{1}{2}(\beta+\delta+1)}(1-x)^{r-\frac{1}{2}(\gamma+\delta+1)}$; und zwar handelt es sich hier gerade um denjenigen Doppelumlauf als Integrationsweg, welcher die Punkte a und c umschlingt. *Ein auf diesem Wege erstrecktes Integral heiße* $P^{(a,\,c)}$.

Wir sehen nun, daß unser Integral $P^{(a,\,c)}$ gerade den einen der zum Punkte a gehörigen Fundamentalzweige der RIEMANNschen P-Funktion vorstellt, der aus einer Potenzreihe besteht, die mit $x^{q-\frac{\beta+\delta+1}{2}} = x^{q+\frac{\alpha+\gamma+1}{2}}$ multipliziert ist.

Indem wir in der u-Ebene den Doppelumlauf um die Punkte a und c nehmen, kommen wir auf denjenigen Fundamentalzweig unserer P-Funktion, welcher in der Umgebung des Punktes $x=0$ *durch das Symbol* $P^{q-\frac{\beta+\delta+1}{2}}$ *oder, was dasselbe ist,* $P^{q+\frac{\alpha+\gamma+1}{2}}$ *zu bezeichnen ist. Dieser Zweig aber ist so mit einem konstanten Faktor multipliziert, daß das erste Glied in der Reihenentwicklung nach Potenzen von x (abgesehen von einer, in gewisser Weise willkürlichen Potenz von* (-1)) *den Koeffizienten hat:*

$$\frac{4\pi^2}{\Gamma(-\alpha)\Gamma(-\gamma)\Gamma(\alpha+\gamma+2)}.$$

Hätten wir das Integral für einen Doppelumlauf um zwei andere Punkte berechnet, so hätten wir ein ganz entsprechendes Resultat erhalten, welches sich aus demjenigen für $P^{(a,\,c)}$ durch bloße Buchstabenvertauschung und gegebenenfalls Ersetzung von x durch die entsprechende lineare Funktion $1/x$, $1-x$ usw. ergibt.

Jeder der sechs möglichen Doppelumläufe liefert so gerade einen der sechs Fundamentalzweige; insbesondere liefert das Integral $P^{(b,\,d)}$ den zweiten zu $x=0$ gehörigen Fundamentalzweig. Also:

Das Integral $P^{(b,\,d)}$ *liefert uns für die Umgebung der Stelle* $x=0$ *den zweiten Fundamentalzweig, den wir nach seinem Exponenten mit* $P^{q+\frac{\beta+\delta+1}{2}}$ *oder, was dasselbe ist, mit* $P^{q-\frac{\alpha+\gamma+1}{2}}$ *zu bezeichnen haben, und die Reihenentwicklung, welche wir hier bekommen, besitzt als Koeffizienten des ersten Gliedes* (von etwaigen Potenzen von (-1) abgesehen):

$$\frac{4\pi^2}{\Gamma(-\beta)\Gamma(-\delta)\Gamma(\beta+\delta+2)}.$$

Drittens: Nachdem die Gültigkeit der Differentialgleichung und der Reihenentwicklung verifiziert ist, versuchen wir nun endlich *aus dem*

Integrale selbst auf funktionentheoretischem Wege *das charakteristische Verhalten der P-Funktion zu erschließen.* Statt des Doppelumlaufes um zwei Punkte soll, der Bequemlichkeit halber, im folgenden die Verbindungsstrecke der beiden Punkte gewählt werden, was unter bekannten Bedingungen für die α, β, γ, δ gestattet ist. (Daß dies keine Beschränkung der Allgemeinheit bedeutet, ist bereits früher dargelegt; vgl. S. 92ff.)

Es handle sich um das Integral $P^{(a,\, c)}$, welches wir uns etwa, im Sinne von S. 95, durch das zugehörige Doppelumlaufintegral definiert denken. Es sei hier $a = 0$, $c = 1$. Der Integrationsweg, welcher in der Ebene der Veränderlichen u zwischen 0 und 1 verläuft, kann ohne Änderung des Integralwertes beliebig deformiert werden; nur sind seine Endpunkte festzuhalten, und er darf nie über einen singulären Punkt hinweggezogen werden.

Lassen wir nun, um das funktionentheoretische Verhalten des Integrals als Funktion von x zu erforschen, den Wert x variieren, d. h.

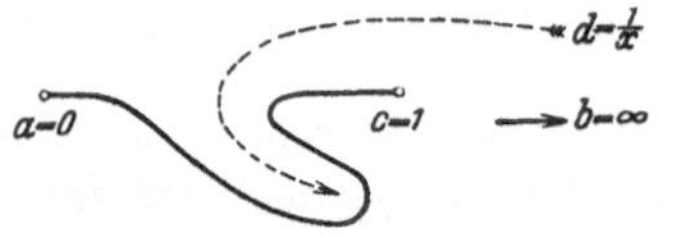

Fig. 23. Deformation des Integrationsweges zwischen $u = a$ und $u = c$.

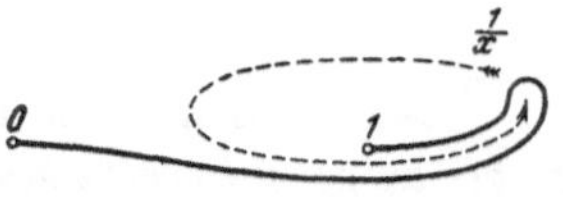

Fig. 24. Fortsetzung der in Fig. 23 begonnenen Deformation des Integrationsweges.

den Verzweigungspunkt $1/x$ wandern. Dabei darf dieser Verzweigungspunkt den Integrationsweg nie überschreiten, weil wir sonst einen anderen Zweig, also eine unstetige Änderung der Funktion bekämen; *dennoch brauchen wir die Veränderlichkeit von x keiner Beschränkung zu unterwerfen, da man ja den Integrationsweg stetig so deformieren kann, daß er dem Punkte $1/x$ immer ausweicht.* Wir sagen geradezu:

Um unser bestimmtes Integral als eine Funktion von x aufzufassen, müssen wir uns den Integrationsweg als einen elastischen Faden denken, die Verzweigungspunkte als Stifte, über welche der Faden nicht hinweggleiten kann, so daß, wenn ein wandernder Verzweigungspunkt gegen unseren Faden stößt, er weiter den Faden vor sich herschiebt, ohne ihn zu zerreißen oder zu überschreiten.

Lassen wir in dieser Weise den Verzweigungspunkt $1/x$ einen geschlossenen Umlauf z. B. um den Punkt $x = 1$ ausführen, so wird er den Integrationsweg so deformieren, wie es in der Fig. 24 angegeben ist.

Der Weg von 0 nach 1 hat sich also in einen Weg verwandelt, der von 0 nach 1, von 1 nach $1/x$ und dann wieder nach Umkreisung des Punktes $1/x$ von $1/x$ nach 1 zurückläuft.

Das Integral $P^{(0,\,1)}$ verwandelt sich also in $P^{(0,\,1)} + P^{(1,\,1/x)} - e^{2i\pi\delta} P^{(1,\,1/x)}$. Dabei ist $P^{(1,\,1/x)}$ geeignet zu definieren.

Wir erkennen im Beispiel, daß nach dem Umlauf des Punktes $1/x$ um den Punkt 1 das Integral $P^{(0,1)}$ sich in $P^{(0,1)} + (1 - e^{2i\pi\delta})\, P^{(1,1/x)}$ verwandelt hat.

So wird überhaupt jeder Integrationsweg nach einem beliebigen Umlauf des $1/x$ sich in eine neue Kombination der fundamentalen sechs Wege (d. h. der Verbindungsstrecken der Verzweigungspunkte) verwandeln; und das kommt dann darauf hinaus, daß irgend zwei linear unabhängige Integrale P_1 und P_2, die wir einmal auswählen, nach einem Umlauf des $1/x$ bzw. des x sich in zwei neue Integrale verwandelt haben werden, welche lineare Verbindungen der P_1, P_2 sind, d. h. bei jedem Umlauf des x erfahren P_1, P_2 eine lineare Substitution, wie es eben der charakteristischen Eigenschaft der RIEMANN*schen P-Funktion entspricht.*

§ 20. Theorie der *P*-Funktion vom Integral aus.

Wie gestaltet sich nun im einzelnen die Theorie der P-Funktion von der Definition durch unser Doppelumlaufintegral aus? Insbesondere, welche Vorzüge besitzt dieses Verfahren, das Integral an die Spitze zu stellen? Wir sagen zunächst:

Ausgehend von dem Integral bilden wir uns durch zwei geschlossene Umläufe zwei linear unabhängige Funktionszweige P_1 und P_2. Als P-Funktion soll dann jede Funktion bezeichnet werden, die aus einer linearen Verbindung $c_1P_1 + c_2P_2$ dieser Zweige durch analytische Fortsetzung erwächst, unter c_1, c_2 beliebige numerische Konstanten verstanden (vgl. S. 54, zweite Definition).

Denken wir nun unsere Integrale nach Potenzen des Doppelverhältnisses $x = \frac{(a,d)\,(b,c)}{(b,d)\,(a,c)}$ entwickelt, so ergibt sich (gemäß S. 98):

Die P-Funktion, wie sie vom Integral aus definiert wurde, ist einbegriffen unter dem RIEMANN*schen Symbol*

$$P\left|\begin{matrix} 0 & \infty & 1 & \\ p \pm \frac{\alpha+\delta+1}{2} & q \pm \frac{\beta+\delta+1}{2} & r \pm \frac{\gamma+\delta+1}{2} & x \\ p \mp \frac{\beta+\gamma+1}{2} & q \mp \frac{\alpha+\gamma+1}{2} & r \mp \frac{\alpha+\beta+1}{2} & \end{matrix}\right|,$$

wobei x ein geeignetes Doppelverhältnis der vier Punkte a, b, c, d bedeutet.

In diesem RIEMANNschen Symbol gehören insbesondere zum Punkte $x = 0$, d. h. $b = c$ oder $d = a$, zwei Fundamentallösungen $P^{p+\frac{\alpha+\delta+1}{2}}$ und $P^{p+\frac{\beta+\gamma+1}{2}}$. Als Integrale sind diese geradezu folgendermaßen definiert:

Beginn der dreiundzwanzigsten Vorlesung.

Die eine Fundamentallösung $P^{p+\frac{\alpha+\delta+1}{2}}$ *wird durch den Doppelumlauf in der u-Ebene um die Punkte a und d geliefert, die andere* $P^{p+\frac{\beta+\gamma+1}{2}}$ *durch den Doppelumlauf um die Punkte b und c. Entsprechendes gilt für die zu* $x=\infty$ *und* $x=1$ *gehörenden Fundamentallösungen.*

Die Entwicklung der Theorie von der Integraldefinition aus greift mannigfach über den von RIEMANN in seiner Arbeit innegehaltenen Standpunkt hinaus [*].

Vorzüge unserer Integralbetrachtung vor dem RIEMANN*schen Schema:*

1. *Bei* RIEMANN *erscheint die P-Funktion nur als Funktion von x; bei uns erscheint sie als Funktion der vier Verzweigungspunkte a, b, c, d und der vier Exponenten* α, β, γ, δ *sowie der Zahlen* p, q, r.

Wir wollen jetzt so schreiben:

$$P\left|\begin{matrix} a & b & c & \\ p\pm\frac{\alpha+\delta+1}{2} & q\pm\frac{\beta+\delta+1}{2} & r\pm\frac{\gamma+\delta+1}{2} & d \end{matrix}\right|.$$

RIEMANN betrachtet diese Funktion nur als Funktion von d, nicht auch von a, b, c. Im RIEMANNschen Sinne bleibt die Funktion auch noch eine P-Funktion derselben Art, wenn man sie mit irgendeiner von d unabhängigen Konstanten multipliziert; diese willkürliche Konstante kann von den a, b, c, den α, β, γ, δ und den p, q, r noch in ganz beliebiger Weise abhängen. Also:

Der erste Fortschritt ist der, daß unsere P-Funktion als Funktion sämtlicher Größen a, b, c, d; α, β, γ, δ; p, q, r *völlig definiert ist, während bei der anderen Behandlungsweise die Abhängigkeit allein von d ins Auge gefaßt wird.*

2. Wir werden dies zweckmäßig durch Einführung eines *neuen Schemas* ausdrücken, welches diese Abhängigkeit in symmetrischer Weise hervortreten läßt.

Wir schreiben:

$$P\left|\begin{matrix} a & b & c & d & \\ p\pm\frac{\alpha+\delta+1}{2} & q\pm\frac{\beta+\delta+1}{2} & r\pm\frac{\gamma+\delta+1}{2} & - & d \\ q\mp\frac{\alpha+\gamma+1}{2} & p\mp\frac{\beta+\gamma+1}{2} & - & r\pm\frac{\delta+\gamma+1}{2} & c \\ r\mp\frac{\alpha+\beta+1}{2} & - & p\mp\frac{\gamma+\beta+1}{2} & q\pm\frac{\delta+\beta+1}{2} & b \\ - & r\mp\frac{\beta+\alpha+1}{2} & q\mp\frac{\gamma+\alpha+1}{2} & p\pm\frac{\delta+\alpha+1}{2} & a \end{matrix}\right|$$

Die Gleichberechtigung der vier Punkte a, b, c, d wird durch dieses erweiterte Schema zum Ausdruck gebracht. Die simultane Abhängigkeit des P von den vier Punkten a, b, c, d ist erschöpfend angegeben, wenn wir *nur sagen, es sei P eine absolute Invariante der a, b, c, d, d. h. eine Funktion des Doppelverhältnisses derselben.*

3. Mit dieser erweiterten Auffassung hängt zusammen, was über die *Differentialgleichung der P-Funktion* zu sagen ist. Man sieht:

Die gewöhnliche Differentialgleichung gibt eine lineare Relation zwischen

$$P, \quad \frac{\partial P}{\partial d}, \quad \frac{\partial^2 P}{\partial d^2}.$$

An Stelle dieser Differentialgleichung tritt jetzt ein ganzes System linearer Differentialgleichungen, indem zwischen je drei Größen aus der Reihe:

$$P; \quad \frac{\partial P}{\partial a}, \quad \frac{\partial P}{\partial b}, \quad \frac{\partial P}{\partial c}, \quad \frac{\partial P}{\partial d};$$

$$\frac{\partial^2 P}{\partial a^2}, \quad \frac{\partial^2 P}{\partial a \partial b}, \quad \frac{\partial^2 P}{\partial a \partial c}, \quad \frac{\partial^2 P}{\partial a \partial d}, \quad \frac{\partial^2 P}{\partial b^2}, \quad \frac{\partial^2 P}{\partial b \partial c}, \quad \frac{\partial^2 P}{\partial b \partial d}, \quad \frac{\partial^2 P}{\partial c^2}, \quad \frac{\partial^2 P}{\partial c \partial d}, \quad \frac{\partial^2 P}{\partial d^2}$$

eine lineare Relation besteht mit Koeffizienten, welche rationale Funktionen der a, b, c, d; $\alpha, \beta, \gamma, \delta$; p, q, r sind (vgl. die Herleitung der Differentialgleichung S. 99).

4. Was die Abhängigkeit von den Exponenten anlangt, so behaupten wir: *P ist eine eindeutige ganze Funktion der Exponenten $\alpha, \beta, \gamma, \delta$; p, q, r.*

Es folgt dies ohne weiteres daraus, daß unsere über geschlossene Wege geführten Integrale für jedes Wertsystem der Exponenten ihre Bedeutung behalten.

Zusatz: Es sei gleich hier erwähnt, daß z. B. für ganzzahliges positives α das Integral $P^{(a,c)}$ identisch Null wird (vgl. 5., S. 106). Wie sich aus Späterem ergibt (vgl. die Relationen S. 109), liegt dann einer der früher (S. 51/52) erwähnten Fälle vor, wo eine der acht Summen $\pm\lambda \pm \mu \pm \nu$ gleich einer ungeraden ganzen Zahl ist (λ, μ, ν bedeuten die Exponentendifferenzen der betrachteten P-Funktion). —

Betrachten wir insbesondere die Fundamentallösung $P^{(a,c)} = P^{q-\frac{\beta+\delta+1}{2}}$. Dieselbe ist, wie wir wissen — abgesehen von einer Potenz von -1, welche übrigens selbst als eindeutige ganze Funktion der Exponenten definiert werden kann —, gleich dem Integral:

$$x^{q-\frac{\beta+\delta+1}{2}}(1-x)^{r-\frac{\gamma+\delta+1}{2}} \int_{\mathfrak{D}} u^\alpha (1-u)^\gamma (1-xu)^\delta \, du.$$

Dieses aber ließ sich (S. 100—101) in eine hypergeometrische Reihe umsetzen:

$$\frac{4\pi^2}{\Gamma(-\alpha)\Gamma(-\gamma)\Gamma(\alpha+\gamma+2)} x^{q-\frac{\beta+\delta+1}{2}}(1-x)^{r-\frac{\gamma+\delta+1}{2}} F(\alpha+1, -\delta; \alpha+\gamma+2; x).$$

Die hypergeometrische Reihe wird nun zwar sinnlos, wenn $\alpha+\gamma+2$ gleich einer nichtpositiven ganzen Zahl $-k$ ist, weil die Nenner fast aller Koeffizienten der Reihe den Faktor $\alpha+\gamma+2+k$ enthalten (übrigens in der ersten Potenz). Den gleichen Faktor in gleicher Vielfachheit enthält aber auch $1 : \Gamma(\alpha + \gamma + 2)$, womit die ganze Reihe multipliziert ist. Daraus kann man schließen, daß die Koeffizienten einzeln für $\alpha + \gamma + 2 \to -k$ bestimmte Grenzwerte besitzen, daß die mit diesen Grenzwerten gebildete Reihe konvergiert und daß ihre Summe der Grenzwert der Reihensummen für die zu $-k$ benachbarten Werte von $\alpha+\gamma+2$ ergibt. Die Einzelheiten des Beweises können übergangen werden. — Zusammenfassung:

Diese Eigenschaft von P, eine ganze Funktion der Exponenten zu sein, tritt beispielsweise bei der für $P^{(a,c)}$ in der vorigen Stunde gegebenen Reihenentwicklung hervor, indem die vorkommende hypergeometrische Reihe $F(\alpha + 1, -\delta; \alpha + \gamma + 2; x)$ gerade durch $\Gamma(\alpha + \gamma + 2)$ dividiert ist, so daß die Pole, welche die Koeffizienten besitzen, wenn $\alpha + \gamma + 2$ gleich Null oder eine negative ganze Zahl ist, durch die Nullstellen von $1 : \Gamma(\alpha + \gamma + 2)$ genau kompensiert werden.

5. *Die weiteren Gammafaktoren $\Gamma(-\alpha)$ und $\Gamma(-\gamma)$ bewirken, daß $P^{(a,c)}$ identisch verschwindet, wenn α oder γ gleich einer nichtnegativen ganzen Zahl ist.*

Dieses identische Verschwinden von $P^{(a,c)}$ folgt übrigens auch sofort, wenn wir bedenken, daß der Doppelumlauf um die Punkte a, c sich auf einen der beiden Punkte zusammenziehen läßt, sobald a oder c aufhört, für den Integranden singulär zu sein.

6. Die Doppelumläufe um je zwei Punkte allein ergeben gerade die verschiedenen Fundamentallösungen, jede aber mit einem ganz bestimmten Anfangskoeffizienten der Reihenentwicklung behaftet, wie dies aus folgender Tabelle ersichtlich ist:

$P^{(a,d)} = P^{p+\frac{\alpha+\delta+1}{2}}$	Anfangskoeffizient	$\dfrac{4\pi^2}{\Gamma(-\alpha)\Gamma(-\delta)\Gamma(\alpha+\delta+2)}$,
$P^{(b,c)} = P^{p+\frac{\beta+\gamma+1}{2}}$		$\dfrac{4\pi^2}{\Gamma(-\beta)\Gamma(-\gamma)\Gamma(\beta+\gamma+2)}$,
$P^{(b,d)} = P^{q+\frac{\beta+\delta+1}{2}}$		$\dfrac{4\pi^2}{\Gamma(-\beta)\Gamma(-\delta)\Gamma(\beta+\delta+2)}$,
$P^{(c,a)} = P^{q+\frac{\alpha+\gamma+1}{2}}$		$\dfrac{4\pi^2}{\Gamma(-\alpha)\Gamma(-\gamma)\Gamma(\alpha+\gamma+2)}$,
$P^{(c,d)} = P^{r+\frac{\gamma+\delta+1}{2}}$		$\dfrac{4\pi^2}{\Gamma(-\gamma)\Gamma(-\delta)\Gamma(\gamma+\delta+2)}$,
$P^{(a,b)} = P^{r+\frac{\alpha+\beta+1}{2}}$		$\dfrac{4\pi^2}{\Gamma(-\alpha)\Gamma(-\beta)\Gamma(\alpha+\beta+2)}$.

Damit haben wir ganz bestimmte Faktoren festgelegt, mit denen die Reihenentwicklungen dieser sechs Fundamentallösungen beginnen sollen.

Diese Festlegung der numerischen Konstanten ist nun besonders wichtig, wie wir schon früher (S. 52) angaben, und zwar wichtig für die *Bestimmung der Koeffizienten in den Zusammenhangsformeln* zwischen den zu den verschiedenen singulären Punkten gehörigen Fundamentallösungen.

Für das Problem, die Anfangskoeffizienten der Fundamentallösungen so festzulegen, daß die Koeffizienten der Zusammenhangsformeln möglichst einfach werden, hat BOLZA [1] zwei verschiedene Methoden angegeben. Unsere aus den Integralen abgeleitete Festsetzung stimmt mit keiner der beiden BOLZAschen Verfügungen überein, sondern stellt sich neben dieselben als eine dritte Möglichkeit.

Wir wollen also jetzt die Koeffizienten in den Zusammenhangsformeln bestimmen. Ich führe für die Exponenten $p \pm \frac{\alpha+\delta+1}{2}$ usw. der P-Funktion die Bezeichnungen λ', λ'', μ', μ'', ν', ν'' ein, für die Differenzen derselben die Bezeichnungen $\lambda' - \lambda'' = \lambda$, $\mu' - \mu'' = \mu$, $\nu' - \nu'' = \nu$.

Wir haben also die RIEMANNsche P-Funktion:

$$P\begin{vmatrix} a & b & c & \\ \lambda' & \mu' & \nu' & x \\ \lambda'' & \mu'' & \nu'' & \end{vmatrix}.$$

Kennzeichnen wir die mit dem Anfangskoeffizienten 1 beginnenden Fundamentallösungen durch den unteren Index 0, so haben wir (vgl. S. 51, unter Beachtung von $\Pi(z) = \Gamma(z+1)$) für die $P_0^{\lambda'}$, $P_0^{\lambda''}$, $P_0^{\mu'}$, $P_0^{\mu''}$, $P_0^{\nu'}$, $P_0^{\nu''}$ Zusammenhangsformeln, welche aus einer von ihnen, etwa der folgenden, durch Buchstabenvertauschung entstehen:

$$P_0^{\lambda'} = \frac{\Gamma(\lambda' - \lambda'' + 1)\,\Gamma(\nu'' - \nu')}{\Gamma(-\lambda'' - \mu' - \nu' + 1)\,\Gamma(-\lambda'' - \mu'' - \nu' + 1)}\,P_0^{\nu'}$$
$$+ \frac{\Gamma(\lambda' - \lambda'' + 1)\,\Gamma(\nu' - \nu'')}{\Gamma(-\lambda'' - \mu' - \nu'' + 1)\,\Gamma(-\lambda'' - \mu'' - \nu'' + 1)}\,P_0^{\nu''}.$$

Führen wir die Werte der λ', λ''; μ', μ''; ν', ν'' hierin ein:

$$\lambda' = p + \frac{\alpha+\delta+1}{2}, \quad \mu' = q + \frac{\beta+\delta+1}{2}, \quad \nu' = r + \frac{\gamma+\delta+1}{2},$$

$$\lambda'' = p - \frac{\alpha+\delta+1}{2}, \quad \mu'' = q - \frac{\beta+\delta+1}{2}, \quad \nu'' = r - \frac{\gamma+\delta+1}{2},$$

so lautet die Formel:

$$P_0^{p+\frac{\alpha+\delta+1}{2}} = \frac{\Gamma(\alpha+\delta+2)\,\Gamma(-\gamma-\delta-1)}{\Gamma(\alpha+1)\,\Gamma(-\gamma)}\,P_0^{r+\frac{\gamma+\delta+1}{2}}$$
$$+ \frac{\Gamma(\alpha+\delta+2)\,\Gamma(\gamma+\delta+1)}{\Gamma(-\beta)\,\Gamma(\delta+1)}\,P_0^{r-\frac{\gamma+\delta+1}{2}}.$$

Beginn der vierundzwanzigsten Vorlesung.

Durch Einsetzen der früher (S. 106) definierten Fundamentalzweige $P^{p \pm \frac{\alpha+\delta+1}{2}}$ usw. statt der P_0 ergibt sich

$$P^{p+\frac{\alpha+\delta+1}{2}} = \frac{\Gamma(-\gamma-\delta-1)\Gamma(+\gamma+\delta+2)}{\Gamma(-\alpha)\Gamma(\alpha+1)} P^{r+\frac{\gamma+\delta+1}{2}}$$

$$+ \frac{\Gamma(-\alpha-\beta-1)\Gamma(+\alpha+\beta+2)}{\Gamma(-\delta)\Gamma(\delta+1)} P^{r-\frac{\gamma+\delta+1}{2}}$$

und daraus mit Hilfe des Komplementensatzes (S. 69)

$$[\sin(\gamma+\delta+1)\pi] P^{p+\frac{\alpha+\delta+1}{2}} = [\sin\alpha\pi] P^{r-\frac{\alpha+\beta+1}{2}} - [\sin\delta\pi] P^{r-\frac{\gamma+\delta+1}{2}}.$$

Indem wir die Fundamentalzweige der P-Funktion mit denjenigen Faktoren einführen, welche bei der Definition durch die Doppelumlaufintegrale sich einstellen, vereinfachen sich die Zusammenhangsrelationen in der Art, daß (an Stelle der Gammafunktionen) als Koeffizienten trigonometrische Funktionen (Sinusfunktionen) auftreten.

Wie schon gesagt, bekommt Bolza [1] andere Koeffizienten infolge einer anderen Verfügung über die Konstanten; doch sind seine Koeffizienten ebenfalls trigonometrische Funktionen.

So viel über die Zusammenhangsrelationen. Um vollständig zu sein, müssen wir auch noch von den *Ausnahmefällen der P-Funktion* handeln, von den Ausnahmefällen erster Ordnung, wo logarithmische Glieder auftreten, und von den Ausnahmefällen zweiter Ordnung, wo die logarithmischen Glieder wieder verschwinden (vgl. § 7).

Die Ausnahmefälle treten ein, wenn eine der Exponentendifferenzen $\lambda' - \lambda''$ usw., also eine der sechs Zahlen $\alpha+\delta+1$, $\beta+\gamma+1$, $\beta+\delta+1$, $\alpha+\gamma+1$, $\gamma+\delta+1$, $\alpha+\beta+1$ gleich einer ganzen Zahl (einschließlich Null) ist. (Beachte: $\alpha+\beta+\gamma+\delta+2=0$.)

Es zeigt sich, daß, wenn $\alpha+\delta+1$ und also auch $\beta+\gamma+1$ eine ganze Zahl ist, die beiden Integrale $P^{(a,d)}$ und $P^{(b,c)}$ aufhören, linear unabhängig zu sein; sind $\beta+\delta+1$ und $\alpha+\gamma+1$ ganze Zahlen, so sind $P^{(b,d)}$ und $P^{(a,c)}$ linear abhängig, wenn endlich $\gamma+\delta+1$ und $\alpha+\beta+1$ ganze Zahlen sind, so sind $P^{(c,d)}$ und $P^{(a,b)}$ linear abhängig (vgl. Schellenberg [1], S. 29). Also:

In diesen drei Fällen hören die $P^{(a,d)}$ und $P^{(b,c)}$, die $P^{(b,d)}$ und $P^{(a,c)}$, die $P^{(c,d)}$ und $P^{(a,b)}$ auf, linear unabhängig zu sein, sind also nicht mehr als Basiszweige der binären Schar von Funktionszweigen brauchbar, und man muß sich durch einen Grenzübergang eine neue unabhängige Lösung verschaffen. Es ist dies ganz dasselbe Verfahren, welches wir früher (vgl. § 8) eingeschlagen hatten, nur völlig symmetrisch in der Bezeichnung, und ist übrigens bei Schellenberg ([1], § 10) *des näheren nachzusehen.*

§ 21. Die zu einer *P*-Funktion gehörigen acht Integrale. Homogene Normierung der *P*-Funktion.

Wir denken uns nun umgekehrt die RIEMANNsche P-Funktion gegeben und fragen uns, wie wir dieselbe durch ein Integral darstellen können.

Die P-Funktion sei ($x = d$ gesetzt):

$$P \left| \begin{matrix} a & b & c & \\ \lambda' & \mu' & \nu' & x \\ \lambda'' & \mu'' & \nu'' & \end{matrix} \right| .$$

Wir haben zu setzen:

$$\lambda', \lambda'' = p \pm \frac{\alpha + \delta + 1}{2}; \quad \mu', \mu'' = q \pm \frac{\beta + \delta + 1}{2}; \quad \nu', \nu'' = r \pm \frac{\gamma + \delta + 1}{2}.$$

Dabei bleibt es aber noch ganz willkürlich, ob wir

$$\lambda' = p + \frac{\alpha + \delta + 1}{2} \quad \text{und} \quad \lambda'' = p - \frac{\alpha + \delta + 1}{2}$$

setzen oder umgekehrt:

$$\lambda' = p - \frac{\alpha + \delta + 1}{2} \quad \text{und} \quad \lambda'' = p + \frac{\alpha + \delta + 1}{2}.$$

Dieselbe Willkür bleibt bei μ', μ'' und ν', ν''.

Da wir hier nach Belieben das $\pm$-Zeichen wählen können, so bekommen wir im *ganzen acht verschiedene Integrale*, welche die nämliche P-Funktion darstellen.

Wir berechnen:

$$p = \frac{\lambda' + \lambda''}{2}, \quad q = \frac{\mu' + \mu''}{2}, \quad r = \frac{\nu' + \nu''}{2},$$

$$\alpha + \delta + 1 = \pm\lambda, \quad \beta + \delta + 1 = \pm\mu, \quad \gamma + \delta + 1 = \pm\nu,$$

und aus den letzten Gleichungen folgt dann durch Addition und Berücksichtigung der Relation

$$\alpha + \beta + \gamma + \delta = -2$$

zunächst der Wert von δ, dann der von α, β, γ, und zwar wird

$$\alpha = \frac{\pm\lambda\mp\mu\mp\nu-1}{2}, \beta = \frac{\mp\lambda\pm\mu\mp\nu-1}{2}, \gamma = \frac{\mp\lambda\mp\mu\pm\nu-1}{2}, \delta = \frac{\pm\lambda\pm\mu\pm\nu-1}{2}.$$

Man erhält dementsprechend gerade acht Integralausdrücke. Aus *einer* Verfügung über die Vorzeichen der λ, μ, ν kann man alle anderen erhalten, indem man einmal die Vorzeichen von zweien derselben umkehrt, ein andermal die Vorzeichen von allen dreien umkehrt. Kehrt man aber die Vorzeichen von zweien der Zahlen λ, μ, ν um, so vertauschen sich die α, β, γ, δ paarweise, kehrt man alle Vorzeichen um, so gelangt man von α zu $-\alpha - 1$, von β zu $-\beta - 1$ usw. Wir haben also:

Die acht zusammengehörigen Integrale leiten sich auf folgende Weise aus einem beliebigen von ihnen ab: Hat das Ausgangsintegral die Exponenten α, β, γ, δ, dann bekommt man eine erste Gruppe von vier Integralen, indem man diese Exponenten paarweise vertauscht (vgl. die untenstehende Tabelle); man bekommt eine zweite Gruppe von vier Integralen, indem man in jedem Integral der ersten Gruppe α, β, γ, δ durch $-\alpha-1$, $-\beta-1$, $-\gamma-1$, $-\delta-1$ ersetzt.

Zu den acht Integralen gehören also folgende Exponentensysteme:

α	δ	γ	β
β	γ	δ	α
γ	β	α	δ
δ	α	β	γ
$-\alpha-1$,	$-\delta-1$,	$-\gamma-1$,	$-\beta-1$,
$-\beta-1$,	$-\gamma-1$,	$-\delta-1$,	$-\alpha-1$,
$-\gamma-1$,	$-\beta-1$,	$-\alpha-1$,	$-\delta-1$,
$-\delta-1$,	$-\alpha-1$,	$-\beta-1$,	$-\gamma-1$.

Da die Zahlen p, q, r durch die λ', λ'', μ', μ'', ν', ν'' eindeutig bestimmt sind und bei verschiedener Wahl der Vorzeichen von λ, μ, ν ungeändert bleiben, so kann man, wie von unserem (Doppelumlauf-) Integral P, so auch von dem durch Division mit $((a,d)(b,c))^p$ $((b,d)(c,a))^q$ $((c,d)(a,b))^r$ daraus hervorgehenden (homogen geschriebenen) Integral

$$\Pi = (a,b)^{-\frac{\alpha+\beta+1}{2}} (a,c)^{-\frac{\alpha+\gamma+1}{2}} (a,d)^{-\frac{\alpha+\delta+1}{2}} (b,c)^{-\frac{\beta+\gamma+1}{2}}$$
$$(b,d)^{-\frac{\beta+\delta+1}{2}} (c,d)^{-\frac{\gamma+\delta+1}{2}} \int (u,a)^{\alpha} (u,b)^{\beta} (u,c)^{\gamma} (u,d)^{\delta} (u,du)$$

behaupten, daß dasselbe bei jeder der acht Verfügungen über die Vorzeichen von λ, μ, ν (und gegebenenfalls gleichzeitiger passender Abänderung des Integrationsweges) dieselbe Formenschar darstellt.

Unser Theorem kann als ein reines Theorem über bestimmte Integrale gefaßt werden, welches aussagt, daß das vorstehende Integral, hingeführt über einen geschlossenen Umlauf, ungeändert bleibt, wenn man seine Exponenten auf die angegebenen acht Weisen umsetzt und zugleich den Integrationsweg in bestimmter Weise verlegt.

Es wäre nun natürlich auch zu versuchen, dieses Theorem über Integrale allein durch Methoden der Integralrechnung zu beweisen. Man sieht:

Die Gleichheit der vier ersten Integrale ergibt sich sofort, wenn man u einer linearen Transformation unterwirft, bei der sich die a, b, c, d paarweise vertauschen.

Ebenso ist die Gleichheit der vier letzten Integrale untereinander zu beweisen.

Schwieriger ist es dagegen, die Gleichheit eines Integrals der ersten Gruppe mit einem solchen der zweiten Gruppe unmittelbar zu beweisen. Riemann sagt darüber: „Die übrigen Gleichungen erfordern, soweit ich sie untersucht habe, zu ihrer Bestätigung durch Methoden der Integralrechnung die Transformation von vielfachen Integralen" [*].

Das Integral Π der letzten Stunde (vgl. oben) hängt nur von den Exponenten*differenzen* $\lambda = \lambda' - \lambda''$, $\mu = \mu' - \mu''$, $\nu = \nu' - \nu''$, nicht von den Exponenten selbst ab. Dies wurde dadurch erreicht, daß von dem Integral P ein Faktor mit den Exponenten

$$p = \frac{\lambda' + \lambda''}{2}, \quad q = \frac{\mu' + \mu''}{2}, \quad r = \frac{\nu' + \nu''}{2}$$

abgetrennt wurde.

Denselben Prozeß werden wir auch ohne Rücksicht auf die Integraldarstellung an der Funktion

$$P\begin{vmatrix} 0 & \infty & 1 & \\ \lambda' & \mu' & \nu' & x \\ \lambda'' & \mu'' & \nu'' & \end{vmatrix}$$

ausführen können. Allgemein kann man, ohne die charakteristischen Eigenschaften der P-Funktion zu zerstören, einen Faktor der Gestalt $x^l(1-x)^n$ abtrennen (insbesondere erhält man so wieder eine Lösung einer hypergeometrischen Differentialgleichung [vgl. S. 99]). Das Verhalten der übrigbleibenden Funktion an den drei singulären Punkten ändert sich dann nur in der Weise, daß die Exponenten bei $x = 0$ um l, die bei $x = 1$ um n vermindert, die bei $x = \infty$ um $l + n$ vergrößert sind; d. h. es ist:

$$P\begin{vmatrix} 0 & \infty & 1 & \\ \lambda' & \mu' & \nu' & x \\ \lambda'' & \mu'' & \nu'' & \end{vmatrix} = x^l(1-x)^n P\begin{vmatrix} 0 & \infty & 1 & \\ \lambda' - l & \mu' + l + n & \nu' - n & x \\ \lambda'' - l & \mu'' + l + n & \nu'' - n & \end{vmatrix}.$$

Bei dieser Veränderung bleiben die Differenzen $\lambda = \lambda' - \lambda''$ usw. der Exponenten in den einzelnen Punkten ungeändert.

Wir möchten nun durch passende Wahl der Zahlen l, n bewirken, daß im Ausdruck der übrigbleibenden P-Funktion nur die *Exponentendifferenzen* λ, μ, ν in symmetrischer, einfacher Weise auftreten. Dies ist aber im allgemeinen nicht möglich. Wir können zwar bewirken, daß für *zwei* der singulären Punkte, etwa für $x = 0$ und $x = 1$, je ein Exponent verschwindet, so daß der andere gleich der Exponentendifferenz

---

Beginn der fünfundzwanzigsten Vorlesung.

wird, dann sind aber die Exponenten bei $x = \infty$ im allgemeinen beide von Null verschieden, wie die Formel zeigt:

$$P\left|\begin{matrix} 0 & \infty & 1 & \\ \lambda' & \mu' & \nu' & x \\ \lambda'' & \mu'' & \nu'' & \end{matrix}\right| = x^{\lambda''}(1-x)^{\nu''} P\left|\begin{matrix} 0 & \infty & 1 & \\ \lambda & \mu' + \lambda'' + \nu'' & \nu & x \\ 0 & \mu'' + \lambda'' + \nu'' & 0 & \end{matrix}\right|.$$

Indem wir die P-Funktion durch Herausziehen von Faktoren der Form $x^l(1-x)^n$ *modifizieren, kommen wir doch zu keiner symmetrischen Normalform für die P-Funktion.*

Das wird jedoch anders, wenn wir in Übereinstimmung mit unseren Integralformeln von den Funktionen der Veränderlichen x zu „homogenen Funktionen", d. h. zu Formen zweier Veränderlichen x_1, x_2 übergehen.

Wir setzen nämlich

$$x = \frac{x_1}{x_2}$$

(wobei wir wieder festsetzen, daß die x_1, x_2 nirgends unendlich werden und nie beide gleichzeitig verschwinden).

Ziehen wir nun aus unserer P-Funktion die Form $x_1^l x_2^m (x_2 - x_1)^n$ als Faktor heraus, so bleibt jetzt eine Formenschar in x_1, x_2 vom Grade $(-l-m-n)$ übrig, von welcher sich bei $x = 0$, d. h. $x_1 = 0$, ein Zweig wie $x_1^{\lambda'-l}$, ein anderer Zweig wie $x_1^{\lambda''-l}$ verhält; bei $x = \infty$, d. h. $x_2 = 0$, ein Zweig wie $x_2^{\mu'-m}$, ein anderer wie $x_2^{\mu''-m}$; bei $x = 1$, d. h. $x_1 = x_2$, ein Zweig wie $(x_2 - x_1)^{\nu'-n}$, ein anderer wie $(x_2 - x_1)^{\nu''-n}$.

Eine solche Formenschar bezeichnen wir, ganz analog zur Riemannschen P-Funktion, mit einem Funktionszeichen Π; wir haben also die Formel:

$$P\left|\begin{matrix} 0 & \infty & 1 & \\ \lambda' & \mu' & \nu' & x \\ \lambda'' & \mu'' & \nu'' & \end{matrix}\right| = x_1^l x_2^m (x_1 - x_2)^n \, \Pi \left|\begin{matrix} 0 & \infty & 1 & \\ \lambda' - l & \mu' - m & \nu' - n & x_1, x_2 \\ \lambda'' - l & \mu'' - m & \nu'' - n & \end{matrix}\right|.$$

Durch Einführung dieser Formenschar Π wird es uns nun möglich, alle drei Exponentenpaare zu ändern; dabei ändert sich natürlich der Grad der Form, welcher immer die Hälfte der um 1 verminderten Exponentensumme ist.

Jetzt können wir die Π-Form so normieren, wie wir es erst mit der P-Funktion beabsichtigten. Und zwar sind zwei Normierungen besonders wichtig:

Die *Normalform erster Art* erhält man, wenn man setzt

$$l = \frac{\lambda' + \lambda''}{2}, \qquad m = \frac{\mu' + \mu''}{2}, \qquad n = \frac{\nu' + \nu''}{2}.$$

Es bleibt dann die nachstehende Form vom Grade $-\frac{1}{2}$ übrig, welche nur von λ, μ, ν abhängt:

$$\Pi\left|\begin{matrix} 0 & \infty & 1 & \\ +\frac{\lambda}{2} & +\frac{\mu}{2} & +\frac{\nu}{2} & x_1, x_2 \\ -\frac{\lambda}{2} & -\frac{\mu}{2} & -\frac{\nu}{2} & \end{matrix}\right|.$$

Also: *Wir bekommen zunächst in völlig bestimmter Weise eine Normalform erster Art, welche in x_1, x_2 von der Dimension $-\frac{1}{2}$ ist und bei jedem singulären Punkte zwei einander entgegengesetzt gleiche Exponenten $\pm\frac{\lambda}{2}$ bzw. $\pm\frac{\mu}{2}$ bzw. $\pm\frac{\nu}{2}$ aufweist.*

Eine *Normalform zweiter Art* entsteht, wenn man

$$l = \lambda'', \quad m = \mu'', \quad n = \nu''$$

wählt, nämlich:

$$\Pi\left|\begin{matrix} 0 & \infty & 1 & \\ \lambda & \mu & \nu & x_1, x_2 \\ 0 & 0 & 0 & \end{matrix}\right|.$$

Eine Normalform zweiter Art hat drei verschwindende Exponenten, die anderen Exponenten sind λ, μ, ν selbst, und der Grad ist $\frac{1}{2}(\lambda + \mu + \nu - 1)$. Mit Rücksicht auf das unbestimmte Vorzeichen der drei Differenzen λ, μ, ν läßt sich eine Normalform zweiter Art auf acht Weisen herstellen, entsprechend den acht Integralen der letzten Stunde.

Man wird fragen, ob man nicht unter diesen acht verschiedenen Normalformen zweiter Art irgendeine bevorzugen kann. Da erweist es sich für manche Zwecke nützlich, die Vorzeichen so zu wählen, daß die reellen Teile der Exponenten λ, μ, ν sämtlich positiv sind (indem wir dabei für jetzt von dem Falle rein imaginärer λ, μ, ν absehen). *Denn nehmen wir diejenige Normalform zweiter Art, deren λ, μ, ν positive reelle Teile haben, so erreichen wir dadurch, daß unsere Fundamentallösungen in den singulären Punkten durchaus endlich bleiben und daß also die Schar der Formen Π überhaupt nur solche Formen enthält, welche in der ganzen Ebene endlich sind.*

Diese Bemerkung wird erst in anderem Zusammenhange (vgl. z. B. S. 270) wichtig; jetzt wollen wir weiter von der Normalform erster Art sprechen, welche mit der SCHELLENBERGschen Π-Form übereinstimmt. Allgemein können wir sagen:

Daß wir die Funktionen uns in solcher Weise als Formen von x_1, x_2 denken, ist allgemein wichtig, um so mehr, als wir dadurch Anschluß an die formalen Prozesse der Invariantentheorie gewinnen.

Wir werden insbesondere versuchen, die Differentialgleichung der P-Funktion in eine symmetrische Differentialgleichung von invariantem Charakter für die Π-Form umzusetzen. Zu dem Zwecke bemerken wir:

Die P-Funktion mit den singulären Punkten a, b, c genügt der Differentialgleichung:

$$0 = P'' + \left\{\frac{1-\lambda'-\lambda''}{x-a} + \frac{1-\mu'-\mu''}{x-b} + \frac{1-\nu'-\nu''}{x-c}\right\} P'$$
$$+ \frac{P}{(x-a)(x-b)(x-c)}\left\{\frac{\lambda'\lambda''(a-b)(a-c)}{x-a} + \frac{\mu'\mu''(b-a)(b-c)}{x-b}\right.$$
$$\left. + \frac{\nu'\nu''(c-a)(c-b)}{x-c}\right\}.$$

Wir setzen nun zur Abkürzung

$$P = \left[(x-a)^{\frac{\lambda'+\lambda''}{2}}(x-b)^{\frac{\mu'+\mu''}{2}}(x-c)^{\frac{\nu'+\nu''}{2}}\right] y.$$

Die Funktion y besitzt an den Stellen a, b, c bereits, wie die Form Π, die Exponenten $\pm\frac{\lambda}{2}$, $\pm\frac{\mu}{2}$, $\pm\frac{\nu}{2}$.

In der Nähe von $x=\infty$ wird $\left(\text{wegen } \frac{\lambda'+\lambda''}{2} + \frac{\mu'+\mu''}{2} + \frac{\nu'+\nu''}{2} = \frac{1}{2}\right)$:

$$P = \left[x^{\frac{1}{2}}\mathfrak{P}\left(\frac{1}{x}\right)\right] y.$$

Dabei bezeichnet hier und im folgenden $\mathfrak{P}(z)$, $\mathfrak{P}_1(z)$, usw. stets eine Potenzreihe in z mit von Null verschiedenem Konvergenzradius.

Da nun $x=\infty$ für P kein singulärer Punkt ist, so verhält sich dort ein Zweig von P wie $\frac{1}{x}\mathfrak{P}_1\left(\frac{1}{x}\right)$, ein anderer wie $\mathfrak{P}_2\left(\frac{1}{x}\right)$; man kann diese beiden Zweige geradezu als Fundamentalzweige für den nichtsingulären Punkt ansehen. Dann folgt für y:

Der Punkt $x=\infty$ ist für die Funktionen y ein singulärer Punkt, und zwar haben wir für den einen Fundamentalzweig in der Umgebung des Punktes $x=\infty$ eine Formel $\left(\frac{1}{x}\right)^{\frac{3}{2}}\mathfrak{P}_1^*\left(\frac{1}{x}\right)$ und für den anderen Fundamentalzweig eine Formel $\left(\frac{1}{x}\right)^{\frac{1}{2}}\mathfrak{P}_2^*\left(\frac{1}{x}\right)$, so daß wir in unser Schema beim Punkte $x=\infty$ die Zahlen $\frac{3}{2}$ und $\frac{1}{2}$ als Exponenten eintragen und unserer Funktion also vier singuläre Punkte zusprechen müssen:

$$y\begin{pmatrix} a & b & c & \infty & \\ +\frac{\lambda}{2} & +\frac{\mu}{2} & +\frac{\nu}{2} & +\frac{3}{2} & x \\ -\frac{\lambda}{2} & -\frac{\mu}{2} & -\frac{\nu}{2} & +\frac{1}{2} & \end{pmatrix}.$$

Übrigens ist die Singularität des y im Punkte $x=\infty$ nur etwas Äußerliches, davon herrührend, daß man die P-Funktion mit einem gewissen (singulären) Faktor behaftet hat, und es soll daher der Punkt $x=\infty$ ein „uneigentlich“ (oder „scheinbar“) singulärer Punkt der Funktion y genannt werden. Die Singularität verschwindet, sobald wir den

Quotienten der beiden, zu $x = \infty$ gehörigen Fundamentalzweige betrachten. (Man vgl. dazu S. 125 sowie etwa S. 145.)

Die Differentialgleichung rechnet sich für y folgendermaßen um:

$$0 = y'' + \left\{\frac{1}{x-a} + \frac{1}{x-b} + \frac{1}{x-c}\right\} y' + \frac{y}{(x-a)(x-b)(x-c)} \left\{\frac{3}{4} x - \frac{a+b+c}{4} - \frac{\lambda^2}{4} \frac{(a-b)(a-c)}{x-a} - \frac{\mu^2}{4} \frac{(b-a)(b-c)}{x-b} - \frac{\nu^2}{4} \frac{(c-a)(c-b)}{x-c}\right\}.$$

Zur Abkürzung setzen wir $f(x) = (x-a)(x-b)(x-c)$ und können dann mit Hilfe von $f(x)$ und seinen Ableitungen $f'(x)$ und $f''(x)$ die Differentialgleichung so schreiben:

$$f y'' + f' y' + \frac{f''}{8} y = \left\{\frac{\lambda^2}{4} \frac{(a-b)(a-c)}{x-a} + \frac{\mu^2}{4} \frac{(b-a)(b-c)}{x-b} + \frac{\nu^2}{4} \frac{(c-a)(c-b)}{x-c}\right\} y.$$

Endlich machen wir den entscheidenden Schritt der Einführung homogener Veränderlicher, indem wir setzen:

$$y = x_2^{\frac{1}{2}} \cdot \Pi(x_1, x_2),$$

wo nun Π eine Form ist, welche wieder nur die singulären Punkte a, b, c hat, sich also mit der früher so bezeichneten Form deckt.

Wir haben jetzt zu setzen:

$$x = \frac{x_1}{x_2}, \quad a = \frac{a_1}{a_2}, \quad b = \frac{b_1}{b_2}, \quad c = \frac{c_1}{c_2},$$

$$f(x_1, x_2) = a_2 b_2 c_2 x_2^3 f(x) = (x, a)(x, b)(x, c),$$

$$\frac{d}{dx} = x_2 \frac{\partial}{\partial x_1}, \quad \frac{d^2}{dx^2} = x_2^2 \frac{\partial^2}{\partial x_1^2}$$

und erhalten so die Gleichung:

$$\left\{f(x_1, x_2) \frac{\partial^2 \Pi(x_1, x_2)}{\partial x_1^2} + \frac{\partial f(x_1, x_2)}{\partial x_1} \cdot \frac{\partial \Pi(x_1, x_2)}{\partial x_1} + \frac{1}{8} \frac{\partial^2 f(x_1, x_2)}{\partial x_1^2} \Pi(x_1, x_2)\right\} :$$

$$: x_2^2 a_2 b_2 c_2 = \left\{\frac{\lambda^2}{4} \frac{(a, b)(a, c)}{(x, a)} + \frac{\mu^2}{4} \frac{(b, a)(b, c)}{(x, b)} + \frac{\nu^2}{4} \frac{(c, a)(c, b)}{(x, c)}\right\} \Pi(x_1, x_2).$$

Es mögen in üblicher Weise die partiellen Ableitungen nach x_1 durch einen unteren Index 1, diejenigen nach x_2 durch einen Index 2 ausgedrückt werden. Mit Hilfe der EULERschen Relationen für die homogenen Funktionen drücken wir f und Π sowie f_1 und Π_1 auf der linken Seite der Gleichung durch die zweiten Differentialquotienten aus:

$$f_1 = \tfrac{1}{2}(f_{11} x_1 + f_{12} x_2), \qquad \Pi_1 = -\tfrac{2}{3}(\Pi_{11} x_1 + \Pi_{12} x_2),$$

$$f = \tfrac{1}{6}(f_{11} x_1^2 + 2 f_{12} x_1 x_2 + f_{22} x_2^2), \quad \Pi = +\tfrac{4}{9}(\Pi_{11} x_1^2 + 2 \Pi_{12} x_1 x_2 + \Pi_{22} x_2^2),$$

Beginn der sechsundzwanzigsten Vorlesung.

wodurch man erhält:

$$f_{22}\Pi_{11} - 2f_{12}\Pi_{12} + f_{11}\Pi_{22} =$$
$$= \left\{\frac{\lambda^2}{4}\,\frac{(a,b)(a,c)}{(x,a)} + \frac{\mu^2}{4}\,\frac{(b,a)(b,c)}{(x,b)} + \frac{\nu^2}{4}\,\frac{(c,a)(c,b)}{(x,c)}\right\} 6\,\Pi .$$

Die links stehende Verbindung von zweiten Differentialquotienten ist aber nichts anderes als der in der Theorie der binären Formen als *„zweite Überschiebung"* bekannte und mit $(f, \Pi)_2$ bezeichnete invariante Differentialausdruck [*].

Jetzt haben also in der Tat beide Seiten unserer Differentialgleichung vollständig symmetrische und invariante Gestalt. *Durch unsere Formel:*

$$(f, \Pi)_2 = \left\{\frac{\lambda^2}{4}\,\frac{(a,b)(a,c)}{(x,a)} + \frac{\mu^2}{4}\,\frac{(b,a)(b,c)}{(x,b)} + \frac{\nu^2}{4}\,\frac{(c,a)(c,b)}{(x,c)}\right\} 6\,\Pi$$

ist die Tatsache, daß die Form Π mit Hilfe der Konstanten λ, μ, ν von den drei Punkten a, b, c und von x invariant abhängt, ohne weiteres ersichtlich.

Geradeso könnten wir versuchen, auch für die Normalform Π der zweiten Art, überhaupt für eine beliebige Form Π die homogene Formulierung der Differentialgleichung zu finden. Doch wollen wir dies nicht ausführen, sondern machen noch als

§ 22. Anhang zum dritten Abschnitt: Einige Bemerkungen über lineare Differentialgleichungen zweiter Ordnung mit n singulären Stellen der Bestimmtheit ($n \geqq 3$).

Im hypergeometrischen Fall haben wir es mit einer Differentialgleichung mit drei singulären Punkten zu tun, in welchen sich dieselbe durchweg *„regulär"* oder, wie man auch sagt, *„bestimmt"* verhält, d. h.: es gibt für jeden der singulären Punkte zwei Fundamentalzweige, die sich in erster Annäherung wie Potenzen verhalten, z. B. an der Stelle $x = a$ Lösungen $(x-a)^{\lambda'}\,\mathfrak{P}_1(x-a)$ und $(x-a)^{\lambda''}\,\mathfrak{P}_2(x-a)$. Als Grenzfall kann in der einen Lösung ein Logarithmus auftreten [**].

Die allgemeinste Differentialgleichung zweiter Ordnung mit n (durchweg im Endlichen gelegenen) Stellen der Bestimmtheit $x = a, b, \ldots, t$ ($n \geqq 3$), welche also in diesen sämtlichen Punkten reguläres Verhalten zeigt und etwa bei $x = a$ die Exponenten α', α'', bei b die Exponenten β', β'', ..., bei t die Exponenten τ', τ'' besitzt, lautet:

$$0 = P'' + \left\{\frac{1-\alpha'-\alpha''}{x-a} + \cdots + \frac{1-\tau'-\tau''}{x-t}\right\} P' + \frac{P}{(x-a)\ldots(x-t)}$$
$$\cdot \left\{\frac{\alpha'\alpha''(a-b)\ldots(a-t)}{x-a} + \cdots + \frac{\tau'\tau''(t-a)\ldots(t-s)}{x-t} + G_{n-4}(x)\right\}.$$

Dabei müssen die Exponenten der Bedingung genügen

$$\alpha' + \alpha'' + \cdots + \tau' + \tau'' = n - 2,$$

und $G_{n-4}(x)$ ist eine willkürlich bleibende, ganze rationale Funktion höchstens $(n-4)$-ten Grades von x, welche also noch $n-3$ ganz willkürliche Parameter, nämlich die Koeffizienten des Polynoms enthält. Ich nenne diese $(n-3)$ Koeffizienten die „*akzessorischen Parameter*" der Differentialgleichung. Also:

Wenn wir annehmen, daß die Summe der Exponenten gleich $n-2$ ist, so läßt sich in der Tat eine Differentialgleichung bilden, welche die gewünschten Eigenschaften hat. Diese Differentialgleichung ist nicht völlig bestimmt, sondern enthält ein Polynom $(n-4)$-ten Grades mit $n-3$ vollständig willkürlichen Konstanten, das nur für $n=3$ gerade wegfällt (vgl. S. 26).

Die singulären Punkte und die zugehörigen Exponenten allein genügen also noch nicht, um die Differentialgleichung festzulegen, sondern es kommen daneben noch die sog. akzessorischen Parameter in Betracht, die nur (für $n=3$, also) im hypergeometrischen Falle fehlen.

Falls auch der unendlich ferne Punkt singuläre Stelle sein darf, beträgt die Anzahl der akzessorischen Parameter $n-2$.

Die Zahl *aller* in der Differentialgleichung auftretenden willkürlichen Konstanten ist $4n-7$, wie folgende Abzählung zeigt: Von den n singulären Punkten sind drei beliebig wählbar (vermöge linear gebrochener Transformation von x); wir erhalten also $n-3$ willkürliche Konstanten; ferner ergeben die $2n$ Exponenten, da sie einer Bedingungsgleichung unterworfen sind, im wesentlichen $2n-1$ Konstanten; dazu kommen schließlich $n-3$ akzessorische Parameter, zusammen also $4n-7$ willkürliche Konstanten.

Im hypergeometrischen Falle wird $4n-7=5$, wie es sein muß.

In der Umgebung einer singulären Stelle, etwa $x=a$, existieren zwei Fundamentallösungen

$$P^{\alpha'} = (x-a)^{\alpha'}\{A_0' + A_1'(x-a) + \cdots\},$$
$$P^{\alpha''} = (x-a)^{\alpha''}\{A_0'' + A_1''(x-a) + \cdots\},$$

wenigstens dann, wenn die Exponentendifferenz $\alpha' - \alpha''$ keine ganze Zahl ist.

Dabei steht es uns nun, genau wie im hypergeometrischen Falle, noch frei, die Koeffizienten A_0', A_0'' irgendwie als Funktionen der Konstanten der Differentialgleichung festzulegen. Und es ergeben sich nun wieder die Fragen, inwieweit durch passende Wahl der A_0' bzw. A_0'' erreicht werden kann, daß die $P^{\alpha'}$ bzw. $P^{\alpha''}$ ganze Funktionen der Exponenten $\alpha', \alpha'', \ldots, \tau', \tau''$ werden; ferner, inwieweit durch Einführung

---

Beginn der siebenundzwanzigsten Vorlesung.

der homogenen Schreibweise und passende Normierung auch die Abhängigkeit von den singulären Punkten selbst vereinfacht werden kann. Wir begnügen uns mit diesem Hinweis und erwähnen nur noch, daß auch die Differentialgleichung selbst in homogene Gestalt zu setzen ist. Bezüglich dieser homogenen Differentialgleichung seien nachstehend einige Zitate angegeben.

1. HILBERT [1] hat für die hypergeometrische Reihe im Falle eines Polynoms die Differentialgleichung in homogener Gestalt aufgestellt. Die Beschränkung auf abbrechende Reihen ist charakteristisch für die ältere Gewohnheit, homogene Veränderliche nur für ganze rationale Funktionen zu benutzen.

2. KLEIN [6] und PICK [1].

3. HIRSCH [1] schließt mit der Beschränkung auf rationale Integrale noch an HILBERT an. Doch werden Differentialgleichungen beliebiger Ordnung behandelt, und in einer Note (HIRSCH [2]) werden die Resultate für Differentialgleichungen mit überhaupt eindeutigem Integral erweitert.

4. WÄLSCH [1]. Hierzu PICK [2] [*].

Vierter Abschnitt.

Abschließende Bemerkungen zu RIEMANNS Abhandlung aus dem Jahre 1857.

Ich stellte zu Anfang der Vorlesung als erstes Ziel derselben das Verständnis der RIEMANNschen Arbeit (RIEMANN [1], S. 67ff.) in Aussicht. Dieses Ziel haben wir nun so weit erreicht, daß wir beim Durchlesen von RIEMANNS Abhandlung den darin innegehaltenen Gedankengang besonders einfach und durchsichtig finden werden, während demjenigen, der nicht schon konkrete Kenntnis besitzt, die RIEMANNsche abstrakte, nicht von den Formeln, sondern von den wesentlichen Eigenschaften einer Funktion ausgehende Behandlungsweise, bei der die expliziten Darstellungsformeln erst nachträglich als abgeleitete Eigenschaften der Funktion sich einstellen, erfahrungsgemäß Schwierigkeiten zu bereiten pflegt.

§ 23. Der allgemeine Charakter der Abhandlung, ihre Gliederung.

RIEMANN *untersucht die Funktionen immer, indem er ihre definierenden Eigenschaften an die Spitze stellt und alles weitere, insbesondere die Formeln, welche für die Funktionen gelten, aus diesen Eigenschaften ableitet.*

Dieses RIEMANNsche Verfahren erscheint nur so lange schwierig, als es sich an keine konkreten Kenntnisse anlehnt. Sowie das letztere der Fall ist, erscheint es ganz besonders einfach und durchsichtig.

Wir könnten das auch so ausdrücken: Das RIEMANNsche Verfahren ist wissenschaftlich vorzüglich, pädagogisch unbrauchbar. Man muß damit nicht anfangen, sondern dasselbe ans Ende bringen. Ein erstes Beispiel dieser RIEMANNschen Behandlungsweise ist seine Theorie der ABELschen Integrale, welche von ihm als solche Funktionen definiert werden, die sich bei geschlossenen Umläufen auf der RIEMANNschen Fläche nur um additive Konstanten ändern. Der zweite Gegenstand, den RIEMANN in dieser Weise behandelt, sind die linearen Differentialgleichungen. Hierher gehört zuerst die Abhandlung über die hypergeometrische Reihe, dann aber, darüber hinausgehend, die aus seinem Nachlaß veröffentlichte Arbeit: Zwei allgemeine Sätze über lineare Differentialgleichungen mit algebraischen Koeffizienten (RIEMANN [1], S. 379).

In der Theorie der linearen Differentialgleichungen handelt es sich nach RIEMANN *um die gleichzeitige Betrachtung von n Funktionen* $y_1, y_2, \ldots, y_n$ *auf einer* RIEMANN*schen Fläche, welche bei der Umkreisung gewisser „Verzweigungspunkte" auf der Fläche sowie sonst bei geschlossenen Umläufen über die Fläche hin, allemal lineare Substitutionen erfahren. Im hypergeometrischen Falle ist* $n = 2$ *zu setzen, es liegen drei Verzweigungspunkte vor, und wir befinden uns auf der schlichten Ebene.*

Wir wollen nun die einzelnen Nummern der RIEMANNschen Arbeit über die hypergeometrische Funktion der Reihe nach kurz durchsprechen, um nachher noch auf einige besondere Punkte näher einzugehen.

In Nr. 1 gibt RIEMANN die *Definition der Funktion*

$$P\left|\begin{matrix} a & b & c & \\ \alpha & \beta & \gamma & x \\ \alpha' & \beta' & \gamma' & \end{matrix}\right|.$$

Allgemein gehört bei RIEMANN zu einer Funktion die Gesamtheit ihrer analytischen Fortsetzungen. Die vorliegende Funktion soll in einer binären Schar von Funktionszweigen enthalten sein (vgl. § 11 unserer Vorlesung), d. h. jeder ihrer bei analytischer Fortsetzung sich ergebenden Zweige soll eine lineare Funktion $c'P' + c''P''$ irgend zweier linear unabhängiger „Zweige" P', P'' sein.

Des weiteren wird festgesetzt, daß alle Zweige der binären Schar überall eindeutig und regulär seien, also insbesondere keine Verzweigungspunkte und keine Pole besitzen, mit Ausnahme der Punkte a, b, c, woselbst je zwei spezielle Zweige sich verhalten sollen wie $(x-a)^{\alpha}\mathfrak{P}_1(x-a)$ und $(x-a)^{\alpha'}\mathfrak{P}_1^*(x-a)$ bzw. wie $(x-b)^{\beta}\mathfrak{P}_2(x-b)$ und $(x-b)^{\beta'}\mathfrak{P}_2^*(x-b)$ resp. wie $(x-c)^{\gamma}\mathfrak{P}_3(x-c)$ und $(x-c)^{\gamma'}\mathfrak{P}_3^*(x-c)$.

Beginn der achtundzwanzigsten Vorlesung.

Dabei sollen die Exponenten der Bedingung unterworfen sein:

$$\alpha + \alpha' + \beta + \beta' + \gamma + \gamma' = 1 .$$

Ferner aber fügt RIEMANN noch die Bestimmung hinzu, daß *keine der Differenzen* $\alpha - \alpha'$, $\beta - \beta'$, $\gamma - \gamma'$ *eine ganze Zahl sei.*

Diese letztere Bedingung ist eine wirkliche Einschränkung, indem dadurch nur der Bequemlichkeit halber gewisse hierher gehörige Funktionen, nämlich die von uns besprochenen „Ausnahmefälle" (vgl. z. B. § 12 unserer Vorlesung) fürs erste von der Betrachtung ausgeschlossen werden. Eine gewisse Ausnahmestellung nehmen übrigens auch noch die Fälle ein, in denen eine der Summen $\pm(\alpha - \alpha') \pm (\beta - \beta') \pm (\gamma - \gamma')$ eine ungerade ganze Zahl ist (vgl. S. 51/52 und § 49 unserer Vorlesung). Die Bedingung $\alpha + \alpha' + \beta + \beta' + \gamma + \gamma' = 1$ dagegen ist eine für die Definition wesentliche Bedingung, auf deren innere Bedeutung wir morgen noch des näheren zurückkommen werden.

In Nr. 2 ist die Lehre von der *Symmetrie des Symbols*

$$P\begin{vmatrix} a & b & c & \\ \alpha & \beta & \gamma & x \\ \alpha' & \beta' & \gamma' & \end{vmatrix}$$

enthalten: Wir dürfen die drei Vertikalreihen beliebig miteinander vertauschen, desgleichen die zu einem Punkte gehörigen Exponenten; wir dürfen mit den a, b, c, x simultane lineare Transformationen vornehmen — „lineare Transformation der P-Funktion" (vgl. § 9 unserer Vorlesung) — und können endlich solche Produkte von Potenzen heraussetzen, welche nur bei a, b, c verzweigt sind:

$$P\begin{vmatrix} a & b & c & \\ \alpha & \beta & \gamma & x \\ \alpha' & \beta' & \gamma' & \end{vmatrix} = \left(\frac{x-a}{x-b}\right)^{\delta}\left(\frac{x-c}{x-b}\right)^{\varepsilon} P\begin{vmatrix} a & b & c & \\ \alpha-\delta & \beta+\delta+\varepsilon & \gamma-\varepsilon & x \\ \alpha'-\delta & \beta'+\delta+\varepsilon & \gamma'-\varepsilon & \end{vmatrix}.$$

Nr. 3 beschäftigt sich mit der *Gruppe der P-Funktion.* Das Bemerkenswerte ist hierbei, daß durch Angabe der Exponenten die Gruppe der P-Funktion im wesentlichen bestimmt ist. Insbesondere werden die Zusammenhangsformeln

$$P^{\alpha} = \alpha_{\beta} P^{\beta} + \alpha_{\beta'} P^{\beta'} = \alpha_{\gamma} P^{\gamma} + \alpha_{\gamma'} P^{\gamma'} ;$$
$$P^{\alpha'} = \alpha'_{\beta} P^{\beta} + \alpha'_{\beta'} P^{\beta'} = \alpha'_{\gamma} P^{\gamma} + \alpha'_{\gamma'} P^{\gamma'}$$

berechnet, wobei natürlich noch ein gewisses Maß von Unbestimmtheit bleibt, entsprechend dem Umstande, daß in der Definition der Zweige P^{α}, $P^{\alpha'}$, P^{β}, $P^{\beta'}$, P^{γ}, $P^{\gamma'}$ jeder Koeffizient des ersten Entwicklungsgliedes beliebig bleibt.

Da es in unseren Formeln offenbar nur auf das Verhältnis dieser sechs Funktionen ankommt, so bleiben notwendig fünf von unseren, in den Zusammenhangsformeln auftretenden Koeffizienten unbestimmt, und irgend drei werden durch die fünf übrigen festgelegt sein.

Von den acht Koeffizienten der Zusammenhangsformeln bleiben fünf willkürlich, insofern man in die Definition der Fundamentallösungen P^{α}, $P^{\alpha'}$, ... *nach Belieben konstante (von Null verschiedene) Faktoren aufnehmen kann, und es sind also drei der Koeffizienten durch die fünf anderen zu bestimmen.*

Diese Bestimmung geschieht nun in einfachster Weise durch den Satz, daß eine gleichzeitige Umkreisung aller drei singulären Punkte so viel ist, als wäre überhaupt kein singulärer Punkt umkreist worden. Einer solchen Umkreisung entspricht daher notwendig die identische Substitution. Die nähere Durchführung des hierin liegenden Gedankens möge bei Riemann selbst nachgesehen werden. Beiläufig ergibt sich, *daß die Exponentensumme* $\alpha+\alpha'+\beta+\beta'+\gamma+\gamma'$ *eine ganze Zahl sein muß.*

In Nr. 4 wird gezeigt, daß, bis auf die (notwendig willkürlichen) Konstanten, die *P-Funktion durch die in der Definition genannten Eigenschaften völlig bestimmt ist,* d. h. daß nur eine einzige binäre Schar $c'P' + c''P''$ existieren kann, welche die angegebenen Eigenschaften besitzt. Daß es überhaupt eine solche Schar gibt, wird aber, wohlverstanden, an dieser Stelle noch nicht bewiesen, bewiesen wird vielmehr nur, daß es nicht mehrere geben kann. Für diesen Beweis ist es wesentlich, daß die Exponentensumme nicht nur eine ganze Zahl überhaupt, sondern gerade gleich Eins ist.

Nr. 5 enthält *die rationale Transformation der P-Funktion.* In Nr. 2 wurde schon die lineare Transformation der P-Funktion angegeben, bei der an Stelle von x irgendein linearer Ausdruck $\frac{ex+f}{gx+h}$ als Argument eingeführt wird ($eh - gf \neq 0$).

Jetzt wird darüber hinausgehend gefragt, ob man nicht, wenigstens bei speziellen P-Funktionen, durch Substitution eines nichtlinearen rationalen Ausdrucks $R(x)$ von x wieder eine P-Funktion von x erhalten kann, d. h. ob nicht

$$P\left|\begin{matrix} a & b & c & \\ \alpha & \beta & \gamma & R(x) \\ \alpha' & \beta' & \gamma' & \end{matrix}\right| = P\left|\begin{matrix} A & B & C & \\ \mathrm{A} & \mathrm{B} & \Gamma & x \\ \mathrm{A}' & \mathrm{B}' & \Gamma' & \end{matrix}\right|.$$

sein kann.

Es zeigt sich, daß das in der Tat für spezielle Werte der Exponenten und für spezielle Funktionen $R(x)$ möglich ist. Doch wird diese ganze Theorie, deren Anfänge schon bei Euler liegen und die insbesondere von Kummer [1] entwickelt wurde, von Riemann nicht erschöpfend behandelt; wir kommen bei späterer Gelegenheit darauf zurück (vgl. dazu § 58).

Als Beispiel einer solchen rationalen Transformation sei nur das Folgende herausgehoben:

$$P\left|\begin{matrix} 0 & \infty & 1 & \\ 0 & \beta & \gamma & x^2 \\ \frac{1}{2} & \beta' & \gamma' & \end{matrix}\right| = P\left|\begin{matrix} -1 & \infty & 1 & \\ \gamma & 2\beta & \gamma & x \\ \gamma' & 2\beta' & \gamma' & \end{matrix}\right|.$$

Umgekehrt überzeugt man sich leicht, daß eine P-Funktion (mit den singulären Stellen $-1, +1, \infty$) nur dann die Ersetzung von x durch $\sqrt{X}$ „gestattet“, d. h. vermöge $X = x^2$ wieder in eine P-Funktion übergeht, wenn sie die rechter Hand stehende Form hat, d. h. wenn die zu $x = \pm 1$ gehörigen Exponenten die nämlichen sind. In der Tat werden bei der Substitution $X = x^2$ die singulären Stellen $x = \pm 1$ in die nämliche Stelle $X = 1$ übergeführt, woraus bereits die behauptete Gleichheit der Exponenten folgt. Überdies sieht man, daß in $X = 0$ die Exponenten 0 und $\frac{1}{2}$ auftreten müssen, weil $X = 0$ aus der regulären Stelle $x = 0$ (mit den Exponenten 0 und 1) hervorgeht.

Damit ist

$$P\begin{vmatrix} -1 & \infty & +1 & \\ \gamma & 2\beta & \gamma & x \\ \gamma' & 2\beta' & \gamma' & \end{vmatrix}$$

in gewissem Sinne *gekennzeichnet durch die Eigenschaft, die Transformation $x^2 = X$ zu gestatten.*

Diese unsere P-Funktion umfaßt übrigens *als besonderen Fall* die sog. „*Kugelfunktionen*“ (oder „LEGENDRE*schen Polynome*“) $P_n(x)$, insofern nämlich $P_n(x)$ einen Zweig von

$$P\begin{vmatrix} -1 & \infty & +1 & \\ 0 & n+1 & 0 & x \\ 0 & -n & 0 & \end{vmatrix}$$

bildet. Dementsprechend ist $P_n(x)$ Lösung der Differentialgleichung

$$(1 - x^2)y'' - 2xy' + n(n+1)y = 0.$$

Unsere P-Funktion

$$P\begin{vmatrix} -1 & \infty & 1 & \\ \gamma & 2\beta & \gamma & x \\ \gamma' & 2\beta' & \gamma' & \end{vmatrix}$$

umfaßt aber ebenso die sog. „*Zugeordneten der Kugelfunktionen*“ sowie die „*Kugelfunktionen höherer Ordnung*“ [*].

Nr. 6 handelt von den *verwandten Funktionen.* Zwei P-Funktionen, deren Exponenten sich bzw. nur um ganze Zahlen unterscheiden und welche dieselben Veränderlichen haben:

$$P\begin{vmatrix} a & b & c & \\ \alpha & \beta & \gamma & x \\ \alpha' & \beta' & \gamma' & \end{vmatrix} \quad \text{und} \quad P\begin{vmatrix} a & b & c & \\ \alpha+k & \beta+l & \gamma+m & x \\ \alpha'+k' & \beta'+l' & \gamma'+m' & \end{vmatrix}$$

(wobei natürlich $k + k' + l + l' + m + m' = 0$ sein muß), nennt man „*verwandte*“ P-Funktionen.

Jetzt ist es aber besonders wichtig, wie RIEMANN in die innere Natur des Begriffs der Verwandtschaft eindringt.

Zwei verwandte P-Funktionen haben dieselbe Gruppe, und umgekehrt, zwei P-Funktionen mit derselben Gruppe sind in dem Sinne verwandt, daß sich ihre Exponenten bzw. nur um ganze Zahlen unterscheiden.

Gerade diese Eigenschaft, daß verwandte Funktionen dieselbe Gruppe besitzen, macht das innere Wesen der Verwandtschaft aus. *Verwandte Funktionen sind nichts anderes als Funktionen mit derselben Gruppe, und* RIEMANN *unternimmt es, von dieser Definition aus die Relationen zwischen verwandten Funktionen zu entwickeln.*

Nr. 7 führt von den Relationen zwischen verwandten Funktionen zur *Differentialgleichung der P-Funktion,* indem diese nichts anderes ist als die Relation zwischen den verwandten Funktionen P, $\frac{dP}{dx}$, $\frac{d^2P}{dx^2}$.

Von der Differentialgleichung aus folgt dann *die Reihenentwicklung* und die Darstellung durch das *bestimmte* Integral, worin dann der Existenzbeweis für die P-Funktion liegt.

Nr. 8 endlich gibt eine *Übersicht über die verschiedenen Reihenentwicklungen und Integraldarstellungen,* die man für dieselbe P-Funktion bilden kann.

Nach diesem Überblick über die Anordnung der RIEMANNschen Arbeit, der besonders deswegen nützlich sein mag, weil RIEMANN weder den einzelnen Teilen Überschriften gibt, noch die wichtigsten Sätze durch den Druck hervorhebt, wollen wir noch auf einige wichtigere Punkte besonders eingehen.

§ 24. Bedeutung des Wertes der Exponentensumme. Nebenpunkte.

Warum setzt RIEMANN *fest, daß die Exponentensumme*

$$\alpha + \alpha' + \beta + \beta' + \gamma + \gamma' = 1$$

sein soll, während aus Nr. 3 seiner Arbeit doch nur folgt, daß dieselbe eine ganze Zahl sein muß?

Diese Festsetzung findet ihre Erklärung in Nr. 4, was wir hier noch genauer untersuchen wollen, als es bei der ersten Besprechung geschehen ist.

Es seien P und P^* irgend zwei linear unabhängige Zweige der P-Funktion; dieselben sind lineare Kombinationen, z. B. der zum Punkte $x = a$ gehörigen Fundamentalzweige P^α, $P^{\alpha'}$:

$$P = a_{11} P^\alpha + a_{12} P^{\alpha'},$$

$$P^* = a_{21} P^\alpha + a_{22} P^{\alpha'};$$

Beginn der neunundzwanzigsten Vorlesung.

analog sind P, P^* lineare Funktionen von P^β, $P^{\beta'}$ und von P^γ, $P^{\gamma'}$, und zwar jedesmal mit von Null verschiedenen Determinanten des Koeffizientensystems ($a_{11}a_{22} - a_{12}a_{21} \neq 0$ usw.).

Nun betrachtet man die Funktionaldeterminante D von P und P^*:

$$D = P\frac{dP^*}{dx} - P^*\frac{dP}{dx}.$$

Diese ist von der aus P^α, $P^{\alpha'}$ gebildeten Funktionaldeterminante nur um die Determinante der Zusammensetzungskoeffizienten a_{11} usw., d. h. nur um eine multiplikative Konstante C verschieden:

$$D = P\frac{dP^*}{dx} - P^*\frac{dP}{dx} = C\left(P^\alpha\frac{dP^{\alpha'}}{dx} - P^{\alpha'}\frac{dP^\alpha}{dx}\right);$$

entsprechend drückt sich D durch die Funktionaldeterminante der P^β, $P^{\beta'}$ bzw. der P^γ, $P^{\gamma'}$ aus.

Diese Formeln lassen uns nun sofort das Verhalten der Funktion D bei Umläufen um die einzelnen Verzweigungspunkte erkennen, die wir der Einfachheit halber nach 0, ∞, 1 legen, nämlich:

Die Determinante D ist in der x-Ebene eine multiplikative Funktion mit den Verzweigungspunkten 0, ∞, 1 und den zugehörigen Multiplikatoren $e^{2i\pi(\alpha+\alpha')}$, $e^{2i\pi(\beta+\beta')}$, $e^{2i\pi(\gamma+\gamma')}$.

Aber noch mehr: Im Punkte $x = a = 0$ haben (sofern kein Ausnahme-fall vorliegt) P^α bzw. $P^{\alpha'}$ Entwicklungen folgender Art

$$P^\alpha = x^\alpha(1 + a_1 x + \cdots) \quad \text{bzw.} \quad P^{\alpha'} = x^{\alpha'}(1 + a_1' x + \cdots,$$

woraus für D die Entwicklung folgt:

$$D = x^{\alpha+\alpha'-1}((\alpha' - \alpha) + a_1'' x + \cdots).$$

Ähnlich findet man für $x = c = 1$ eine mit $(x-1)^{\gamma+\gamma'-1}$, für $x = b = \infty$ eine mit $\left(\frac{1}{x}\right)^{\beta+\beta'+1}$ beginnende Reihenentwicklung. Mit anderen Worten:

Die Potenzentwicklung von D an der Stelle $x = 0$ beginnt mit dem Glied $x^{\alpha+\alpha'-1}$, diejenige an der Stelle $x = \infty$ mit $\left(\frac{1}{x}\right)^{\beta+\beta'+1}$, diejenige bei $x = 1$ mit $(x-1)^{\gamma+\gamma'-1}$, vorausgesetzt, daß kein Ausnahmefall vorliegt, d. h. daß die Exponentendifferenzen keine ganzen Zahlen sind (vgl. S. 120 unserer Vorlesung).

Setzen wir nun

$$D = x^{\alpha+\alpha'-1}(x-1)^{\gamma+\gamma'-1}\Phi(x),$$

so ist die Funktion $\Phi(x)$ bei Umläufen um $x = 0$, um $x = 1$ und um jeden anderen von $x = \infty$ verschiedenen Punkt, also auch bei Umläufen um $x = \infty$, eindeutig, also überhaupt unverzweigt; außerdem ist $\Phi(x)$ bei $x = 0$ und $x = 1$ regulär, ebenso auch an jeder anderen endlichen Stelle, letzteres wegen der Voraussetzung, daß *P und P^* an allen von 0, 1, ∞ verschiedenen Stellen regulär* sind, wie es der Definition der

P-Funktion entspricht. $\Phi(x)$ muß also notwendig eine *rationale ganze Funktion* von x sein, und zwar, weil D bei $x = \infty$ eine Nullstelle der Ordnung $\beta + \beta' + 1$, d. h. einen Pol von der Ordnung $-(\beta + \beta' + 1)$ besitzt, eine solche vom Grade

$$k = -(\alpha + \alpha' - 1) - (\gamma + \gamma' - 1) - (\beta + \beta' + 1)$$
$$= 1 - (\alpha + \alpha' + \beta + \beta' + \gamma + \gamma').$$

Diese Zahl muß, da es sich um eine ganze rationale Funktion handeln soll, notwendig eine positive ganze Zahl oder Null sein; also:

Vor allen Dingen sehen wir, daß die Exponentensumme nur folgende Werte haben darf:

$$+1,\ 0,\ -1,\ -2,\ -3,\ \ldots$$

und daß unser Polynom Φ, wenn wir die Exponentensumme gleich 1 *nehmen, schlechtweg eine Konstante wird.*

Was bedeutet es nun für die Funktionen P und P^*, wenn wir die Exponentensumme kleiner als 1 nehmen, für Φ also ein wirkliches Polynom setzen?

Gleichbedeutend damit ist die Frage:

Welche Bedeutung für P und P^* haben die Nullstellen von $\Phi(x)$?

Man hat diese Nullstellen von vornherein als von $0, 1, \infty$ verschieden anzunehmen, da ja alle bei 0 oder 1 verschwindenden Faktoren in $x^{\alpha+\alpha'-1}$ bzw. $(x-1)^{\gamma+\gamma'-1}$ enthalten sind. (Denn da die Exponentendifferenzen $\alpha' - \alpha$ und $\beta' - \beta$ als von Null verschieden vorausgesetzt sind, verschwindet der Koeffizient des ersten Gliedes der auf S. 124 hingeschriebenen Potenzreihenentwicklung von D nicht.) Angenommen, an einer solchen Nullstelle $x = x_0$ verschwinde Φ von der Ordnung σ, d. h. es bestehe dort für Φ, also auch für D, eine Entwicklung

$$D = (x - x_0)^\sigma\, \mathfrak{P}(x - x_0), \qquad \text{wo} \qquad \mathfrak{P}(0) \neq 0 \qquad \text{und} \qquad \sigma > 0.$$

Wir wollen dann einen solchen Punkt x_0 einen „*Nebenpunkt von der Ordnung* σ“ nennen. Statt „Nebenpunkt“ sagt man auch „*außerwesentlich singuläre Stelle*“ (der Differentialgleichung). Man beachte, daß *in einem Nebenpunkt zwar alle Lösungen sich regulär verhalten, daß es aber zufolge $D(x_0) = 0$ nicht zu jedem beliebigen Wertepaar A, B eine Lösung $y(x)$ der Differentialgleichung gibt, welche in $x = x_0$ die Anfangswerte A und B hat:*

$$y(x_0) = A, \qquad y'(x_0) = B.$$

Vielmehr müssen A und B einer gewissen linearen Relation genügen. Hingegen sind in einem *regulären* Punkte $x = x_1$, wo also $D \neq 0$ ist, *alle* Anfangswerte möglich, und es gibt zwei linear unabhängige Lösungen, deren Potenzreihenentwicklungen mit $(x - x_1)^0$ bzw. $(x - x_1)$ beginnen, die also in $x = x_1$ zu den Exponenten Null bzw. Eins gehören [*], [**].

Wie können sich nun P und P^* in einem Nebenpunkt $x = x_0$ von σ-ter Ordnung verhalten? Dabei mögen für P und P^* die beiden zum betrachteten Punkt gehörigen Fundamentalzweige gewählt sein, d. h. zwei linear unabhängige Zweige,

$$P \;= (x - x_0)^v \;(1 + a\;(x - x_0) + \cdots)\,,$$
$$P^* = (x - x_0)^{v^*}(1 + a^*(x - x_0) + \cdots)\,,$$

deren erste Entwicklungsglieder *verschiedene* Exponenten haben [*], etwa v und v^*, wobei $v^* > v$ sein möge.

Die Zahlen v und v^* müssen dabei ganze Zahlen sein wegen der vorausgesetzten Unverzweigtheit von P und P^* in $x = x_0$, und zwar muß sein: $v \geqq 0$, $v^* \geqq 1$, damit jeder Zweig in $x = x_0$ regulär ist. Dann ergibt sich aber, durch Ausrechnung, für D eine Entwicklung, deren erstes Glied $(v^* - v)(x - x_0)^{v+v^*-1}$ ist; es muß also $v + v^* - 1 = \sigma$ sein. Wir sagen:

Zu einem σ-fachen Nebenpunkte gehören zwei verschiedene ganzzahlige, nichtnegative Exponenten, deren Summe gleich $\sigma + 1$ ist.

Für $\sigma = 1$ finden wir nur die Möglichkeit $v = 0$, $v^* = 2$; für $\sigma = 2$ die zwei Möglichkeiten $v = 0$, $v^* = 3$ und $v = 1$, $v^* = 2$. Dieser letzte Fall $v = 1$, $v^* = 2$ läßt eine Reduktion des Nebenpunktes auf einen gewöhnlichen Punkt durch Heraussetzen des Faktors $(x - x_0)^{v^*-1}$ zu, weil die Exponentendifferenz gleich Eins ist; für $v = 1$, $v^* = 2$ haben wir es daher mit einem „uneigentlich singulären Punkt" unserer früheren Benennung (vgl. S. 114) zu tun. Dieser Fall kann, wie man sieht, nur für geradzahlige Werte von σ sich einstellen. Alle anderen Fälle liefern notwendig wirkliche singuläre Punkte. Andererseits werden wir sagen: Die Exponentendifferenz in dem Punkte x_0 ist ganzzahlig, es liegt also ein „Ausnahmefall" vor, und zwar, da keine Logarithmen auftreten, ein solcher „zweiter Ordnung" (vgl. § 7 unserer Vorlesung). Also:

Ein Nebenpunkt gehört, als singulärer Punkt der Differentialgleichung angesehen, auf alle Fälle zu den Ausnahmefällen zweiter Ordnung; insbesondere aber kann er für $\sigma = 2, 4, 6, \ldots$ ein uneigentlich singulärer Punkt sein, d. h. ein Punkt, der seinen singulären Charakter verliert, wenn man die P-Funktion von einem Faktor befreit.

Diese Nebenpunkte sind insofern für die Definition der P-Funktion nebensächlich und heißen auch darum „Nebenpunkte", weil eine Umkreisung derselben keinen Beitrag zur Gruppe derselben gibt, vielmehr die identische Substitution liefert.

Betrachte ich einen σ-fachen Nebenpunkt als Grenzfall, der beim Zusammenrücken von σ einfachen Nebenpunkten sich einstellt, so darf ich sagen:

Unsere P-Funktion besitzt, wenn wir den Grad des Polynoms Φ mit k bezeichnen, genau k (einfach zählende) Nebenpunkte, und die Festsetzung $k = 0$ läuft also darauf hinaus, das Auftreten von Nebenpunkten auszuschließen.

In welchem Zusammenhange stehen nun diese allgemeinen P-Funktionen ($k > 0$) mit den P-Funktionen ohne Nebenpunkte? Ich sage: *Diejenigen P-Funktionen, welche eine Exponentensumme haben, die von 1 verschieden ist, für die also $k > 0$ ist, lassen sich in einfacher Weise aus verwandten P-Funktionen der gewöhnlichen Art ($k = 0$) linear zusammensetzen.*

Dieser Satz ist für die weiteren Ideen von RIEMANN, wie man sie in seinen hinterlassenen Fragmenten vorfindet, fundamental. Aber nur an einer Stelle in den nachgelassenen Papieren in Nr. 17 der Abhandlung: Über die Fläche vom kleinsten Inhalt bei gegebener Begrenzung (— RIEMANN [1], S. 322ff.) kommt eine hierauf bezügliche Entwicklung vor. Dort kommt RIEMANN zu einer der P-Funktion ganz analog gebildeten Funktion

$$Q\left|\begin{matrix} a & b & c & \\ \alpha & \beta & \gamma & x \\ \alpha' & \beta' & \gamma' & \end{matrix}\right|$$

bei der aber die Exponentensumme -1 statt $+1$ ist, welche also $k = 2$ Nebenpunkte besitzt.

RIEMANN zeigt, wie man eine solche Funktion durch eine gewöhnliche P-Funktion und ihren Differentialquotienten darstellen kann. Auf dieselbe Weise hätte er sie, allgemein zu reden, aus zwei verwandten P-Funktionen herstellen können.

Ich will dies nur für $k = 1$ genauer auseinandersetzen. Es seien

$$P_1 = P\left|\begin{matrix} a & b & c & \\ \alpha & \beta & \gamma & x \\ \alpha' & \beta' & \gamma' & \end{matrix}\right| \quad \text{und} \quad P_2 = P\left|\begin{matrix} a & b & c & \\ \alpha - 1 & \beta + 1 & \gamma & x \\ \alpha' & \beta' & \gamma' & \end{matrix}\right|$$

$$\alpha + \alpha' + \beta + \beta' + \gamma + \gamma' = 1$$

zwei verwandte, gewöhnliche P-Funktionen, d. h. P-Funktionen ohne Nebenpunkte.

Irgend zwei Zweige P_1, P_1^* der ersten P-Funktion und zwei entsprechende Zweige P_2, P_2^* der zweiten P-Funktion erleiden bei Umläufen von x immer je dieselben Substitutionen. Bildet man nun aus diesen Paaren entsprechender Zweige mit Hilfe zweier Konstanten λ_1, λ_2 die Funktionen

$$Q = \lambda_1 P_1 + \lambda_2 P_2,$$
$$Q^* = \lambda_1 P_1 + \lambda_2 P_2^*,$$

so erleiden offenbar Q bzw. Q^* ebenfalls bei Umläufen dieselben Substitutionen wie P_1 bzw. P_1^*.

Bei passender Auswahl der P_1, P_2, P_1^*, P_2^* gilt nun folgendes, soweit nicht gerade λ_1, λ_2 speziell gewählt sind:

In der Nähe von $x = a$ ist das niedrigste Entwicklungsglied von P_1 von der Ordnung α, dasjenige von P_2 von der Ordnung $\alpha - 1$, das niedrigste Glied von Q also von der Ordnung $\alpha - 1$. Hingegen besitzt Q^* bei $x = a$ als niedrigsten Exponenten α', da P_1^* und P_2^* beide diesen niedrigsten Koeffizienten besitzen. Entsprechend findet man die Werte β, β' als Exponenten von Q bei b, schließlich γ und γ' als Exponenten von Q bei c. Wir haben also das Schema:

$$Q \left| \begin{matrix} a & b & c & \\ \alpha - 1 & \beta & \gamma & x \\ \alpha' & \beta' & \gamma' & \end{matrix} \right|$$

mit der Exponentensumme Null, also *einem* einfachen Nebenpunkt. Eine einfache Diskussion zeigt ferner, daß auch umgekehrt jede P-Funktion mit $k = 1$ durch lineare Verbindung zweier geeigneter P-Funktionen mit $k = 0$ gewonnen werden kann. Ich kann daher sagen:

Um in allgemeinster Weise eine Funktion mit $k = 1$ zu bilden, brauche ich nur zwei verwandte P-Funktionen P_1 und P_2 ohne Nebenpunkte, die in geeigneter Weise gewählt sind, zu $\lambda_1 P_1 + \lambda_2 P_2$ zusammenzusetzen (λ_1, λ_2 Konstante).

Der allgemeine Satz für beliebiges ganzzahliges ($k \geqq 1$) ergibt sich durch vollständige Induktion und lautet:

Um eine P-Funktion in allgemeinster Weise zu bilden, bei der k irgendeine vorgegebene natürliche Zahl ist, muß ich $k + 1$ verwandte P-Funktionen der gewöhnlichen Art (d. h. ohne Nebenpunkte) mit Hilfe konstanter Koeffizienten linear zusammensetzen.

Wir wollen heute das Thema der vorigen Stunde nicht weiter verfolgen, sondern noch auf den RIEMANNschen Begriff der Verwandtschaft näher eingehen, dessen Fassung, wie wir sehen werden, große Verallgemeinerungen einschließt.

§ 25. Die verwandten Funktionen. GAUSS' Kettenbruch.

Zuerst geht RIEMANN noch von der älteren Definition aus, welche solche Funktionen verwandt nennt, deren Exponenten sich bzw. nur um ganze Zahlen unterscheiden; er hebt aber sofort das innere Wesen des Begriffs hervor:

Verwandte Funktionen sind gleichgruppige Funktionen. (Zwecks näherer Erläuterung mag schon hier auf die späteren Ausführungen über den Begriff der Verwandtschaft verwiesen werden, z. B. § 43, § 49, § 51 der Vorlesung.

In dieser Allgemeinheit hat der Begriff der Verwandtschaft eine viel größere Ausdehnung. Z. B.: Zwei Integrale algebraischer Funktionen

$$\int f(x)\,dx \quad \text{und} \quad \int g(x)\,dx$$

Beginn der dreißigsten Vorlesung.

sind „verwandt", wenn sie bei allen Umläufen je um dieselben (additiven) Perioden wachsen (vgl. dazu Anmerkung [*] zu S. 132 der Vorlesung).

Oder zwei multiplikative Funktionen sind verwandt, wenn sie beide sich bei gleichen Umläufen des x um dieselben Faktoren ändern. Mit anderen Worten:

Der von RIEMANN *festgelegte Begriff der Verwandtschaft dehnt sich auf sehr viele allgemeinere Funktionen gleichförmig aus.*

Wie begründet nun RIEMANN die Existenz der Relationen zwischen verwandten Funktionen:

$$r_1(x) P_1 + r_2(x) P_2 + r_3(x) P_3 = 0\ ?$$

Auch hier setzt RIEMANN an Stelle der bloßen Tatsache den inneren Grund. Wenn eine solche Relation für die Zweige P_1, P_2, P_3 gelten soll, muß sie auch für irgend drei andere entsprechende Zweige gelten:

$$r_1(x) P_1^* + r_2(x) P_2^* + r_3(x) P_3^* = 0,$$

woraus dann folgt, daß sich $r_1(x) : r_2(x) : r_3(x)$ verhalten wie die Determinanten der Matrix

$$\left\| \begin{matrix} P_1 & P_2 & P_3 \\ P_1^* & P_2^* & P_3^* \end{matrix} \right\|,$$

also $r_1(x) : r_2(x) : r_3(x) = D_{23} : D_{31} : D_{12}$.

Es ist leicht auszurechnen, daß diese Determinanten multiplikative Funktionen von x mit gleicher Gruppe sind, nämlich jeweils das Produkt aus einer rationalen Funktion von x mit einer Potenz von x und einer Potenz von $x - 1$, wobei sich die Exponenten dieser Potenzen bei den drei Determinanten nur um ganze Zahlen unterscheiden können; man kann daher in der Proportion die etwa vorhandenen Potenzen mit gebrochenem Exponenten wegheben und erhält in der Tat eine lineare Gleichung zwischen P_1, P_2, P_3 mit rationalen Koeffizienten (alles unter der Voraussetzung, daß P_1, P_2 und P_3 verwandt sind). Also:

RIEMANN *erkennt als den eigentlichen Kern der Relationen zwischen verwandten Funktionen dies, daß die Determinanten* $D_{23} = P_2 P_3^* - P_2^* P_3$, $D_{31} = P_3 P_1^* - P_3^* P_1$, $D_{12} = P_1 P_2^* - P_1^* P_2$ *multiplikative Funktionen von* x *sind, die man direkt berechnen kann.*

Die Bedeutung der Determinanten liegt darin, daß sie gegenüber beliebigen linearen, homogenen (binären) Substitutionen der P, P^* *invariant sind, daß die Determinante eine Invariante der Gruppe ist.*

Im Falle zweier verwandter Integrale (vgl. oben) würde in ganz entsprechender Weise die Differenz, für zwei verwandte multiplikative Funktionen hingegen würde der Quotient eine Invariante, also eine rationale bzw. eine algebraische Funktion sein.

Ferner will ich heute noch einiges über RIEMANNS Behandlung von GAUSS' Kettenbruch (§ 1 unserer Vorlesung) sagen, welche in seinem Nachlaß unter dem Titel: „Sullo svolgimento del quoziente di due serie ipergeometriche in frazione continua infinita" (= RIEMANN [1], S. 424) gegeben wird.

GAUSS' Kettenbruch stellt, wie wir seinerzeit lernten, den Quotienten zweier hypergeometrischen Reihen:

$$\frac{F(a, b+1; c+1; x)}{F(a, b; c; x)}$$

dar, im „speziellen Fall" (für $b = 0$) die hypergeometrische Reihe

$$F(a, 1; c+1; x)$$

selbst.

RIEMANN bemerkt, daß es sich um den Quotienten korrespondierender Zweige zweier verwandter P-Funktionen handelt [*].

Während sich nun GAUSS darauf beschränkt hat, das formale Gesetz des Kettenbruchs aufzustellen, ohne die Frage nach dem Rest R_n desselben, d. h. der Differenz der anzunähernden Funktion und der n-ten Annäherungsfunktion

$$R_n = \frac{F_1}{F_2} - \frac{p_n}{q_n}$$

zu berühren, *zeigt* RIEMANN, *daß der Rest, welcher bleibt, wenn man den Kettenbruch an n-ter Stelle abbricht, sich ganz einfach selbst durch P-Funktionen ausdrücken läßt.*

Im Zusammenhang damit behandelt er die Frage nach der *Konvergenz* des Kettenbruchs.

Der Kettenbruch, soweit er konvergiert und unsere Funktion darstellt, liefert uns die Funktion als Grenzwert einer gewissen Folge von rationalen Funktionen, so wie bei der Darstellung durch eine konvergente Potenzreihe unsere Funktion erscheint als Grenzwert einer Folge von gewissen ganzen rationalen Funktionen von unbegrenzt wachsenden Graden. Bei der Potenzreihe ist der Konvergenzbereich bekanntermaßen ein Kreis. Wie liegt die Sache bei unserem Kettenbruch? Wir haben also festzustellen, einerseits innerhalb welchen den Nullpunkt enthaltenden Gebietes der Kettenbruch konvergiert und (im Falle der Konvergenz) ob der Kettenbruch unsere Funktion darstellt (d. h. ob sein Grenzwert gleich dem Funktionswert ist).

Von der Bestimmung des Restes aus beweist nun RIEMANN, *daß der zu F_1/F_2 korrespondierende Kettenbruch in der ganzen Ebene konvergiert, mit Ausnahme desjenigen Stückes der reellen Achse, welches von* $+1$ *nach* $+\infty$ *reicht; ferner daß der Kettenbruch im Konvergenzgebiet die Funktion auch wirklich darstellt.*

Diese Resultate sind, unabhängig von RIEMANN, auch von anderer Seite aus gefunden worden. Den Rest hat HEINE [2] (1857) bestimmt, also gleichzeitig mit RIEMANNS Hauptarbeit über die P-Funktion; die Konvergenz des GAUSSschen Kettenbruchs hat THOMÉ [2] (vgl. auch [1]) untersucht. Beide kommen natürlich zu demselben Resultat wie RIEMANN.

Das Bemerkenswerte an der RIEMANN*schen Arbeit sind aber nicht bloß die Resultate, sondern ist ganz besonders die einfache Methode der Überlegung, welche aus den inneren Eigenschaften der Funktion heraus die Resultate erschließt.* [*]

Ich will hier noch auf eine an den „speziellen" Fall von GAUSS' Kettenbruch (vgl. S. 12) anschließende Verallgemeinerung hinweisen, die in anderer Richtung liegt. Die F-Reihe, welche im „speziellen" Fall durch den Kettenbruch dargestellt wird, läßt sich nämlich einfach durch ein *„unbestimmtes Integral"* darstellen, nämlich durch

$$J = \frac{c}{x^c(1-x)^{a-c}} \int x^{c-1}(1-x)^{a-c-1}\,dx\,.$$

In der Tat ergibt sich diese unsere Behauptung, daß nämlich

$$J = F(a, 1;\ c+1;\ x),$$

direkt aus der Definition von J, also aus

$$\frac{d}{dx}\left(x^c(1-x)^{a-c} J\right) = c\,x^{c-1}(1-x)^{a-c-1}$$

bzw. aus

$$(c - ax)J + (x - x^2)J' = c$$

durch Einsetzen der Reihe für $F(a, 1; c+1; x)$. Also:

Die Reihe des GAUSS*schen speziellen Falls ist in einfacher Weise durch ein Integral auszudrücken, und es handelt sich daher bei* GAUSS *im speziellen Falle um die Kettenbruchentwicklung des vorstehenden Integrals.*

Diesen Ansatz hat man nun verallgemeinert, indem man allgemein Integrale von der Gestalt

$$\frac{1}{(x-a)^{\alpha}(x-b)^{\beta}\ldots} \int (x-a)^{\alpha-1}(x-b)^{\beta-1}\ldots\,dx$$

betrachtet hat. Darüber haben HEINE, HEUN und andere gearbeitet, insbesondere ist aber VAN VLECK [1] zu nennen [**].

Indem die Untersuchung VAN VLECKS *den speziellen Fall des* GAUSS*schen Kettenbruchs ebenso umschließt, wie dies die allgemeinen Entwicklungen von* RIEMANN *tun, so wird es interessant sein, die Entwicklungen von* VAN VLECK *und die Resultate von* RIEMANN *auch im allgemeinen zu vergleichen.*

Ich komme nun endlich noch auf einen letzten wichtigen Punkt zu sprechen: *Den Existenzbeweis führt* RIEMANN, wie wir sahen, indem er aus den Relationen zwischen verwandten Funktionen die Differentialgleichung und hieraus die Reihendarstellungen und die bestimmten Integrale ableitet, welche expliziten Formeln ihm nun der Beweis der Existenz der Funktion sind.

RIEMANN wird hier gewissermaßen seinem eigenen Prinzip untreu, indem er die Existenz auf die Formel gründet. Und doch wird ein direkter Existenzbeweis verlangt durch die Verallgemeinerungen der P-Funktion, welche RIEMANN selbst im Sinne hatte, wie wir dies in der nächsten Stunde noch ausführen wollen. Denn für diese allgemeineren P-Funktionen gibt es keine solchen expliziten Formeln wie im einfachsten Fall.

Wie haben wir uns einen solchen Existenzbeweis zu denken?

Bei der hypergeometrischen P-Funktion sind die drei Verzweigungspunkte gegeben, dazu können wir uns — da ja für $n = 3$ die Gruppe durch die Exponenten im wesentlichen bestimmt ist (vgl. dazu § 26) — die den Umläufen um die einzelnen Punkte entsprechenden Substitutionen gegeben denken. Durch diese Substitutionen A, B, C sind dann die Exponenten nur erst bis auf ganze Zahlen bestimmt. Wir wollen uns daher neben den Substitutionen auch noch die zugehörigen Exponenten selbst, natürlich in Übereinstimmung mit den Substitutionen, angeschrieben denken.

So erhalten wir also folgendes Schema:

$$P\left|\begin{matrix} a & b & c & \\ A & B & C & x \\ (\alpha) & (\beta) & (\gamma) & \end{matrix}\right|.$$

Man sollte versuchen, für die Existenz einer Funktion, welche diesem Symbol entspricht, ebenso einen direkten Beweis zu finden, wie man dies in der Theorie der ABELschen Funktionen nach RIEMANN, SCHWARZ und NEUMANN für die ABELschen Integrale tut, welche durch gewisse Regularitäts- und Periodizitätseigenschaften charakterisiert werden [*].

Dies ist der Gegenstand, welchen SCHILLING in seiner Dissertation und weiteren, abschließenden Arbeiten behandelt. Wir können erst sehr viel später auf die genauere Formulierung der bei SCHILLING vorliegenden Fragestellung eingehen [**].

§ 26. Verallgemeinerung: Das Fragment XXI aus RIEMANNS Nachlaß.

Heute wollen wir zum Schlusse noch den Gedankengang des Fragmentes aus RIEMANNS Nachlaß: Zwei allgemeine Sätze über lineare Differentialgleichungen mit algebraischen Koeffizienten (= RIEMANN [1], S. 379), kurz darstellen.

Bei RIEMANN handelt es sich nun allerdings um Differentialgleichungen von beliebiger Ordnung $n \geqq 2$ und mit algebraischen, nicht notwendig rationalen Koeffizienten. Wir wollen uns aber hier darauf beschränken, den RIEMANNschen Gedanken am Beispiel der Differentialgleichung zweiter Ordnung mit rationalen Koeffizienten zu erläutern.

Die allgemeinste lineare homogene Differentialgleichung zweiter Ordnung, welche an n gegebenen Punkten $a, b, \ldots, t$ sich regulär (im

---

Beginn der einunddreißigsten Vorlesung.

Sinne von § 22) verhält, die Exponenten $\alpha', \alpha''; \beta', \beta''; \ldots; \tau', \tau''$ besitzt und sonst keine singulären Punkte hat, ist, wie wir wissen, in der Gestalt enthalten:

$$y'' + y'\left\{\frac{1-\alpha'-\alpha''}{x-a} + \cdots + \frac{1-\tau'-\tau''}{x-t}\right\}$$
$$+ \frac{y}{(x-a)\ldots(x-t)}\left\{\frac{\alpha'\alpha''(a-b)\ldots(a-t)}{x-a} + \cdots\right.$$
$$\left. + \frac{\tau'\tau''(t-a)\ldots(t-s)}{x-t} + G_{n-4}(x)\right\},$$

wobei wir die Koeffizienten des Polynoms $G_{n-4}(x)$ die akzessorischen Parameter genannt haben. Eine Konstantenabzählung, die wir vorgenommen haben, ergab, daß die Differentialgleichung im ganzen von $4n-7$ Konstanten abhängt, wovon auf die Verzweigungspunkte $n-3$, auf die Exponenten $2n-1$, auf die akzessorischen Parameter $n-3$ kommen.

Inzwischen haben wir bei der hypergeometrischen Differentialgleichung eine neue Idee benutzt, indem wir nämlich noch sog. „Nebenpunkte" einführten, für welche die Exponenten nichtnegative ganze Zahlen sind und welche außerdem noch der Bedingung genügen, daß die logarithmischen Glieder, die bei ganzzahliger Exponentendifferenz im allgemeinen auftreten, in Wegfall kommen (vgl. S. 125).

Nebenpunkte können wir nun auch bei der allgemeinen Differentialgleichung einführen. Es sei x_0 ein solcher Nebenpunkt, und zwar der Kürze halber ein einfacher Nebenpunkt, seine Exponenten also 0 und 2 (vgl. S. 126). Die Differentialgleichung hat dann natürlich die allgemeine Gestalt einer Differentialgleichung mit den $n+1$ singulären Punkten $a, b, \ldots, t, x_0$ und den Exponenten $\alpha', \alpha''; \beta', \beta''; \ldots; \tau', \tau''; 0, 2$, also:

$$y'' + y'\left\{\frac{1-\alpha'-\alpha''}{x-a} + \cdots + \frac{1-\tau'-\tau''}{x-t} - \frac{1}{x-x_0}\right\}$$
$$+ \frac{y}{(x-a)\ldots(x-t)(x-x_0)}\left\{\frac{\alpha'\alpha''(a-b)\ldots(a-t)(a-x_0)}{x-a} + \cdots\right.$$
$$\left. + \frac{\tau'\tau''(t-a)\ldots(t-s)(t-x_0)}{x-t} + G_{n-3}(x)\right\} = 0.$$

Da $G_{n-3}(x)$ einen Koeffizienten mehr enthält als $G_{n-4}(x)$, so könnte es scheinen, als ob sich die willkürlichen Konstanten in der Differentialgleichung durch Hinzunahme des Nebenpunktes außer um x_0 (entsprechend der willkürlichen Lage des Nebenpunktes) noch um eine vermehrt hätten. In Wahrheit aber sind die $n-2$ Koeffizienten von $G_{n-3}(x)$ noch einer Bedingungsgleichung unterworfen, welche besagt, daß beim Punkte $x = x_0$ keine logarithmischen Glieder auftreten, so daß die Zahl der Konstanten durch Hinzunahme des einzelnen Nebenpunktes nur um 1 vermehrt worden ist.

Diese hier und auch im folgenden gebrauchte Formulierung setzt natürlich stillschweigend voraus, daß durch die „Bedingungsgleichung" einer der Parameter als Funktion der übrigen definiert wird. Eine Untersuchung, inwieweit dies der Fall ist, erübrigt sich indes, da unsere Abzählungen lediglich zu heuristischen Zwecken angestellt werden, nämlich nur zum Zwecke, um die Richtigkeit gewisser Existenzsätze *wahrscheinlich* zu machen.

In diesem Sinne können wir allgemein sagen:

Indem wir k einfache Nebenpunkte in unsere Differentialgleichung einführen, steigt die Konstantenzahl auf $4n - 7 + k$, da der scheinbare Zuwachs in der Zahl der akzessorischen Parameter gerade durch die Forderung kompensiert wird, daß bei den Reihenentwicklungen in den Nebenpunkten keine logarithmischen Glieder auftreten sollen.

Andererseits wollen wir jetzt die in der Gruppe einer Differentialgleichung mit n singulären Punkten enthaltenen Konstanten abzählen. Wir werden in der Folge in Verbindung mit einer vorgelegten Differentialgleichung noch von anderen „Gruppen" sprechen (vgl. § 61); ich schlage daher vor, daß wir die hier vorliegende Gruppe die „*Monodromiegruppe*" der Differentialgleichung nennen, d. h. die Gruppe der Substitutionen, welche ein Lösungssystem y_1, y_2 längs solcher geschlossenen Wege der Veränderlichen x erleidet, längs deren y_1, y_2 regulär analytisch („monodrom") bleiben, also längs solcher Wege, welche die Verzweigungspunkte vermeiden.

Die Monodromiegruppe besitzt n erzeugende Substitutionen A, B, ..., T, deren Determinanten von Null verschieden sind („nichtsinguläre" Substitutionen) und von denen jede einem Umlaufe um einen einzelnen der Punkte $a, b, \ldots, t$ entspricht. Jede dieser Substitutionen besitzt vier Koeffizienten.

Von den so sich ergebenden $4n$ Konstanten lassen sich aber vier durch die übrigen (rational) ausdrücken wegen der zwischen den n Erzeugenden bestehenden Relation:

$$AB \ldots T = 1,$$

wobei wir der Einfachheit wegen die identische Substitution mit 1 bezeichnet haben. Ferner dürfen wir es als unwesentlich ansehen, ob wir die Gruppe eines Lösungssystems y_1, y_2 oder die eines anderen Systems zweier linear unabhängiger Lösungen $c_{11}y_1 + c_{12}y_2$, $c_{21}y_1 + c_{22}y_2$ betrachten ($c_{11}c_{22} - c_{12}c_{21} \neq 0$). Geht man derart von einem Lösungssystem zu einem anderen über, so modifiziert sich auch die Monodromiegruppe, sie wird „transformiert"; die transformierte Gruppe ist zur ursprünglichen insbesondere isomorph [*]. Durch eine solche geeignete Transformation kann man noch einigen Koeffizienten der Gruppe beliebige Werte erteilen. Da die transformierende Substitution

$$y_1^* = c_{11}y_1 + c_{12}y_2, \qquad y_2^* = c_{21}y_1 + c_{22}y_2$$

vier Koeffizienten enthält, so könnte man meinen, daß man, vermöge passender Wahl der c_{ik}, vier Koeffizienten der Gruppe bestimmte Werte geben könnte. Wenn man aber bedenkt, daß die Lösungen

$$y_1^* = c y_1, \quad y_2^* = c y_2$$

genau dieselbe Monodromiegruppe besitzen wie y_1, y_2, daß es also nur auf das Verhältnis der vier Koeffizienten $c_{11}, c_{12}, c_{21}, c_{22}$ ankommt, so ist klar, daß die Zahl der Konstanten (höchstens) um drei zu erniedrigen ist, wenn wir ineinander transformierbare Gruppen nicht als wesentlich verschieden ansehen. Es bleiben also im ganzen noch (mindestens) $4n - 7$ willkürliche Konstanten der Gruppe übrig.

Die Monodromiegruppe der Differentialgleichung enthält $4n - 7$ *Konstanten, indem von der Zahl* $4n$ *der Substitutionskoeffizienten erstens vier Einheiten abzuziehen sind, weil die Relation* $AB \ldots T = 1$ *besteht, und dann noch drei Einheiten, weil wir statt der Ausgangszweige* y_1, y_2 *zwei beliebige andere (linear unabhängige) Zweige hätten wählen können.*

Die Konstantenzahl der Monodromiegruppe ist also genau so groß wie die Konstantenzahl der Differentialgleichung selbst, vorausgesetzt, daß man in die Differentialgleichung keine Nebenpunkte einführt.

Zusatz: Dieser Satz gilt nur für die Differentialgleichungen zweiter Ordnung; für Differentialgleichungen höherer Ordnung ist die Konstantenzahl der Gruppe immer größer als die der Gleichung, so daß in die Gleichung notwendig Nebenpunkte eingeführt werden müssen, falls die Gruppe „allgemein" sein soll [*].

Man kann nun den Zusammenhang zwischen den Konstanten der Differentialgleichung und denjenigen der Gruppe von verschiedenen Richtungen her untersuchen.

Man kann sich z. B. die Differentialgleichung gegeben denken und nach der zugehörigen Monodromiegruppe fragen. So geschieht es bei FUCHS und anderen (vgl. POINCARÉ [2]).

Ich sage: *Wenn wir versuchen, von der Differentialgleichung aus die Monodromiegruppe zu berechnen, so wissen wir von vornherein aus den Exponenten des einzelnen singulären Punktes, wie die kanonische Form der einzelnen erzeugenden Substitution heißt.*

Denn wenn α', α'' die Exponenten etwa des Punktes a sind, so ist die Substitution, welche die beiden zu a gehörenden Fundamentallösungen bei Umkreisung von a erleiden:

$$\tilde{y}_1 = e^{2i\pi\alpha'} y_1; \quad \tilde{y}_2 = e^{2i\pi\alpha''} y_2$$

gerade die kanonische Form der Substitution A, welche irgend zwei linear unabhängige Zweige erleiden.

Wenn wir mehr wissen wollen, müssen wir die Zusammenhangsformeln entwickeln, welche die Fundamentallösungen des Punktes a*, des Punktes* b *usw. miteinander verbinden.*

Wir wollen dies weiter nicht verfolgen [*], sondern jetzt vielmehr die umgekehrte, die RIEMANNsche Fragestellung besprechen.

RIEMANN denkt sich die Substitutionsgruppe gegeben, d. h. die erzeugenden Substitutionen $A, B, \ldots, T$, welche das System zweier Funktionen y_1, y_2 beim Umlauf der Veränderlichen um einzelne Punkte erleidet. Da aber durch bloße Angabe der Substitutionen $A, B, \ldots, T$ die zugehörigen Exponenten nur erst bis auf ganze Zahlen bestimmt sind, so verschärft er die Definition noch durch Angabe der Exponenten selbst. Er kommt so zu einem Schema (vgl. auch S. 132):

$$P\left|\begin{matrix} a & b & \ldots & t \\ A & B & \ldots & T \\ \begin{pmatrix}\alpha'\\ \alpha''\end{pmatrix} & \begin{pmatrix}\beta'\\ \beta''\end{pmatrix} & \ldots & \begin{pmatrix}\tau'\\ \tau''\end{pmatrix}\end{matrix} \quad x\right|.$$

Man kann sich nun zunächst einmal nur die Gruppe mit den zugehörigen Exponenten gegeben denken, *während die Verzweigungspunkte $a, b, \ldots, t$ noch unbekannt bleiben mögen.* Dann sind $4n - 7$ Konstanten vorgegeben, geradesoviel, wie eine Differentialgleichung zweiter Ordnung mit n singulären Punkten ohne Nebenpunkte besitzt. *Indem wir die Gruppe voranstellen, bringt uns die Übereinstimmung in der Konstantenzahl dazu, die Möglichkeit ins Auge zu fassen, daß zu jeder Gruppe nach der Fixierung der Exponenten eine diskrete Zahl bestimmter Differentialgleichungen ohne Nebenpunkte oder mit vorgegebenen Nebenpunkten gehören mögen.*

Bei diesem Ansatz ergibt sich aber noch keine Theorie der verwandten Funktionen, weil die verschiedenen Differentialgleichungen, die zu der gleichen Gruppe gehören, allgemein zu reden, noch verschiedene Verzweigungspunkte haben werden; während gleichgruppige Funktionen von x doch nur dann verwandt genannt werden können, wenn die gleichen Substitutionen bei den gleichen Umläufen des x eintreten, also auch die Verzweigungspunkte dieselben sind.

Um dieser Mißlichkeit zu entgehen, denkt RIEMANN *neben der Gruppe auch die Verzweigungspunkte der Differentialgleichung von vornherein als gegeben und denkt dann, um doch die erforderliche Konstantenzahl in der Differentialgleichung zur Verfügung zu haben, in dieselbe $n - 3$ bewegliche Nebenpunkte aufgenommen.*

Indem RIEMANN *in solcher Weise die Bedeutung des Symbols:*

$$P\left|\begin{matrix} a & b & \ldots & t \\ A & B & \ldots & T \\ \begin{pmatrix}\alpha'\\ \alpha''\end{pmatrix} & \begin{pmatrix}\beta'\\ \beta''\end{pmatrix} & \ldots & \begin{pmatrix}\tau'\\ \tau''\end{pmatrix}\end{matrix} \quad x\right|$$

festlegt, nennt er alle diejenigen Funktionen verwandt, welche in den $a, b, \ldots, t$, sowie in den Substitutionen $A, B, \ldots, T$ übereinstimmen.

Es handelt sich nun vor allen Dingen um den Beweis, daß solche Funktionen, die dem gegebenen Symbol entsprechen, wirklich existieren. Durch die bloße Abzählung der Konstanten ist der Beweis hierfür natürlich nicht erbracht. Denn die transzendenten Gleichungen, welchen bei gegebener Differentialgleichung die Konstanten der Gruppe genügen müssen, brauchen durchaus nicht nach den Konstanten der Differentialgleichung (unbeschränkt) auflösbar zu sein.

Das zentrale Problem, welches nun zu erledigen ist, welches aber von RIEMANN *nicht erledigt wurde, ist der Existenzbeweis, der Beweis, daß für beliebig gegebene* $a, b, \ldots, t; A, B, \ldots, T$ *wirklich zugehörige Funktionen existieren, bzw. die Untersuchung, wie viele solche zugehörige Funktionen existieren* [*].

Die einzige Bemerkung, welche RIEMANN *in dieser Hinsicht macht, ist folgende: Er sagt: Wenn wir für eine spezielle Wahl der Exponenten eine P-Funktion haben, dann können wir durch Differentiation und Addition der so entstehenden verwandten Funktionen die allgemeinste verwandte Funktion herstellen. Alles kommt also darauf an, für irgendein Exponentensystem den Existenzbeweis zu führen.*

Jetzt bin ich an der entsprechenden Stelle wie am Schluß der vorigen Stunde (S. 132), wo verlangt wurde, den Existenzbeweis für $n = 3$ zu führen.

In meinen Vorlesungen von 1890—1891 ist das RIEMANN*sche Problem direkt nicht berührt, weil überhaupt nicht von beweglichen Nebenpunkten bei den Differentialgleichungen die Rede ist.*

Die verschiedenen Fragestellungen, die in jenen Vorlesungen behandelt werden, haben vielmehr folgenden Charakter: Die n Verzweigungspunkte gelten als gegeben, und es wird nun die Monodromiegruppe nicht willkürlich vorgeschrieben, sondern nur mit $3n - 4$ *Willkürlichkeiten ausgestattet. Die Frage ist wieder die nach der Existenz und nach der eindeutigen Bestimmtheit der Differentialgleichung.*

Die von mir behandelten Probleme halten also sozusagen die Mitte zwischen den Entwicklungen, welche von der Differentialgleichung als gegeben ausgehen, und zwischen dem RIEMANNschen Ansatze. Wir werden im weiteren Fortgange der Vorlesung versuchen müssen, allen diesen verschiedenen Fragestellungen nebeneinander gerecht zu werden.

Da ist denn der hypergeometrische Fall, wie wir ihn jetzt kennen, die gemeinsame Grundlage; denn für $n = 3$ fallen die sämtlichen Fragestellungen noch zusammen und werden durch die Theorie der P-Funktion vollständig erledigt.

Zweiter Teil.

Die konforme Abbildung durch den Quotienten η.

Erste Hälfte.

Der allgemeine Ansatz.

Erster Abschnitt.

Von der Differentialgleichung dritter Ordnung für η.

§ 27. Einführung der Differentialgleichung.

Was wir vor Weihnachten besprochen haben, können wir als die *historische Grundlegung* der Theorie der RIEMANNschen P-Funktion bezeichnen. In dem neuen Kapitel dagegen, welches wir jetzt in Angriff nehmen, werden wir ein *neueres* Moment zur Geltung zu bringen haben, indem wir nämlich den *Quotienten zweier Partikularlösungen der hypergeometrischen Differentialgleichung* betrachten und die *konforme Abbildung studieren, welche ein solcher Quotient* $\frac{y_1(x)}{y_2(x)}$, *den wir kurz mit* $\eta(x)$ *bezeichnen, von der* x*-Ebene entwirft.*

Es ist das ein Ansatz, der ebenfalls auf RIEMANN zurückgeht, wenn er auch nur in dessen nachgelassenen Arbeiten vorkommt, nämlich in den beiden auf Minimalflächen bezüglichen Abhandlungen [*]:

1. Über die Fläche vom kleinsten Inhalt bei gegebener Begrenzung (= RIEMANN [1], S. 301; besonders in Betracht werden für uns kommen S. 316ff. und S. 322ff.; an der ersten Stelle wird allgemein der Quotient zweier Partikularlösungen einer linearen Differentialgleichung überhaupt in die Betrachtung eingeführt, an der zweiten wird dieser Quotient so spezialisiert, daß er drei Verzweigungspunkte hat wie im hypergeometrischen Fall, daneben freilich noch Nebenpunkte, wie sie in der letzten Stunde vor Weihnachten von uns besprochen worden sind).

2. Beispiele von Flächen kleinsten Inhalts bei gegebener Begrenzung (= RIEMANN [1], S. 445ff.).

Wenn also schon RIEMANN den Quotienten zweier Partikularlösungen und die durch ihn vermittelte konforme Abbildung betrachtet, so ist doch dieser Ansatz in den Vordergrund gezogen und ordentlich

---

Beginn der zweiunddreißigsten Vorlesung.

herausgearbeitet worden erst von H. A. SCHWARZ [1] in der grundlegenden Abhandlung: „Über diejenigen Fälle, in welchen die GAUSSsche hypergeometrische Reihe eine algebraische Funktion ihres vierten Elementes darstellt". SCHWARZ bezeichnet daselbst den in Frage stehenden Quotienten mit s, während wir ihn, in Übereinstimmung mit RIEMANN, mit η bezeichnen.

Wir wollen zuerst allgemein die analytische Natur der Funktion

$$\frac{y_1}{y_2} = \eta(x),$$

insbesondere ihr *Verhalten gegenüber geschlossenen Umläufen* der Veränderlichen x untersuchen.

Bei einem solchen geschlossenen Umlauf verwandelt sich y_1 in $k_1 y_1 + k_2 y_2$, y_2 in $l_1 y_1 + l_2 y_2$ (wobei $k_1 l_2 - k_2 l_1 \neq 0$, unter $k_1, k_2; l_1, l_2$ geeignete [komplexe] Zahlen verstanden); der Quotient y_1/y_2 verwandelt sich daher in

$$\frac{k_1 y_1 + k_2 y_2}{l_1 y_1 + l_2 y_2} = \frac{k_1 \dfrac{y_1}{y_2} + k_2}{l_1 \dfrac{y_1}{y_2} + l_2};$$

d. h.: *Unsere η-Funktion hat die Eigenschaft, bei geschlossenen Umläufen des x projektive Transformationen mit konstanten Koeffizienten zu erleiden:*

$$\eta^* = \frac{k_1 \eta + k_2}{l_1 \eta + l_2}.$$

Zusatz: Als „*projektive* Transformation" wollen wir fortan eine gebrochene lineare Substitution einer Veränderlichen bezeichnen, indem wir die Benennung „*lineare* Transformation" für die ganzen homogenen linearen Substitutionen zweier Veränderlichen vorbehalten.

Eine projektive Transformation enthält drei „wesentliche" Konstanten. Stellt man nun neben η die drei ersten Ableitungen nach x, nämlich η', $\eta^{(2)}$, $\eta^{(3)}$, so kann man (wie unten gezeigt wird) aus den Transformationsformeln für diese vier Funktionen durch Elimination der $k_1, k_2; l_1, l_2$ eine Gleichung: $\Phi(\eta^*, \eta^{*\prime}, \eta^{*(2)}, \eta^{*(3)}) = \Phi(\eta, \eta', \eta^{(2)}, \eta^{(3)})$ gewinnen, d. h. einen Ausdruck $\Phi(\eta, \eta', \eta^{(2)}, \eta^{(3)})$ herleiten, der bei beliebigen projektiven Transformationen von η, also auch bei beliebigen Umläufen von x ungeändert bleibt, der mithin eine eindeutige Funktion $R(x)$ von x ist. Also:

η genügt notwendigerweise einer Differentialgleichung dritter Ordnung von der Form

$$\Phi(\eta, \eta', \eta^{(2)}, \eta^{(3)}) = R(x),$$

wobei die linke Seite die Eigenschaft hat, ungeändert zu bleiben, wenn ich $\dfrac{\alpha\eta + \beta}{\gamma\eta + \delta}$ für η setze und wo andererseits die rechte Seite eine eindeutige (und — wenigstens in den von uns zu betrachtenden Fällen — sogar rationale) Funktion von x darstellt.

Nun kommt es darauf an, einerseits die Gestalt der linken Seite zu finden, andererseits die eindeutige Funktion auf der rechten Seite auszurechnen (letzteres unter der Annahme, daß η der Quotient zweier Lösungen einer linearen homogenen Differentialgleichung zweiter Ordnung ist).

Das erste Ziel erreichen wir am bequemsten mit Benutzung folgender Überlegungen:

Die allgemeinste projektive Transformation setzt sich aus Transformationen der speziellen Gestalt

$$\eta^* = \eta + C; \qquad \eta^* = k\eta; \qquad \eta^* = \eta^{-1}$$

zusammen, wo C und $k \neq 0$ beliebige Konstante bezeichnen.

Der erste Differentialquotient η' bleibt bei der ersten dieser Operationen ungeändert, ebenso alle höheren Differentialquotienten $\eta^{(2)}, \eta^{(3)}, \ldots$ Dieselben sind also sämtlich „Differentialinvarianten" für die Transformationen der ersten Art; desgleichen jede rationale Verbindung der η, η', $\eta^{(2)}$, $\eta^{(3)}$, ... Bei Anwendung einer Operation $\eta^* = k\eta$ aber multiplizieren sich die η', $\eta^{(2)}$, $\eta^{(3)}$, ... sämtlich mit k; invariant bleiben daher die Quotienten irgend zweier Ableitungen, z. B. η''/η' und $\eta^{(3)}/\eta'$ und natürlich auch die Ableitungen irgendeines solchen Quotienten; z. B. $\frac{d}{dx}\left(\frac{\eta''}{\eta'}\right)$.

Aber bei Anwendung der Transformation $\eta^* = \eta^{-1}$ bleiben auch diese Ausdrücke, die bei den Transformationen der beiden ersten Arten ungeändert bleiben, nicht invariant; es verwandelt sich vielmehr

$$\frac{\eta''}{\eta'} \quad \text{in} \quad \frac{\eta''}{\eta'} - 2\frac{\eta'}{\eta},$$

$$\frac{d\left(\frac{\eta''}{\eta'}\right)}{dx} \quad \text{in} \quad \frac{d\left(\frac{\eta''}{\eta'}\right)}{dx} - 2\frac{\eta''}{\eta} + 2\left(\frac{\eta'}{\eta}\right)^2.$$

Andererseits verwandelt sich

$$-\frac{1}{2}\left(\frac{\eta''}{\eta'}\right)^2 \quad \text{in} \quad -\frac{1}{2}\left(\frac{\eta''}{\eta'}\right)^2 + 2\frac{\eta''}{\eta} - 2\left(\frac{\eta'}{\eta}\right)^2,$$

woraus sich durch Addition zur Transformierten von $\frac{d}{dx}\left(\frac{\eta''}{\eta'}\right)$ ergibt, daß der Ausdruck

$$\frac{d}{dx}\left(\frac{\eta''}{\eta'}\right) - \frac{1}{2}\left(\frac{\eta''}{\eta'}\right)^2$$

auch bei der Transformation $\eta^* = \eta^{-1}$ und also bei allen projektiven Transformationen ungeändert bleibt. Wir führen noch die Differentiation aus und setzen für unseren invarianten Ausdruck, der unseren ganzen weiteren Betrachtungen zugrunde liegen wird, das abkürzende Zeichen $[\eta]$, also:

$$[\eta] = \frac{d}{dx}\left(\frac{\eta''}{\eta'}\right) - \frac{1}{2}\left(\frac{\eta''}{\eta'}\right)^2 = \frac{\eta'''}{\eta'} - \frac{3}{2}\left(\frac{\eta''}{\eta'}\right)^2.$$

Mit diesem Ausdruck haben wir die einfachste Differentialinvariante der projektiven Transformationsgruppe erhalten.

Ein so wichtiger Differentialausdruck findet sich natürlich bereits in der älteren Literatur; doch ihn ausdrücklich betont und seine Bedeutung in ihrer ganzen Tragweite hervorgekehrt hat erst SCHWARZ, daher haben sich (nach dem Vorgange von CAYLEY und SYLVESTER) Benennungen wie „SCHWARZsche Differentialinvariante", „SCHWARZscher Differentialparameter", „Schwarzianderivative" usw. vielfach eingebürgert [*].

Jetzt soll auch die Funktion $R(x)$ auf der rechten Seite der Differentialgleichung für η berechnet werden. Wir haben dabei von der für y_1 und y_2 geltenden Differentialgleichung

$$y'' + py' + qy = 0$$

auszugehen.

Vergleichen wir unser Vorhaben, aus dieser linearen Differentialgleichung mit den partikulären Lösungen y_1, y_2 eine Differentialgleichung zu berechnen, welcher der Quotient y_1/y_2 der beiden Lösungen genügt, mit der Theorie der algebraischen Gleichungen, wo man die Auflösung einer algebraischen Gleichung auf die Auflösung einer anderen algebraischen Gleichung zurückführt, welcher eine (rationale) Verbindung der Wurzeln der ursprünglichen Gleichung genügt und welche man eine „Resolvente" der ursprünglichen Gleichung nennt, so werden wir folgende Ausdrucksweise gerechtfertigt finden:

Ich bezeichne die Differentialgleichung dritter Ordnung

$$[\eta] = R(x)$$

für $\eta = \frac{y_1}{y_2}$ *als* ***Differentialresolvente*** *der vorgelegten Differentialgleichung zweiter Ordnung*

$$y'' + py' + qy = 0.$$

Es ist nun die Resolvente wirklich zu berechnen. Aus:

$$y_1'' + py_1' + qy_1 = 0,$$
$$y_2'' + py_2' + qy_2 = 0$$

(y_1, y_2 linear unabhängig) folgt durch Elimination von q:

$$p = -\frac{y_1'' y_2 - y_2'' y_1}{y_1' y_2 - y_2' y_1}$$

($D = y_1' y_2 - y_2' y_1 \neq 0$ ist bekanntlich charakteristisch für die lineare Unabhängigkeit von y_1 und y_2) [**].

Ferner ist (für $y_2 \neq 0$)

$$\eta = \frac{y_1}{y_2}, \quad \eta' = \frac{y_1' y_2 - y_2' y_1}{y_2^2}, \quad \frac{\eta''}{\eta'} = \frac{d \log \eta'}{dx} = \frac{y_1'' y_2 - y_2'' y_1}{y_1' y_2 - y_2' y_1} - 2\frac{y_2'}{y_2}$$

$$\text{oder} \quad \frac{\eta''}{\eta'} = -p - 2\frac{y_2'}{y_2};$$

daraus
$$\frac{d\left(\frac{\eta''}{\eta'}\right)}{dx} = -\frac{dp}{dx} - 2\frac{y_2''}{y_2} + 2\left(\frac{y_2'}{y_2}\right)^2,$$
$$-\frac{1}{2}\left(\frac{\eta''}{\eta'}\right)^2 = -\frac{1}{2}p^2 - 2p\frac{y_2'}{y_2} - 2\left(\frac{y_2'}{y_2}\right)^2$$
und schließlich
$$[\eta] = \frac{d\left(\frac{\eta''}{\eta'}\right)}{dx} - \frac{1}{2}\left(\frac{\eta''}{\eta'}\right)^2 = -\frac{1}{2}p^2 - \frac{dp}{dx} - 2\frac{y_2'' + py_2'}{y_2}.$$
Nun ist wegen der für y_2 bestehenden linearen Differentialgleichung:
$$y_2'' + py_2' = -qy_2,$$
so daß sich also schließlich ergibt:

Die Differentialresolvente dritter Ordnung der gegebenen linearen homogenen Differentialgleichung zweiter Ordnung heißt
$$[\eta] = 2q - \frac{1}{2}p^2 - \frac{dp}{dx},$$
und hier steht rechter Hand ein rationaler Ausdruck in x, wenn wir p und q als rationale Funktionen von x voraussetzen.

Gehen wir insbesondere von unserer Differentialgleichung mit n, sämtlich im Endlichen gelegenen, singulären Punkten und regulärem Verhalten in allen Punkten aus
$$y'' + \left\{\frac{1-\alpha'-\alpha''}{x-a} + \cdots + \frac{1-\tau'-\tau''}{x-t}\right\}y'$$
$$+ \frac{y}{(x-a)\ldots(x-t)}\left\{\frac{\alpha'\alpha''(a-b)\ldots(a-t)}{x-a} + \cdots + \frac{\tau'\tau''(t-a)\ldots(t-s)}{x-t} + G_{n-4}(x)\right\}$$
und bestimmen ihre Differentialresolvente, so ergibt sich [*]:
$$[\eta] = \frac{1}{(x-a)\ldots(x-t)}\left\{\frac{1-\alpha^2}{2}\cdot\frac{(a-b)\ldots(a-t)}{x-a} + \cdots\right.$$
$$\left. + \frac{1-\tau^2}{2}\cdot\frac{(t-a)\ldots(t-s)}{x-t} + g_{n-4}(x)\right\},$$
wobei $\alpha = \alpha' - \alpha''$, ..., $\tau = \tau' - \tau''$ gesetzt und wo unter g_{n-4} eine, bei gegebenem $G_{n-4}(x)$ eindeutig bestimmte, ganze rationale Funktion höchstens $(n-4)$-ten Grades verstanden ist. Natürlich kommen in dieser Differentialgleichung für den Quotienten der beiden Partikularlösungen nicht mehr die Exponenten α', α'' usw. selbst vor, sondern nur noch die Exponentendifferenzen $\alpha = \alpha' - \alpha''$ usw. Eben dies ist eine wesentliche Vereinfachung gegenüber der ursprünglichen Gleichung:

---

[*] Beginn der dreiunddreißigsten Vorlesung.

Der Vorzug der Differentialresolvente dritter Ordnung gegenüber der Differentialgleichung zweiter Ordnung ist der, daß bloß die Exponentendifferenzen, nicht die Exponenten selbst, hier auftreten.

Man beachte übrigens, daß für uneigentlich singuläre Punkte (d. h. Exponentendifferenz gleich Eins) die zugehörigen Partialbrüche in der geschweiften Klammer wegfallen.

Im Spezialfall der *hypergeometrischen Funktion* mit den *singulären Punkten* a, b, c *und den Exponenten bzw. Exponentendifferenzen* α', α''; β', β''; γ', γ''; $\lambda = \alpha' - \alpha''$, $\mu = \beta' - \beta''$; $\nu = \gamma' - \gamma''$ lautet die Differentialresolvente:

$$[\eta] = \frac{1}{(x-a)(x-b)(x-c)}\left\{\frac{1-\lambda^2}{2}\cdot\frac{(a-b)(a-c)}{x-a} + \frac{1-\mu^2}{2}\cdot\frac{(b-a)(b-c)}{x-b} + \frac{1-\nu^2}{2}\cdot\frac{(c-a)(c-b)}{x-c}\right\}.$$

Läßt man insbesondere b nach $x = \infty$ fallen, so werden

$$\frac{a-b}{x-b}, \quad \frac{(b-a)(b-c)}{(x-b)(x-b)} \quad \text{und} \quad \frac{c-b}{x-b}$$

durch 1 zu ersetzen sein, so daß also

$$[\eta] = \frac{1}{(x-a)(x-c)}\left\{\frac{1-\lambda^2}{2}\cdot\frac{a-c}{x-a} + \frac{1-\mu^2}{2} + \frac{1-\nu^2}{2}\cdot\frac{c-a}{x-c}\right\},$$

und wenn wir endlich $a = 0$; $c = 1$ setzen, so resultiert:

$$[\eta] = \frac{1}{x(x-1)}\left\{-\frac{1-\lambda^2}{2x} + \frac{1-\mu^2}{2} + \frac{1-\nu^2}{2(x-1)}\right\},$$

wobei wir die rechte Seite auch leicht in die Form umsetzen können, in der sie sich bei SCHWARZ ([1]) findet:

$$[\eta] = \frac{1-\lambda^2}{2x^2} + \frac{1-\nu^2}{2(x-1)^2} + \frac{\lambda^2+\nu^2-\mu^2-1}{2x(x-1)} = R(x; \lambda, \mu, \nu).$$

§ 28. Allgemeine Lösung der Differentialgleichung dritter Ordnung. Konforme Abbildung.

Nunmehr überlegen wir, was wir über die allgemeine Natur der Lösung einer solchen Differentialgleichung $[\eta] = R(x)$, insbesondere über die durch eine solche Lösung vermittelte konforme Abbildung aussagen können.

1. Es sei $\eta_0(x)$ eine (beliebig vorgegebene „partikuläre") Lösung der Differentialgleichung; dann lautet die allgemeine Lösung

$$\frac{\alpha\eta_0 + \beta}{\gamma\eta_0 + \delta},$$

unter $\alpha, \beta, \gamma, \delta$ irgendwelche beliebige Konstanten, die sog. *Integrationskonstanten,* verstanden, mit $\alpha\delta - \beta\gamma \neq 0$.

Die allgemeine Lösung der Differentialgleichung dritter Ordnung ergibt sich aus einer beliebigen partikulären Lösung durch allgemeine projektive Transformation.

2. Wenn wir solche projektive Transformationen der η-Veränderlichen geometrisch untersuchen wollen, so ist es immer besser, η nicht in der Ebene, sondern, nach RIEMANN, auf einer Kugel zu deuten (vgl. S. 48ff.).

Der Vorzug der Deutung auf der Kugel ist insbesondere der, daß $\eta = \infty$ *keine andere Deutung findet als jeder andere Wert von* η *auch, wie das der prinzipiellen Benutzung projektiver Transformationen entspricht.*

Diese Zweckmäßigkeit der Kugel als Substrat für die geometrische Deutung der Funktion η hat SCHWARZ bestimmt, den Buchstaben s (d. h. sphärische Funktion; vgl. $\wp$, d. h. periodische Funktion) zu wählen.

3. Um die durch $\eta(x)$ gegebene konforme Abbildung zu studieren, werden wir zuerst den Charakter derselben an einzelnen Punkten in der Weise untersuchen, daß wir für jeden Punkt einen passenden speziellen Zweig η aussuchen und die durch diesen bewirkte konforme Abbildung betrachten, um dann durch eine projektive Transformation zu der allgemeinen Abbildung aufzusteigen.

3a. Wir fassen zuerst eine *gewöhnliche Stelle* $x = x_0$ der ursprünglichen (beispielsweise also der hypergeometrischen) Differentialgleichung ins Auge. Dort besitzt die ursprüngliche lineare Differentialgleichung zwei partikuläre Lösungen von der Gestalt

$$y_1 = (x - x_0)\mathfrak{P}_1(x - x_0); \qquad \mathfrak{P}_1(0) \neq 0$$

$$y_2 = \mathfrak{P}_2(x - x_0); \qquad \mathfrak{P}_2(0) \neq 0$$

so daß also die Resolvente eine partikuläre Lösung $\eta = \frac{y_1}{y_2}$ von der Form

$$\eta = (x - x_0)\,\mathfrak{P}(x - x_0) = C(x - x_0) + \cdots$$

besitzt, wo $C \neq 0$ und wobei unter $\mathfrak{P}(z)$ stets Potenzreihen in z verstanden werden. Man sieht also:

Die Abbildung in der Umgebung der gewöhnlichen Stelle $x = x_0$ *ist bei gehöriger Auswahl der Partikularlösung* η *in erster Annäherung durch* $C(x - x_0)$ *gegeben* ($C \neq 0$). *Die Abbildung ist also (regulär) konform.*

3b. Es sei $x = a$ eine *gewöhnliche singuläre Stelle* der ursprünglichen Differentialgleichung mit den Exponenten α' und α'', d. h. es soll *kein Ausnahmefall* vorliegen, *also* $\alpha = \alpha' - \alpha''$ *nicht ganzzahlig* sein (vgl. § 7). Es existieren dann zwei Partikularlösungen

$$y_1 = (x - a)^{\alpha'}\mathfrak{P}_1(x - a), \qquad \mathfrak{P}_1(0) \neq 0$$

$$y_2 = (x - a)^{\alpha''}\mathfrak{P}_2(x - a) \qquad \mathfrak{P}_2(0) \neq 0$$

und also eine Partikularlösung der Resolvente:

$$\eta = (x - a)^{\alpha}\mathfrak{P}(x - a) = C(x - a)^{\alpha} + \cdots, \text{ wobei } \alpha = \alpha' - \alpha'', \; C \neq 0.$$

In der Umgebung der singulären Stelle $x = a$ liefert also eine zweckmäßig herausgesuchte Partikularlösung η in erster Annäherung die gleiche Abbildung wie $C(x - a)^\alpha$, wobei α keine ganze Zahl ist ($C \neq 0$).

3c. Für einen *Ausnahmepunkt erster Ordnung* $x = a$ seien α', α'' die beiden Exponenten, der kleinere α', der größere α'', die Differenz $\alpha = \alpha' - \alpha''$ also eine negative ganze Zahl oder Null. Es gibt (vgl. § 8) zwei Partikularlösungen y_1, y_2 der linearen Differentialgleichung:

$$y_1 = (x-a)^{\alpha'} \mathfrak{P}_1(x-a) + (x-a)^{\alpha''} \mathfrak{P}_2(x-a) \log(x-a),$$

$$y_2 = (x-a)^{\alpha''} \mathfrak{P}_2(x-a). \qquad \mathfrak{P}_1(0) \neq 0, \; \mathfrak{P}_2(0) \neq 0.$$

Daraus folgt: *In der Umgebung eines Ausnahmepunktes erster Ordnung gibt es eine (geeignete) Partikularlösung der Differentialresolvente, welche eine Reihenentwicklung folgender Form besitzt:*

$$\eta = (x-a)^\alpha \mathfrak{P}(x-a) + \log(x-a), \qquad \mathfrak{P}(0) \neq 0$$

wo α entweder Null oder eine negative ganze Zahl ist.

3d. In einem *Ausnahmepunkt $x = a$ von zweiter Ordnung* sei $\alpha' > \alpha''$ (die Exponenten müssen ja verschieden sein).

Aus den beiden partikulären Lösungen

$$y_1 = (x-a)^{\alpha'} \mathfrak{P}_1(x-a), \qquad \mathfrak{P}_1(0) \neq 0$$

$$y_2 = (x-a)^{\alpha''} \mathfrak{P}_2(x-a) \qquad \mathfrak{P}_2(0) \neq 0$$

folgt:

$$\eta = (x-a)^\alpha \mathfrak{P}(x-a)$$

mit positivem ganzzahligem α und $\mathfrak{P}(0) \neq 0$.

Bei einem Ausnahmepunkt zweiter Ordnung fällt das logarithmische Glied wieder fort. Die durch η vermittelte Abbildung ist dann und nur dann (regulär) konform, wenn die Exponentendifferenz α gleich Eins ist (wenn also ein „uneigentlich" singulärer Punkt [vgl. S. 114] vorliegt).

Hat man andererseits einen einfachen Nebenpunkt (vgl. § 24), so ist daselbst $\alpha' = 2$, $\alpha'' = 0$, also $\alpha = 2$. D. h.:

Insbesondere wenn ein einfacher Nebenpunkt vorliegt, haben wir für eine zweckmäßig herausgesuchte Partikularlösung in erster Annäherung

$$\eta = C(x-a)^2.$$

Was können wir nun — nach diesen Sätzen betreffend den Charakter der Abbildung in einzelnen Punkten — über den *Gesamtverlauf der Abbildung* aussagen? Wir bemerken zunächst:

Um die Gesamtabbildung zu studieren, welche η von der x-Ebene entwirft, werden wir die x-Ebene mit einem Querschnittsystem versehen, welches durch alle singulären Punkte hindurchgeht. Beispielsweise können wir die x-Ebene im Falle der P-Funktion durch einen Kreis, welcher durch die *drei singulären Punkte hindurchgeht, in zwei Kreisscheiben (Halbebenen) zerlegen und die Abbildung der einzelnen Kreisscheibe (Halbebene) untersuchen.*

Dies ist aber doch nur eine spezielle Maßnahme; allgemeiner und im allgemeinen zweckmäßiger ist folgende Zerschneidung:

Wir legen von irgendeinem beliebigen Punkte O der x-Ebene nach jedem der drei singulären Punkte je einen Einschnitt. Wir versehen diesen Einschnitt (der etwa ein geeigneter Streckenzug sein kann) mit einem Durchlaufungssinn (wobei etwa O der Anfangspunkt wird) und gründen darauf in bekannter Weise die Unterscheidung der beiden „Ufer" unseres Schnittes in ein positives und ein negatives Ufer (s. die Fig. 25).

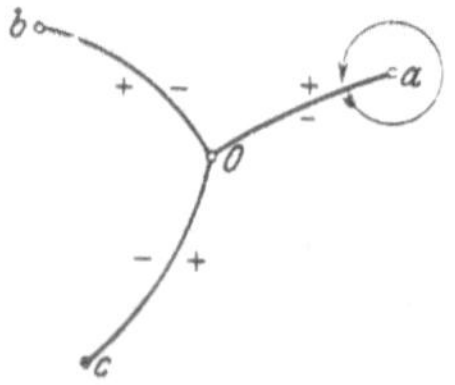

Fig. 25. Zerschneidung der x-Ebene vom Punkte O aus.

Die Abbildung dieser aufgeschnittenen x-Ebene auf die η-Kugel ergibt ein Sechsseit, dessen aufeinanderfolgende Kanten paarweise zusammengehören, wie es in der Fig. 26 angedeutet ist. (Daß der Bildbereich, wie in der Figur, die η Kugel nur schlicht, d. h. einfach, überdeckt, ist natürlich nur ein *besonderer* Fall.)

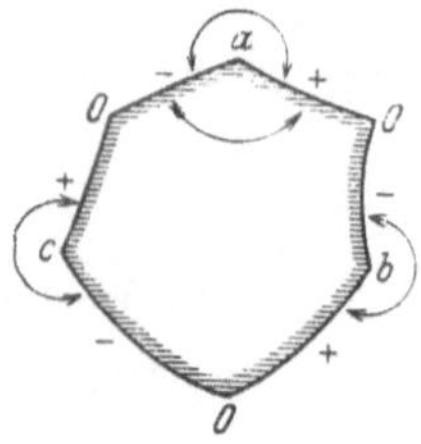

Fig. 26. Bildbereich der zerschnittenen x-Ebene in der η-Ebene (schematisch).

Über die Art, wie die einzelnen Punkte der zusammengehörigen Kanten einander zugeordnet sind, können wir gleich noch Genaueres aussagen: Wenn wir in der x-Ebene (kurz gesagt) von dem negativen Ufer etwa des Schnittes Oa ausgehend zu demselben Punkt auf dem positiven Ufer gelangen wollen, müssen wir einen positiven Umlauf um den Punkt a ausführen. Dabei erleidet aber η eine ganz bestimmte projektive Transformation $A(\eta)$.

Entsprechend hat man längs Ob bzw. längs Oc eine Transformation $B(\eta)$ bzw. $C(\eta)$.

Die Werte von η auf dem einen Ufer jedes der Schnitte gehen also aus dem Wert von η auf dem anderen Ufer je durch eine projektive Transformation hervor, d. h. in der η-Ebene sind je zwei zusammengehörige Punkte des Randes durch eine bestimmte projektive Transformation einander zugeordnet. Zusammengefaßt:

Des näheren wird die Zusammengehörigkeit von jedesmal zwei Kanten unseres Sechsseits durch projektive Transformationen A bzw. B und C gegeben, so wie es in der Fig. 26 durch die Pfeilkreise angedeutet ist. Auf der η-Kugel erhalten wir als Abbildung der aufgeschnittenen x-Ebene ein Sechsseit, dessen Kanten paarweise projektiv einander zugeordnet sind.

In diesem projektiven Charakter der Zuordnung drückt sich offenbar das innere Wesen der η-Funktion aus.

§ 29. Beziehung zur linearen Differentialgleichung zweiter Ordnung; Riccatische Differentialgleichung.

Wir wollen heute auf das Verhältnis der Differentialresolvente dritter Ordnung zu der ursprünglichen linearen Differentialgleichung zweiter Ordnung etwas näher eingehen. Zunächst sehen wir durch Abzählung der Konstanten, daß die Resolvente weniger Konstanten enthält als die lineare Differentialgleichung, daß sie also tatsächlich (wenigstens in gewisser Hinsicht) eine Vereinfachung gegenüber derselben vorstellt.

Die lineare Differentialgleichung hat, wie wir früher (§ 26) gesehen haben, $4n-7$ wesentliche Konstanten bzw., wenn wir noch k Nebenpunkte zulassen, $4n-7+k$ wesentliche Konstanten. Desgleichen hat die zugehörige Gruppe linearer Substitutionen $4n-7$ wesentliche Konstanten.

Die Konstanten der Differentialresolvente sind dagegen die folgenden: $n-3$ unabhängige Doppelverhältnisse der n Punkte $a, b, \ldots, t$; ferner n Exponentendifferenzen $\alpha, \beta, \ldots, \tau$, welche voneinander unabhängig sind; und schließlich $n-3$ akzessorische Parameter (Koeffizienten von $g_{n-4}(x)$). Dies sind zusammen $3n-6$ wesentliche Konstanten. Bei Adjunktion von k Nebenpunkten erhöht sich die Zahl auf $3n-6+k$.

Die Gruppe der projektiven Transformationen, welche die Lösung η bei geschlossenen Umläufen des x erleidet, hat n Erzeugende $A, B, \ldots, T$ mit je drei Konstanten (da es nur auf das Verhältnis $k_1 : k_2 : l_1 : l_2$ ankommt; vgl. S. 139).

Da aber diese Erzeugenden $A, B, \ldots, T$ der Relation

$$ABC \ldots T = 1$$

genügen, so enthalten sie im ganzen nur $3n-3$ unabhängige Konstanten. Von diesen sind aber noch drei als unwesentlich abzuziehen, falls man (was wir hier annehmen wollen) noch dreien der Konstanten der Gruppe beliebige Werte erteilen kann (durch geeignete Bestimmung der in η noch willkürlichen drei Integrationskonstanten). Somit bleiben $3n-6$ wesentliche Konstanten.

Während also die lineare Differentialgleichung zweiter Ordnung mit k Nebenpunkten $4n-7+k$ und die zugehörige Gruppe $4n-7$ wesentliche Konstanten besitzt, hat die Differentialresolvente dritter Ordnung nur $3n-6+k$ und die zugehörige Gruppe projektiver Transformationen $3n-6$ wesentliche Konstanten.

Daß in dieser Beziehung die Resolvente einen einfachen Charakter besitzt, darf uns aber nicht etwa dazu verleiten, in Zukunft unsere Betrachtungen auf die Differentialgleichung dritter Ordnung zu beschränken; denn:

Beginn der vierunddreißigsten Vorlesung.

Die lineare Differentialgleichung zweiter Ordnung hat vor der Differentialgleichung dritter Ordnung eine Reihe feinerer Eigenschaften voraus, wie denn z. B. die ganze Lehre von den verwandten Funktionen sich nur in unvollkommener Weise auf die Differentialgleichung dritter Ordnung übertragen läßt.

Wenn wir von der Differentialgleichung dritter Ordnung für η zu der linearen Differentialgleichung zweiter Ordnung für y_1, y_2 übergehen, so spalten wir damit gewissermaßen die Veränderliche η in zwei homogene Veränderliche y_1 und y_2. Wie wir hiermit wirklich eine Verfeinerung der Fragestellung vornehmen, so wird es in gewisser Hinsicht noch eine weitere Verfeinerung bedeuten, wenn wir konsequenterweise auch die Veränderliche x in zwei homogene Veränderliche x_1, x_2 spalten, d. h. wenn wir, statt der Funktionen von x, „Formen" von x_1, x_2 betrachten. Also:

So gut es vorteilhaft ist, η in y_1, y_2 zu spalten, so ist es für noch eingehendere Betrachtungen nützlich, auch an Stelle von x homogene Veränderliche einzuführen, d. h. $x = \frac{x_1}{x_2}$ zu setzen. Der zweckmäßige systematische Gang scheint zu sein, daß wir mit dem $\eta(x)$, d. h. mit der Differentialgleichung dritter Ordnung beginnen, daß wir dann y_1/y_2 für η einführen, d. h. zur linearen Differentialgleichung zweiter Ordnung aufsteigen, und endlich, daß wir auch x in x_1, x_2 spalten und nicht mehr Funktionen von x, sondern Formen von x_1, x_2 untersuchen.

Ich will nun noch die Formeln angeben, durch welche man von der Differentialgleichung dritter Ordnung zur linearen Differentialgleichung zweiter Ordnung, d. h. von η zu y_1, y_2 zurückgelangt. Es folgt nämlich aus

$$y_1'' + p y_1' + q y_1 = 0 \quad \text{und} \quad y_2'' + p y_2' + q y_2 = 0$$

die Formel

$$p = -(y_1'' y_2 - y_2'' y_1) : (y_1' y_2 - y_2' y_1)$$

und hieraus durch Integration (längs eines passenden Weges):

$$C^* - \int_{x_0}^{x} p\,dx = \log(y_1' y_2 - y_2' y_1)$$

oder

$$y_1' y_2 - y_2' y_1 = C e^{-\int_{x_0}^{x} p\,dx}$$

(sog. ABELscher Satz). Andererseits ist, wenn $\eta = \frac{y_1}{y_2}$ gesetzt wird:

$$\eta' = \frac{y_1' y_2 - y_2' y_1}{y_2^2} = \frac{C e^{-\int_{x_0}^{x} p\,dx}}{y_2^2}$$

und folglich

$$y_2 = \frac{1}{c\sqrt{\eta'}} e^{-\frac{1}{2}\int\limits_{x_0}^{x} p\,dx}; \quad y_1 = \frac{\eta}{c\sqrt{\eta'}} e^{-\frac{1}{2}\int\limits_{x_0}^{x} p\,dx}.$$

Diese Formeln wollen wir noch für die Differentialgleichung mit n singulären Punkten $a, b, \ldots, t$ und den Exponenten $\alpha', \alpha''; \beta', \beta''; \ldots; \tau', \tau''$ spezialisieren. Für diese ist zu setzen:

$$p = \frac{1-\alpha'-\alpha''}{x-a} + \frac{1-\beta'-\beta''}{x-b} + \cdots + \frac{1-\tau'-\tau''}{x-t},$$

$$e^{-\frac{1}{2}\int p\,dx} = (x-a)^{\frac{\alpha'+\alpha''-1}{2}} (x-b)^{\frac{\beta'+\beta''-1}{2}} \ldots (x-t)^{\frac{\tau'+\tau''-1}{2}},$$

also (wenn noch $c = 1$):

$$y_1 = \frac{\eta}{\sqrt{\eta'}} (x-a)^{\frac{\alpha'+\alpha''-1}{2}} (x-b)^{\frac{\beta'+\beta''-1}{2}} \ldots (x-t)^{\frac{\tau'+\tau''-1}{2}},$$

$$y_2 = \frac{1}{\sqrt{\eta'}} (x-a)^{\frac{\alpha'+\alpha''-1}{2}} (x-b)^{\frac{\beta'+\beta''-1}{2}} \ldots (x-t)^{\frac{\tau'+\tau''-1}{2}}.$$

Des vollständigeren Überblicks halber müssen wir auch noch eine gewisse *Differentialresolvente erster Ordnung* unserer linearen Differentialgleichung zweiter Ordnung ins Auge fassen.

Es sei Y eine mit y verwandte Funktion, d. h. eine solche, deren passend ausgewählte Zweige bei jedem Umlauf von x dieselbe lineare Substitution erleiden wie die entsprechenden Zweige von y. Es seien y_1 und Y_1 irgend zwei entsprechende Zweige der einen und der anderen Funktion. Wir bilden nun, wie früher, an Stelle des Quotienten aus zwei Zweigen ein und derselben Funktion den Quotienten zweier entsprechenden Zweige verschiedener verwandter Funktionen, also

$$w = \frac{Y_1}{y_1}.$$

Ein Quotient dieser Art ist uns schon von Gauss' *Kettenbruch her bekannt* (vgl. § 25).

Ein spezieller Fall ist es, wenn wir $Y_1 = y_1'$ setzen, denn y_1' ist ja eine mit y_1 verwandte Funktion. Übrigens läßt sich das allgemeine $w = \frac{Y_1}{y_1}$ leicht auf diese spezielle Funktion $w = \frac{y_1'}{y_1}$ zurückführen; Y_1 muß sich nämlich durch die zwei mit ihm verwandten Funktionen y_1 und y_1' linear mit rationalen Koeffizienten zusammensetzen:

$$Y_1 = m(x)\, y_1 + n(x)\, y_1'.$$

Dann ist aber

$$\frac{Y_1}{y_1} = m(x) + n(x)\frac{y_1'}{y_1}.$$

Es kommt also in vieler Hinsicht auf dasselbe hinaus, ob ich den allgemeinen Quotienten Y_1/y_1 in Betracht ziehe oder den speziellen Quotienten y_1'/y_1.

Lasse ich nun x irgendwelche Umläufe machen, so werden y_1 und Y_1 beide dieselbe lineare Substitution erfahren, der Quotient wird sich in einen Ausdruck der allgemeinen Gestalt

$$\frac{c_1 Y_1 + c_2 Y_2}{c_1 y_1 + c_2 y_2}$$

verwandeln.

Der allgemeinste Wert, den w annimmt, ist in der Gestalt

$$\frac{c_1 Y_1 + c_2 Y_2}{c_1 y_1 + c_2 y_2}$$

enthalten.

Ein solcher Ausdruck enthält aber nur eine einzige willkürliche Konstante; daher wird er einer Differentialgleichung erster Ordnung genügen müssen. Diese ist leicht auszurechnen: Aus $w = \frac{Y_1}{y_1}$ folgt

$$\frac{dw}{dx} = \frac{1}{y_1}\frac{dY_1}{dx} - \frac{Y_1}{y_1^2}\frac{dy_1}{dx}.$$

Nun sind dY_1/dx und dy_1/dx selbst mit Y_1 und y_1 verwandt, müssen sich also in der Gestalt ausdrücken

$$\frac{dY_1}{dx} = r(x)\,Y_1 + s(x)\,y_1; \qquad \frac{dy_1}{dx} = u(x)\,Y_1 + v(x)\,y_1.$$

Setzt man dies in den Ausdruck für dw/dx ein, so ergibt sich:

$$\frac{dw}{dx} = s(x) + (r(x) - v(x))\,w - u(x)\,w^2.$$

Unsere Differentialresolvente erster Ordnung hat die allgemeine Gestalt:

$$\frac{dw}{dx} = s + (r - v)\,w - uw^2,$$

unter r, s, u, v rationale Funktionen von x verstanden.

Verstehen wir unter w speziell den Quotienten y_1'/y_1, so bekommen wir:

$$\frac{dw}{dx} = \frac{y_1''}{y_1} - \left(\frac{y_1'}{y_1}\right)^2 = -p\frac{y_1'}{y_1} - q - \left(\frac{y_1'}{y_1}\right)^2.$$

D. h.: *Die spezielle Gestalt unserer Resolvente heißt*

$$\frac{dw}{dx} = -q - pw - w^2.$$

Diese spezielle und ebenso die zuerst angegebene allgemeine Differentialgleichung für w haben die Form

$$\frac{dw}{dx} = A(x) + B(x)\,w + C(x)\,w^2,$$

wo $A(x)$, $B(x)$, $C(x)$ rationale Funktionen von x sind; der Spezialfall $C(x) \equiv 0$ mag im folgenden außer Betracht bleiben. Eine solche Differentialgleichung nennt man jetzt eine „RICCATI*sche Differentialgleichung*" (obwohl RICCATI selbst nur eine spezielle Gleichung dieser Art betrachtet hat, welche denn auch von alters her den Namen von RICCATI trägt;

vgl. § 31. Wir werden morgen auf diese spezielle RICCATIsche Differentialgleichung zurückkommen).

Unsere Differentialresolvente erster Ordnung hat die Gestalt einer allgemeinen RICCATI*schen Differentialgleichung, und umgekehrt kann jede* RICCATI*sche Differentialgleichung als Differentialresolvente erster Ordnung einer linearen Differentialgleichung zweiter Ordnung angesehen werden.*

Zum Beweise der soeben behaupteten Umkehrung braucht man nur rückwärts in die RICCATIsche Differentialgleichung an Stelle von w die neue Unbekannte

$$\Omega = e^{-\int C(x)\, w(x)\, dx}$$

einzuführen. Man erhält:

$$\Omega'' + A(x)C(x)\Omega - \left(B(x) + \frac{C'(x)}{C(x)}\right)\Omega' = 0\,,$$

w. z. z. w.

Wir mußten auf diese Differentialresolvente erster Ordnung deswegen eingehen, weil bei LIE die RICCATIsche Gleichung an die Spitze gestellt wird. Morgen wollen wir diese LIEsche Behandlung und überhaupt LIEs Betrachtungsweise mit der unseren etwas eingehender vergleichen.

§ 30. Exkurs über die LIEsche Auffassung.

Um nun heute auf den Unterschied der in dieser Vorlesung festzuhaltenden Betrachtungsweise gegenüber derjenigen von LIE [*] näher einzugehen, so haben wir:

erstens einen allgemeinen Punkt hervorzuheben, der einen inneren Unterschied in der Sache selbst begründet. Nämlich:

Ein innerer Unterschied ist, daß LIE *die vorkommenden Funktionen A, B, C z. B. nicht näher spezifiziert, sondern nur allgemein als „bekannt" ansieht (z. B. lediglich Regularität in der Umgebung der betrachteten Stelle fordert), während wir genau sagen, ob es algebraische Funktionen sein sollen, ob sie rationale Funktionen sein sollen, wo sie unendlich werden sollen, wie sie unendlich werden sollen usw.*

Man könnte dies unterscheidende Merkmal also etwa so formulieren: *Bloß allgemeine Annahme über die Funktionen gegenüber expliziter Festlegung der Funktionen.*

Ein *zweiter Punkt* betrifft mehr die äußere Darstellung als das innere Wesen der Sache; es handelt sich nämlich um die Art der *geometrischen Interpretation.* Während wir eine funktionelle Abhängigkeit $\eta(x)$ als *konforme Abbildung* einer x-Ebene auf eine η-Ebene deuten, wobei dann auch die Verhältnisse im komplexen Gebiet zur Anschauung kommen,

---

[*] Beginn der fünfunddreißigsten Vorlesung.

deutet LIE die beiden Veränderlichen in derselben Ebene als Koordinaten eines Punktes, so daß eine Funktion $\eta(x)$ durch eine *Kurve in der Ebene* repräsentiert ist. Dabei kommen unmittelbar nur die reellen Werte von x und η zur Geltung, und jedenfalls wird die Ausdrucksweise immer so gewählt, als ob x und η reell wären.

Drittens wollen wir geradezu die LIEsche Interpretation von $\eta(x)$ der unserigen gegenüberstellen.

Wir sagten, $\eta(x)$ bilde die aufgeschnittene x-Ebene auf einen gewissen Bereich über der η-Ebene ab; und den Übergang von η zu einer anderen Lösung $\frac{k_1\eta + k_2}{l_1\eta + l_2}$ bezeichneten wir als eine „projektive Transformation", welcher wir den Bereich über der η-Ebene unterwerfen. Bei LIE bedeutet $\eta(x)$ einen Kurvenzug in einer x, η-Ebene, und der Übergang von einer Lösung zu einer anderen kommt auf eine Transformation *dieser Kurve* vermöge ein-eindeutiger Zuordnung von (x, η) zu $\left(x, \frac{k_1\eta + k_2}{l_1\eta + l_2}\right)$ hinaus.

Bei dieser Transformation verschiebt sich jeder Punkt der Kurve auf seiner Ordinate um einen Betrag, der nur von dem Werte der Ordinate des betreffenden Kurvenpunktes η abhängt. Es ist das jedoch keine „projektive Transformation der Ebene", da die transformierten x, η keineswegs denselben Nenner haben. Es gehen also nicht alle Geraden der Ebene wieder in Gerade über, sondern (wenigstens für $l_1 \neq 0$) nur die senkrechten und wagerechten Geraden, erstere immer in sich selbst, von letzteren bei jeder Transformation (im allgemeinen) zwei in sich selbst. — Ferner ist noch folgender Unterschied in der Ausdrucksweise anzumerken:

Unsere projektiven Transformationen des η-Bereiches über der Kugel besitzen drei komplexe, also sechs Parameter; die Schar der LIEschen Transformationen der Ebene dagegen hat, gemäß der Beschränkung auf reelle Größen, nur drei reelle Parameter, nämlich die Verhältnisse $k_1 : k_2 : l_1 : l_2$.

Viertens wollen wir in gleicher Weise die Lösungen $w(x)$ der RICCATIschen Differentialgleichung deuten.

Die allgemeine Lösung der RICCATIschen Differentialgleichung hat die Gestalt

$$\frac{c_1 Y_1 + c_2 Y_2}{c_1 y_1 + c_2 y_2} = \Phi(x, c_1, c_2),$$

also *einen* komplexen (und folglich zwei reelle) Parameter. Dem entspricht bei uns eine, zwei reelle Parameter enthaltende Schar von konformen Abbildungen der x-Ebene. In der LIEschen Deutung dagegen erhalten wir eine einparametrige Schar von Kurven in der (x, w) Ebene. Über diese Kurven kann man einen gewissen Satz aufstellen; wir behaupten nämlich:

Die verschiedenen Parallelen zur y-Achse werden von vier beliebig herausgegriffenen RICCATI*schen Kurven jedesmal nach demselben Doppel-*

verhältnis geschnitten, oder, was dasselbe ist: Die y-Parallelen werden durch die ganze Schar der RICCATI*schen Kurven projektiv aufeinander bezogen.* Zum Beweise sei etwa

$$w_1 = \frac{Y_1}{y_1}, \quad w_2 = \frac{Y_2}{y_2}, \quad w_3 = \frac{c_1 Y_1 + c_2 Y_2}{c_1 y_1 + c_2 y_2}, \quad w_4 = \frac{c_1' Y_1 + c_2' Y_2}{c_1' y_1 + c_2' y_2}.$$

Wir bilden das Doppelverhältnis

$$\frac{(w_3 - w_1)(w_4 - w_2)}{(w_3 - w_2)(w_4 - w_1)},$$

und so finden wir für dasselbe den Wert $\frac{c_2 c_1'}{c_1 c_2'}$, also in der Tat einen Ausdruck, der nur von der Auswahl der vier Kurven abhängt, von x aber unabhängig ist und also beim Übergang von einer Ordinate zu einer anderen, d. h. bei Änderung des x, sich nicht ändert.

Vermöge dieses Satzes kann man aus drei gegebenen RICCATI*schen Kurven jede vierte* RICCATI*sche Kurve eindeutig konstruieren* (sobald nur ein Punkt von ihr gegeben ist).

Für die Deutung durch konforme Abbildung heißt das, daß man aus irgend drei RICCATIschen Abbildungen jede vierte eindeutig konstruieren kann.

Für diejenigen, welche mit der LIEschen Transformationstheorie vertraut sind (vgl. etwa LIE [1]), bemerke ich noch: *Der Satz von der projektiven Zuordnung der y-Parallelen durch die* RICCATI*sche Kurvenschar kommt bei* LIE *von selbst heraus, indem er die rechte Seite der Gleichung*

$$dw = (A + Bw + Cw^2)\,dx$$

als Symbol einer infinitesimalen projektiven Transformation ansieht, welche w erleidet, wenn x um dx wächst.

Fünftens: Endlich will ich noch den *Zusammenhang zwischen den beiden Resolventen,* nämlich zwischen der *Resolvente dritter Ordnung* und derjenigen *erster Ordnung* angeben. Derselbe ist sehr einfach: Sei, wie früher:

$$y = \frac{1}{\sqrt{\eta'}}\, e^{-\frac{1}{2}\int_{x_0}^{x} p\,dx},$$

dann ist

$$\log y = -\tfrac{1}{2}\int_{x_0}^{x} p\,dx - \tfrac{1}{2}\log\eta';$$

mithin

$$w = \frac{y'}{y} = \frac{d}{dx}(\log y) = -\frac{1}{2}p - \frac{1}{2}\frac{\eta''}{\eta'}.$$

Also: *Der direkte Übergang von η zu w wird durch die Formel*

$$w = -\frac{p}{2} - \frac{\eta''}{2\eta'}$$

geliefert.

Umgekehrt wird

$$\frac{\eta''}{\eta'} = \frac{d}{dx}(\log \eta') = -(p + 2w)$$

und also

$$\eta = \int_a^x \left\{ e^{-\int_b^x (p+2w)\,dx} \right\} dx \qquad (a, b \text{ passend gewählt}).$$

Beim Übergang von η zu der linearen Differentialgleichung für y kann man noch p beliebig vergeben, insbesondere kann man $p = 0$ setzen. Dann wird $w = -\frac{\eta''}{2\eta'}$. Diese spezielle RICCATIsche Funktion tritt in unserem SCHWARZschen Differentialparameter

$$\frac{d\left(\frac{\eta''}{\eta'}\right)}{dx} - \frac{1}{2}\left(\frac{\eta''}{\eta'}\right)^2 = -2\left(\frac{d\left(-\frac{\eta''}{2\eta'}\right)}{dx} + \left(-\frac{\eta''}{2\eta'}\right)^2\right) = -2\left(\frac{dw}{dx} + w^2\right)$$

unmittelbar auf, und die Resolvente dritter Ordnung ist also im Falle $p = 0$ nur eine andere Schreibweise für die Resolvente erster Ordnung und umgekehrt.

In der Tat geht wegen des Bildungsgesetzes des SCHWARZ*schen Differentialparameters unsere Differentialgleichung dritter Ordnung* (S. 142)

$$\frac{d\left(\frac{\eta''}{\eta'}\right)}{dx} - \frac{1}{2}\left(\frac{\eta''}{\eta'}\right)^2 = 2q$$

sofort in eine RICCATI*sche Differentialgleichung*

$$\frac{dw}{dx} = -q - w^2$$

über, sobald man $-\frac{\eta''}{2\eta'} = w$ *setzt.*

Soviel über das Verhältnis unserer Untersuchungen zu der Betrachtungsweise von LIE [*].

§ 31. Gewöhnliche RICCATIsche Differentialgleichung. BESSELsche Funktionen.

Ich muß nun schließlich noch einige *historische Bemerkungen betreffs der ursprünglichen* RICCATI*schen Differentialgleichung und mit ihr zusammenhängender Probleme zufügen.*

Wenn wir allgemein die Gleichung

$$\frac{dw}{dx} = A + Bw + Cw^2$$

als „RICCATI*sche Differentialgleichung*" benannten, so sind wir damit über RICCATI selbst und über die in den gewöhnlichen Lehrbüchern der Differentialrechnung gebräuchliche Terminologie weit hinausgegangen.

CONTE JACOPO DI RICCATI [1] behandelte 1723 und 1724 in den Leipziger „Acta eruditorum" (dem ersten deutschen mathematischen Journal) eine Differentialgleichung, welche sich, wie DANIEL BERNOULLI [1] zeigte, auf

$$\frac{dw}{dx} = kx^m - w^2$$

zurückführen läßt, und untersuchte, wann man diese Gleichung durch niedere Funktionen integrieren könne [*]. Diese Frage werden wir später für lineare Differentialgleichungen zweiter Ordnung ganz allgemein erledigen (vgl. speziell S. 284ff.); das Hauptinteresse aber bietet uns im übrigen gerade der Fall, wo die Gleichung *nicht* durch niedere Funktionen zu integrieren ist, wo sie also eine neue Gattung von Funktionen definiert, und es ist uns am meisten an dem Beweis gelegen, daß die Gleichung im allgemeinen Falle *nicht* durch niedere Funktionen integrierbar ist. Es ist dies eben der moderne funktionentheoretische Standpunkt, entgegengesetzt der in den älteren Lehrbüchern vertretenen Auffassung.

Die der eigentlichen RICCATIschen Differentialgleichung entsprechende lineare Differentialgleichung zweiter Ordnung, deren Resolvente sie ist, lautet:

$$y'' = kx^m y\,.$$

In der nächsten Stunde werden wir den Zusammenhang dieser Gleichung mit der sog. „BESSELschen Differentialgleichung" kennenlernen, welch letztere man durch eine einfache Transformation aus unserer Gleichung erhält.

Wenn wir heute, wie wir es in der vorigen Stunde in Aussicht stellten, die zur eigentlichen RICCATIschen Differentialgleichung gehörige lineare Differentialgleichung zweiter Ordnung:

$$y'' = kx^m y$$

etwas näher ins Auge fassen wollen, so können wir jedenfalls von vornherein sagen, daß (abgesehen vom Falle $m = -2$, der im allgemeinen nur auf Potenzen als Lösungen führt [**]) der Wert der Konstanten k unwesentlich ist, da man ihn durch eine Substitution cx für x (bei passend gewähltem c) in jeden anderen Wert überführen kann (dabei sei $k \neq 0$ angenommen).

Wir setzen m als reell und speziell als *rational* voraus. Solange m keine ganze Zahl ist, sind die Punkte $x = 0$ und $x = \infty$ als Verzweigungspunkte einer RIEMANNschen Fläche anzusehen, auf welcher man jetzt

---

Beginn der sechsunddreißigsten Vorlesung.

die Lösungen y_1, y_2 ebenso zu studieren hat, wie früher bei den Differentialgleichungen mit rationalen Koeffizienten auf der schlichten x-Ebene; dabei spielen in der Umgebung der Punkte $x = 0$ und $x = \infty$ Entwicklungen, welche nach Potenzen von x^{1/m_2} bzw. $\left(\frac{1}{x}\right)^{1/m_2}$ fortschreiten (unter m_2 den Nenner von m verstanden), dieselbe Rolle, wie an einer anderen Stelle x_0 Entwicklungen nach Potenzen von $x - x_0$.

Dabei können aber, hinsichtlich der Differentialgleichung, die Stellen $x = 0$ und $x = \infty$ jede singulär oder nichtsingulär („regulär") sein, und zwar *bei ganzzahligem m* folgendermaßen:

Wenn $m \geqq 0$ ist, so ist der Punkt $x = 0$ ein gewöhnlicher Punkt, der Punkt $x = \infty$ eine Unbestimmtheitsstelle (vgl. die Anmerkung [**] zu S. 116).

Wenn $m = -1$ ist, so ist $x = 0$ eine Stelle der Bestimmtheit, $x = \infty$ eine Unbestimmtheitsstelle.

Für $m = -2$ sind $x = 0$ und $x = \infty$ beide Stellen der Bestimmtheit.

Für $m = -3$ ist $x = 0$ eine Unbestimmtheits-, hingegen $x = \infty$ eine Bestimmtheitsstelle.

Für $m \gtreqless -4$ ist $x = 0$ Stelle der Unbestimmtheit, aber $x = \infty$ ein regulärer Punkt.

Ich will nun den Zusammenhang der eben besprochenen Gleichung mit der sog. „Besselschen *Differentialgleichung*" auseinandersetzen. Letztere lautet:

$$\frac{d^2v}{dz^2} + \frac{1}{z}\frac{dv}{dz} + \left(1 - \frac{n^2}{z^2}\right)v = 0.$$

Die Besselsche Differentialgleichung besitzt zwei singuläre Punkte, und zwar eine Stelle der Bestimmtheit bei $z = 0$ mit den Exponenten $+n$ und $-n$, und eine Unbestimmtheitsstelle bei $z = \infty$.

Die Besselsche Differentialgleichung kann als ein Grenzfall der hypergeometrischen Differentialgleichung angesehen werden, welcher eintritt, wenn man die beiden singulären Punkte 1 und ∞ zusammenrücken läßt [*].

Wir können uns dies in folgender Weise deutlich machen. Die hypergeometrische Differentialgleichung mit den singulären Punkten $0, c, \infty$ nebst den zugehörigen Exponenten $\lambda', \lambda''; \nu', \nu''; \mu', \mu''$ lautet:

$$P'' + \left\{\frac{1-\lambda'-\lambda''}{z} + \frac{1-\nu'-\nu''}{z-c}\right\}P'$$
$$+ \frac{P}{z(z-c)}\left\{\frac{-c\lambda'\lambda''}{z} + \mu'\mu'' + \frac{c\nu'\nu''}{z-c}\right\} = 0.$$

Wir setzen hierin $\lambda' = +n$, $\lambda'' = -n$ und schreiben die Differentialgleichung folgendermaßen um:

$$P'' + \left\{\frac{1}{z} + \frac{1-\nu'-\nu''}{z-c}\right\}P' + \left\{\frac{cn^2}{z^2(z-c)} + \frac{\mu'\mu''-\nu'\nu''}{z(z-c)} + \frac{\nu'\nu''}{(z-c)^2}\right\}P = 0.$$

Nun lassen wir c gegen ∞ wachsen, zugleich aber auch ν' und ν'', und zwar derart, daß $\nu' + \nu''$ beschränkt bleibt und $\frac{\nu'\nu''}{c^2} \to 1$ geht. (Es genügt: $\nu' = ic$, $\nu'' = -ic$ zu setzen.) Ebenso lassen wir μ' und μ'' wachsen, und zwar so, daß $\mu'\mu'' - \nu'\nu''$ beschränkt bleibt. Dann bekommt man die Differentialgleichung

$$P'' + \frac{1}{z} P' + \left(1 - \frac{n^2}{z^2}\right) P = 0,$$

d. h. in der Tat genau die BESSELsche Gleichung.

Es handelt sich nun um den Zusammenhang dieser BESSELschen mit der RICCATIschen Differentialgleichung. Wir werden denselben durch eine einfache Substitution herstellen können.

Die BESSELsche Differentialgleichung

$$\frac{d^2 v}{dz^2} + \frac{1}{z}\frac{dv}{dz} + \left(1 - \frac{n^2}{z^2}\right) v = 0$$

besitzt an der Bestimmtheitsstelle $z = 0$ zwei Partikularlösungen der Gestalt:

$$v_1 = z^n \mathfrak{P}_1(z^2), \qquad v_2 = z^{-n} \mathfrak{P}_2(z^2),$$

wobei $\mathfrak{P}_1(0) \neq 0$, $\mathfrak{P}_2(0) \neq 0$; vom Fall $n = 0$ sehen wir im folgenden ab. Setzen wir

$$y = z^n \cdot v$$

(die etwa vorhandene Vieldeutigkeit von z^n erfordert entsprechende Verabredungen), so wird y bei $z = 0$ die beiden Zweige haben:

$$y_1 = z^{2n} \cdot \mathfrak{P}_1(z^2), \qquad y_2 = \mathfrak{P}_2(z^2),$$

also die Exponenten 0 und $2n$.

Setzen wir nun

$$x = z^{2n},$$

so bekommen wir Entwicklungen der Gestalt:

$$y_1 = x \mathfrak{P}_1(x^{1/n}), \qquad y_2 = \mathfrak{P}_2(x^{1/n}),$$

also — bezogen auf die Veränderliche x — die „Exponenten" 0 und 1 an der Stelle $x = 0$, freilich keine Unverzweigtheit an der Stelle $x = 0$. Dementsprechend werden auch die Koeffizienten der zugehörigen Differentialgleichung im allgemeinen bei $x = 0$ verzweigt sein, wie es ja bei der Differentialgleichung $y'' = kx^m y$ in der Tat im allgemeinen der Fall ist.

Die Rechnung verläuft folgendermaßen:

Die Differentialgleichung für $y = z^n v$ als Funktion von z lautet:

$$\frac{d^2 y}{dz^2} + \frac{1 - 2n}{z}\frac{dy}{dz} + y = 0,$$

und hieraus gewinnt man durch die Substitution $x = z^{2n}$ die gewünschte Gestalt

$$\frac{d^2 y}{dx^2} = -\frac{1}{4n^2} x^{\frac{1}{n} - 2} y.$$

Wir kommen von der BESSEL*schen Differentialgleichung zu der Gleichung* $y'' = kx^m y$, *welche der* RICCATI*schen Gleichung äquivalent ist, indem wir* *eine doppelte Substitution machen, welche dem Punkte $z = 0$ bzw. seinem Bildpunkt $x = 0$ die „Exponenten" 1 und 0 erteilt, allerdings im allgemeinen daselbst einen Verzweigungspunkt (auch in die Koeffizienten der Differentialgleichung) einführt, wie dies in der Natur der Sache liegt.*

Zweiter Abschnitt.

Übersicht über die sphärische Trigonometrie [*].

§ 32. Die elementaren Ansätze; analytische Auffassung.

Damit schließe ich diesen Exkurs über die RICCATIsche Differentialgleichung und will jetzt dazu übergehen, als Hilfsmittel für unsere geometrischen Betrachtungen, die wir auf der η-Kugel anzustellen haben werden, die Formeln *der sphärischen Trigonometrie* zusammenzustellen und einige Bemerkungen an dieselben anzuknüpfen.

Wir wollen zunächst in ganz elementarer Weise unter einem sphärischen Dreieck ein von drei größten Kugelkreisen *(Kugelgroßkreisen oder Kugelhauptkreisen)* begrenztes Flächenstück der Kugel verstehen. Diese Definition ist im folgenden noch zu präzisieren.

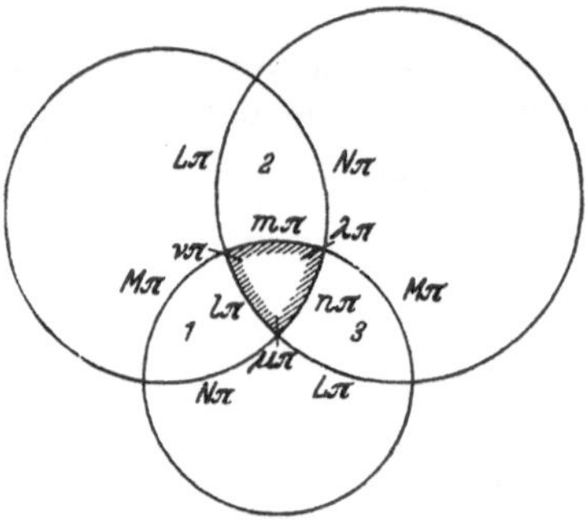

Fig. 27. Sphärisches Elementardreieck mit Nebendreiecken in stereographischer Projektion.

Wir haben in der elementaren Geometrie die Ecken, die Seiten und außerdem die Fläche des Dreiecks immer gleichzeitig vor Augen.

Das hat hier deswegen keine Schwierigkeit, weil man in der elementaren Geometrie die Winkel $\lambda\pi$, $\mu\pi$, $\nu\pi$ und Seiten $l\pi$, $m\pi$, $n\pi$ der Bedingung unterwirft, zwischen 0 und π zu liegen. Wir sprechen in diesem Falle von einem „elementaren Dreieck" (*„Elementardreieck"* oder *„EULERschen Dreieck"*). Mit „Winkel" bzw. „Seite" ist das *Maß* der betr. Winkel bzw. Seiten gemeint.

Die Aufgabe ist dann, die Gesamtheit der algebraischen Relationen zwischen den zwölf Größen

$$\frac{\sin}{\cos}(\lambda\pi), \quad \frac{\sin}{\cos}(\mu\pi), \quad \frac{\sin}{\cos}(\nu\pi); \quad \frac{\sin}{\cos}(l\pi), \quad \frac{\sin}{\cos}(m\pi), \quad \frac{\sin}{\cos}(n\pi)$$

aufzustellen.

Ehe man daran geht, diese Relationen wirklich aufzustellen und hinzuschreiben, wird man gut tun, sich vorher die Symmetrieverhältnisse des Problems genauer anzusehen, weil uns die Rücksicht auf die Symmetrieverhältnisse oft gestattet, aus einer einzigen Relation durch einfache Buchstabenvertauschung oder andere einfache Umsetzung eine ganze Reihe anderer Relationen abzuleiten, so daß man nur immer *eine*

Relation einer solchen Gruppe von gleichberechtigten Relationen wirklich hinzuschreiben braucht.

Zuerst ist klar, daß wir die Zahlenpaare λ, l; μ, m; ν, n beliebig untereinander vertauschen dürfen, d. h. daß bei dieser von sechs Operationen gebildeten (Permutations-)Gruppe (sechster Ordnung) G_6 die Gesamtheit der aufzustellenden Relationen in sich übergehen muß.

Ferner entspricht dem Übergang von dem (in unserer obigen Fig. 27) schraffierten (Ausgangs-)Dreieck zu je einem der Nachbar- oder *Nebendreiecke* 1, 2, 3 die Ersetzung (Substitution)

	μ	ν	l	m	n
	$1-\mu$	$1-\nu$	l	$1-m$	$1-n$
$1-\lambda$	μ	$1-\nu$	$1-l$	m	$1-n$
$1-\lambda$	$1-\mu$	ν	$1-l$	$1-m$	n

der Zahlen der ersten Zeile beistehenden Schemas durch die Zahlen bzw. der zweiten, dritten und vierten Zeile.

Diese Substitutionen bilden mit der Identität zusammen eine Gruppe vierter Ordnung G_4, welche ebenfalls die Gesamtheit unserer Relationen in sich überführen muß. Denn mit $\lambda\pi$, $\mu\pi$, ... usw. treten z. B. auch $\lambda\pi$, $(1-\mu)\pi$, ... usw. (vgl. die zweite Zeile der Tabelle) als die Winkel und Seiten eines sphärischen Dreiecks wirklich auf.

Endlich entspricht der Übergang zum *Polardreieck* der folgenden Substitution

$$\begin{pmatrix} \lambda & \mu & \nu & l & m & n \\ 1-l & 1-m & 1-n & 1-\lambda & 1-\mu & 1-\nu \end{pmatrix},$$

welche zusammen mit der Identität eine Gruppe G_2 (der Ordnung 2) bildet. (Über den Begriff des Polardreiecks vgl. man auch S. 164.)

Kombinieren wir endlich diese drei Gruppen G_6, G_4, G_2 miteinander, so bekommen wir als Symmetriegruppe des Problems eine G_{48} von 48 Operationen.

Wir haben auf Grund dieser Überlegungen 48 Substitutionen (einschließlich der Identität) für die sechs Zahlen λ, μ, ν, l, m, n, bei welchen die Gesamtheit der aufzustellenden Formeln der sphärischen Trigonometrie ungeändert bleiben muß, in dem Sinne, daß jede dieser Formeln bei jeder der Substitutionen wieder in eine (evtl. andere) dieser Formeln übergeht.

In der oben benutzten Schreibweise ist der Übergang zum Polardreieck noch etwas unbequem, indem sich Sinus und Kosinus dabei verschieden verhalten. Diesen Mißstand kann man aber leicht durch eine Änderung in der Benennung der Winkel oder der Seiten beseitigen. Da uns wegen des Anschlusses an die Theorie der η-Funktion daran liegt, daß die gewöhnliche Benennung der *Winkel* erhalten bleibt, so wollen wir *statt der Seiten (= Längen) $l\pi$, $m\pi$, $n\pi$ deren Supplemente* (d. h. Ergänzungen zu π)

$$L\pi = (1-l)\pi, \quad M\pi = (1-m)\pi, \quad N\pi = (1-n)\pi$$

in die Betrachtung einführen. Dann heißt nämlich die dem Übergang zum Polardreieck entsprechende Substitution einfach

$$\begin{pmatrix} \lambda & \mu & \nu & L & M & N \\ L & M & N & \lambda & \mu & \nu \end{pmatrix}.$$

Also:

Indem wir statt l, m, n die Zahlen $L = 1 - l$, $M = 1 - m$, $N = 1 - n$ einführen, wird der Übergang zum Polardreieck einfach dadurch gegeben, daß wir die λ, μ, ν mit den L, M, N vertauschen.

Diese Symmetrie werden wir weiter unten auch dadurch herstellen, daß wir zu den Supplementen nicht der Seiten, sondern der Winkel übergehen (vgl. S. 164).

Die Grundformeln der sphärischen Trigonometrie sind die folgenden:

1. *Kosinussatz:* a) für die Winkel:

$$\cos\lambda\pi = -\cos\mu\pi\cos\nu\pi - \sin\mu\pi\sin\nu\pi\cos L\pi$$

b) für die Seiten:

$$\cos L\pi = -\cos M\pi\cos N\pi - \sin M\pi\sin N\pi\cos\lambda\pi,$$

2. *Sinussatz:*

$$\sin\lambda\pi : \sin\mu\pi : \sin\nu\pi = \sin L\pi : \sin M\pi : \sin N\pi.$$

Die beiden Kosinussätze gehen der eine in den anderen über bei der G_2, welche dem Übergang zum Polardreieck entspricht.

Aus den hingeschriebenen Grundformeln der sphärischen Trigonometrie gehen alle noch übrigen Grundformeln (Kosinussätze) durch bloße Vertauschungen der λ, l; μ, m; ν, n, d. h. durch die Operationen der G_6 hervor.

Zusatz: Aus den Kosinussätzen und dem Sinussatz lassen sich die übrigen bekannten Formeln der sphärischen Trigonometrie gewinnen. Bemerkt sei noch, daß die Formel $(\sin\lambda\pi)^2 : (\sin\mu\pi)^2 : (\sin\nu\pi)^2 = (\sin L\pi)^2 : (\sin M\pi)^2 : (\sin N\pi)^2$ rational aus den Kosinussätzen (für die Seiten) abgeleitet werden kann [*].

Zu diesen gewöhnlichen Formeln der sphärischen Trigonometrie tritt noch eine andere Formelgruppe, in welcher die trigonometrischen Funktionen der halben Winkel vorkommen und welche unter dem Namen „Gausssche *Formeln*" bekannt sind, weil sie Gauss 1809 in der „Theoria motus corporum coelestium", Nr. 54 (= Gauss [2], S. 60) bekanntgegeben hat. Tatsächlich aber sind diese Formeln kurz vorher schon von zwei anderen Astronomen gleichzeitig gefunden worden, nämlich von Delambre, Professor der Astronomie in Paris, welcher die Formeln

---

Beginn der siebenunddreißigsten Vorlesung.

in dem von ihm herausgegebenen astronomischen Jahrbuch: „Connaissance des temps" (für 1809, S. 445) veröffentlichte, und von dem Leipziger Professor MOLLWEIDE, welcher ebenfalls 1808 die Formeln angab, und zwar in der astronomischen Zeitschrift „Zach's monatliche Correspondenz".

Nichtsdestoweniger möchte ich aber besonders auf GAUSS hinweisen, und zwar wegen einer allgemeinen Bemerkung, welche GAUSS an der genannten Stelle macht, auf welche wir nachher noch zurückkommen werden.

Die besagten „GAUSSschen Formeln" sind die folgenden vier, von denen die erste Differenzen, die zweite Summen, die dritte und vierte sowohl Summen als Differenzen halber Winkel enthalten:

$$\sin\frac{\mu-\nu}{2}\pi\cos\frac{L}{2}\pi = -\sin\frac{M-N}{2}\pi\cos\frac{\lambda}{2}\pi,$$

$$\cos\frac{\mu+\nu}{2}\pi\sin\frac{L}{2}\pi = -\cos\frac{M+N}{2}\pi\sin\frac{\lambda}{2}\pi,$$

$$\sin\frac{\mu+\nu}{2}\pi\sin\frac{L}{2}\pi = +\cos\frac{M-N}{2}\pi\cos\frac{\lambda}{2}\pi,$$

$$\cos\frac{\mu-\nu}{2}\pi\cos\frac{L}{2}\pi = +\sin\frac{M+N}{2}\pi\sin\frac{\lambda}{2}\pi.$$

Welche Fragen würden wir vom Standpunkt der analytischen Geometrie aus an diese Formelsysteme der sphärischen Trigonometrie anzuknüpfen haben?

Wir könnten da etwa $\sin\lambda\pi$, $\cos\lambda\pi$, $\sin\mu\pi$, $\cos\mu\pi$, ..., $\sin L\pi$, $\cos L\pi$, ... als Koordinaten eines Punktes in einem euklidischen Raume R_{12} von zwölf Dimensionen deuten. In diesem Raume würden diejenigen λ, μ, ν, L, M, N, welche zusammen bei einem sphärischen Dreieck vorkommen können, eine von drei Parametern abhängige Mannigfaltigkeit R_3 bestimmen, von der jeder Punkt einem bestimmten elementaren sphärischen Dreieck entspräche. Damit ist tatsächlich die sphärische Trigonometrie der analytischen Geometrie unseres R_{12} eingeordnet. Die trigonometrischen Formeln, ebenso die goniometrischen Identitäten $(\sin\lambda\pi)^2 + (\cos\lambda\pi)^2 = 1$ usw. würden je eine in dem R_{12} gelegene algebraische Mannigfaltigkeit R_{11} bestimmen, in welcher die eben genannte R_3 enthalten wäre. Da könnte man nun z. B. fragen: Welche und wie viele der R_{11} genügen zur eindeutigen Bestimmung der R_3? D. h. genügen die trigonometrischen Formeln zur Festlegung der R_3 und, wenn dies der Fall, sind nicht irgendwelche der trigonometrischen Relationen eine Folge der übrigen? [*].

Wollen wir die GAUSSschen Relationen mit hereinziehen, so würde man die Sinus und Kosinus der halben Winkel als Koordinaten in einem R_{12} deuten.

Man könnte übrigens die Zurückführung auf Probleme der analytischen Geometrie auch dadurch bewerkstelligen, daß man die *Tangens der halben Winkel* (bzw., bei Mitberücksichtigung der GAUSSschen Formeln, die Tangens der vierten Teile der Winkel) als (inhomogene) Koordinaten deutete; denn durch diese Tangens *lassen sich die trigonometrischen Funktionen der ganzen* (bzw. halben) *Winkel* bekanntlich *rational ausdrücken*. In Rücksicht auf das Auftreten von Polen bei tg$x$ wird man homogene Koordinaten einführen.

§ 33. Transzendente und algebraische Trigonometrie.

Um alle diese Sachen auch unmittelbar geometrisch vollständig zu überblicken, nämlich am sphärischen Dreieck selbst, müssen wir versuchen, die Definition des sphärischen Dreiecks selbst allgemeiner zu fassen, so daß seine Seiten und Winkel nicht mehr den Ungleichungen der Elementartrigonometrie unterworfen sind. M. a. W.:

Um den allgemeinen Ansatz der analytischen Geometrie, den wir hier vor uns haben, am sphärischen Dreieck selbst deuten zu können, wird es wünschenswert sein, die Definition des sphärischen Dreiecks so zu wenden, daß λ, μ, ν, L, M, N *beliebige reelle Zahlen sein können.*

In dieser Hinsicht liegt nun verschiedene Literatur vor, deren Ergebnisse wir kurz kennenlernen müssen.

Das erste ist jene Stelle bei GAUSS, in der „Theoria motus corporum coelestium" Nr. 54 (= GAUSS [2], S. 60); dort sagt er direkt, daß man die Definition des sphärischen Dreiecks so fassen könne, daß die λ, μ, ν, L, M, N an keine Ungleichungen gebunden wären. Eine eingehende Behandlung dieser Verallgemeinerung, welche mannigfache Vorteile böte, behalte er sich für eine andere Gelegenheit vor.

Der zweite ist MOEBIUS mit den beiden Abhandlungen (= MOEBIUS [1], Bd. 2, S. 1ff. bzw. 71ff.):

1. Über eine neue Behandlungsweise der analytischen Sphärik (1846).
2. Entwicklung der Grundformeln der sphärischen Trigonometrie in größtmöglicher Allgemeinheit (1860).

Endlich ist ganz neuerdings in den Abhandlungen der sächsischen Gesellschaft der Wissenschaften die glänzende Arbeit von STUDY: „Sphärische Trigonometrie, orthogonale Substitutionen und elliptische Funktionen" erschienen (= STUDY [1]) [*]. Diese Arbeit ist in ihrem ersten Teil sozusagen die Ausführung des GAUSSschen Programms (während MOEBIUS hier zwischen GAUSS und STUDY etwa in der Mitte steht) [**].

Ich werde hier nun die Punkte hervorheben, welche für uns unmittelbar wichtig sind.

Welches ist die Grundlage für die bezeichnete Verallgemeinerung (von MOEBIUS und STUDY)?

Die Hauptsache ist, daß sie sich *um die Fläche des Dreiecks*, um die „*Membran*", welche wir uns zwischen den Seiten ausgespannt denken mögen, *nicht kümmern*, vielmehr nur die (Maßzahlen für die) drei Seiten und die drei Winkel in Betracht ziehen. Später (vgl. § 45) werden wir die Betrachtungen dann allerdings wieder dadurch vervollständigen müssen, daß wir nach der zugehörigen Dreiecksfläche, d. h. der Membran fragen. Denn nur so werden die Resultate für unsere funktionentheoretischen Interessen brauchbar.

Die gesuchte Verallgemeinerung erhalten wir nun wie folgt: Wir haben auf der Kugel drei (verschiedene) größte Kreise A, B, C, die sich in sechs Punkten schneiden (s. die in stereographischer Projektion gezeichnete Figur).

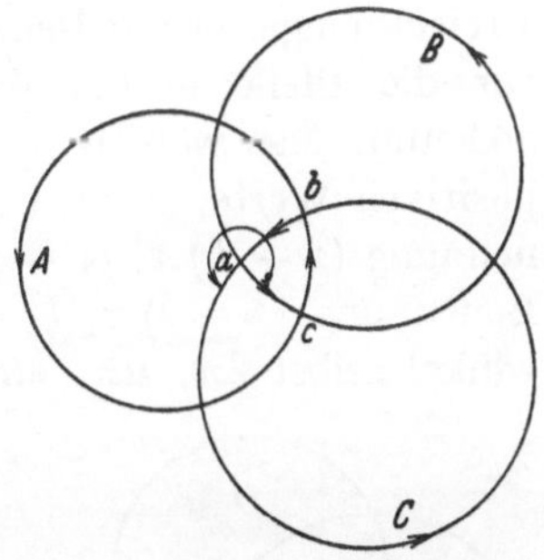

Fig. 28. Verallgemeinertes sphärisches Dreieck in stereographischer Projektion.

Von diesen sechs (verschiedenen) Punkten wählen wir irgend drei Punkte, von denen *keine zwei diametral gegenüber liegen*, als Eckpunkte des zu betrachtenden Dreiecks aus und benennen sie mit a, b, c, und zwar mit a den betrachteten Schnittpunkt von B und C usw. Auf jedem der Kreise legen wir eine bestimmte *positive Durchlaufungsrichtung* fest (etwa in der durch die Pfeile der Figur angedeuteten Weise).

Unter der *Seite* ab verstehen wir dann einen in der Richtung des Pfeils von a nach b laufenden Kreisbogen, also in unserer Figur den außen herum führenden Bogen. Dabei hindert uns aber nichts, den Bogen so oft, als wir wollen, um die ganze Kreisperipherie herumlaufen zu lassen und ihn etwa erst nach k ganzen Umläufen in b endigen zu lassen. Die Seite ab ist also durch die Figur, selbst nach Festlegung der Durchlaufungsrichtungen, erst bis auf ganzzahlige Vielfache von 2π bestimmt. Entsprechendes gilt für die Seiten bc und ca. Von allen diesen möglichen Werten der Seiten ab, bc, ca wählen wir nun je irgendeinen *beliebig* aus und bezeichnen ihn mit $(1 - L)\pi$ bzw. $(1 - M)\pi$ bzw. $(1 - N)\pi$. Also:

Die Stücke $1 - L$, $1 - M$, $1 - N$ *sind durch die Festsetzung der positiven Richtung auf jedem der drei Kreise nur erst bis auf Multipla von zwei bestimmt und müssen durch neue Verabredungen erst ihrem genauen Betrage nach festgelegt werden.*

Ferner müssen wir für den positiven Sinn der Winkel eine Verabredung treffen. Wir setzen etwa fest, daß ein Winkel positiv ist, wenn er einem auf die betreffende Stelle der Kugel von außen blickenden Auge als eine Drehung entgegengesetzt dem Drehungssinn des Uhrzeigers erscheint. Dann wird zu sagen sein, indem wir uns auf die schon getroffene Festsetzung bezüglich des positiven Durchlaufungssinnes der Kreise A, B, C stützen:

Der *Winkel* BC ist derjenige Winkel im Punkte a, um welchen die positive Richtung B im positiven Sinne gedreht werden muß, damit sie in die positive Richtung C hineinfällt.

Mit dieser Angabe sind aber die Winkel erst bis auf Multipla von 2π festgelegt. Es ist nun wieder, wie bei den Seiten, unter den verschiedenen so möglichen Werten durch Verabredung je ein bestimmter (beliebig) auszuwählen. Die so ausgewählten Werte der Winkel sollen mit $(1-\lambda)\pi$, $(1-\mu)\pi$, $(1-\nu)\pi$ bezeichnet werden.

Es ist leicht zu sehen, daß die so in allgemeiner Weise eingeführten Zahlen λ, μ, ν, L, M, N mit den früher beim elementaren sphärischen Dreieck eingeführten Benennungen sich in Einklang befinden. Bringen wir die Pfeile in der Weise an, wie in nebenstehender Figur angedeutet, und wählen für die $(1-\lambda)\pi$, $(1-\mu)\pi$ usw. die kleinsten positiven Werte, so werden in der Tat die Seiten, wie früher, die Benennung $(1-L)\pi$, $(1-M)\pi$, $(1-N)\pi$ tragen, die Außenwinkel die Benennung $(1-\lambda)\pi$, $(1-\mu)\pi$, $(1-\nu)\pi$, so daß also die Dreieckswinkel selbst $\lambda\pi$, $\mu\pi$, $\nu\pi$ sind, wie es sein soll.

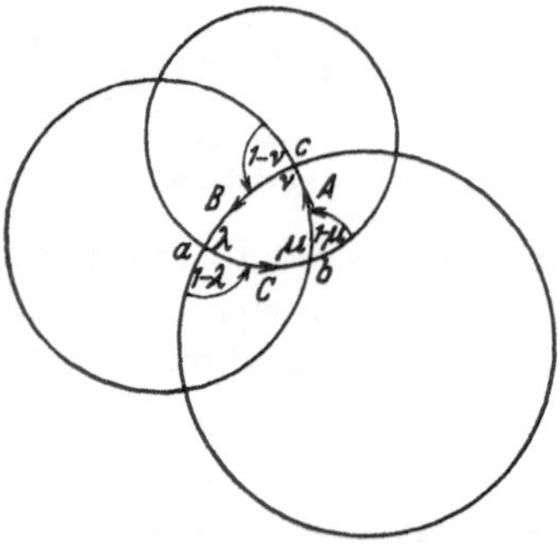

Fig. 29. Bezeichnung der Winkel im sphärischen Dreieck.

Zusatz: Nunmehr kann auch der Begriff des *Polardreieckes* präzisiert werden: Ist auf einem Kugelgroßkreis $\mathfrak{K}$ ein positiver Umlaufssinn festgelegt, so sagen wir, ein Raumpunkt P liege „links“ (bzw. „rechts“) von diesem Großkreis, wenn P bei positiver Durchlaufung von $\mathfrak{K}$ zur Linken (bzw. zur Rechten) liegt. Jedem Kugelgroßkreis entsprechen zunächst zwei verschiedene Pole. Unter diesen wählen wir den (eindeutig bestimmten) linken oder rechten, je nachdem die Winkelmessung auf der Kugel im Linkssinn (entgegen dem Uhrzeigersinn) bzw. im Rechtssinn erfolgt; der so festgelegte Pol heiße *positiver* Pol von $\mathfrak{K}$. Umgekehrt entspricht so jedem Punkt auf der Kugel (aufgefaßt als positiver Pol) eindeutig ein orientierter Großkreis (Polarkreis). Jedem Dreieck (mit orientierten Seiten und Winkeln) entspricht so in der Tat eindeutig ein Polardreieck.

Wir werden fortan den hiermit entwickelten allgemeinen Dreiecksbegriff zugrunde legen, wie ihn Study hat und den Gauss schon in Aussicht nahm, also Dreiecke mit absoluter Festlegung der Winkel und Seiten, während Moebius von den Vielfachen von 2π noch absah, also, anders ausgedrückt, nur die Restklassen der Winkel modulo 2π betrachtete.

Für unsere Bemerkungen über die sphärische Trigonometrie wird eine Einteilung zweckmäßig sein, wie sie ganz analog in dem Buche über die elliptischen Modulfunktionen (Klein-Fricke [4]) in bezug auf letz-

---

Beginn der achtunddreißigsten Vorlesung.

tere getroffen ist. Wir werden nämlich die Maßzahlen $\lambda, \mu, \nu, L, M, N$ als „*transzendente* Veränderliche" ansehen, insofern sie transzendente analytische Funktionen der gewöhnlichen rechtwinkligen Raumkoordinaten sind, dagegen werden wir aus dem entsprechenden Grunde die trigonometrischen Funktionen der Winkel als „*algebraische* Veränderliche" zu bezeichnen haben.

Betrachten wir nun die Maßzahlen $\lambda, \mu, \nu, L, M, N$ selbst und untersuchen die für dieselben geltenden Relationen, insofern sie zusammen den Winkeln und Seiten eines Dreiecks entsprechen, so werden natürlich alle Dreiecke mit verschiedenen Winkeln oder Seiten als verschieden zu gelten haben. Diese Art der Trigonometrie, die eigentlich grundlegende, werden wir nach den zur Untersuchung kommenden Veränderlichen als *transzendente Trigonometrie* bezeichnen.

Im Gegensatze dazu können wir uns aber auch darauf beschränken, nur die zwischen den trigonometrischen Funktionen $\sin\lambda\pi$, $\cos\lambda\pi$, $\sin\mu\pi$, $\cos\mu\pi, \ldots, \sin N\pi, \cos N\pi$ bestehenden Relationen zu betrachten. Dann werden Dreiecke, deren Winkel und Seiten sich nur um Vielfache von 2π unterscheiden, als identisch anzusehen sein. Diese Trigonometrie müssen wir *algebraische Trigonometrie* nennen, und zwar nennen wir die eben bezeichnete, welche die Maßzahlen $\lambda\pi$ usw. nur modulo 2π betrachtet, die algebraische Trigonometrie *erster Stufe*.

Ziehen wir jedoch auch die GAUSSschen Formeln mit in den Kreis der Betrachtungen, untersuchen wir also — allgemein zu reden — die algebraischen Relationen zwischen den trigonometrischen Funktionen der *halben* Winkel und Seiten, so erscheinen nur solche Dreiecke als identisch, deren Winkel und Seiten sich um Multipla von 4π unterscheiden. Auch dies wäre eine algebraische Trigonometrie, die wir aber als solche der *zweiten Stufe* bezeichnen werden. In genau derselben Weise könnte man von einer algebraischen Trigonometrie dritter Stufe, vierter Stufe usw. sprechen, in welcher die Winkel modulo 6π, 8π usw. betrachtet würden, in welchen dementsprechend die Sinus und Kosinus der dritten, vierten usw. Teile der Winkel und Seiten als Veränderliche zu benutzen wären.

Wir haben also folgende Einteilung:

1. Transzendente Trigonometrie.
2. Algebraische Trigonometrie: Und zwar

1. Stufe: Winkel und Seiten modulo 2π genommen, Relationen zwischen

$$\begin{matrix}\sin\\ \cos\end{matrix}\lambda\pi, \quad \begin{matrix}\sin\\ \cos\end{matrix}\mu\pi, \quad \begin{matrix}\sin\\ \cos\end{matrix}\nu\pi; \quad \begin{matrix}\sin\\ \cos\end{matrix}L\pi, \quad \begin{matrix}\sin\\ \cos\end{matrix}M\pi, \quad \begin{matrix}\sin\\ \cos\end{matrix}N\pi.$$

2. Stufe: Winkel und Seiten modulo 4π genommen, Relationen zwischen

$$\begin{matrix}\sin\\ \cos\end{matrix}\left(\frac{\lambda\pi}{2}\right), \quad \begin{matrix}\sin\\ \cos\end{matrix}\left(\frac{\mu\pi}{2}\right), \quad \begin{matrix}\sin\\ \cos\end{matrix}\left(\frac{\nu\pi}{2}\right); \quad \begin{matrix}\sin\\ \cos\end{matrix}\left(\frac{L\pi}{2}\right), \quad \begin{matrix}\sin\\ \cos\end{matrix}\left(\frac{M\pi}{2}\right), \quad \begin{matrix}\sin\\ \cos\end{matrix}\left(\frac{N\pi}{2}\right),$$

d. h. GAUSSsche Relationen usw.

Abschließend ist also zu sagen, daß mit dem Übergang zur transzendenten Trigonometrie alle diese stufenweisen Erweiterungen des Dreiecksbegriffes auf einmal ausgeführt werden.

Nun wollen wir zu diesen hiermit unterschiedenen einzelnen Arten der Trigonometrie einige Bemerkungen geben.

§ 34. Transzendente Trigonometrie: Der „Kern"; die „verwandten" Dreiecke.

In der transzendenten Trigonometrie ist eine besonders interessante Frage die nach der *Gesamtheit* aller *derjenigen sphärischen Dreiecke, welche von Kreisbogen derselben drei Hauptkreise der Kugel begrenzt werden.* Wir können das auch so ausdrücken:

Denken wir uns die drei Ebenen konstruiert, in welchen die drei begrenzenden Hauptkreise liegen, so erhalten wir ein räumliches Dreikant, auf dessen Kanten die Winkel, auf dessen Flächen die Seiten des sphärischen Dreiecks liegen. Ein solches räumliches Gebilde wollen wir allgemein den „*Kern*" der sphärischen Figur nennen: Dann ist unsere Frage auch so auszudrücken: Welches ist die Gesamtheit der Dreiecke mit gemeinsamem Kern? *Solche Dreiecke, welche denselben Kern haben, deren Seiten also insbesondere auf denselben größten Kugelkreisen liegen, wollen wir verwandte Dreiecke nennen.* Es ist diese Benennung bereits mit Rücksicht darauf gewählt, daß solche Dreiecke, wenn die Winkel und Seiten in gleichem Sinn aufeinanderfolgen, zu „verwandten" hypergeometrischen Funktionen gehören, wie weiter unten (§ 43; § 49) ausführlich zu erläutern sein wird.

In bezug auf diese verwandten Dreiecke gibt nun STUDY ([1], S. 107) folgende Formeln:

Die Winkel und Seiten aller verwandten Dreiecke gehen aus den Winkeln und Seiten eines derselben durch die Formeln hervor:

$$\begin{aligned} \lambda' &= (-1)^{\varrho}\lambda + \mathrm{P}, & L' &= (-1)^{r}L + R, \\ \mu' &= (-1)^{\sigma}\mu + \Sigma, & M' &= (-1)^{s}M + S, \\ \nu' &= (-1)^{\tau}\nu + \mathrm{T}, & N' &= (-1)^{t}N + T, \end{aligned}$$

wobei die ganzen Zahlen ϱ, σ, τ; $\mathrm{P}, \Sigma, \mathrm{T}$ *und* r, s, t; R, S, T *folgenden Bedingungen genügen:*

$$\begin{aligned} \mathrm{P} &\equiv s + t \pmod 2, & R &\equiv \sigma + \tau \pmod 2, \\ \Sigma &\equiv t + r \pmod 2, & S &\equiv \tau + \varrho \pmod 2, \\ \mathrm{T} &\equiv r + s \pmod 2, & T &\equiv \varrho + \sigma \pmod 2. \end{aligned}$$

Dieses ist aber auch die einzige Einschränkung, d. h. jedes diesen Kongruenzen genügende System von ganzen Zahlen R, P, r, ϱ usw. liefert zu gegebenen $\lambda, \mu, \ldots, N$, d. h. zu gegebenem Dreieck D eindeutig die Bestimmungsstücke $\lambda', \mu', \ldots, N'$ eines mit D verwandten Dreiecks. Dabei kommt es bei den Zahlen $\varrho, \sigma, \tau, r, s, t$ offenbar nur darauf an, ob dieselben (einzeln genommen) gerade oder ungerade sind, d. h. ob sie modulo 2 kongruent 0 oder 1 sind, weshalb wir auch setzen können:

$$(-1)^{\varrho} = 1 - 2\varrho\,, \qquad (-1)^{r} = 1 - 2r \quad \text{usw.}$$

Es gibt daher 64 verschiedene Kombinationen der $r, s, t, \varrho, \sigma, \tau$. Bei bestimmter Wahl der $\varrho, \sigma, \tau, r, s, t$ sind dann die $\mathsf{P}, \Sigma, \mathsf{T}, R, S, T$ nur noch bis auf ganzzahlige Multipla von 2 beliebig, es ist also die Restklasse nach 2 festgelegt, in welche die einzelne dieser Zahlen gehört. Wir können daher sagen:

Die gesamte Verwandtschaft eines Dreiecks zerfällt nach der Art der Vorzeichen in 64 „Stämme“, und innerhalb eines Stammes unterscheiden sich die einzelnen Individuen um beliebige Multipla von 2π in den Winkeln und Seiten.

Wir können unsere Formeln auch in folgender Weise auffassen:

Unsere Formeln repräsentieren, anders aufgefaßt, eine unendliche Gruppe linearer Substitutionen, welche aus einem beliebigen Dreiecke die sämtlichen Dreiecke der Verwandtschaft hervorgehen lassen.

Daß die Gruppeneigenschaften erfüllt sind, ist leicht zu verifizieren. Wir werden nach den Untergruppen, insbesondere nach den Normalteilern („ausgezeichnete Untergruppen“) dieser Gruppe zu fragen haben. Da zeigt sich nun:

Innerhalb der Gesamtheit unserer Operationen gibt es einen Normalteiler vom Index 2, nämlich die Gesamtheit der „Operationen erster Klasse“, welche durch die Kongruenz

$$\tfrac{1}{2}(\mathsf{P} + \Sigma + \mathsf{T}) + \tfrac{1}{2}(R + S + T) + \varrho\mathsf{P} + \sigma\Sigma + \tau\mathsf{T} \equiv 0 \pmod 2$$

erklärt sind.

In der Tat folgt aus den für $\mathsf{P}, \Sigma, \mathsf{T}$ bzw. R, S, T geltenden Kongruenzen, daß die Summe $\mathsf{P} + \Sigma + \mathsf{T}$ bzw. $R + S + T$ dieser Zahlen eine gerade Zahl, die linke Seite der eben angeführten Kongruenz also wirklich eine ganze Zahl ist. Diejenigen Operationen nun, für welche diese ganze Zahl eine gerade Zahl ist, heißen *Operationen erster Klasse*, die übrigen Operationen heißen Operationen *zweiter Klasse*. Man verifiziert jetzt — unter Berücksichtigung von $(-1)^{\varrho} = 1 - 2\varrho$ usw. und von

$$\varrho\mathsf{P} + \sigma\Sigma + \tau\mathsf{T} \equiv rR + sS + tT \pmod 2$$

—, daß die Operationen erster Klasse für sich eine Gruppe bilden, welche die Hälfte der Operationen der Gesamtgruppe umfaßt, d. h. eine Untergruppe vom Index 2, welche folglich ein Normalteiler ist.

Gehen wir einen Augenblick zur geometrischen Figur (vgl. S. 163) zurück, so ist ersichtlich, daß zu der Verwandtschaft insbesondere acht Elementardreiecke (vgl. S. 158) auf der Kugel gehören:

In jeder Verwandtschaft finden sich acht elementare Dreiecke: sie sind morphologisch gleichwertig. Man nennt dabei zwei Figuren (auf der Kugel) „morphologisch gleichwertig“, wenn sie (kurz, aber etwas ungenau gesagt) durch bloße stetige Verzerrung (auf der Kugeloberfläche selbst) ineinander überführbar sind.

Ferner zeigt sich: *Die acht Elementardreiecke gehen durch Operationen erster Klasse ineinander über.* (Man vergleiche die Formeln auf S. 159.)

Wir können uns nun die ganze Verwandtschaft aus irgendeinem dieser elementaren Dreiecke erzeugt denken. Das führt dann zu einer Klasseneinteilung auch der Dreiecke, je nachdem sie durch eine Operation erster oder zweiter Klasse aus einem elementaren Dreieck hervorgehen, wobei es gleichgültig ist, welches der elementaren Dreiecke wir als Ausgangsdreieck wählen, da ja die Elementardreiecke durch Operationen erster Klasse miteinander verbunden sind. Also:

Als Dreiecke erster Klasse bezeichnen wir solche Dreiecke, welche aus einem elementaren Dreieck durch Substitutionen erster Klasse hervorgehen, als Dreiecke zweiter Klasse bezeichnen wir die übrigen, welche aus einem elementaren Dreieck durch Substitutionen zweiter Klasse entstehen.

Study ([1], S. 109ff.) gibt nun für die beiden Klassen von Dreiecken den folgenden fundamentalen Satz:

Die Dreiecke erster Klasse bilden für sich ein Kontinuum (von morphologisch gleichwertigen) und die Dreiecke zweiter Klasse für sich ebenfalls, und diese beiden Kontinua sind voneinander ganz getrennt.

Es soll das heißen, daß man alle Dreiecke erster Klasse durch stetige Abänderung der Bestimmungsstücke aus einem beliebigen derselben erhalten kann, ebenso alle Dreiecke zweiter Klasse aus einem beliebigen Dreieck zweiter Klasse, nie aber ein Dreieck zweiter Klasse aus einem Dreieck erster Klasse oder umgekehrt.

Den genauen Beweis für diese letzte Behauptung, d. h. den Nachweis, daß die beiden Mannigfaltigkeiten nicht zusammenhängen (nicht einmal im Komplexen), werden wir erst morgen kennenlernen. Heute wollen wir *nur* an einem *Beispiel* sehen, daß Dreiecke erster Klasse stetig ineinander überführbar sind.

Es mögen die Zahlen $\lambda, \mu, \nu, L, M, N$ einem elementaren Dreiecke entsprechen; dann sind durch:

$$1]\quad \begin{aligned} \lambda' &= \lambda + 2, & L' &= L, \\ \mu' &= \mu + 2, & M' &= M, \\ \nu' &= \nu, & N' &= N; \end{aligned}$$

$$2]\quad \begin{aligned} \lambda' &= \lambda + 2, & L' &= L + 2; \\ \mu' &= \mu, & M' &= M, \\ \nu' &= \nu, & N' &= N \end{aligned}$$

zwei Dreiecke erster Klasse definiert und durch folgende Formeln ein Dreieck zweiter Klasse:

$$3]\quad \begin{aligned} \lambda' &= \lambda + 2, & L' &= L, \\ \mu' &= \mu, & M' &= M, \\ \nu' &= \nu, & N' &= N. \end{aligned}$$

Um das elementare Dreick in das Dreieck 1] stetig zu deformieren, können wir a) dasselbe zunächst z. B. in das Dreieck der (in stereographischer Projektion gezeichneten) Fig. 30 stetig überführen, was gewiß möglich ist, um dann b) die zu einem halben Großkreis gewordene Seite ab um 2π in der Pfeilrichtung herumzudrehen. Dabei wachsen λ und μ je um zwei, während alles andere ungeändert bleibt. Dann braucht man nur den anfänglichen Deformationsprozeß a) rückwärts zu durchlaufen, um das gewünschte Dreieck 1] zu erhalten.

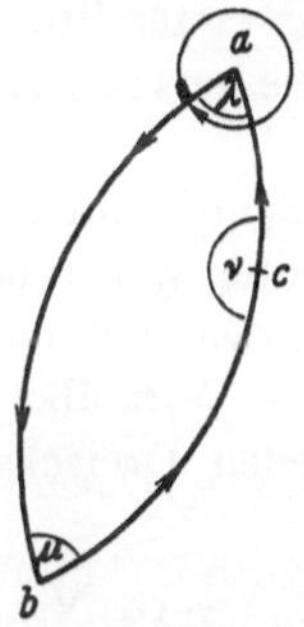

Fig. 30. Übergang von einem Dreieck mit den Winkeln $\lambda\pi, \mu\pi, \nu\pi = \pi$ zu einem Dreieck mit den Winkeln $\lambda'\pi = (\lambda+2)\pi$, $\mu'\pi = (\mu+2)\pi$, $\nu'\pi = \nu\pi$ ohne Änderung der Seiten.

Entsprechend gelangt man vom Elementardreieck aus zum Dreieck 2]. Man wählt dabei aber das in der (in stereographischer Projektion gezeichneten) Fig. 31 dargestellte Dreieck als Übergangsdreieck.

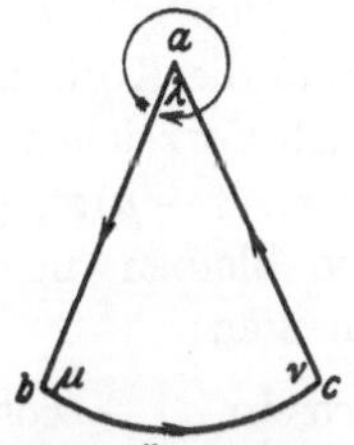

Fig. 31. Übergang von einem Dreieck mit den Winkeln $\lambda\pi$, $\mu\pi$, $\nu\pi$ und den Seiten $L\pi$, $M\pi$, $N\pi$ zu einem Dreieck mit den Winkeln $\lambda'\pi = (\lambda+2)\pi$, $\mu'\pi = \mu\pi$, $\nu'\pi = \nu\pi$ und den Seiten $L'\pi = (L+2)\pi$, $M'\pi = M\pi$, $N'\pi = N\pi$.

Für Dreieck 3] wird sich kein solcher stetiger Übergang finden lassen (gemäß dem Satz von STUDY).

In ähnlicher Weise kann man sich überzeugen, daß überhaupt alle Dreiecke erster Klasse durch stetige Verzerrung ineinander übergehen, während der strenge Beweis, daß es unmöglich ist, zwei Dreiecke aus verschiedenen Klassen ineinander durch stetige Abänderung überzuführen (nicht einmal bei kontinuierlicher Abänderung im Komplexen), erst später zu erbringen sein wird (vgl. S. 172). Übrigens sind auch alle Dreiecke zweiter Klasse durch stetige Verzerrung ineinander überführbar [*].

Die gestrigen Betrachtungen gehörten ins Gebiet der transzendenten Trigonometrie, in der alle Dreiecke mit verschiedenen Winkeln und Seiten wirklich als verschieden gelten.

§ 35. Algebraische Trigonometrie.

In der *algebraischen Trigonometrie erster Stufe* dagegen werden die Sinus und Kosinus von $\lambda\pi, \mu\pi, \ldots, N\pi$ betrachtet (vgl. § 33), so daß die Zahlen $\lambda, \mu, \nu, L, M, N$ nur modulo 2 in Betracht kommen. Es ist dies dasselbe, was die elementare sphärische Trigonometrie tut. Dabei ist aber unser Dreiecksbegriff ein allgemeinerer als der elementare, insofern wir nämlich die Winkel und Seiten beliebig im Intervall von 0 bis 2π betrachten wollen.

Beginn der neununddreißigsten Vorlesung.

Der richtige Begriff des sphärischen Dreiecks für die algebraische sphärische Trigonometrie erster Stufe ist der Dreiecksbegriff von MOEBIUS.

Entsprechend diesem allgemeineren Dreiecksbegriff werden wir sehen, daß die Symmetrie der Formeln der Trigonometrie erster Stufe eine weit höhere ist, als in der elementaren Trigonometrie hervortritt. Wir stellen zunächst fest:

Beim Übergang zu einem Nebendreieck bleiben die Sinus ungeändert, und die Kosinus von zwei entsprechenden Winkeln und Seiten wechseln das Vorzeichen; in der Tat: Geht man zu dem Dreieck mit den Winkeln $\lambda\pi$, $(1-\mu)\pi$, $(1-\nu)\pi$ und den Seiten $L\pi$, $(1-M)\pi$, $(1-N)\pi$ über, so bleiben die Sinus dieselben, und die Kosinus des neuen Dreiecks heißen:

$$\cos\lambda\pi, \quad -\cos\mu\pi, \quad -\cos\nu\pi; \quad \cos L\pi, \quad -\cos M\pi, \quad -\cos N\pi.$$

Das würde eine Gruppe von vier Substitutionen ergeben, bei welcher, wie man erkennt, das System der Grundformeln tatsächlich ungeändert bleibt. Statt dieser G_4 aber, sage ich, kann man bei unserem allgemeinen Dreiecksbegriff eine G_{64} konstruieren, welche ebenfalls die Formeln der algebraischen Trigonometrie erster Stufe ineinander überführen muß.

Der Übergang zu allen verwandten Dreiecken (vgl. S. 166) wird nämlich jetzt, da die Zahlen P, Σ, T, R, S, T nur modulo 2 in Betracht kommen, also durch die rechten Seiten der für sie geltenden Kongruenzen ersetzt werden können, durch folgende Substitutionen bewirkt:

$$\begin{aligned} \lambda' &= (-1)^{\varrho}\lambda + s + t, & L' &= (-1)^{r} L + \sigma + \tau, \\ \mu' &= (-1)^{\sigma}\mu + t + r, & M' &= (-1)^{s} M + \tau + \varrho, \\ \nu' &= (-1)^{\tau}\nu + r + s, & N' &= (-1)^{t} N + \varrho + \sigma. \end{aligned}$$

Das sind aber, da für $\varrho, \sigma, \tau, r, s, t$ alle Kombinationen von 0 und 1 einzusetzen sind, $2^6 = 64$ Substitutionen. Für die Sinus und Kosinus gestalten sich dieselben folgendermaßen:

$$\begin{aligned} \sin\lambda'\pi &= (-1)^{\varrho+s+t}\sin\lambda\pi, & \sin L'\pi &= (-1)^{r+\sigma+\tau}\sin L\pi, \\ \sin\mu'\pi &= (-1)^{\sigma+t+r}\sin\mu\pi, & \sin M'\pi &= (-1)^{s+\tau+\varrho}\sin M\pi, \\ \sin\nu'\pi &= (-1)^{\tau+r+s}\sin\nu\pi, & \sin N'\pi &= (-1)^{t+\varrho+\sigma}\sin N\pi, \end{aligned}$$

und

$$\begin{aligned} \cos\lambda'\pi &= (-1)^{s+t}\cos\lambda\pi, & \cos L'\pi &= (-1)^{\sigma+\tau}\cos L\pi, \\ \cos\mu'\pi &= (-1)^{t+r}\cos\mu\pi. & \cos M'\pi &= (-1)^{\tau+\varrho}\cos M\pi, \\ \cos\nu'\pi &= (-1)^{r+s}\cos\nu\pi, & \cos N'\pi &= (-1)^{\varrho+\sigma}\cos N\pi. \end{aligned}$$

Die Betrachtung der Grundformeln lehrt nun:

Dies sind in der Tat 64 Operationen, bei denen das System unserer trigonometrischen Formeln ungeändert bleibt.

Außer bei dieser G_{64} bleiben die trigonometrischen Formeln, wie wir früher (S. 159) sahen, bei einer G_6 und bei einer G_2 ungeändert, entsprechend einer Vertauschung der λ, μ, ν bzw. der L, M, N und dem Übergang zum Polardreieck. Das ergibt den Satz:

Im ganzen bleiben unsere Formeln der algebraischen Trigonometrie erster Stufe bei einer Gruppe von $64 \cdot 6 \cdot 2 = 768$ *Umänderungen ungeändert.*

Es fragt sich nun, ob bei den Formeln erster Stufe sich bereits ein Unterschied zwischen den Dreiecken erster und zweiter Klasse bemerkbar macht. Es zeigt sich:

Der Unterschied der Dreiecke erster und zweiter Klasse kommt hier bei der algebraischen Trigonometrie erster Stufe noch gar nicht in Betracht. Es gibt für die (Formeln der algebraischen) Trigonometrie erster Stufe nur e i n e *Art von Dreiecken, und* MOEBIUS *hat also bei seinem Ausgangspunkt ganz recht, wenn er von einem Unterschied der Dreiecke erster und zweiter Klasse gar nicht spricht.*

Nun kommen wir zur *algebraischen Trigonometrie zweiter Stufe,* in welcher die λ, μ, ν, L, M, N modulo 4 in Betracht gezogen werden, und in welcher die Formeln in $\begin{smallmatrix}\sin\\ \cos\end{smallmatrix}\left(\frac{\lambda}{2}\pi\right)$ usw. bzw. in $\operatorname{tg}\left(\frac{\lambda}{4}\pi\right)$ usw. rational sind.

Da ergibt sich aus der definierenden Kongruenz (vgl. S. 167):

Jetzt kommt die Unterscheidung von Dreiecken erster und zweiter Klasse zur Geltung.

Man betrachte nämlich ganz besonders die hierher gehörigen GAUSSschen Formeln, z. B. (indem ich jetzt für den Augenblick einmal wieder zur ursprünglichen Bezeichnung l, m, n der Seiten, statt L, M, N [vgl. S. 159] zurückgehen will):

$$\sin\frac{\mu-\nu}{2}\pi\,\sin\frac{l}{2}\pi = +\sin\frac{m-n}{2}\pi\,\cos\frac{\lambda}{2}\pi.$$

Die GAUSS*schen Formeln mit den Vorzeichen, die wir kennengelernt haben, gelten bloß für die Dreiecke erster Klasse. Will man die Dreiecke zweiter Klasse betrachten, so muß man die Vorzeichen in allen vier* GAUSS*schen Formeln gleichzeitig umkehren, also im Beispiel:*

$$\sin\frac{\mu-\nu}{2}\pi\,\sin\frac{l}{2}\pi = -\sin\frac{m-n}{2}\pi\,\cos\frac{\lambda}{2}\pi.$$

Um dies einzusehen, bemerken wir zunächst:

In der Tat können wir aus den gewöhnlichen trigonometrischen Formeln nur die Quadrate der GAUSS*schen Formeln ableiten, worauf das Vorzeichen welches durch Ziehen der Quadratwurzel eingeführt wird, zunächst unbestimmt ist* [*].

Um das Vorzeichen zu bestimmen, verfährt man nun folgendermaßen:

Man überzeugt sich zuerst beim elementaren Dreieck, welches Vorzeichen am Platze ist. Man findet, daß das positive Vorzeichen gelten muß.

In einem elementaren Dreieck liegt nämlich dem größeren Winkel immer die größere Seite gegenüber; wenn also $\mu - \nu$ positiv ist, so ist auch $m - n$ positiv, was mit unserer Formel nur bei positiv gewähltem Vorzeichen vereinbar ist. Jetzt schließen wir weiter:

Wenden wir auf ein Dreieck eine Operation erster Klasse an, so werden die Vorzeichen in den GAUSSschen *Relationen nicht geändert; bei einer Operation zweiter Klasse gehen sie dagegen in jeder Formel in das entgegengesetzte Zeichen über.*

Man beweist dies durch Einsetzen der Substitutionsausdrücke (S. 166) in die GAUSSschen Relationen mit Berücksichtigung der für P, Σ, T, R, S, T geltenden Kongruenzen und der für die Operationen erster Klasse charakteristischen Kongruenz (S. 167).

Da nun beim elementaren Dreieck die früher angegebenen Vorzeichen gelten, da ferner alle Dreiecke erster Klasse durch Operationen erster Klasse aus einem elementaren Dreieck entstehen, so gelten dieselben Vorzeichen für alle Dreiecke erster Klasse.

In gleicher Weise folgt: *Weil alle Dreiecke zweiter Klasse aus einem elementaren Dreieck durch Operationen zweiter Klasse gewonnen werden, so sind bei allen Dreiecken zweiter Klasse die* GAUSSschen *Formeln mit umgekehrten Vorzeichen zu nehmen.*

Aus dieser Vorzeichenbestimmung der GAUSSschen Formeln folgt nun rückwärts:

Die beiden Mannigfaltigkeiten der Dreiecke erster und zweiter Klasse haben (wenigstens im R_{12} [vgl. S. 161]) keine reellen oder komplexen Elemente gemeinsam, verlaufen also vollständig getrennt voneinander, so daß man in der Tat auch durchs Komplexe hindurch kein Dreieck erster Klasse in ein solches zweiter Klasse stetig überführen kann.

Man sieht nämlich leicht, daß es kein Wertsystem $\lambda, \ldots, N$ gibt, für welches beide Vorzeichen in den GAUSSschen Relationen gleichzeitig statthätten; denn für ein solches müßten beide Seiten jeder einzelnen Gleichung verschwinden, es müßte also z. B. $\cos\frac{L}{2}\pi = 0$ und $\sin\frac{L}{2}\pi = 0$ sein, was wegen $(\cos x)^2 + (\sin x)^2 = 1$ — sogar für beliebige komplexe (endliche) Werte von L — niemals eintreten kann. Es gibt somit kein zu einem Dreieck (mit den Winkeln und Seiten $\lambda, \ldots, N$) gehöriges Wertesystem $\cos\lambda\pi$, $\sin\lambda\pi, \ldots, \sin N\pi$, für welches beide Vorzeichen in den GAUSSschen Formeln gleichzeitig gelten, w. z. z. w.

Im Anschluß hieran sei noch folgendes bemerkt: Deuten wir die „transzendenten" Veränderlichen $\lambda, \mu, \ldots, N$ als Koordinaten in einem euklidischen Raum R_6 („transzendenter" R_6) und ist M_3 diejenige Punktmenge im R_6, welche der Gesamtheit aller sphärischen Dreiecke entspricht, so zeigt der oben geführte Beweis:

Es muß auch die (transzendente) M_3 der sphärischen Dreiecke selbst in zwei Mannigfaltigkeiten (erster bzw. zweiter Klasse) zerfallen, die für endliche Werte der λ, μ, ν, L, M, N (weder im Reellen noch im Komplexen) irgendwo zusammenhängen, d. h. Punkte gemeinsam haben.

Damit ist der STUDYsche Satz bewiesen.

Wir erkennen aus dem allen die große prinzipielle Wichtigkeit der GAUSSschen Formeln: Während die gewöhnlichen Formeln für beide Mannigfaltigkeiten zugleich gelten, geben die GAUSSschen Formeln eine Unterscheidung beider Mannigfaltigkeiten. Da aber andererseits die Menge der Dreiecke erster bzw. zweiter Klasse, jede für sich, ein Kontinuum bildet, so können die Formeln höherer als zweiter Stufe keine weitere Trennung der Menge aller Dreiecke bewirken.

Der Sachverhalt wird in der Sprache der analytischen Geometrie des R_{12} (vgl. S. 161) ungefähr so zu formulieren sein:

Die gewöhnlichen trigonometrischen Formeln stellen im Raum zweiter Stufe ein System von algebraischen Mannigfaltigkeiten dar, welche noch die beiden Mannigfaltigkeiten D_3 der sphärischen Dreiecke erster und zweiter Klasse miteinander gemein haben. Zwischen diesen beiden Mannigfaltigkeiten scheiden dann erst hinterher die GAUSSschen Formeln, indem sie Mannigfaltigkeiten vorstellen, welche je nach der Wahl der Vorzeichen nur durch die eine oder nur durch die andere der beiden D_3 gehen.

Diese Verhältnisse sind alle schon GAUSS bekannt gewesen, wie aus der jetzt zu verstehenden Bemerkung an der schon früher (S. 162) genannten Stelle hervorgeht, wo er sagt: „Quodsi quidem idea trianguli sphaerici in maxima generalitate concipitur, . . ., casus existere possunt, ubi in cunctis aequationibus praecedentibus signum mutare oportet; . . .“

§ 36. Trigonometrie als Invariantentheorie dreier diametraler quadratischer Formen.

Für die nächsten Tage stellen wir uns die Aufgabe, die Formeln der sphärischen Trigonometrie für komplexe Werte der Veränderlichen geometrisch zu interpretieren, also die von SCHILLING [1] gefundenen Resultate zu besprechen, welche zuerst in den Göttinger Nachrichten von 1891 bekanntgegeben und dann noch im 39. Bande der Mathematischen Annalen veröffentlicht worden sind. Eine ausführlichere Begründung derselben ist in der größeren Arbeit von SCHILLING [2] im 44. Bande der Mathematischen Annalen enthalten [*].

Wir hier wollen die besagte geometrische Deutung in der Weise entwickeln, daß wir uns zunächst (auf anderem Wege als SCHILLING, a. a. O.) von den trigonometrischen Formeln eine Vorstellung rein im Sinne der

---

Beginn der vierzigsten Vorlesung.

Analysis bilden. Da macht sich die Verallgemeinerung ganz von selbst, und es handelt sich dann hinterher nur noch um deren geometrische Interpretation.

Es möge die komplexe Veränderliche η auf der Einheitskugel gedeutet, d. h. die η-Ebene auf die Einheitskugel stereographisch projiziert werden (vgl. S. 48. Abweichend von den dort gemachten Annahmen haben wir hier eine Kugel vom Radius $r = 1$, nicht wie dort $r = \frac{1}{2}$; ferner werden wir [vgl. die Formeln weiter unten] die η-Ebene durch den Mittelpunkt der Kugel legen, so daß sie also mit $z = 0$ zusammenfällt). Es geschieht dies durch folgende Formeln, in denen x, y, z die (rechtwinkligen, cartesischen) Koordinaten des dem Punkte $\eta = a + ib$ entsprechenden Kugelpunktes vorstellen:

$$\eta = \frac{x + iy}{1 - z} = \frac{1 + z}{x - iy},$$

und umgekehrt:

$$x = \frac{2a}{1 + a^2 + b^2}, \qquad y = \frac{2b}{1 + a^2 + b^2}, \qquad z = \frac{-1 + a^2 + b^2}{1 + a^2 + b^2}.$$

Es soll nun eine analytische (notwendige und hinreichende) Bedingung dafür aufgestellt werden, daß zwei Werte von η diametral entgegengesetzten Kugelpunkten entsprechen. Man sieht: Wenn man in der Formel für η die Vorzeichen von x, y, z umkehrt, dann geht η in $-\frac{1}{\bar{\eta}}$ über, unter $\bar{\eta}$ die zu $\eta = a + ib$ konjugierte Zahl $\bar{\eta} = a - ib$ verstanden. Irgend zwei diametral gegenüberliegende Kugelpunkte sind also in der Gestalt enthalten:

$$a + ib, \qquad -\frac{1}{a - ib}.$$

Sie sind also Wurzeln folgender quadratischen Gleichung

$$(\eta - (a + ib))((a - ib)\,\eta + 1) = 0$$

oder

$$(a - ib)\eta^2 + (1 - a^2 - b^2)\eta - (a + ib) = 0.$$

Die linke Seite dieser Gleichung wollen wir durch Spaltung von η in η_1, η_2, d. h. durch den Ansatz $\eta = \frac{\eta_1}{\eta_2}$, homogen machen und dann eine „*diametrale Form*" nennen. *Unter einer diametralen Form verstehen wir also eine Form der Gestalt*

$$(a - ib)\,\eta_1^2 + (1 - a^2 - b^2)\,\eta_1\eta_2 - (a + ib)\,\eta_2^2.$$

Durch Nullsetzen einer diametralen quadratischen Form wird ein Durchmesser der Kugel festgelegt, und umgekehrt kann jeder Durchmesser in dieser Weise dargestellt werden.

Es seien nun irgend zwei Durchmesser gegeben; und zwar sei zunächst in gewöhnlichen Raumkoordinaten x, y, z ein Endpunkt x_1, y_1, z_1 des einen und ein Endpunkt x_2, y_2, z_2 des anderen Durchmessers gegeben ($x_1^2 + y_1^2 + z_1^2 = 1$; $x_2^2 + y_2^2 + z_2^2 = 1$).

Dann drückt sich der Winkel der beiden Durchmesser folgendermaßen aus:

$$\arccos \frac{x_1 x_2 + y_1 y_2 + z_1 z_2}{\sqrt{x_1^2 + y_1^2 + z_1^2}\sqrt{x_2^2 + y_2^2 + z_2^2}},$$

wobei das Vorzeichen der Quadratwurzeln ganz unbestimmt ist, dem Umstande entsprechend, daß man ja ganz beliebig *irgendeinen* der vier von den beiden Durchmessern gebildeten Winkel *als Winkel zwischen den beiden Geraden ansehen kann.*

Wenn uns nun die beiden Durchmesser in Gestalt zweier diametraler quadratischer Formen

$$F_1 = (a_1 - i b_1)\eta_1^2 + (1 - a_1^2 - b_1^2)\eta_1\eta_2 - (a_1 + i b_1)\eta_2^2,$$
$$F_2 = (a_2 - i b_2)\eta_1^2 + (1 - a_2^2 - b_2^2)\eta_1\eta_2 - (a_2 + i b_2)\eta_2^2$$

gegeben sind, wie drückt sich dann der Winkel zwischen den beiden Durchmessern durch die Konstanten der beiden Formen aus?

Wir finden durch Einsetzen der Formeln für x, y, z (S. 174):

$$\arccos \frac{4 a_1 a_2 + 4 b_1 b_2 + (1 - a_1^2 - b_1^2)(1 - a_2^2 - b_2^2)}{(1 + a_1^2 + b_1^2)(1 + a_2^2 + b_2^2)}.$$

Wir sprechen im folgenden auch kurz von „*Winkel zweier diametraler Formen*"; dieser Winkel ist übrigens bis jetzt nicht eindeutig festgelegt.

Der Winkel zweier Durchmesser ist aber allen Drehungen der Kugel gegenüber invariant. Drehungen der Kugel sind gewisse lineare Substitutionen der η_1, η_2, nämlich alle diejenigen, bei denen diametrale quadratische Formen diametrale Formen bleiben.

Der Ausdruck für den Winkel in den Koeffizienten der beiden diametralen Formen muß daher bei allen linearen Substitutionen der η_1, η_2 ungeändert bleiben, bei denen die Formen überhaupt diametral bleiben. Wir vermuten daher, daß der Winkel sich durch die Invarianten (Diskriminanten) der beiden Formen und ihre simultane Invariante ausdrücken läßt.

Für zwei quadratische Formen mit den Koeffizienten α_1, β_1, γ_1 und α_2, β_2, γ_2 lauten diese Invarianten:

$$D_{11} = \beta_1^2 - 4\alpha_1\gamma_1, \quad D_{22} = \beta_2^2 - 4\alpha_2\gamma_2; \quad D_{12} = \beta_1\beta_2 - 2\alpha_1\gamma_2 - 2\alpha_2\gamma_1.$$

Dabei sind die Invarianten D_{11} und D_{22} als von Null verschieden angenommen, d. h. die Formen mit den Koeffizienten α_1, β_1, γ_1 bzw. α_2, β_2, γ_2 sollen *nichtsingulär* sein, eine Voraussetzung, die auch *im folgenden stets erfüllt* ist bzw. erfüllt sein soll, soweit nicht ausdrücklich anderes bemerkt wird.

Für unsere diametralen Formen gehen die Invarianten über in

$$D_{11} = (1 + a_1^2 + b_1^2)^2,$$
$$D_{22} = (1 + a_2^2 + b_2^2)^2,$$
$$D_{12} = 4a_1a_2 + 4b_1b_2 + (1 - a_1^2 - b_1^2)(1 - a_2^2 - b_2^2),$$

und es ergibt sich in der Tat das einfache Resultat:

Der Winkel, den zwei diametrale quadratische Formen miteinander bilden, drückt sich durch die Invarianten der beiden Formen in dieser Gestalt aus:

$$\arccos \frac{D_{12}}{\sqrt{D_{11}}\sqrt{D_{22}}}.$$

Die invariante Natur des Winkels, welche in diesen Formeln hervortritt, ist geometrisch dadurch angezeigt, daß der Winkel der beiden Formen ungeändert bleibt bei beliebigen Drehungen der Kugel um den Mittelpunkt; diese Drehungen entsprechen speziellen linearen Substitutionen von η.

Insbesondere werden wir, um Anschluß an die in den Modulfunktionen und bei unserer Besprechung der sphärischen Trigonometrie eingeführte Sprechweise zu gewinnen, sagen:

Des näheren bezeichnen wir den Kosinus und den Sinus des Winkels als „algebraische Invarianten erster Stufe" der beiden Formen, den Winkel selbst als „transzendente Invariante" und werden den Sinus und Kosinus des halben Winkels als „algebraische Invarianten zweiter Stufe" bezeichnen.

Nun darf ich ja, um weiter vorwärts zu gehen, an den allgemeinen Gedankengang der Invariantentheorie anknüpfen. Demselben zufolge gehört zu den beiden Formen außer den Invarianten auch noch eine *simultane Kovariante*, nämlich die Funktionaldeterminante derselben:

$$\varphi = \begin{vmatrix} \frac{\partial F_1}{\partial \eta_1} & \frac{\partial F_1}{\partial \eta_2} \\ \frac{\partial F_2}{\partial \eta_1} & \frac{\partial F_2}{\partial \eta_2} \end{vmatrix}.$$

Ich sage: *Diese Funktionaldeterminante ist wieder eine diametrale quadratische Form. Sie entspricht demjenigen Durchmesser, welcher auf den Durchmessern $F_1 = 0$ und $F_2 = 0$ senkrecht steht. Ihre Diskriminante lautet*

$$\Delta = -4(D_{11}D_{22} - D_{12}^2).$$

Diese Sätze sind zu beweisen. Zu dem Zwecke können wir, da es sich um invariante, d. h. vom Koordinatensystem unabhängige Beziehungen handelt, uns eines besonders bequem gelegten Koordinatensystems bedienen. Ich lege also etwa den der Form F_1 entsprechenden Durchmesser vertikal von oben nach unten, d. h. von $\eta = \infty$ nach $\eta = 0$, also

$$F_1 = \eta_1 \cdot \eta_2.$$

Den Durchmesser F_2 lege ich in diejenige Ebene, deren Schnittkreis mit der Kugel Träger der reellen Zahlen ist, setze also $b_2 = 0$ und

$$F_2 = a_2\eta_1^2 + (1 - a_2^2)\eta_1\eta_2 - a_2\eta_2^2.$$

Die Invarianten der beiden Formen sind dann

$$D_{11} = 1, \quad D_{22} = (1 + a_2^2)^2, \quad D_{12} = 1 - a_2^2.$$

Die Kovariante ist

$$\varphi = -2a_2(\eta_1^2 + \eta_2^2)\,,$$

ihre Invariante

$$\Delta = -16a_2^2\,.$$

In der Tat entspricht hier $\varphi = 0$ dem auf der Zeichenebene senkrechten Durchmesser, welcher nämlich durch die beiden Punkte $\pm i$ geht, womit die ersten beiden Sätze bewiesen sind. Und endlich überzeugt man sich leicht, daß wirklich

$$\Delta = -4(D_{11}D_{22} - D_{12}^2)\,.$$

Die so für das spezielle Koordinatensystem bewiesenenen Sätze müssen von selbst allgemeine Geltung haben.

Nach diesen Vorbereitungen gehen wir daran, unsere eben entwickelten Betrachtungen *auf das Dreikant anzuwenden, auf welches sich die Formeln der sphärischen Trigonometrie beziehen.*

Gegeben seien drei Durchmesser der Kugel; es mögen ihnen die diametralen Formen F_1, F_2, F_3 entsprechen. Sind dann L, M, N die Winkel zwischen je zweien der Durchmesser (mit der schon früher [S. 175] erwähnten Unbestimmtheit), so ist nach unseren Erörterungen

$$\cos L\pi = \frac{D_{23}}{\sqrt{D_{22}}\sqrt{D_{33}}}, \quad \text{folglich:} \quad \sin L\pi = \frac{\sqrt{D_{22}D_{33} - D_{23}^2}}{\sqrt{D_{22}}\sqrt{D_{33}}} = \frac{\frac{1}{2}i\sqrt{\Delta_{11}}}{\sqrt{D_{22}}\sqrt{D_{33}}},$$

$$\cos M\pi = \frac{D_{31}}{\sqrt{D_{33}}\sqrt{D_{11}}}, \quad \text{folglich:} \quad \sin M\pi = \frac{\sqrt{D_{33}D_{11} - D_{31}^2}}{\sqrt{D_{33}}\sqrt{D_{11}}} = \frac{\frac{1}{2}i\sqrt{\Delta_{22}}}{\sqrt{D_{33}}\sqrt{D_{11}}},$$

$$\cos N\pi = \frac{D_{12}}{\sqrt{D_{11}}\sqrt{D_{22}}}, \quad \text{folglich:} \quad \sin N\pi = \frac{\sqrt{D_{11}D_{22} - D_{12}^2}}{\sqrt{D_{11}}\sqrt{D_{22}}} = \frac{\frac{1}{2}i\sqrt{\Delta_{33}}}{\sqrt{D_{11}}\sqrt{D_{22}}}.$$

Der Unbestimmtheit in der Definition der Winkel L, M, N entspricht in diesen Formeln, daß man für jede der vorkommenden Quadratwurzeln das Vorzeichen beliebig wählen darf. Da im ganzen sechs verschiedene Quadratwurzeln vorkommen, so kann man $2^6 = 64$ verschiedene Verfügungen über die Vorzeichen treffen.

Das ist aber geometrisch nichts anderes, als daß zu demselben Kern 64 sphärische Dreiecke gehören (unter Zugrundelegung des für die Trigonometrie erster Stufe gültigen Dreiecksbegriffes von MOEBIUS).

Weiter bilden wir uns die Funktionaldeterminanten φ_1, φ_2, φ_3 von F_2 und F_3, von F_3 und F_1 sowie von F_1 und F_2. Es entsprechen diesen die auf den Seitenebenen des ursprünglichen Dreikants senkrecht stehenden Durchmesser, mit anderen Worten: die Kanten des *Polarkerns* zu dem gegebenen Kern.

Die Winkel zwischen den Kanten φ_1, φ_2, φ_3 sind also nichts anderes als die Winkel *an* den Kanten F_1, F_2, F_3, d.h. die Winkel des sphärischen Dreiecks, welches zu dem Kern F_1, F_2, F_3 gehört. Nennen wir diese Winkel wie früher $\lambda\pi$, $\mu\pi$, $\nu\pi$, so drücken sich die Sinus und Kosinus derselben durch die zu φ_1, φ_2, φ_3 gehörigen Invarianten so aus (unter der Voraussetzung, daß $\Delta_{jj} \neq 0$, $j = 1, 2, 3$):

$$\cos\lambda\pi = \frac{\Delta_{23}}{\sqrt{\Delta_{22}}\sqrt{\Delta_{33}}}, \qquad \sin\lambda\pi = \frac{\sqrt{\Delta_{22}\Delta_{33} - \Delta_{23}^2}}{\sqrt{\Delta_{22}}\sqrt{\Delta_{33}}} = c\,\frac{\frac{1}{2}i\sqrt{D_{11}}}{\sqrt{\Delta_{22}}\sqrt{\Delta_{33}}};$$

$$\cos\mu\pi = \frac{\Delta_{31}}{\sqrt{\Delta_{33}}\sqrt{\Delta_{11}}}, \qquad \sin\mu\pi = \frac{\sqrt{\Delta_{33}\Delta_{11} - \Delta_{31}^2}}{\sqrt{\Delta_{33}}\sqrt{\Delta_{11}}} = c\,\frac{\frac{1}{2}i\sqrt{D_{22}}}{\sqrt{\Delta_{33}}\sqrt{\Delta_{11}}};$$

$$\cos\nu\pi = \frac{\Delta_{12}}{\sqrt{\Delta_{11}}\sqrt{\Delta_{22}}}, \qquad \sin\nu\pi = \frac{\sqrt{\Delta_{11}\Delta_{22} - \Delta_{12}^2}}{\sqrt{\Delta_{11}}\sqrt{\Delta_{22}}} = c\,\frac{\frac{1}{2}i\sqrt{D_{33}}}{\sqrt{\Delta_{11}}\sqrt{\Delta_{22}}},$$

wobei für den Ausdruck von $\sin\lambda\pi$, $\sin\mu\pi$, $\sin\nu\pi$ der Umstand benutzt ist, daß die Funktionaldeterminanten der Funktionaldeterminanten wieder die ursprünglichen Formen $\alpha_\varrho\eta_1^2 + 2\beta_\varrho\eta_1\eta_2 + \gamma_\varrho\eta_2^2$, $\varrho = 1, 2, 3$, sind, nur multipliziert mit einem gemeinsamen Faktor c, der übrigens von Null verschieden sein soll; es ist:

$$c = 16\begin{vmatrix} \alpha_1 & \beta_1 & \gamma_1 \\ \alpha_2 & \beta_2 & \gamma_2 \\ \alpha_3 & \beta_3 & \gamma_3 \end{vmatrix}.$$

Also: *Die Formenreihe, die man erhält, wenn man zu den gegebenen drei Formen die Funktionaldeterminanten und von diesen wieder die Funktionaldeterminanten bildet, bricht ab, weil die Funktionaldeterminanten der Funtionaldeterminanten bis auf einen leicht angebbaren Faktor die ursprünglichen Formen selbst sind. Aus demselben Grunde bringen die Kosinus und Sinus von $\lambda\pi$, $\mu\pi$, $\nu\pi$ keine neuen Vorzeichenmöglichkeiten mehr mit sich, weil die Irrationalitäten, die bei ihrer Definition auftreten, dieselben sind wie bei den $L\pi$, $M\pi$, $N\pi$.*

Nachdem wir die Seiten und Winkel eines sphärischen Dreiecks rein algebraisch als Invarianten dreier diametralen quadratischen Formen definiert haben, fragen wir:

Was bedeuten nun vom invariantentheoretischen Standpunkt aus die Formeln der sphärischen Trigonometrie?

Wir haben drei diametrale quadratische Formen:

$$F_1,\ F_2,\ F_3;$$

ferner die Funktionaldeterminanten je zweier von ihnen, ebenfalls diametrale quadratische Formen:

$$\varphi_1,\ \varphi_2,\ \varphi_3.$$

Diese sechs Formen geben uns sechs Invarianten, nämlich die *sechs „transzendenten" Invarianten*

$$L,\ M,\ N,\ \lambda,\ \mu,\ \nu,$$

Beginn der einundvierzigsten Vorlesung.

welche sich als transzendente Funktionen der Koeffizienten der drei Formen F_1, F_2, F_3 darstellen. Dazu kommen die *zwölf „algebraischen" Invarianten erster Stufe:*

$$\begin{array}{cccccc} \cos L\pi, & \cos M\pi, & \cos N\pi, & \cos\lambda\pi, & \cos\mu\pi, & \cos\nu\pi, \\ \sin L\pi, & \sin M\pi, & \sin N\pi, & \sin\lambda\pi, & \sin\mu\pi, & \sin\nu\pi, \end{array}$$

welche algebraische Funktionen der Koeffizienten sind.

Die sphärische Trigonometrie erster Stufe, als Lehre von den Relationen zwischen diesen letzteren zwölf Invarianten, hat daher, rein algebraisch genommen, folgende Bedeutung:

Die sphärische Trigonometrie erster Stufe ist die Lehre von den algebraischen Relationen, welche zwischen den (algebraischen) Invarianten erster Stufe unseres Formensystems statthaben.

Nun behaupte ich: Diese Lehre, d. h. die sphärische Trigonometrie, aufgefaßt als die Lehre von den algebraischen Relationen zwischen den Invarianten dreier diametralen Formen, *muß auch dann richtig bleiben, wenn die Formen nicht diametral, sondern ganz beliebig sind.*

§ 37. Übertragung auf beliebige quadratische Formen.

Zum Beweise beachte man zunächst, daß die in der sphärischen Trigonometrie betrachteten Invarianten $\sin L\pi$, $\cos L\pi$ usw. nur von den Verhältnissen $\alpha_1:\beta_1:\gamma_1$, $\alpha_2:\beta_2:\gamma_2$, $\alpha_3:\beta_3:\gamma_3$ der Koeffizienten jeder der drei Formen F_1, F_2, F_3 abhängen. Es sind also nicht sowohl Invarianten der Formen, als vielmehr der *Gleichungen*, welche durch Nullsetzen der Formen sich ergeben.

Eine jede trigonometrische Relation erster Stufe hat die Gestalt:

$$\mathsf{A}(\alpha_1:\beta_1:\gamma_1;\ \alpha_2:\beta_2:\gamma_2;\ \alpha_3:\beta_3:\gamma_3) = 0,$$

wobei A eine gewisse algebraische Funktion eines jeden Argumentes ist.

Bei unseren diametralen Formen ist

$$\begin{array}{lll} \alpha_1 = a_1 - ib_1, & \beta_1 = 1 - a_1^2 - b_1^2, & \gamma_1 = -a_1 - ib_1, \\ \alpha_2 = a_2 - ib_2, & \beta_2 = 1 - a_2^2 - b_2^2, & \gamma_2 = -a_2 - ib_2, \\ \alpha_3 = a_3 - ib_3, & \beta_3 = 1 - a_3^2 - b_3^2, & \gamma_3 = -a_3 - ib_3. \end{array}$$

Durch Einsetzen dieser Ausdrücke mögen die Relationen die Form annehmen:

$$\mathsf{A}^*(a_1, b_1;\ a_2, b_2;\ a_3, b_3) = 0.$$

Dabei ist A^* eine algebraische Funktion eines jeden ihrer Argumente.

Diese Funktion soll nun für *jedes* Tripel diametraler quadratischer Formen, d. h. für *alle* beliebigen reellen Werte der $a_1, b_1;\ a_2, b_2;\ a_3, b_3$ verschwinden. Wenn nun aber A^* für alle *reellen* Werte seiner Argumente identisch Null ist, *so muß es auch für alle komplexen Werte der* $a_1, b_1;\ a_2, b_2;\ a_3, b_3$ *identisch verschwinden.*

Dies folgt aus dem Eindeutigkeitssatz („Identitätssatz") für analytische Funktionen. Denn, nehmen wir etwa für b_1, a_2, b_2, a_3, b_3 beliebige feste reelle Werte an, so ist die Funktion A^* eine algebraische Funktion des einen veränderlichen Arguments a_1. Diese würde längs der ganzen reellen Achse der a_1-Ebene verschwinden. Eine algebraische Funktion, die längs einer Strecke verschwindet, muß aber (nach dem Eindeutigkeitssatz) überhaupt in der ganzen komplexen Zahlenebene verschwinden. D. h. die Relation muß auch für alle komplexen Werte von a_1 richtig bleiben.

In derselben Weise ist der Gültigkeitsbereich der Relation auch auf die komplexen Werte sämtlicher anderer Veränderlichen auszudehnen. Die Identitäten

$$A^*(a_1, b_1; a_2, b_2; a_3, b_3) = 0$$

gelten also nicht nur für alle diametralen quadratischen Formen, sondern überhaupt für alle Formen, welche sich in die Gestalt bringen lassen:

$$(a - ib)\,\eta_1^2 + (1 - a^2 - b^2)\,\eta_1\eta_2 - (a + ib)\,\eta_2^2,$$

wobei jetzt a, b *beliebige* komplexe Zahlen sein dürfen.

Nun aber kommen in unseren Relationen nur die Verhältnisse $\alpha : \beta : \gamma$ der Koeffizienten der Formen vor, mit anderen Worten, es handelt sich nur um quadratische *Gleichungen*, nicht eigentlich um Formen. Und da ist leicht zu sehen, daß die Gleichung:

$$(a - ib)\,\eta^2 + (1 - a^2 - b^2)\,\eta - (a + ib) = 0,$$

wenn man den a, b beliebige komplexe Werte gestattet, überhaupt *jede* beliebige quadratische Gleichung liefert, welche nichtsingulär ist, d. h. eine von Null verschiedene Diskriminante besitzt. [*]

Auf die (spezielle) Form, wie wir sie (S. 174) für die diametralen Gleichungen zweiten Grades angegeben haben, läßt sich überhaupt jede beliebige quadratische Gleichung mit von Null verschiedener Diskriminante bringen, sofern es nur gestattet wird, a und b selbst als komplex anzunehmen, während man auf diametrale Gleichungen beschränkt bleibt, wenn man a und b reell annimmt.

Da nun die Formeln der sphärischen Trigonometrie, als Relationen zwischen den Invarianten dreier quadratischen Gleichungen angesehen, nicht nur für reelle, sondern auch für alle komplexen Werte von a_1, b_1; a_2, b_2; a_3, b_3 ihre Gültigkeit behalten, so gelten sie nicht nur für drei diametrale quadratische Gleichungen, sondern für irgend drei ganz beliebige quadratische Gleichungen. Die Formen und ihre Funktionaldeterminanten sollen dabei — zunächst wenigstens — *nichtsingulär sein* (vgl. S. 175 und 176).

Der Gegenstand der sphärischen Trigonometrie erweitert sich also in folgender Weise:

Gegeben sind drei (beliebige) quadratische Formen. Wir bilden uns die Funktionaldeterminanten und mit deren Hilfe (die sechs transzendenten

Invarianten $L, M, N, \lambda, \mu, \nu$ *bzw.*) *die zwölf algebraischen Invarianten:* $\cos L\pi$, $\sin L\pi$; $\cos M\pi$, $\sin M\pi$; $\cos N\pi$, $\sin N\pi$; $\cos\lambda\pi$, $\sin\lambda\pi$; $\cos\mu\pi$, $\sin\mu\pi$; $\cos\nu\pi$, $\sin\nu\pi$. *Dann bestehen zwischen diesen zwölf Invarianten die Formeln der sphärischen Trigonometrie.*

So haben wir für die Gleichungen der sphärischen Trigonometrie ein sehr erweitertes Feld gewonnen. Wir werden nun rückwärts fragen, was diese algebraischen Relationen zwischen den Invarianten dreier beliebigen Formen *geometrisch* bedeuten. Was tritt da an Stelle unseres Dreikants? Und was sind das für geometrische Stücke der Figur, welche den $L\pi$, $M\pi$, $N\pi$, $\lambda\pi$, $\mu\pi$, $\nu\pi$ entsprechen?

Deuten wir eine beliebige (nichtsinguläre) quadratische Form F_1 in derselben Weise geometrisch wie früher eine diametrale quadratische Form, indem wir nämlich die beiden (voneinander verschiedenen) Nullstellen derselben als Punkte auf der Kugel deuten (vgl. S. 174) und diese beiden Punkte durch eine Gerade verbinden! Wir haben offenbar:

$F_1 = 0$ *gibt uns eine Gerade, die aber kein Durchmesser zu sein braucht.*

In derselben Weise deuten wir F_2 und F_3. An die Stelle der drei im Mittelpunkt der Kugel sich schneidenden Durchmesser sind nun drei sich im allgemeinen nicht schneidende, das Innere der Kugel durchsetzende Gerade getreten. Dieses geometrische Gebilde wollen wir einen „*allgemeinen dreigliedrigen Kern*" nennen. Die drei (nichtsingulären) Funktionaldeterminanten $\varphi_1 = 0$, $\varphi_2 = 0$, $\varphi_3 = 0$ definieren uns in derselben Weise einen, zum ersten in bestimmter Beziehung stehenden, zweiten dreigliedrigen Kern, welchen wir den „*Polarkern*" des ersten nennen wollen. Welches ist dann die geometrische Beziehung des Polarkerns φ_1, φ_2, φ_3 zu dem gegebenen Kern F_1, F_2, F_3? Gewiß wird es eine gegenseitige Beziehung sein, da ja der Polarkern des Polarkerns wieder der ursprüngliche Kern sein muß. An dieser aus dem Kern und seinem Polarkern bestehenden geometrischen Figur werden wir dann die Stücke $L\pi$, $M\pi$, $N\pi$, $\lambda\pi$, $\mu\pi$, $\nu\pi$ geometrisch zu interpretieren haben. —

Da wir es in ganz allgemeinem Sinne mit Invarianten und Kovarianten zu tun haben, handelt es sich hierbei um solche Beziehungen, die bei allen Transformationen

$$\eta' = \frac{\alpha\eta + \beta}{\gamma\eta + \delta}, \qquad \alpha\delta - \beta\gamma \neq 0$$

mit (im übrigen beliebigen) komplexen Koeffizienten α, β, γ, δ erhalten bleiben.

Das führt uns zu der sog. „*Nichteuklidischen Geometrie*", d. h. zu der Geometrie mit einer auf unsere η-Kugel als Fundamentalfläche gegründeten CAYLEYschen (projektiven) Maßbestimmung. Für „nichteuklidisch" wird im folgenden auch die *Abkürzung* „*n. e.*" gebraucht.

Die n. e. Geometrie ist nämlich einfach die Invariantentheorie derjenigen linearen Raumtransformationen, welche die Fundamentalfläche in sich selbst überführen, genau so, wie die gewöhnliche (euklidische) Raumgeometrie die Invariantentheorie der gewöhnlichen Bewegungen des Raumes vorstellt (vgl. KLEIN [7], z. B. S. 186ff.).

§ 38. Exkurs über nichteuklidische Geometrie.

Wir werden also jetzt ganz allgemein einen kurzen Blick darauf zu werfen haben, wie sich die Geometrie gestaltet unter Benutzung der *Kugel als Fundamentalfläche einer* CAYLEY*schen Maßbestimmung*.

Ich werde davon hier nur das Allernotwendigste mitteilen und nicht auf Einzelheiten eingehen können, indem ich im übrigen auf meine Vorlesungen über n. e. Geometrie hinweise (= KLEIN [7]); in Frage kommt insbesondere Teil 2. [*]

Es seien irgend zwei Punkte p_1, p_2 gegeben (die nicht auf der Kugel liegen und deren Verbindungsgerade die Kugel nicht berührt). Um ihre „n. e. Entfernung" im Sinne der CAYLEYschen Maßbestimmung zu definieren, verbinden wir p_1 und p_2 durch eine Gerade, welche die Fundamentalfläche in zwei Punkten o_1 und o_2 schneiden möge. Unter der (CAYLEYschen) *n. e. Entfernung* $\{p_1 p_2\}$ von p_1 und p_2 versteht man dann den mit $i/2$ multiplizierten Logarithmus des Doppelverhältnisses von p_1, p_2 zu o_1, o_2, also:

$$\{p_1 p_2\} = \frac{i}{2} \log\left(\frac{\overline{p_1 o_1}}{\overline{p_2 o_1}} : \frac{\overline{p_1 o_2}}{\overline{p_2 o_2}}\right).$$

Dabei bedeuten $\overline{p_1 o_1}$ usw. die euklidisch gemessenen, mit Vorzeichen genommenen Längen der Verbindungsstrecken von o_1 und p_1 usw. Wegen der Vieldeutigkeit des Logarithmus ist die Entfernung nur modulo π bestimmt, sofern nicht besondere Verabredungen getroffen werden, also etwa, wie im folgenden, der *Hauptwert* genommen wird [**].

In dualistisch genau entsprechender Weise werden wir unter dem *n. e. Winkel* zweier, von einem (nicht auf der Kugel gelegenen) Punkte ausgehenden, die Kugel nicht berührenden Geraden, deren Verbindungsebene die Kugel nicht berühren möge, sowie unter dem n. e. Winkel zweier sich schneidenden Ebenen (in allgemeiner Lage) den mit $i/2$ multiplizierten Logarithmus des Doppelverhältnisses verstehen, welches die beiden Geraden mit denjenigen Geraden desselben Büschels bzw. die Ebenen mit denjenigen Ebenen desselben Büschels bilden, welche die Fundamentalfläche berühren.

Ferner: Zwei Ebenen, welche (bezüglich der Kugel als Fundamentalfläche) den n. e. Winkel α bilden, schneiden die Kugel in Kreisen, welche den euklidisch gemessenen Winkel α miteinander bilden [***]:

$$\sphericalangle P_1 P_2 = \frac{i}{2} \log\left(\frac{(P_1 O_1)}{(P_2 O_1)} : \frac{(P_1 O_2)}{(P_2 O_2)}\right).$$

Übrigens ist über die Beziehung dieser Definition des n. e. Winkels zu dem gewöhnlichen (euklidischen) Begriff des Winkels folgendes zu sagen:

Den Logarithmus des Doppelverhältnisses können wir immer durch einen arccos ausdrücken (vgl. Klein [7], S. 169), *und es stimmt dann der n. e. Winkel zweier Geraden oder zweier Ebenen, die vom Mittelpunkt der Kugel auslaufen, überein mit dem euklidischen Winkel, d. h. mit dem Winkel, welchen diese Geraden bzw. Ebenen in der elementaren Geometrie miteinander bilden.* Man entnimmt dies aus der Tatsache, daß der Kugelmittelpunkt der Pol der uneigentlichen Ebene ist, daß also die von ihm an die Kugel gelegten Tangentialebenen gleichzeitig den imaginären (uneigentlichen) Kugelkreis berühren (vgl. Klein [7], S. 139).

Es ist im übrigen nützlich, zu diskutieren, wann die n. e. Entfernungen und Winkel zweier Punkte, Geraden, Ebenen reell und wann sie imaginär sind. Man findet für die n. e. Entfernung bzw. den n. e. Winkel einen rein imaginären Wert, wenn die beiden Elemente o_1, o_2 bzw. O_1, O_2 und folglich auch das Doppelverhältnis reell sind, dagegen einen reellen Wert, wenn o_1, o_2 bzw. O_1, O_2 konjugiert komplex sind, das Doppelverhältnis also den absoluten Wert 1 hat. Also:

Die n. e. Entfernung zweier Punkte wird rein imaginär, wenn beide Punkte innerhalb der Kugel liegen, und der n. e. Winkel zweier sich schneidenden Geraden oder Ebenen wird reell, wenn sie sich innerhalb der Kugel schneiden. Es sind dies diejenigen Möglichkeiten, die wir im folgenden fast ausschließlich betrachten. Dabei wird im folgenden auch die *Diskussion von Ausnahmefällen,* welche bei spezieller Lage der Geraden usw. sich einstellen könnten, *durchweg unterlassen.*

Wir müssen nun wissen, wann zwei Gerade oder Ebenen (in allgemeiner Lage) im Sinne der oben definierten, n. e. Winkelmessung aufeinander senkrecht stehen, d. h. wann sie einen n. e. Winkel $\pi/2$ miteinander bilden. Dann muß das Doppelverhältnis derselben zu den berührenden Elementen o_1, o_2 desselben Büschels den Wert -1 haben, d. h. P_1, P_2 müssen zu O_1, O_2 harmonisch liegen.

Das ergibt für zwei in einer Ebene liegende Geraden:

Die eine Gerade steht (in der Ebene) auf der zweiten im n. e. Sinne senkrecht, wenn sie durch den Pol dieser zweiten Geraden (in bezug auf unsere Kugel) geht.

Dann geht natürlich auch die zweite Gerade durch den Pol der ersten Geraden, so daß die Beziehung des n. e. Senkrechtstehens, wie auch in der gewöhnlichen Geometrie, eine gegenseitige ist.

Im Raume gibt es zu jedem Punkt eine Polarebene, zu jeder Ebene einen Pol (bezüglich der Fundamentalfläche [Kugel]). Einer geraden Punktreihe entspricht als Polargebilde ein Ebenenbüschel und umgekehrt. Unter der konjugierten Polaren einer Geraden versteht man eine andere Gerade, welche zu der ersten in der (gegenseitigen) Beziehung steht, daß einer auf der einen Geraden liegenden Punktreihe ein Ebenenbüschel als Polargebilde entspricht, dessen Achse die andere Gerade ist. Und nun kann man sagen:

Eine Gerade steht auf einer zweiten im n. e. Sinne senkrecht, wenn sie gleichzeitig diese zweite Gerade und deren konjugierte Polare schneidet. (Die Polare ist bezüglich der Fundamentalkugel zu nehmen.)

Jetzt werden wir weiter fragen, ob man zu irgend zwei gegebenen Geraden ein *gemeinsames n. e. Perpendikel* konstruieren kann. Diese Frage kommt darauf hinaus, ob man eine Gerade konstruieren kann, welche einerseits durch die erste gegebene Gerade p_1 und ihre konjugierte Polare P_1, andererseits durch die andere gegebene Gerade p_2 und ihre konjugierte Polare P_2 geht, kurz, ob es eine Gerade gibt, welche durch die vier Geraden p_1, P_1, p_2, P_2 gleichzeitig geht.

Es gibt nun im allgemeinen immer zwei (verschiedene) Geraden, welche die Bedingung erfüllen, vier gegebene Geraden zu schneiden; im vorliegenden Fall sind diese gemeinsamen Schneidenden insbesondere einander bezüglich der Kugel polar zugeordnet [*].

Die vier Geraden haben zwei gemeinsame Transversalen p' und P', welche wieder zueinander konjugierte Polaren in bezug auf die Kugel sind. Die eine dieser Geraden p' schneidet die Kugel reell, durchsetzt also das Innere derselben, die andere schneidet sie nicht, sondern verläuft ganz außerhalb der Kugel.

Da wir künftig nur auf das *Innere* der Kugel achten, werden wir sagen:

Das Innere der Kugel wird von nur einem gemeinsamen n. e. Perpendikel durchsetzt, und sofern wir nur auf das Innere der Kugel achten, ist also das gemeinsame n. e. Perpendikel zu zwei gegebenen Geraden (im allgemeinen) eindeutig bestimmt.

Heute haben wir noch eine kleine Entwicklung betreffend die Deutung einer beliebigen projektiven Transformation (linearen Substitution) der komplexen Veränderlichen η

$$\eta' = \frac{\alpha\eta + \beta}{\gamma\eta + \delta}, \qquad \alpha\delta - \beta\gamma \neq 0,$$

als einer n. e. Bewegung des Raumes kennenzulernen.

Es handelt sich darum, eine Abbildung der η-Kugel auf sich, wie sie durch die lineare Substitution definiert ist, eindeutig zu einer *n. e. Bewegung des Raumes* zu „erweitern", d. h. zu einer projektiven Punkttransformation des ganzen Raumes in sich, bei welcher die (Oberfläche der) η-Kugel so auf sich selbst abgebildet wird, wie es unserer linearen η-Substitution entspricht. Die gesuchte Erweiterung läßt sich auf Grund folgender Überlegung definieren (konstruieren):

Beginn der zweiundvierzigsten Vorlesung.

Da durch eine lineare Substitution der η jeder Kreis auf der η-Kugel wieder in einen Kreis verwandelt, ein Kreis aber immer durch eine bestimmte Ebene (des Raumes) ausgeschnitten wird, und da umgekehrt jeder Ebene eindeutig ein bestimmter (evtl. nichtreeller) Kreis auf der Kugel entspricht [*], so werden durch die Transformation

$$\eta' = \frac{\alpha\eta + \beta}{\gamma\eta + \delta}$$

der Kugel in sich zunächst die Ebenen einander ein-eindeutig zugeordnet. Die Zuordnung der Punkte des Raumes zueinander ergibt sich nun so:

Alle Kreise (auf der Kugel), welche einen gegebenen Kreis (auf der Kugel) orthogonal schneiden, gehen (wegen der Konformität der Transformation auf der Kugel) wieder in Kreise über, die einen gewissen Kreis orthogonal schneiden. Kreisen, die einen Kreis orthogonal schneiden, entsprechen aber Ebenen, die durch einen Punkt, nämlich durch den Pol der Ebene des Orthogonalkreises, gehen. Umgekehrt entsprechen solchen Ebenen, die durch einen Punkt gehen, wiederum Kreise auf der Kugel, welche einen gewissen (evtl. nichtreellen) Kugelkreis orthogonal schneiden. Allen Ebenen, die durch einen Punkt gehen, entsprechen also vermöge unserer η-Substitution wieder Ebenen, die durch einen Punkt gehen. Dadurch sind also die Punkte des Raumes einander zugeordnet, und zwar ein-eindeutig; wir haben es mit einer ein-eindeutigen (und überdies stetigen) Punkttransformation des Raumes in sich zu tun.

Eine ein-eindeutige, stetige Punkttransformation des Raumes aber, bei der alle Ebenen wieder Ebenen werden, kann nur eine projektive Transformation sein [**].

Bei einer projektiven Transformation des Raumes bleiben nun, wie man weiß, alle Doppelverhältnisse ungeändert, hier also insbesondere alle auf die fest bleibende Kugel bezüglichen Doppelverhältnisse, mit anderen Worten, alle auf die Kugel gegründeten n. e. Maßbestimmungen. D. h.:

Man kann jede projektive Transformation

$$\eta' = \frac{\alpha\eta + \beta}{\gamma\eta + \delta}$$

der Kugeloberfläche in sich zu einer n. e. Bewegung des gesamten Raumes erweitern.

Davon gilt auch die Umkehrung, nämlich: Jede projektive Raumtransformation, welche die Kugel in sich überführt, gibt zu einer Substitution

$$\eta' = \frac{\alpha\eta + \beta}{\gamma\eta + \delta}$$

Veranlassung.

Durch eine derartige projektive Raumtransformation wird nämlich eine ein-eindeutige Punkttransformation der Kugeloberfläche (bzw. der komplexen η-Ebene) festgelegt, welche Kreise in Kreise überführt. Folglich bleibt das Doppelverhältnis von je vier Punkten der η-Ebene invariant, so daß die fragliche Transformation der η-Ebene in sich eine lineare sein muß. (Einen Beweis für den ganzen Satz findet man auch bei KLEIN [7], S. 307.)

Wir wollen jetzt den Charakter einer solchen Bewegung näher untersuchen. (Vgl. dazu KLEIN [7], S. 123ff.)

Bei der vorliegenden Transformation bleiben zwei Punkte der Kugel, welche durch die Gleichung

$$\gamma\eta^2 + (\delta - \alpha)\eta - \beta = 0$$

bestimmt sind, ungeändert („Fixpunkte").

Sind die beiden Fixpunkte verschieden, so wird durch sie eine Raumgerade bestimmt, welche bei der n. e. Bewegung in sich selbst übergeht. Der n. e. Charakter dieser Bewegung wird nun sicher nicht geändert, wenn wir dieselbe durch eine geeignete andere Bewegung so transformieren, daß die Achse durch die beiden mit $\eta = 0$ und $\eta = \infty$ bezeichneten, einander diametral gegenüberliegenden Kugelpunkte hindurchgeht, d. h. wenn wir durch eine geeignete, ebenfalls projektive Transformation des η die vorliegende Substitution

$$\eta' = \frac{\alpha\eta + \beta}{\gamma\eta + \delta}$$

so transformieren, daß ihre Fixpunkte gerade $\eta = 0$ und $\eta = \infty$ sind. Dann hat sie aber die Gestalt:

$$\eta' = \alpha^*\eta.$$

Diese Umformung ist, wie gesagt, nur dann möglich, wenn die beiden Fixpunkte verschieden sind. Besitzt die Substitution nur *einen* Fixpunkt, sog. *„parabolische"* Substitution, und transformiert man den Fixpunkt nach $\eta = \infty$, so nimmt die Substitution die Gestalt an:

$$\eta' = \eta + \beta^*,$$

was wir als Parallelverschiebung [„Schiebung"] in der komplexen η-Ebene deuten können, es sei denn, daß $\beta^* = 0$ ist, daß also die Identität vorliegt. (Vgl. übrigens auch S. 188.)

Wir wollen die komplexe Zahl α^* in Gestalt eines Exponentialausdruckes schreiben:

$$\alpha^* = e^{i\pi\lambda}$$

und wollen $\lambda\pi$ die *„Amplitude"* der n. e. Bewegung nennen. Also:

Wir können den analytischen Ausdruck der einzelnen n. e. Bewegung auf die Gestalt bringen

$$\eta' = e^{i\pi\lambda}\eta,$$

unter $\lambda\pi$ die Amplitude der n. e. Bewegung verstanden. Die Zahl λ ist im allgemeinen komplex; ihre Zerlegung in reellen und imaginären Teil laute:

$$\lambda = \lambda' + i\lambda''.$$

Ich behaupte nun: Beide Teile, der reelle wie der imaginäre, haben eine gute geometrische Bedeutung.

Zunächst sieht man: Da die Transformation

$$\eta' = e^{i\pi\lambda}\eta$$

Kreise in Kreise überführt und winkeltreu ist, so werden, falls wir die Fixpunkte $\eta = 0$ und $\eta = \infty$ als Nordpol bzw. Südpol der Kugel ansehen, die Meridiane (nämlich die Kreise durch die Fixpunkte) wieder Meridiane, die Breitenkreise (d. h. die Orthogonalkreise der Meridiane) wieder Breitenkreise; d. h. im Raum gedeutet: Die durch die Achse gehenden Ebenen werden gedreht, die zur Achse senkrecht stehenden Ebenen parallel verschoben. Denkt man sich diese kombinierte Bewegung kontinuierlich ausgeführt, so beschreibt jeder Punkt des Raumes sowohl als der Kugeloberfläche eine Art Schraubenbewegung von dem einen Pole der Kugel nach dem anderen hin. Welche geometrische Bedeutung für diese *n. e. Schraubenbewegung* haben nun der reelle und der imaginäre Teil der Amplitude $\lambda\pi$?

Da behaupte ich:

Ist $\lambda\pi = (\lambda' + i\lambda'')\pi$ die Amplitude der n. e. Bewegung, so werden die durch die Achse hindurchgehenden Ebenen, also die Ebenen der Meridiankreise, um den n. e. Winkel $\lambda'\pi$ „gedreht" und die n. e. senkrecht zur Achse stehenden Ebenen, also die Ebenen der Breitenkreise, um die n. e. Strecke $i\lambda''\pi$, auf der Achse gemessen, „verschoben".

Diese beiden Sätze sind zu beweisen. Die Substitution

$$\eta' = e^{i\lambda\pi}\eta$$

lautet, in Raumkoordinaten x, y, z geschrieben (vgl. S. 174):

$$\frac{x' + iy'}{1 - z'} = e^{+i\lambda'\pi - \lambda''\pi}\,\frac{x + iy}{1 - z}. \tag{S_1}$$

Dieselbe Formel muß für die konjugierten Werte der Veränderlichen und Konstanten gelten, also

$$\frac{x' - iy'}{1 - z'} = e^{-i\lambda'\pi - \lambda''\pi}\,\frac{x - iy}{1 - z}. \tag{S_2}$$

Hieraus folgt durch Division der beiden Formeln

$$\frac{x' + iy'}{x' - iy'} = e^{2i\lambda'\pi}\,\frac{x + iy}{x - iy}.$$

Setzt man nun

$$x = r\cos\varphi, \quad y = r\sin\varphi, \quad z = \sqrt{1 - r^2},$$

so bedeutet $\varphi =$ konst. bei veränderlichem r und z eine der Meridianebenen. Bei dieser Bezeichnungsweise wird aber

$$x + iy = re^{i\varphi}, \quad x - iy = re^{-i\varphi},$$

und unsere Transformation schreibt sich

$$e^{2i\varphi'} = e^{2i\lambda'\pi} e^{2i\varphi}$$

oder

$$\varphi' \equiv \varphi + \lambda'\pi \pmod{\pi}.$$

Hieraus lesen wir ab, daß in der Tat, wie behauptet, die Meridianebene mit dem Azimut φ sich bei unserer n. e. Bewegung in die Meridianebene mit dem Azimut $\varphi + \lambda'\pi$ verwandelt, also eine Drehung um den (zunächst euklidisch gemessenen) Winkel $\lambda'\pi$ erfährt. Da die Meridianebenen durch den Kugelmittelpunkt gehen, ist $\lambda'\pi$ aber auch der n. e. Winkel der beiden Meridianebenen (vgl. S. 183).

Multiplizieren wir andererseits die beiden Transformationsgleichungen (S_1) und (S_2) und berücksichtigen wir, daß für die Punkte der Kugel gilt:

$$(x + iy)(x - iy) = x^2 + y^2 = 1 - z^2 = (1 - z)(1 + z),$$

so ergibt sich

$$\frac{1 + z'}{1 - z'} = e^{-2\lambda''\pi} \frac{1 + z}{1 - z}$$

und hieraus

$$\frac{z' - 1}{z' + 1} : \frac{z - 1}{z + 1} = e^{2\lambda''\pi}.$$

D. h.: Das Doppelverhältnis des transformierten Punktes z' und des ursprünglichen Punktes z zu den Schnittpunkten $z = +1$ und $z = -1$ der z-Achse mit der Kugel ist gleich $e^{2\lambda''\pi}$. Nun ist aber die n. e. Entfernung dieser zwei Punkte z und z' durch den mit $i/2$ multiplizierten Logarithmus dieses Doppelverhältnisses definiert (und zwar möge hier der Hauptwert dieses Logarithmus genommen werden):

$$\overline{zz'} = \frac{i}{2} \log\left(\frac{z' - 1}{z' + 1} : \frac{z - 1}{z + 1}\right).$$

Also ergibt sich wirklich als n. e. Entfernung des transformierten Punktes der Achse von dem ursprünglichen, d. h. als Betrag der n. e. Verschiebung, der Wert

$$\overline{zz'} = i\lambda''\pi.$$

Diese beiden Resultate betreffs der Drehung und der Schiebung mögen noch zusammengefaßt und folgendermaßen ausgesprochen werden:

Eine n. e. Schraubenbewegung von der Amplitude $\lambda\pi$, wo $\lambda = \lambda' + i\lambda''$ ist, bedeutet eine n. e. Drehung um die Schraubenachse durch den n. e. Winkel $\lambda'\pi$ und eine n. e. Verschiebung längs der Schraubenachse um eine Strecke von der n. e. Länge $i\lambda''\pi$.

Schließlich ist noch auf die Fälle der parabolischen η-Substitutionen hinzuweisen (vgl. S. 186). Diese können aus den im vorstehenden betrachteten (nichtparabolischen) Fällen als Grenzfälle gewonnen werden dadurch, daß man die beiden Fixpunkte sich einander unbegrenzt nähern läßt. Als „Schraubenachse“ erhalten wir in der Grenze eine Kugeltangente.

§ 39. Die SCHILLINGsche Figur.

Nach diesen Vorbereitungen werden wir leicht die SCHILLINGsche Figur verstehen.

Drei Formen F_1, F_2, F_3 werden repräsentiert durch drei Gerade im Raume, die sich im allgemeinen nicht schneiden, also zueinander windschief liegen (was wir annehmen).

Zu F_1, F_2, F_3 bilden wir die Funktionaldeterminanten φ_1, φ_2, φ_3, welche wieder durch drei Geraden repräsentiert werden, nämlich durch den „*Polarkern*" des durch F_1, F_2, F_3 gegebenen „*Kerns*". Wie liegt nun dieser Polarkern zu dem ursprünglichen Kern?

Um dies zu sehen, müssen wir überhaupt untersuchen, welches die geometrische Beziehung der Funktionaldeterminante φ_1 zu den beiden Formen F_2, F_3 ist. Ich behaupte, um es weiter unten zu beweisen:

Die Funktionaldeterminante zweier quadratischen Formen wird durch das gemeinsame n. e. Perpendikel derjenigen beiden Geraden gegeben, welche die Repräsentanten der beiden quadratischen Formen sind. (Für Durchmesser ist der Satz bereits auf S. 176 bewiesen.)

Nehmen wir vorläufig diesen Satz als bewiesen an, so ist klar: Wenn die Kanten des Polarkerns die gemeinsamen Perpendikel je zweier Kanten des ursprünglichen Kerns sind, dann sind auch umgekehrt die Kanten des ursprünglichen Kerns die gemeinsamen Perpendikel der Kanten des Polarkerns. Mit anderen Worten:

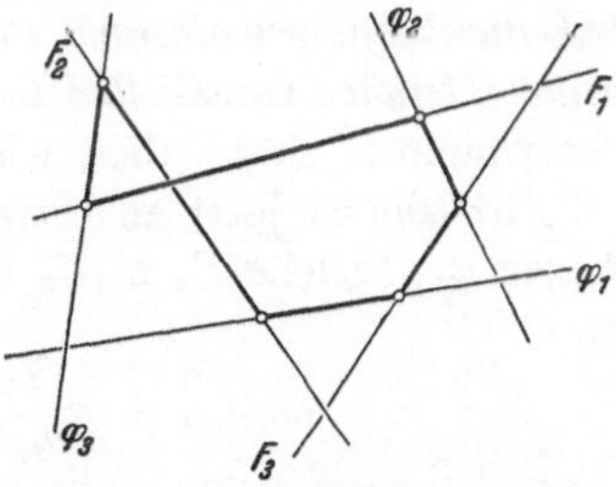

Fig. 32. Doppelkern, gebildet aus dem Kern F_1, F_2, F_3 und dem zugehörigen Polarkern φ_3, φ_1, φ_2 (schematisch).

Kern und Polarkern bilden zusammen einen „Doppelkern" $F_1\varphi_3F_2\varphi_1F_3\varphi_2$, d. h. ein räumliches Sechsseit, dessen einzelne Seiten auf der vorangehenden und nachfolgenden jedesmal n. e. senkrecht stehen (vgl. die Fig. 32). Welche geometrische Bedeutung in bezug auf diesen Doppelkern haben nun die durch die Invarianten der Formen F_1, F_2, F_3 und φ_1, φ_2, φ_3 definierten Zahlen $\lambda\pi$, $\mu\pi$, $\nu\pi$, $L\pi$, $M\pi$, $N\pi$?

Ich behaupte, daß $\lambda\pi$ die Amplitude derjenigen n. e. Schraubenbewegung mit F_1 als Achse ist, welche ich vornehmen muß, um φ_2 in φ_3 überzuführen; d. h. daß $\lambda'\pi$ der n. e. Winkel ist, den die beiden durch F_1 hindurchgehenden Ebenen miteinander bilden, welche φ_2 bzw. φ_3 enthalten, und daß $i\lambda''\pi$ die n. e. Entfernung der Fußpunkte von φ_2 und φ_3 auf F_1 ist.

Genau entsprechende Bedeutung haben $\mu\pi$, $\nu\pi$ und, wenn man Kern und Polarkern vertauscht, $L\pi$, $M\pi$, $N\pi$.

All diese Sätze hängen *in erster Linie* von dem Beweise des Satzes ab, daß die Funktionaldeterminante φ_1 zweier Formen F_2, F_3, geometrisch gedeutet, das gemeinsame n. e. Perpendikel der F_2 und F_3 repräsentierenden Geraden vorstellt.

Um das zu beweisen, führen wir eine möglichst bequeme Lage der Figur zum Koordinatensystem ein. Wir legen dieselbe nämlich so, daß das gemeinsame n. e. Perpendikel von F_2 und F_3 durch die Punkte $\eta = 0$ und $\eta = \infty$ der Kugel geht, also ein Durchmesser der Fundamentalkugel ist. Dann stehen aber (vgl. die Anmerkung [*] zu S. 184) die Geraden F_2 und F_3 auch im euklidischen Sinne senkrecht auf dem gemeinsamen n. e. Perpendikel, so daß die Geraden F_2 und F_3 jede in einer horizontalen Ebene liegen. F_2 und F_3 haben dann die Gestalt

$$F_2 = \alpha_2\eta_1^2 + \gamma_2\eta_2^2,$$
$$F_3 = \alpha_3\eta_1^2 + \gamma_3\eta_2^2.$$
$$(\alpha_2\gamma_2 \neq 0, \quad \alpha_3\gamma_3 \neq 0).$$

Diese Gestalt ergibt sich unmittelbar aus der stereographischen Projektion.

Die Funktionaldeterminante dieser beiden Formen lautet aber

$$\varphi_1 = 4(\alpha_2\gamma_3 - \alpha_3\gamma_2)\eta_1\eta_2,$$

hat also die Nullstellen $\eta = 0$ und $\eta = \infty$, ihre repräsentierende Gerade fällt also in der Tat mit dem gemeinsamen Perpendikel der Geraden F_2 und F_3 zusammen.

Damit ist gezeigt, daß die Funktionaldeterminante zweier Formen wirklich durch das gemeinsame Perpendikel der die Formen repräsentierenden beiden Geraden vorgestellt ist. (Die beiden Formen und ihre Funktionaldeterminante sind dabei, wie stets, als nichtsingulär angenommen.)

Zweitens ist jetzt zu beweisen, daß die Schraubenbewegung mit der Achse φ_1, welche F_2 in F_3 überführt, wirklich die durch

$$\cos L\pi = \frac{D_{23}}{\sqrt{D_{22}}\sqrt{D_{33}}}, \qquad \sin L\pi = \frac{\frac{i}{2}\sqrt{\Delta_{11}}}{\sqrt{D_{22}}\sqrt{D_{33}}}$$

gegebene Amplitude $L\pi$ besitzt (vgl. S. 177). In der Tat: Die Schraubenbewegung mit der Achse φ_1 wird die Gestalt haben:

$$\eta' = e^{i\pi L}\eta.$$

Damit die Gleichung

$$F_2 = 0 \quad \text{oder} \quad \alpha_2\eta^2 + \gamma_2 = 0$$

durch diese Transformation in die Gleichung

$$F_3 = 0 \quad \text{oder} \quad \alpha_3\eta^2 + \gamma_3 = 0$$

übergehe, muß

$$\alpha_2\gamma_3 e^{-2i\pi L} = \alpha_3\gamma_2,$$

also

$$e^{2i\pi L} = \frac{\alpha_2\gamma_3}{\alpha_3\gamma_2},$$

also

$$\cos L\pi + i\sin L\pi = \sqrt{\frac{\alpha_2\gamma_3}{\alpha_3\gamma_2}}$$

sein.

Das so definierte L ist nun das frühere. In der Tat rechnet man nach, daß bei geeigneter Verfügung über die Vorzeichen der Quadratwurzeln (vgl. S. 177) gilt:

$$\cos L\pi = \frac{D_{23}}{\sqrt{D_{22}}\sqrt{D_{33}}} = -\frac{\alpha_2\gamma_3 + \alpha_3\gamma_2}{2\sqrt{\alpha_2\alpha_3\gamma_2\gamma_3}}$$

und

$$\sin L\pi = \frac{\frac{i}{2}\sqrt{\Delta_{11}}}{\sqrt{D_{22}}\sqrt{D_{33}}} = \frac{i}{2}\frac{\alpha_2\gamma_3 - \alpha_3\gamma_2}{\sqrt{\alpha_2\alpha_3\gamma_2\gamma_3}},$$

also

$$\cos L\pi + i\sin L\pi = \frac{D_{23} - \frac{1}{2}\sqrt{\Delta_{11}}}{\sqrt{D_{22}}\sqrt{D_{33}}} = \sqrt{\frac{\alpha_2\gamma_3}{\alpha_3\gamma_2}},$$

womit auch der zweite Teil der Behauptung bestätigt ist.

Wir haben gezeigt, daß der Winkel $L\pi$, welcher arithmetisch vermittels der Invarianten D und Δ definiert wird, direkt die Amplitude derjenigen Schraubenbewegung mit dem gemeinsamen Perpendikel als Achse ist, welche die Gerade F_2 in die Gerade F_3 überführt.

Wir sehen also aus dem allen:

Die SCHILLING*sche Figur ist in der Tat die richtige und notwendige Verallgemeinerung des Dreikants und seines Polardreikants, welche man eintreten lassen muß, wenn man für L, M, N, λ, μ, ν komplexe Werte zulassen will.*

Wir sagen heute noch kurz:

Die Entwicklungen der gestrigen Stunde kommen in der Hauptsache darauf zurück, daß man den Winkel zweier sich nicht schneidenden Geraden durch die Amplitnde derjenigen Schraubenbewegung erklärt, welche man um das gemeinsame Perpendikel der beiden Geraden ausführen muß, um die eine Gerade in die andere überzuführen, und daß man von vornherein diese Definition bei der Figur des Doppelkerns in Anwendung bringt.

Wir knüpfen nun heute an die schon früher (S. 177) gemachte Bemerkung an, daß durch den Kern bzw. durch die drei Formen F_1, F_2, F_3 die sechs Winkel $\lambda\pi$, $\mu\pi$, ..., $N\pi$ nicht eindeutig definiert sind.

Schon beim gewöhnlichen Dreikant hatten wir, je nach dem Sinn, in welchem die Winkel und Seiten gemessen wurden, 64 Stämme von zugehörigen Dreiecken zu unterscheiden und in jedem dieser Stämme noch unendlich viele verschiedene Dreiecke, deren Winkel und Seiten sich um beliebige Multipla von 2π unterscheiden (vgl. S. 167). Dabei ergaben sich aus irgendeinem der unendlich vielen, zu demselben Dreikant gehörigen Dreiecke mit den Winkeln und Seiten $\lambda\pi$, $\mu\pi$, $\nu\pi$, $L\pi$, $M\pi$, $N\pi$ alle übrigen durch die Formeln auf S. 166.

Beginn der dreiundvierzigsten Vorlesung.

Ganz entsprechend sind beim allgemeinen Kern, je nach der Vorzeichenwahl für die in $\cos\lambda\pi$, $\sin\lambda\pi$ usw. auftretenden sechs Irrationalitäten, $2^6 = 64$ Stämme von Wertsystemen $\lambda, \mu, \nu, L, M, N$ zu unterscheiden, wobei die Wertsysteme je eines Stammes sich noch um beliebige Multipla von 2π unterscheiden. Wir *verabreden* in dieser Hinsicht:

Wenn wir an der Figur nichts anderes als die Lage der zweimal drei Geraden des Kerns und des Polarkerns als wesentlich ansehen, wollen wir den Kern einen „*geometrischen Kern*" nennen. Treffen wir außerdem noch eine Festsetzung über den Sinn der Bewegungen, ohne aber modulo 2π verschiedene Amplituden voneinander zu unterscheiden, verallgemeinern wir also die Moebiussche Definition des sphärischen Dreiecks auf den Fall eines beliebigen Kernes, so werden wir das so schärfer definierte Gebilde einen „*algebraischen Kern erster Stufe*" nennen; und wenn wir endlich die Amplituden auch ihrem absoluten Werte nach festlegen, werden wir von einem „*transzendenten Kern*" sprechen. Diese Verabredungen sollen übrigens nur für unsere augenblicklichen Betrachtungen gelten, ohne daß wir denselben eine bleibende Bedeutung für alle Zukunft geben wollten.

Wie in der Trigonometrie mit reellen Winkeln und Seiten, so bietet sich uns jetzt hier das Problem, zu einem gegebenen geometrischen Kern alle zugehörigen transzendenten Kerne zu gewinnen. Zu dem Zwecke müssen wir einige Festsetzungen treffen:

1. Wir statten jede der sechs Geraden des Doppelkerns mit einem bestimmten positiven Durchlaufungssinn aus.

2. Unter einer positiven Schraubung (mit positivem reellem und imaginärem Teil der Amplitude) verstehen wir eine rechtsgewundene Schraubenbewegung in Richtung des eben festgelegten positiven Sinnes der Schraubenachse.

3. Unter der Amplitude $L\pi$ verstehen wir dann den in positivem Sinne gerechneten Betrag derjenigen *rechtsgewundenen* Schraubung um die Achse φ_1, welche die positive Richtung von F_2 in die positive Richtung von F_3 überführt. Entsprechend definieren wir die übrigen Amplituden.

Durch all das sind die Amplituden aber erst modulo 2π bestimmt; unter allen bei dieser Bestimmungsweise noch möglichen Werten der $L\pi$, $M\pi$, $N\pi$; $\lambda\pi$, $\mu\pi$, $\nu\pi$ sei ein bestimmtes Wertsystem ausgewählt.

Wir haben offenbar:

Die Festsetzungen 1. können auf 64 Weisen getroffen werden, und es sind dann durch 2. und 3. die $L\pi$, $M\pi$, $N\pi$, $\lambda\pi$, $\mu\pi$, $\nu\pi$ bis auf beliebige Multipla von 2π bestimmt, so daß wir gerade die 64 Stämme verwandter transzendenter Kerne vor uns sehen.

Nachdem wir so den Begriff des transzendenten Kerns festgelegt haben, werden wir sagen: *die so definierten Wertsysteme sind der Gegenstand der erweiterten sphärischen Trigonometrie.* In der Tat stimmen unsere Festsetzungen über die Vorzeichen und absoluten Werte der $\lambda, \mu, \nu, \ldots$, wenn wir zum Dreikant zurückgehen, mit den früher getroffenen genau überein. Es erhebt sich nun, wie in der gewöhnlichen sphärischen Trigonometrie, sogleich die Frage, inwieweit z. B. L, M, N durch Vorgabe von λ, μ, ν festgelegt sind. Ohne auf diese Frage näher einzugehen, wollen wir doch noch eine kinematische Betrachtung anfügen, mittels deren sich die Beantwortung ergibt (vgl. etwa S. 196, Anmerkung [*]).

§ 40. Kinematische Bedeutung des Kerns.

Die zunächst in Aussicht genommene kinematische Betrachtung des Kerns geht aus von dem HAMILTON*schen Satz vom sphärischen Dreieck* [*].

Wir denken uns auf der Kugel ein gewöhnliches (EULERsches) sphärisches Dreieck mit den *Winkeln* $\lambda\pi$, $\mu\pi$, $\nu\pi$. Wir denken uns nun erstens die ganze Kugel um den zu $\lambda\pi$ gehörigen Durchmesser um den Winkel $2\lambda\pi$ gedreht und nennen diese Operation A. Desgleichen verstehen wir unter B eine Drehung der Kugel um den durch $\mu\pi$ gehenden Durchmesser um den Winkel $2\mu\pi$, unter C eine Drehung um $2\nu\pi$ um den durch die dritte Ecke gehenden Durchmesser. Dann behauptet HAMILTON:

Die Aufeinanderfolge dieser drei Operationen ergibt die Identität (die wir mit 1 bezeichnen wollen). Also:

$$ABC = 1.$$

In der Tat sehen wir, wenn wir zu dem gegebenen Dreieck die Spiegelbilder an den drei Seiten bilden, wie es in der hier gezeichneten Fig. 33 geschehen ist, daß die Operation A das Dreieck *2* in das Dreieck *3* überführt, daß dann das Dreieck *3* durch die Operation B in *1* übergeht, und daß endlich die Operation C das Dreieck *1* wieder in *2* transformiert. Die Aufeinanderfolge ABC der drei Operationen führt also *2* in sich selbst über [so daß *2* Punkt für Punkt fest bleibt], muß also, da sie einen endlichen Teil der Kugel ungeändert läßt und da sie eine kongruente Abbildung der Kugeloberfläche auf sich selbst ist, auch die ganze Kngel in sich überführen, d. h. die Identität sein.

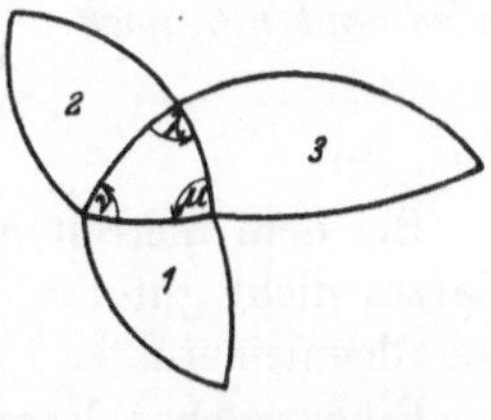

Fig. 33. Sphärisches Dreieck (in stereographischer Projektion) mit seinen drei, durch Spiegelung an den Dreiecksseiten entstandenen Bildern *1*, *2*, *3*.

HAMILTON *beweist seinen Satz in der hiermit dargelegten Weise durch die Betrachtung der symmetrischen Nebendreiecke, indem er bemerkt, daß immer eines dieser Dreiecke aus dem anderen durch die Drehung A oder B oder C hervorgeht.*

Wir können wesentlich dieselbe Überlegung auch etwas anders, mehr formelmäßig, darstellen. Wir wollen die Spiegelung an der Seite (μ, ν)

(d. h. an dem Hauptkreisbogen, welcher die zu μ und ν gehörigen Ecken des Dreiecks verbindet) mit A, die Spiegelung an (ν, λ) mit B, diejenige an (λ, μ) mit Γ bezeichnen. Spiegeln wir nun das gegebene Dreieck erst an der Seite (ν, λ), so bekommen wir das Dreieck *2*; wenden wir dann die Drehung A an, so geht *2* in *3* über. Dasselbe Dreieck *3* können wir aber auch direkt durch Spiegelung an (λ, μ) erhalten: d. h. die Aufeinanderfolge der beiden Operationen B und A hat denselben Erfolg wie die Operation Γ oder

$$\mathsf{B}A = \Gamma.$$

Hieraus folgt

$$\mathsf{B}\mathsf{B}A = \mathsf{B}\Gamma$$

und wegen $\mathsf{B}\mathsf{B} = 1$ schließlich

$$A = \mathsf{B}\Gamma.$$

In derselben Weise wie hier die Drehung A lassen sich auch B und C als Kombination je zweier Spiegelungen darstellen:

$$A = \mathsf{B}\Gamma, \quad B = \Gamma\mathsf{A}, \quad C = \mathsf{A}\mathsf{B}.$$

Setzen wir nun A, B, C zusammen, bilden also:

$$ABC = \mathsf{B}\Gamma\Gamma\mathsf{A}\mathsf{A}\mathsf{B},$$

so ist die rechte Seite, wegen $\Gamma\Gamma = 1$, $\mathsf{A}\mathsf{A} = 1$, gleich $\mathsf{B}\mathsf{B} = 1$, also

$$ABC = 1,$$

w. z. b. w.

HAMILTON *beweist seinen Satz im Grunde dadurch, daß er* A, B, C *aus den Spiegelungen* A, B, Γ *zusammensetzt, wo dann*

$$A = \mathsf{B}\Gamma, \quad B = \Gamma\mathsf{A}, \quad C = \mathsf{A}\mathsf{B}$$

wird und nur noch der Umstand zu benutzen ist, daß

$$\mathsf{A}^2 = 1, \quad \mathsf{B}^2 = 1, \quad \Gamma^2 = 1$$

ist.

Bei dem hiermit geschilderten Verfahren läßt sich der Beweis des Satzes nicht gut für den allgemeinen Kern aus windschiefen Geraden verallgemeinern.

Einer solchen Verallgemeinerung fähig wird der Beweis aber durch eine glückliche Modifikation, welche SCHILLING ([2], vgl. S. 186) an demselben angebracht hat. SCHILLING fügt nämlich zu den drei Achsen F_1, F_2, F_3 der Drehungen A, B, C noch die Achsen des Polarkerns hinzu, nämlich φ_1, φ_2, φ_3, und führt dann statt der HAMILTONschen Spiegelungen der Kugel Umklappungen des Raumes um die Achsen φ_1, φ_2, φ_3, d. h. Drehungen um π ein. Dieselben mögen Π_1, Π_2, Π_3 heißen.

Denken wir uns etwa (was keine Einschränkung der Allgemeinheit bedeutet) die Achse F_1 als Kugeldurchmesser und senkrecht zur Zeichenebene gewählt, so werden die beiden Achsen φ_2, φ_3 des Polarkerns parallel zur Zeichenebene liegen, und ihre Richtungen werden den Winkel $\lambda\pi$ miteinander bilden (Fig. 34). Wenden wir nun die Operation Π_2 an, d. h. klappen wir die ganze Figur um die Gerade φ_2 um,

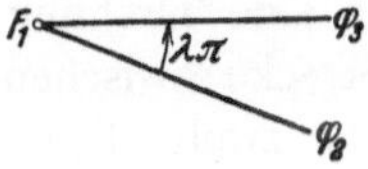

Fig. 34.

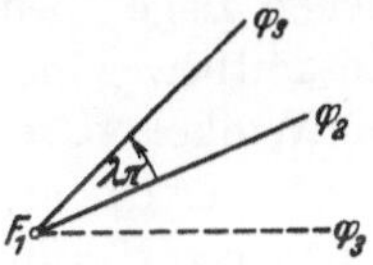

Fig. 35.

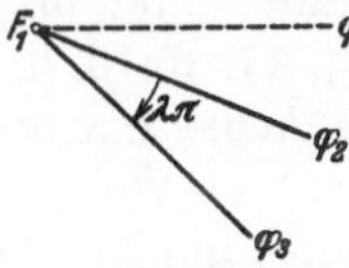

Fig. 36.

Fig. 34—36. Zu SCHILLINGS Verallgemeinerung des HAMILTONschen Satzes.

so wird die Fig. 35 entstehen, in der aber F_1 „nach unten" gerichtet ist, falls die positive Richtung von F_1 ursprünglich (Fig. 34) etwa „nach oben" gerichtet war; φ_3 möge bei Π_2 in die in Fig. 35 nichtpunktierte Gerade φ_3 übergehen. Klappen wir nun diese Figur noch einmal um die in Fig. 35 punktierte Achse φ_3 um, wenden wir also die Operation Π_3 an, so entsteht Fig. 36, in welcher F_1 wieder, wie in Fig. 34, „nach oben" gerichtet ist und in welcher die durch F_1 und φ_2 bzw. F_1 und φ_3 bestimmten Ebenen um die Achse F_1 gedreht erscheinen, und zwar um den Winkel $2\lambda\pi$ gegen die Lage in Fig. 34. Beachtet man noch, daß im vorliegenden Falle F_1, F_2, F_3, φ_1, φ_2, φ_3 alle durch den nämlichen Punkt gehen, so erkennt man, daß $\Pi_3\Pi_1$ eine Drehung um die Achse F_1 liefert und daß

$$A = \Pi_2\Pi_3 .$$

Ebenso ergibt sich

$$B = \Pi_3\Pi_1 ,$$
$$C = \Pi_1\Pi_2 .$$

Da nun wieder für unsere Umklappungen (wie bei den Spiegelungen)

$$\Pi_1^2 = \Pi_2^2 = \Pi_3^2 = 1$$

ist, so folgt aus dieser Darstellung der A, B, C genau wie früher:

$$ABC = 1 .$$

Wir rekapitulieren:

In der Tat ist es elementargeometrisch vollkommen klar, daß die Drehungen A, B, C mit den doppelten Amplituden $2\lambda\pi$, $2\mu\pi$, $2\nu\pi$ je eine Aufeinanderfolge zweier Umklappungen, nämlich $\Pi_2\Pi_3$, $\Pi_3\Pi_1$, $\Pi_1\Pi_2$, sind, und daß infolgedessen $ABC = 1$ ist.

Sehen wir nun zu, ob sich das SCHILLINGsche Verfahren auf den allgemeinen Fall übertragen läßt, wo $\lambda = \lambda' + i\lambda''$ eine komplexe Zahl ist, wo also die Schnittpunkte der beiden Geraden φ_2 und φ_3 mit der Geraden F_1 nicht identisch sind, sondern auf F_1 die (n. e.) Entfernung $i\lambda''\pi$ voneinander besitzen. Wenn wir dabei wieder, der besseren Veranschaulichung wegen, F_1 in einen Durchmesser der Fundamentalkugel transformieren (vgl. S. 190 oben), so können wir folgendermaßen schließen:

Klappen wir einmal um φ_2, dann um φ_3 um, so geht schließlich F_1 auch wieder in F_1 mit demselben Richtungssinn über. Die durch F_1, φ_2 (und genau so die durch F_1, φ_3) bestimmte Ebene dreht sich dabei gegenüber ihrer ursprünglichen Lage ebenso wie in den obigen Figuren 34, 35, 36, d. h. die Gesamtbewegung enthält eine Drehung mit F_1 als Achse um den (n. e.) Winkel $2\lambda'\pi$. Die Strecke zwischen den Fußpunkten von φ_2 und φ_3 aber erscheint, nach der zweimaligen Umklappung, um ihre doppelte Länge $2i\lambda''\pi$ im positiven Sinne verschoben. Der Verschiebungsbestandteil der Gesamtbewegung ist also $2i\lambda''\pi$.

Die ganze Amplitude der Bewegung ist also $2\lambda'\pi + 2i\lambda''\pi = 2\lambda\pi$; d. h. es ist auch für komplexe λ:

$$A = \Pi_2 \Pi_3$$

und ebenso

$$B = \Pi_3 \Pi_1 ,$$
$$C = \Pi_1 \Pi_2 .$$

Im allgemeinen Falle der SCHILLING*schen Figur gibt die Aufeinanderfolge der Umklappungen Π_2, Π_3 eine Schraubenbewegung um F_1 von der Amplitude $2\lambda\pi$, welche wir A nennen. So wird den drei Achsen je eine Schraubenbewegung von der Amplitude $2\lambda\pi$, $2\mu\pi$, $2\nu\pi$ zugeordnet. Wir dürfen dann sagen: Auch für diese Schraubenbewegungen gilt der Satz, daß $ABC = 1$.*

Dieser Satz gibt uns nun die Möglichkeit, nachzuweisen, daß *im allgemeinen der Kern durch Angabe der Amplituden λ, μ, ν „im wesentlichen" zweideutig bestimmt* ist. „Im wesentlichen" soll dabei bedeuten: Eindeutig bis auf n. e. Bewegungen (mit der Kugel als Fundamentalfläche). *Abgesehen wird von den Fällen, daß die λ, μ, ν sämtlich oder teilweise ganze Zahlen* sind, welch letztere Fälle bei anderer Gelegenheit zur Sprache kommen werden (vgl. § 51); *abgesehen wird ferner von dem Falle, daß die drei Schraubenachsen einen Punkt auf der Kugel gemeinsam* haben (vgl. S. 213, 219ff.) [*].

Hiermit will ich nun diesen geometrischen Exkurs schließen, um in der nächsten Stunde wieder zur funktionentheoretischen Untersuchung der η-Funktion (vgl. § 27ff.) zurückzukehren.

Dritter Abschnitt.

Der Fundamentalbereich der η-Funktion.

§ 41. Fundamentalbereich und Kern.

In der x-Ebene besitzt die η-Funktion drei (verschiedene) singuläre Punkte a, b, c. Um einen einzelnen Zweig der Funktion zu isolieren, wählen wir irgendeinen ganz beliebigen (etwa von a, b, c verschiedenen)

Beginn der vierundvierzigsten Vorlesung.

Punkt O der x-Ebene, und ziehen von ihm aus, wie in untenstehender Fig. 37, drei, vorläufig ganz beliebig gestaltete, aber (von O abgesehen) völlig getrennt verlaufende „Einschnitte" (etwa Streckenzüge) Oa, Ob, Oc nach den Punkten a, b, c, setzen für diese Einschnitte einen Durchlaufungssinn derart fest, daß O jeweils der Anfangspunkt ist, und bezeichnen die hierdurch definierten „rechten" Ufer als negative (—), die „linken" Ufer hingegen als positive (+). Wir behalten uns übrigens vor, wenn es uns zweckmäßig erscheint, den Punkt O in einen der drei singulären Punkte selbst rücken zu lassen; dabei sparen wir einen der drei Einschnitte ein, es geht dafür aber die Symmetrie der Betrachtung verloren, weswegen wir im allgemeinen den Punkt O von a, b, c verschieden wählen. Die drei um O herum liegenden Winkelräume, welche von den Einschnitten Ob, Oc bzw. von Oc, Oa bzw. von Oa, Ob gebildet werden, sollen O' bzw. O'' bzw. O''' heißen.

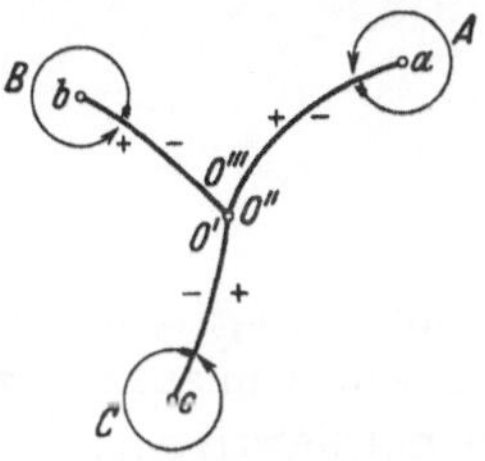

Fig. 37. x-Ebene mit Einschnitten Oa, Ob, Oc.

In der so aufgeschnittenen x-Ebene ist der Quotient $\eta = \frac{P_1}{P_2}$ eindeutig, doch so, daß er längs der Einschnitte an den negativen und positiven Ufern verschiedene Werte η^- bzw. η^+ annimmt, welche durch je eine, für den Schnitt charakteristische, lineare Substitution zusammenhängen, so daß man hat:

$$\text{längs } Oa \qquad \eta^+ = A(\eta^-),$$
$$\text{längs } Ob \qquad \eta^+ = B(\eta^-),$$
$$\text{längs } Oc \qquad \eta^+ = C(\eta^-),$$

unter A, B, C die betreffenden linearen Substitutionen verstanden.

Wenden wir auf den Punkt O insofern wir ihn als Scheitel des Winkelraumes O'' ansehen, die Substitution A an, so geht er in den Scheitel des Winkelraumes O''' über, dieser durch B in den Scheitel von O', dieser durch C wieder in den Scheitel des ursprünglichen Winkelraumes O''; da nun η in der zerschnittenen Ebene eindeutig sein soll, so geht η durch die Aufeinanderfolge der Substitutionen A, B, C in sich selbst über; und dies gilt für jeden beliebigen Wert von η (mit Ausnahme höchstens von $\eta = a$, $\eta = b$, $\eta = c$), da ja O ein beliebiger Punkt ist und da von dessen Auswahl die Substitutionen A, B, C unabhängig sind; d. h. es muß

$$ABC = 1$$

sein (wie wir dies von früher her wissen).

Unsere Substitutionen $\eta^+ = A(\eta^-)$, $\eta^+ = B(\eta^-)$, $\eta^+ = C(\eta^-)$ lassen sich im allgemeinen (d. h. wenn ihre beiden Fixpunkte verschieden sind) auch in die Gestalt setzen:

$$\frac{\eta^+ - a_1}{\eta^+ - a_2} = e^{2i\pi\lambda}\frac{\eta^- - a_1}{\eta^- - a_2}, \tag{A}$$

$$\frac{\eta^+ - b_1}{\eta^+ - b_2} = e^{2i\pi\mu}\frac{\eta^- - b_1}{\eta^- - b_2}, \tag{B}$$

$$\frac{\eta^+ - c_1}{\eta^+ - c_2} = e^{2i\pi\nu}\frac{\eta^- - c_1}{\eta^- - c_2}; \tag{C}$$

unter a_1, b_1, c_1 den Wert unseres Zweiges η in a, b, c verstanden (der ja beim Umlauf um a bzw. b bzw. c ungeändert bleibt, also einen Fixpunkt liefert); a_2, b_2, c_2 sind drei geeignete zugeordnete Werte (nämlich die zweiten Fixpunkte der Substitutionen A, B, C).

Unserer zerschnittenen x-Ebene entspricht nun auf der η-Kugel ein gewisser, von sechs „*Kanten*" begrenzter Bereich, von welchem drei Ecken a_1, b_1, c_1 je den Punkten a, b, c der x-Ebene entsprechen, während die dazwischenliegenden Ecken O', O'', O''' dem einen Punkte O entsprechen, je nachdem wir denselben als Scheitel des Winkelraumes O' bzw. O'' bzw. O''' der x-Ebene ansehen. Übrigens braucht der Bereich durchaus nicht „schlicht" auf der η-Kugel „ausgebreitet" („der η-Kugel *überlagert*") zu sein, sondern er kann, da die Winkel desselben in den a_1, b_1, c_1 sich mehrfach herumwinden können, die η-Kugel (oder wenigstens Teilbereiche von ihr) sehr wohl mehrfach überdecken. Wesentlich ist aber die lineare Zuordnung der beiden von a_1 bzw. der beiden von b_1 bzw. von c_1 auslaufenden Kanten. Also:

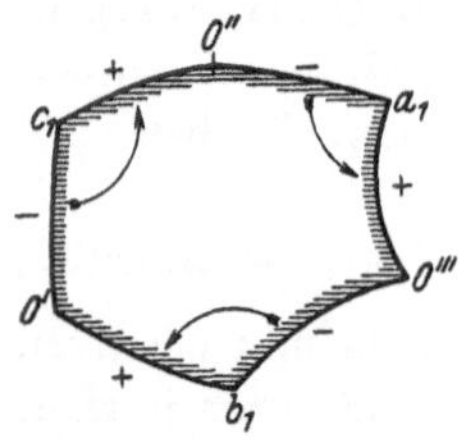

Fig. 38. Bildbereich der aufgeschnittenen x-Ebene in der η-Ebene (schematisch).

Die Kanten sollen den beiden Ufern des einzelnen Querschnitts entsprechen. Eben deswegen gehören sie paarweise durch die Substitutionen A, B, C zusammen, ebenso wie die beiden Ufer des Querschnitts durch A, B, C verbunden sind.

Den so beschriebenen, der η-Kugel überlagerten (von sechs Kanten begrenzten) Bereich wollen wir (in Anlehnung an den Ausdruck „Periodenparallelogramm" in der Theorie der elliptischen Funktionen) als „*Periodizitätsbereich*" der η-Funktion, gelegentlich auch als „*Fundamentalbereich*" bezeichnen, die Substitutionen A, B, C als „*Periodizitätssubstitutionen*". Die Punkte a_1, b_1, c_1 sollen die „*wesentlichen Ecken*" des Bereichs heißen; denn sie entsprechen den singulären Punkten a, b, c in der x-Ebene, und in ihnen hört die Abbildung auf, konform zu sein, indem der Winkel an der betreffenden Ecke des Periodizitätsbereiches der ganzen Umgebung 2π des singulären Punktes entspricht. Dagegen seien die Ecken O', O'', O''' als „*zufällige Ecken*" bezeichnet, weil sie nur dem zufällig ausgewählten Punkte O der x-Ebene entsprechen. Da dieser keinerlei singulären Charakter für die Funktion besitzt, so ist auch die Abbildung an den Ecken O', O'', O''' konform, die Winkel sind also gleich den entsprechenden drei in O zusammenstoßenden Winkeln der x-Ebene. Insbesondere folgt hieraus, daß die Summe der Winkel an den Ecken O', O'', O''' des Periodizitätsbereiches gleich 2π ist.

Es wird sich im folgenden darum handeln, den Verlauf der η-Funktion des näheren zu untersuchen. Auskunft darüber gibt uns die Untersuchung des Periodizitätsbereiches, welcher wir uns hiermit zuwenden. Zu dem Ende wollen wir zunächst auf die geometrische Bedeutung der Periodizitätssubstitutionen und damit auf den Zusammenhang unseres Periodizitätsbereiches mit den von uns angestellten Betrachtungen über die sphärische Trigonometrie näher eingehen. Den Ausgangspunkt für uns bildet die folgende Bemerkung:

Die Periodizitätssubstitutionen A, B, C geben drei n. e. Schraubenbewegungen (unter Umständen speziell Drehungen), durch welche die beiden von a_1, b_1, c_1 auslaufenden Kanten beziehungsweise zur Deckung gebracht werden.

Die Achsen dieser drei Schraubenbewegungen sind durch die Fixpunktpaare a_1, a_2; b_1, b_2; c_1, c_2 unserer Periodizitätssubstitutionen bestimmt.

Die Amplitude der Schraubenbewegung A ist $2\lambda\pi = 2\lambda'\pi + i2\lambda''\pi$. Der Drehungsanteil der Amplitude ist hiernach $2\lambda'\pi$, d. h. eine durch a_1, a_2 gehende Ebene, wird um diesen Winkel gedreht; da aber zwei Ebenen, die den n. e. Winkel α *(bezüglich der Kugel als Fundamentalfläche)* bilden, auf der Kugel zwei Kreise liefern, die sich unter demselben Winkel α, euklidisch gemessen, schneiden (vgl. S. 182), so folgt hieraus:

Der reelle Bestandteil der Amplitude von A tritt uns in dem (n. e.) Winkel entgegen, welchen die beiden von a_1 auslaufenden Kanten miteinander bilden.

Im übrigen erscheint die Amplitude der Schraubenbewegung in unserer Figur dadurch vollkommen festgelegt, daß vermöge A der Punkt O'' in O''' übergehen muß.

Den Inbegriff der drei Schraubenachsen bezeichne ich im Sinne der vorigen Stunde (vgl. S. 192) als den „geometrischen Kern" unseres Bildes (d. h. des Periodizitätsbereiches), und in diesen dreigliedrigen Kern ist dann unser Periodizitätsbereich „eingehängt". Dabei machen wir — falls nichts anderes gesagt wird — die Annahme, daß die drei Schraubenachsen sich nicht in Punkten auf der Kugel schneiden.

Wir wollen jetzt des weiteren zusehen, durch welche Daten wir die Lage des Kerns (natürlich nur bis auf n. e. Bewegungen) festlegen können.

Die Gerade a_1, a_2 bzw. b_1, b_2 bzw. c_1, c_2 wollen wir F_1 bzw. F_2 bzw. F_3 nennen; in Zeichen:

$$(a_1 a_2) = F_1; \quad (b_1 b_2) = F_2; \quad (c_1 c_2) = F_3.$$

Wir bilden uns ferner die Perpendikel φ_1, φ_2, φ_3.

Die Geraden F_1, φ_1 usw. seien so orientiert, wie es den Schraubenbewegungen A, B, C entspricht (vgl. S. 192).

Betrachten wir nun die als „*Amplituden des geometrischen Kerns*" zu bezeichnenden komplexen Winkel

$$\sphericalangle(\varphi_2\varphi_3), \quad \sphericalangle(\varphi_3\varphi_1), \quad \sphericalangle(\varphi_1\varphi_2),$$

d. h. die Amplituden derjenigen Schraubenbewegungen, welche φ_2 in φ_3 usw. überführen, so werden dieselben, wie ich behaupte, geradezu $\lambda\pi$, $\mu\pi$, $\nu\pi$ sein. Setzen wir dies als bewiesen voraus (vgl. unten) und beachten wir, daß die Funktion η und damit auch die drei Schraubenachsen vermöge der Differentialgleichung $[\eta] = R(x; \lambda, \mu, \nu)$ bis auf lineare Substitutionen von η eindeutig durch λ, μ, ν bestimmt sind, so können wir sagen:

Der Kern der drei Schraubenachsen ist (geometrisch) im wesentlichen durch die Winkel festgelegt, welche von den gemeinsamen Perpendikeln φ_1, φ_2, φ_3 gebildet werden und welche, bei geeigneter Auswahl der Vorzeichen und der absoluten Werte, geradezu durch $\lambda\pi$, $\mu\pi$, $\nu\pi$ gegeben sind, unter λ, μ, ν die Exponentendifferenzen der η-Funktion oder der Riemann*schen P-Funktion verstanden.*

Der noch ausstehende Beweis für die Relationen $\lambda = \sphericalangle(\varphi_2\varphi_3)$ usw. hat davon auszugehen, daß *die Schraubenbewegungen A bzw. B bzw. C um F_1 bzw. F_2 bzw. F_3 mit den Amplituden $2\lambda\pi$, $2\mu\pi$, $2\nu\pi$, hintereinander angewendet, die Identität ergeben. Daraus folgt dann, daß durch Vorgabe der Schraubenachsen die Amplituden $2\lambda\pi$, $2\mu\pi$, $2\nu\pi$ der A, B, C bis auf ganzzahlige Vielfache von 2π eindeutig bestimmt sind* (vgl. S. 196, Anmerkung [*], Hilfssatz). Nun liefern aber diejenigen drei Schraubenbewegungen um unsere Achsen, deren Amplituden bzw. gleich sind den doppelten „Amplituden des geometrischen Kerns", hintereinander ausgeführt, die Identität (vgl. § 40). Daraus folgt (bei gehöriger Orientierung des Kerns) unsere Behauptung.

Dem eben behandelten Satz zufolge ist (im Falle der Abbildung durch die η-Funktion) der geometrische Kern, festgelegt durch Angabe von λ, μ, ν. Demgegenüber steht eine frühere, rein geometrische Feststellung (vgl. S. 196), der zufolge der Kern durch λ, μ, ν nur erst zweideutig bestimmt ist. Demnach *kann nur einer der letzterwähnten beiden Kerne für Periodizitätsbereiche in Frage kommen.* (Näheres hierüber in § 45.) Man stößt auf etwas Ähnliches, wenn man von den Schraubenbewegungen A, B, C als gegeben ausgeht. Mit unseren Schraubenbewegungen A, B, C sind uns, abgesehen vom geometrischen Kern, unmittelbar erst die doppelten Amplituden $2\lambda\pi$ usw. gegeben (bis auf ganzzahlige Vielfache von 2π). Dabei bezeichnen also $\lambda\pi$, $\mu\pi$, $\nu\pi$ die Amplituden eines einzelnen transzendenten Kerns. Nach unseren früheren Betrachtungen (vgl. S. 166) sind dann die Amplituden aller zum selben geometrischen Kern gehörigen transzendenten Kerne in der Gestalt enthalten:

$$\lambda' = \pm\lambda + \mathsf{P},$$
$$\mu' = \pm\mu + \Sigma,$$
$$\nu' = \pm\nu + \mathsf{T},$$

wobei P, Σ, T ganze Zahlen sind, für die

$$\mathsf{P} + \Sigma + \mathsf{T} \equiv 0 \pmod 2$$

sein muß. Durch unsere Substitutionen A, B, C sind nun aber die *Doppel*amplituden $2\lambda\pi$, $2\mu\pi$, $2\nu\pi$ erst bis auf ganzzahlige Vielfache von 2π bestimmt, so daß in den Amplituden $\lambda\pi$, $\mu\pi$, $\nu\pi$ selbst die Zahlen P, Σ, T zunächst noch ganz willkürlich wären. Sie mögen ε_1, ε_2, ε_3 heißen. Je nachdem man dann $\varepsilon_1 + \varepsilon_2 + \varepsilon_3 = 0$ (mod. 2) oder $\equiv 1 \pmod 2$ annimmt, erhält man also zwei verschiedene transzendente Kerne, d. h. zwei verschiedene Systeme verwandter Funktionen, die zu denselben Doppelamplituden 2λ, 2μ, 2ν (von ganzzahligen Vielfachen von 2 abgesehen) gehören. Also:

Durch die Schraubenbewegungen bzw. ihre Amplituden $2\lambda\pi$, $2\mu\pi$, $2\nu\pi$ sind zwei Kerne festgelegt, der eine Kern, bei welchem sich etwa die Winkel $\lambda' = \lambda_0$, $\mu' = \mu_0$, $\nu' = \nu_0$ finden, und der andere, bei welchem beispielsweise die Winkel $\lambda' = \lambda_0 + 1$, $\mu' = \mu_0 + 1$, $\nu' = \nu_0 + 1$ vorkommen.

Da behaupte ich nun, daß von diesen beiden Kernen bei unserem Periodizitätsbereich nur der erste in Betracht kommt und nicht der zweite.

Der Beweis wird aus den späteren Entwicklungen folgen (vgl. S. 212, Ziffer 8/9), wo sich die Behauptung zuerst für reelle λ, μ, ν ergibt und von da aus (wegen der Kontinuität) auch für beliebige komplexe λ, μ, ν.

Des weiteren gestaltet sich die Sache so: Dem ersten Kern entsprechen P-Funktionen z. B. ohne Nebenpunkte bzw. allgemein P-Funktionen mit einer geraden Anzahl von Nebenpunkten und mit den Exponentendifferenzen λ, μ, ν; dem anderen Kern aber entsprechen diejenigen P-Funktionen mit den Exponentendifferenzen λ, μ, ν, welche eine ungerade Anzahl von Nebenpunkten besitzen, und unter diesen ist natürlich keine *gewöhnliche* P-Funktion, welche die Exponentendifferenzen λ, μ, ν besäße, wohl aber die gewöhnliche P-Funktion mit den Exponentendifferenzen $\lambda + 1$, $\mu + 1$, $\nu + 1$ (vgl. auch S. 205).

§ 42. Monodromiegruppe und sphärische Trigonometrie.

Ein erstes Resultat der in der letzten Vorlesung begonnenen Betrachtungen war, *daß ein notwendiger Zusammenhang zwischen der Theorie der η-Funktion und der sphärischen Trigonometrie besteht.*

Beginn der fünfundvierzigsten Vorlesung.

Dies wollen wir heute noch etwas näher ausführen. Ich will nämlich die expliziten Formeln für die drei Substitutionen A, B, C aufstellen, indem ich von einem (elementaren) sphärischen Dreiecke ausgehe. Dabei werde ich für die Ableitung reelle Werte der λ, μ, ν, L, M, N voraussetzen; wir wissen aber von vornherein, daß die so gewonnenen analytischen Formeln nach dem Grundsatz der Funktionentheorie (Permanenz der Funktionalgleichungen) Gültigkeit auch für komplexe λ, μ, ν, L, M, N — wenigstens im allgemeinen — haben.

Wir kommen in dieser Weise zu Formeln, wie sie von der Theorie der RIEMANNschen P-Funktion aus zuerst von PAPPERITZ ([2], S. 331 ff.) aufgestellt und dann neuerdings von BOLZA ([1], S. 535) abgeleitet worden sind, worüber wir ja vor einigen Wochen im Seminar einen Vortrag gehört haben (vgl. auch S. 52).

Irgendeine Substitution

$$\eta' = \frac{\mathsf{A}\eta + \mathsf{B}}{\Gamma\eta + \Delta}, \qquad \mathsf{A}\Delta - \mathsf{B}\Gamma \neq 0,$$

welche einer Drehung der Einheitskugel um einen Durchmesser entspricht, kann man durch folgende Formeln darstellen, wegen deren Ableitung ich auf meine „Vorlesungen über das Ikosaeder" (= KLEIN [5], S. 34) verweise. Das Kugelzentrum sei der Nullpunkt des Koordinatensystems, ferner seien x, y, z die rechtwinkligen Koordinaten eines Endpunktes der Drehungsachse, φ der Drehungswinkel an diesem Punkte in positivem Sinn gemessen. Dann setze man

$$\alpha = x \sin\frac{\varphi}{2}, \qquad \beta = y \sin\frac{\varphi}{2}, \qquad \gamma = z \sin\frac{\varphi}{2}, \qquad \delta = \cos\frac{\varphi}{2},$$

so daß also

$$\alpha^2 + \beta^2 + \gamma^2 + \delta^2 = 1$$

ist. Dann lautet die Substitution, welche dieser Drehung entspricht:

$$\eta' = \frac{(\delta + i\gamma)\eta - (\beta - i\alpha)}{(\beta + i\alpha)\eta + (\delta - i\gamma)}, \qquad \delta + i\gamma \neq 0.$$

Nun seien a_1, b_1, c_1 die Ecken eines sphärischen Dreiecks mit den Winkeln $\lambda\pi$, $\mu\pi$, $\nu\pi$ und den Seiten $l\pi$, $m\pi$, $n\pi$. Es handelt sich darum, die drei Drehungen $2\lambda\pi$, $2\mu\pi$, $2\nu\pi$ um die drei Ecken durch die Winkel und Seiten des Dreiecks darzustellen. Ich lege das Dreieck auf der Kugel möglichst bequem, nämlich so, daß die Ecke a_1 in den Punkt ∞ (den Nordpol) der Kugel fällt und daß die Ecke b_1 auf dem Meridian der positiven reellen Zahlen liegt (wobei also $0 < n < \pi$ vorausgesetzt wird).

Dann ist für die Drehung A:

$$x = 0, \quad y = 0, \quad z = 1, \quad \varphi = 2\lambda\pi;$$
$$\alpha = 0, \quad \beta = 0, \quad \gamma = \sin\lambda\pi, \quad \delta = \cos\lambda\pi,$$

also

$$\eta' = e^{2i\lambda\pi}\eta,$$

wie selbstverständlich.

Für die Drehung B wird

$$x = \sin n\pi, \qquad y = 0, \qquad z = \cos n\pi, \qquad \varphi = 2\mu\pi,$$
$$\alpha = \sin n\pi \sin\mu\pi, \qquad \beta = 0, \qquad \gamma = \cos n\pi \sin\mu\pi, \qquad \delta = \cos\mu\pi;$$

also

$$\eta' = \frac{(\cos\mu\pi + i\cos n\pi \sin\mu\pi)\,\eta + i\sin n\pi \sin\mu\pi}{(i\sin n\pi \sin\mu\pi)\eta + (\cos\mu\pi - i\cos n\pi \sin\mu\pi)}.$$

Für die Drehung C wird

$$x = \sin m\pi \cos\lambda\pi, \quad y = \sin m\pi \sin\lambda\pi, \quad z = \cos m\pi, \quad \varphi = 2\nu\pi,$$
$$\alpha = \sin m\pi \cos\lambda\pi \sin\nu\pi, \quad \beta = \sin m\pi \sin\lambda\pi \sin\nu\pi, \quad \gamma = \cos m\pi \sin\nu\pi,$$
$$\delta = \cos\nu\pi,$$
$$\eta' = \frac{(\cos\nu\pi + i\cos m\pi \sin\nu\pi)\,\eta - \sin m\pi \sin\nu\pi(\sin\lambda\pi - i\cos\lambda\pi)}{\sin m\pi \sin\nu\pi(\sin\lambda\pi + i\cos\lambda\pi)\,\eta + (\cos\nu\pi - i\cos m\pi \sin\nu\pi)}.$$

Wir behaupten nun:

Der partikuläre Zweig $\eta(x)$ läßt sich so auswählen, daß die Substitutionen A, B, C, welche den Umläufen von x um a, b, c entsprechen, gerade diese Gestalt haben.

In der Tat haben PAPPERITZ [2] und BOLZA [1] genau diese Formeln, ausgehend von der Theorie der RIEMANNschen P-Funktion, abgeleitet. Wir wollen das noch etwas spezieller ausführen, indem wir zusehen, welcher Zweig η das ist, der diese Substitutionen erleidet.

In der Umgebung der Stelle $x = a$ existieren (von Ausnahmefällen erster Ordnung abgesehen [*]) zwei Fundamentalzweige der P-Funktion mit den Exponenten λ_1 und λ_2:

$$P^{(\lambda_1)} = (x-a)^{\lambda_1}\,\mathfrak{P}_1(x-a), \qquad P^{(\lambda_2)} = (x-a)^{\lambda_2}\,\mathfrak{P}_2(x-a),$$

wobei

$$\mathfrak{P}_1(0) \neq 0, \qquad \mathfrak{P}_2(0) \neq 0.$$

Soll die Substitution A eine bloße Multiplikation mit $e^{2\pi i\lambda}$ bewirken, so muß η, von einem konstanten Faktor abgesehen, der Quotient dieser beiden Fundamentallösungen sein:

$$\eta = k\,\frac{P^{(\lambda_1)}}{P^{(\lambda_2)}} = k(x-a)^{\lambda}\,\mathfrak{P}(x-a).$$

Soll η zudem für $x = a$ unendlich werden, so muß der reelle Teil von λ negativ sein, d. h. es muß unter λ_1 der Exponent mit dem kleineren, unter λ_2 der Exponent mit dem größeren reellen Teil verstanden werden.

Dabei ist nun noch die Konstante k so zu bestimmen, daß η für $x = b$ den einen der Fixpunkte von B liefert, d. h. den Wert

$$b_1 = \frac{\sin n\pi}{1 - \cos n\pi} = \operatorname{ctg}\frac{1}{2}n\pi$$

annimmt. An der Stelle $x = c$ erleidet η dann von selbst die Substitution C, weil $ABC = 1$. Wir sehen also:

Wenn wir diese Konstante k mit in die Definition der Fundamentalzweige $P^{(\lambda_1)}$, $P^{(\lambda_2)}$ aufnehmen; d. h. *wenn wir* $P^{(\lambda_1)}$ *und* $P^{(\lambda_2)}$ *in geeigneter Weise normieren und dann*

$$\eta = \frac{P^{(\lambda_1)}}{P^{(\lambda_2)}}$$

setzen, so erleidet dieses η *bei den Umläufen des* x *um die singulären Stellen* a, b, c *diejenigen drei Substitutionen, welche wir oben aus der Gestalt des sphärischen Dreiecks abgelesen haben.*

Hiermit haben wir den unmittelbaren Anschluß an BOLZA. Im übrigen aber, was wird nun unsere Aufgabe sein? Was der „geometrische Kern" ist, haben wir gestern gesehen; in diesen werden wir uns nun die Membran des Periodizitätsbereiches eingehängt zu denken haben. *Unsere Aufgabe wird es fortan sein, uns von dem Periodizitätsbereich des* η, *der in den Kern der drei zu* A, B, C *gehörigen Schraubenachsen eingehängt ist, eine völlig konkrete Vorstellung zu bilden, damit wir ins Einzelne verfolgen können, wie sich das* η *bewegt, wenn das* x *in seiner zerschnittenen Ebene irgendeinen Weg beschreibt.*

Diese Aufgabe ist leichter formuliert als erledigt, wenigstens für komplexe λ, μ, ν (welcher Fall aber ebenfalls von SCHILLING [3] inzwischen erledigt ist). Wir werden die Sache daher hier für den Fall reeller λ, μ, ν ausführen.

§ 43. Verwandte Funktionen. Nebenpunkte usw.

Hier nur noch ein paar *allgemeine Bemerkungen.*

Erstens: Was ist die geometrische Bedeutung der verwandten Funktionen?

Verwandte η*-Funktionen sind gleichgruppige Funktionen,* d. h. Funktionen von solcher Beschaffenheit, daß ein passend ausgewählter Zweig der einen Funktion bei irgendwelchen Umläufen des x genau dieselben Substitutionen erfährt wie ein gegebener Zweig der anderen Funktion. Die Substitutionen A, B, C sind also für alle verwandten Funktionen dieselben. Durch diese Substitutionen sind aber die drei Schraubenachsen und mithin der geometrische Kern eindeutig bestimmt; also gehören alle verwandten Funktionen zu demselben Kern, und man kann die der zerschnittenen x-Ebene entsprechenden Periodizitätsbereiche beider Funktionen zwischen die Kanten ein und desselben Kerns einhängen. Aber dabei muß noch eine Bedingung gestellt werden, nämlich die, daß die Ecken a_1, b_1, c_1 auf dem Rande der beiden Bereiche in demselben Sinne aufeinanderfolgen wie die Punkte a, b, c bei einem Umlaufen des Schnittsystems der x-Ebene. Funktionentheoretisch ist also ein Bereich a_1, b_1, c_1 von seinem Gegenbereich a_2, b_2, c_2, welcher zwischen die anderen Enden der drei Schraubenachsen eingespannt ist, wesentlich verschieden, da der Sinn der Aufeinanderfolge der Kanten auf dem Rande der beiden Bereiche nicht derselbe ist. Indem wir uns eine ausführlichere Untersuchung für später vorbehalten (vgl. § 49), sagen wir also:

Verwandte η-Funktionen sind solche, deren Periodizitätsbereiche mit gleicher Aufeinanderfolge der Ecken in denselben geometrischen Kern eingehängt sind, woran sich sofort die Forderung knüpft, bei gegebenem geometrischen Kern nicht nur einen einzelnen Periodizitätsbereich, sondern die Gesamtheit der zugehörigen Periodizitätsbereiche zu konstruieren.

Hieran schließen wir eine *zweite* Bemerkung:

Wir haben seinerzeit (vgl. § 24) eine Verallgemeinerung der P-Funktion dadurch vorgenommen, daß wir dieselbe außer den drei singulären Punkten noch mit k Nebenpunkten ausstatteten. In der Umgebung eines einfachen Nebenpunktes $x = x_0$ existieren zwei Entwicklungen von der Gestalt $(x - x_0)^2 \mathfrak{P}_1(x - x_0)$ und $(x - x_0)^0 \mathfrak{P}_2(x - x_0)$; $\mathfrak{P}_1(0) \neq 0$, $\mathfrak{P}_2(0) \neq 0$.

Es gibt also einen Zweig η, welcher die Entwicklung besitzt:

$$(x - x_0)^2 \mathfrak{P}(x - x_0), \qquad \mathfrak{P}(0) \neq 0.$$

Ein solcher Zweig bildet aber die einfache Umgebung des Nebenpunktes x_0 auf einen Windungspunkt der η-Ebene ab, in welchem zwei Blätter zusammenhängen; denn während x einen kleinen Umlauf um x_0 macht, umkreist η den entsprechenden Punkt der η-Ebene zweimal. Ebenso wie dieser spezielle Zweig η verhält sich der allgemeinste Zweig, welcher ja eine lineare Funktion des speziellen Zweiges ist; denn durch eine lineare Transformation wird die Verzweigungsart nicht geändert. Also:

Jedem einfachen Nebenpunkte der x-Ebene entspricht auf der η-Kugel ein einfacher Verzweigungspunkt, d. h. ein Punkt, in welchem zwei Blätter des η-Bereiches zusammenhängen; und wenn σ einfache Nebenpunkte zu einem σ-fachen Nebenpunkte in der Weise zusammenrücken, daß die Exponenten $\sigma + 1$ und Null sind, dann werden σ einfache Verzweigungspunkte im Bereiche η so zusammenrücken, daß ein σ-facher Verzweigungspunkt entsteht, in welchem $\sigma + 1$ Blätter im Zyklus zusammenhängen.

Während also der Periodizitätsbereich der einfachen η-Funktion keine Verzweigungspunkte enthält, außer etwa in den drei Ecken a_1, b_1, c_1, treten im Falle von k einfachen Nebenpunkten noch k einfache Verzweigungspunkte im Innern des Bereiches hinzu. Und jetzt kann man weiter die Aufgabe stellen: Man soll sich von der Gestalt des Bereichs mit k Verzweigungspunkten eine konkrete Vorstellung machen. — Daß der geometrische Kern bei gegebenen λ, μ, ν wechselt, je nachdem wir eine gerade oder ungerade Zahl k einfacher Nebenpunkte einfügen, haben wir vorhin bereits bemerkt (§ 41, Ende; vgl. auch die Literaturangaben S. 209, Anmerkung [*]).

Zweite Hälfte.

Der besondere Fall reeller Exponenten.

Vierter Abschnitt.

Einleitung.

§ 44. Die Kreisbogendreiecke als Flächen (Membrane).

Wir werden jetzt ausführlicher den *Fall reeller Exponenten* λ, μ, ν behandeln. Die unter dieser vereinfachenden Voraussetzung zu findenden Resultate werden vielfach von selbst nach dem Prinzip der analytischen Fortsetzung eine allgemeine Bedeutung auch für komplexe Exponenten haben. Unsere *Voraussetzung ist insbesondere gleichbedeutend damit, daß die drei Schraubenachsen*, welche den Substitutionen A, B, C entsprechen, *sich in einem* (im allgemeinen nicht auf der Kugel gelegenen) *Punkte schneiden.* (Dies folgt aus den auf S. 189 angegebenen Sätzen.)

Wenn λ, μ, ν reell ist und wenn wir durch eine projektive Transformation des x *die singulären Punkte* a, b, c *auf die reelle Achse* werfen, so erhält die Differentialgleichung für η

$$[\eta] = R(x)$$

überhaupt reelle Koeffizienten.

Auf diesen Umstand gründet sich eine große Erleichterung der ganzen Betrachtungsweise.

Während wir im allgemeinen Fall die x-Ebene in der Weise zerschnitten, daß wir von irgendeinem Hilfspunkte O aus nach den Punkten a, b, c Einschnitte legten, werden wir jetzt für reelle Differentialgleichungen bequemer folgendermaßen verfahren:

Wir denken uns die x-Ebene längs der ganzen reellen Achse aufgeschnitten, so daß sie in eine „positive" („obere") und in eine „negative" („untere") Halbebene zerfällt, und wir untersuchen dann zunächst, wie die positive Halbebene für sich auf die η-Kugel abgebildet wird.

Wollen wir den Zusammenhang mit unserer früheren Zerschneidung der x-Ebene durch ein die Ebene nicht zerfällendes Einschnittsystem haben, so brauchen wir nur längs irgendeines der drei Segmente, etwa längs der Verbindungsstrecke ab von a und b, die Zerschneidung rückgängig zu machen. Wir haben dann einfach unsere frühere Zerschneidung nur so spezialisiert, daß der Hilfspunkt O mit dem singulären Punkt c zusammengelegt ist. Da aber hierbei einer der singulären Punkte bevorzugt und die Symmetrie gestört wird, so werden wir die Zerschneidung längs der ganzen reellen Achse bevorzugen.

Beginn der sechsundvierzigsten Vorlesung.

Wir finden bei dieser Zerschneidung folgendes, sogleich zu beweisendes einfache Resultat, welches wir an die Spitze der weiteren Untersuchungen zu stellen haben:

Die x-Halbebene überträgt sich auf die η-Ebene in besonders einfacher Gestalt, nämlich als ein Kreisbogendreieck mit den Winkeln $\lambda\pi$, $\mu\pi$, $\nu\pi$.

Hierbei ist der Begriff eines „Dreiecks" ein engerer als früher, wo wir unter einem Kreisbogendreieck oder, was im wesentlichen dasselbe ist, unter einem sphärischen Dreieck nur eine Zusammenstellung von sechs zusammengehörigen Winkel- und Seitenzahlen verstanden; jetzt müssen wir, wie in der elementaren Geometrie, die Forderung stellen, daß dazu eine bestimmte „*Fläche*", eine zwischen den Seiten mit ihren Winkeln ausgespannte *Membran* gehört [*]. Wir werden also genauer sagen müssen:

Das Abbild der positiven Halbebene ist eine „Kreisbogendreiecksfläche" („Membrandreieck") mit den Winkeln $\lambda\pi$, $\mu\pi$, $\nu\pi$.

Dieser wichtige Satz ist in der mehrfach genannten Arbeit von SCHWARZ [1] zugrunde gelegt und, wie schon bemerkt, bereits RIEMANN bekannt gewesen.

Wir haben den Satz jetzt zu beweisen. Zu dem Zwecke erinnern wir uns, daß aus irgendeinem speziellen Zweig η_0 der allgemeine Zweig durch projektive Transformation

$$\eta = \frac{\alpha\eta_0 + \beta}{\gamma\eta_0 + \delta}$$

hervorgeht.

Kennen wir also den Charakter der Abbildung irgendeines Teils der Begrenzung unserer Halbebene durch einen speziellen Zweig η_0, so gewinnen wir hieraus die Abbildung durch den allgemeinsten Zweig η, indem wir noch irgendeine Kreisverwandtschaft anwenden, bei der bekanntlich alle Winkel ungeändert bleiben und alle Kreise wieder in Kreise sich verwandeln (wobei Gerade als spezielle Fälle von Kreisen erscheinen und also im allgemeinen in Kreise übergehen).

Wir wollen nun *erstens* zeigen, daß jedem der drei Segmente ab, bc, ca der reellen Achse je ein Kreisbogen der η-Ebene entspricht, und *zweitens*, daß die Winkel, welche den gestreckten Winkeln der positiven x-Halbebene bei a, b, c entsprechen, gerade $\lambda\pi$, $\mu\pi$, $\nu\pi$ sind.

Es sei *erstens* x_0 ein Punkt der reellen Achse, etwa auf dem Segment ab gelegen. Nun enthält η drei willkürliche Integrationskonstanten, die wir dadurch eindeutig festlegen, daß wir für η_0, η_0', η_0'' im Punkte $x = x_0$ beliebige Werte vorschreiben. Diese Werte für η_0, η_0', η_0'' im Punkte x_0 sollen insbesondere reell gewählt sein.

Dann zeigt die Differentialgleichung (mit reellen Koeffizienten)

$$[\eta] = \frac{\eta_0^{(3)}}{\eta_0'} - \frac{3}{2}\left(\frac{\eta_0''}{\eta_0'}\right)^2 = R(x),$$

daß auch der Wert von $\eta_0^{(3)}$ in x_0 reell ausfällt. Durch Differentiation der vorstehenden Differentialgleichung erhält man weitere Formeln, welche ebenso die Werte von $\eta_0^{(4)}$ und von den höheren Differentialquotienten im Punkte x_0 zu berechnen gestatten, und zwar sind diese Werte sämtlich reelle Zahlen. Damit haben wir aber die Koeffizienten der TAYLORschen Entwicklung von η_0 im Punkte x_0 als reelle Zahlen berechnet, woraus folgt, daß, soweit diese Entwicklung gilt, reellen Werten von x reelle Werte von η_0 entsprechen.

Wir können also den Zweig η_0 in der Weise speziell wählen, daß er in der Nähe von x_0 für reelle Werte von x reell verläuft, d. h. daß das betreffende Stück der reellen Achse in der x-Ebene sich auf ein Stück der reellen Achse in der η-Ebene, also geradlinig abbildet. Die Abbildung durch das allgemeinste η hängt aber mit unserer speziell gewählten Abbildung durch Kreisverwandtschaft zusammen, so daß also in der Tat die einzelnen Stücke der reellen Achse bei der Abbildung durch ein beliebiges η einzeln als Kreisbogen wiedergegeben werden.

Die *zweite* Behauptung, nämlich daß den gestreckten Winkeln bei a, b, c Winkel von der Größe $\lambda\pi$, $\mu\pi$, $\nu\pi$ in der η-Ebene entsprechen, folgt einfach daraus, daß in der Umgebung von a ein spezieller Zweig η_0 sich verhält wie

$$\eta_0 = (x-a)^\lambda\, \mathfrak{P}(x-a), \qquad \mathfrak{P}(0) \neq 0,$$

so daß also der Änderung eines Winkels (mit dem Scheitel in $x = a$) um π die Änderung $\lambda\pi$ des Bildwinkels in der η_0-Ebene entspricht. In den (beim Beweise nicht berücksichtigten) *Ausnahmefällen erster Ordnung* erhält man ebenfalls *Kreisbogen*, die sich aber im betrachteten Punkte berühren (vgl. S. 203, Anmerkung [*]). Das Resultat betreffs des Winkels kann sich beim Übergang zum allgemeinen Zweig nicht ändern, womit unsere beiden Behauptungen bewiesen sind.

Endlich sehen wir noch genauer zu, wie die Umgebung einer *nichtsingulären Stelle* x_0 sich abbildet. Ist die Stelle kein Nebenpunkt der Differentialgleichung, so hat sie die Exponenten 0 und 1, und ein Zweig η_0 verhält sich wie

$$\eta_0 = (x-x_0)^1\, \mathfrak{P}(x-x_0), \qquad \mathfrak{P}(0) \neq 0,$$

d. h. die einfach überdeckte Umgebung von x_0 bildet sich in der η_0-Ebene, also auch in der η-Ebene, auf die schlichte Umgebung eines Punktes ab.

Anders in der Umgebung eines *Nebenpunktes*. In einem einfachen Nebenpunkt liegen die Exponenten 0 und 2 vor, und also eine Entwicklung:

$$\eta_0 = (x-x_0)^2\, \mathfrak{P}(x-x_0), \qquad \mathfrak{P}(0) \neq 0.$$

Wenn x einen kleinen Kreis um x_0 beschreibt, so läuft hier η_0, also auch das allgemeine η, zweimal um den entsprechenden Punkt der η_0- resp. η-Ebene. Also haben wir das Resultat:

Die Fläche des der positiven Halbebene vermöge $\eta = \eta(x)$ entsprechenden η-Dreiecks ist, außer etwa in den Ecken (nämlich wenn λ bzw. μ bzw. ν größer als 2 ist) in der Umgebung jedes Punktes der η-Ebene schlicht überlagert; nur wenn die η-Funktion mit Nebenpunkten ausgestattet ist, treten Verzweigungspunkte an den korrespondierenden Stellen („im Innern" oder „am Rande") der Dreiecksfläche ein.

Es habe die η-Funktion im ganzen k (einfache) Nebenpunkte. Dieselben müssen, wenn wir an der Forderung reeller Koeffizienten in der Differentialgleichung, also eines von Kreisbogen begrenzten Abbilds der x-Halbebene festhalten wollen, notwendig so gelegen sein, daß die einen, etwa $\varkappa$ an der Zahl, auf der reellen Achse selbst liegen, die übrigen, $2\varkappa'$ an der Zahl, sich in $\varkappa'$ Paare konjugiert komplexer, also zur reellen Achse symmetrisch gelegener Punkte anordnen. (Übrigens folgt aus einer solchen Anordnung der Nebenpunkte noch nicht umgekehrt, daß dann die Koeffizienten der Differentialgleichung notwendig reell sind.) Den in der positiven Halbebene gelegenen $\varkappa'$ Nebenpunkten entsprechen dann, wie wir sahen, $\varkappa'$ Windungspunkte im Innern des η-Dreiecks. Den $\varkappa$ auf der Begrenzung liegenden Nebenpunkten aber entsprechen Rückkehrpunkte der Begrenzung, da ja die Funktion

$$\eta_0 = (x - x_0)^2\, \mathfrak{P}(x - x_0), \qquad \mathfrak{P}(0) \neq 0,$$

mit reellen Koeffizienten den gestreckten Winkel bei x_0 auf einen Winkel von der Öffnung 2π abgebildet.

Also:

Sind $\varkappa$ reelle und $2\varkappa'$ paarweise konjugierte komplexe (einfache) Nebenpunkte eingeführt, so zeigt die Kontur des Kreisbogendreiecks $\varkappa$ Rückkehrpunkte und die Dreiecksfläche selbst in ihrem Innern noch $\varkappa'$ Verzweigungspunkte.

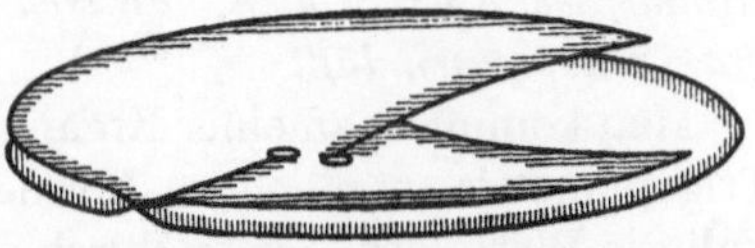

Fig. 39. Kreisbogendreieck mit einem Verzweigungspunkte im Innern und einem Rückkehrpunkte auf der Begrenzung (Fall je eines einfachen Nebenpunktes im Innern und auf dem Rande der positiven x-Halbebene).

Wir beschränken uns *fortan* auf den Fall der η-Funktion *ohne Nebenpunkte*, mithin auf den Fall der im Innern *schlichten Kreisbogendreiecke* [*].

Die *erste Aufgabe* wird sein, das einzelne Dreieck λ, μ, ν, seinen Kern, und die Gesamtheit der verwandten Dreiecke genau aufzufassen.

Ferner: Das einzelne Dreieck ist uns das Abbild der positiven Halbebene. Wir werden dann auf irgendeinem Wege in die negative Halbebene übergehen und uns fragen: Wie wird sich die negative Halbebene abbilden? Gehen wir dann auf einem beliebigen Wege in die positive Halbebene zurück, so werden wir zusehen, wie der so gewonnene neue Zweig der Funktion η die positive Halbebene abbildet; dabei wird uns insbesondere das SCHWARZsche Symmetrieprinzip („*Spiegelungsprinzip*") vorzügliche Dienste leisten. Unsere *zweite Aufgabe* ist also folgende:

Wie setzt sich die durch den Halbzweig η vermittelte konforme Abbildung der Halbebene auf das Kreisbogendreieck analytisch fort?

Eine *dritte Aufgabe* wird sein, daß wir *die funktionentheoretische Bedeutung der durch die Figuren gegebenen geometrischen Beziehungen uns klarmachen.*

Ehe wir die Behandlung dieser Fragen der Reihe nach in Angriff nehmen, wollen wir noch kurz auf den Umstand eingehen, daß wir es hier immer mit *Membran*dreiecken zu tun haben. Wir knüpfen dabei an bereits früher (am Ende von § 41) aufgeworfene Fragen an.

§ 45. Die Ergänzungsrelationen.

In der sphärischen Trigonometrie, wie wir sie besprachen, konnte man die Winkel λ, μ, ν bei einem Dreieck beliebig vorgeben; dann waren dadurch der geometrische Kern und folglich die l, m, n modulo 2 erst zweideutig bestimmt (wenigstens im allgemeinen; vgl. z. B. § 40, S. 196).

Hier in unserer Funktionentheorie, d. h. bei der konformen Abbildung der x-Halbebene durch $\eta(x)$, ist aber die Differentialgleichung für η durch (a, b, c und) λ, μ, ν allein wohlbestimmt und damit auch das Kreisbogendreieck (bis auf linear gebrochene Substitutionen).

Es ist dies eine Folge davon, daß wir hier, abweichend von der früher besprochenen allgemeinen sphärischen Trigonometrie, die Forderung einer bestimmten Dreiecks*fläche* stellen müssen, d. h. verlangen müssen, daß man zwischen die Seiten und Winkel eine Membran einspannen kann [*]. Wir sagen:

Durch Vorgabe der λ, μ, ν sind die l, m, n immer dann eindeutig bestimmt, wenn wir wollen, daß sich in unseren Dreiecksrahmen eine Membran einspannen läßt.

Man kommt so zu einer Ergänzung der „transzendenten" sphärischen Trigonometrie, nämlich zu Formeln, welche für den zu betrachtenden Fall die Werte der l, m, n durch die Werte der λ, μ, ν genau (d. h. eindeutig) festlegen und welche im folgenden (vgl. § 48 und § 50) bewiesen werden. Ich nenne diese Formeln die „*Ergänzungsrelationen*" der sphärischen Trigonometrie. Ich habe sie im 37. Bande der Mathematischen Annalen mitgeteilt (= KLEIN [3], Bd. 2, S. 562) [**]. Sie lauten folgendermaßen:

$$E\left(\frac{l}{2}\right) = E\left(\frac{\lambda - \mu - \nu + 1}{2}\right),$$
$$E\left(\frac{m}{2}\right) = E\left(\frac{-\lambda + \mu - \nu + 1}{2}\right),$$
$$E\left(\frac{n}{2}\right) = E\left(\frac{-\lambda - \mu + \nu + 1}{2}\right),$$

unter $E(x)$ die größte, in x enthaltene ganze Zahl verstanden, wenn $x > 0$ ist, dagegen $E(x) = 0$ gesetzt, wenn $x \leqq 0$ ist.

Wenn also etwa $\lambda - \mu - \nu > 1$ ist, so ist $l > 2$, die Seite l umläuft also einen größten Kugelkreis bzw. einen Kreis der η-Ebene mehr als einmal, sie „*überschlägt*" sich. Im Falle $\lambda - \mu - \nu = 1$ würde sich die Seite l gerade schließen.

Im Falle eines Elementardreiecks ist wegen $0 \underset{(=)}{<} \lambda < \pi$ usw. stets $\frac{\lambda - \mu - \nu + 1}{2} < 1$ usw., mithin sind die $E\left(\frac{l}{2}\right)$ usw. alle gleich Null, keine Seite überspannt also ihren Kreis mehrfach. Soviel über die allgemeine Gliederung unserer nächsten Betrachtungen.

Fünfter Abschnitt.

Genaueres Studium der Dreiecke.

§ 46. Grundlegende Beziehungen. Drei Fälle des Kerns.

Ich stelle heute zuerst eine Reihe Behauptungen auf, die ich zum Teil erst später beweisen werde.

1. *Die positive x-Halbebene wird durch $\eta(x)$ umkehrbar eindeutig und konform auf eine „(Kreisbogen-) Dreiecksfläche" („Membrandreieck") abgebildet,* d. h. auf ein (der η-Kugel evtl. mehrblättrig überlagertes) schlichtartiges, einfach zusammenhängendes, von einem einzigen aus drei Kreisbogen bestehenden Kurvenzug begrenztes Flächenstück.

Die letzte Behauptung betr. Kreisbogen ist bereits früher (§ 44) bewiesen. Das in Rede stehende Flächenstück ist, als umkehrbar eindeutiges und umkehrbar stetiges Bild der (einfach zusammenhängenden) x-Halbebene, schlichtartig und selbst einfach zusammenhängend.

2. *Wenn umgekehrt über der η-Kugel eine solche* (schlichtartige, einfach zusammenhängende) *Kreisbogendreiecksfläche gegeben ist,* so berufen wir uns auf den Riemannschen Abbildungssatz, dem zufolge diese Dreiecksfläche *konform auf eine x-Halbebene abgebildet werden kann, und zwar nur auf eine Weise, wenn die Ecken des Kreisbogendreiecks drei vorgegebenen Punkten der reellen x-Achse, etwa den Punkten $x = 0$ bzw. $x = 1$ bzw. $x = \infty$ entsprechen sollen* [*].

Dann ist nicht schwer zu zeigen, daß die hierdurch festgesetzte *Abhängigkeit zwischen η und x gerade durch die Differentialgleichung*

$$[\eta] = R(x; \lambda, \mu, \nu)$$

wiedergegeben wird [**].

3. Hieraus folgt, daß wir *bei Untersuchung unserer konformen Abbildung die allgemeinsten Dreiecksflächen in Betracht zu ziehen haben,* die also insbesondere den Bedingungen genügen, einfach zusammenhängend bzw. einfach berandet zu sein.

Beginn der siebenundvierzigsten Vorlesung.

Wir schließen aus 2:

4. *Die allgemeinste Dreiecksfläche muß, abgesehen von Umformungen durch Kreisverwandtschaft, durch Angabe der drei Zahlen λ, μ, ν vollkommen bestimmt sein.* Wir sprechen daher auch von den „Dreiecksflächen oder Membrandreiecken λ, μ, ν".

5. Wir werden uns also *bei unserer Untersuchung darauf beschränken* dürfen, *für jedes λ, μ, ν ein Beispiel zu konstruieren.* Dies ist eine große Erleichterung.

6. *Alle Dreiecksflächen λ, μ, ν (Membrandreiecke) bilden ein Kontinuum.* Denn da unsere Differentialgleichung

$$[\eta] = R(x; \lambda, \mu, \nu)$$

von den λ, μ, ν rational abhängt, so kann man durch kontinuierliche Veränderung der λ, μ, ν alle Differentialgleichungen dieser Gestalt, also auch alle η-Funktionen erreichen [*].

7. Wir denken an unsere frühere Einteilung der sphärischen Dreiecke in zwei Klassen, von denen jede für sich ein Kontinuum bildet (vgl. § 34). Alle für uns brauchbaren Dreiecke muß man aus einem Elementardreieck durch kontinuierliche Abänderung erhalten können, da ja ein Elementardreieck gewiß brauchbar ist und da (zufolge 6) alle brauchbaren Dreiecke ein Kontinuum bilden. Nun aber gehört ein Elementardreieck zur ersten Klasse und also auch alle aus ihm durch kontinuierliche Abänderung hervorgehenden Dreiecke. Daraus folgt (vgl. auch die Anmerkung [**] zu S. 210):

Unsere Dreiecksflächen λ, μ, ν (Membrandreiecke) sind sämtlich unter den Dreiecken erster Klasse einbegriffen; die Dreiecke zweiter Klasse und überhaupt die Unterscheidung der beiden Klassen bleiben also fortan beiseite.

8. *Die Dreiecksflächen λ, μ, ν gehören zu einem Kern mit den Winkeln $\lambda\pi$, $\mu\pi$, $\nu\pi$.*

9. Damit ist eine früher (vgl. S. 201) noch unerledigt gebliebene Frage beantwortet; nämlich:

Insofern der zur Dreiecksfläche gehörige Kern die Amplituden $\lambda\pi$, $\mu\pi$, $\nu\pi$ zeigt, folgt, daß auch bei komplexen Exponentendifferenzen $\lambda\pi$, $\mu\pi$, $\nu\pi$ diese die Amplituden des Kerns sind, während wir früher nur erst bewiesen hatten, daß die Doppelamplituden gleich $2\lambda\pi$, $2\mu\pi$, $2\nu\pi$ sind.

Denn auch hier herrscht Kontinuität.

Wir werden nun vor allen Dingen, unserem Programm gemäß, den Kern des Dreiecks für reelle λ, μ, ν näher betrachten. *Dabei sehen wir vom Falle ganzzahliger λ, μ, ν vorläufig ab* (vgl. dazu § 51). Das Wort „*Dreieck*" ist im folgenden stets im Sinne von „*Membrandreieck*" zu verstehen. Wir haben, den drei Kreisen auf der η-Kugel entsprechend, drei Ebenen, deren Schnittlinien die Kugel in reellen Punkten treffen; sie bilden ein gewöhnliches Dreikant.

Diese Dreikante teilen wir in drei „Fälle" ein, je nachdem der Scheitel des Dreikants im Inneren der Kugel, auf der Kugel oder außerhalb der Kugel liegt:

I. Scheitel im Innern der Kugel,
II. Scheitel auf der Kugel,
III. Scheitel außerhalb der Kugel.

Bei dieser Fallunterscheidung, die hier durchaus notwendig ist, wie überhaupt im folgenden, tritt eine charakteristische Eigentümlichkeit der geometrischen Funktionentheorie hervor, die im Gegensatz zu der verallgemeinernden Tendenz der meisten Gebiete der höheren Mathematik, wo man solche Fallunterscheidungen immer durch allgemeinere Fassung der Begriffe zu vermeiden bestrebt ist, besonders hervorgehoben zu werden verdient.

Es ist ein allgemeiner Charakter der folgenden Untersuchungen der geometrischen Funktionentheorie, daß man mit allgemeinen Methoden und Sätzen nicht ausreicht, sondern ins einzelne gehen muß, etwa so, wie das bei der Elementargeometrie der Alten der Fall war. Wir finden uns also — so möchte man die Sache auffassen — in den Anfängen einer neuen mathematischen Entwicklung, bei der wir über die erforderlichen allgemeinen Begriffsbestimmungen noch nicht verfügen [*].

Der Bequemlichkeit halber wollen wir noch folgendes verabreden: Im Falle I bringen wir den Scheitel durch eine n. e. Bewegung in den Mittelpunkt der Kugel, im Falle II in den mit ∞ bezeichneten Punkt der Kugel und im Falle III in den uneigentlichen Punkt „vertikal über der Kugel", in welch letzterem Falle also die drei durch den Scheitel hindurchgehenden Ebenen auf der Äquatorebene senkrecht stehen.

Um die auf der Kugel entstehenden Figuren in der Ebene darzustellen, können wir jetzt *verschiedene Projektionsarten* anwenden, insbesondere folgende zwei:

1. die stereographische Projektion vom Punkte $\eta = \infty$ der Kugel auf eine Horizontalebene, z. B. auf die in $\eta = 0$ berührende Ebene.

2. Die Projektion von dem Scheitel des Dreikants aus ebenfalls auf eine Horizontalebene.

Bei der ersten Projektion gehen die von den Ebenen des Dreikants auf der Kugel bestimmten Kreise in Kreise (evtl. in Gerade) der Ebene über, bei der zweiten Projektion stets in Gerade. Bei der ersten Projektion entspricht die Ebene der Kugeloberfläche ein-eindeutig, bei der zweiten Projektion dagegen ist die Abbildung der Kugel auf die Ebene ein-zweideutig, so daß man sich die Ebene wie eine Doppelfläche, also doppelt überdeckt, zu denken hat, wobei dann die obere Seite der Ebene der einen Halbkugel, die Unterseite der anderen Halbkugel entspricht.

Nun sehen wir zu, was für Figuren der Ebene bei der einen und bei der anderen Projektionsart den drei Arten von Dreikanten entsprechen.

Im Falle I haben wir auf der Kugel ein gewöhnliches sphärisches Dreieck mit den dazu gehörigen Nebendreiecken und Gegendreiecken. *Die Kugeloberfläche ist im Falle I in acht Dreiecke zerlegt, von denen immer je zwei gegensinnig kongruent sind.*

Das gibt in der Ebene bei der ersten Projektion (Fig. 40) ebenso viele Kreisbogendreiecke (mit den gleichen Winkeln wie auf der Kugel), bei der zweiten Projektion (Fig. 41) dagegen nur vier geradlinige Dreiecke, indem ein Dreieck und sein Gegendreieck jedesmal dasselbe Dreieck der Ebene liefern.

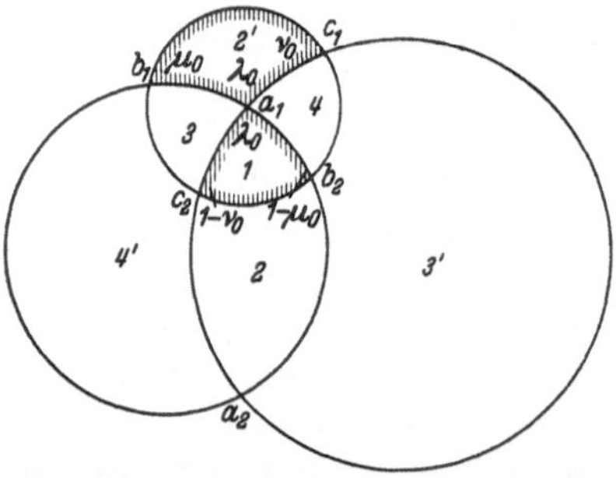

Fig. 40. Stereographische Projektion dreier Kugelgroßkreise.

Für die Zwecke der weiteren Untersuchung ist es im Falle I völlig gleichgültig, welche der acht ebenen (bei der ersten Projektion auftretenden) Kreisbogendreiecke wir auswählen. Nur der Bequemlichkeit halber wollen wir ein solches, dessen Winkelsumme ein Minimum ist, mit dem besonderen Namen „*Minimaldreieck*" belegen. Sind $\lambda_0\pi$, $\mu_0\pi$, $\nu_0\pi$ die Winkel eines Minimaldreiecks, so sind die Winkel des längs der Seite l anliegenden Nebendreiecks $\lambda_0\pi$, $(1-\mu_0)\pi$, $(1-\nu_0)\pi$ [*]. Die um π verminderte Winkelsumme eines sphärischen Dreiecks, der sog. „sphärische Exzeß", ist bekanntlich der Flächeninhalt des Dreiecks und als solcher wesentlich positiv. Also:

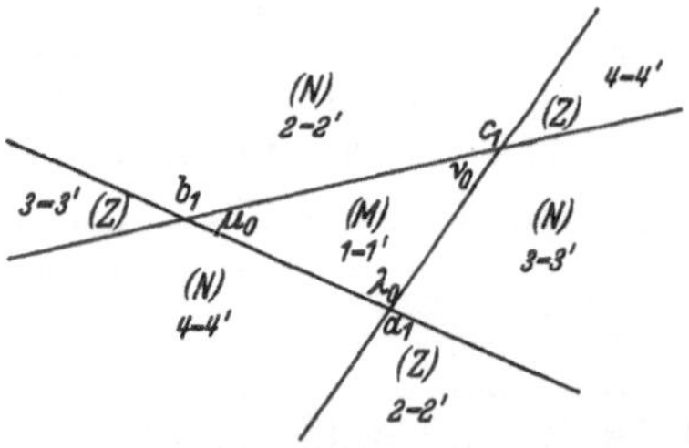

Fig. 41. Zentrale Projektion dreier Kugelgroßkreise vom Kugelmittelpunkt aus.

Im Falle I ist die Winkelsumme eines Minimaldreiecks größer als π, also

$$\lambda_0 + \mu_0 + \nu_0 > 1 .$$

Daß diese Ungleichung auch für den Fall I *charakteristisch* ist, ergibt sich aus der Diskussion der beiden anderen Fälle.

Im Falle II sind die beiden Projektionen identisch und ergeben drei Gerade, die ein ganz im Endlichen liegendes Dreieck M, drei mit je einer Ecke ins Unendliche reichende Nebendreiecke N und drei mit je einer Ecke ins Unendliche reichende Zweiecke Z bilden.

Das Dreieck M bezeichnen wir als das Minimaldreieck. Mithin können wir sagen:

Im Falle II haben wir ein Minimaldreieck mit der Winkelsumme π, also $\lambda_0 + \mu_0 + \nu_0 = 1$, dann drei Nebendreiecke mit den Winkeln $\lambda_1 = \lambda_0$, $\mu_1 = 1 - \mu_0$, $\nu_1 = 1 - \nu_0$ usw., so daß also $-\lambda_1 + \mu_1 + \nu_1 = 1$ usw. wird, und endlich drei Zweiecke mit den Winkeln λ_0 bzw. μ_0 bzw. ν_0.

Im Falle III stehen alle Ebenen auf der Äquatorebene der Kugel senkrecht, schneiden dieselbe also in Kreisen, welche auf dem Äquatorkreise senkrecht stehen. Bei der *ersten* Projektionsart erhalten wir dann drei Kreise, die einen gemeinsamen reellen Orthogonalkreis haben (Fig. 42). Diesen Orthogonalkreis kann man insbesondere durch eine kreisverwandte Umformung in eine Gerade strecken (Fig. 43). (Im Falle I ist ein solcher [reeller] Orthogonalkreis nicht vorhanden.)

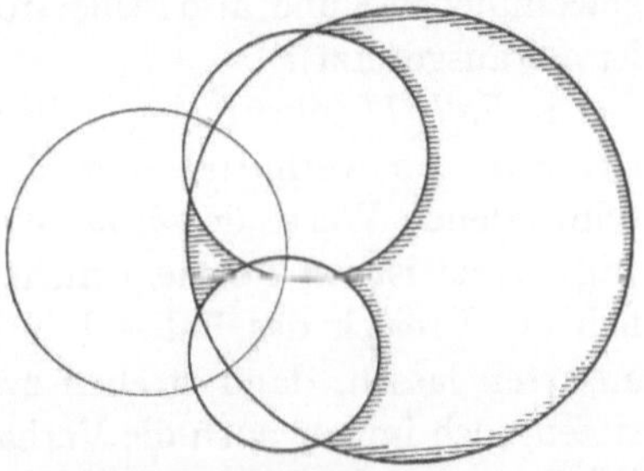

Fig. 42. Stereographische Projektion dreier Kugelkreise, deren Ebenen senkrecht zum Äquator stehen.

Bei der *zweiten* Projektion (Fig. 44) geben die beiden, durch den Äquator getrennten Halbkugeln dasselbe Bild, nämlich das Innere eines Kreises, von drei Geraden durchsetzt.

Ein Blick auf die Figuren zeigt:

Wir bekommen auf der Kugel zwei kongruente, zum Orthogonalkreis symmetrische Dreiecke, drei Zweiecke und drei Vierecke.

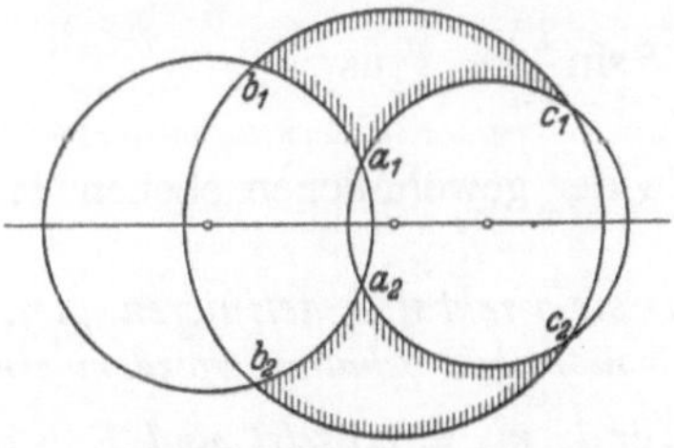

Fig. 43. Kreisverwandtes Bild von Fig. 42, in welchem der Äquator als Gerade erscheint.

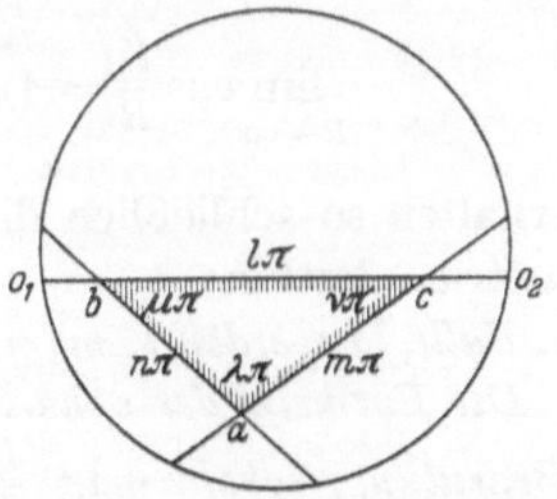

Fig. 44. Orthogonale Projektion dreier Kugelkreise, deren Ebenen senkrecht zum Äquator stehen, auf den Äquator.

Eines der beiden Dreiecke können wir als Minimaldreieck ansehen; man sieht leicht, daß für dasselbe $\lambda_0 + \mu_0 + \nu_0 < 1$ ist.

Wir fassen zusammen:

Die Fälle I, II, III sind dadurch charakterisiert, daß die Summe der zugehörigen λ_0, μ_0, ν_0 im ersten Falle größer als Eins, im zweiten Falle gleich Eins, und im dritten Falle kleiner als Eins ist.

§ 47. Die Maßzahlen der Winkel und Seiten.

Heute gebe ich zunächst noch einige geometrische Ausführungen betreffend die Trigonometrie der in der letzten Stunde unterschiedenen drei Arten von Dreiecken. Zur Erläuterung des Folgenden sei übrigens

---

Beginn der achtundvierzigsten Vorlesung.

auch verwiesen auf die Vorlesungen über n. e. Geometrie (= KLEIN [7], S. 195ff.).

Im *Falle I* haben wir es mit gewöhnlichen sphärischen Dreiecken zu tun. Da sind $\lambda\pi$, $\mu\pi$, $\nu\pi$; $l\pi$, $m\pi$, $n\pi$ die Winkel und Seiten im gewöhnlichen Sinne, also reelle Größen ($0 < \lambda < 1$; $0 < \mu < 1$; $0 < \nu < 1$ ist vorausgesetzt).

Im *Falle II* führt dagegen die analytische Definition der $\lambda\pi$, $\mu\pi$, $\nu\pi$; $l\pi$, $m\pi$, $n\pi$ vermittels der CAYLEYschen Maßbestimmung auf verschwindende Werte der l, m, n. Trotzdem braucht man aber auf die trigonometrischen Formeln nicht ganz zu verzichten. Wenn wir nämlich ein Dreieck des Falles I in ein bestimmtes Dreieck des Falles II ausarten lassen, dann streben zwar die l, m, n gegen Null, indes besitzen doch immer noch die Verhältnisse $l:m:n$ bestimmte Grenzwerte. Wir setzen daher, unter R eine reelle Zahl verstanden:

$$l = \frac{l'}{R}, \qquad m = \frac{m'}{R}, \qquad n = \frac{n'}{R}$$

in die Formeln der sphärischen Trigonometrie ein, multiplizieren mit R und gehen zur Grenze für $R \to \infty$ über. Wir haben dann einfach

$$\lim_{R\to\infty} \cos\frac{l'}{R} = 1, \qquad \lim_{R\to\infty}\left(R\sin\frac{l'}{R}\right) = l' \text{ usw.}$$

und erhalten so schließlich die Formeln der gewöhnlichen ebenen Trigonometrie. Mithin:

Im Falle II werden l, m, n, wenn wir sie direkt n. e. definieren, gleich Null. Die Formeln der sphärischen Trigonometrie behalten trotzdem eine gute Bedeutung, sobald man $\frac{l'}{R}$, $\frac{m'}{R}$, $\frac{n'}{R}$ für l, m, n einsetzt und $R \to \infty$ gehen läßt; sie verwandeln sich dann nämlich in die Formeln der gewöhnlichen ebenen Trigonometrie.

Am interessantesten, weil das meiste Neue bietend, ist der *Fall III* eines Dreiecks mit reellem Orthogonalkreis. Wir können uns das Dreieck etwa vom Scheitel des Kerns auf die Polarebene des Scheitels projizieren, d. h. wenn wir den Scheitel ins Unendlichferne legen, auf die Äquatorebene, wie in Fig. 44, S. 215.

Die n. e. Definition der Kantenwinkel $\lambda\pi$, $\mu\pi$, $\nu\pi$ und der Seitenwinkel $l\pi$, $m\pi$, $n\pi$ des Dreikants überträgt sich dann unmittelbar auf die Figur in der Äquatorebene, welche ja als Projektion dieselben Doppelverhältnisse bieten muß (vgl. die Fig. 44).

Die Winkel und Seiten des ebenen Dreiecks in der auf den Äquatorkreis bezogenen CAYLEYschen Maßbestimmung sind daher direkt die Zahlen $\lambda\pi$, $\mu\pi$, $\nu\pi$; $l\pi$, $m\pi$, $n\pi$. Die Winkel sind hier, wie in der gewöhnlichen sphärischen Trigonometrie, wieder reell, die Seitenlängen aber, z. B.

$$l\pi = \overline{bc} = \frac{i}{2}\log DV(bc\,o_1\,o_2)$$

sind rein imaginär; und zwischen den so definierten reellen Größen $\lambda\pi$, $\mu\pi$, $\nu\pi$ und den rein imaginären Größen $l\pi$, $m\pi$, $n\pi$ gelten dann die gewöhnlichen Formeln der sphärischen Trigonometrie (wie aus den Darlegungen auf S. 180 folgt). Wir fassen diese Angaben in folgende Sätze zusammen:

Im Falle III sind die Größen λ, μ, ν; l, m, n in der ebenen Figur direkt so zu berechnen, als handle es sich um die auf den Umrißkreis zu gründende CAYLEY*sche Maßbestimmung. Die Größen $\lambda\pi$, $\mu\pi$, $\nu\pi$, in dieser Weise in der Ebene gemessen, sind reell und stimmen mit den auf der Kugelfläche von den Kreisen gebildeten, in gewöhnlicher Weise gemessenen Winkeln überein, während die $l\pi$, $m\pi$, $n\pi$ rein imaginär ausfallen und in der gewöhnlichen Geometrie auf der Kugel keine einfache Deutung besitzen. Es handelt sich hier um die ebene Trigonometrie in der gewöhnlichen n. e. „hyperbolischen" Geometrie. Es liegt hier derjenige Fall der sphärischen Formeln vor, wo λ, μ, ν noch reell, l, m, n rein imaginär sind.*

In den Lehrbüchern der n. e. Geometrie findet man die Formeln der Trigonometrie durchweg in einer anderen, von den gewöhnlichen sphärischen Formeln etwas abweichenden Gestalt angegeben (vgl. z. B. KLEIN [7], S. 196). Es kommt das daher, daß man, um es mit reellen Maßzahlen für die Strecken zu tun zu haben, dieselben noch mit einer rein imaginären Konstanten dividiert. Die trigonometrischen Funktionen der Seitenlängen verwandeln sich dann in die sog. hyperbolischen Funktionen der neuen reellen Maßzahlen, nach den bekannten Formeln

$$\cos ix = \cosh x, \qquad \sin ix = i \sinh x.$$

Gewöhnlich setzt man in der hyperbolischen Geometrie für l, m, n, damit man doch reelle Seitenlängen hat, $i\frac{l'}{R}$, $i\frac{m'}{R}$, $i\frac{n'}{R}$, unter $-\frac{1}{R^2}$ das sog. Krümmungsmaß verstanden.

Man sagt daher gewöhnlich, die Formeln der (hyperbolischen) n. e. ebenen Trigonometrie ergeben sich aus den gewöhnlichen Formeln der sphärischen Trigonometrie, indem man $i\frac{l'}{R}$, $i\frac{m'}{R}$, $i\frac{n'}{R}$ für l, m, n einsetzt, unter R eine reelle, für die betreffende n. e. Geometrie charakteristische Zahl verstanden.

Endlich schreibt man die bezüglichen Formeln, um das Imaginäre zu vermeiden, gern so, daß man statt der trigonometrischen Funktionen der imaginären Argumente die sog. hyperbolischen Funktionen einführt.

Beim gewöhnlichen sphärischen Dreieck wächst die Seitenlänge um 2π, wenn wir den ganzen Kugelkreis einmal mehr im positiven Sinne durchlaufen, sie wächst um π, wenn wir die Seite in positivem Sinne bis zum Gegenpunkte ihres Endpunktes verlängern.

Was entspricht dem im Falle III?

Wir betrachten die beiden nachstehenden Figuren 45 und 46, von denen die zweite den Kugelkreisbogen ab in senkrechter Projektion auf die Äquatorebene zeigt, während die erste Figur die Ebene von ab darstellt.

Wenn wir da die Seite ab über ihren Endpunkt b hinaus bis o_2 verlängern, so wird ihre (auf der Kugel oder auch in der Äquatorebene

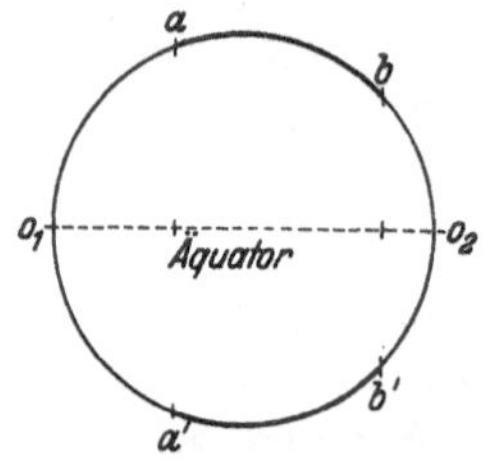

Fig. 45. Kreisbogen ab in seiner Ebene, welche senkrecht zum Äquator steht.

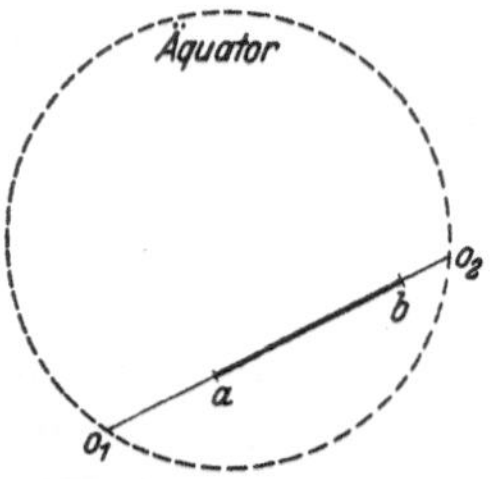

Fig. 46. Kreisbogen ab orthogonal auf den Äquator projiziert.

gemessene) Maßzahl logarithmisch unendlich; denn in der Fig. 46 (der Projektion auf die Äquatorebene) rückt dann die Verlängerung ebenfalls an o_2 heran, und in dem Ausdruck

$$\overline{ab} = \frac{i}{2} \log \left(\frac{a o_2}{a o_1} : \frac{b o_2}{b o_1} \right)$$

wird das Doppelverhältnis unendlich (und zwar, wie man leicht sieht, wie das reziproke Quadrat des euklidischen Abstandes des Punktes b von o_2 in der Fig. 45).

Wenn wir den Bogen ab bis zu dem Gegenpunkt b' von b (vgl. die Fig. 45), d. h. bis zu dem auf demselben Projektionsstrahl liegenden Punkt des anderen Halbkreises verlängern (vgl. die Fig. 45), so haben die Bogen ab und ab' in der Projektion gleiche Endpunkte; es ergibt also die schematische Anwendung des analytischen Ausdrucks für die Länge der Projektion von ab' zunächst den gleichen Wert wie für die Länge der Projektion von ab. Beachtet man aber, daß bei stetiger Überführung von b in b' längs des Kreises (vgl. die Fig. 45) durch o_2 hindurch die (analytische) Funktion für die Länge eine logarithmische Unstetigkeit aufweist, falls $b = o_2$ wird, so erkennt man: Wir können uns auf den Standpunkt stellen, daß die Längen der Projektionen von ab bzw. ab' durch verschiedene Zweige des Logarithmus geliefert werden, und zwar können wir festsetzen, daß der Logarithmus des Doppelverhältnisses um $-2\pi i$ sich ändert und daß also die Länge von ab um π wächst, falls wir b im „positiven" Sinn bis b' laufen, d. h. von der positiven in die negative Halbkugel (Halbebene) übertreten lassen; entsprechend ist dann festzusetzen, daß die Länge von ab um π abnimmt, wenn b in negativem Sinn bis b' läuft, und endlich, daß die Länge von ab um 2π wächst, so oft b die volle Kreisperipherie im positiven Sinn durchläuft. Wir rekapitulieren:

Wenn auch die l, m, n im Falle III zunächst rein imaginär sind, so können wir sie darum doch bei mehrfacher Durchlaufung der tragenden Kreise um beliebige Multipla von zwei vermehren, wenn wir nur die Verabredung einführen, daß irgend zwei Punkte b_1 und b_2 auf der Kugel, die auf derselben durch das Zentrum des Kerns laufenden Geraden liegen, genau um π entfernt sein sollen, was mit dem Verhalten des Logarithmus nicht im Widerspruch steht, aber allerdings nur durch eine besondere Verabredung festgesetzt werden kann.

Etwas *Entsprechendes* werden wir auch *im Falle II* beim geradlinigen Dreiecke festsetzen können, falls wir die „Länge" einer Halbgeraden als eine neue Größe π^* einführen, die als „unendlich groß" gegenüber den Längen aller (ganz im Endlichen gelegenen) Strecken erklärt wird. Statt dessen können wir auch festsetzen, daß die Länge L jeder ganz im Endlichen gelegenen Strecke „unendlich klein" sei gegenüber π (unter π, wie üblich, die LUDOLFsche Zahl verstanden). Die Größen L wird man dann mit π zu einem „nicht-archimedischen Größensystem" zusammenfassen [*].

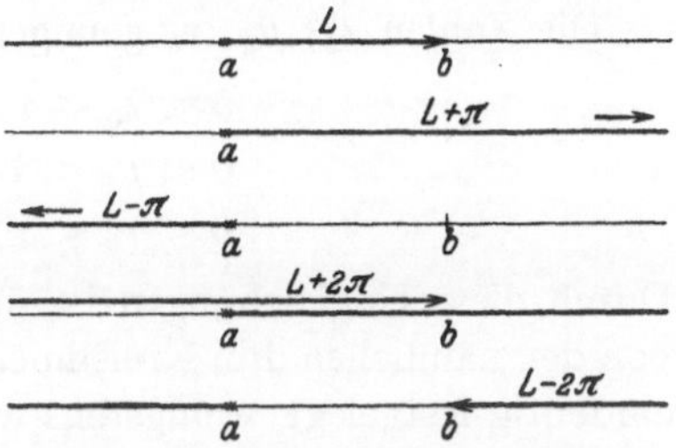

Fig. 47. Geometrische Veranschaulichung der nicht-archimedischen Ordnung der Längen im Falle II.

Lassen wir alsdann den Endpunkt b der Strecke ab bis ins Unendliche laufen, so werden wir sagen, wir haben die Strecke um π verlängert; lassen wir den Endpunkt die ganze Gerade durchs Unendliche hindurch bis wieder zum Punkte b durchlaufen, so soll das als Verlängerung um 2π bezeichnet werden (vgl. die obenstehende Fig. 47).

§ 48. Die zu einem Kern gehörigen reduzierten Dreiecke.

Wir haben in den letzten Stunden gesehen, wie der Kern in den drei Fällen I, II, III relativ zur Kugel liegt. Es wird nun unsere Aufgabe sein, in diesen Kern auf alle möglichen Weisen eine Dreiecksfläche wie eine Membran einzuspannen und uns von den verschiedenen möglichen Gestalten derselben eine recht klare Vorstellung zu machen.

Alle diejenigen so zu findenden Dreiecksflächen, auf deren Begrenzung die Kanten des Kerns in gleichem Sinn aufeinanderfolgen, werden dann verwandte Funktionen liefern, und zu allen verwandten Funktionen gehören solche Dreiecksflächen (vgl. § 43).

Vorläufig jedoch werden wir auf den Sinn der Aufeinanderfolge der Kanten des Kerns kein Gewicht legen, um erst hinterher (was ich in

---

Beginn der neunundvierzigsten Vorlesung.

der nächsten Stunde ausführen werde) die Modifikationen zu besprechen, die durch Berücksichtigung der Reihenfolge nötig werden.

Wir gehen von einem Minimaldreieck (vgl. S. 214) aus, welches in den drei Fällen $\lambda_0 + \mu_0 + \nu_0 \gtreqless 1$ etwa die früher angegebenen Gestalten haben mag (wobei aber der Fall ganzzahliger λ, μ, ν vorerst ausgeschlossen werden soll):

Ein Minimaldreieck soll mit $(\lambda_0, \mu_0, \nu_0)$ *bezeichnet werden.* Seine Winkel $\lambda_0\pi$, $\mu_0\pi$, $\nu_0\pi$ sind nicht nur jeder selbst kleiner als π, sondern es ist auch die Summe von irgend zwei Winkeln stets kleiner als π oder höchstens gleich π. Für Fall I ist dies schon bewiesen (vgl. S. 214; Anmerkung [*]); für Fall II und III ist es trivial.

Die Zahlen λ_0, μ_0, ν_0 genügen also den Bedingungen:

$$\begin{aligned} 0 < \lambda_0 < 1, \quad & \mu_0 + \nu_0 \leqq 1, \\ 0 < \mu_0 < 1, \quad & \nu_0 + \lambda_0 \leqq 1, \\ 0 < \nu_0 < 1, \quad & \lambda_0 + \mu_0 \leqq 1. \end{aligned}$$

Durch diese Ungleichungen ist übrigens das Minimaldreieck unter den von den nämlichen drei Kreislinien begrenzten Dreiecken im allgemeinen eindeutig festgelegt, wenigstens wenn man symmetrische Gegendreiecke nicht als verschieden ansieht. (Ausnahmefälle: $\mu_0 + \nu_0 = 1$ usw., vgl. S. 214, Anmerkung [*].) Jedes Tripel von Zahlen λ, μ, ν, welches den in Rede stehenden Ungleichungen genügt, heiße kurz ein *Minimaltripel* (wobei wir uns zunächst nicht darum kümmern, ob ihm ein Minimaldreieck entspricht oder nicht).

Wir gehen nunmehr vom Minimaldreieck zu einer *umfassenderen Gruppe von Dreiecken* über, welche wir *mit* $(\lambda_1, \mu_1, \nu_1)$ *bezeichnen,* indem wir nämlich zum Minimaldreieck seine *Nebendreiecke bzw. deren Gegendreiecke* hinzunehmen. $(\lambda_1, \mu_1, \nu_1)$ bezeichnen also außer der Winkelzusammenstellung λ_0, μ_0, ν_0 noch die drei Zusammenstellungen λ_0, $1-\mu_0$, $1-\nu_0$; $1-\lambda_0$, μ_0, $1-\nu_0$; $1-\lambda_0$, $1-\mu_0$, ν_0.

Die vier Dreiecke $(\lambda_1, \mu_1, \nu_1)$ genügen dann noch den Ungleichungen

$$0 < \lambda_1 < 1, \quad 0 < \mu_1 < 1, \quad 0 < \nu_1 < 1.$$

Durch diese Ungleichungen sind übrigens die Tripel $(\lambda_1, \mu_1, \nu_1)$ vollständig charakterisiert im folgenden Sinne: Zu jedem, diesen Ungleichungen genügenden Zahlentripel (λ, μ, ν) läßt sich ein Minimaltripel $(\lambda_0, \mu_0, \nu_0)$ finden, mit dessen Hilfe sich λ, μ, ν auf eine der oben erwähnten vier Arten darstellen lassen: $\lambda = \lambda_0$, $\mu = 1 - \mu_0$, $\nu = 1 - \nu_0$ oder $\lambda = 1 - \lambda_0$ usw. (vgl. S. 225).

Eine *fernere Erweiterung* endlich nehmen wir vor, indem wir — zunächst rein arithmetisch — in jedem Tripel $(\lambda_1, \mu_1, \nu_1)$ immer für *einen* Winkel seine Ergänzung zu 2π setzen; die so erhaltenen neuen Winkelzusammenstellungen (Tripel), welche also die Winkelzahlen

$$2-\lambda_0, \mu_0, \nu_0 \text{ usw.}; \quad 2-\lambda_0, 1-\mu_0, 1-\nu_0 \text{ usw.}; \quad \lambda_0, 1+\mu_0, 1-\nu_0 \text{ usw.}$$

haben, einschließlich der $(\lambda_1, \mu_1, \nu_1)$ selbst, wollen wir *mit* $(\lambda_2, \mu_2, \nu_2)$ *benennen*. Das sind also *im ganzen sechzehn Tripel*. Sie genügen nur noch der Bedingung, daß keines der λ, μ, ν größer als zwei ist und daß keine zwei der λ, μ, ν größer als eins sind. $(0 < \lambda,\ 0 < \mu,\ 0 < \nu$. Man

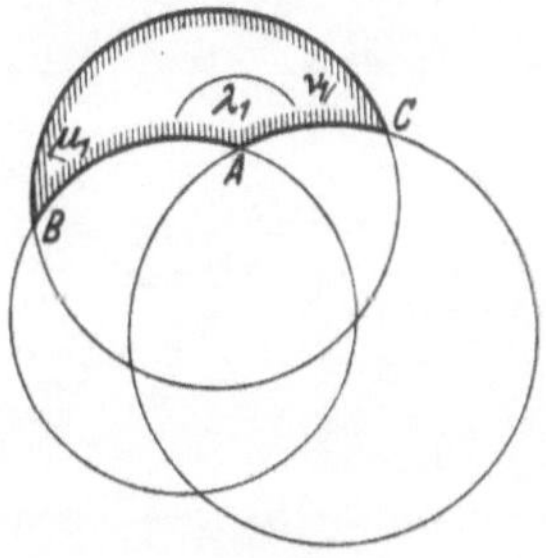

Fig. 48.
I, 1: $\lambda_1 = \lambda_0$, $\mu_1 = \mu_0$, $\nu_1 = \nu_0$.

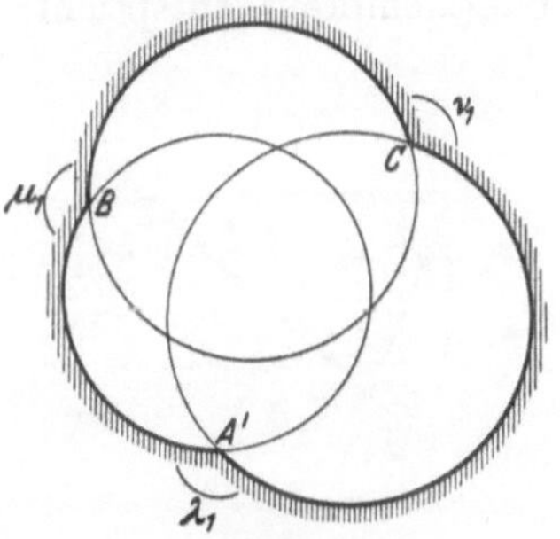

Fig. 49.
I, 2: $\lambda_1 = \lambda_0$, $\mu_1 = 1 - \mu_0$, $\nu_1 = 1 - \nu_0$.

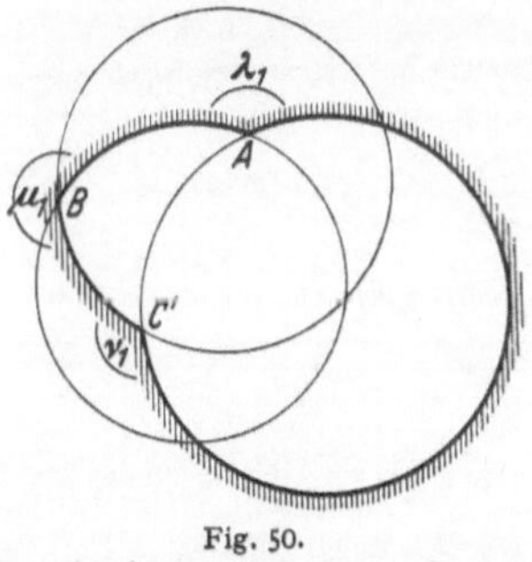

Fig. 50.
I, 3: $\lambda_1 = \lambda_0$, $\mu_1 = 1 + \mu_0$, $\nu_1 = 1 - \nu_0$.

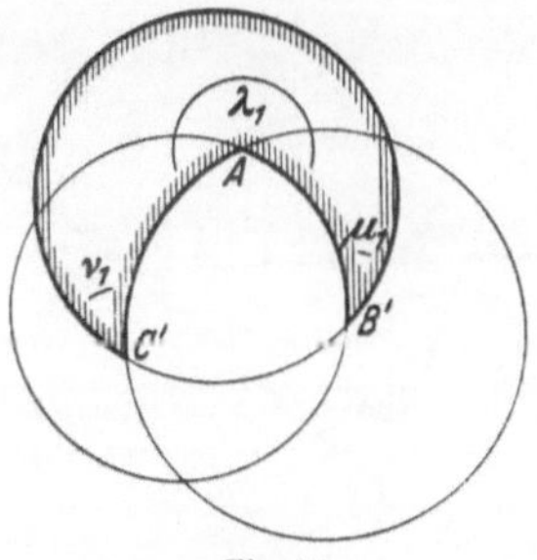

Fig. 51.
I, 4: $\lambda_1 = 2 - \lambda_0$, $\mu_1 = \mu_0$, $\nu_1 = \nu_0$.

Fig. 48—52. Die fünf Typen reduzierter Dreiecke für den Fall I.
(In den Figuren ist überall λ_1 usw. statt, wie im Text, λ_2 usw. gesetzt.)

beachte auch, daß von ganzzahligen λ, μ, ν abgesehen wird, daß also z. B. $\lambda = 2$ nicht in Frage kommt.)

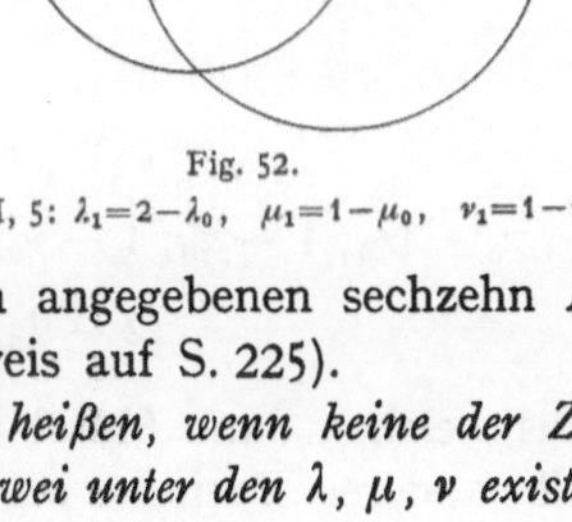

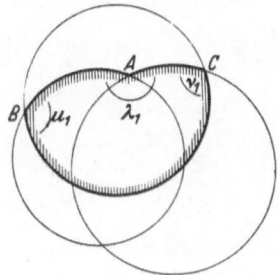

Fig. 52.
I, 5: $\lambda_1 = 2 - \lambda_0$, $\mu_1 = 1 - \mu_0$, $\nu_1 = 1 - \nu_0$.

Diese Bedingungen sind wiederum charakteristisch in dem Sinne, daß jedes Tripel (λ, μ, ν), für welches die Bedingungen gelten, sich aus einem Minimaltripel auf eine der eben angegebenen sechzehn Arten (rein arithmetisch) gewinnen läßt (Beweis auf S. 225).

Ein Tripel (λ, μ, ν) *soll* ***reduziert*** *heißen, wenn keine der Zahlen* λ, μ, ν *größer als* 2 *ist, und wenn keine zwei unter den* λ, μ, ν *existieren, die größer als* 1 *sind*. Außerdem sei $0 < \lambda$, $0 < \mu$, $0 < \nu$ und *keines der* λ, μ, ν *ganzzahlig*.

Wir wollen nun zusehen, ob man alle arithmetisch möglichen reduzierten Tripel in jedem der Fälle I, II, III wirklich „in ein System von Kreisbogen einhängen“ kann bzw. ob — bei beliebig vorgegebenem Minimaltripel — jedem der sechzehn zugehörigen reduzierten Tripel ein Dreieck (Membran) entspricht. Jedes solche Dreieck heißt dann *re-*

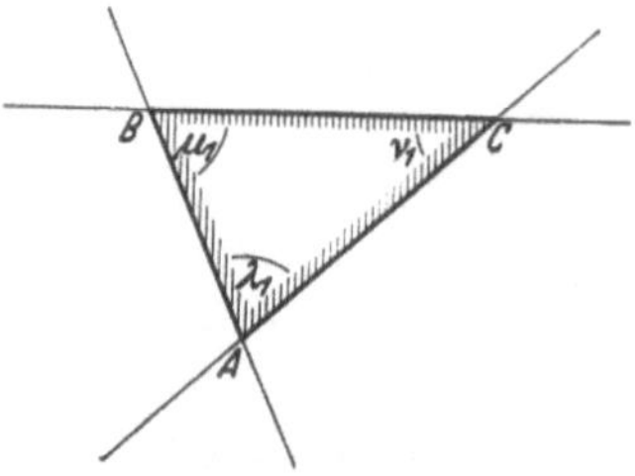

Fig. 53.
II, 1: $\lambda_1=\lambda_0$, $\mu_1=\mu_0$, $\nu_1=\nu_0$.

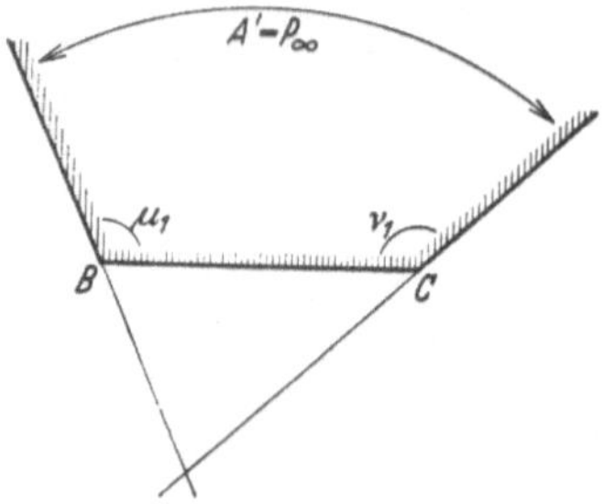

Fig. 54.
II, 2: $\lambda_1=\lambda_0$, $\mu_1=1-\mu_0$, $\nu_1=1-\nu_0$.

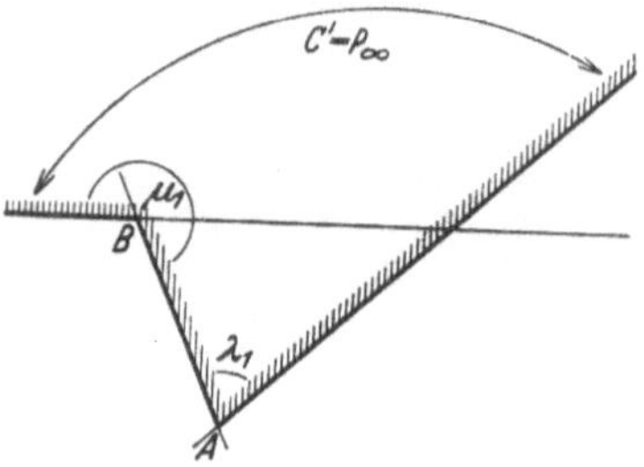

Fig. 55.
II, 3: $\lambda_1=\lambda_0$, $\mu_1=1+\mu_0$, $\nu_1=1-\nu_0$.

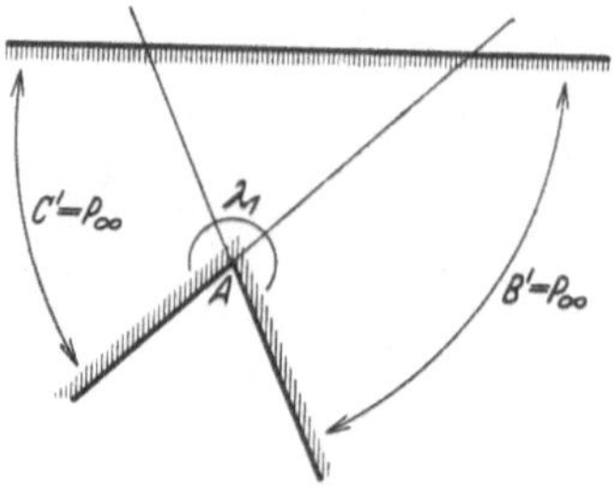

Fig. 56.
II, 4: $\lambda_1=2-\lambda_0$, $\mu_1=\mu_0$, $\nu_1=\nu_0$.

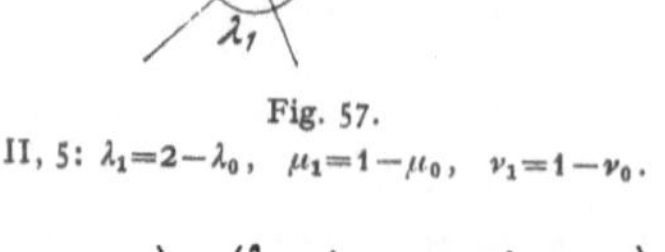

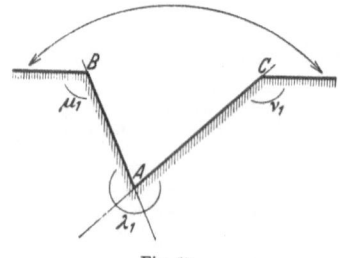

Fig. 57.
II, 5: $\lambda_1=2-\lambda_0$, $\mu_1=1-\mu_0$, $\nu_1=1-\nu_0$.

Fig. 53—57. Die fünf Typen reduzierter Dreiecke für den Fall II.
(In den Figuren ist überall λ_1 usw. statt, wie im Text, λ_2 usw. gesetzt.)

duziert. Zum Nachweis, daß dies in der Tat der Fall ist, zeichne ich zunächst einfach die Figuren für die fünf (bereits oben, aber in anderer Reihenfolge, aufgezählten) Typen

$$(\lambda_0, \mu_0, \nu_0),\ (\lambda_0, 1-\mu_0, 1-\nu_0),\ (\lambda_0, 1+\mu_0, 1-\nu_0),\ (2-\lambda_0, \mu_0, \nu_0),$$
$$(2-\lambda_0, 1-\mu_0, 1-\nu_0)$$

hin, aus welchen dann (durch geeignete Permutationen der λ_0, μ_0, ν_0) sich alle anderen Dreiecke ergeben. Dabei achten wir, wie schon gesagt, nicht auf die Aufeinanderfolge der Ecken, sehen also jedes Dreieck mit seinem Gegendreieck als gleichwertig an [*].

Wir haben damit in der Tat in jedem der drei Fälle I, II, III für jedes der sechzehn reduzierten Dreiecke einen Repräsentanten konstruiert.

Nun zu jedem der drei Fälle noch einige besondere Bemerkungen:

α) In der sphärischen Trigonometrie haben wir früher vierundsechzig Stämme verwandter Dreiecke unterschieden (vgl. § 34). Diesen entsprechen nun gerade unsere sechzehn reduzierten Dreiecke des Falles I, wobei die Verringerung der Anzahl davon herrührt, daß wir

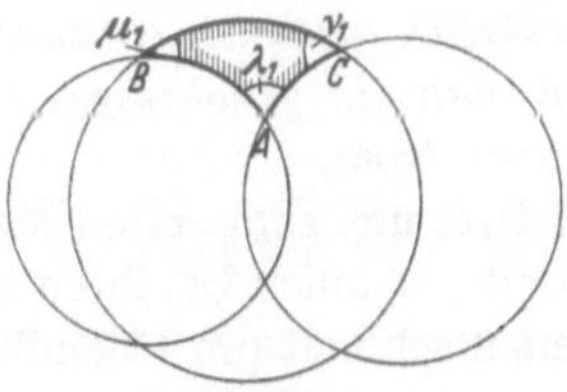

Fig. 58.
III, 1: $\lambda_1=\lambda_0$, $\mu_1=\mu_0$, $\nu_1=\nu_0$.

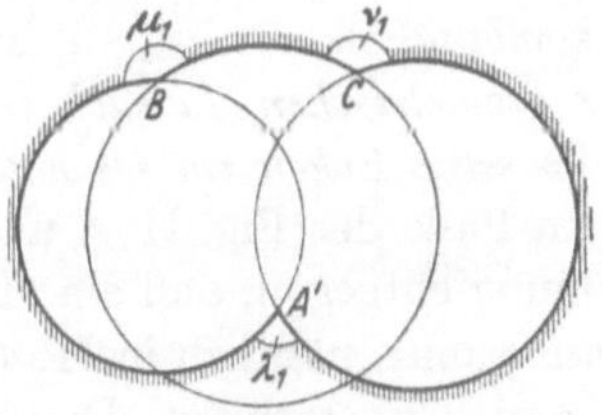

Fig. 59.
III, 2: $\lambda_1=\lambda_0$, $\mu_1=1-\mu_0$, $\nu_1=1-\nu_0$.

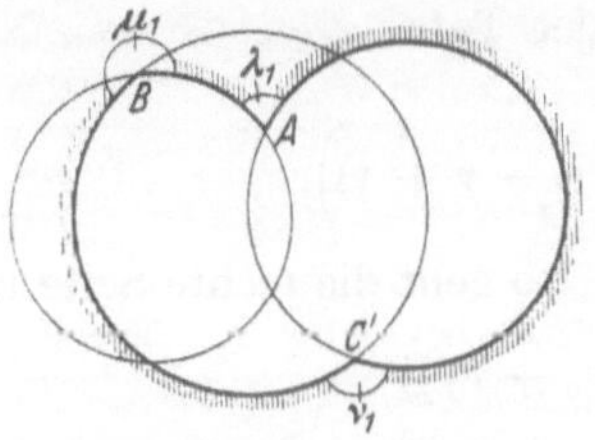

Fig. 60.
III, 3: $\lambda_1=\lambda_0$, $\mu_1=1+\mu_0$, $\nu_1=1-\nu_0$.

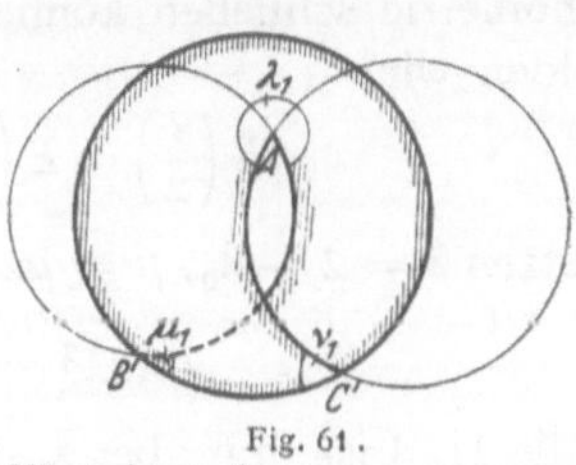

Fig. 61.
III, 4: $\lambda_1=2-\lambda_0$, $\mu_1=\mu_0$, $\nu_1=\nu_0$.

Fig. 58—62. Die fünf Typen reduzierter Dreiecke für den Fall III.
(In den Figuren ist überall λ_1 usw. statt, wie im Text, λ_2 usw. gesetzt.)

die Winkel und Seiten an einer Membran durchweg als positiv zählen, so daß immer je vier Stämme nur *ein* Dreieck geben.

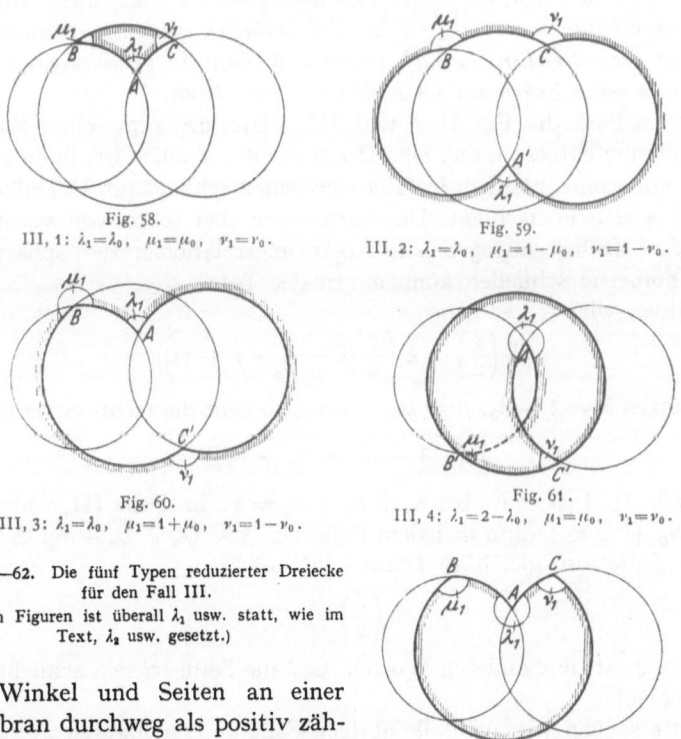

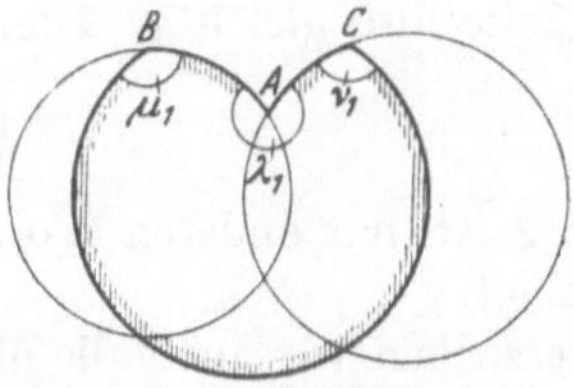

Fig. 62.
III, 5: $\lambda_1=2-\lambda_0$, $\mu_1=1-\mu_0$, $\nu_1=1-\nu_0$.

Die sechzehn reduzierten Dreiecke $(\lambda_2, \mu_2, \nu_2)$, *welche wir jetzt konstruiert haben, geben für jeden der sechzehn zu unterscheidenden Stämme aus verwandten Dreiecken jedesmal einen Repräsentanten.*

Der gleiche Satz gilt auch für die beiden anderen Fälle.

β) Im Falle II wollen wir auf die Winkelrelationen achten. Die Winkel des Minimaldreiecks genügen der Gleichung:

$$\lambda_0 + \mu_0 + \nu_0 = 1 .$$

Daraus folgt aber, daß in unseren fünf Figuren des Falles II je folgende Gleichungen gelten:

$$\lambda + \mu + \nu = 1, \quad -\lambda + \mu + \nu = 1, \quad \lambda + \mu - \nu = 1, \quad \lambda - \mu - \nu = 1,$$
$$\lambda + \mu + \nu = 3 .$$

Achten wir zugleich darauf, welche Ecken im Unendlichen liegen, so ergibt sich die Regel:

Für alle unsere sechzehn geradlinigen Dreiecke $(\lambda_2, \mu_2, \nu_2)$ *gilt eine Formel von der Gestalt:*

$$\pm\lambda\pm\mu\pm\nu=2r+1,\qquad r\geqq 0,$$

wobei immer diejenigen Winkel negativ einzusetzen sind, welche sich auf solche Ecken beziehen, die in den unendlich fernen Punkt fallen. Die Vorzeichenkombination $-,\ -,\ -$ *ist hier natürlich arithmetisch unmöglich, was der geometrischen Tatsache entspricht, daß ein geradliniges Dreieck nicht alle seine Ecken im Unendlichen haben kann.*

γ) Im Falle der Fig. II, 4 und III, 4 tritt uns zum ersten Male die Erscheinung entgegen, daß eine Dreiecksseite, nämlich $l\pi$, ihren ganzen Kreis umspannt, nämlich in II, 4 sich genau schließt (im Unendlichen), in III, 4 sich überschlägt. Das hätten wir aber schon von vornherein aus den früher angegebenen Ergänzungsrelationen der sphärischen Trigonometrie schließen können. In der Tat:

Bilden wir

$$E\left(\frac{l}{2}\right)=E\left(\frac{1}{2}(\lambda-\mu-\nu+1)\right),$$

und setzen $\lambda=2-\lambda_0$, $\mu=\mu_0$, $\nu=\nu_0$, so geht die rechte Seite über in

$$E\left(\tfrac{1}{2}(3-(\lambda_0+\mu_0+\nu_0))\right).$$

Im Falle II, 4 ist nun aber $\lambda_0+\mu_0+\nu_0=1$, im Falle III, 4 hingegen $\lambda_0+\mu_0+\nu_0<1$; also in jedem Falle $3>3-(\lambda_0+\mu_0+\nu_0)\geqq 2$, die rechte Seite also gleich 1. Dann folgt aus

$$E\left(\frac{l}{2}\right)=1,$$

daß $l\geqq 2$ ist, mit anderen Worten, daß die Seite $l\pi$ sich schließt oder überschlägt.

Untersuchen wir auch alle übrigen Fälle unserer Figuren auf unsere Ergänzungsrelationen hin, so zeigt sich:

Bei den sämtlichen von uns aufgestellten reduzierten Dreiecken stimmen, wie man sich durch den Augenschein überzeugt, die Ergänzungsrelationen, die wir im voraus schon (§ 45) angegeben hatten, mit den Tatsachen überein.

Zum Schlusse beweisen wir noch den bereits zu Beginn dieses Paragraphen angeführten Satz:

Indem wir unsere sechzehn Dreiecke $(\lambda_2, \mu_2, \nu_2)$ *bei den dreierlei Kernen (d. h. in den Fällen I—III) konstruierten, haben wir gerade alle reduzierten Dreiecke konstruiert, die es überhaupt gibt.* (Übrigens sind dabei ganzzahlige Winkel ausgeschlossen.)

Wir beweisen unseren Satz, indem wir ein Zahlentripel (λ, μ, ν) vorgeben, welches den für ein reduziertes Dreieck charakteristischen Bedingungen genügt, sodann auf eine der früher angegebenen sechzehn Arten arithmetisch von dem Zahlentripel (λ, μ, ν) aus ein Zahlentripel $(\lambda_0, \mu_0, \nu_0)$ herstellen, welches den Ungleichungen des Minimaldreiecks genügt, dazu ein Minimaldreieck konstruieren und dann geometrisch entsprechend der Rückwärtsdurchlaufung des arithmetischen Prozesses uns ein zu (λ, μ, ν) gehöriges Dreieck konstruieren.

Seien also irgend drei reelle, positive Zahlen (λ, μ, ν) gegeben, welche der Bedingung genügen, daß jede kleiner als 2 und mindestens zwei kleiner als 1 sind; dann sind entweder schon alle Zahlen kleiner als 1, oder es ist eine Zahl, etwa λ, größer als 1 (ganzzahlige λ, μ, ν sind ja vorläufig ausgeschlossen).

Im ersteren Falle ist das vorgegebene Tripel schon ein Tripel $(\lambda_1, \mu_1, \nu_1)$, im anderen Falle ist $\lambda_1 = 2 - \lambda$, $\mu_1 = \mu$, $\nu_1 = \nu$ ein solches Tripel. Ist dieses Tripel $(\lambda_1, \mu_1 \nu_1)$ nun nicht von selbst ein Minimaltripel, so ist (falls wir $\lambda_1 \geqq \mu_1 \geqq \nu_1$ voraussetzen): $\lambda_1 + \mu_1 > 1$, $\lambda_1 - \nu_1 \geqq 0$, $\mu_1 - \nu_1 \geqq 0$. Dann bilde ich $\lambda_0 = 1 - \lambda_1$, $\mu_0 = 1 - \mu_1$, $\nu_0 = \nu_1$, und man sieht, daß nicht nur $0 < \lambda_0 < 1$, $0 < \mu_0 < 1$, $0 < \nu_0 < 1$, sondern daß auch $\lambda_0 + \mu_0 = 2 - (\lambda_1 + \mu_1) < 1$, $\lambda_0 + \nu_0 = 1 - (\lambda_1 - \nu_1) \leqq 1$, $\mu_0 + \nu_0 = 1 - (\mu_1 - \nu_1) \leqq 1$ ist, daß also λ_0, μ_0, ν_0 ein Minimaltripel ist. Man sieht auch, daß bei diesen Reduktionen jeder der fünf, früher (S. 221ff.) aufgezählten Typen von reduzierten Dreiecken sich wirklich einstellen kann.

Wenn wir so die drei Zahlen λ_0, μ_0, ν_0 arithmetisch definiert haben, so können wir ein zu ihnen gehöriges Minimaldreieck gewiß konstruieren (vgl. S. 222, Anmerkung [*]) und von diesem durch unsere geometrischen Figuren (S. 221 ff.) zu einem Dreieck mit den Winkelzahlen λ_2, μ_2, ν_2 aufsteigen. — Der Gedankengang des eben ausgeführten Beweises möge nochmals zusammengefaßt werden wie folgt:

Um das Dreieck zu konstruieren, welches zu einem gegebenen reduzierten Zahlentripel $(\lambda_2, \mu_2, \nu_2)$ gehört, berechnen wir arithmetisch ein zugehöriges Minimaltripel $(\lambda_0, \mu_0, \nu_0)$, konstruieren ein entsprechendes Minimaldreieck und steigen von diesem durch die heute gegebenen Figuren zu einem Dreieck mit den Winkeln λ_2, μ_2, ν_2 auf.

§ 49. Besonderheiten des Falles II.

In der letzten Stunde haben wir auf die Reihenfolge, in welcher sich die Ecken der Membran dem Auge darstellen, also ob sie im Sinne des Uhrzeigers aufeinander folgen, wie z. B. in Fig. I, 1 (S. 221), oder ob im entgegengesetzten Sinne, wie in Fig. II, 2, noch keinen Wert ge-

---

Beginn der fünfzigsten Vorlesung.

legt: Nun ist aber ganz klar: Wenn wir wollen, daß das Dreieck der positiven x-Halbebene entsprechen soll, auf deren Rand die Punkte a, b, c in derselben Reihenfolge wie 0, ∞, 1 aufeinanderfolgen, dann müssen die Ecken notwendig im Sinne des Uhrzeigers aufeinanderfolgen. Die hierdurch notwendig werdende Ergänzung unserer Betrachtungen wollen wir heute geben. Wir sehen:

In den Fällen I und III erreichen wir den Übergang von der einen Reihenfolge der Ecken zur anderen, indem wir den Kern festhalten und einfach zum Gegendreieck übergehen.

Der tiefere Grund für diese Möglichkeit ist natürlich der, daß der Kern in diesen Fällen sich selbst symmetrisch ist.

Beim Kern des Falles II ist jedoch eine solche Symmetrie des Kerns mit sich selbst nicht vorhanden. In diesem Falle schneiden sich nämlich die drei Achsen des Kerns *auf* der Kugel (S. 213). Da artet das Gegendreieck jedes gewöhnlichen Dreiecks immer in ein oder mehrere Zweiecke, ja in einen Punkt aus.

Wir müssen also im Falle II neben den gegebenen Kern einen zweiten Kern stellen, nämlich den symmetrischen, um an ihm diejenigen Dreiecke mit der richtigen Kantenaufeinanderfolge einzuhängen, die man am ersten Kern nur mit falscher Eckenaufeinanderfolge findet; und zwar zeigt sich bezüglich der fünf auf S. 221 ff. dargestellten Typen: Die richtige Aufeinanderfolge der Ecken haben nur die Typen II, 1 und II, 3, nämlich die Typen λ_0, μ_0, ν_0 und λ_0, $1+\mu_0$, $1-\nu_0$, zu welchen insgesamt sieben Dreiecke gehören; die falsche Kantenaufeinanderfolge aber besitzen die zu den folgenden drei Typen: nämlich zu II, 2, d. h. λ_0, $1-\mu_0$, $1-\nu_0$; ferner zu II, 4, d. h. $2-\lambda_0$, μ_0, ν_0; schließlich zu II, 5, d. h. $2-\lambda_0$, $1-\mu_0$, $1-\nu_0$ gehörigen neun Dreiecke. Also:

Im Falle II gehören zum einen Kern die sieben Dreiecke von den Typen λ_0, μ_0, ν_0 *bzw.* λ_0, $1+\mu_0$, $1-\nu_0$, *zum symmetrischen Kern die neun Dreiecke von den Typen* λ_0, $1-\mu_0$, $1-\nu_0$ *bzw.* $2-\lambda_0$, μ_0, ν_0 *bzw.* $2-\lambda_0$, $1-\mu_0$, $1-\nu_0$.

Was bedeuten nun diese Erwägungen für unsere η-Funktionen?

Wann haben wir zwei η-Funktionen verwandt zu nennen? Dann, wenn sich ein Partikularzweig von jeder so auswählen läßt, daß beide Zweige bei gleichen Umläufen von x dieselben Substitutionen erleiden (vgl. § 25). Wir haben früher (§ 43) gesagt, das sei der Fall, wenn die beiderseitigen Fundamentalbereiche in denselben geometrischen Kern eingehängt sind.

Das haben wir aber genauer präzisiert, indem wir auf die Aufeinanderfolge der Ecken achteten. Indem wir uns hier auf reelle λ, μ, ν beschränken, wiederholen wir:

Zwei η-Funktionen mit reellen λ, μ, ν heißen verwandt, wenn die entsprechenden Dreiecke λ, μ, ν, mit richtiger Aufeinanderfolge der Ecken genommen, in denselben Kern eingehängt werden können.

Fragen wir nun (mit dieser verschärften Definition), ob die zu den sechzehn reduzierten Dreiecken $(\lambda_2, \mu_2\ \nu_2)$ gehörigen η-Funktionen

$$\eta\begin{pmatrix} a & b & c & \\ \lambda_2 & \mu_2 & \nu_2 & x \end{pmatrix},$$

alle miteinander verwandt sind, so finden wir sofort:

In den Fällen I und III sind sämtliche sechzehn Funktionen $\eta\begin{pmatrix} a & b & c & \\ \lambda_2 & \mu_2 & \nu_2 & x \end{pmatrix}$ *je miteinander verwandt; dagegen sind im Falle II nur sieben resp. neun dieser Funktionen je unter sich verwandt.*

Dies letztere steht aber in direktem Widerspruch zu dem, was RIEMANN und (an RIEMANN anschließend) PAPPERITZ über die η-Funktion sagt:

RIEMANN ([1], S. 78) sagt (nicht wörtlich): Zwei P-Funktionen sind verwandt, wenn sich die Exponenten um ganze Zahlen unterscheiden, und PAPPERITZ ([1], S. 218): Zwei η-Funktionen sind verwandt, wenn sich die Exponentendifferenzen, abgesehen vom Vorzeichen, um ganze Zahlen von gerader Summe unterscheiden.

Dann müßten aber alle unsere $\eta\begin{pmatrix} a & b & c & \\ \lambda_2 & \mu_2 & \nu_2 & x \end{pmatrix}$ immer verwandt sein, was, wie wir wissen, nur in den Fällen I und III der Fall ist. Wir haben also hier eine Lücke in der RIEMANNschen Arbeit, und es fragt sich, wo die Unrichtigkeit in die RIEMANNsche Arbeit hineinkommt.

RIEMANN setzt in [1] Nr. 3, S. 72ff., die Fundamentalzweige des einen singulären Punktes a aus denjenigen von b und c vermittels gewisser Koeffizienten α_β, $\alpha_{\beta'}$, usw. zusammen und sagt dann: Wenn man irgend fünf der Größen α_β, $\alpha_{\beta'}$, α'_β, $\alpha'_{\beta'}$, α_γ, $\alpha_{\gamma'}$, α'_γ, $\alpha'_{\gamma'}$ beliebig vorgebe, so seien dadurch alle übrigen bestimmt, nämlich durch Relationen von der Gestalt

$$\frac{\alpha_\gamma}{\alpha'_\gamma} = \frac{\alpha_\beta}{\alpha'_\beta} \cdot \frac{\sin((\alpha+\beta+\gamma')\pi)e^{-\alpha\pi i}}{\sin((\alpha'+\beta+\gamma')\pi)e^{-\alpha'\pi i}} = \frac{\alpha_{\beta'}}{\alpha'_{\beta'}} \cdot \frac{\sin((\alpha+\beta'+\gamma')\pi)e^{-\alpha\pi i}}{\sin((\alpha'+\beta'+\gamma')\pi)e^{-\alpha'\pi i}};$$

er sagt dann ferner in [1] Nr. 6, S. 78, diese Relationen blieben ungeändert, wenn man sämtliche Exponenten einer P-Funktion um ganze Zahlen ändere; also müßten bei gleicher Vorgabe der fünf willkürlich gewählten Größen α_β, $\alpha_{\beta'}$, usw. auch die übrigen und damit die Substitutionen der Gruppe ungeändert bleiben.

Dies alles ist richtig, falls keiner der auftretenden sinus gleich Null ist, falls also keine der Zahlen $\alpha+\beta+\gamma'$ usw. eine ganze Zahl ist. Zufolge früherer Bemerkungen (S. 52) ist aber eine der Zahlen $\alpha+\beta+\gamma'$ usw. dann und nur dann ganz, wenn eine der Zahlen $\pm\lambda\pm\mu\pm\nu$ ganz ist. Die RIEMANNsche Behauptung trifft daher sicher in den Fällen I und III zu. Hingegen bedarf der Fall II einer besonderen Untersuchung, die wir oben bereits erledigt haben. Also:

Die Definition der Verwandtschaft ist bei RIEMANN *so allgemein gefaßt, daß sie für den Fall II nicht ausreicht* [*].

Übrigens wird die Theorie der Verwandtschaft auch noch für die Fälle ganzzahliger λ, μ, ν besonders zu ergänzen sein (vgl. § 51), welchen Fall RIEMANN von vornherein ausgeschlossen hat.

§ 50. Übergang zu den allgemeinsten Dreiecksflächen.

Nun wollen wir von unseren reduzierten Dreiecken aus zu den allgemeinsten Dreiecken desselben Kerns übergehen.

Es sei irgendein (nichtreduziertes) Zahlentripel (λ, μ, ν) gegeben; *keine der positiven Zahlen λ, μ, ν soll ganz sein.* Aus diesem wollen wir uns zuerst *arithmetisch* ein reduziertes Tripel $(\lambda_2, \mu_2, \nu_2)$ herstellen.

Wir haben nun hinsichtlich unserer Tripel folgende zwei Fälle zu unterscheiden:

Wir bezeichnen unser Tripel als ein *Tripel erster Art*, falls bei ihm *die Summe irgend zweier Zahlen immer größer als die dritte Zahl ist*, also

$$\lambda + \mu > \nu, \qquad \mu + \nu > \lambda, \qquad \nu + \lambda > \mu.$$

Von diesen beiden Ungleichungen sind übrigens zwei in jedem Falle erfüllt. Denn ist etwa $\lambda \geqq \mu \geqq \nu > 0$, so ist stets $\nu + \lambda > \mu$ und $\lambda + \mu > \nu$. Nur die größte unter den drei Zahlen ist also nicht notwendig kleiner als die Summe der beiden anderen.

Dagegen verstehen wir unter einem *Tripel zweiter Art* ein solches, bei dem *die größte der drei Zahlen nicht kleiner ist als die Summe der beiden anderen Zahlen.*

Wir behandeln *zunächst die Tripel erster Art* und behaupten: Ein Tripel (λ, μ, ν) ist dann und nur dann von erster Art, wenn es die Darstellung gestattet:

$$\lambda = \beta + \gamma, \qquad \mu = \gamma + \alpha, \qquad \nu = \alpha + \beta, \tag{*}$$

wo α, β, γ (beliebige) positive Zahlen sind (unter denen nicht mehr als eine ganzzahlig ist). In der Tat folgt das aus

$$\alpha = \tfrac{1}{2}(-\lambda + \mu + \nu), \qquad \beta = \tfrac{1}{2}(\lambda - \mu + \nu), \qquad \gamma = \tfrac{1}{2}(\lambda + \mu - \nu).$$

Wir trennen nun von α, β, γ ihre ganzzahligen Bestandteile ab:

$$\alpha = a + \alpha', \qquad \beta = b + \beta', \qquad \gamma = c + \gamma',$$

unter a, b, c bzw. die größte ganze, in α, β, γ enthaltene Zahl verstanden ($0 \leqq \alpha' < 1, 0 \leqq \beta' < 1, 0 \leqq \gamma' < 1$). Dann werden, wenn ich

$$\beta' + \gamma' = \lambda', \qquad \gamma' + \alpha' = \mu', \qquad \alpha' + \beta' = \nu' \tag{*'}$$

setze, die Ungleichungen gelten:

$$0 < \lambda' < 2, \qquad 0 < \mu' < 2, \qquad 0 < \nu' < 2$$

und ferner ist keines der λ', μ', ν' eine ganze Zahl, wie die Darstellung

$$\lambda = b + c + \lambda', \qquad \mu = c + a + \mu', \qquad \nu = a + b + \nu' \tag{**}$$

lehrt.

Sind nun keine zwei der λ', μ', ν' größer als 1, so ist (λ', μ', ν') ein reduziertes Tripel $(\lambda_2, \mu_2, \nu_2)$; wenn nicht, so sind mindestens zwei der Zahlen, etwa μ' und ν', beide größer als 1 *und nicht kleiner als die dritte* λ'. In diesem Falle setze ich

$$\lambda' = \lambda_2, \quad \mu' = 1 + \mu_2, \quad \nu' = 1 + \nu_2$$

und habe dann in $(\lambda_2, \mu_2, \nu_2)$ ein reduziertes Tripel. λ, μ, ν sind also darstellbar in der Gestalt:

entweder

$$\lambda = b + c + \lambda_2, \quad \mu = c + a + \mu_2, \quad \nu = a + b + \nu_2 \qquad (**)$$

oder

$$\lambda = b + c + \lambda_2, \quad \mu = c + (a + 1) + \mu_2, \quad \nu = (a + 1) + b + \nu_2. \qquad (***)$$

Schreiben wir im zweiten Falle einfach a für $a + 1$, so hat man beidemal dieselbe Gestalt (**) der Darstellung.

$(\lambda_2, \mu_2, \nu_2)$ ist ein reduziertes Tripel, das entsprechende Dreieck muß also unter unseren fünf Typen (vgl. S. 221 ff.) enthalten sein. Wir behaupten aber: Ein solches Dreieck kann nicht jedem der gezeichneten Typen angehören, nämlich nicht den Typen II, 4 und III, 4, in denen eine Seite ihre ganze Kreisperipherie umspannt. Die Behauptung folgt aus den für reduzierte Dreiecke gültigen Ergänzungsrelationen (vgl. S. 224).

Wir bilden nämlich $E(\frac{1}{2}(\lambda_2 - \mu_2 - \nu_2 + 1))$. Wenn nun $\lambda' = \beta' + \gamma'$, $\mu' = \gamma' + \alpha'$, $\nu' = \alpha' + \beta'$ direkt die gesuchten λ_2, μ_2, ν_2 waren, so wird

$$E(\tfrac{1}{2}(\lambda_2 - \mu_2 - \nu_2 + 1)) = E(\tfrac{1}{2}(1 - 2\alpha')) = 0,$$

ebenso

$$E(\tfrac{1}{2}(-\lambda_2 + \mu_2 - \nu_2 + 1)) = 0 \quad \text{und} \quad E(\tfrac{1}{2}(-\lambda_2 - \mu_2 + \nu_2 + 1)) = 0,$$

so daß also in der Tat keine Seite ihren Kreis umspannen kann.

Waren dagegen zwei der Zahlen λ', μ', ν' oder alle drei größer als 1 und waren etwa μ', ν' beide nicht kleiner als λ', so muß α' notwendig größer als $\frac{1}{2}$ sein.

Unsere drei E-Ausdrücke ergeben aber, wenn man $\lambda_2 = \beta' + \gamma'$, $\mu_2 = \gamma' + \alpha' - 1$, $\nu_2 = \alpha' + \beta' - 1$ einsetzt und $\frac{1}{2} < \alpha' < 1$, $0 \leqq \beta' < 1$, $0 \leqq \gamma' < 1$ beachtet:

$$\begin{aligned} E(\tfrac{1}{2}(\lambda_2 - \mu_2 - \nu_2 + 1)) &= E(\tfrac{1}{2}(3 - 2\alpha')) = 0, \\ E(\tfrac{1}{2}(-\lambda_2 + \mu_2 - \nu_2 + 1)) &= E(\tfrac{1}{2}(1 - 2\beta')) = 0, \\ E(\tfrac{1}{2}(-\lambda_2 - \mu_2 + \nu_2 + 1)) &= E(\tfrac{1}{2}(1 - 2\gamma')) = 0. \end{aligned}$$

Also:

Wir haben durch unseren Reduktionsprozeß jedes (nichtreduzierte) Tripel erster Art arithmetisch auf ein reduziertes Tripel $(\lambda_2, \mu_2, \nu_2)$ *zurückgebracht, welches zu einem Dreieck gehört, das keine sich selbst überschlagende Seite hat.*

Und zwar hat das allgemeine Tripel erster Art (λ, μ, ν) die Gestalt

$$\lambda = \lambda_2 + b + c, \quad \mu = \mu_2 + c + a, \quad \nu = \nu_2 + a + b, \qquad (**)$$

wo a, b, c nichtnegative ganze Zahlen sind; ferner gestattet das reduzierte Tripel (bei passender Bezeichnung seiner drei Zahlen)

A. *entweder* die Darstellung $\lambda_2 = \beta' + \gamma'$, $\mu_2 = \gamma' + \alpha'$, $\nu_2 = \alpha' + \beta'$;

B. *oder* die Darstellung $\lambda_2 = \beta' + \gamma'$, $\mu_2 + 1 = \gamma' + \alpha'$, $\nu_2 + 1 = \alpha' + \beta'$.

Hierin bedeuten α', β', γ' nichtnegative Zahlen kleiner als 1. (Im Falle B ist überdies die Bezeichnung so gewählt, daß $\mu_2 + 1 \geqq \lambda_2$, $\nu_2 + 1 \geqq \lambda_2$, d. h. $\alpha' \geqq \beta'$, $\alpha' \geqq \gamma'$.)

Gestattet *umgekehrt* ein reduziertes Tripel die Darstellung A oder B, so liefert (**) für beliebige (nichtnegative, ganze) a, b, c ein Tripel erster Art; dabei ist jedoch *abzusehen: Bei* A *von den Fällen* $a = \alpha' = 0$ *oder* $b = \beta' = 0$ *oder* $c = \gamma' = 0$; *bei* B *von den Fällen* $a = 0$ (weil sonst $\lambda + \mu = \nu$ usw.; beachte, daß im Falle B sicher $\alpha' > 0$, $\beta' > 0$, $\gamma' > 0$ wegen $\mu_2 > 0$, $\mu_2 + 1 = \gamma' + \alpha'$, $0 \leqq \gamma' < 1$ usw.).

Heute ist es zuerst unsere Aufgabe, durch Vermittlung eines *geometrischen* Prozesses unser arithmetisches Reduktionsverfahren wieder rückwärts zu durchlaufen, d. h. von einem der gestern gekennzeichneten reduzierten *Dreiecke* $(\lambda_2, \mu_2, \nu_2)$ zu dem allgemeinen Dreieck erster Art $\lambda = \lambda_2 + b + c$, $\mu = \mu_2 + a + c$, $\nu = \nu_2 + a + b$ in geometrischer Form aufzusteigen.

Dazu dient uns der Prozeß, den wir „*Laterale Anhängung einer Kreisscheibe*" nennen. Ist AB eine Dreieckseite, die keinen ganzen Kreis umspannt, so fügen wir, wenn das Dreieck außerhalb des zu AB

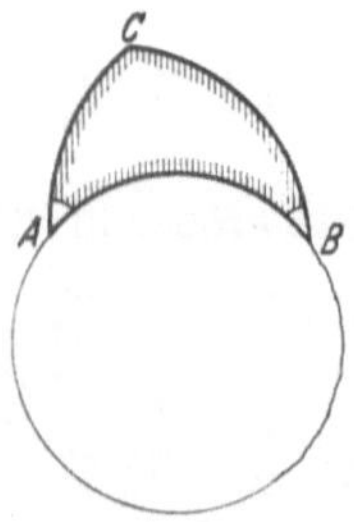

Fig. 63. *Vor* der Anhängung.

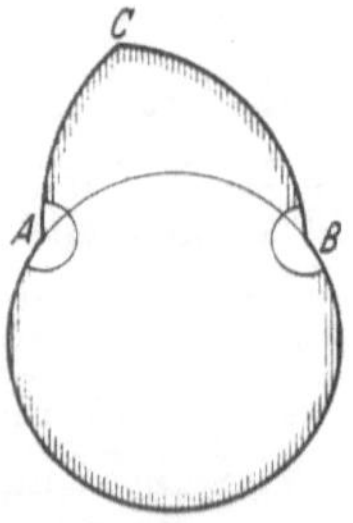

Fig. 64. *Nach* der Anhängung.

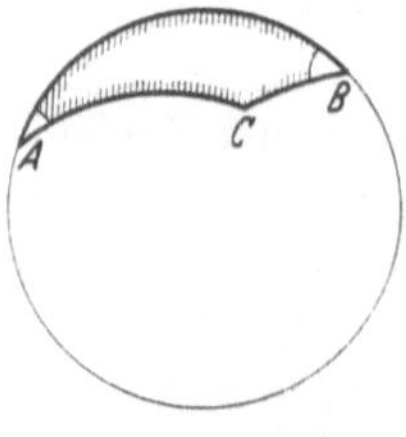

Fig. 65. *Vor* der Anhängung.

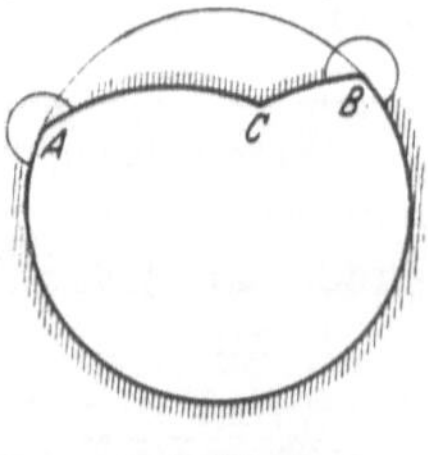

Fig. 66. *Nach* der Anhängung.

Fig. 63 u. 64. Laterale Anhängung längs AB: Dreieck *außerhalb* des zu AB gehörigen Kreises.

Fig. 65 u. 66. Laterale Anhängung längs AB: Dreieck *innerhalb* des zu AB gehörigen Kreises.

gehörigen Kreises $\mathfrak{K}_{AB}$ liegt, das Innere von $\mathfrak{K}_{AB}$ zu der Dreiecksfläche hinzu (vgl. die Fig. 63, 64), wenn hingegen das Dreieck auf der Innenseite dieses Kreises liegt, das Äußere von $\mathfrak{K}_{AB}$ (vgl. die Fig. 65, 66). Man kann diesen Prozeß beliebig oft wiederholen, indem man abwechselnd das Innere und das Äußere des Kreises $\mathfrak{K}_{AB}$ anhängt.

Beginn der einundfünfzigsten Vorlesung.

Die Anschauung lehrt dann:

Die laterale Anhängung einer Kreisscheibe bewirkt, daß die Winkel, welche an die betreffende Seite anstoßen, um π wachsen, während die Seite in ihr Komplement verwandelt wird.

Die laterale Anhängung einer Kreisscheibe an die Seite eines Dreiecks kann beliebig oft wiederholt werden.

Wir haben nun ohne weiteres:

Die Konstruktion des allgemeinen Dreiecks (λ, μ, ν) erster Art erfolgt so, daß wir bei einem jeden der zulässigen reduzierten Dreiecke a Kreisscheiben an der Seite l_2, ferner b Kreisscheiben an der Seite m_2 und c Kreisscheiben an der Seite n_2 lateral anhängen.

Da sich hierbei die Seiten nur abwechselnd in ihr Komplement und wieder in sich selbst verwandeln, so ergibt sich der Satz:

Wir erhalten auf diese Weise lauter Dreiecke, welche keine umlaufenden Seiten haben.

Also haben die Dreiecke erster Art keine umlaufenden Seiten.

Denn wir bekommen durch unsere Konstruktion ja das allgemeinste Dreieck erster Art.

Aus dem eben bewiesenen Satz ergibt sich nun auch der *Beweis, daß die Ergänzungsrelationen* (nicht nur für alle reduzierten, sondern) überhaupt *für alle Dreiecke erster Art richtig sind.* In der Tat:

In unseren Ergänzungsrelationen, z. B. in

$$E\left(\frac{l}{2}\right) = E\left(\frac{1}{2}(\lambda - \mu - \nu + 1)\right),$$

ist für Dreiecke erster Art immer $\lambda - \mu - \nu$ negativ, die rechte Seite also Null und folglich stimmen in der Tat unsere Ergänzungsrelationen mit den geometrischen Tatsachen überein; sie sind also für alle Dreiecke erster Art bewiesen.

Die Dreiecke erster Art sind hiermit erledigt, indem wir in der Lage sind, uns von jeder einzelnen Dreiecksfläche eine klare Vorstellung zu machen.

Wir wenden uns also nunmehr zu den Dreiecken *zweiter Art*, die dadurch charakterisiert sind, daß ein Winkel, welcher immer mit λ bezeichnet ist, nicht kleiner ist als die Summe der beiden anderen Winkel, also

$$\lambda \geqq \mu + \nu .$$

Dabei soll keine der (positiven) Zahlen λ, μ, ν ganz sein.

Wir führen wieder zuerst eine *arithmetische Reduktion der Tripel* zweiter Art aus, welche hier sehr einfach ist: Wir setzen nämlich, was immer möglich ist:

$$\lambda = \lambda_2 + 2a + b + c, \quad \mu = \mu_2 + b, \quad \nu = \nu_2 + c,$$

wobei wir erst die ganzen, nichtnegativen Zahlen b und c so bestimmen, daß

$$0 < \mu_2 < 1 \qquad 0 < \nu_2 < 1,$$

und alsdann die ganze, nichtnegative Zahl a so, daß

$$0 < \lambda_2 < 2$$

ist.

λ_2, μ_2, ν_2 ist dann gewiß ein reduziertes Tripel.

Die Bedingungen, welchen λ_2, μ_2, ν_2 unterworfen sind, zeigen, daß auch die *Umkehrung* gilt:

Ist $(\lambda_2, \mu_2, \nu_2)$ irgendein reduziertes Tripel (mit $0 < \mu_2 < 1$, $0 < \nu_2 < 1$), so ist das Tripel $(\lambda = \lambda_2 + 2a + b + c,\ \mu = \mu_2 + b,\ \nu = \nu_2 + c)$ für ganze, nichtnegative a, b, c von zweiter Art; dabei ist aber im Falle $\lambda_2 < \mu_2 + \nu_2$ stets $a > 0$ zu nehmen. Das zugehörige reduzierte Dreieck $(\lambda_2, \mu_2, \nu_2)$ kann somit jede der fünfzehn auf S. 221 ff. angegebenen Gestalten haben, nur ist bezüglich der Bezeichnung eine Bedingung zu stellen:

Wenn in unserem reduzierten Dreieck $(\lambda_2, \mu_2, \nu_2)$ ein Winkel größer als π ist, so müssen wir ihn λ_2 nennen. Ferner muß im Falle $\lambda_2 < \mu_2 + \nu_2$ stets $a \geqq 1$ gewählt werden.

Mit Rücksicht hierauf ist in den Fig. 48; 53; 58 und 49; 54; 59 auf S. 221 ff. die Benennung willkürlich, in den Fig. 50; 55; 60 muß notwendig die Ecke B, in den Fig. 51; 56; 61 und 52; 57; 62 die Ecke A mit λ_2 bezeichnet werden. Zusammengefaßt:

Jedem Tripel zweiter Art entspricht ein reduziertes Tripel. Jedes reduzierte Tripel $(\lambda_2, \mu_2, \nu_2)$ liefert umgekehrt unendlich viele Tripel zweiter Art: $\lambda = \lambda_2 + 2a + b + c$, $\mu = \mu_2 + b$, $\nu = \nu_2 + c$; und dies sind alle Tripel zweiter Art.

Um nun durch geometrische Konstruktion vom richtig bezeichneten reduzierten Dreieck $(\lambda_2, \mu_2, \nu_2)$ aus zum allgemeinen Dreieck zweiter Art (λ, μ, ν) aufzusteigen, werden wir an die beiden von der Ecke λ_2 auslaufenden Seiten m bzw. n zunächst b Kreisscheiben bzw. c Kreisscheiben lateral anhängen, und dann ist noch die Frage, wie wir die gerade Zahl $2a$ einfügen.

Das letztere wird uns *im allgemeinen* durch einen bestimmten neuen geometrischen Prozeß gelingen, nämlich durch die „*polare Anhängung von Kreisscheiben*". Wir denken uns nämlich die der Ecke λ_2 gegenüberliegende Seite l_2 zum Vollkreise $\mathfrak{K}_l$ ergänzt und fügen nun zu unserem Dreieck, wenn es im Innern dieses Kreises $\mathfrak{K}_l$ liegt, das Innere, wenn es außerhalb liegt, das Äußere des Kreises $\mathfrak{K}_l$ hinzu, indem wir das Dreieck längs eines von λ_2 nach der gegenüberliegenden Seite l_2 reichenden Verzweigungsschnittes mit der genannten Kreisfläche (d. h. mit dem Inneren bzw. Äußeren von $\mathfrak{K}_l$) verschmelzen. (Die polare Anhängung ist dann ausführbar, wenn λ_2 auf der gleichen Seite von $\mathfrak{K}_l$ liegt wie das an l_2 angrenzende Innere unseres Dreiecks. Vgl. weiter unten.) Bei dieser „polaren Anhängung" wächst offenbar einerseits die Winkelzahl λ_2, andererseits die Seitenzahl l_2 um zwei. Wir sehen also:

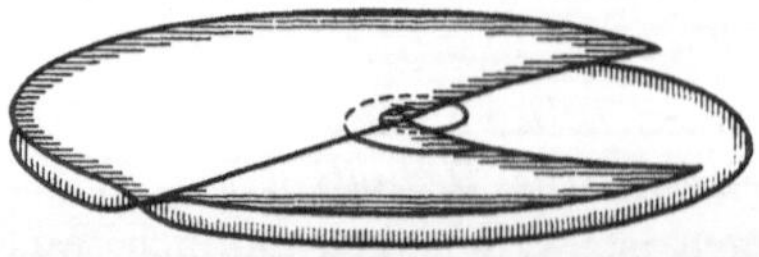

Fig. 66a. Dreieck *nach* erfolgter polarer Anhängung.

Die Einführung der Größe 2a in die Formel erreichen wir, indem wir von der Ecke λ_2 aus an unser Dreieck a Kreisscheiben polar anhängen, infolge wovon die gegenüberliegende Seite a mal mehr umlaufend wird, als sie von Hause aus ist. Dies steht in Übereinstimmung mit der Ergänzungsrelation.

Denn es ist

$$E\left(\frac{l}{2}\right) = E\left(\frac{1}{2}(\lambda - \mu - \nu + 1)\right) = E\left(\frac{1}{2}(\lambda_2 - \mu_2 - \nu_2 + 1)\right) + a$$
$$= E\left(\frac{1}{2}(l_2)\right) + a.$$

Wir müssen aber noch genau die Anwendbarkeit des Prozesses prüfen. In dieser Hinsicht kommt:

Dieser Prozeß der polaren Anhängung ermöglicht sich ohne weiteres in allen Fällen außer in II, 2 und III, 2 (vgl. die einschlägigen Figuren S. 221 ff.), *falls man dem λ_2 die Ecke A (bzw. A′ in II, 2, welche im Unendlichfernen liegt) entsprechen läßt.*

Der Prozeß der polaren Anhängung verlangt nämlich, daß die Ecke λ_2 auf derjenigen Seite der Kreislinie $\mathfrak{K}_l$ liegt, nach welcher hin die Dreiecksfläche von der Seite l_2 aus sich erstreckt. Und diese Bedingung ist nicht erfüllt, einerseits im Falle II, 2, weil die Ecke λ_2 auf dem Kreise $\mathfrak{K}_l$ selbst liegt, andererseits im Falle III, 2, weil die Ecke λ_2 auf der verkehrten Seite der Kreislinie $\mathfrak{K}_l$ liegt.

Man beachte zum Beweise dieser Behauptungen, daß in denjenigen Fällen bzw. Figuren, in welchen ein Winkel größer als π ist, dieser Winkel mit λ_2 bezeichnet werden muß (vgl. oben).

Wir müssen uns also in diesen beiden Fällen zu den Dreiecken $(\lambda_2, \mu_2, \nu_2)$ das nächste Dreieck $(\lambda_2 + 2, \mu_2, \nu_2)$ auf andere Weise als durch polare Anhängung einer Kreisscheibe konstruieren. Haben wir dies Dreieck $(\lambda_2 + 2, \mu_2, \nu_2)$ einmal gefunden, dann können wir, wie sich zeigen wird, die weitere Vermehrung von λ_2 um Multipla von 2 wieder durch gewöhnliche polare Anhängung bewerkstelligen.

Um in den beiden schwierigen Fällen II, 2 und III, 2 die Addition von 2a zu λ_2 geometrisch zu realisieren, werden wir zuerst ein sog. „Zwischendreieck“ $(\lambda_2+2, \mu_2, \nu_2)$ aufsuchen und von da aus durch (a — 1)-malige polare Anhängung weitergehen, was keine Schwierigkeiten hat.

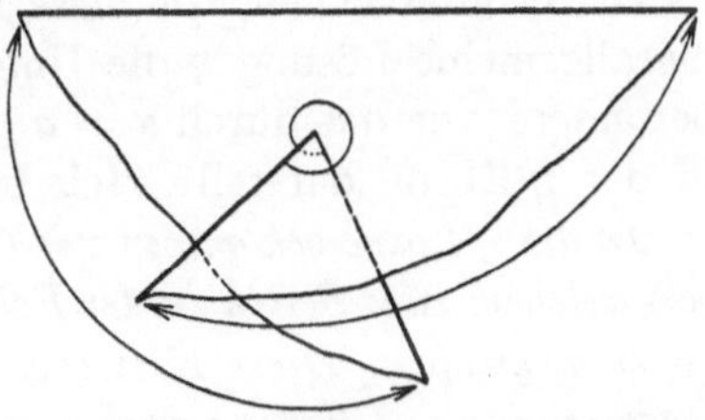

Fig. 67. Zwischendreieck für den Fall II, 2. $\lambda_2+2=\lambda_0+2$; $\mu_2=1-\mu_0$; $\nu_2=1-\nu_0$.

Die Zwischendreiecke in beiden Fällen sind, wie man sich leicht überzeugt, durch folgende Figuren 67 und 68 gegeben:

Bei der Fig. 67 ist die dem Winkel $\lambda_2 + 2$ gegenüberliegende Seite gerade einmal umlaufend, bei der Fig. 68 umspannt sie nur einen Teil der sie tragenden Kreislinie.

Beides stimmt, wie man nachrechnet, mit unserer Ergänzungsrelation.

Indem wir jetzt in beiden Fällen von der Ecke $\lambda_2 + 2$ *aus* $(a - 1)$ *Kreisscheiben polar einhängen (und das können wir ersichtlich), vermehren wir die Umlaufszahl der gegenüberliegenden Seite je um* $(a - 1)$ — *wieder in Übereinstimmung mit unserer Ergänzungsrelation.*

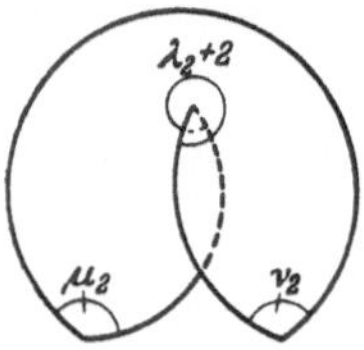

Fig. 68. Zwischendreieck für den Fall III, 2. $\lambda_2 + 2 = \lambda_0 + 2$; $\mu_2 = 1 - \mu_0$; $\nu_2 = 1 - \nu_0$.

Damit haben wir nun auch alle Dreiecke (λ, μ, ν) der zweiten Art konstruiert.

Insbesondere hat sich durch Betrachtung aller einzelnen Fälle *die allgemeine Richtigkeit der Ergänzungsrelation ergeben.*

§ 51. Ganzzahlige Exponenten.

Heute will ich kurz in tabellarischer Weise angeben, wie die Verhältnisse bei *ganzzahligen Exponentendifferenzen der* η*-Funktion* sich stellen; bezüglich einer anderen Behandlung sowie insbesondere bezüglich aller Einzelheiten verweise ich auf die SCHILLINGsche Arbeit ([2], S. 215 und 223 ff.) selbst.

An einer Stelle mit ganzzahliger Exponentendifferenz λ liegt entweder ein *Ausnahmepunkt erster Ordnung* oder ein *Ausnahmepunkt zweiter Ordnung* vor. An einem solchen erster Ordnung gibt es (vgl. S. 145) einen Partikularzweig mit der Entwicklung

$$\eta_0 = (x - a)^{-\lambda} \mathfrak{P}(x - a) + \log(x - a),$$

an einem solchen zweiter Ordnung einen Partikularzweig

$$\eta_0 = (x - a)^{-\lambda} \mathfrak{P}(x - a).$$

Es ist zu untersuchen, wie diese Partikularlösungen, und weiterhin, wie die allgemeine Lösung η die Umgebung der Stelle $x = a$ abbildet, insbesondere, wie das durch $x = a$ gehende Stück der reellen x-Achse sich in der η-Ebene darstellt. Ich behaupte:

In der η*-Ebene bekommen wir (für reelle* λ, μ, ν*) ein Kreisbogendreieck, von welchem zwei Seiten in der Ecke A unter dem ganzzahligen Winkel* $\lambda\pi$ *zusammenstoßen. Diese Kreisbogenseiten gehören im Falle des Auftretens logarithmischer Glieder verschiedenen Kreisen an, berühren sich aber; im Falle, daß kein logarithmisches Glied vorkommt, gehören sie demselben Kreise an.*

In der Tat hat im letzteren Falle die Abbildungsfunktion höchstens einen Pol in $x = a$, so daß das Bild $\mathfrak{B}$ der Umgebung $\mathfrak{U}$ (auf der reellen Achse) von $x = a$ ein analytischer Bogen ist, also nicht zwei verschiedenen

---

Beginn der zweiundfünfzigsten Vorlesung.

Kreisen angehören kann. Da umgekehrt gemäß dem Spiegelungsprinzip (vgl. § 55) die Abbildungsfunktion höchstens einen Pol haben kann, falls das Bild $\mathfrak{B}$ ein analytischer Bogen ist (also insbesondere *einem* Kreise angehört), so muß $\mathfrak{B}$ im ersten Falle auf zwei verschiedenen Kreisen liegen. Mit anderen Worten: *Zwei Seiten liegen auf dem gleichen Kreise oder nicht, je nachdem der Eckpunkt, in welchem sie zusammenstoßen, einem Ausnahmepunkt zweiter oder erster Ordnung entspricht*, je nachdem also, falls etwa $\lambda = k$ eine positive ganze Zahl, $\lambda \pm \mu \pm \nu$ eine positive ungerade Zahl kleiner als $2k$ ist oder nicht (vgl. S. 40).

Ist speziell $\lambda = 0$, so ist nur eine Figur möglich mit zwei Bogen, die notwendig verschiedenen Kreisen angehören:

In der Tat wissen wir auch von früher (vgl. § 7 und § 28), daß für $\lambda = 0$ notwendig ein logarithmisches Glied vorkommen muß, daß es also in diesem Falle keinen Ausnahmepunkt zweiter Ordnung gibt.

Jetzt wollen wir solche Dreiecke näher betrachten, bei welchen Winkel der eben beschriebenen Art vorkommen, bei welchen also eine oder mehrere der Zahlen λ, μ, ν ganze Zahlen oder Null sind. Wir werden jedesmal ein „*Minimaldreieck*" zeichnen, von welchem man durch geometrische Prozesse zu allgemeineren Dreiecken gelangt. Als Minimaldreieck bezeichnen wir jetzt ein Dreieck mit $0 \leqq \lambda_0 \leqq 1$, $0 \leqq \mu_0 \leqq 1$, $0 \leqq \nu_0 \leqq 1$, $0 \leqq \mu_0 + \nu_0 \leqq 1$, $0 \leqq \nu_0 + \lambda_0 \leqq 1$, $0 \leqq \lambda_0 + \mu_0 \leqq 1$, lassen also auch früher ausgeschlossene Grenzfälle zu. Überhaupt kann man alle Dreiecke mit ganzzahligen Winkeln natürlich als Grenzfälle der früher betrachteten auffassen. Übrigens werden wir hier davon absehen, auf die Reihenfolge der Winkel zu achten, insofern wir doch nicht ins einzelne gehen.

Nach der Anzahl der ganzzahligen Dreieckswinkel unterscheiden wir folgende drei Kategorien:

1. *ein Winkel ganzzahlig;* dieser sei λ,
2. *zwei Winkel ganzzahlig;* diese seien λ und μ,
3. *alle Winkel ganzzahlig.*

Innerhalb jeder dieser drei Kategorien haben wir den „*besonderen*" Fall II der geradlinigen Dreiecke, welcher durch eine Gleichung:

$$\pm \lambda \pm \mu \pm \nu = 2r + 1$$

charakterisiert ist (S. 224), von dem zu I oder III gehörigen „*allgemeinen*" Fall zu unterscheiden.

1. *Ein Winkel λ ganzzahlig.*

a) Im „allgemeinen" Fall liefert λ einen Ausnahmepunkt erster Ordnung; wir erhalten (gemäß den für ein Minimaldreieck charakteristichen Ungleichungen) als Minimaldreieck ein Dreieck, in welchem ein Winkel gleich Null und die Summe der beiden anderen kleiner als π ist, so daß wir also eine Ausartung von Fall III vor uns haben, wo sich die drei Achsen des Kerns außerhalb der Kugel schneiden.

Die eine derselben berührt die Kugel, die beiden anderen durchsetzen sie. Also:

Wenn kein Fall II vorliegt, haben wir hinsichtlich des Minimaldreiecks einen Fall III, bei welchem nur der eine Winkel des Minimaldreiecks Null geworden ist (vgl. Fig. 69).

b) Im Falle II möge die *Benennung der Winkel so gewählt* sein, *daß* $\mu \geqq \nu$ ist. Dann hat man zu unterscheiden, ob *eine der beiden Zahlen* $\lambda - \mu \pm \nu$ *eine positive ungerade Zahl* ist oder nicht. Im ersteren Falle liefert λ einen *Ausnahmepunkt zweiter Ordnung*, andernfalls einen solchen erster Ordnung. Ein Ausnahmepunkt zweiter Ordnung liegt nämlich zufolge S. 40 dann und nur dann vor, wenn $\lambda = k \geqq 1$ und $k \pm \mu \pm \nu = 2\varkappa + 1$ ist $(\varkappa = 0, \ldots, k-1)$ für eine passende Vorzeichenkombination. Gleichzeitig mit z. B. $k + \mu - \nu$ erfüllt aber ersichtlich stets auch $k - \mu + \nu$ diese Bedingung. Ist umgekehrt $k - \mu \pm \nu$ positiv und ungerade, so auch sicher kleiner als $2k$, wenn $\mu \geqq \nu$. Ein Ausnahmepunkt liegt daher dann und nur dann vor, wenn $\lambda - \mu \pm \nu$ positiv und ungerade ist, was zu zeigen war.

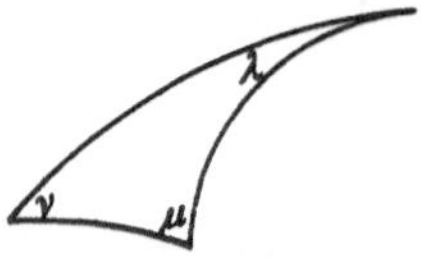
Fig. 69. Minimaldreieck mit Winkelsumme kleiner als π und mit *einem* Nullwinkel.

Wenn die Bedingung $\lambda - \mu \pm \nu = 2r + 1$ *erfüllt ist* $(\mu \geqq \nu)$, so erhalten wir als *Minimal*dreieck ein *Zweieck*, also eine Ausartung des Falles II, indem zwei Ebenen und zwei Kanten des Kerns zusammengefallen sind. Denn für ein Minimaldreieck muß sein: $\lambda_0 \leqq 1$, $\mu_0 \underset{(+)}{-} \nu_0 \leqq 1$ und folglich $r = 0$, $\mu_0 = \nu_0$, $\lambda_0 = 1$.

Wir wählen auf der Kugel speziell ein von zwei Großkreisen begrenztes Zweieck. Der Mittelpunkt des Kerns wird unbestimmt, jeder Punkt des durch μ_0 und ν_0 gehenden Kugeldurchmessers kann als solcher angesehen werden.

Wenn die Bedingung $\lambda - \mu \pm \nu = 2r + 1$ *nicht erfüllt ist*, so ist λ ein *Ausnahmepunkt erster Ordnung*, und als ein zugehöriges Minimaldreieck erhalten wir ein Dreieck von der Gestalt wie in der Fig. 70 (wobei also $\lambda_0 = 0$, $\mu_0 + \nu_0 = 1$ ist). Wieder folgt dies aus der Definition des Minimaldreiecks.

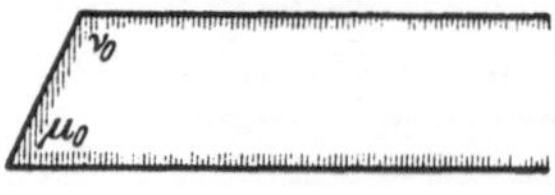
Fig. 70. Minimaldreieck mit der Winkelsumme π und mit *einem* Nullwinkel.

Der Kern ist hier wohlbestimmt; die drei Ebenen desselben schneiden sich im Punkte ∞ der Kugel, zwei derselben längs einer Tangente der Kugel.

Wir haben also *bei einem ganzzahligen Winkel im Falle II zwei ganz verschiedenartige Kerne zu betrachten.* Dies ist für die Theorie der verwandten Funktionen besonders wichtig, wie folgende Bemerkung zeigt. Es seien λ_0, μ_0, ν_0 etwa die Winkel eines zum ersten Kern gehörenden Minimaldreiecks, also $\lambda_0 = 1$, $\mu_0 = \nu_0$. Bilden wir uns nun das Winkeltripel, wie es zu einem Nebendreieck gehören sollte:

$$\lambda_1 = 1 - \lambda_0 = 0, \quad \mu_1 = 1 - \mu_0 = 1 - \nu_0, \quad \nu_1 = \nu_0,$$

so zeigt sich, daß wir ein Dreieck mit diesen Winkelzahlen nicht beim ersten, sondern beim zweiten Kern finden. Also:

Die Theorie der verwandten Funktionen wird im vorliegenden Falle noch gar nicht festgelegt dadurch, daß wir verlangen, die Winkelzahlen der beiden Dreiecke sollen sich nur um ganze Zahlen unterscheiden, deren Summe gerade ist, sondern es kommen da noch Fallunterscheidungen hinzu, welche im einzelnen zu untersuchen bleiben.

2. *Zwei Winkel λ, μ ganzzahlig.*

Hier ist der Fall II, also $\pm\lambda \pm \mu \pm \nu = 2r + 1$, von vornherein ausgeschlossen, weil in diesem Falle aus der Ganzzahligkeit zweier Winkel auch die Ganzzahligkeit des dritten Winkels folgt, so daß das Dreieck schon zur dritten Kategorie gehört.

Als Minimaldreiecke, welche zu unserer in Rede stehenden zweiten Kategorie gehören, erhalten wir Dreiecke, in welchen zwei Winkel gleich Null sind, während der dritte Winkel kleiner als π ist: $\lambda_0 = \mu_0 = 0$; $0 < \nu_0 < 1$. Dies folgt aus den für Minimaldreiecke charakteristischen Bedingungen. Das Minimaldreieck gehört zum Fall III. Zwei Kanten des Kerns berühren die Kugel, die dritte durchsetzt sie.

3. *Alle Winkel ganzzahlig.*

Hier ist zu unterscheiden, ob die Winkelsumme $\lambda + \mu + \nu$ eine gerade oder eine ungerade Zahl ist. In der Tat dürfen wir uns im vorliegenden Falle auf die Betrachtung der *Summe* $\lambda + \mu + \nu$ beschränken; denn bei ganzzahligen λ, μ, ν gilt stets $\pm\lambda \pm \mu \pm \nu \equiv \lambda + \mu + \nu \pmod 2$.

Ist $\lambda + \mu + \nu$ gerade, so liegt der „allgemeine" Fall vor, ist $\lambda + \mu + \nu$ eine ungerade Zahl, so haben wir den Fall II.

Ist zunächst $\lambda + \mu + \nu = 2r$, so hat das Minimaldreieck die Winkel $\lambda_0 = 0$, $\mu_0 = 0$, $\nu_0 = 0$. Dies folgt wieder aus der Definition des Minimaldreiecks. Die drei Kanten des Kerns schneiden sich außerhalb der Kugel: der Kern gehört also zum Falle III. Das Minimaldreieck ist (wenn man eine Ecke in den P_∞ der τ-Ebene verlegt, so daß zwei der Dreiecksseiten gerade werden) nichts anderes als das bekannte Dreieck der elliptischen Modulfunktionen, auf welches die positive Halbebene des Moduls $\varkappa^2$ durch den Quotienten τ zweier Perioden des elliptischen Integrals abgebildet wird [*].

Ist dagegen $\lambda + \mu + \nu = 2r + 1$, so muß man — unter der Annahme $\lambda \geqq \mu \geqq \nu$ — zwischen Tripeln erster Art: $\lambda < \mu + \nu$ und Tripeln zweiter Art: $\lambda > \mu + \nu$ unterscheiden [$\lambda = \mu + \nu$ ist ausgeschlossen, weil sonst $\lambda + \mu + \nu = 2\lambda \equiv 0 \pmod 2$ wäre].

Minimaldreieck für ein Tripel zweiter Art ist eine Sichel mit zwei, den gleichen Scheitel besitzenden, Winkeln gleich Null und einem auf dem einen Sichelrande liegenden Winkel gleich π. Für ein Tripel erster Art dagegen tritt an Stelle eines Minimaldreiecks ein „reduziertes" Dreieck, und zwar einfach eine Kreisscheibe mit drei Winkeln gleich π

auf dem Rande. Beim ersteren Minimaldreieck fallen zwei Ebenen des Kerns in eine zusammen, beim letzteren Dreieck alle drei. Also:

Bei dem Tripel zweiter Art ist der Mittelpunkt des Kerns unbestimmt auf einer Tangente der Kugel, bei dem Tripel erster Art ist er unbestimmt in einer Ebene.

Damit schließe ich ab, was ich heute über ganzzahlige Exponenten sagen wollte [*].

§ 52. Der Besselsche Grenzfall.

Anhangsweise will ich noch einen *Grenzfall der hypergeometrischen Funktion* berühren, welcher sozusagen unendlich großen Exponenten entspricht, nämlich den Fall der Bessel*schen Funktionen.* (Wegen der allgemeinen Frage der Grenzfälle vergleiche man wieder die Arbeit von Schilling ([2], S. 227ff.) Man erhält die Besselschen Funktionen, wie wir Mitte Januar ausführten (vgl. § 31), aus der P-Funktion, wenn man die zweiten und dritten Exponenten in gewisser Weise unendlich werden läßt, indem man gleichzeitig die entsprechenden Verzweigungspunkte zusammenrücken läßt.

Wir könnten einer Besselschen Funktion etwa das Schema geben (übrigens unbeschadet des Satzes, daß die Summe der sechs Exponenten gleich Eins sein soll):

$$P\begin{vmatrix} a & b & b & \\ +n & +\infty & +\infty & x \\ -n & -\infty & -\infty & \end{vmatrix}.$$

Der Quotient zweier Zweige würde das Schema haben:

$$\eta(2n,\ \infty,\ \infty;\ x)\,.$$

Es sind also sozusagen λ, μ, ν bzw. gleich $2n$, ∞, ∞. Wie haben wir uns das zugehörige Dreieck vorzustellen? Offenbar als ein Dreieck mit zwei „unendlich großen" Winkeln.

Nun können wir uns aber zunächst ein Dreieck mit zwei beliebig großen Winkeln aus einem gewöhnlichen Dreieck immer herstellen, indem wir an ein und dieselbe Seite beliebig viele Kreisscheiben anhängen. Wiederholen wir das unaufhörlich, so verschwindet die betreffende Seite vollständig aus dem Gesichtskreis, und man hat nur noch in den Endpunkten der gewesenen Seite je einen Windungspunkt unendlich hoher Ordnung. Das hiermit gekennzeichnete Verhalten der Abbildung liegt nun tatsächlich, wie die Untersuchung lehrt, im Falle der Besselschen Differentialgleichung vor. (Fig. 72 ist nur schematisch gezeichnet.) Wir können daher sagen:

Das Dreieck der Bessel*schen Funktion ergibt sich aus einem gewöhnlichen Dreieck durch unendlich oft wiederholte laterale Anhängung einer Kreisscheibe, wobei zwei Windungspunkte unendlich hoher Ordnung entstehen und die dritte Dreiecksseite in Wegfall kommt.*

Des näheren haben wir uns die Verhältnisse der konformen Abbildung folgendermaßen zu denken:

Bewegen wir uns (vgl. die schematischen Figuren 71, 72) von dem Punkte a der x-Ebene aus längs der reellen Achse in der positiven Richtung $\mathfrak{r}_1$ nach dem Punkte $c = b$, so kommen wir in der η-Ebene längs der Dreiecksseite a_1c_1 in den Punkt c_1, bewegen wir uns aber auf der reellen Achse von a aus in negativer Richtung $\mathfrak{r}_2$ gegen denselben Punkt $c = b$, so kommen wir in der η-Ebene nach b_1; bewegen wir uns schließlich längs eines beliebigen Weges $\mathfrak{w}_3$ auf denselben Punkt b zu, so läuft im allgemeinen der entsprechende Weg in der η-Ebene unendlich oft zwischen den beiden Windungspunkten hindurch, ohne sich einem bestimmten Punkte zu nähern. Der Punkt $b = c$ ist nämlich ein irregulärer Punkt der Differentialgleichung geworden, und ein *wesentlich singulärer* Punkt für das allgemeine Integral derselben. Die Funktion η kommt also bekanntlich in beliebiger Nähe des singulären Punktes jedem beliebigen vorgegebenen Wert unbegrenzt nahe. Wir sagen:

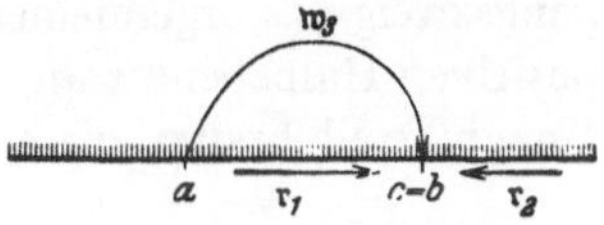

Fig. 71. Weg in der x-Ebene.

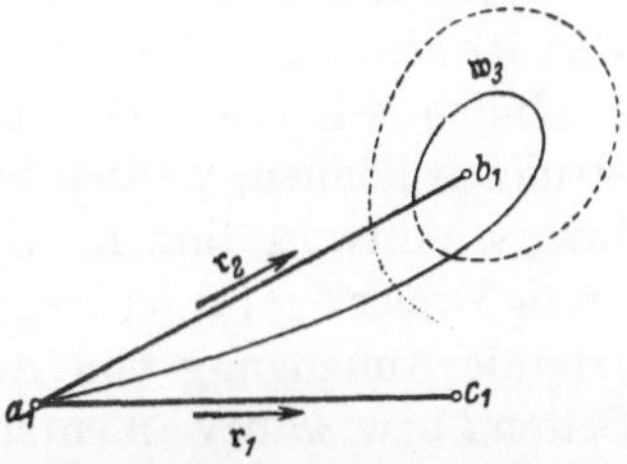

Fig. 72. Weg in der η-Ebene.

Besonders interessant ist dabei die Abbildung der Umgebung des irregulären Punktes, in welchem b und c zusammengefallen sind. Und es ergibt sich die allgemeine Aufgabe, die „Natur" der (isolierten) wesentlich singulären Punkte analytischer Funktionen allgemein mit Hilfe der konformen Abbildung zu studieren [*].

Sechster Abschnitt.

Funktionentheoretische Bedeutung der Figuren.

§ 53. Die Gleichung $\eta(x) =$ konst.

Wir wenden uns jetzt dazu, *die funktionentheoretische Bedeutung* unserer Dreiecksfiguren zu besprechen; es wird dies ein schönes Beispiel dafür sein, was man überhaupt mit der geometrischen Behandlung funktionentheoretischer Probleme erreichen kann.

Wir werden die Betrachtungen insbesondere nach zwei Richtungen ausführen:

1. Das Kreisbogendreieck der η-Ebene, für sich genommen, gibt ein übersichtliches Bild *für den Verlauf des einzelnen partikulären Zweiges* der η-Funktion als Funktion von x.

Beginn der dreiundfünfzigsten Vorlesung.

2. Das Prinzip der Symmetrie liefert uns fernerhin die *analytische Fortsetzung*, also den *Gesamtverlauf* der Funktion.

Heute beschäftigen wir uns nur erst mit der Frage nach dem *Verlauf des einzelnen Zweiges* der Funktion. Wir fragen: Wie oft nimmt der Ausgangszweig $\eta(x)$ irgendeinen bestimmten Wert C in der (abgeschlossenen) positiven Halbebene x an, d. h. wie viele Wurzeln x mit nichtnegativem Imaginärteil besitzt die Gleichung

$$\eta(x) = k.$$

Es ist einfach die Frage, wie oft die Stelle $\eta = k$ auf der η-Kugel von der Membran des Dreiecks überspannt wird.

Indem wir unser Dreieck (λ, μ, ν) in jedem Einzelfalle genau konstruieren können, werden wir auf die so formulierte Frage allemal eine präzise Antwort finden. Um aber etwas Allgemeines zu sagen, möge unser Dreieck (λ, μ, ν) aus einem reduzierten Dreieck $(\lambda_2, \mu_2, \nu_2)$ durch laterale Anhängung von A bzw. B bzw. C Kreisscheiben an die drei Seiten l bzw. m bzw. n entstehen. Die laterale Anhängung zweier Kreisscheiben an *eine* Seite ist aber jedesmal einfach die Anhängung einer ganzen Kugelfläche, wodurch der Punkt $\eta = k$ gewiß einmal überdeckt wird. Wir haben solcherweise im ganzen $E\left(\frac{A}{2}\right) + E\left(\frac{B}{2}\right) + E\left(\frac{C}{2}\right)$ Vollkugeln angehängt, haben also den Satz:

Im vorliegenden Falle hat die Gleichung $\eta(x) = k$ mindestens

$$E\left(\frac{A}{2}\right) + E\left(\frac{B}{2}\right) + E\left(\frac{C}{2}\right)$$

Wurzeln.

Bei spezieller Lage kann die Gleichung natürlich auch mehr Wurzeln haben, z. B. wenn k im Ausgangsdreieck selbst gewählt ist.

Hieran schließt sich die Fragestellung, welche ich 1890 im 37. Bande der Mathematischen Annalen (= Klein [3], Bd. 2, S. 550ff.) behandelt habe. Wir denken uns die Halbebene mit den drei auf dem Rande gelegenen Verzweigungsstellen a, b, c und wählen einen solchen Zweig der η-Funktion aus, der zwischen b und c reelle Werte hat. Wir fragen nun *nach der Anzahl der reellen Wurzeln*, welche die Gleichung

$$\eta(x) = k'$$

im Intervall $b > x > c$ besitzt, unter k' eine reelle Konstante verstanden.

Das Bild der oberen x-Halbebene ist ein Kreisbogendreieck auf der η-Kugel mit den Ecken a_1, b_1, c_1, und zwar liegt seine, die Ecken b_1, c_1 verbindende Seite l ganz auf dem Meridian der reellen Zahlen. Der Punkt C' liegt ebenfalls auf dem Meridian der reellen Zahlen, und es kommt unsere Frage nun darauf hinaus, zu untersuchen, *wie oft sich die Seite l über den Punkt $\eta = k'$ hinzieht.*

Da ist nun klar, daß, so oft die Seite l den ganzen Meridian überdeckt, so oft mindestens auch der Punkt k' überstrichen werden muß, wo er auch liegen mag; doch kann er noch einmal öfter überstrichen werden, wenn er nämlich so gewählt ist, daß er auch auf der Seite des reduzierten Dreiecks liegt. Die Anzahl der ganzen Umläufe der Seite l können wir aber auf Grund unserer vorhergehenden geometrischen Untersuchungen, nämlich mittels der Ergänzungsrelationen (§ 45), durch die Winkelzahlen ausdrücken. Wir erhalten so den Satz:

Die reelle Gleichung $\eta(x) = k'$ hat — für den ausgewählten Partikularzweig — im Intervall $b > x > c$ so viele reelle Wurzeln, als der Ausdruck

$$E\left(\tfrac{1}{2}(\lambda - \mu - \nu + 1)\right) + \varepsilon$$

angibt. Dabei bedeutet ε Null oder Eins, je nach der Lage des Punktes k'.

Wir können aber aus unserer geometrischen Deutung der η-Funktion noch mehr ablesen. Es seien zwei Gleichungen

$$\eta(x) = k \quad \text{und} \quad \eta(x) = k'$$

gegeben. Die Seite l muß offenbar, falls sie immer im gleichen Sinne durchlaufen wird (vgl. weiter unten), beim Durchlaufen des Meridians immer abwechselnd über den Punkt k und den Punkt k' laufen, niemals zweimal hintereinander über denselben Punkt. D. h.:

Die reellen Wurzeln der beiden reellen Gleichungen

$$\eta(x) = k \quad \text{und} \quad \eta(x) = k'$$

folgen im Intervall $b > x > c$ abwechselnd aufeinander.

Die Sache würde sofort anders, wenn die Seite l einen Umkehrpunkt trüge, entsprechend einem auf dem Segment bc der reellen Achse gelegenen Nebenpunkte. (Wir werden allgemein verlangen, *die Betrachtungen des Textes auf η-Funktionen mit irgendwelchen Nebenpunkten auszudehnen* [*].)

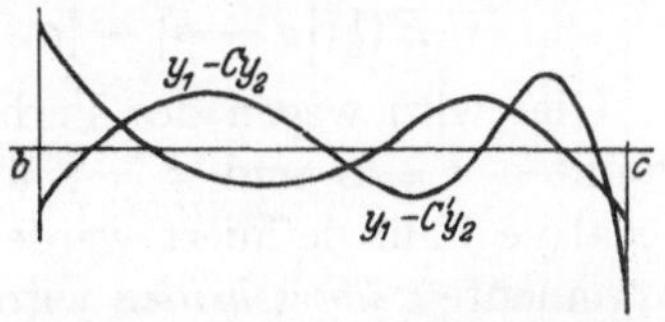

Fig. 73. Darstellung des Verlaufes der Lösungen $y = y(x)$ einer gewöhnlichen, linearen homogenen Differentialgleichung zweiter Ordnung in rechtwinkligen, kartesischen Koordinaten x, y. Dabei werden y_1 usw. in $x = b$ und $x = c$ i. a. nicht stetig sein, wie es der Figur entsprechen würde. Indes ist dies für unsere Betrachtung ohne Belang.

Obige Aussage gewinnt ein noch viel höherers, besonders physikalisches Interesse, wenn wir zu der ursprünglichen linearen homogenen Differentialgleichung zweiter Ordnung zurückgehen. Nämlich:

Die Wurzeln der Gleichung $\eta = k$ sind die Nullstellen der Partikularlösung $y_1 - ky_2$.

Die Funktion $y = y_1 - ky_2$ wird (im Falle reeller x und y) geometrisch durch eine Kurve vorgestellt, welche zwischen b und c gewisse Oszillationen ausführt, wenn y mehrere Nullstellen besitzt. (Vgl. Fig. 73, in welcher C und C' an Stelle von k bzw. k' geschrieben wird.)

Die Nullstellen der Funktion werden geliefert durch die Stellen, wo die Kurve und die x-Achse sich schneiden; die Anzahl der Nullstellen gibt also im wesentlichen die Zahl der Oszillationen (richtiger gesagt:

der Halboszillationen) an. Dabei haben wir jetzt den Satz, daß die Nullstellen zweier verschiedener Partikularlösungen $y_1 - ky_2$ und $y_1 - k'y_2$ einander gegenseitig trennen.

Daß die im Intervallinnern gelegenen Nullstellen zweier (im Innern des Intervalls regulärer und reellwertiger) Partikularlösungen $y_1 - ky_2$ und $y_1 - k'y_2$ der Zahl nach bis auf eine Einheit übereinstimmen und sich übrigens wechselseitig trennen, das ist eine bekannte Eigenschaft der homogenen linearen Differentialgleichung zweiter Ordnung [*]. *Vermöge unserer Betrachtung der η-Funktion bestätigen wir dieses Resultat, gehen aber im vorliegenden Falle der hypergeometrischen Differentialgleichung weiter, indem wir die Mindest- bzw. Höchstzahl der Nullstellen einer Lösung im Intervall bei gegebenen λ, μ, ν wirklich angeben; die Mindestzahl ist nämlich $E(\frac{1}{2}(\lambda - \mu - \nu + 1))$, die Höchstzahl von Nullstellen ist um Eins größer, nämlich $E(\frac{1}{2}(\lambda - \mu - \nu + 1)) + 1$.*

In meiner oben (S. 240) zitierten Arbeit habe ich einen speziellen Fall dieses Theorems besonders herausgearbeitet, indem ich dasselbe auf den Fall der *hypergeometrischen Reihe* $F(a, b; c; x)$ anwendete (a, b, c haben hier eine andere Bedeutung als im vorangehenden). Letztere ist eine Partikularlösung einer Differentialgleichung, welche im Falle reeller a, b, c die Exponentendifferenzen

$$\lambda = |1 - c|, \qquad \mu = |a - b|, \qquad \nu = |c - a - b|$$

besitzt und welche in dem Intervall $0 < x < 1$ reell ist. Das obige Theorem führt nun zu folgendem Satz:

Die Gesamtzahl der Nullstellen der hypergeometrischen Reihe im Intervall $0 < x < 1$ ist also durch den Ausdruck gegeben

$$E(\tfrac{1}{2}(|a - b| - |c - a - b| - |1 - c| + 1)) + \varepsilon .$$

Hier wird wegen des Verhaltens der η-Funktion in den singulären Punkten $x = 0$ und $x = 1$ übrigens $E(z)$ als diejenige größte nichtnegative Zahl definiert werden müssen, welche von dem beigesetzten Argumente z *überschritten* wird. Ich verweise wegen der genaueren Betrachtung auf meine eben erwähnte Darstellung.

Die Zahl ε bestimmt man durch folgende Überlegung: Es ist $F(a, b; c; 0) = 1$, also positiv. Man untersuche nun, ob F für $x = 1$ positiv oder negativ ist, was man mit Hilfe der Darstellung von $F(1)$ durch Γ-Funktionen (vgl. § 14; Schluß) ausführen kann, evtl. ob F für $x \to 1$ positiv oder negativ unendlich wird. Hat nun F für $x = 0$ dasselbe Vorzeichen wie für $x \to 1$, so muß zwischen $x = 0$ und $x = 1$ eine gerade Zahl, ist das Vorzeichen das entgegengesetzte, eine ungerade Anzahl von reellen Wurzeln liegen. Wir haben also die Regel:

Je nachdem F bei $x \to 1$ positiv oder negativ ist, wird im Intervall eine gerade oder eine ungerade Anzahl von Nullstellen liegen. Man wird nun $\varepsilon = 0$ oder $\varepsilon = 1$ nehmen, je nachdem $E(\frac{1}{2}(|a-b| - |c-a-b| - |1-c| + 1))$ modulo 2 genommen, bereits den richtigen Charakter hat oder nicht.

Dieses Resultat, welches damals neu war, hat unmittelbar darauf HURWITZ [1] rein analytisch durch STURMsche Funktionen abgeleitet [*].

Es wäre interessant, die Methode von HURWITZ Schritt für Schritt mit der unseren zu vergleichen. Übrigens umschließt unser Resultat eine große Zahl in der Literatur vorliegender Einzelsätze. Wir wollen hier in dieser Richtung nur einen speziellen Fall betrachten, nämlich den Fall der gewöhnlichen *Kugelfunktionen* oder der LEGENDRE*schen Polynome*.

Dies sind abbrechende hypergeometrische Reihen folgender Gestalt:

$$Q_{2n} \;\;= F(n+\tfrac{1}{2},\ -n;\ \tfrac{1}{2};\ x^2),$$
$$Q_{2n+1} = xF(n+\tfrac{3}{2},\ -n;\ \tfrac{3}{2};\ x^2), \qquad n = 0, 1, 2, \ldots$$

Für die erste ist $\lambda = \frac{1}{2}$, $\mu = 2n + \frac{1}{2}$, $\nu = 0$, für die zweite $\lambda = \frac{1}{2}$, $\mu = 2n + \frac{3}{2}$, $\nu = 0$.

Die Zahl der Nullstellen der F-Reihe als Funktion von x^2 im Intervall von $0 \leqq x^2 \leqq 1$ ist also gleich:

$$E(\tfrac{1}{2}(-\lambda+\mu-\nu+1)) = E(n+\tfrac{1}{2}) \quad \text{bzw.} \quad = E(n+1),$$

d. h. beidemal gleich n.

Hiernach besitzen unsere Reihen als Funktionen von x im Intervall von -1 bis $+1$ beide $2n$ Nullstellen, und Q_{2n} besitzt mithin $2n$ Nullstellen, hingegen Q_{2n+1} (des vorgesetzten Faktors x wegen) $2n+1$ Nullstellen. Es ist aber $2n$ bzw. $2n+1$ der Grad von Q_{2n} bzw. von Q_{2n+1}. Diese Polynome besitzen mithin überhaupt nur $2n$ bzw. $2n+1$ Nullstellen, die wir somit alle in dem Intervall von -1 bis $+1$ vorgefunden haben. Also:

Ein Beispiel für die Anwendung unserer Formel geben die LEGENDRE*schen Polynome, bei denen man findet, daß alle Nullstellen reell sind und zwischen $x = -1$ und $x = +1$ liegen.*

§ 54. Die zu zwei verwandten P-Funktionen gehörige Determinante.

In der letzten Stunde haben wir für die einzelne P-Funktion gewisse Realitätstheoreme aus der Gestalt des zugehörigen Kreisbogendreiecks erschlossen. Ganz ähnliche Theoreme lassen sich aus unserer geometrischen Theorie über die Beziehung zwischen verschiedenen verwandten P-Funktionen ableiten.

Es seien η und η^* zwei korrespondierende Zweige verwandter η-Funktionen, d. h. so ausgewählte Zweige, daß sie bei gleichen Wegen der Veränderlichen x die gleichen Substitutionen erfahren; dieselben bilden dann die positive x-Halbebene auf zwei zum selben Kern gehörige Dreiecksflächen mit gleicher Kantenaufeinanderfolge ab.

Beginn der vierundfünfzigsten Vorlesung.

η und η^* sind Quotienten je zweier Zweige verwandter P-Funktionen:

$$\eta = \frac{P_1}{P_2}, \quad \eta^* = \frac{P_1^*}{P_2^*},$$

wobei einerseits P_1 und P_2, andererseits P_1^* und P_2^* bei gleichen Umläufen von x je dieselben binären linearen Substitutionen erfahren.

Aus dieser Eigenschaft folgt, wie wir früher bemerkten (vgl. S. 124), daß die Determinante

$$P_1 P_2' - P_2 P_1'$$

eine multiplikative Funktion von x von der Gestalt ist:

$$(x-a)^\varrho (x-b)^\sigma (x-c)^\tau \cdot \Phi(x),$$

unter $\Phi(x)$ eine rationale ganze Funktion von x verstanden.

Die nähere Bestimmung dieser rationalen Funktion von x haben wir vor Weihnachten nicht ausgeführt; dies wollen wir heute, wenigstens in Rücksicht auf den Grad, nachholen, um dann nachzusehen, was wir etwa über die Nullstellen derselben aus der Gestalt und Lage der beiden zu η und zu η' gehörigen Kreisbogendreiecke aussagen können.

Dabei wird es bequem sein, die P-Funktionen durch homogene Funktionen, d. h. Formen von x_1, x_2 zu ersetzen, so wie wir es bereits vor Weihnachten andeuteten.

Aus einer Funktion

$$P\begin{vmatrix} a & b & c & \\ \lambda_1 & \mu_1 & \nu_1 & x \\ \lambda_2 & \mu_2 & \nu_2 & \end{vmatrix},$$

wobei

$$\lambda_1 + \lambda_2 + \mu_1 + \mu_2 + \nu_1 + \nu_2 = 1$$

ist, setzen wir etwa, um sie zu normieren, eine multiplikative Form derart heraus, daß in der übrigbleibenden Π-Form die zweiten Exponenten jedes Punktes verschwinden. Wir setzen also:

$$P\begin{vmatrix} a & b & c & \\ \lambda_1 & \mu_1 & \nu_1 & x \\ \lambda_2 & \mu_2 & \nu_2 & \end{vmatrix} = (x,a)^{\lambda_2}(x,b)^{\mu_2}(x,c)^{\nu_2}\,\Pi\begin{vmatrix} a & b & c & \\ \lambda & \mu & \nu & x_1, x_2 \\ 0 & 0 & 0 & \end{vmatrix},$$

wobei gesetzt ist:

$$\lambda = \lambda_1 - \lambda_2, \quad \mu = \mu_1 - \mu_2, \quad \nu = \nu_1 - \nu_2.$$

Da der Grad der Funktion, also der ganzen rechten Seite, Null sein muß, so ist der Grad der Π-Form natürlich gleich $-(\lambda_2 + \mu_2 + \nu_2)$, welcher Ausdruck sich mit Rücksicht auf die Gleichung

$$\lambda_1 + \lambda_2 + \mu_1 + \mu_2 + \nu_1 + \nu_2 - 1 = 0$$

in die Gestalt setzen läßt:

$$\tfrac{1}{2}(\lambda + \mu + \nu - 1).$$

Nun betrachten wir zwei verwandte Π-Formen, d. h. im allgemeinen (vgl. § 49) solche, deren Exponenten sich nur um ganze Zahlen von gerader Summe unterscheiden, etwa

$$\Pi = \Pi \begin{vmatrix} a & b & c & \\ \lambda & \mu & \nu & x_1, x_2 \\ 0 & 0 & 0 & \end{vmatrix} \quad \text{und} \quad \Pi^* = \Pi \begin{vmatrix} a & b & c & \\ \lambda \pm L & \mu \pm M & \nu \pm N & x_1, x_2 \\ 0 & 0 & 0 & \end{vmatrix},$$

wobei L, M, N positive ganze Zahlen sein sollen, die der Relation

$$L + M + N \equiv 0 \pmod 2$$

genügen. Die Vorzeichen bei $\pm L$, $\pm M$, $\pm N$ können unabhängig voneinander gewählt sein, weil $L + M + N \equiv 0 \pmod 2$ gleichbedeutend mit $\pm L \pm M \pm N \equiv 0 \pmod 2$ ist. Werden daher unter ε, ε', ε'' drei Zahlen verstanden, welche, jede unabhängig von den anderen, gleich $+1$ oder gleich -1 sein können, so schreibt die zweite Form sich folgendermaßen:

$$\Pi^* = \Pi \begin{vmatrix} a & b & c & \\ \lambda + \varepsilon L & \mu + \varepsilon' M & \nu + \varepsilon'' N & x_1, x_2 \\ 0 & 0 & 0 & \end{vmatrix}.$$

Der Grad der ersten Π-Form ist, wie schon oben gesagt:

$$\tfrac{1}{2}(\lambda + \mu + \nu - 1);$$

derjenige der Form Π^*:

$$\tfrac{1}{2}(\lambda + \mu + \nu + \varepsilon L + \varepsilon' M + \varepsilon'' N - 1).$$

Der Grad der Determinante

$$\Pi_1 \Pi_2^* - \Pi_1^* \Pi_2$$

als Form von x_1, x_2 ist also:

$$\lambda + \mu + \nu - 1 + \tfrac{1}{2}(\varepsilon L + \varepsilon' M + \varepsilon'' N).$$

An der Stelle a verhält sich Π_1 wie $(x, a)^\lambda$, Π_2 wie $(x, a)^0$, ferner Π_1^* wie $(x, a)^{\lambda + \varepsilon L}$ und Π_2^* wie $(x, a)^0$.

Die Determinante verschwindet also, da ihr erster Teil wie $(x, a)^\lambda$, der zweite wie $(x, a)^{\lambda + \varepsilon L}$ sich verhält, von einer Ordnung, die durch die kleinere der beiden Zahlen λ und $\lambda + \varepsilon L$ angegeben ist. Diese kleinere Zahl ist λ, wenn $\varepsilon = +1$ ist; sie ist $\lambda - L$, wenn $\varepsilon = -1$ ist; allgemein kann man sagen, daß die kleinere der beiden Zahlen λ und $\lambda + \varepsilon L$ sowohl für $\varepsilon = +1$, wie für $\varepsilon = -1$ mit $\lambda + \frac{1}{2}(\varepsilon - 1) L$ übereinstimmt.

Wir werden also von unserer Determinante, welche eine multiplikative Form von x_1, x_2 sein muß, dem Punkte a entsprechend einen Faktor $(x, a)^{\lambda + \frac{1}{2}(\varepsilon - 1) L}$ heraussetzen; ganz entsprechend für die Punkte b und c, so daß wir also schließlich schreiben:

$$\Pi_1 \Pi_2^* - \Pi_1^* \Pi_2 = (x, a)^{\lambda + \frac{1}{2}(\varepsilon - 1) L} (x, b)^{\mu + \frac{1}{2}(\varepsilon' - 1) M} (x, c)^{\nu + \frac{1}{2}(\varepsilon'' - 1) N} \varphi(x_1, x_2).$$

Die ganze Determinante hat, wie wir wissen, den Grad

$$\lambda + \mu + \nu - 1 + \tfrac{1}{2}(\varepsilon L + \varepsilon' M + \varepsilon'' N),$$

der abgesonderte Teil den Grad

$$\lambda + \mu + \nu + \tfrac{1}{2}(\varepsilon L + \varepsilon' M + \varepsilon'' N) - \tfrac{1}{2}(L + M + N).$$

Die Form $\varphi(x_1, x_2)$ hat daher in allen Fällen den Grad:

$$\tfrac{1}{2}(L + M + N) - 1.$$

Und ferner ergibt sich der Satz:

$\varphi(x_1, x_2)$ ist eine rationale ganze Form vom Grade

$$\tfrac{1}{2}(L + M + N) - 1.$$

In der Tat ist dieser Grad immer eine ganze Zahl, da ja oben die Voraussetzung gemacht werden mußte, daß

$$L + M + N \equiv 0 \pmod 2.$$

Nun kommen wir zur Anwendung unserer Theorie der verwandten Kreisbogendreiecke. Wir fragen uns nämlich, ob wir nicht von dieser Lehre aus etwas über die Lage der Nullstellen der ganzen rationalen Form $\varphi(x_1, x_2)$ aussagen können.

Insbesondere: wieviel reelle Nullstellen auf den einzelnen Segmenten bc, ca, ab der reellen x-Achse liegen mögen. Es ist diese Frage bereits in der Literatur berührt, indem GEGENBAUER [1] ein Theorem angegeben hat, mittels dessen man unter gewissen Umständen etwas über die Realität der Nullstellen von φ aussagen kann.

Wir wollen hier durchaus nicht das Problem in seiner ganzen Allgemeinheit erledigen, sondern wollen von allen den vielen zu unterscheidenden Fällen nur zwei besondere Fälle herausgreifen.

Zunächst eine Bemerkung über die erste, allgemeinere Frage. Wir rekapitulieren:

Es ist die Aufgabe, aus der Gestalt und gegenseitigen Lage der beiden von η bzw. η^* gelieferten Dreiecke etwas über die Wurzeln der Gleichung $\varphi = 0$ abzulesen.

Zur Lösung bilden wir uns die Differenz der beiden korrespondierenden η-Funktionen und erhalten gemäß den oben gewonnenen Formeln:

$$\eta - \eta^* = \frac{\Pi_1 \Pi_2^* - \Pi_2 \Pi_1^*}{\Pi_2 \Pi_2^*}$$

$$= \frac{1}{\Pi_2 \Pi_2^*} (x, a)^{\lambda + \frac{1}{2}(\varepsilon - 1) L} (x, b)^{\mu + \frac{1}{2}(\varepsilon' - 1) M} (x, c)^{\nu + \frac{1}{2}(\varepsilon'' - 1) N} \varphi(x_1, x_2).$$

Wir sehen aus diesem Ausdruck (unter Berücksichtigung des Verhaltens von Π_2 und Π_2^*), daß die Differenz $\eta - \eta^*$ einerseits evtl. in den Punkten a, b, c selbst verschwindet [wenn nämlich der betreffende Exponent bzw. von (x, a), (x, b), (x, c) positiv ist], andererseits an den Nullstellen der Form $\varphi(x_1, x_2)$.

Es wird also darauf ankommen, in unseren beiden Dreiecken, abgesehen von den Ecken, solche Stellen zu finden, für welche $\eta - \eta^*$ verschwindet. Und da diese Stellen mit den Nullstellen von $\varphi(x_1, x_2)$ identisch sind, so muß es im ganzen $\frac{1}{2}(L + M + N) - 1$ solche Stellen geben.

Indem wir uns insbesondere für die reellen Wurzeln von $\varphi = 0$ und für deren Lage in den drei Intervallen der x-Achse interessieren, wollen wir in unseren Figuren nachsehen, wieviel Punkte es auf den verschiedenen Dreiecksseiten gibt, in denen $\eta = \eta^*$ ist.

Wie schon gesagt, werden wir nur *zwei spezielle Fälle* herausgreifen, die als typische Beispiele gelten können.

1. Beim *ersten Beispiel* gehen wir von folgenden beiden verwandten Π-Formen aus:

$$\Pi\begin{vmatrix} a & b & c & \\ \lambda_0 & \mu_0 & \nu_0 & x_1, x_2 \\ 0 & 0 & 0 & \end{vmatrix} \quad \text{und} \quad \Pi\begin{vmatrix} a & b & c & \\ \lambda_0 & \mu_0 - 1 & \nu_0 - 1 & x_1, x_2 \\ 0 & 0 & 0 & \end{vmatrix},$$

in denen λ_0, μ_0, ν_0 positive Zahlen sein sollen, die den Ungleichungen eines Minimaltripels genügen und deren Summe zudem größer als 1 sein soll, so daß wir es mit dem Falle I zu tun haben. Die zugehörigen η-Funktionen sind:

$$\eta(\lambda_0, \mu_0, \nu_0; x) \quad \text{und} \quad \eta(\lambda_0, 1 - \mu_0, 1 - \nu_0; x).$$

Die Dreiecke, welche korrespondierenden Zweigen entsprechen, liegen in demselben Gerüste von Kreisbogen (etwa wie in der S. 214 angegebenen Fig. 40; es handelt sich um die Dreiecke 2′ und 1). Dabei wollen wir uns an jedem der beiden Dreiecke an jeder Seite noch je eine gerade, aber sonst beliebige Anzahl von Kreisscheiben lateral angehängt denken, etwa an das erste Dreieck bzw. $2q_a$, $2q_b$, $2q_c$ und an das zweite Dreieck bzw. $2q_a^*$, $2q_b^*$, $2q_c^*$ Kreisscheiben.

Wir gelangen so zu den neuen verwandten Π-Formen:

$$\Pi\begin{vmatrix} a & b & c & \\ \lambda_0 + 2q_b + 2q_c & \mu_0 + 2q_a + 2q_c & \nu_0 + 2q_a + 2q_b & x_1, x_2 \\ 0 & 0 & 0 & \end{vmatrix}$$

und

$$\Pi\begin{vmatrix} a & b & c & \\ \lambda_0 + 2q_b^* + 2q_c^* & \mu_0 - 1 - 2q_a^* - 2q_c^* & \nu_0 - 1 - 2q_a^* - 2q_b^* & x_1, x_2 \\ 0 & 0 & 0 & \end{vmatrix}$$

und zu den η-Funktionen

$$\eta = \eta(\lambda_0 + 2q_b + 2q_c, \mu_0 + 2q_c + 2q_a, \nu_0 + 2q_a + 2q_b; x)$$

und

$$\eta^* = \eta(\lambda_0 + 2q_b^* + 2q_c^*, 1 - \mu_0 + 2q_c^* + 2q_a^*, 1 - \nu_0 + 2q_a^* + 2q_b^*; x).$$

Die ganzen positiven Zahlen L, M, N (vgl. S. 245) sind die absoluten Werte der Differenzen der entsprechenden Exponenten in den beiden Π-Formen, also

$$L = 2|q_b + q_c - q_b^* - q_c^*|, \quad M = 2(q_c + q_a + q_c^* + q_a^*) + 1,$$
$$N = 2(q_a + q_b + q_a^* + q_b^*) + 1.$$

Die Form $\varphi(x_1, x_2)$ hat also den Grad:

$$\tfrac{1}{2}(L + M + N) - 1 = |q_b + q_c - q_b^* - q_c^*| + (q_c + q_a + q_c^* + q_a^*) + (q_a + q_b + q_a^* + q_b^*).$$

Nun sehen wir zu, wieviel Nullstellen diese Form etwa in dem reellen Intervall bc der x-Achse besitzt, d. h. wie oft $\eta = \eta^*$ wird, wenn η als Funktion von x die Seite l seines Dreiecks, η^* die Seite l^* seines Dreiecks durchläuft.

Man beachte: Da wir an die beiden reduzierten Dreiecke nur gerade Anzahlen von Kreisscheiben lateral angehängt haben, so stimmen die Seiten der Dreiecke genau mit denjenigen der in Fig. 40 auf S. 214 gezeichneten reduzierten Dreiecke 2′ und 1 überein; wenn also x von b nach c läuft, so bewegt sich η von b_1 nach c_1 auf dem in der Figur mit Schraffur versehenen Kreisbogen, η^* von b_2 nach c_2 ebenfalls auf dem mit Schraffur versehenen Kreisbogen. Nun lesen wir aber aus der Figur unmittelbar ab, daß die beiden Kreisbogen überhaupt keinen Punkt gemein haben, daß mithin bei dieser Bewegung η nie gleich η^* werden kann. Dasselbe gilt, wenn x sich auf einem anderen Teil der x-Achse bewegt, denn außer der Ecke a_1, welche ja als Nullstelle von φ nicht in Frage kommt, hat keine Seite des einen Dreiecks einen Punkt mit der entsprechenden Seite des anderen Dreiecks gemeinsam. Wir schließen also:

Im vorliegenden Falle hat $\varphi = 0$ überhaupt keine reellen Wurzeln.

2. Das *zweite Beispiel* will ich so einrichten, daß der andere extreme Fall eintritt, daß nämlich alle Wurzeln reell werden (vgl. etwa das Dreieck 2′ in Fig. 40). Wir bilden uns beide verwandten Π-Formen jetzt von demselben reduzierten Dreieck λ_0, μ_0, ν_0 ausgehend. Und zwar bilden wir das eine Dreieck, indem wir an das reduzierte Dreieck einmal q_b Kreisscheiben längs m, ferner q_c Kreisscheiben längs n lateral anhängen und von λ aus nach l hinüber q_a Kreisscheiben polar anhängen; das andere Dreieck bilden wir, indem wir ebensoviel Kreisscheiben lateral, aber q_a^* Kreisscheiben polar anhängen. Die beiden Π-Formen lauten also

$$\Pi = \Pi \begin{vmatrix} a & b & c & \\ \lambda_0 + 2q_a + q_b + q_c & \mu_0 + q_c & \nu_0 + q_b & x_1, x_2 \\ 0 & 0 & 0 & \end{vmatrix},$$

$$\Pi^* = \Pi \begin{vmatrix} a & b & c & \\ \lambda_0 + 2q_a^* + q_b + q_c & \mu_0 + q_c & \nu_0 + q_b & x_1, x_2 \\ 0 & 0 & 0 & \end{vmatrix};$$

L, M, N haben hier die Werte

$$L = 2|q_a - q_a^*|, \quad M = 0, \quad N = 0,$$

und der Grad von $\varphi(x_1, x_2)$ ist also

$$|q_a - q_a^*| - 1.$$

Die beiden Dreiecke stimmen in ihren Seiten m und n genau überein, auch die Seiten l liegen zwischen denselben Endpunkten b_1 und c_1 und werden bei Wanderung des x von b nach c im gleichen Sinne durchlaufen; der Unterschied ist aber der, daß im ersten Dreieck die Seite q_a mal, im zweiten Dreieck q_a^* mal ihren ganzen Kreis umläuft. Wenn aber zwei Punkte η und η^* auf einer Kreislinie zwischen denselben Endpunkten der eine q_a mal, der andere q_a^* mal umlaufen, so muß der eine den anderen, wie man unmittelbar geometrisch sieht, mindestens $(|q_a - q_a^*| - 1)$ mal überholen; d. h. es muß mindestens $|q_a - q_a^*| - 1$ Stellen im Intervall bc der x-Achse geben, an denen $\eta = \eta^*$ wird, also $\varphi(x_1, x_2)$ verschwindet. Nun kann aber $\varphi(x_1, x_2)$ überhaupt nur $(|q_a - q_a^*| - 1)$ Nullstellen besitzen; die reellen Nullstellen im Intervall bc sind also auch die einzigen Nullstellen von φ. Wir fassen das Resultat in folgenden Satz zusammen:

Die Geometrie zeigt uns, daß im Intervall von b bis c mindestens $(|q_a - q_a^*| - 1)$ Wurzeln von $\varphi = 0$ liegen. Die Analysis hat uns gezeigt, daß es überhaupt nur $(|q_a - q_a^*| - 1)$ Wurzeln von $\varphi = 0$ gibt. Also sind alle Wurzeln von $\varphi = 0$ reell und liegen im Intervall von b bis c.

Siebenter Abschnitt.

Analytische Fortsetzung der η-Funktion.

§ 55. Einführung des Symmetrieprinzips (Spiegelungsprinzips).

Heute wenden wir uns nun der Aufgabe zu, welche uns den Rest dieses Semesters beschäftigen wird, nämlich zur Untersuchung der *analytischen Fortsetzung der η-Funktion.*

Zur analytischen Fortsetzung der η-Funktion über die Grenzen der bisher auf ein Kreisbogendreieck abgebildeten Halbebene hinaus werden wir uns des schon von RIEMANN benutzten, aber von SCHWARZ zuerst in den Vordergrund gestellten *Prinzips der Symmetrie* (auch *Spiegelungsprinzip* genannt) bedienen müssen. Worin besteht dieses? Was haben wir überhaupt unter „Symmetrie" (oder „Spiegelung") an einer Kreislinie zu verstehen? Denken wir uns etwa einen größten Kreis der η-Kugel: dann nennen wir naturgemäß zwei Punkte der η-Kugel symmetrisch in bezug auf diesen Kreis, wenn sie durch Spiegelung der Kugel

---

Beginn der fünfundfünfzigsten Vorlesung.

an der Ebene des in Rede stehenden Kreises ineinander übergehen; dasselbe können wir so ausdrücken, daß wir sagen: Zwei Kugelpunkte P und P' sind symmetrisch in bezug auf einen Großkreis, wenn sie auf derselben Senkrechten zur Ebene dieses größten Kugelkreises liegen.

Haben wir es nicht mit einem größten, sondern einem beliebigen Kugelkreis zu tun, so machen wir einfach die projektiv entsprechende Konstruktion: Wir konstruieren den Pol der Ebene des Kreises in bezug auf die Kugel und nennen zwei Punkte P und P' symmetrisch zu dem Kreise, wenn sie auf derselben durch den Pol der Kreisebene gehenden Geraden liegen.

Übertragen wir diesen Begriff der Symmetrie in die Ebene, so heißen zwei Punkte zunächst in bezug auf eine Gerade symmetrisch, wenn der eine der Spiegelpunkt des anderen in gewöhnlichem Sinne ist, ferner symmetrisch in bezug auf einen Kreis, wenn sie in der Beziehung der reziproken Radien in bezug auf den Kreis stehen, d. h. wenn sie auf demselben Radiusvektor liegen und wenn das Produkt ihrer Entfernungen vom Mittelpunkt M des Kreises gleich dem Quadrat des Kreisradius ist. Allen diesen vier Konstruktionen ist gemeinsam, daß ein durch die beiden Punkte P und P' gelegtes Kreisbüschel bzw. daß dessen Kreise auf der Kugel (bzw. auf der Ebene, auf dem vorgegebenen Kreise, auf der Geraden) senkrecht stehen. Wir können diese Eigenschaft geradezu zur Definition benutzen; also z. B.:

P und P' heißen symmetrisch in bezug auf einen (mit P und P' in gleicher Ebene liegenden) Kreis, wenn sie die Grundpunkte eines Kreisbüschels sind, das zu dem gegebenen Kreise senkrecht steht.

Wir sehen:

Aus der soeben formulierten Definition geht hervor, daß zwei Punkte P und P', welche in bezug auf einen Kreis symmetrisch sind, bei linearer Transformation der komplexen Veränderlichen η in zwei Punkte übergehen, welche in bezug auf den transformierten Kreis symmetrisch liegen.

Nun wenden wir uns zur η-Funktion, um an ihr das Symmetrieprinzip zu erläutern.

Es sei einerseits die obere x-Halbebene gegeben, andererseits dasjenige Kreisbogendreieck, auf welches diese Halbebene durch einen Zweig der η-Funktion abgebildet wird. Wir wollen nun aus der oberen Halbebene über das Segment bc in die untere Halbebene übertreten. Dann wird das entsprechende η aus dem Bilddreieck der η-Ebene über die Seite $\eta_b \eta_c$ übertreten, und wir werden dabei als Abbild der unteren Halbebene einen Bereich der η-Ebene zu erwarten haben, welcher an das ursprüngliche Dreieck längs $\eta_b \eta_c$ angrenzt. (Dabei ist benutzt, daß die η-Funktion über bc hinüber analytisch fortgesetzt werden kann.) Hier ist es nun das Spiegelungsprinzip, welches den genauen Bildbereich der unteren Halbebene anzugeben gestattet. Das Prinzip behauptet nämlich, daß unser Bild der unteren Halbebene gerade dasjenige Dreieck ist, welches man durch Spiegelung des ursprünglichen Dreiecks an der Seite $\eta_b \eta_c$ erhält. Also:

Gehen wir in die untere Halbebene hinüber, etwa über das Segment bc, so erhalten wir als Abbild der unteren Halbebene dasjenige Kreisbogendreieck, welches sich als symmetrisches Abbild unseres ursprünglichen Dreiecks (nämlich des Bildes der oberen x-Halbebene) in bezug auf den Kreisbogen $\eta_b \eta_c$ ergibt.

Dieser Satz, welcher eben das Symmetrieprinzip für den Fall der η-Funktion zum Ausdruck bringt, ist jetzt zu beweisen [*]. Denken wir uns zuerst einmal, was wir durch eine geeignete Auswahl der Partikularlösung η stets erreichen können, das η-Dreieck so gewählt, daß seine Seite $\eta_b \eta_c$ mit einem Teile der reellen η-Achse zusammenfällt. Dann entsprechen reellen, zwischen b und c gelegenen Werten x_0 von x reelle Werte von η. An jeder solchen Stelle x_0 ist η, weil regulär-analytisch, in eine Potenzreihe nach $(x - x_0)$ entwickelbar.

Es müssen aber in dieser Reihenentwicklung

$$\eta = \mathfrak{P}(x - x_0)$$

alle Koeffizienten reell sein, weil η längs bc reell sein soll. Setzen wir nun für $x - x_0$ irgendeinen hinreichend benachbarten komplexen Wert $x' + ix''$ und trennen $\mathfrak{P}$ in seinen reellen und imaginären Teil, so zeigt sich, daß der imaginäre Teil gerade sein Zeichen wechselt, wenn man für $x' + ix''$ den konjugiert komplexen Wert $x' - ix''$ setzt. D. h.: Konjugiert komplexen Werten von $x - x_0$ oder einfacher von x entsprechen konjugiert komplexe Werte von η. Dies gilt nicht allein für den Konvergenzbereich der Reihe $\mathfrak{P}(x - x_0)$, sondern auch für alle in symmetrischer Weise gebildeten analytischen Fortsetzungen derselben. Alle zu den x der oberen Halbe benekonjugierten $\bar{x}$ werden aber durch die untere Halbebene repräsentiert, alle zu den Werten von η im ursprünglichen Dreieck konjugierten Werte $\bar{\eta}$ bilden das (in bezug auf die reelle Achse der η-Ebene) symmetrische Dreieck. Das Prinzip der Symmetrie ist hiermit für den Fall bewiesen, daß die betreffende Seite des Kreisbogendreiecks mit einem Stück der reellen Achse zusammenfällt. Nun wird aber die Symmetrie der Figuren bei irgendeiner linearen Transformation von η nicht gestört; also gilt das Prinzip allgemein, auch wenn die in Frage kommende Dreiecksseite ein Kreisbogen ist. Wir fassen unser Beweisverfahren folgendermaßen kurz zusammen.

Wir setzen zuerst voraus, daß die Seite $\eta_b \eta_c$ ein Stück der reellen Achse der η-Ebene ist. Dann ist η durch eine Potenzreihe $\mathfrak{P}(x - x_0)$ in $x - x_0$ gegeben, welche lauter reelle Koeffizienten hat.

Das Prinzip der Symmetrie beruht nun im vorliegenden Falle einfach darauf, daß eine Potenzreihe mit reellen Koeffizienten für konjugiert komplexe Werte von $x - x_0$ selbst konjugiert komplexe Werte annimmt.

Nachdem wir so das Prinzip der Symmetrie für den Fall geradliniger Begrenzung des Dreiecks erhalten haben, gilt es allgemein, weil die Symmetrie in bezug auf eine Gerade bei linearer Transformation der komplexen Veränderlichen η einfach zur Symmetrie in bezug auf den entsprechenden Kreis wird.

Nachdem wir so ein Abbild der negativen Halbebene gefunden haben, können wir wieder in die obere Halbebene zurückgehen; tun wir dies über ein *anderes* Segment als bc, so verlassen wir das symmetrische Dreieck an einer anderen Seite, als wir in dasselbe eingetreten sind; wir werden also ein neues Abbild der oberen Halbebene erhalten. (Der Deutlichkeit halber wollen wir diese sowie alle später auftretenden Abbilder der oberen bzw. unteren Halbebene stets schraffiert bzw. nicht schraffiert denken; vgl. Fig. 75.) Desgleichen hätten wir im allgemeinen drei verschiedene Abbilder der unteren Halbebene erhalten, wenn wir längs eines jeden der drei Intervalle der x-Achse von der ursprünglichen oberen x-Halbebene in die untere x-Halbebene hinübergegangen wären. Diese drei verschiedenen Abbilder umgeben das ursprüngliche Dreieck längs der drei Seiten. Gehen wir von den drei unteren Halbebenen wieder auf alle möglichen Weisen zur oberen Halbebene, so erhalten wir einen weiteren Kranz schraffierter Dreiecke, kurz ein ganzes Netz von Dreiecken, welche immer abwechselnd der oberen und der unteren Halbebene entsprechen. Das so entstehende Dreiecksnetz wird im allgemeinen — anders als in der schematischen Fig. 75 — die η-Ebene keineswegs schlicht überdecken, selbst wenn das beim ursprünglichen Dreieck der Fall sein sollte. Ebensowenig braucht das Netz jeden Punkt der η-Ebene zu überdecken [man erkennt dies bereits am Beispiel des Dreiecks (0, 0, 0), dessen zugehöriges Dreiecksnetz keinen Punkt außerhalb des Einheitskreises bedeckt; vgl. Fig. 93, S. 291].

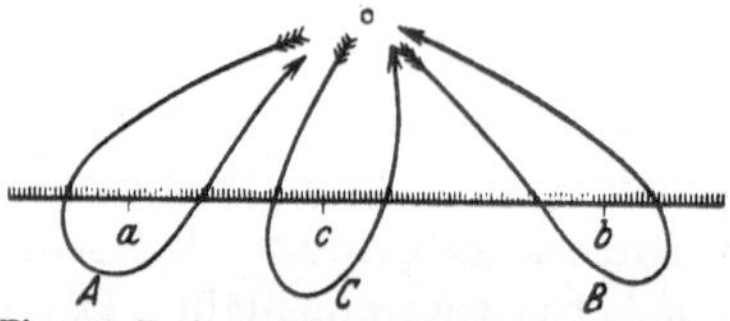

Fig. 74. Drei verschiedene Wege A, B, C, längs welcher man aus der oberen (schraffierten) x-Halbebene in die untere gelangt und dann wieder in die obere x-Halbebene zurückkehrt.

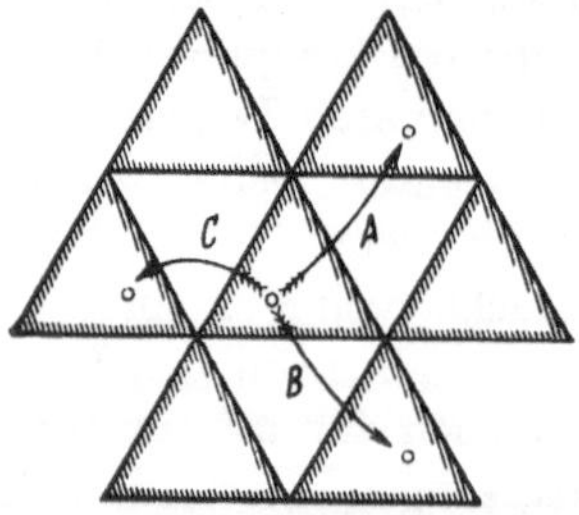

Fig. 75. Netz symmetrischer Dreiecke in der η-Ebene, welche Bilder der oberen und unteren x-Halbebene darstellen, nebst den Bildern der in Fig. 74 gezeichneten Wege A, B, C der x-Ebene.

Dieses Dreiecksnetz gibt uns sofort ein klares Bild davon, wie sich η bewegt, wenn x irgendwelche Umläufe in der x-Ebene macht; denn jedesmal, wenn x ein Segment der reellen Achse überschreitet, geht η von dem Dreieck, in dem es sich gerade befindet, über die dem Segment entsprechende Dreiecksseite in ein Nachbardreieck über. Insbesondere entsprechen den drei einfachen (geschlossenen) Umläufen A, B, C um die Punkte a, b, c der x-Ebene (Fig. 74) die drei mit den gleichen Buchstaben bezeichneten (offenen) Wege der η-Ebene (Fig. 75). Also dürfen wir sagen:

Durch wiederholte Anwendung des Symmetrieprinzips ergibt sich ein klares Bild von dem Gesamtverlauf derjenigen η-Funktion, von welcher ein gewisser Ausgangszweig die obere Halbebene x auf das anfängliche Kreisbogendreieck abbildet.

Insbesondere erkennen wir in der Figur die geometrische Bedeutung der drei Substitutionen $\mathfrak{A}$, $\mathfrak{B}$, $\mathfrak{C}$, welche η bei den Umläufen A, B, C erleidet.

In der Tat geht jedes schraffierte Dreieck unserer gesamten Figur aus dem anfänglichen Dreieck durch eine bestimmte lineare Substitution hervor, insofern das Resultat einer geraden Anzahl hintereinander ausgeführter symmetrischer Umformungen eine lineare Transformation von η ergibt.

Die linearen Substitutionen, durch welche das (schraffierte) Ausgangsdreieck in die sämtlichen übrigen schraffierten Dreiecke verwandelt wird, liefern genau die Monodromiegruppe der η-Funktion, und das Nebeneinanderliegen der verschiedenen Dreiecke erläutert genau die Art und Weise, wie die Substitutionen der Monodromiegruppe aus den drei erzeugenden Operationen $\mathfrak{A}$, $\mathfrak{B}$, $\mathfrak{C}$ sich zusammensetzen.

Es ist unmöglich, dies letztere hier ins Einzelne genau auszuführen, d. h. ausführlich zu zeigen, wie man durch Wiederholung der Operationen $\mathfrak{A}$, $\mathfrak{B}$, $\mathfrak{C}$ an dem Ausgangsdreieck in irgendein beliebiges anderes schraffiertes Dreieck gelangt; das muß sich jeder zu Hause selbst überlegen. Übrigens verweise ich auf eine Arbeit von Dyck im 20. Bande der Mathematischen Annalen (= Dyck [1]), wo diese Verhältnisse in geometrischer Weise besonders klar auseinandergesetzt werden. (Man vergleiche auch Klein [4], Bd. 1, S. 230ff.).

Mit diesen Sätzen über die analytische Fortsetzung der η-Funktion vermöge des Symmetrieprinzips ist eine ganz neue Grundlage für die Behandlung der hypergeometrischen Funktion geschaffen.

Riemann hat diese Sachlage bereits gekannt (vgl. insbesondere seine Abhandlung über die Minimalfläche (= Riemann [1], S. 301 ff.) [*], aber es ist das große Verdienst von Schwarz in seiner Abhandlung im 75. Bande des Crelleschen Journals (= Schwarz [1]), diese Beziehungen ausführlich zur Geltung gebracht zu haben. Dieses Verdienst kann nicht genug gerühmt werden; aber leider muß man an der Arbeit dies sehr tadeln, daß weder ihr Titel noch ihre Redaktion den großen Ideen von allgemeiner Bedeutung entspricht, welche in ihr enthalten sind. Alle diese Sätze sind dort nur in den Dienst einer an sich zwar wichtigen, aber im Vergleich zum ganzen Gegenstand doch partikulären Aufgabe gestellt, nämlich zu untersuchen, wann die Gausssche Reihe eine algebraische Funktion ihres vierten Arguments ist, welche Aufgabe dann erst wie beiläufig darauf führt, nach der η-Funktion zu fragen und die allgemeine Natur des η geometrisch zu erforschen.

Wir hier werden versuchen, die Folgerungen, die sich aus unserer Figur ergeben, soweit dies der bevorstehende Semesterschluß noch gestattet, in möglichster Vielseitigkeit zu entwickeln. Dabei wird die Aufzählung der algebraischen Fälle der GAUSSschen Reihe ihre naturgemäße Stelle finden.

Achter Abschnitt.

Zurückführung auf niedere Funktionen. (Erste Anwendung des Symmetrieprinzips.)

§ 56. Rationale Funktionen.

Wir beginnen heute mit dem Bericht über die *Reduktion der η-Funktion auf „niedere" Funktionen;* und zwar fragen wir zuerst, wann sich η als algebraische Funktion von x ergibt. Von den algebraischen Funktionen sind wieder die rationalen Funktionen die einfachsten.

Wir beschäftigen uns also zuerst mit der Frage: *Unter welchen Umständen ist η eine rationale Funktion von x?* Dazu ist notwendig und ausreichend, daß λ, μ, ν sämtlich ganze Zahlen und daß die singulären Stellen $x = a$, $x = b$, $x = c$ sämtlich Ausnahmepunkte zweiter Ordnung sind. Kennzeichnend hierfür ist (bei ganzzahligem λ, μ, ν), daß entweder $\lambda - \mu - \nu$ oder $\lambda - |\mu - \nu|$ eine positive ungerade Zahl ist; ebenso, daß $\mu - \lambda - \nu$ oder $\mu - |\lambda - \nu|$ bzw. daß $\nu - \lambda - \mu$ oder $\nu - |\lambda - \mu|$ positiv und ungerade ist (vgl. S. 236). Nun ist aber z. B. $\lambda = \mu + \nu + 1 + 2k$ unverträglich sowohl z. B. mit $\mu - \lambda - \nu = 1 + 2s$ als mit $\mu + \nu - \lambda = 1 + 2t$; dabei folgt $\mu + \nu - \lambda = 1 + 2t$ aus $\mu - |\lambda - \nu| = 1 + 2t$, weil $\lambda > \mu + \nu$ (wegen $\lambda = \mu + \nu + 1 + 2k$) und somit $|\lambda - \nu| = \lambda - \nu$. Es kommen daher nur die jeweils an zweiter Stelle genannten Bedingungen in Frage, welche für $\lambda \geqq \mu \geqq \nu$ gleichbedeutend sind mit

$$\nu + \lambda = \mu + 1 + 2r, \quad \mu + \nu = \lambda + 1 + 2t. \tag{*}$$

Es ist also

$$\lambda + \mu > \nu, \quad \mu + \nu > \lambda, \quad \nu + \lambda > \mu \quad \text{und} \quad \lambda + \mu + \nu \equiv 1 \pmod 2. \tag{**}$$

Nun folgen aber aus (**) rückwärts wiederum (*) und damit die urspünglichen Bedingungen. Somit ist (**) charakteristisch dafür, daß lauter Ausnahmepunkte zweiter Ordnung vorliegen, und wir haben den Satz:

η ist dann und nur dann eine rationale Funktion von x, wenn λ, μ, ν ganze positive Zahlen von ungerader Summe sind, von denen jede kleiner

---

Beginn der sechsundfünfzigsten Vorlesung.

ist als die Summe der beiden anderen; oder, was damit gleichbedeutend, wenn die ganzen positiven Zahlen λ, μ, ν *die Darstellung gestatten:*

$$\lambda = 1 + q_b + q_c, \quad \mu = 1 + q_c + q_a, \quad \nu = 1 + q_a + q_b, \quad (***)$$

wobei q_a, q_b, q_c *nichtnegative ganze Zahlen bedeuten.*

Daraus folgt insbesondere, daß sich keine Seite des η-Dreiecks überschlagen kann.

Wir hätten unser Ergebnis auch durch geometrische Überlegung erhalten können, indem wir etwa so schließen: Damit den Ecken des Kreisbogendreiecks nur Ausnahmepunkte zweiter Ordnung entsprechen, ist jedenfalls notwendig, daß sämtliche Dreiecksseiten Bogen eines und des nämlichen Kreises sind (vgl. S. 234). Umgekehrt: Liegen die Seiten des η-Dreiecks alle auf dem gleichen Kreise $\mathfrak{K}$ (so daß insbesondere die sämtlichen Winkel im Dreieck ganzzahlige Vielfache von π sind), so ist die zugehörige Abbildungsfunktion η rational in x. In der Tat: Erstens ist η eine eindeutige Funktion von x; denn die Spiegelung an irgendeiner Dreiecksseite liefert (als Bild der unteren x-Halbebene) ein Dreieck, dessen sämtliche Seiten wiederum auf $\mathfrak{K}$ liegen, so daß erneute Spiegelung wieder zum ursprünglichen Dreieck zurückführt, mit anderen Worten, daß η zum Ausgangswert zurückkehrt, wenn x beliebige geschlossene Umläufe vollführt. Zweitens hat $\eta(x)$ höchstens an den Stellen $x=a$, $x=b$, $x=c$ außerwesentliche Singularitäten, und auch sonst überall den Charakter einer rationalen Funktion. Daher ist $\eta(x)$ rational.

Wir suchen uns nun einen Überblick über alle Dreiecke zu verschaffen, welche zu rationalem η führen. Das einfachste hier in Frage kommende Dreieck ist das schon früher (S. 237) gefundene reduzierte Dreieck mit den drei Winkeln $\lambda_0 = 1$, $\mu_0 = 1$, $\nu_0 = 1$, nämlich einfach eine Kreisfläche. Diese Kreisfläche gibt in der Tat, an welchem der drei Begrenzungsteile wir auch spiegeln, als einziges symmetrisches Dreieck immer nur das Äußere desselben Kreises, und bei Wiederholung kommt man zu dem Innern der Kreisfläche zurück.

Die zu unserem Dreieck $\lambda_0=1$, $\mu_0=1$, $\nu_0=1$ gehörende η-Funktion bildet daher die volle x-Ebene auf die volle η-Ebene ab und ist daher eine lineare Funktion von x; wenn wir insbesondere das Dreieck λ_0, μ_0, ν_0 (vermöge linearer Transformation) so legen, daß seine Ecken mit a, b, c zusammenfallen, so gilt

$$\eta_0 = x.$$

Nun gehen wir vom „reduzierten Dreieck“ (1, 1, 1) — das wir uns etwa als Halbkugel vorstellen können — zu verwandten Dreiecken über, indem wir längs der drei Seiten des reduzierten Dreiecks q_a bzw. q_b, q_c Halbkugeln lateral anhängen, indem wir also entsprechend (***) setzen:

$$\lambda = 1 + q_b + q_c,$$
$$\mu = 1 + q_c + q_a,$$
$$\nu = 1 + q_a + q_b,$$

unter q_a, q_b, q_c irgend drei ganze nichtnegative Zahlen verstanden.

Da umgekehrt irgendein Dreieck, welches zu einem rationalen $\eta = R(x)$ gehört, zusammen mit seinem Spiegelbild eine über der η-Kugel endlich-vielblättrige, geschlossene RIEMANNsche Fläche mit den Verzweigungspunkten $\eta(a)$, $\eta(b)$, $\eta(c)$ bildet, und da sich keine Dreiecksseite überschlägt, so wird man wegen (***) das Dreieck durch schrittweise laterale Abtrennung von Halbkugeln auf das reduzierte Dreieck (1, 1, 1) zurückführen können.

Wollen wir uns von der konformen Abbildung Rechenschaft ablegen, welche η von der x-Ebene entwirft, so bedenken wir, daß sich bei jeder lateralen Anhängung einer Halbebene an die obere Halbebene, dem Symmetrieprinzip entsprechend, an die untere Halbebene ebenfalls eine Halbebene anhängt; mit anderen Worten, daß wir an die aus dem reduzierten Dreieck und seinem symmetrischen Dreieck bestehende Fläche bei jedem Schritt eine Vollkugel anhängen. Im ganzen werden also $q_a + q_b + q_c$ Vollkugeln angehängt, und da das reduzierte Dreieck mit seinem symmetrischen Dreieck die Kugel schon gerade einfach überdeckt, so wird die η-Kugel im ganzen $1+q_a+q_b+q_c = \frac{1}{2}(\lambda+\mu+\nu-1)$ mal überdeckt. Also:

Die x-Ebene bildet sich auf eine RIEMANN*sche Fläche über der η-Kugel ab, welche die Kugel $1 + q_a + q_b + q_c = \frac{1}{2}(\lambda + \mu + \nu - 1)$ mal überdeckt und drei Verzweigungspunkte von der Multiplizität*

$$\lambda - 1 = q_b + q_c, \qquad \mu - 1 = q_c + q_a, \qquad \nu - 1 = q_a + q_b$$

besitzt.

Man schreibe nun $R(x)$ als Quotienten zweier teilerfremder Polynome $Z(x)$ und $N(x)$, also $R(x) = \frac{Z(x)}{N(x)}$, und verstehe unter dem „Grad g" von $R(x)$ die größte unter den Gradzahlen von $Z(x)$ und $N(x)$. Dann zeigt die eben gemachte Feststellung, derzufolge einem bestimmten Werte von η im allgemeinen (d. h. von den Verzweigungspunkten abgesehen) genau $1 + q_a + q_b + q_c$ übereinanderliegende Punkte der über der η-Kugel ausgebreiteten RIEMANNschen Fläche, also ebenso viele Werte von x, entsprechen:

Der Grad der rationalen Funktion $\eta = R(x)$ ist

$$1 + q_a + q_b + q_c = \tfrac{1}{2}(\lambda + \mu + \nu - 1).$$

Wir können aber noch etwas Genaueres über die Bauart dieser rationalen Funktion aussagen. Es seien nämlich a_1, b_1, c_1 die Werte, welche η an den drei (etwa im Endlichen gelegenen) Stellen $x=a$, $x=b$, $x=c$ annimmt.

Dabei kann ohne Beschränkung der Allgemeinheit vorausgesetzt werden, daß in $R(x) = \frac{Z(x)}{N(x)} = \eta$ der Nenner für $x = a$, $x = b$, $x = c$ nicht Null ist; daß also a_1, b_1, c_1 alle drei endliche Werte haben; ferner daß der Grad von $Z(x)$ nicht kleiner ist als der von $N(x)$. (Durch lineare Transformation von η ist das ja stets erreichbar.)

Da bei a_1 bzw. b_1 bzw. c_1 je λ bzw. μ bzw. ν Blätter der RIEMANNschen Fläche von $\eta(x)$ zyklisch zusammenhängen, so muß sein:

$$\eta - a_1 = (x-a)^\lambda \varphi_{q_a}(x) : N(x) \text{ bzw. } \eta - b_1 = (x-b)^\mu \varphi_{q_b}(x) : N(x)$$
$$\text{bzw. } \eta - c_1 = (x-c)^\nu \varphi_{q_c}(x) : N(x).$$

Dabei bedeuten $\varphi_{q_a}(x)$, $\varphi_{q_b}(x)$, $\varphi_{q_c}(x)$ Polynome in x, welche bzw. vom Grade q_a, q_b, q_c und welche bzw. für $x = a$, $x = b$, $x = c$ von Null verschieden sind. Also:

η ist durch eine Proportion von folgender Form bestimmt:

$$(\eta - a_1) : (\eta - b_1) : (\eta - c_1)$$
$$= (x-a)^{1+q_b+q_c} \varphi_{q_a}(x) : (x-b)^{1+q_c+q_a} \varphi_{q_b}(x) : (x-c)^{1+q_a+q_b} \varphi_{q_c}(x).$$

Bezüglich der wirklichen Ausrechnung der Polynome φ_{q_a}, φ_{q_b}, φ_{q_c} will ich der Kürze wegen nur die folgende Angabe machen:

φ_{q_a}, φ_{q_b}, φ_{q_c} sind im Endlichen abbrechende hypergeometrische Reihen.

§ 57. Algebraische Funktionen, insbesondere der Ikosaederfall.

Wir wenden uns nun zur Beantwortung der allgemeineren Frage: *Wann ist η eine algebraische Funktion von x?*

Das Prinzip muß ein ganz ähnliches sein wie eben im rationalen Falle. Dasselbe ist, wie auch SCHWARZ angibt, bereits von RIEMANN ([1], S. 314ff.) in Art. 13 der Abhandlung über Minimalflächen ausgesprochen:

Es ist für den algebraischen Charakter von $\eta(x)$ notwendig und hinreichend, daß bei der wiederholten symmetrischen Vervielfältigung des Ausgangsdreiecks nur eine endliche Anzahl von, der Lage nach verschiedenen Dreiecken sich ergeben (die ineinander durch wiederholte Spiegelungen übergehen). Dabei kann die η-Kugel durch die Gesamtheit der Dreiecke mehrfach, doch immer nur in endlicher Anzahl überdeckt werden.

Statt von dem Dreieck (λ, μ, ν) diese Eigenschaft zu verlangen, wird es genügen, dasselbe von dem zufolge der früheren Konstruktionen (§ 48 und § 50) zugehörigen Minimaldreieck $(\lambda_0, \mu_0, \nu_0)$ zu fordern; denn die Seiten des letzteren liegen auf genau den nämlichen Kreisen wie die Seiten des Dreiecks (λ, μ, ν), so daß das Minimaldreieck dieselbe endliche Anzahl von Spiegelungen erzeugt wie das (erweiterte) Dreieck (λ, μ, ν) [*].

Ich könnte mich nun auf SCHWARZ [1] berufen, der direkt die diophantischen Gleichungen für die Winkelzahlen λ_0, μ_0, ν_0 eines solchen Dreiecks aufstellt und alle möglichen Lösungen desselben aufzählt. Ich ziehe es aber vor, wie in meinem Buche: „Vorlesungen über das Ikosaeder" (= KLEIN [5], z. B. S. 115) folgende Frage an die Spitze zu stellen:

Was für endliche Gruppen linearer Substitutionen $\eta^* = \dfrac{\alpha\eta + \beta}{\gamma\eta + \delta}$ gibt es überhaupt?

Wenn wir nämlich alle endlichen derartigen Gruppen haben, so können wir danach alle Minimaldreiecke aufzählen, welche zu jeder dieser Gruppen gehören.

Anmerkung: Der Zusammenhang unserer ursprünglichen Fragestellung mit der Frage nach den endlichen Gruppen linearer Substitutionen wird auf Grund der folgenden Bemerkung klar: Da bei den wiederholten Spiegelungen nur endlich viele verschiedene Dreiecke entstehen sollen, so kommen nur endlich viele Spiegelungen in Frage. Jede einzelne Spiegelung transformiert das System unserer endlich vielen Dreiecke in sich; das gleiche gilt von der Abbildung, welche aus der Aufeinanderfolge von beliebigen unserer Spiegelungen resultiert. Diese Abbildungen bilden eine Gruppe $\mathfrak{S}$. Eine *gerade* Anzahl von Spiegelungen, hintereinander ausgeführt, liefert eine lineare Abbildung (weil Kreise in Kreise übergehen und der Drehsinn der Winkel erhalten bleibt). Diese linearen Abbildungen bilden einen Normalteiler $\mathfrak{N}$ vom Index 2 unter der ursprünglichen Gruppe $\mathfrak{S}$. — Ist also eine endliche Gruppe linearer Substitutionen gegeben, so ist diese zu einer Gruppe $\mathfrak{S}$ von Spiegelungen zu erweitern (so daß dann die ursprüngliche Gruppe unter $\mathfrak{S}$ vom Index 2 ist), und es ist alsdann ein (Minimal-) Dreieck zu finden, durch welches rückwärts $\mathfrak{S}$ bestimmt wird.

Es zeigt sich, daß es — abgesehen von der, nur aus der Identität bestehenden trivialen Gruppe — im ganzen fünf Typen solcher endlichen Substitutionsgruppen gibt, nämlich (vgl. Klein [5], S. 42ff.):

I. Kreisteilungstypus; Gruppe von der Ordnung n.
II. Diedertypus; Gruppe von der Ordnung $2n$.
III. Tetraedertypus; Gruppe von der Ordnung 12.
IV. Oktaedertypus; Gruppe von der Ordnung 24.
V. Ikosaedertypus; Gruppe von der Ordnung 60.

Erläuterung: Eine Gruppe vom Kreisteilungstypus besteht aus den n Wiederholungen einer periodischen elliptischen Substitution; eine Gruppe vom Diedertypus enthält $2n$ Substitutionen von der Form $\eta^* = \varepsilon^\varrho \eta$ und $\eta^* = \varepsilon^\varrho \eta^{-1}$, wobei $\varepsilon = e^{\frac{2i\pi}{n}}$. Zum Typus I und II gehören unendlich viele Gruppen, je nach Wahl der ganzen positiven Zahl n; die weiteren Typen dagegen sind wohlbestimmte Gruppen von 12, 24, 60 Substitutionen.

Geometrisch deuten wir die Substitutionen in gewohnter Weise als Drehungen der Kugel.

Dann entspricht z. B. die Ikosaedergruppe den Drehungen, bei welchen ein der Kugel einbeschriebenes reguläres Ikosaeder in sich selbst übergeht. Um nun z. B. für den Ikosaederfall die zugehörigen Minimaldreiecke zu erhalten, denken wir uns die einzelnen Ecken des Ikosaeders vom Mittelpunkt der Kugel aus auf die Kugelfläche projiziert, ebenso denken wir uns alle die Kreise auf der Kugel gezeichnet, in welchen dieselbe durch die Symmetrieebenen des Ikosaeders geschnitten wird (Fig. 76). (Symmetrieebenen sind die 15 Ebenen, welche durch je zwei der sechs Diagonalen des Ikosaeders bestimmt werden.) Die so erhaltenen Kreise, und nur sie kommen für die Begrenzungen der gesuchten Minimaldreiecke in Frage, weil die das Dreiecksnetz erzeugenden Spiegelungen eineindeutig den Spiegelungen des Ikosaeders in sich entsprechen müssen.

Wir werden nun alle „algebraischen" Minimaldreiecke bekommen und aus ihnen durch die bekannten Anhängungsprozesse überhaupt alle „algebraischen" Dreiecke, wenn wir zusehen, welches die Minimaldreiecke sind,

Fig. 76. Ikosaedernetz, erzeugt durch die Schnitte der Symmetrieebenen des Ikosaeders mit der ihm umbeschriebenen Kugel (in stereographischer Projektion).

die sich von den Symmetrieebenen der zu den oben aufgezählten fünf Typen von endlichen Substitutionsgruppen gehörigen Figuren begrenzen lassen.

Das müßten wir von Fall zu Fall untersuchen. Dabei wird man auch alle zugehörigen verwandten algebraischen Gleichungen aufstellen wollen. Ich verweise in dieser Hinsicht für das Ikosaeder auf die Dissertation von Otto Fischer [1], an die ich mich in der Folge anschließe, und auf die ich wegen der Einzelheiten der Literatur verweisen darf.

Heute wollen wir nur noch den einfachsten Fall, den *Kreisteilungstypus*, rasch erledigen. Das Minimaldreieck ist da ein Zweieck mit rationalem Winkel, nämlich etwa

$$\lambda_0 = \mu_0 = \frac{m}{n}, \quad \nu_0 = 1.$$

Dabei muß, wenn man wirklich $2n$ Dreiecke haben will, m relativ prim zu n sein.

Die zugehörige η-Funktion hat das Symbol

$$\eta\begin{pmatrix} 0 & \infty & 1 & \\ \frac{m}{n} & \frac{m}{n} & 1 & x \end{pmatrix}$$

und ist einfach durch die Gleichung gegeben:

$$\eta^n = x^m .$$

Gehen wir vom Minimaldreieck zum allgemeinsten zugehörigen Dreieck über, so kommen wir zu Gleichungen der Gestalt

$$\eta^n = R(x) ,$$

wobei $R(x)$ eine rationale Funktion von x bedeutet.

Aufgabe muß es sein, die hier auftretenden rationalen Funktionen von x zu bilden.

In gleicher Weise wie beim Kreisteilungstypus sind die verschiedenen Minimaldreiecke auch bei den anderen Gruppen aufzustellen. Da heute keine Zeit mehr ist, so will ich nur die Anzahl der zu jedem der Typen I bis V gehörigen verschiedenen Minimaldreiecke kurz angeben. In den Fällen I und II gibt es wegen der Willkür in der Wahl der Zahl n unendlich viele Minimaldreiecke, zum Tetraeder- und Oktaedertypus je zwei Minimaldreiecke und zum Ikosaedertypus zehn verschiedene Minimaldreiecke (vgl. die Tabelle, wobei $\lambda \geqq \mu \geqq \nu$).

Polyeder	Nr.	λ	μ	ν
Dieder.	1	$\frac{1}{2}$	$\frac{1}{2}$	$\frac{1}{n}$
Tetraeder	1	$\frac{1}{2}$	$\frac{1}{3}$	$\frac{1}{3}$
Tetraeder.	2	$\frac{2}{3}$	$\frac{1}{3}$	$\frac{1}{3}$
Oktaeder (Würfel) . .	1	$\frac{1}{2}$	$\frac{1}{3}$	$\frac{1}{4}$
Oktaeder (Würfel) . .	2	$\frac{2}{3}$	$\frac{1}{4}$	$\frac{1}{4}$

Ich will die einfacheren Typen übergehen und heute gleich von dem interessantesten Fall, nämlich von dem *Ikosaedertypus* sprechen, indem ich die zehn in diesem Falle existierenden Minimaldreiecke aufzähle (mit Hilfe der früher auseinandergesetzten Prinzipien).

Dieselben sind durch folgende Winkelzahlen bestimmt, wobei ich zugleich angegeben habe, wie oft die Gesamtheit aller Dreiecke, welche durch Vervielfältigung des einen Dreiecks entstehen, die ganze Kugel

Beginn der siebenundfünfzigsten Vorlesung.

überdeckt. Die Gesamtzahl dieser Dreiecke ist jeweils 120. (In der Tabelle ist $\lambda \geqq \mu \geqq \nu$ angenommen.)

Nr.	λ	μ	ν	Anzahl der Überdeckungen der η-Kugel
1	$\frac{1}{2}$	$\frac{1}{3}$	$\frac{1}{5}$	1 *
2	$\frac{2}{5}$	$\frac{1}{3}$	$\frac{1}{3}$	2
3	$\frac{2}{3}$	$\frac{1}{5}$	$\frac{1}{5}$	2
4	$\frac{1}{2}$	$\frac{2}{5}$	$\frac{1}{5}$	3
5	$\frac{3}{5}$	$\frac{1}{3}$	$\frac{1}{5}$	4
6	$\frac{2}{5}$	$\frac{2}{5}$	$\frac{2}{5}$	6
7	$\frac{2}{3}$	$\frac{1}{3}$	$\frac{1}{5}$	6
8	$\frac{4}{5}$	$\frac{1}{5}$	$\frac{1}{5}$	6
9	$\frac{1}{2}$	$\frac{2}{5}$	$\frac{1}{3}$	7
10	$\frac{3}{5}$	$\frac{2}{5}$	$\frac{1}{3}$	10

* Elementardreieck.

Die Zahl der Überdeckungen ergibt sich durch folgende Überlegung:

Der Flächeninhalt des einzelnen Dreiecks wird durch den sphärischen Exzeß gemessen

$$\pi(\lambda + \mu + \nu - 1).$$

Die 120 Dreiecke, die durch Spiegelung und durch die 60 Drehungen entstehen, haben also die Gesamtfläche

$$120\pi(\lambda + \mu + \nu - 1).$$

Die einfache Kugelfläche hat den Inhalt 4π; wenn sie N-fach überdeckt ist, erhält man mithin den Inhalt $4N\pi$. Es muß also

$$4N\pi = 120\pi(\lambda + \mu + \nu - 1)$$
$$N = 30(\lambda + \mu + \nu - 1)$$

sein, was, für jeden einzelnen Fall berechnet, die angegebenen Anzahlen ergibt.

Man betrachte die Figuren der zehn Dreiecke (Fig. 77—86, S. 262), wie sie hier aufgezeichnet sind. Man sieht aus ihnen, wie sich jedes der Minimaldreiecke aus dem kleinsten derselben, dem „*Elementardreieck*", aufbaut. *Die Anzahl der zusammensetzenden Elementardreiecke gibt zugleich die Anzahl der Überdeckungen der Kugelfläche an.*

Endlich kann man sich an jedem dieser zehn Minimaldreiecke alle die früher geschilderten Anhängungsprozesse ausgeführt denken und erhält so alle mit ihm verwandten Dreiecke.

Wir werden sagen:

Durch jedes der zehn Minimaldreiecke ist eine unendliche Reihe verwandter Dreiecke festgelegt, und diese zehn Reihen von Tripeln (λ, μ, ν)

geben die Gesamtheit der η-Funktionen, welche algebraische Funktionen von x sind und deren Monodromiegruppe die Ikosaedergruppe ist.

Wir stellen die Aufgabe, diese zehn Reihen von unendlich vielen algebraischen Funktionen wirklich aufzustellen. (Man kann für das Folgende vergleichen: KLEIN [5], S. 47ff., 55ff.)

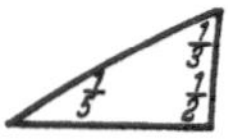
Fig. 77.

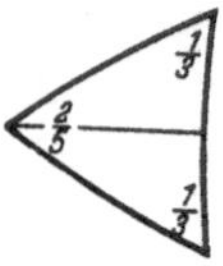
Fig. 78.

Fig. 79.

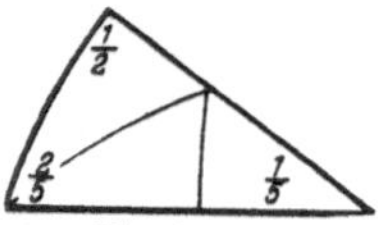
Fig. 80.

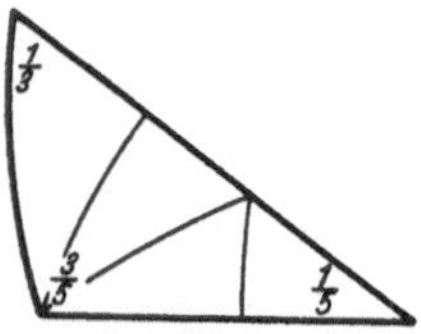
Fig. 81.

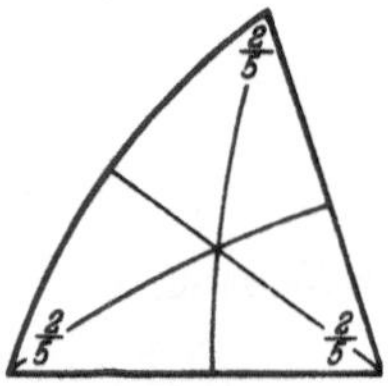
Fig. 82.

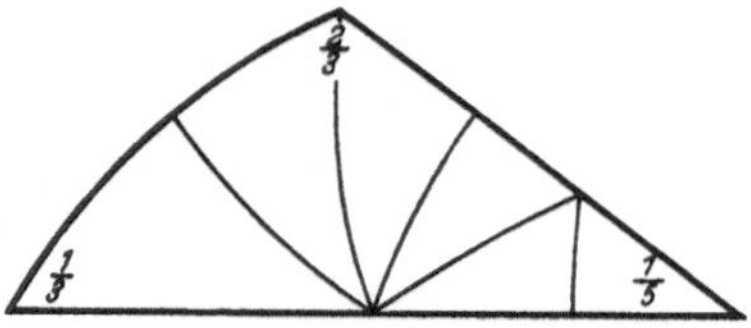
Fig. 83.

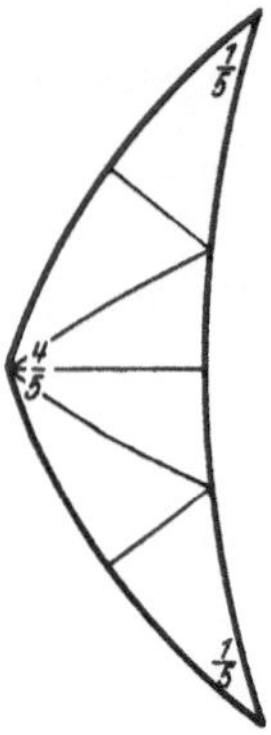
Fig. 84.

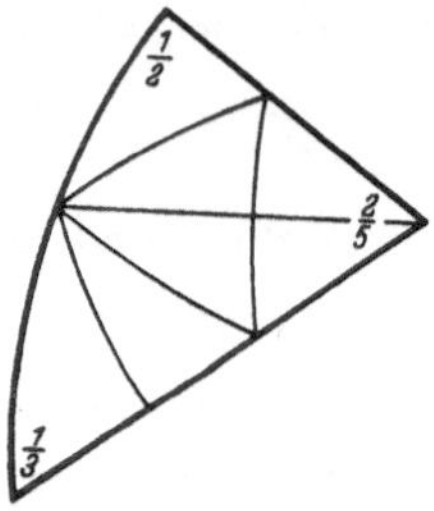
Fig. 85.

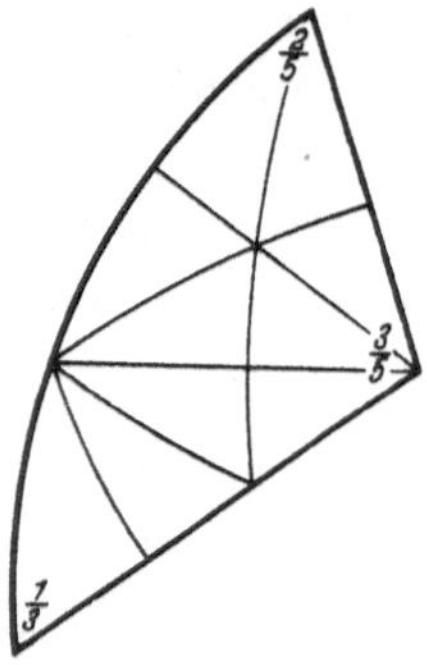
Fig. 86.

Fig. 77—86. Die zehn Minimaldreiecke vom Ikosaedertypus, ein jedes zusammengesetzt aus Elementardreiecken.

Am einfachsten ist der *Fall 1*. Da hier das Minimaldreieck nur zu einer einfachen Überdeckung der Kugel Anlaß gibt, so muß x eine rationale Funktion von η sein, und da der positiven Halbebene x im ganzen 60 schraffierte Dreiecke der η-Kugel entsprechen, muß sie vom Grade 60 sein, also

$$x = r_{60}(\eta) .$$

Genauer werden wir r_{60} folgendermaßen angeben können: Wir spalten $\eta = \frac{\eta_1}{\eta_2}$ in η_1 und η_2. Da r_{60} eine ein-eindeutige Abbildung der Halbebene auf das Minimaldreieck vermitteln soll, wobei dessen Ecken den Punkten $x = 0$ bzw. $x = 1$ bzw. $x = \infty$ entsprechen mögen, da ferner die Ecken des Minimaldreiecks je eine Ecke, Flächenmitte und Kantenmitte des Ikosaeders repräsentieren (das Ikosaeder vom Mittelpunkt auf die Kugel projiziert gedacht), so werden x, $1 - x$ und $1/x$ proportional sein zu geeigneten Potenzen dreier ganzer rationaler Formen in η_1 und η_2, von denen die erste in den zwölf Ikosaederecken, die zweite in den zwanzig Flächenmittelpunkten des Ikosaeders, die dritte in den dreißig Kantenmitten des Ikosaeders verschwindet. Diese drei Formen sind natürlich (die Nullstellen als einfach vorausgesetzt, im wesentlichen eindeutig bestimmt und) vom zwölften bzw. zwanzigsten bzw. dreißigsten Grad. Sie heißen (vgl. KLEIN [5], S. 55ff.):

$$f_{12}(\eta_1, \eta_2) = \eta_1 \eta_2 (\eta_1^{10} + 11 \eta_1^5 \eta_2^5 - \eta_2^{10}),$$
$$H_{20}(\eta_1, \eta_2) = -(\eta_1^{20} + \eta_2^{20}) + 228 \eta_1^5 \eta_2^5 (\eta_1^{10} - \eta_2^{10}) - 494 \eta_1^{10} \eta_2^{10},$$
$$T_{30}(\eta_1, \eta_2) = (\eta_1^{30} + \eta_2^{30}) + 522 \eta_1^5 \eta_2^5 (\eta_1^{20} - \eta_2^{20}) - 10005 \eta_1^{10} \eta_2^{10} (\eta_1^{10} + \eta_2^{10}).$$

Zwischen diesen drei Formen besteht die Identität:

$$1728 f_{12}^5 - H_{20}^3 - T_{30}^2 = 0,$$

und es ist nun x, welches wir ebenfalls in homogene Veränderliche x_1 und x_2 spalten, durch folgende mit der Identität zwischen f, H, T in Einklang stehende Proportion bestimmt:

$$x_1 : (x_1 - x_2) : x_2 = H_{20}^3 : -T_{30}^2 : 1728 f_{12}^5.$$

An den Stellen der η-Kugel, wo x_1 verschwindet, verschwindet es, wie man aus vorstehender Formel sieht, dreifach (die Nullstellen von H selbst sind alle einfach); das bedeutet umgekehrt für die einzelnen Zweige von η, daß sie an der Stelle $x = 0$ den Exponenten $\frac{1}{3}$ haben. Ebenso sieht man unmittelbar, daß $x_1 - x_2$ und x_2, wo sie verschwinden, zweifach bzw. fünffach verschwinden, d. h. daß umgekehrt η an den Stellen $x = 1$ und $\frac{1}{x} = 0$ die Exponenten $\frac{1}{2}$ bzw. $\frac{1}{5}$ haben. η hat also das Symbol

$$\eta \begin{pmatrix} 0 & \infty & 1 & \\ \frac{1}{3} & \frac{1}{5} & \frac{1}{2} & x \end{pmatrix},$$

wie es sein soll.

Sieht man umgekehrt x als Funktion von η an, so kann man dasselbe folgendermaßen kennzeichnen:

Die Funktion

$$x = \frac{[H_{20}(\eta)]^3}{1728 [f_{12}(\eta)]^5}$$

oder auch

$$x - 1 = \frac{-[T_{30}(\eta)]^2}{1728 [f_{12}(\eta)]^5}$$

bleibt bei den 60 Substitutionen des η, die in der Monodromiegruppe enthalten sind, ungeändert, und zwar ist die so eingeführte rationale Funktion x die einfachste absolute Invariante der Ikosaedergruppe.

Übrigens stellt sich neben diese Aussagen auch noch eine homogene Formulierung. Wir können nämlich die Spaltung von η in $\eta_1 : \eta_2$ so einrichten, daß η_1, η_2 homogene ganze lineare Substitutionen erleiden, wenn η den Substitutionen der Ikosaedergruppe unterworfen wird. Bei der homogenen binären Substitutionsgruppe werden wir nun fragen, welches die einfachsten Formen von η_1, η_2 sind, die bei den Substitutionen derselben ungeändert bleiben. Da findet man:

Bei den homogenen Ikosaedersubstitutionen sind die einfachsten Invarianten die Formen $f_{12}(\eta_1, \eta_2)$, $H_{20}(\eta_1, \eta_2)$, $T_{30}(\eta_1, \eta_2)$, *zwischen denen die Relation* $1728 f^5 - H^3 - T^2 = 0$ *besteht.*

Soviel über den Fall des Minimaldreiecks. Wollen wir die den anderen Fällen entsprechenden algebraischen Gleichungen ebenfalls aufstellen, so bedenken wir, daß wir es ja immer wieder mit der Gruppe der 60 Ikosaedersubstitutionen zu tun haben, nur in anderer Anordnung, entsprechend einer anderen Auswahl der erzeugenden Operationen. Wir sagen:

Wir müssen davon ausgehen, daß die Monodromiegruppe der η-Funktion in allen Fällen die Ikosaedergruppe ist. Die Verschiedenheit der Fälle ruht nur darin, daß die Ikosaedergruppe in den verschiedenen Fällen aus anderen Fundamentalsubstitutionen erzeugt ist.

Infolgedessen ist die bei den Ikosaedersubstitutionen invariante Funktion

$$\frac{[H(\eta)]^3}{1728[f(\eta)]^5}$$

auch für die Fälle 2 bis 10 eine Funktion von x, welche bei beliebigen Umläufen des x sich reproduziert, also, da wesentlich singuläre Stellen nicht vorkommen, eine rationale Funktion von x. Der Grad dieser rationalen Funktion in x ist gleich der Anzahl der Werte von x, die einem beliebigen Werte von η entsprechen, d. h. gleich der Blätterzahl, mit der die 120 Dreiecke die Kugel überdecken, z. B. im Falle 9 gleich 7. Also:

Im Falle 9 wird die Funktion η einer algebraischen Gleichung von der Gestalt

$$\frac{[H(\eta)]^3}{1728\,[f(\eta)]^5} = r_7(x)$$

genügen.

Symmetrischer schreibt man diese algebraische Gleichung in folgender Gestalt:

$$[H(\eta_1, \eta_2)]^3 : -[T(\eta_1, \eta_2)]^2 : 1728[f(\eta_1, \eta_2)]^5$$
$$= \varphi_7(x_1, x_2) : \chi_7(x_1, x_2) : \psi_7(x_1, x_2),$$

unter φ, χ, ψ ganze rationale Formen siebenten Grades verstanden.

Wir können aber, von der Gestalt des η-Bereiches (im Falle 9) ausgehend, noch Genaueres über die Bauart der φ, χ, ψ aussagen. Die Form H verschwindet in den Dodekaederecken (oder, was dasselbe, in den Flächenmittelpunkten des Ikosaeders, die ja ihrerseits ein Dodekaeder bilden) je einfach, H^3 also je dreifach (als Funktion von η). An dem Fundamentalbereiche des Falles 9 (dem Dreieck mit seinem Spiegelbild, vgl. die hier stehende Fig. 87) nehmen aber drei Dodekaederecken teil: d_1, d_2, d_3. In der einen Ecke d_1, welche zugleich Ecke des Fundamentalbereiches ist, soll η sich verhalten wie $x_1^{\frac{1}{3}}$, also H^3 wie x_1, in den beiden anderen Dodekaederecken d_2 und d_3 soll sich dagegen (nach unserer Figur) η je wie eine lineare Funktion $x_1 - a_2 x_2$ bzw. $x_1 - a_3 x_2$ verhalten, also H^3 wie die dritte Potenz einer linearen Funktion.

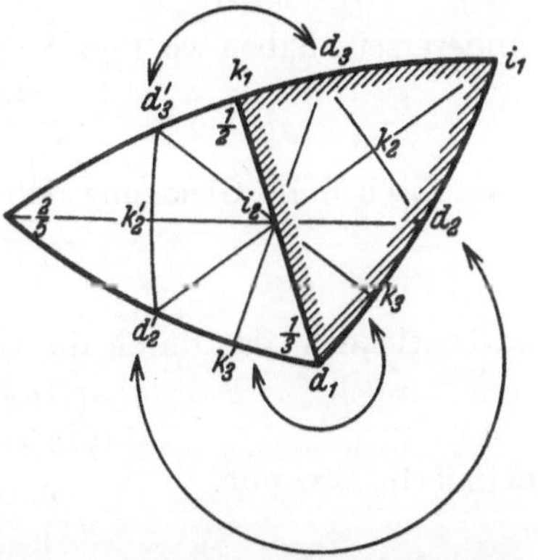

Fig. 87. Fundamentalbereich im Ikosaederfalle 9.

Damit haben wir aber schon alle sieben Nullstellen von φ_7, nämlich eine bei $x = 0$ und je eine dreifache bei $x = a_2$ und $x = a_3$, so daß $\varphi_7(x_1, x_2)$ die Form

$$C x_1 (x_1 - a_2 x_2)^3 (x_1 - a_3 x_2)^3$$
$$= x_1 (a x_1^2 + b x_1 x_2 + c x_2^2)^3$$

haben muß.

In genau entsprechender Weise schließen wir aus der Fig. 87 durch Betrachtung der Kantenmittelpunkte k_1, k_2, k_2', k_3 sowie der Ikosaederecken i_1 und i_2, daß sich χ und ψ verhalten wie

$$(x_1 - x_2)(a' x_1^3 + b' x_1^2 x_2 + c' x_1 x_2^2 + d' x_2^3)^2$$

und wie

$$x_2^2 (a'' x_1 + b'' x_2)^5.$$

Wir fassen also zusammen:

Wir lesen aus der Figur ab, daß die algebraische Gleichung die Gestalt hat:

$$H^3 : -T^2 : 1728 f^5$$
$$= x_1 (a x_1^2 + b x_1 x_2 + c x_2^2)^3 : (x_1 - x_2)(a' x_1^3 + b' x_1^2 x_2 + c' x_1 x_2^2 + d' x_2^3)^2$$
$$: x_2^2 (a'' x_1 + b'' x_2)^5.$$

Ich gebe die φ, ψ, χ an, wie sie von FISCHER ([1], S. 32) auf Grund der früheren Rechnungen von mir und CAYLEY umgerechnet sind, nämlich

$$\varphi_7(x_1, x_2) = x_1 (2^2 \cdot 3^6 \cdot x_1^2 - 3^3 \cdot 7 \cdot 13 \cdot x_1 x_2 - 2^9 \cdot 7 \cdot x_2^2)^3,$$
$$\chi_7(x_1, x_2) = (x_1 - x_2)(2^3 \cdot 3^9 \cdot x_1^3 - 3^7 \cdot 5 \cdot 11 \cdot x_1^2 x_2 + 2^8 \cdot 3^4 \cdot 23 \cdot x_1 x_2^2 + 2^{15} \cdot x_2^3)^2,$$
$$\psi_7(x_1, x_2) = x_2^2 (3^3 \cdot 7 \cdot x_1 - 2^6 \cdot x_2)^5.$$

Wir haben so die Gleichung, durch welche das η des Falles 9 definiert wird, wirklich ausgerechnet.

Das vorige Mal haben wir uns mit der algebraischen Herstellung der zu einem Minimaldreieck gehörigen η-Funktion beschäftigt, insbeson-

---

Beginn der achtundfünfzigsten Vorlesung.

dere haben wir für den Fall 9 die Gleichung wirklich hergestellt, und zwar in der Gestalt

$$\frac{[H(\eta)]^3}{1728[f(\eta)]^5} = R_7(x') = \frac{x'(2916x'^2 - 2457x' - 3584)^3}{(189x' - 64)^5}.$$

Andererseits haben wir (vgl. S. 263) für das η des Falles 1 die Gleichung

$$\frac{[H(\eta)]^3}{1728[f(\eta)]^5} = x.$$

Das durch diese Gleichung definierte η ist mit dem Symbol

$$\eta\begin{pmatrix} 0 & \infty & 1 & \\ \frac{1}{3} & \frac{1}{5} & \frac{1}{2} & x \end{pmatrix}$$

zu bezeichnen, das durch die Gleichung

$$\frac{[H(\eta)]^3}{1728[f(\eta)]^5} = R_7(x'),$$

definierte also mit

$$\eta\begin{pmatrix} 0 & \infty & 1 & \\ \frac{1}{3} & \frac{1}{5} & \frac{1}{2} & R_7(x') \end{pmatrix}.$$

Hingegen ist nach der Gestalt des Dreiecks 9 (vgl. Fig. 87) letzteres mit dem Symbol

$$\eta\begin{pmatrix} 0 & \infty & 1 & \\ \frac{1}{3} & \frac{2}{5} & \frac{1}{2} & x' \end{pmatrix}$$

identisch, so daß wir die Formel haben:

$$\eta\begin{pmatrix} 0 & \infty & 1 & \\ \frac{1}{3} & \frac{2}{5} & \frac{1}{2} & x' \end{pmatrix} = \eta\begin{pmatrix} 0 & \infty & 1 & \\ \frac{1}{3} & \frac{1}{5} & \frac{1}{2} & R_7(x') \end{pmatrix}.$$

§ 58. Allgemeines über rationale Transformation.

Wir kommen hiermit auf eine Theorie, die ich eigentlich schon seinerzeit besprechen wollte, die ich aber aus Mangel an Zeit beiseite lassen mußte, nämlich auf die *rationale Transformation* der η-Funktion bzw. der P-Funktion (vgl. die Bemerkungen auf S. 121). Wegen der großen Bedeutung derselben wollen wir wenigstens jetzt mit einigen Worten auf dieselbe eingehen.

Die rationale Transformation findet immer dann ihre Stelle, wenn sich das Dreieck einer Funktion $\eta(\lambda', \mu', \nu', x')$ aus einer ganzen Zahl nebeneinanderliegender Dreiecke einer anderen η-Funktion $\eta(\lambda, \mu, \nu, x)$ zusammensetzt, wie es in unserem Beispiel wirklich der Fall ist. *Sei das Dreieck der ersten Funktion ein Aggregat von n Dreiecken der zweiten Funktion, dann behaupte ich, daß eine Formel folgender Art existiert:*

$$\eta(\lambda', \mu', \nu'; x') = \eta(\lambda, \mu, \nu; R_n(x')),$$

wobei $R_n(x')$ eine gewisse rationale Funktion n-ten Grades in x' ist.

Den Beweis führen wir durch Vergleich der Ebenen x und x', welche durch die Funktionen bzw. Abbildungen

$$\eta(\lambda, \mu, \nu; x) \quad \text{und} \quad \eta(\lambda', \mu', \nu'; x')$$

auf die η-Kugel bezogen werden.

Zuerst wird die x-Ebene durch die erste η-Funktion auf ein kleines Doppeldreieck (vgl. z. B. die Fig. 88) (Berandung in der Figur stark ausgezogen) abgebildet. Das große Doppeldreieck besteht also aus genau n (in der Fig. 88 aus sieben) Bildern der x-Ebene. Nun wird durch die zweite η-Funktion das große Doppeldreieck auf die volle x'-Ebene abgebildet; also ist die x'-Ebene mit n Bildern der x-Ebene vollständig und schlicht überdeckt. Auch längs der Schnitte der x'-Ebene, welche dem Rande des großen Doppeldreiecks entsprechen, legen sich die Bilder der x-Ebene mit genau entsprechenden Punkten aneinander (d. h. mit solchen Punkten, welche vermöge der ursprünglich geltenden Ränderzuordnung einander entsprechen), so daß auch bei irgendwelchen Umläufen von x die Anordnung der Bilder der x-Ebene in der x'-Ebene sich nicht ändern kann.

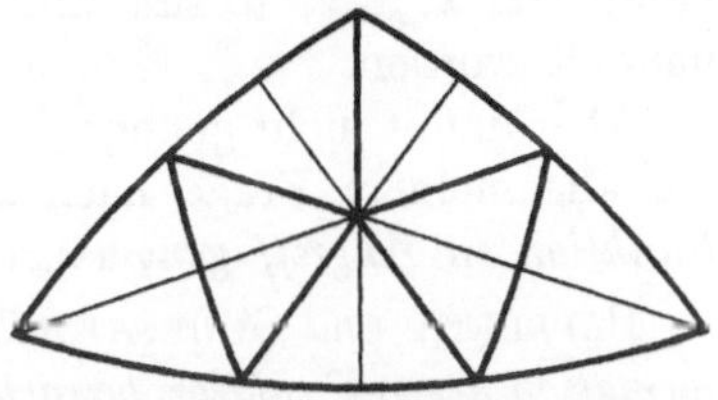

Fig. 88. Beispiel eines Minimaldreiecks, welches Summe von n (hier sieben) Exemplaren eines anderen Minimaldreiecks ist.

Darin liegt, daß x eine eindeutige (analytische) Funktion von x', und daß x' eine n-deutige Funktion von x ist; und da in diesem Funktionalverhältnis keine wesentlich singulären Stellen vorkommen, so ist x eine rationale Funktion n-ten Grades von x', was zu beweisen war.

Der hierin liegende Ansatz dehnt sich auf komplexe λ, μ, ν in folgender Form aus: Enthält der Fundamentalbereich für λ', μ', ν' eine ganze Zahl nebeneinanderliegender Fundamentalbereiche, die zu λ, μ, ν gehören, so wird jedesmal

$$\eta(\lambda', \mu', \nu'; x') = \eta(\lambda, \mu, \nu; R(x'))$$

gesetzt werden können.

Ich sage nun:

Arithmetisch ist es nicht schwer, alle hier in Betracht kommenden Zahlensysteme λ, μ, ν aufzuzählen, um dann für jedes einzelne Wertsystem die zugehörige Funktion $R(x)$ zu bestimmen.

Immer ist das eine ganze Theorie, und ich werde mich daher auf Angabe einiger wichtigster Zitate beschränken müssen [*].

Was zunächst die *einfachsten Fälle* angeht (z. B. wenn ein Winkel gleich $\pi/2$ ist, so daß das Dreieck mit seinem Spiegelbild wieder ein Dreieck bildet), so sind dieselben bereits von Kummer [1] bemerkt worden, und es ist dann von Riemann in Art. 5 seiner Arbeit ([1], S. 75 ff.) einiges über dieselben zusammengestellt [**].

Dann aber gibt es eine besondere Theorie über diejenigen Fälle der rationalen Transformation, welche aus der *Theorie der regulären Körper* hervorgehen. Alle die verschiedenen Minimaldreiecke und alle die unendlich vielen verwandten Dreiecke sind ja aus „*Elementardreiecken*", d. h. aus lauter Minimaldreiecken des Falles 1, zusammengesetzt, so daß jedes zu einer rationalen Transformation führt. Ich verweise in dieser Hinsicht auf die Dissertation von FISCHER ([1], S. 28ff.).

Was die sonstigen Fälle höherer rationaler Transformation angeht, d. h. die Fälle II und III von Dreiecken (vgl. S. 213) sowie die Fälle komplexer λ, μ, ν, so sind diese von GOURSAT [2, 3, 4] erschöpfend behandelt worden.

Aber damit nicht genug: PAPPERITZ [2] und GOURSAT [5] haben auch die allgemeinere Frage nach *der algebraischen Transformation der η-Funktion in Angriff genommen.*

PAPPERITZ *und* GOURSAT *haben fernerhin auch die algebraische Transformation der η-Funktion betrachtet, wo die Frage die ist, ob sich vielleicht ein umfassender Bereich finden läßt, der ebensowohl aus einer ganzen Anzahl von Bereichen der einen η-Funktion, wie aus einer ganzen Zahl von Bereichen der anderen η-Funktion besteht.*

Dann sind nämlich x und x' eindeutige relativ unverzweigte Funktionen auf ein und derselben RIEMANNschen Fläche, stehen also untereinander in algebraischer Beziehung.

Übrigens ist der Gegenstand von den genannten Autoren nicht in der geometrischen Weise, wie ich es dargestellt habe, behandelt worden, sondern analytisch-arithmetisch.

Mit den geometrischen Konstruktionen, welche den arithmetischen und analytischen Ansätzen parallel laufen, hat sich VAN VLECK (vgl. [1]) *beschäftigt.*

§ 59. Zusammenhänge zwischen verwandten Funktionen.

Wir wenden uns nun wieder zur besonderen Betrachtung der Ikosaederfälle.

Die Transformationstheorie zeigt uns, daß beim Ikosaeder die η-Funktion irgendeines beliebigen der unendlich vielen Dreiecke immer durch eine Gleichung der Gestalt

$$\frac{[H(\eta)]^3}{1728\,[f(\eta)]^5} = R(x)$$

gegeben sein muß, da jedes Dreieck sich aus Elementardreiecken zusammensetzt.

Aber wir werden nicht nur den Zusammenhang aller dieser Funktionen mit x, sondern auch den Zusammenhang der verschiedenen η-Funktionen untereinander untersuchen wollen. Ich will mich da auf *diejenigen η-Funktionen beschränken, welche zu dem Minimaldreieck $\frac{1}{2}, \frac{1}{3}, \frac{1}{5}$ gehören.*

Alle diese η sind untereinander verwandt.

Denn wir haben Dreiecke des Falles I (S. 213), in welchem Falle alle, zu den sechzehn reduzierten Dreiecken (S. 221) gehörigen η-Funktionen untereinander verwandt sind (vgl. S. 227).

Was für eine Art Zusammenhang wird infolgedessen zwischen diesen η-Funktionen statthaben?

Darauf gibt die Theorie der verwandten P-Funktionen zunächst eine vorläufige Antwort, einen Ansatz, der weiter zu verfolgen ist. Nämlich:

Hat man einmal zwei verwandte Funktionen η und η^* gewonnen, und spaltet man dieselben in der früher geschilderten Weise in zwei verwandte P-Funktionspaare

$$\eta = P_1 : P_2, \qquad \eta^* = P_1^* : P_2^*,$$

so läßt sich jede weitere verwandte Funktion η^{**} in der Gestalt zusammensetzen (vgl. § 25):

$$\eta^{**} = \frac{r(x)\,P_1 + r^*(x)\,P_1^*}{r(x)\,P_2 + r^*(x)\,P_2^*}.$$

Dazu kommt nun aber noch folgendes: Wir denken uns über der x-Ebene diejenige RIEMANNsche Fläche konstruiert, in welcher die algebraische Funktion $\eta(x)$ eindeutig ist. Bei irgendwelchen auf der x-Ebene geschlossenen Umläufen der Veränderlichen x um die Punkte $0, \infty, 1$ wird η Substitutionen der Ikosaedergruppe erleiden, und η wird sich (in Übereinstimmung mit diesen Substitutionen) reproduzieren, wenn x einen nicht nur in der x-Ebene, sondern auch auf der RIEMANNschen Fläche geschlossenen Weg beschreibt. Nun ist aber die andere η-Funktion, nämlich η^*, mit η verwandt, erleidet also bei den Umläufen von x je dieselben Substitutionen wie η und muß sich daher auch insbesondere reproduzieren, wenn x einen auf der RIEMANNschen Fläche von $\eta(x)$ geschlossenen Weg beschreibt. η^* ist also auf der zu $\eta(x)$ gehörigen RIEMANNschen Fläche eindeutig und muß sich deshalb rational durch η und x ausdrücken lassen. Spezialisieren wir η nun noch so, daß es zum Minimaldreieck selbst, nicht zu einem (verwandten) erweiterten Dreieck gehört, so wissen wir (vgl. S. 263), daß x seinerseits eine rationale Funktion von η ist. Daraus folgt für die Funktion η^* der Satz:

Ist insbesondere η die zum Elementardreieck selbst gehörige Funktion, dann wird jede mit η verwandte Funktion η^* direkt eine rationale Funktion von η sein.

Wir bekommen hiernach das allgemeinste, mit η verwandte η^{**}, wenn wir erstens ein mit η verwandtes η^* als rationale Funktion von η berechnen, dann η und η^* in geeigneter Weise in zwei verwandte Paare von P-Funktionen spalten und endlich aus eben diesen P-Funktionen mit beliebigen rationalen Funktionen $r(x)$, $r^*(x)$ den oben angegebenen Quotienten

$$(r(x)\,P_1(x) + r^*(x)\,P_1^*(x)) : (r(x)\,P_2(x) + r^*(x)\,P_2^*(x))$$

bilden.

Dieser allgemeine Ansatz wäre nun im einzelnen durchzuarbeiten. Indes zeigt sich, daß wir bei dieser Frage sehr viel leichter zum Ziel kommen und tiefer eindringen, wenn wir von vornherein homogene Veränderliche einführen, uns also mit Formen beschäftigen. Ich werde dieses jetzt kurz andeuten.

Wir spalten η nicht in P-Funktionen, sondern in zwei Zweige einer Π-Form, und zwar des Normal-Π zweiter Art vom Grade $\frac{1}{2}(\lambda+\mu+\nu-1)$ (vgl. S. 113):

$$\Pi\begin{pmatrix} a & b & c & \\ \lambda & \mu & \nu & x_1, x_2 \\ 0 & 0 & 0 & \end{pmatrix}.$$

Dabei wollen wir unter λ, μ, ν die positiven Werte der Exponentendifferenzen verstehen (von den Fällen $\lambda = 0$ usw. wird hier abgesehen). Wir erreichen dadurch, das Π eine ganze Form von x_1, x_2 ist, d. h. eine solche, die nirgends für endliche Werte der x_1, x_2 unendlich wird. Außerdem verschwinden nirgends zwei verschiedene Zweige der Form gleichzeitig, d. h. die verschiedenen Zweige sind teilerfremd [*]. Beide Eigenschaften sind für die formentheoretische Brauchbarkeit der Spaltung wesentlich. Also:

Wir spalten η in zwei teilerfremde ganze Formen von x_1, x_2 vom Grade $\frac{1}{2}(\lambda + \mu + \nu - 1)$.

Z. B. im Fall des Elementardreiecks $(\lambda, \mu, \nu) = (\frac{1}{3}, \frac{1}{5}, \frac{1}{2})$ werden η_1, η_2 zwei teilerfremde ganze algebraische Formen vom Grade $\frac{1}{60}$, welche bei Umläufen von x_1, x_2 homogene Ikosaedersubstitutionen erleiden, nämlich die beiden Zweige von

$$\Pi_{\frac{1}{60}}\begin{vmatrix} x_1 = 0 & x_2 = 0 & x_1 = x_2 & \\ \frac{1}{3} & \frac{1}{5} & \frac{1}{2} & x_1, x_2 \\ 0 & 0 & 0 & \end{vmatrix}.$$

Was hat es nun für eine Bewandtnis mit den drei Formen (vgl. S. 263)

$$H_{20}(\eta_1, \eta_2), \qquad f_{12}(\eta_1, \eta_2), \qquad T_{30}(\eta_1, \eta_2)\,?$$

Dieselben bleiben (ihrer Definiton gemäß) bei den homogenen Ikosaedersubstitutionen, welche η_1, η_2 bei geschlossenen Umläufen der x_1, x_2 erleiden, in dem Sinne invariant, daß sie sich nur mit konstanten Größen multiplizieren. Es sind also multiplikative Formen von x_1, x_2; und zwar, da sie in η_1, η_2 bzw. die Gradzahlen 20, 12 und 30 besitzen, η_1, η_2 aber in x_1, x_2 vom Grade $\frac{1}{60}$ sind, so sind H, f, T multiplikative Formen von x_1, x_2 vom Grade $\frac{1}{3}, \frac{1}{5}, \frac{1}{2}$. Ferner wissen wir, daß H nur an den Stellen $x_1 = 0$, f nur an den Stellen $x_2 = 0$ und T nur an den Stellen $x_1 = x_2$ verschwindet. Also können H, f, T von den drei Ausdrücken $\sqrt[3]{x_1}$, $\sqrt[5]{x_2}$, $\sqrt[2]{x_1 - x_2}$ nur um konstante Faktoren unterschieden sein, und zwar ergibt sich (bei passender Normierung) des näheren das Resultat:

An Stelle der Ikosaedergleichung

$$\frac{[H(\eta)]^3}{1728[f(\eta)]^5} = x$$

tritt jetzt das Gleichungssystem

$$H(\eta_1, \eta_2) = \sqrt[3]{x_1}, \qquad f(\eta_1, \eta_2) = \frac{1}{\sqrt[5]{1728}} \sqrt[5]{x_2}, \qquad T(\eta_1, \eta_2) = i\sqrt[2]{x_1 - x_2}.$$

Nun ist es doch unser Ziel, die zu irgendeinem verwandten Dreieck gehörige Funktion η^* durch das η bzw. durch die homogenen η_1, η_2 des Elementardreiecks rational auszudrücken.

Wir spalten zu dem Zwecke η^*, in gleicher Weise wie oben η, in zwei teilerfremde ganze Formen η_1^*, η_2^*. Dieselben werden in x_1, x_2 vom Grade $\frac{\lambda^* + \mu^* + \nu^* - 1}{2}$ sein; wenn also $\frac{\lambda + \mu + \nu - 1}{2}$ der Grad von η_1, η_2 in x_1, x_2 ist, so werden η_1^*, η_2^* als Formen von η_1, η_2 den Grad $\frac{\lambda^* + \mu^* + \nu^* - 1}{\lambda + \mu + \nu - 1}$ haben. Nun ist aber $(\lambda^* + \mu^* + \nu^* - 1)\pi$ der sphärische Exzeß des zu η^* gehörigen Dreiecks und $(\lambda + \mu + \nu - 1)\pi$ derjenige des (zu η gehörigen) Elementardreiecks; der Quotient wird also, da der sphärische Exzeß gleich dem Inhalt der Dreiecksfläche ist, gleich der Anzahl n derjenigen Elementardreiecke, aus denen sich das Dreieck η^* aufbaut.

Zudem nimmt x_1, x_2 für erlaubte Werte von η_1, η_2 (d. h. wenn weder η_1 noch η_2 unendlich wird und wenn nicht η_1 und η_2 gleichzeitig verschwinden) nur erlaubte Werte an und für erlaubte Werte von x_1, x_2 nehmen auch η_1^* und η_2^* nur erlaubte Werte an; also sind η_1^*, η_2^* ganze teilerfremde Formen von η_1, η_2 vom Grade n, und zwar, wie man leicht durch Vergleichung des Verhaltens von η_1, η_2 und η_1^*, η_2^* an den einzig denkbaren singulären Stellen $x_1 = 0, x_2 = 0, x_1 = x_2$ schließt, in unserem Falle von durchaus rationalem Verhalten. Wir dürfen also den Satz aufstellen:

Vermöge unserer homogenen Schreibweise erscheinen η_1^* und η_2^* als rationale ganze Formen n-ten Grades von η_1, η_2, und wir stellen die Aufgabe, diese rationalen ganzen Formen n-ten Grades zu berechnen.

Dieser Satz tritt jetzt an Stelle der früheren Aussage, daß η^* eine rationale Funktion n-ten Grades von η sei.

Wir wollen nun insbesondere einmal die η_1^*, η_2^* für diejenigen Dreiecke berechnen, welche die Winkel der Nebendreiecke des Elementardreiecks haben, also die η-Formen von Dreiecken, welche zum Elementardreieck so liegen, wie es in der hier stehenden (nur schematischen) Fig. 89 angedeutet ist.

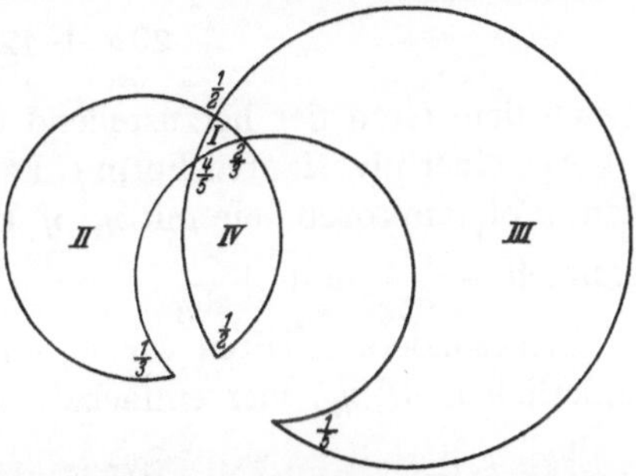

Fig. 89. Dreieck $I = (\frac{1}{3}, \frac{1}{5}, \frac{1}{2})$ mit seinen Nebendreiecken *II, III, IV*.

Die Winkelzahlen des Dreiecks I sind $\frac{1}{3}, \frac{1}{5}, \frac{1}{2}$, diejenigen der Dreiecke *II, III, IV* sind bzw. $\frac{1}{3}, \frac{4}{5}, \frac{1}{2}$; $\frac{2}{3}, \frac{1}{5}, \frac{1}{2}$; $\frac{2}{3}, \frac{4}{5}, \frac{1}{2}$. Der Grad der zugehörigen rationalen ganzen Formen

$$\eta_1^* = \varphi_n(\eta_1, \eta_2), \qquad \eta_2^* = \psi_n(\eta_1, \eta_2)$$

ist für die Dreiecke *II, III, IV* bzw.

$$n_2 = 19, \qquad n_3 = 11, \qquad n_4 = 29.$$

Es kommt jetzt also nur darauf an, solche ganze rationale Formenpaare φ, ψ in η_1, η_2 von den Graden 19, 11, 29 aufzustellen, welche sich, bis auf einen etwaigen gemeinsamen Faktor, ebenso substituieren wie η_1, η_2 selbst, welche also, in der Sprache der Invariantentheorie, mit η_1, η_2 *kogredient* sind. Dabei handelt es sich natürlich nur um die Substitutionen der Ikosaedergruppe.

Wir werden sagen:

η_1^* und η_2^* müssen mit η_1, η_2 kogredient bezüglich der homogenen Ikosaedersubstitutionen sein.

Da gibt uns nun die Invariantentheorie der algebraischen Formen die Mittel, alle möglichen, mit η_1, η_2 kogredienten Formen sofort hinzuschreiben.

Zuerst bildet man nämlich drei Invarianten, d. h. Formen, die bei den Substitutionen bis auf eine multiplikative Konstante ungeändert bleiben; das sind hier eben die drei Formen $H_{20}(\eta_1, \eta_2)$, $f_{12}(\eta_1, \eta_2)$, $T_{30}(\eta_1, \eta_2)$. Aus diesen setzt sich dann die allgemeinste ganze rationale invariante Form in der Gestalt eines Polynoms in H, f, T mit Zahlkoeffizienten zusammen:

$$\sum c_{\alpha\beta\gamma} H^\alpha f^\beta T^\gamma,$$

wobei die Exponenten α, β, γ jedes Terms der Bedingung genügen müssen, daß

$$20\alpha + 12\beta + 30\gamma$$

gleich dem Grad der herzustellenden Form ist [*].

Aus einer invarianten Form G kann man nun aber auch leicht durch den „Polarenprozeß" ein mit η_1, η_2 kogredientes Formenpaar herstellen, nämlich $-\frac{\partial G}{\partial \eta_2}$ und $+\frac{\partial G}{\partial \eta_1}$.

Insbesondere erhalten wir so, einschließlich der unabhängigen Veränderlichen η_1, η_2, vier einfachste Paare kogredienter Formen:

$$\begin{array}{cccc} \eta_1, & -\frac{\partial H}{\partial \eta_2}, & -\frac{\partial f}{\partial \eta_2}, & -\frac{\partial T}{\partial \eta_2}, \\ \eta_2, & +\frac{\partial H}{\partial \eta_1}, & +\frac{\partial f}{\partial \eta_1}, & +\frac{\partial T}{\partial \eta_1}. \end{array}$$

Und nun zeigt man in der Invariantentheorie, daß diese vier Formenpaare ein „volles System kogredienter Formen" vorstellen, d. h. daß sich jedes beliebige ganzrationale, mit η_1, η_2 kogrediente Formenpaar in der Gestalt schreiben läßt:

$$\varphi(\eta_1, \eta_2) = G\eta_1 - G_1 \frac{\partial H}{\partial \eta_2} - G_2 \frac{\partial f}{\partial \eta_2} - G_3 \frac{\partial T}{\partial \eta_2},$$

$$\psi(\eta_1, \eta_2) = G\eta_2 + G_1 \frac{\partial H}{\partial \eta_1} + G_2 \frac{\partial f}{\partial \eta_1} + G_3 \frac{\partial T}{\partial \eta_1},$$

unter G, G_1, G_2, G_3 ganze rationale invariante Formen von geeigneten Graden verstanden.

Die Invariantentheorie der Ikosaedersubstitutionen lehrt uns, daß die allgemeinsten, mit η_1, η_2 kogredienten Formen n-ten Grades sich in der vorstehenden Gestalt darstellen, unter G, G_1, G_2, G_3 ganze Formen der H, f, T verstanden, die so gewählt sind, daß in jedem Gliede der Grad in η_1, η_2 gleich n ist. Da η_1 und η_2 bzw. $\frac{\partial H}{\partial \eta_2}$ und $\frac{\partial H}{\partial \eta_1}$ bzw. usw. den Grad 1 bzw. 19 bzw. usw. besitzen, so muß G bzw. G_1 bzw. G_2 bzw. G_3 vom Grade $n-1$ bzw. $n-19$ bzw. $n-11$ bzw. $n-29$ sein.

Diese Formel ist nun, um die Formen zu den drei Nebendreiecken zu berechnen, für $n = 19$, $n = 11$, $n = 29$ zu spezialisieren. Denkt man sich G, G_1 usw. als ganze rationale Formen in H, f, T gemäß dem vorhin angegebenen Satze dargestellt, so ergibt die Beziehung

$$k = 20\alpha + 12\beta + 30\gamma$$

für $k = n - 1$ bzw. $k = n - 19$ usw. und für $n = 19$, $n = 11$, $n = 29$, daß entweder $\alpha = \beta = \gamma = 0$ oder daß der betr. Koeffizient identisch Null sein muß, daß also nur die folgenden Darstellungen möglich sind:

λ, μ, ν	$\frac{1}{3}, \frac{4}{5}, \frac{1}{2}$	$\frac{2}{3}, \frac{1}{5}, \frac{1}{2}$	$\frac{2}{3}, \frac{4}{5}, \frac{1}{2}$
$\varphi(\eta_1, \eta_2)$	$-\frac{\partial H}{\partial \eta_2}$	$-\frac{\partial f}{\partial \eta_2}$	$-\frac{\partial T}{\partial \eta_2}$
$\psi(\eta_1, \eta_2)$	$+\frac{\partial H}{\partial \eta_1}$	$+\frac{\partial f}{\partial \eta_1}$	$+\frac{\partial T}{\partial \eta_1}$

Die Anwendung unserer allgemeinen Formel für φ, ψ auf die drei Nebendreiecke ist besonders einfach. Wir kommen nämlich zu den Polaren von H, f, T zurück.

Dieses einfache Resultat ist zuerst im 12. Bande der Mathematischen Annalen (= Klein [3], Bd. 2, S. 346ff.) von mir angegeben worden.

Ich will die Formel noch auf ein anderes der verwandten Dreiecke anwenden, nämlich auf das Dreieck mit den Winkeln $\lambda = \frac{1}{3}$, $\mu = \frac{1}{5}$, $2 - \nu = \frac{3}{2}$, für welches $n = 31$ wird.

Der allgemeinste mit diesem Grade verträgliche Ausdruck hat die Gestalt:

$$\varphi = c\,T\eta_1 - c'H\frac{\partial f}{\partial \eta_2} - c''f\frac{\partial H}{\partial \eta_2},$$

$$\psi = c\,T\eta_2 + c'H\frac{\partial f}{\partial \eta_1} + c''f\frac{\partial H}{\partial \eta_1}.$$

Hier kann noch eine der drei Konstanten c, c', c'' nach Belieben gleich Null gesetzt werden, da man die Identitäten hat:

$$2T\eta_1 = -3H\frac{\partial f}{\partial \eta_2} + 2f\frac{\partial H}{\partial \eta_2}, \qquad 2T\eta_2 = 3H\frac{\partial f}{\partial \eta_1} - 2f\frac{\partial H}{\partial \eta_1}.$$

Das neue Beispiel $\frac{1}{3}, \frac{1}{5}, \frac{2}{3}$ *erledigt sich nicht ganz so einfach wie die vorangehenden Beispiele; es bleibt noch das Verhältnis zweier Konstanten zu berechnen, was man unter Zuhilfenahme der Reihenentwicklung machen muß.* — In analoger Weise sind alle weiteren Beispiele zu behandeln. Wir sagen:

In diesen Beispielen liegt ein neuer Ansatz für die Weiterbildung der Verwandtschaftslehre. Man wird in jedem Falle η *in der geschilderten Weise in zwei ganze Formen* η_1, η_2 *spalten und nun zunächst nach dem vollen Formensystem der kogredienten Formen fragen, aus welchen sich die allgemeinsten kogredienten Formen mit Hilfe invarianter Multiplikatoren zusammensetzen.*

§ 60. η-Funktionen, die sich auf unbestimmte Integrale reduzieren lassen.

Soviel über die algebraisch integrierbaren Fälle. Wir haben in den letzten Stunden die algebraisch integrierbaren Fälle der hypergeometrischen Differentialgleichung kennengelernt; dieselben mußten sämtlich dem Falle I unserer Einteilung auf S. 213 angehören, weil die Gruppe eine endliche sein soll und dies nur bei gewöhnlichen Drehungsgruppen, wo es sich also um die gewöhnliche sphärische Trigonometrie handelt, möglich ist (vgl. dazu S. 257, Anmerkung [*]). Weiteres betreffend den Fall I ist hier nicht hinzuzufügen.

Wir wollen aber zusehen, was sich im Falle II machen läßt. Die Gruppe ist da notwendig unendlich (abgesehen von den trivialen Fällen), so daß wir algebraische Reduzierbarkeit nicht erwarten können; immer aber wird es gelingen, diese, zum Fall II gehörigen η-Funktionen auf eine niedere Funktionsklasse, nämlich *auf Integrale multiplikativer Funktionen*, zu reduzieren. Dies soll im folgenden gezeigt werden.

Der Fall II ist durch das Bestehen einer Relation folgender Art zwischen den Winkelzahlen charakterisiert:

$$\varepsilon\lambda + \varepsilon'\mu + \varepsilon''\nu = 2r + 1,$$

worin ε, ε', ε'' jedes gleich $+1$ oder gleich -1 sein kann, und r eine nichtnegative ganze Zahl vorstellt (vgl. S. 224).

Was bedeutet dies funktionentheoretisch? Ich könnte mich behufs Beantwortung dieser Frage auf die uns bekannte Gestalt der Dreiecke

---

Beginn der neunundfünfzigsten Vorlesung.

berufen; damit aber die Betrachtung ihre Gültigkeit auch für komplexe Winkelzahlen λ, μ, ν behält, wollen wir analytisch verfahren.

Man kann, wie wir von früher (vgl. dazu § 9) wissen, eine hypergeometrische Funktion auf 24 Weisen durch Multiplikation mit einer geeigneten Potenz von x und $x - 1$ auf eine GAUSSsche (hypergeometrische) Reihe reduzieren; wir haben nur dafür zu sorgen, daß an der Stelle $x = 0$ und der Stelle $x = 1$ je einer der Exponenten verschwindet und dann etwa die Formel anzuwenden

$$F(a,b;c;x) = P\begin{vmatrix} 0 & \infty & 1 & \\ 0 & a & 0 & x \\ 1-c & b & c-a-b & \end{vmatrix},$$

welche besagt, daß $F(a, b; c; x)$ ein Zweig der angeschriebenen P-Funktion ist. Dabei darf aber c weder Null noch eine negative ganze Zahl sein (vgl. S. 3).

In unserem Falle können wir die P-Funktion

$$P\begin{vmatrix} 0 & \infty & 1 & \\ 0 & \frac{1}{2}(-\varepsilon\lambda - \varepsilon'\mu - \varepsilon''\nu + 1) & 0 & x \\ \varepsilon\lambda & \frac{1}{2}(-\varepsilon\lambda + \varepsilon'\mu - \varepsilon''\nu + 1) & \varepsilon''\nu & \end{vmatrix}$$

benutzen und gewinnen hieraus die Reihe

$$F(\tfrac{1}{2}(-\varepsilon\lambda - \varepsilon'\mu - \varepsilon''\nu + 1),\ \tfrac{1}{2}(-\varepsilon\lambda + \varepsilon'\mu - \varepsilon''\nu + 1);\ 1 - \varepsilon\lambda;\ x),$$

welche sich infolge der für λ, μ, ν geltenden Relation auf folgenden Ausdruck bringen läßt:

$$F(-r,\ -r + \varepsilon'\mu\ ;\ 1 - \varepsilon\lambda;\ x),$$

wobei $1 - \varepsilon\lambda$ weder Null noch eine negative ganze Zahl sein darf.

Hierin ist aber das erste Argument eine negative ganze Zahl, und dann, wissen wir, bricht die Reihe nach dem r-ten Gliede ab [*]. Wir haben also jetzt das Resultat:

Wenn der Fall II vorliegt mit der Relation:

$$\varepsilon\lambda + \varepsilon'\mu + \varepsilon''\nu = 2r + 1,$$

dann befindet sich unter den zur η-Funktion gehörigen hypergeometrischen Reihen ein Polynom $\varphi_r(x)$ vom r-ten Grad. Dabei ist angenommen, was keine Beschränkung der Allgemeinheit bedeutet, daß die Zahlen $1 - \varepsilon\lambda$, $1 - \varepsilon'\mu$, $1 - \varepsilon''\nu$ nicht sämtlich ganze, nichtpositive Zahlen sind.

Umgekehrt: Wenn ein solches hypergeometrisches Polynom existiert, so kann man schließen, daß eine Relation $\varepsilon\lambda + \varepsilon'\mu + \varepsilon''\nu = 2r + 1$ bestehen muß. Die hypergeometrische Reihe $F(a, b; c; x)$ bricht nämlich dann und nur dann ab, wenn entweder a oder b eine nichtpositive ganze Zahl ist; wegen $-\lambda + \mu - \nu = 2b + 1$ und $\lambda + \mu + \nu = 1 - 2a$, wobei $\lambda = \alpha' - \alpha$ usw., folgt daraus die Behauptung. Also:

Umgekehrt ist das Auftreten einer solchen abbrechenden hypergeometrischen Reihe $\varphi_r(x)$ für den Fall II charakteristisch.

Von hier aus findet man nun für η selbst eine charakteristische Darstellung: Es sei

$$\eta = \frac{P_1}{P_2},$$

wo P_1 und P_2 linear unabhängige Zweige von

$$P\left|\begin{matrix} 0 & \infty & 1 & \\ 0 & \frac{1}{2}(-\varepsilon\lambda - \varepsilon'\mu - \varepsilon''\nu + 1) & 0 & x \\ \varepsilon\lambda & \frac{1}{2}(-\varepsilon\lambda + \varepsilon'\mu - \varepsilon''\nu + 1) & \varepsilon''\nu & \end{matrix}\right|$$

bedeuten; wir bilden

$$\eta' = \frac{d\eta}{dx} = \frac{P_1' P_2 - P_1 P_2'}{P_2^2}.$$

Der Zähler hierin ist aber bekanntlich gleich $e^{-\int p\,dx}$ (vgl. § 29), wenn P_1 und P_2 Lösungen der Differentialgleichung

$$y'' + py' + qy = 0$$

sind. Der Koeffizient p dieser Differentialgleichung für unsere P-Funktion ist aber (vgl. § 4):

$$p = \frac{1-\varepsilon\lambda}{x} + \frac{1-\varepsilon''\nu}{x-1},$$

und folglich ist

$$e^{-\int p\,dx} = x^{\varepsilon\lambda - 1}(x-1)^{\varepsilon''\nu - 1}.$$

Wählen wir jetzt für P_2 *gerade unser Polynom* $\varphi_r(x)$, so erhalten wir:

$$\eta' = \frac{x^{\varepsilon\lambda - 1}(x-1)^{\varepsilon''\nu - 1}}{[\varphi_r(x)]^2}.$$

η selbst ergibt sich hieraus durch eine Quadratur. Ich will übrigens, um das Bildungsgesetz deutlicher hervortreten zu lassen, den Integranden in homogener Form schreiben

$$\eta = \int \frac{x_1^{\varepsilon\lambda - 1}\, x_2^{\varepsilon'\mu - 1}\,(x_1 - x_2)^{\varepsilon''\nu - 1}}{[\varphi_r(x_1, x_2)]^2}\,(x\,,\,dx)\,.$$

In unserem Fall II stellt ein geeignet herausgegriffenes η sich als Integral einer multiplikativen Funktion dar.

Auch diese Eigenschaft einer η-Funktion gestattet, rückwärts zu schließen, daß der Fall II vorliegen muß; denn das Verhalten des Integrals in $x = 0$, $x = 1$ und $x = \infty$ zeigt, daß η gerade solche Exponentendifferenzen liefert, für welche $\varepsilon\lambda + \varepsilon'\mu + \varepsilon''\nu = 2r + 1$ (natürlich nur unter geeigneten Annahmen über den Integranden, vgl. weiter unten). Also:

Auch durch die Existenz einer solchen Integraldarstellung ist der Fall II charakterisiert.

Wir wollen jetzt, unter ausdrücklicher *Beschränkung auf den Fall reeller λ, μ, ν*, die *konforme Abbildung* durch unser (durch ein Integral dargestelltes) η näher betrachten. Da lesen wir zunächst aus der Darstellung durch ein Integral ab, was wir schon von früher wissen, daß nämlich das η-Dreieck ein *geradliniges* Dreieck ist.

Wenn das Dreieck wirklich die Winkel λ, μ, ν besitzen soll, so darf das Polynom $\varphi_r(x)$ an den Stellen $x = 0$, $x = \infty$, $x = 1$ nicht verschwinden, anderenfalls würden in den Ecken noch Windungen hinzukommen oder fortfallen. Wenn ferner $\varphi_r(x)$ irgendeine andere Stelle $x = x_0$ als einfache Nullstelle besitzt, so hat der Integrand daselbst einen Pol zweiter Ordnung [*]. Die Singularität des Integrals η an der betrachteten Stelle ist also im wesentlichen gegeben durch

$$\frac{A_1}{x - x_0} + A_0 \log(x - x_0),$$

wo $A_1 \neq 0$. Da aber η keine logarithmischen Singularitäten in $x = x_0$ besitzen darf (dies würde ja eine neue singuläre Stelle der Differentialgleichung für P_1, P_2 ergeben), so muß $A_0 = 0$ sein. Dies bedeutet eine Bedingung, welcher die Koeffizienten von $\varphi_r(x)$ zu genügen haben. Somit muß $\varphi_r(x)$ noch r Bedingungen genügen, durch welche φ_r übrigens (bei gegebenem λ, μ, ν) bis auf einen konstanten Faktor eindeutig bestimmt sein wird, nämlich als eine abbrechende hypergeometrische Reihe [mit $a = \frac{1}{2}(1 - \lambda - \mu - \nu)$ usw.].

Da die η-Funktion die Halbebene auf ein Dreieck abbildet, muß der Nenner φ_r^2 so gebildet sein, daß er weder in $x = 0$ noch in $x = 1$ noch in $x = \infty$ Nullstellen hat und daß sich im übrigen bei der Integration nur einfache Pole ergeben.

Daß η an einer Stelle $x = x_0$ einen Pol besitzt, bedeutet natürlich geometrisch, daß sich an der entsprechenden Stelle das Dreieck ins Unendliche erstreckt; daß η in $x = x_0$ nur einen *einfachen* Pol hat, bedeutet, daß die Abbildung der x-Ebene auf die η-Ebene in der Umgebung von $x = x_0$ ein-eindeutig ist. Insbesondere in einer Ecke, etwa der zu λ gehörigen, wird das Integral unendlich, wenn die zugehörige Zahl $\varepsilon = -1$ ist, bleibt dagegen endlich, wenn $\varepsilon = +1$ ist ($\lambda \geqq 0$). Wir finden also folgenden, schon früher aus der Betrachtung der verschiedenen verwandten Dreiecke erschlossenen Satz bestätigt:

Die Ecke λ, μ, ν liegt im Endlichen oder im Unendlichen, je nachdem ε bzw. ε' bzw. ε'' gleich $+1$ oder gleich -1 ist.

Was die sonstigen Erstreckungen des Dreiecks ins Unendliche betrifft, so rühren dieselben sämtlich von Nullstellen des bei reellen λ, μ, ν reellen Polynoms $\varphi_r(x)$ her. Diese Nullstellen mögen sich in r' reelle und in $2r''$ konjugiert komplexe scheiden, so daß $r = r' + 2r''$ ist.

An jeder der r' reellen Nullstellen muß sich eine Seite des Dreiecks durchs Unendliche ziehen, und zwar die Seite l, bzw. m bzw. n, je nachdem die Nullstelle auf dem Segment $1, \infty$ bzw. $0, 1$ bzw. $\infty, 0$ der reellen x-Achse liegt. Von jedem Paare konjugiert komplexer Nullstellen liegt ferner immer nur eine in der positiven Halbebene, von welcher die Dreiecksfläche das konforme Abbild ist; jeder im Innern der positiven Halbebene gelegenen Nullstelle entspricht aber, daß die Dreiecks*fläche* sich einmal durchs Unendliche zieht.

Wir müssen also sagen, *daß bei reellen λ, μ, ν im Falle II sich das Dreieck r'-mal mit seinen Seiten und r''-mal mit seiner Fläche durch das Unendliche zieht* (daß also r'' *innere* Punkte des Dreiecks über $\eta = \infty$ liegen), *wobei r' die Anzahl der reellen Wurzeln, $2r''$ die Anzahl der komplexen Wurzeln der Gleichung $\varphi_r(x) = 0$ bedeutet.*

Umgekehrt kann man natürlich aus der Gestalt des Dreiecks sofort auf die Realitätsverhältnisse und die Lage der Wurzeln von $\varphi_r(x) = 0$ schließen.

Die Anzahl r' und die Verteilung der reellen Wurzeln von $\varphi_r(x)$ auf die drei Segmente der x-Achse ergibt sich durch die Betrachtung des reduzierten Dreiecks und durch die Art und Weise, wie das Dreieck aus dem reduzierten Dreieck durch Anhängungsprozesse entsteht, was dann eben in den Ergänzungsrelationen der Trigonometrie seinen Ausdruck findet. Die Zahl r'' folgt dann aus der Relation $r' + 2r'' = r$ (wenn r als bekannt angenommen wird).

Wir wollen nun wieder λ, μ, ν *allgemein annehmen, d. h. auch komplexe* Werte zulassen, und wollen nach der *Monodromiegruppe* der η-Funktionen des Falles II fragen.

Natürlich genügt die Betrachtung der speziellen, durch das Integral dargestellten η-Funktion.

Wenn x irgendwelche geschlossene Umläufe in seiner Ebene macht, so multipliziert sich der Integrand nur mit konstanten Faktoren von folgender allgemeinen Gestalt

$$e^{2i\pi(a\lambda + b\mu + c\nu)},$$

unter a, b, c irgendwelche ganze Zahlen verstanden.

Wenn aber der Integrand sich mit einer Konstanten multipliziert, so muß das Integral sich mit derselben Konstanten multiplizieren, wird aber außerdem noch im allgemeinen um einen Periodizitätsmodul additiv sich verändern. Also:

Die Monodromiegruppe unseres η ist in der zweigliedrigen kontinuierlichen Gruppe

$$\eta^* = A\eta + B$$

enthalten.

Überhaupt ist *der Fall II völlig charakterisiert durch folgende Eigenschaft der Monodromiegruppe:*

Die Monodromiegruppe ist entweder als Untergruppe in $\eta^* = A\eta + B$ enthalten oder allgemeiner: Sie ist in eine solche Untergruppe überführbar durch eine passende lineare Abbildung der η-Ebene auf sich [*].

Durch diesen Satz tritt die Kategorie II von η-Funktionen neben die algebraisch integrierbaren Fälle, die auch durch eine Eigenschaft der Monodromiegruppe charakterisiert waren, nämlich durch die Eigenschaft der Gruppe, endlich zu sein.

Um noch einen letzten Punkt für den Fall II zu berühren, fragen wir, wie sich hier die Theorie der verwandten Funktionen gestaltet.

Man sieht: Wenn η_1 und η, *welche beide die Integraldarstellung* (S. 276) *gestatten sollen,* beide dieselben ganzen linearen Transformationen $A\eta_1 + B$ und $A\eta + B$ erleiden, dann verhält sich $\eta_1 - \eta$ rein multiplikativ, mit denselben Multiplikatoren wie $\frac{d\eta_1}{dx}$ bzw. $\frac{d\eta}{dx}$. Noch mehr: Das multiplikative Verhalten von $\frac{d\eta_1}{dx}$ und $\frac{d\eta}{dx}$ rührt nur von den irrationalen Faktoren $x^{\varepsilon\lambda}(x-1)^{\varepsilon''\nu}$ her und läßt sich durch Division mit diesen beseitigen; genau ebenso bei $\eta_1 - \eta$. Also:

Unsere verwandten Funktionen η und η_1 hängen im vorliegenden Falle in einfachster Weise durch die Formel zusammen:

$$\frac{\eta_1 - \eta}{x^{\varepsilon\lambda}(x-1)^{\varepsilon''\nu}} = R(x).$$

Diese Relation zwischen verwandten Funktionen und überhaupt die Lehre dieser verwandten Funktionen ist von van Vleck [1] *in seiner Dissertation behandelt, nur daß* van Vleck *statt dreier Verzweigungspunkte unter dem Integralzeichen beliebig viele annimmt und den Fall dreier Verzweigungspunkte immer nur als ein Beispiel heranzieht.*

§ 61. Stellung zu Picard-Vessiot.

Wir haben nun eine Reihe von Fällen kennengelernt, in denen sich die Integration der hypergeometrischen Differentialgleichung durch Funktionen „niederer“ Art bewerkstelligen läßt, nämlich

α) alle Fälle, wo der Quotient *eine algebraische Funktion ist,* und

β) alle Fälle, wo man *durch Quadratur einer multiplikativen Funktion* zum Ziele kommt.

Doch ist unser Verfahren noch wenig systematisch gewesen, insbesondere wissen wir nicht, ob wir hiermit alle möglichen niederen oder (wie wir auch sagen wollen) „reduziblen“ Fälle erschöpft haben. Dabei ist der Begriff „reduzibel“ natürlich erst zu präzisieren.

Wir werden daher fragen, ob es nicht überhaupt ein allgemeines Prinzip gibt, wonach wir die Differentialgleichungen für die hier vorliegenden Fragestellungen einteilen können.

Wir kommen damit genau auf den Gegenstand, welchen Picard [2] und Vessiot [1] behandelt haben [*]. Ich will über das Picard-Vessiotsche Klassifikationsprinzip hier kurz nur referieren, und zwar lediglich durch Erläuterung am Beispiel unserer Differentialgleichung dritter Ordnung.

Picard und Vessiot ordnen der jeweils betrachteten Differentialgleichung eine gewisse Gruppe von Transformationen zu, welche eine

Untergruppe der allgemeinen projektiven Gruppe, d. h. der Gruppe

$$\eta_1 = \frac{A\eta + B}{C\eta + D}$$

aller projektiven Transformationen ist und welche ich die „*Rationalitätsgruppe*" der Differentialgleichung nennen will. Diese Rationalitätsgruppe besitzt die folgenden beiden Eigenschaften:

1. Jede rationale Differentialinvariante r der Gruppe, d. h. jede rational aus x, aus Partikularlösungen der Differentialgleichung und aus deren Ableitungen zusammengesetzte Funktion $r(x; \eta, \eta', \eta'')$, welche *als Funktion von x betrachtet* durch die Operationen der Gruppe *nicht geändert* wird, ist eine rationale Funktion $R(x)$ von x:

$$r(x; \eta, \eta', \eta'') = R(x).$$

2. Jede rationale Funktion von x, η, η', η'', welche eine rationale Funktion von x ist, bleibt — *als Funktion von x betrachtet* — bei der Gruppe invariant.

Der *Koeffizientenbereich*, über welchem die rationalen Funktionen gebildet werden, soll den Körper aller Zahlen enthalten. Außerdem sei noch bemerkt: Eine Rationalitätsgruppe $\mathfrak{R}$ ist im allgemeinen eine *algebraische Untergruppe* der allgemeinen projektiven Gruppe, d. h. zwischen den Koeffizienten A, B, C, D der Transformationen von $\mathfrak{R}$ bestehen algebraische Relationen.

Bei unserer Differentialgleichung dritter Ordnung für η wissen wir schon, daß jede rationale Differentialinvariante der (kontinuierlichen) Gruppe aller projektiven Transformationen

$$\eta_1 = \frac{A\eta + B}{C\eta + D}$$

gewiß eine rationale Funktion von x ist. Diese Gruppe aller projektiven Transformationen ist darum aber noch nicht notwendig die Rationalitätsgruppe selbst.

Wir werden nun allgemein dann und nur dann von einem „*reduziblen*" („*niederen*") Fall sprechen, wenn die Rationalitätsgruppe eine echte Untergruppe der allgemeinen projektiven Gruppe ist.

Wir geben im folgenden (ohne Beweis) das Verzeichnis aller Untergruppen der projektiven Gruppe, welche hier überhaupt als Rationalitätsgruppen in Frage kommen, und setzen jeweils gleich die einfachste Differentialinvariante der betreffenden Untergruppe hinzu:

1. Identität: $\eta_1 = \eta$	Invariante	η
2. Kreisteilungstypus: $\eta_1 = \varepsilon^\varrho \eta$ $(\varepsilon^n = 1)$.	„	η^n
3. Diedertypus: $\eta_1 = \varepsilon^\varrho \eta^{\pm 1}$	„	$\eta^n + \eta^{-n}$
4. Tetraedergruppe		—
5. Oktaedergruppe		—

6. Ikosaedergruppe . . . . ,, $\dfrac{[H(\eta)]^3}{1728\,[f(\eta)]^5}$

7. Erweiterter Kreisteilungstypus: $\eta_1 = A\eta$,, $\dfrac{\eta'}{\eta}$

8. Erweiterter Diedertypus: $\eta_1 = A\,\eta^{\pm 1}$. ,, $\left(\dfrac{\eta'}{\eta}\right)^2$

9. $\eta_1 = \eta + B$ . . . . ,, η'

10. $\eta_1 = \varepsilon^{\varrho}\eta + B$ $(\varepsilon^n = 1)$ . . . . ,, $(\eta')^n$

11. $\eta_1 = A\eta + B$ . . . . ,, $\dfrac{\eta''}{\eta'}$

12. $\eta_1 = \dfrac{A\eta + B}{C\eta + D}$ . . . . ,, $\dfrac{\eta'''}{\eta'} - \dfrac{3}{2}\left(\dfrac{\eta''}{\eta'}\right)^2$

Die Gruppen 1 bis 6 sind die endlichen Gruppen, welche *zu den algebraisch integrierbaren Fällen gehören* (sie enthalten keinen kontinuierlich veränderlichen Parameter, sind also keine kontinuierlichen Gruppen) [*]. Die einfachsten zu diesen Fällen gehörigen Invarianten sind rationale Funktionen von η. Beispielsweise gehört η selbst zur Identität als Invariante; und da (zufolge der Eigenschaften der Rationalitätsgruppe) die Invariante eine rationale Funktion von x ist, so hat die Lösung einer zum Typus 1 gehörenden Differentialgleichung die Gestalt:

$$\eta = \text{rationale Funktion von } x.$$

Entsprechendes gilt für die übrigen endlichen Gruppen 1 bis 6. Z. B. ist die Lösung irgendeiner zum Ikosaedertypus gehörigen Differentialgleichung gegeben durch eine Gleichung der Gestalt

$$\frac{[H(\eta)]^3}{1728\,[f(\eta)]^5} = \text{rationale Funktion von } x.$$

Die Differentialinvarianten des Tetraedertypus und des Oktaedertypus sind ganz analog zusammengesetzt wie die des Ikosaedertypus (vgl. KLEIN [5], S. 60).

Wir haben gesehen, daß es in der Tat Differentialgleichungen zu einem jeden der Typen 1 bis 6 gibt, entsprechend den folgenden einfachsten Exponentenzusammenstellungen λ, μ, ν:

1. $1, 1, 1$; 2. $\frac{1}{n}, \frac{1}{n}, 1$; 3. $\frac{1}{n}, \frac{1}{2}, \frac{1}{2}$;

4. $\frac{1}{2}, \frac{1}{3}, \frac{1}{3}$; 5. $\frac{1}{2}, \frac{1}{3}, \frac{1}{4}$; 6. $\frac{1}{2}, \frac{1}{3}, \frac{1}{5}$.

Von da aus bestimmten wir die sämtlichen hierher gehörigen Tripel λ, μ, ν.

In den Fällen 7 bis 12 bedeuten A und B kontinuierlich veränderliche Parameter, und zwar so, daß in den Gruppen 7, 9, 11, 12 je alle Substitutionen durch kontinuierliche Abänderung der Parameter ineinander überzuführen sind, während in 8 zwei vollständig getrennte, in sich kontinuierliche Mannigfaltigkeiten von Substitutionen, nämlich

$\eta_1 = A\eta$ und $\eta_1 = A\eta^{-1}$ enthalten sind, in 10 aber n unterschiedene Kontinua.

Die Gruppen 7, 9, 11, 12 nennt man daher „kontinuierliche" Gruppen, 8 und 10 „gemischte" Gruppen. Bei allen diesen Gruppen, welche stetig veränderliche Parameter enthalten, sind die einfachsten Invarianten rationale Funktionen von η und seinen Differentialquotienten, deren höchste Ordnung mit der Anzahl der unabhängigen Parameter übereinstimmt.

Wir haben nun zuzusehen, ob wir wirklich die Differentialgleichungen zu den einzelnen Fällen 7 bis 12 bereits kennen.

Zum Falle 7 gehört, wenigstens für $|A| = 1$, ein Elementardreieck wie zum Falle 2 des Kreisteilungstypus; indes ist, falls $|A| = 1$, aber A keine Einheitswurzel ist, die Winkelöffnung $\lambda\pi$ der Sichel kein rationaler, sondern *ein irrationaler* Teil von π, so daß die Sichel nicht nach einer endlichen Anzahl von Spiegelungen wieder mit sich zur Deckung kommt. Die einfachste zum Fall 7 gehörige Differentialgleichung hat also ein Exponentensystem $(\lambda, \lambda, 1)$; und das gilt ersichtlich auch für $|A| \neq 1$, d. h. für den Fall eines komplexen λ. Sobald λ eine komplexe Zahl ist, können wir von einem Dreiecke (im üblichen Sinne), das der Halbebene x entspricht, nicht mehr reden, sondern müssen den der Gesamtebene x entsprechenden „Bereich" in Betracht ziehen. Trotzdem sprechen wir der Kürze wegen im folgenden gelegentlich auch von „*Dreiecken mit komplexem* λ" oder ähnlich.

Die einfachsten Differentialgleichungen des Typus 7 haben ein Exponentensystem $(\lambda, \lambda, 1)$, *wie diejenigen des Kreisteilungstypus, jedoch mit irrationalem oder komplexem Werte von* λ. Daher haben wir die Benennung „*erweiterter Kreisteilungstypus*" eingeführt. Übrigens ergibt sich 7 auch speziell aus 11 für $B = 0$.

Analog entspricht der erweiterte Diedertypus 8 einem Minimaldreieck $(\lambda, \frac{1}{2}, \frac{1}{2})$ *mit irrationalem oder komplexem Werte von* λ, *während dem elementaren Diedertypus ein ebensolches Dreieck mit rationalem Werte von* λ *zugehört.*

Ich sage nun ferner: *Die Typen 9, 10, 11 gehören alle zu dem früher* (vgl. § 48) *mit II benannten Falle geradliniger Dreiecke, für welchen die Relation* $\varepsilon\lambda + \varepsilon'\mu + \varepsilon''\nu = 2r + 1$ *charakteristisch* ist, und zwar liegt der Fall 9 vor, wenn λ, μ, ν ganze Zahlen sind, der Fall 10, wenn λ, μ, ν rational sind, und der Fall 11, wenn ein oder mehrere der Zahlen λ, μ, ν reelle irrationale oder komplexe Werte haben. Übrigens gehört auch noch Fall 7 hierher.

Der Beweis hierfür mag wenigstens kurz angedeutet werden. Wir können ihn führen, sobald feststeht, daß *die Monodromiegruppe* $\mathfrak{M}$ *einer zur Rationalitätsgruppe* $\mathfrak{R}$ *gehörigen Differentialgleichung ihrerseits Untergruppe von* $\mathfrak{R}$, *daß also* $\mathfrak{R} \geqq \mathfrak{M}$ *ist.* Da nämlich die Gruppen 9, 10 und 11 in der zweigliedrigen kontinuierlichen Gruppe $\eta_1 = A\eta + B$ enthalten sind, so gilt dies alsdann auch für $\mathfrak{M}$. Daraus folgt mit Rücksicht auf einen früher (S. 278) aufgestellten Satz die ursprüngliche Behauptung.

Alle übrigen Fälle gehören zum allgemeinsten Typus 12, in welchem die Rationalitätsgruppe die allgemeine projektive Gruppe ist.

Mit unserer Aufzählung aller möglichen Rationalitätsgruppen ist in die ganze hier vorliegende Frage Klarheit gebracht.

Wir wissen jetzt insbesondere, daß unsere frühere Aufzählung der reduziblen Fälle schon vollständig war, wenn wir nunmehr „reduzibel" in dem zu Beginn dieses Paragraphen erklärten Sinne verstehen; denn sie enthielt im wesentlichen alle unter 1 bis 11 gehörigen Differentialgleichungen, die sich ja entweder algebraisch oder durch Quadratur einer multiplikativen Funktion lösen lassen [*].

Schon seit dem vorigen Jahrhundert hat man sich gefragt, wann man die Lösung der hypergeometrischen Differentialgleichung auf niedere Funktionen zurückführen kann. Ich will in dieser Hinsicht einige Literatur angeben.

Was zunächst die algebraischen Fälle angeht, so sind von diesen nur die allereinfachsten den älteren Mathematikern bekannt geworden. *Die höheren algebraisch integrierbaren Fälle der hypergeometrischen Differentialgleichung sind erst durch die* RIEMANN*schen Methoden zugänglich geworden.*

Die Frage, mit der sich die früheren Analysten zu beschäftigen pflegten, war die, wann man eine vorgelegte Differentialgleichung durch Quadraturen lösen könne.

Ich habe in einer der ersten Stunden des Semesters das Buch von PFAFF [1] Disquisitiones analyticae (1797) Ihnen bereits vorgelegt; das Problem, mit dem sich diese Untersuchungen beschäftigen, ist gerade die Frage nach der Lösbarkeit der Differentialgleichung durch Quadratur. *Die sog. integrablen Fälle, welche* PFAFF *sucht und im Prinzip alle findet, sind gerade die Fälle 1, 2, 3, 7, 8, 9, 10, 11.*

PFAFF hat das aber nicht ins einzelne ausgeführt. Dies tat erst MARKOFF [1—2].

Die theoretische Grundlage bilden dabei die allgemeinen Entwicklungen von LIOUVILLE [1] aus dem Jahre 1839.

Der Fortschritt der neuen Auffassung von PICARD *und* VESSIOT *liegt darin, daß die Heraushebung der speziellen Fälle, welche die früheren Autoren bereits vorgenommen haben, auf ein allgemeines Prinzip, das Gruppenprinzip, insbesondere auf das Prinzip der Rationalitätsgruppe zurückgeführt ist.*

Das Beispiel der η-Funktion ist das erste, an welchem man die PICARD-VESSIOT*sche Einteilung wirklich durchführen kann. Es wird darauf ankommen, in gleicher Weise den* PICARD-VESSIOT*schen Ansatz für höhere Fälle nicht nur als ein mögliches Schema auszuarbeiten, sondern wirklich genau durchzuführen.*

Damit meine ich, daß man nicht nur die verschiedenen möglichen Rationalitätsgruppen aufzählen soll, um dann sagen zu können: Jede Differentialgleichung der betreffenden Ordnung muß zu einer dieser Gruppen gehören; sondern daß man auch so weit kommen muß, daß man von jeder vorgelegten Differentialgleichung entscheiden kann, zu welcher der aufgestellten Rationalitätsgruppen sie gehört.

Bei der hypergeometrischen Differentialgleichung ist dieses Problem deswegen so unmittelbar zu lösen, weil man zu jeder Differentialgleichung die Monodromiegruppe unmittelbar angeben kann; bei höheren Differentialgleichungen aber ist durch die Exponenten die Monodromiegruppe noch nicht bestimmt, die akzessorischen Parameter treten mit in die Betrachtung ein, und die ganze Entwicklung wird zweifellos viel komplizierter.

Heute will ich zunächst, gewissermaßen als Anhang zu unseren Betrachtungen über die Integrierbarkeit der Differentialgleichung mit drei Bestimmtheitsstellen, auf die entsprechende Frage, nämlich die nach der Reduzibilität, bei demjenigen Grenzfall eingehen, den wir schon als den Fall der Besselschen Differentialgleichung oder, was im wesentlichen dasselbe ist, als *den Fall der gewöhnlichen* Riccati*schen Differentialgleichung* kennengelernt haben.

Die gewöhnliche Riccatische Differentialgleichung ist, wie wir (§ 31) lernten, die Differentialresolvente erster Ordnung folgender linearen Differentialgleichung zweiter Ordnung:

$$\frac{d^2u}{dz^2} = z^m u,$$

und diese Differentialgleichung geht durch eine leichte Umformung für $m \neq -2$ in die folgende über, eben die Besselsche Differentialgleichung:

$$\frac{dy^2}{dx^2} + \frac{1}{x}\frac{dy}{dx} + \left(1 - \frac{n^2}{x^2}\right)y = 0,$$

wobei

$$n = \frac{1}{m+2}$$

gesetzt ist. (Im Falle $m = -2$ erhält man die Differentialgleichung $u'' = z^{-2}u$, welche sich durch Quadraturen lösen läßt.)

Nun wird die Theorie dieser Differentialgleichung in den gewöhnlichen Lehrbüchern immer so behandelt, daß man Werte für n gibt, für welche die Differentialgleichung durch niedere Funktionen integrierbar ist. Man findet da, daß in der Tat die Gleichung auf niedere Funktionen, und zwar auf trigonometrische Funktionen führt, wenn m die Gestalt hat

$$m = \frac{4k}{1-2k},$$

unter k irgendeine ganze Zahl verstanden.

Beginn der sechzigsten Vorlesung.

Die Integration wird in diesem Falle durch ein Rekursionsverfahren bewerkstelligt, durch welches die Konstante n auf Null heruntergebracht wird. Man kommt nämlich vermittels einer Transformation der Form

$$y = \frac{A_1(x)\, y_1 + A_2(x)}{B_1(x)\, y_1 + B_2(x)}, \quad x_1 = x^{m+3}$$

zu einer neuen RICCATIschen Differentialgleichung mit $m_1 = -\frac{m+4}{m+3}$. Daher wird $n_1 = \frac{1}{m_1+2} = n+1$, d. h. die Transformation entspricht dem Übergang von n zu $n+1$. Und da die Transformation auch rückwärts ausgeführt werden kann, ist ebenso der Übergang von n zu $n-1$ möglich.

Was ist nun der innere Sinn dieses Rekursionsverfahrens? Und gibt es nicht vielleicht auch noch andere Fälle, in denen man auf niedere Funktionen geführt wird?

Beide Fragen pflegen in den Lehrbüchern mit Stillschweigen übergangen zu werden, obwohl die zweite Frage bereits von LIOUVILLE [2] beantwortet ist [*]. LIOUVILLE zeigt nämlich mit Hilfe von Reihenentwicklungen, daß es in der Tat keine weiteren Fälle gibt, welche auf niedere Funktionen führen.

Wir können uns nun mit unseren geometrischen Methoden leicht den inneren Sinn des Reduktionsverfahrens der Lehrbücher klarmachen. Wir wissen (vgl. § 52), daß ein reduziertes Dreieck der zugehörigen η-Funktion die in der (S. 239 angegebenen) Fig. 72 angedeutete Gestalt hat, mit einem endlichen Winkel $2n_0\pi$, zwei von ihm auslaufenden Seiten a_1b_1 und a_1c_1 und mit zwei Windungspunkten unendlich hoher Ordnung in den Eckpunkten b_1 und c_1. Aus diesem Dreieck und seinem Nebendreieck erhält man nun das allgemeinste, zu irgendeinem Werte $n = \pm k + n_0$ gehörige Dreieck, indem man an die Seiten a_1b_1 und a_1c_1 im ganzen k Halbebenen lateral anhängt. Man erhält so eine Reihe verwandter Dreiecke, welche von dem reduzierten Dreieck zum allgemeinen Dreieck führen, ganz wie im regulären Fall. Und nun zeigt sich:

Das gewöhnliche Rekursionsverfahren, welches man bei der Behandlung der RICCATI*schen Gleichung in Ansatz bringt, bedeutet nichts anderes, als daß man die Reihenfolge der verwandten* BESSEL*schen Funktionen bis hin zur Minimalfunktion durchläuft:*

Die Entwicklungen der Lehrbücher zusammen mit dem Satze von LIOUVILLE *kommen nun darauf hinaus, daß die* BESSEL*sche Figur (nach Abtrennung der lateralen Anhängungen) dann und nur dann auf gewöhnliche Funktionen führt, wenn* $n = \frac{1}{m+2} = \frac{1}{2} - k$, *also* $n_0 = \frac{1}{2}$ *ist, d. h. wenn der Winkel bei* a_1 *gleich* π *ist, so daß dann einfach die Verzweigung des Logarithmus vorliegt, gemäß*

$$x = \log \frac{\eta - b_1}{\eta - c_1}.$$

Wir sehen, wie übersichtlich und naturnotwendig sich bei unserer Behandlungsweise das darstellt, was gewöhnlich nur als ein wunderbarer Kunstgriff erscheint.

Überhaupt scheint es nützlich zu sein, eine Darstellung der Theorie der BESSEL*schen Funktionen zu geben, bei welcher die letztere durchweg als ein Grenzfall der Theorie der η-Funktion erscheint.*

Neunter Abschnitt.

Zurückführung auf eindeutige Funktionen. (Zweite Anwendung des Symmetrieprinzips.)

§ 62. Eindeutig umkehrbare η-Funktionen.

Wir haben hiermit die Frage nach der Zurückführung der η-Funktion auf niedere Funktionen zu Ende gebracht.

Jetzt wollen wir unsere Dreiecksfiguren nach einer anderen Seite zur Geltung bringen, indem wir uns fragen: *Wann ist die (im allgemeinen mehrdeutige) Funktion $\eta(x)$ eindeutig umkehrbar*, d. h. wann ist x eine eindeutige Funktion von η?

Es ist dies ein spezieller Fall einer ganz allgemeinen Fragestellung der Funktionentheorie, welche darauf hinausgeht, das Rechnen mit mehrdeutigen Funktionen möglichst zu vermeiden. Hat man überhaupt eine funktionale Abhängigkeit $y(x)$, bei der einem Werte von x mehrere, vielleicht unendlich viele, Werte von y entsprechen und umgekehrt einem Werte von y mehrere Werte von x, dann kann man allemal fragen, ob man nicht sowohl y wie x als *eindeutige* Funktionen einer dritten Veränderlichen t darstellen kann. Man denke nur an das Beispiel der elliptischen Funktionen, wo nicht nur die algebraischen Funktionen einer RIEMANNschen Fläche, sondern auch die Integrale erster und zweiter Gattung als eindeutige Funktionen einer dritten („uniformisierenden") Veränderlichen, nämlich des Integrals erster Gattung, dargestellt werden können. Wir sagen also:

Es ist eine allgemeine Aufgabe der Analysis, bei der Diskussion analytischer Beziehungen jedesmal eine „uniformisierende Hilfsveränderliche" aufzufinden.

Bei unserer speziellen Problemstellung handelt es sich also darum, zu untersuchen, wann η selbst als uniformisierende Veränderliche brauchbar ist. Es zeigt sich, daß das in der Tat in einer großen Anzahl von Fällen zutrifft. Wir werden weiterhin sogar sehen, daß auch da, wo η selbst nicht brauchbar ist, doch eine andere η-Funktion $H(x)$ zum Ziele führt.

Jetzt also handelt es sich um die Frage, wann x eine eindeutige Funktion von η sein kann. Es ergibt sich sofort als notwendige Bedingung:

Wenn $\eta(x)$ eindeutig umkehrbar sein soll, so müssen λ, μ, ν gewiß reell sein.

Denn wäre etwa λ komplex, so wäre nicht nur

$$\eta - a_1 = (x - a)^\lambda \mathfrak{P}(x - a),$$

sondern auch

$$x - a = (\eta - a_1)^{1/\lambda} \mathfrak{P}_1((\eta - a_1)^{1/\lambda})$$

eine an der Stelle a_1 von unendlich hoher Ordnung verzweigte, also gewiß nicht eindeutige Funktion ($\mathfrak{P}(0) \neq 0$, $\mathfrak{P}_1(0) \neq 0$).

Da also nur reelle λ, μ, ν in Betracht kommen, brauchen wir uns mit den allgemeinen η-Bereichen bei der vorliegenden Fragestellung gar nicht zu beschäftigen, sondern können uns von vornherein auf den Fall beschränken, wo die positive x-Halbebene auf ein gewöhnliches Kreisbogendreieck abgebildet wird.

Hier treten also unsere Figuren in ihr Recht. In der Tat ist geometrisch leicht zu sehen, welches die notwendige und hinreichende Bedingung dafür ist, daß x eine eindeutige Funktion von η sei. Man denke sich das Kreisbogendreieck der η-Ebene, also das konforme Abbild der positiven x-Halbebene, symmetrisch vervielfältigt, so oft es möglich ist. Man erhält so eine endliche oder abzählbar unendliche Zahl abwechselnd schraffierter und nichtschraffierter Dreiecke, welche lückenlos aneinandergefügt sind (jeder Randpunkt eines Dreiecks ist zugleich Randpunkt mindestens eines zweiten, vom ersten verschiedenen Dreiecks); wir sprechen kurz von einem „*Netz*" von Dreiecken.

Soll nun x eine eindeutige Funktion von η sein, so darf die η-Ebene durch das Netz nur schlicht überlagert werden, d. h. über keinem Punkt der η-Ebene dürfen (innere) Punkte von mehreren Dreiecken oder mehrere Punkte des gleichen Dreiecks liegen. Das zweite wäre der Fall, wenn ein einzelnes Dreieck die Ebene oder einen Teil derselben mehrfach überdeckte, das erste, wenn die (aneinandergefügt gedachten) Dreiecksmembranen irgendwo übereinandergreifen würden. Beides muß also ausgeschlossen sein. Umgekehrt: Wenn diese Forderungen erfüllt sind, so entsprechen keinem Werte von η mehrere Werte von x, d. h. x ist eine eindeutige Funktion von η. Man hat also den Satz:

x wird dann und nur dann eine eindeutige Funktion von η sein, wenn das Anfangsdreieck zusammen mit allen Dreiecken, die aus ihm durch „Symmetrie" (Spiegelung) entstehen, nirgendwo eine mehrfache Überdeckung der Ebene liefert.

Nun fragt es sich, ob es solche Dreiecke gibt, die bei ihrer Vervielfältigung diese Eigenschaft zeigen.

In der Tat haben wir bereits solche Dreiecke kennengelernt:

Das Elementardreieck des Ikosaeders mit den Winkeln $\frac{1}{2}$, $\frac{1}{3}$, $\frac{1}{5}$ gibt uns ein Beispiel dafür, daß der fragliche Fall möglich ist. Da hat man im ganzen 120 Dreiecke, welche die Kugel einfach überdecken; und dement-

sprechend ist x wirklich eine eindeutige Funktion von η, und zwar im vorliegenden Falle genauer eine rationale Funktion 60. Grades:

$$x = R_{60}(\eta).$$

Leicht sind alle diejenigen Fälle aufzuzählen, in denen, wie beim Ikosaeder, eine schlichte Überdeckung der η-Kugel mit einer *endlichen* Anzahl von Dreiecken herauskommt und in denen also x eine rationale Funktion von η ist; es sind einfach die Elementardreiecke unserer sechs Typen von algebraischen η-Funktionen; sie entsprechen nämlich den Tripeln

$$1_{\mathrm{I}}.\ (1, 1, 1); \qquad 2_{\mathrm{I}}.\ \left(1, \frac{1}{n}, \frac{1}{n}\right); \qquad 3_{\mathrm{I}}.\ \left(\frac{1}{2}, \frac{1}{2}, \frac{1}{n}\right);$$

$$4_{\mathrm{I}}.\ \left(\frac{1}{2}, \frac{1}{3}, \frac{1}{3}\right); \qquad 5_{\mathrm{I}}.\ \left(\frac{1}{2}, \frac{1}{3}, \frac{1}{4}\right); \qquad 6_{\mathrm{I}}.\ \left(\frac{1}{2}, \frac{1}{3}, \frac{1}{5}\right)$$

(vgl. § 57; der soeben unter 1_{I} angeführte Fall liefert die triviale Gruppe, welche nur aus der identischen Abbildung $x = \eta$ besteht und ist seinerzeit nicht ausdrücklich mit aufgeführt. Das Dreieck $1, \frac{1}{n}, \frac{1}{n}$ entspricht dem Kreisteilungstypus G_n).

In allen diesen Fällen und nur in diesen ist x eine rationale Funktion von η.

In jedem Falle sehen wir, daß λ, μ, ν reziproke Werte ganzer Zahlen sind:

$$\lambda = \frac{1}{L}, \qquad \mu = \frac{1}{M}, \qquad \nu = \frac{1}{N},$$

wie dies von vornherein als notwendig erscheint. Natürlich ist die Summe der Exponenten $\frac{1}{L} + \frac{1}{M} + \frac{1}{N} > 1$, da *überall der Fall I vorliegt* (vgl. S. 213 und S. 257, Anmerkung [*]); und zwar sieht man, wenn man nur auf die Fälle achtet, wo keiner der Exponenten eine ganze Zahl ist, also auf die Fälle 3_{I} bis 6_{I}, daß die aufgezählten Zusammenstellungen gerade alle Möglichkeiten erschöpfen, wie man drei positive ganze Zahlen L, M, N größer als Eins so wählen kann, daß die Bedingung $\frac{1}{L} + \frac{1}{M} + \frac{1}{N} > 1$ erfüllt ist. Also:

Unsere Fälle 3_I bis 6_I entsprechen genau den verschiedenen Möglichkeiten, der (den Fall I kennzeichnenden) Ungleichung

$$\frac{1}{L} + \frac{1}{M} + \frac{1}{N} > 1$$

durch drei ganze Zahlen zu genügen, welche größer als Eins sind.

Von den möglichen Lösungen der Ungleichung, in denen eine oder mehrere der Zahlen L, M, N gleich 1 sind, kommen außer $(1, 1, 1)$ und $\left(1, \frac{1}{n}, \frac{1}{n}\right)$, wo $n \geqq 2$, *keine weiteren in Betracht, also weder* $\left(1, 1, \frac{1}{n}\right)$ *noch* $\left(1, \frac{1}{n}, \frac{1}{m}\right)$, wo $n \neq m$; $n, m \geqq 2$. Denn die hier in Frage kommenden $\eta(x)$ dürfen keine logarithmischen Singularitäten besitzen, so daß die zu einem ganzzahligen Exponenten gehörige Stelle ein Ausnahmepunkt zweiter Ordnung sein muß, folglich die in der betreffenden Ecke zusammenstoßenden Dreiecksseiten beide auf dem gleichen Kreise liegen müssen und mithin $\left(1, 1, \frac{1}{n}\right)$ und $\left(1, \frac{1}{n}, \frac{1}{m}\right)$ keine Dreiecke liefern, wie sie hier benötigt werden.

Gehen wir nun von unserem Fall I zu den Fällen II und III über, in denen für das Minimaldreieck $\lambda + \mu + \nu = 1$ bzw. $\lambda + \mu + \nu < 1$ ist. Wie im Falle I müssen λ, μ, ν natürlich die reziproken Werte ganzer Zahlen sein, weil sonst das Dreiecksnetz schon in den Ecken Verzweigungspunkte liefern würde. Aber ich sage, daß auch umgekehrt immer eine einfache Überdeckung der Ebene vorliegt, wenn λ, μ, ν die Form $\frac{1}{L}, \frac{1}{M}, \frac{1}{N}$ haben.

Es zeigt sich, daß auch in den Fällen II und III allemal eindeutige Umkehrbarkeit statthat, sobald $\lambda = \frac{1}{L}$, $\mu = \frac{1}{M}$, $\nu = \frac{1}{N}$ *gesetzt wird, unter* L, M, N *geeignete ganze (positive) Zahlen verstanden. Dabei gilt* ∞ *ebenfalls als ganze Zahl, d. h. auch die Fälle* $\lambda = 0$ *usw. sind zugelassen.*

Der *Fall II* läßt sich dabei noch in der Weise vollständig diskutieren, daß man alle ganzzahligen Lösungen der diophantischen Gleichung

$$\frac{1}{L} + \frac{1}{M} + \frac{1}{N} = 1$$

aufsucht (unter Einbeziehung der Fälle $L = 1$ und $L = \infty$, d. h. $\lambda = 0$). Man findet

$1_{\text{II}}.\ (1, 0, 0)$; $2_{\text{II}}.\ (\frac{1}{2}, \frac{1}{2}, 0)$; $3_{\text{II}}.\ (\frac{1}{2}, \frac{1}{3}, \frac{1}{6})$; $4_{\text{II}}.\ (\frac{1}{2}, \frac{1}{4}, \frac{1}{4})$; $5_{\text{II}}.\ (\frac{1}{3}, \frac{1}{3}, \frac{1}{3})$;

und in der Tat entspricht jeder dieser Exponentenzusammenstellungen eine schlichte Überdeckung der Ebene mit Dreiecken, jetzt freilich in *unendlicher Anzahl,* so daß x eine zwar noch eindeutige, aber transzendente Funktion von η wird.

Die den Fällen 1_{II} und 2_{II} entsprechenden Figuren sind folgende (wenn der gemeinsame Schnittpunkt der Dreiecksseiten nach $\eta = \infty$ gelegt wird):

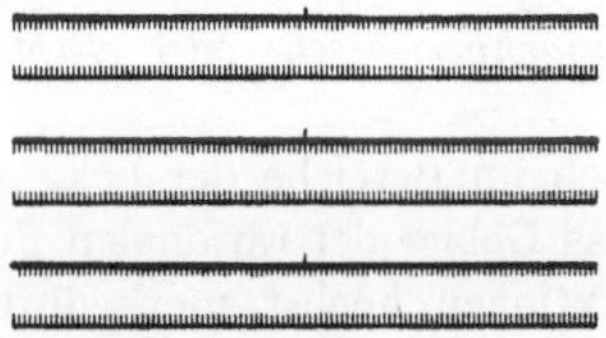

Fig. 90. Dreiecksnetz im Falle 1_{II}: (1, 0, 0).

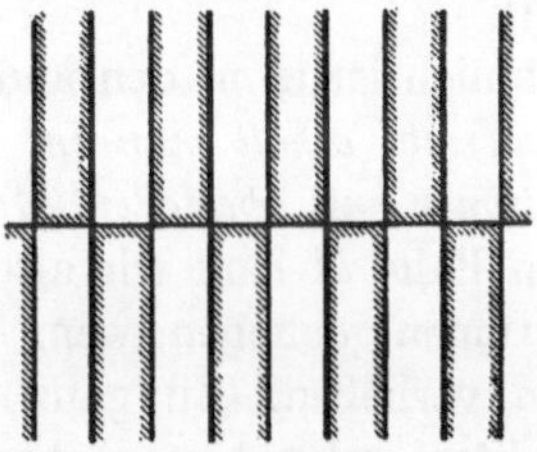

Fig. 91. Dreiecksnetz im Falle 2_{II}: $(\frac{1}{2}, \frac{1}{2}, 0)$.

Die zugehörigen eindeutigen transzendenten Funktionen $x(\eta)$ sind $x = e^{\eta}$ und $x = \sin\eta$. Wir könnten die beiden beschriebenen Fälle als

Ausartung des Kreisteilungstypus $\left(1, \frac{1}{n}, \frac{1}{n}\right)$ und des Diedertypus $\left(\frac{1}{2}, \frac{1}{2}, \frac{1}{n}\right)$ für unendlich wachsendes n ansehen und demgemäß als „unendlich hohen Kreisteilungstypus" und als „unendlich hohen Diedertypus" benennen.

Beidemal sind wir zu einer einfach periodischen Funktion gekommen, entsprechend der geometrischen Tatsache, daß beide Figuren aus der Nebeneinanderlagerung kongruenter Streifen entstehen (in den Figuren mit starken Linien abgegrenzt).

Anders ist es in den Fällen 3_{II} bis 5_{II}. Hier erhalten wir nicht mehr einfach periodische, sondern doppeltperiodische Funktionen, wie ein Blick auf die Figuren 3_{II} bis 5_{II} zeigt. Wir wollen hier nur die Figur 4_{II} besprechen, die dem Falle $(\frac{1}{2}, \frac{1}{4}, \frac{1}{4})$ entspricht. Man sieht, daß man in der Tat die ganze Einteilung der Ebene durch kongruente Verschiebung z. B. des stark umzogenen Quadrats in der Richtung der einen bzw. anderen seiner Kanten erzeugt denken kann. (Bei der Verschiebung geht jedes schraffierte bzw. nichtschraffierte Dreieck wieder in ein schraffiertes bzw. nichtschraffiertes über.) (Vgl. KLEIN [4], Bd. 1, S. 107.)

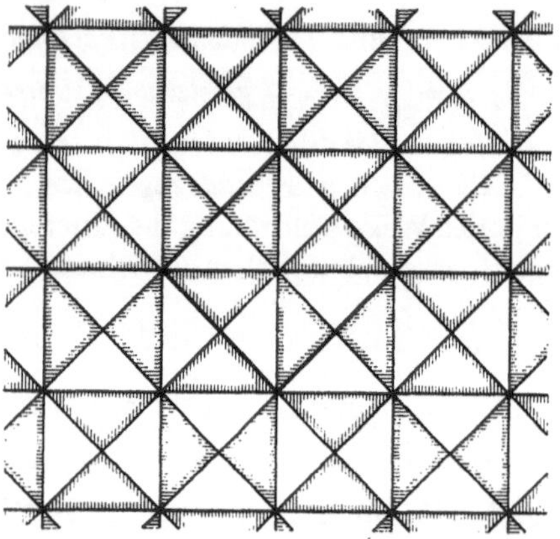

Fig. 92. Dreiecksnetz im Falle 4_{II}: $(\frac{1}{2}, \frac{1}{4}, \frac{1}{4})$.

x ist im Falle 4_{II} eine spezielle elliptische Funktion von η, und zwar eine sog. lemniskatische Funktion.

Die Bezeichnung „lemniskatisch" rührt daher, daß die Berechnung der Bogenlänge der Lemniskate auf ein elliptisches Integral erster Gattung und damit auf die in Rede stehenden elliptischen Funktionen führt (vgl. SERRET-SCHEFFERS [1], Bd. 2, S. 308; ferner auch FRICKE [1], 1. Teil, S. 193).

Ähnlich ist es in den anderen Fällen 3_{II} und 5_{II}.

Jedesmal erhält man im Falle II einfachperiodische oder elliptische Funktionen mit speziellen Moduln.

Im Falle II sind wir also immer noch im Bereiche der bekannten Funktionen geblieben, wenn wir auch das Gebiet der rationalen Funktionen verließen. Zu ganz neuen Funktionen höchst merkwürdigen Charakters gelangt man aber durch Umkehrung der η-Funktionen des Falles III. Diese neuen Funktionen sind zuerst von SCHWARZ [1] in seiner oft genannten Arbeit gegeben. Es scheint mir dies eine Leistung, die sich mindestens gleichwertig neben die genaue Aufzählung der algebraischen η-Funktionen stellt. Die SCHWARZsche Arbeit ist dadurch zum Vorläufer aller der späteren Arbeiten, insbesondere von POINCARÉ, über eindeutige transzendente Funktionen mit linearen Transformationen in sich geworden [*]. Wir sagen:

Um die Umkehrung der η-Funktion eindeutig zu machen, genügt es auch im Falle III,

$$\lambda = \frac{1}{L}, \qquad \mu = \frac{1}{M}, \qquad \nu = \frac{1}{N}$$

zu setzen; es gibt also jetzt nicht eine endliche, sondern eine unendliche Anzahl von Tripeln natürlicher Zahlen L, M, N, für welche

$$\frac{1}{L} + \frac{1}{M} + \frac{1}{N} < 1$$

ist. *Es ist zu zeigen, daß jedes dieser unendlich vielen Wertsysteme mit eindeutiger Umkehrbarkeit der zugehörigen Funktion* $\eta\left(\frac{1}{L}, \frac{1}{M}, \frac{1}{N}; x\right)$ *verbunden ist.*

Ein spezieller Fall, nämlich $L = M = N = \infty$, d. h. $\lambda = \mu = \nu = 0$, also die Funktion $x(\eta)$, welche durch Umkehrung von $\eta(0, 0, 0; x)$ entsteht, war von seiten der analytischen Darstellung schon länger bekannt, wenn man sich auch über ihren funktionentheoretischen Charakter erst seit SCHWARZ' Untersuchung klar geworden ist [**]. Es ist die sog. *elliptische Modulfunktion.*

Das Dreieck der elliptischen Modulfunktion hat die Winkel 0, 0, 0. Es existiert ein durch seine drei Ecken gehender Kreis, auf welchem alle drei Seiten senkrecht stehen. Dieser Orthogonalkreis geht in sich selbst über, wenn ich die η-Ebene durch Spiegelung an irgendeiner Seite des Dreiecks umforme, und zwar so, daß das Innere des Orthogonalkreises in sich und das Äußere in sich transformiert wird.

Fig. 93. Dreieck der elliptischen Modulfunktion mit einigen Spiegelbildern.

So oft ich also das Dreieck durch Spiegelung vervielfältigen mag, ich kann nie aus dem Inneren des Orthogonalkreises herausgelangen. Wohl aber kann ich das ganze Innere bis in beliebige Nähe der Peripherie mit Dreiecken ausfüllen. Dies ist leicht zu sehen, wenn man (durch lineare Abbildung) z. B. den Orthogonalkreis sowie zwei (beliebige) Seiten des Dreiecks (0, 0, 0) zu Geraden macht; in der Tat ist es dann anschaulich klar, daß jeder Punkt des von einer solchen Seite und von dem Orthogonalkreis eingeschlossenen Gebietes durch unsere Spiegelungen erreichbar ist. Bei Annäherung an den Orthogonalkreis drängen sich die einzelnen Dreiecke sozusagen immer dichter zusammen; der Orthogonalkreis ist die „natürliche Grenze" der Funktion $x(\eta)$, über welche hinaus die Funktion auf keine Weise analytisch fortgesetzt werden kann. Also:

x wird eine eindeutige Funktion von η, welche im Innern eines Kreises der η-Ebene analytisch ist und diesen Kreis zur natürlichen Grenze hat; wie man daraus erkennt, daß bei der Reproduktion der Dreiecke sich diese beim Zuschreiten auf den Grenzkreis (Orthogonalkreis) immer mehr häufen.

Ganz ähnlich liegen die übrigen Fälle $\lambda = \frac{1}{L}$, $\mu = \frac{1}{M}$, $\nu = \frac{1}{N}$ mit $\lambda + \mu + \nu < 1$.

Jedesmal ist x eine im Innern des zum Dreieck (λ, μ, ν) gehörigen Orthogonalkreises eindeutige analytische Funktion von η, welche diesen Kreis als natürliche Grenze besitzt. Ein Eckpunkt des Dreiecks (λ, μ, ν) liegt dann und nur dann auf dem Orthogonalkreis, wenn der zugehörige Exponent Null ist.

Ich gebe heute noch eine zweite Figur für die eindeutigen $x(\eta)$ mit Grenzkreis.

Man denke sich das Ausgangsdreieck der Fig. 93 durch seine drei Höhen zerlegt. Dadurch zerfällt es in sechs Dreiecke mit den Winkelzahlen $0, \frac{1}{3}, \frac{1}{2}$. Diese schraffiere man abwechselnd und vervielfältige die Figur, wie gestern, durch Spiegelung an den Seiten des großen Dreiecks. Man wird ebenfalls eine schlichte Überdeckung der Ebene mit Dreiecken bekommen, und zwar wieder nur im Innern des Orthogonalkreises, welcher nicht nur für die großen Dreiecke $(0, 0, 0)$, sondern auch für die kleinen Dreiecke $(\frac{1}{2}, \frac{1}{3}, 0)$ Orthogonalkreis ist. [Weiter ausgeführt ist die Figur in KLEIN (FRICKE) [4], Bd. 1, S. 112ff., indem eigentlich diese Figur die Grundlage für meine Behandlung der Modulfunktionen bildet. Daselbst findet man auch auf S. 109 die Figur für die Winkelzahlen $(\frac{1}{2}, \frac{1}{3}, \frac{1}{7})$.]

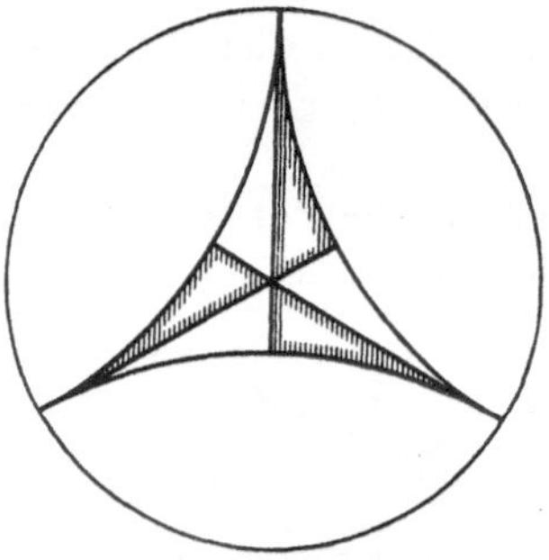

Fig. 94. Dreieck der elliptischen Modulfunktion mit seinen sechs, durch die „Höhen" erzeugten Teildreiecken.

Wie wird man nun alle diese Funktionen $x(\eta)$ für $\left(\frac{1}{L}, \frac{1}{M}, \frac{1}{N}\right)$ analytisch charakterisieren?

Wir denken uns die, vermittels der verschiedenen linearen Substitutionen aus dem (beliebig zu wählenden) Ausgangsdreieck D_0 entstehenden, Dreiecke beliebig numeriert. Durch eine bestimmte lineare Substitution

$$\eta_1 = \frac{\alpha_\varkappa \eta + \beta_\varkappa}{\gamma_\varkappa \eta + \delta_\varkappa}, \qquad \varkappa = 1, 2, \ldots$$

geht dann das (schraffierte) Ausgangsdreieck D_0 über in irgendein anderes *schraffiertes* Dreieck der Figur, etwa in das $\varkappa$-te Dreieck $D_\varkappa$. Zwei entsprechende Punkte der beiden Dreiecke, d. h. zwei Punkte, von welchen

Beginn der einundsechzigsten Vorlesung.

der eine aus dem anderen durch die genannte Substitution hervorgeht, entsprechen aber demselben Punkte der x-Ebene; es gilt also die Funktionalgleichung:

$$x\left(\frac{\alpha_\varkappa \eta + \beta_\varkappa}{\gamma_\varkappa \eta + \delta_\varkappa}\right) = x(\eta),$$

und zwar für unendlich viele Zahlensysteme $\alpha_\varkappa, \beta_\varkappa, \gamma_\varkappa, \delta_\varkappa$, entsprechend den unendlich vielen Dreiecken im Innern des Grenzkreises. Also werden wir folgendermaßen sagen dürfen:

x ist eine eindeutige regulär-analytische Funktion von η, welche durch die einzelnen Substitutionen einer diskontinuierlichen Gruppe linearer Substitutionen von abzählbar unendlich hoher Ordnung in sich übergeführt wird.

Anmerkung: Hierin tritt die Beziehung unserer linearen Substitutionsgruppe zur *nichteuklidischen (n. e.) Geometrie* hervor.

Betrachten wir die Kugel der Veränderlichen η als Fundamentalfläche einer n. e. Maßbestimmung, so können wir alle linearen Transformationen der Veränderlichen η einfach als Bewegungen des ganzen Raumes im Sinne dieser n. e. Maßbestimmung deuten. Bei jeder unserer drei Arten von Gruppen I, II, III bleibt dabei ein bestimmter Punkt des Raumes fest, nämlich der Schnittpunkt der Ebenen, in denen die drei Dreiecksseiten liegen. Wir haben es also im Sinne der n. e. Maßbestimmung mit bloßen Drehungen und Spiegelungen in dem Strahlen- und Ebenenbündel zu tun, welches durch den festen Punkt geht. Übertragen wir nun die in diesem Strahlenbündel mit Beziehung auf die Kugel als Fundamentalfläche geltende Maßbestimmung auf die Kugel selbst, *so erscheinen alle Dreiecke unseres Netzes einander kongruent bzw. symmetrisch kongruent im Sinne dieser Maßbestimmung.* Die letztere hat im Falle I elliptischen Charakter, im Falle II parabolischen und im Falle III hyperbolischen Charakter. Demgemäß gelten im Falle I die Formeln der gewöhnlichen sphärischen Trigonometrie, im Falle II die der gewöhnlichen ebenen Trigonometrie und im Falle III die der GAUSS-LOBATSCHEWSKYschen Trigonometrie, d. h. der n. e. Geometrie im engeren Sinne [*].

Dabei ist unser Dreiecksnetz das übersichtlichste geometrische Bild der Monodromiegruppe der η-Funktion, d. h. der Gruppe linearer Substitutionen, welche ein Zweig der η-Funktion erfährt, wenn man x alle möglichen geschlossenen Umläufe in seiner Ebene ausführen läßt. Bei jedem solchen Umlauf geht nämlich η von einem Punkte eines schraffierten oder nichtschraffierten Dreiecks in den entsprechenden Punkt eines anderen schraffierten bzw. nichtschraffierten Dreiecks über. Jeden solchen Übergang können wir als eine Bewegung auffassen. Also:

Die Monodromiegruppe der Funktion $\eta(x)$ ist dargestellt durch diejenige Gruppe n. e. Bewegungen, bei denen der Mittelpunkt unseres Kerns fest bleibt und bei welcher die Gesamtheit unserer nebeneinanderliegenden *abwechselnd gegensinnig (invers) und gleichsinnig (eigentlich) kongruenten Dreiecke in sich übergeht.*

So ist mit jeder unserer Funktionen $\eta(x)$ eine ganz bestimmte diskontinuierliche [*] Gruppe n. e. Bewegungen verknüpft, bei welcher die Gesamtheit der in Betracht kommenden Dreiecke in sich übergeht und bei welcher daher auch die Funktion $x(\eta)$ ungeändert bleibt.

x bleibt also ungeändert, wenn man η irgendeiner Substitution $\frac{\alpha\eta+\beta}{\gamma\eta+\delta}$ dieser Gruppe unterwirft; solche Funktionen, welche bei einer Gruppe linearer Substitutionen, auf die Veränderliche ausgeübt, immer wieder „dieselbe Gestalt", griechisch „τὴν αὐτὴν μορφὴν", annehmen, nennen wir *„automorphe Funktionen":*

Die eindeutige Funktion $x(\eta)$, welche wir hier finden, ist ein erstes Beispiel für die Klasse der automorphen Funktionen.

Es ist nun eine naheliegende Frage, wie die Koeffizienten der einzelnen Substitutionen lauten. Man kann natürlich ohne Schwierigkeit für die erzeugenden Substitutionen der Gruppe die Koeffizienten wirklich berechnen und dann diese Substitutionen beliebig oft miteinander kombinieren und die Koeffizienten der so erhaltenen weiteren Substitutionen berechnen. Das führt aber schon bei Multiplikation weniger Substitutionen zu so komplizierten Formeln, daß die Rechnung bald ganz undurchführbar wird und eine Übersicht auf keine Weise zu gewinnen ist. Man will aber das arithmetische Bildungsgesetz *aller* Substitutionen gleichzeitig haben. Wir gehen auf die hiermit angeschnittene *Frage nach dem arithmetischen Bildungsgesetz der Koeffizienten $\alpha_\varkappa, \ldots, \delta_\varkappa$ im Falle einer Dreiecksfunktion nicht* näher ein und verweisen nur auf die einschlägige Literatur, insbesondere die Arbeiten von Fricke [**].

Ebenso unvollständig wird mein Bericht, wenn wir uns zu der Frage wenden, *wie man x als Funktion von η darstellen kann.*

In der Hinsicht sind zunächst die Reihenentwicklungen zu nennen, welche Poincaré aufgestellt hat und die wir als „Poincarésche Reihen" bezeichnen wollen. Aber wir sind der Meinung, daß diese Poincaréschen Reihen nur etwas Vorläufiges sind, daß sie nicht die endgültige Lösung des Problems enthalten.

Die Sache wird wohl folgendermaßen formentheoretisch anzugreifen sein.

Wenn wir η in richtiger Weise in η_1, η_2 spalten: $\eta = \frac{\eta_1}{\eta_2}$, so werden η_1, η_2 Formen vom Grade $\frac{\lambda+\mu+\nu-1}{2}$ in x_1, x_2, d. h. also umgekehrt: x_1, x_2 werden Formen von η_1, η_2 vom Grade $\frac{2}{\lambda+\mu+\nu-1}$, übrigens in den uns hier beschäftigenden Fällen immer eine negative Zahl. Wir werden dann das Problem so zu stellen haben:

Wir verlangen, daß x_1, x_2 als Formen vom Grade $\frac{2}{\lambda+\mu+\nu-1}$ von η_1, η_2 dargestellt werden.

Aber mehr als das: Seien a, b, c die den Dreiecksecken λ, μ, ν entsprechenden Verzweigungspunkte der x-Ebene.

Dann werden die Determinanten (x, a), (x, b), (x, c) nur an den entsprechenden Ecken der Dreieckseinteilung der η-Ebene verschwinden, und zwar in der Ordnung $\frac{1}{\lambda} = L$, $\frac{1}{\mu} = M$, $\frac{1}{\nu} = N$. Es werden also nicht nur die Determinanten selbst, sondern auch noch die Wurzeln

$$\sqrt[L]{(x, a)}, \quad \sqrt[M]{(x, b)}, \quad \sqrt[N]{(x, c)}$$

in der η-Ebene unverzweigte Formen von η_1, η_2 sein; also:

$$\sqrt[L]{(x, a)} = \Phi(\eta_1, \eta_2), \quad \sqrt[M]{(x, b)} = \mathrm{X}(\eta_1, \eta_2), \quad \sqrt[N]{(x, c)} = \Psi(\eta_1, \eta_2),$$

wobei man den Grad dieser drei Formen sofort angeben kann. Im Falle des Ikosaeders haben wir diese drei Formen wirklich explizit angegeben, nämlich H, f, T, und wir haben gesehen, wie schön sich vermittels derselben alle Untersuchungen gestalteten.

Wir werden also auch bei den allgemeineren Dreiecksfunktionen geradezu verlangen, die drei Formen $\Phi(\eta_1, \eta_2)$, $\mathrm{X}(\eta_1, \eta_2)$, $\Psi(\eta_1, \eta_2)$ *aufzustellen, welche gleich* $\sqrt[L]{(x, a)}$, $\sqrt[M]{(x, b)}$, $\sqrt[N]{(x, c)}$ *sind* [*].

§ 63. Darstellung aller η-Funktionen durch besondere η-Funktionen.

Aber mögen wir eine explizite Darstellung kennen oder nicht, immer steht fest, daß in allen den Fällen, von denen wir hier sprechen, x eine eindeutige Funktion von η ist. Also:

Ist $\lambda = \frac{1}{L}$, $\mu = \frac{1}{M}$, $\nu = \frac{1}{N}$, *so ist* η *selbst die uniformisierende Veränderliche, d. h* $x(\eta)$ *ist in* η *eindeutig.*

Wie finden wir jetzt in höheren Fällen der η-Funktion, wo λ, μ, ν *beliebige* Brüche oder gar irrationale oder komplexe Zahlen sind, eine solche eindeutig machende Veränderliche? Ich behaupte:

Die besprochenen ausgezeichneten η *(nämlich die zu* $\lambda = \frac{1}{L}$, $\mu = \frac{1}{M}$, $\nu = \frac{1}{N}$ *gehörigen) sind auch für die genannten höheren* η *uniformisierende Veränderliche; mit ihrer Hilfe also läßt sich nicht nur* x*, sondern lassen sich auch die anderen* η *eindeutig ausdrücken.*

Wir nehmen einen besonderen Fall vorweg.

Es liege eine η*-Funktion mit rationalen Exponenten vor:*

$$\eta^*\left(\frac{L^*}{L}, \frac{M^*}{M}, \frac{N^*}{N}; x\right).$$

Ich behaupte, daß diese η*-Funktion eine eindeutige Funktion der folgenden ausgezeichneten* η*-Funktion ist:*

$$\eta\left(\frac{1}{L}, \frac{1}{M}, \frac{1}{N}; x\right).$$

Sei etwa a der Verzweigungspunkt der x-Ebene, zu welchem der Exponent $1/L$ resp. L^*/L gehört.

Lassen wir in der η-Ebene die Veränderliche η einen Umlauf um eine Ecke λ machen, in welcher L Paare abwechselnd schraffierter und nichtschraffierter η-Dreiecke zusammenstoßen, so muß die Veränderliche x gleichzeitig die L Umläufe um den Punkt a der x-Ebene machen. Nun verhält sich aber ein Zweig der anderen Funktion η^* an der Stelle a der x-Ebene wie $(x-a)^{L^*/L} \cdot \mathfrak{P}(x-a)$. Wenn x also L Umläufe um a macht, so bleibt dieser Ausdruck ungeändert; und was in dieser Hinsicht für den speziellen Zweig der η-Funktion gilt, das gilt auch für den allgemeinen Zweig. Daher ergibt sich, daß η^* ungeändert bleibt, wenn η in seiner Ebene einen Umlauf um eine Ecke λ macht, d. h. daß η^* als Funktion von η an den Ecken unverzweigt ist. Genau dasselbe wie für die Ecken λ gilt auch für die Ecken μ und ν. Also haben wir als erstes Resultat:

η^* ist als Funktion von η im ganzen Gebiet der Veränderlichen η unverzweigt.

Daher ist η^* zufolge des Monodromiesatzes [*] eine eindeutige (reguläre) Funktion von η. Für die Anwendbarkeit des Monodromiesatzes ist es wesentlich, daß das Gebiet der Veränderlichen η einfachen Zusammenhang hat und daß es die η-Kugel „schlicht" bedeckt, d. h. nirgends über sich selbst hinübergreift. Denn hätte das Gebiet mehrfachen Zusammenhang, wäre es etwa ringförmig, so könnte man möglicherweise durch einen Umlauf um die innere Öffnung des Gebietes zu einem anderen Funktionszweig gelangen, da sich der Weg nicht auf einen Punkt zusammenziehen läßt. Ähnlich wäre es, wenn das Gebiet über sich selbst hinübergriffe; dann könnte man nämlich von einem Wert des η wieder zu demselben Wert des η gelangen, ohne doch wieder an derselben Stelle des Gebietes zu sein. Beides ist aber bei unserer Veränderlichen η nicht der Fall; denn ihr Gebiet ist, sofern es sich nicht um eine schlichte Überdeckung der ganzen Kugelfläche handelt, einfach das Innere eines Kreises.

Wir schließen also:

Aus der Unverzweigtheit der Funktion $\eta^*(\eta)$ folgt im vorliegenden Falle die Eindeutigkeit von η^* als Funktion von η, weil nämlich das Gebiet der Veränderlichen η in allen Fällen einfach zusammenhängend ist und die η-Ebene nirgends mehrfach überdeckt.

Nun wollen wir ein Beispiel betrachten, wo wir eine Funktion η^* durch eine Funktion η wirklich explizit eindeutig darstellen können.

Wir wählen als Funktion η die zum Elementardreieck $\frac{1}{2}, \frac{1}{3}, \frac{1}{5}$ des Ikosaeders gehörige Funktion: $\eta\left(\frac{1}{2}, \frac{1}{3}, \frac{1}{5}; x\right)$.

Wir wissen jetzt, daß jedes η^* von folgender Form:

$$\eta^*\left(\frac{L^*}{2}, \frac{M^*}{3}, \frac{N^*}{5}; x\right)$$

durch das zum Elementardreieck gehörige η eindeutig, also hier, wo es sich nur um algebraische Beziehungen handelt, rational darstellbar sein muß.

Wir wollen nun zusehen, welche unter den unendlich vielen Ikosaederdreiecken so beschaffen sind, daß sie zum Elementardreieck in der gewollten Beziehung stehen, daß also λ^*, μ^*, ν^* die Form $\frac{L^*}{2}, \frac{M^*}{3}, \frac{N^*}{5}$ haben.

Eine erste Reihe von Beispielen wird durch die sämtlichen verwandten Funktionen der Elementarfunktion gebildet. Aber diese Funktionen haben wir schon neulich (§ 59) rational durch das zum Elementardreieck gehörige η ausgedrückt, und wir brauchen also jetzt nicht darauf zurückzukommen.

Aber es gibt beim Ikosaeder auch noch andere η-Funktionen, deren Exponenten die Gestalt $\frac{L^*}{2}, \frac{M^*}{3}, \frac{N^*}{5}$ haben. Wir brauchen nur z. B. an das aus sieben Elementardreiecken bestehende Minimaldreieck $(\frac{1}{2}, \frac{2}{5}, \frac{1}{3})$ zu denken (S. 261). Ebenso haben natürlich die hiermit verwandten Dreiecke als Nenner der Winkelzahlen die Zahlen 2, 5, 3. Wir sagen also:

$\eta(\frac{1}{2}, \frac{2}{5}, \frac{1}{3}; x)$ und seine verwandten Funktionen bilden eine neue Serie von η-Funktionen, welche sich durch $\eta(\frac{1}{2}, \frac{1}{5}, \frac{1}{3}; x)$ rational darstellen lassen müssen.

Die Formeln für diese eindeutige Darstellung findet man bei FISCHER [1]. Wir geben hier einen kurzen Bericht:

Man wird η und η^* beide in der früher geschilderten Weise je in zwei ganze und teilerfremde Π-Formen spalten, welche wir als homogene Veränderliche benutzen:

$$\eta = \eta_1 : \eta_2, \quad \eta^* = \eta_1^* : \eta_2^*;$$

und wir werden nun anzusetzen haben:

$$\eta_1^* = \varphi^*(\eta_1, \eta_2), \quad \eta_2^* = \psi^*(\eta_1, \eta_2),$$

unter φ^*, ψ^* ganze rationale Formen n-ten Grades verstanden, wobei n die Anzahl der im Dreieck η^* enthaltenen η-Dreiecke vorstellt.

Wir werden außer dem Minimaldreieck $(\frac{1}{2}, \frac{2}{5}, \frac{1}{3})$ noch die drei Nebendreiecke hier mit in Betracht ziehen; die Winkelzahlen und die Zahlen n für die vier Dreiecke lauten (vgl. auch die Fig. 95, S. 298):

λ	μ	ν	n	
$\frac{1}{2}$	$\frac{2}{5}$	$\frac{1}{3}$	7	$\varphi : \psi$
$\frac{1}{2}$	$\frac{3}{5}$	$\frac{1}{3}$	13	$\varphi_1 : \psi_1$
$\frac{1}{2}$	$\frac{2}{5}$	$\frac{2}{3}$	17	$\varphi_2 : \psi_2$
$\frac{1}{2}$	$\frac{3}{5}$	$\frac{2}{3}$	23	$\varphi_3 : \psi_3$

Für jedes dieser Dreiecke haben wir ein Formenpaar φ^*, ψ^* je vom Grade n anzugeben, und zwar sind die Koeffizienten in den Formen so einzurichten, daß φ^* und ψ^* gegenüber den Ikosaedersubstitutionen der η_1, η_2 ein bestimmtes charakteristisches Verhalten zeigen. Wenn man

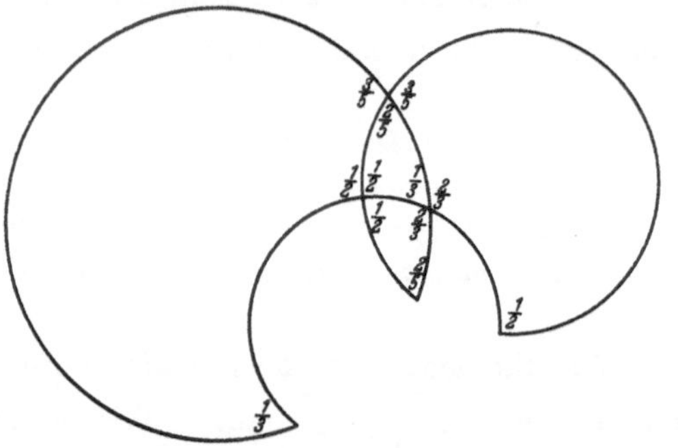

Fig. 95. Minimaldreieck $(\frac{1}{2}, \frac{2}{5}, \frac{1}{3})$ des Ikosaederfalles mit seinen drei Nebendreiecken.

nämlich x alle möglichen geschlossenen Umläufe machen läßt, so erleidet sowohl η, wie $\eta^* = \frac{\varphi^*}{\psi^*}$ die Ikosaedersubstitutionen, aber beide Veränderlichen erleiden sie in verschiedener Reihenfolge. Wenn man also η den Ikosaedersubstitutionen unterwirft, so müssen φ^* und ψ^* derart beschaffen sein, daß $\eta^* = \frac{\varphi^*}{\psi^*}$ ebenfalls die Ikosaedersubstitutionen erleidet, nur in anderer Reihenfolge. Die Koeffizienten der Ikosaedersubstitutionen lassen sich alle rational durch $\varepsilon = e^{\frac{2\pi i}{5}}$ ausdrücken (vgl. Klein [5], S. 43), und nun stellt sich das gegenseitige Entsprechen der Substitutionen von η und speziell derjenigen von $\eta^*(\frac{1}{2}, \frac{2}{5}, \frac{1}{3}; x)$ so, daß man aus jeder Substitution des η die entsprechende von η^* erhält, indem man ε durch ε^2 ersetzt (Fischer [1], S. 60).

Die Substitutionen, welche η^* bei Umläufen des x erleidet, sind ebenfalls Ikosaedersubstitutionen, sie sind aber mit den Substitutionen des η im einzelnen nicht identisch, sondern ergeben sich aus ihnen (bei Zugrundelegung des von uns in der Ikosaedertheorie immerzu benutzten Koordinatensystems), indem man überall ε durch ε^2 ersetzt.

Gordan *hat ein solches Verhalten als kontragredient bezeichnet.*

Dies überträgt sich auch auf die homogenen Ikosaedersubstitutionen; es kommt also folgendes heraus:

Die φ und ψ sind nicht beliebige rationale ganze Formen n-ten Grades, sondern sie müssen so gebildet sein, daß sie zu η_1, η_2 sich kontragredient verhalten.

Wir haben so in erster Linie eine rein algebraische Aufgabe zu erledigen, nämlich alle Formenpaare φ^*, ψ^* vom Grade n aufzustellen, welche sich zu η_1, η_2 kontragredient verhalten.

Da stellen sich nun ganz ähnliche Verhältnisse ein wie früher bei der Aufsuchung kogredienter Formensysteme.

Nach dem Beweise von GORDAN ([1], S. 386) *bauen sich die allgemeinsten kontragredienten* φ^*, ψ^* *aus vier Grundpaaren* $\varphi, \psi;\ \varphi_1, \psi_1;\ \varphi_2, \psi_2;\ \varphi_3, \psi_3$ *mit Hilfe invarianter Multiplikatoren* G *in folgender Weise auf:*

$$\varphi^* = G\varphi + G_1\varphi_1 + G_2\varphi_2 + G_3\varphi_3,$$
$$\psi^* = G\psi + G_1\psi_1 + G_2\psi_2 + G_3\psi_3.$$

Dabei sind die Grundformen φ, ψ usw. durch folgende Formeln gegeben (vgl. FISCHER [1], S. 63):

$$\varphi = \eta_1^7 - 7\eta_1^2\eta_2^5,$$
$$\psi = 7\eta_1^5\eta_2^2 + \eta_2^7,$$
$$\varphi_1 = 26\eta_1^{10}\eta_2^3 - 39\eta_1^5\eta_2^8 - \eta_2^{13},$$
$$\psi_1 = \eta_1^{13} - 39\eta_1^8\eta_2^5 - 26\eta_1^3\eta_2^{10},$$
$$\varphi_2 = \eta_1^{17} + 119\eta_1^{12}\eta_2^5 + 187\eta_1^7\eta_2^{10} + 17\eta_1^2\eta_2^{15},$$
$$\psi_2 = -17\eta_1^{15}\eta_2^2 + 187\eta_1^{10}\eta_2^7 - 119\eta_1^5\eta_2^{12} + \eta_2^{17},$$
$$\varphi_3 = -46\eta_1^{20}\eta_2^3 + 1173\eta_1^{15}\eta_2^8 + 391\eta_1^{10}\eta_2^{13} + 207\eta_1^5\eta_2^{18} - \eta_2^{23},$$
$$\psi_3 = \eta_1^{23} + 207\eta_1^{18}\eta_2^5 - 391\eta_1^{13}\eta_2^{10} + 1173\eta_1^8\eta_2^{15} + 46\eta_1^3\eta_2^{20}.$$

Auf Grund des GORDAN*schen Ansatzes verlangt die völlige Bestimmung der* φ^*, ψ^* *für einen einzelnen Dreiecksfall nur noch die Festlegung derjenigen Konstanten, welche in* G, G_1, G_2, G_3 *bei gegebenem Grad enthalten sind, und diese Festlegung der Konstanten wird sich beispielsweise durch Heranziehen der hypergeometrischen Reihen für* $\eta_1^* = \varphi^*$, $\eta_2^* = \psi^*$ *und* η_1, η_2 *ausführen lassen.*

Insbesondere werden die φ^*, ψ^* *für unser Minimaldreieck (für welches* $n = 7$*) und seine drei Nebendreiecke (für welche* $n = 13, 17, 23$*) ganz direkt durch die* GORDAN*schen Grundformenpaare* $\varphi, \psi;\ \varphi_1, \psi_1;\ \varphi_2, \psi_2;\ \varphi_3, \psi_3$ *selbst gegeben* (FISCHER [1], S. 67).

Was wir so beim Ikosaeder durchgeführt haben, das wird man nun versuchen müssen, auch bei den allgemeineren *transzendenten Dreiecksfunktionen* (bei rationalen λ, μ, ν) zu leisten.

Wir werden auch hier darauf ausgehen müssen, die zu einem Dreieck $\lambda^* = \frac{L^*}{L}$, $\mu^* = \frac{M^*}{M}$, $\nu^* = \frac{N^*}{N}$ gehörigen Formen η_1^*, η_2^* durch die zum Dreieck $\lambda = \frac{1}{L}$, $\mu = \frac{1}{M}$, $\nu = \frac{1}{N}$ gehörigen Formen η_1, η_2 eindeutig auszudrücken (wenn auch nicht mehr rational), durch Formeln der Art

$$\eta_1^* = \varphi_n^*(\eta_1, \eta_2), \qquad \eta_2^* = \psi_n^*(\eta_1, \eta_2),$$

wobei der Grad

$$n = \frac{\lambda^* + \mu^* + \nu^* - 1}{\lambda + \mu + \nu - 1}$$

übrigens nicht mehr notwendig eine ganze Zahl ist.

Es käme darauf an, analytisch brauchbare Darstellungen dieser ganzen transzendenten Formen zu geben, wobei man alle verwandten Funktionen zusammenfassen müßte.

Die besagten Formen zeigen gegenüber den zum η-Dreieck gehörigen Substitutionen ein entsprechendes Verhalten wie im Ikosaederfall; sie erleiden selbst lineare Substitutionen, nämlich die zum η^*-Dreieck gehörigen Substitutionen. Übrigens sind die beiden, einander so entsprechenden Substitutionsgruppen im allgemeinen verschiedene Gruppen, während sie im Ikosaederfall sich nur durch die Anordnung unterscheiden.

Ich habe für derartige Funktionen einen eigenen Namen in Vorschlag gebracht.

Wir nennen solche Formenpaare φ, ψ, welche bei den linearen Substitutionen der η_1, η_2 selbst lineare Substitutionen erleiden, homomorphe Formen.

Was die analytische Darstellung dieser Formen betrifft, so hat wieder Poincaré (vgl. insbesondere Poincaré [3]) gewisse Reihenentwicklungen aufgestellt. Aber es gilt von diesen dieselbe Bemerkung, welche wir zu seinen Reihen für die automorphen Formen machen mußten.

Die Poincaréschen Reihen scheinen noch nicht das endgültige Bildungsgesetz für die Formen φ, ψ zu enthalten.

Man wird versuchen, diejenigen homomorphen Formen, welche zu den η_1^*, η_2^* einer bestimmten Verwandtschaft gehören, aus einer kleinen Zahl einfachster homomorpher Formen mit Hilfe automorpher Multiplikatoren linear zusammenzusetzen.

In der letzten Stunde haben wir als uniformisierende Veränderliche für eine η-Funktion mit rationalen Exponenten $\eta^*\left(\frac{L^*}{L}, \frac{M^*}{M}, \frac{N^*}{N}; x\right)$ die Funktion $\eta\left(\frac{1}{L}, \frac{1}{M}, \frac{1}{N}; x\right)$ kennengelernt. Daß dieses η als uniformisierende Veränderliche für η^* brauchbar ist, beruht, wie wir gesehen haben, darauf, daß, wenn η infolge irgendwelcher Umläufe von x in seiner Ebene einen geschlossenen Umlauf macht, daß dann immer auch η^* einen geschlossenen Umlauf macht; umgekehrt brauchen aber geschlossenen Umläufen der Veränderlichen η^* durchaus nicht geschlossene Umläufe von η zu entsprechen; man kann etwa sagen: η darf höchstens dann einen geschlossenen Umlauf machen, wenn gleichzeitig η^* einen geschlossenen Umlauf macht.

Diese Bedingung ist aber, welches auch die Exponenten von η^* sein mögen, gewiß immer erfüllt, wenn man η so wählt, daß es in seiner Ebene überhaupt keine Umläufe macht.

Beginn der zweiundsechzigsten Vorlesung.

Können wir ein derartiges η finden, welches eindeutig umkehrbar ist und welches nie geschlossene Umläufe macht, welche Umläufe auch x um seine drei singulären Punkte ausführen mag, so muß in *diesem* η *jede beliebige* Funktion $\eta^*(\lambda, \mu, \nu; x)$ eindeutig sein, auch wenn λ, μ, ν irrational oder komplex sind. Bei ganzzahligen L, M, N geht aber $\eta\left(\frac{1}{L}, \frac{1}{M}, \frac{1}{N}; x\right)$ nach L Umläufen des x um a wieder in sich selbst über; dagegen soll das gewünschte η nach keiner endlichen Zahl von Umläufen in sich übergehen. Um zu einem solchen η zu gelangen, müßten wir also sozusagen $L = \infty$ setzen, ebenso $M = \infty$ und $N = \infty$, d. h. wir müßten $\lambda = \mu = \nu = 0$ nehmen. *Wir bekommen so die bekannte elliptische Modulfunktion*

$$\eta(0, 0, 0; x).$$

Und diese Funktion erfüllt nun in der Tat die gestellten Bedingungen, wie ein Blick auf die entsprechende Dreiecksteilung zeigt; denn da alle Dreiecke sich schlicht aneinanderlegen, so ist x in η eindeutig, und da die Ecken sämtlich auf dem Grenzkreis liegen, so ist kein Umlauf um dieselben möglich, vielmehr durchläuft man, bei wiederholtem Umlauf des x um einen Verzweigungspunkt der x-Ebene, nur der Reihe nach eine gewisse Anzahl der in der entsprechenden Ecke zusammenstoßenden Dreiecke der η-Teilung (Modulteilung), und solcher Dreiecke sind unbegrenzt viele vorhanden.

Lasse ich nun das Ausgangsdreieck dieser Modulteilung irgendeinem Dreieck einer ganz beliebigen anderen η-Funktion η^* entsprechen, so entspricht dem Übergang zu einem benachbarten Dreieck der Funktion η^* auch der Übergang zum benachbarten Dreieck der Modulteilung. Wenn nun auch in der η^*-Ebene irgendein Dreieck, in das man so gelangt, über das Ausgangsdreieck hinübergreift, so kann dies mit dem entsprechenden Dreieck der η-Ebene doch nicht geschehen, d. h. aber, daß zwar evtl. einem Werte von η^* mehrere Werte von η entsprechen können, nicht aber einem Werte von η mehrere Werte von η^*.

Wir haben also das wichtige Resultat:

Die Funktion $\eta(0, 0, 0; x)$ ist unter allen eindeutig umkehrbaren η-Funktionen dadurch ausgezeichnet, daß an den Stellen $x = a$, $x = b$, $x = c$ immer unendlich viele Blätter der x-Ebene zusammenhängen bzw. in den Stellen $\eta = a_1$, $\eta = b_1$, $\eta = c_1$ immer unendlich viele Dreiecke zusammenstoßen.

Indem wir dieses $\eta(0, 0, 0; x)$ als unabhängige Veränderliche einführen, wird nicht nur x und eine beschränkte Zahl anderer η-Funktionen, sondern es werden mit einem Schlage alle η-Funktionen in eindeutige Funktionen verwandelt (vgl. KLEIN [3], Bd. 3, S. 64).

Sie sehen, welche Perspektiven sich an diesen Satz anschließen:

Sowie es gelingt, die Aussage unseres Satzes in wirkliche bequeme Formeln umzusetzen, so werden alle Beziehungen zwischen hypergeometrischen Funktionen sich als rechnerische Identitäten darstellen.

Es ist das ganz ähnlich, wie man die sämtlichen Beziehungen zwischen elliptischen Funktionen, zu denen man sonst auf funktionentheoretischem Wege gelangen mag, rein rechnerisch als Theta-Relationen darstellen kann.

Was diese explizite, eindeutige Darstellung aller η^* durch die Modulfunktion betrifft, so wird ja eine solche in der Tat durch die POINCARÉschen homomorphen Reihen geleistet; jedoch sind diese Reihen zum Rechnen nicht bequem genug, so daß sie noch nicht als ein den Theta-Reihen der elliptischen Funktionen gleichwertiges Hilfsmittel gelten können. Wir wollen dies so formulieren:

POINCARÉs *homomorphe Reihen sind noch zu schwerfällig, als daß man mit ihnen rechnen könnte. Es fehlt noch die hier postulierte bequeme analytische Darstellung* [*], [**].

Anmerkungen.

Zu Seite 1. [*] Vgl. hierüber z. B. COURANT-HILBERT [1], besonders Kap. 7; sowie auch GAUSS [1], S. 127.

Zu Seite 2. [*] Zur Ergänzung der geschichtlichen und literarischen Angaben sei schon hier verwiesen auf HILB [1] sowie FABER-PRINGSHEIM [1], auch WHITTAKER und WATSON [1], Kap. 14.; ferner, bezüglich GAUSS, auf SCHLESINGER [4].

[**] Dazu kommen noch die einschlägigen Nummern in RIEMANN [2].

Zu Seite 3. [*] Man vgl. auch die auf den hypergeometrischen Fall bezüglichen Bemerkungen von L. SCHLESINGER im Vorwort zu Bd. 12 (1. Serie) der Opera Omnia von EULER (= EULER [2]), S. VIIff.

Zu Seite 5. [*] Vgl. z. B. COURANT [1], Bd. 2, S. 224ff.

[**] Für das Folgende vgl. auch RIEMANN [2], S. 86ff. Die Differentiation nach x unter dem Integralzeichen ist gestattet, weil das Integral, erstreckt über den durch Differentiation erhaltenen Integranden, gleichmäßig in x konvergiert; ebenso wie das ursprüngliche Integral (dabei ist etwa $-\frac{1}{\eta} \leqq x \leqq 1-\eta$ anzunehmen, $\eta > 0$ beliebig klein, aber fest), vgl. z. B. COURANT [1], Bd. 2, S. 224ff.

Zu Seite 10. [*] Spezieller sind die GAUSSschen Relationen als *Differenzengleichungen* zu bezeichnen. Vgl. die Anmerkung [*] zu Seite 12.

[**] Betr. Kettenbrüche sei gleich hier auf das Lehrbuch von PERRON [1], insbesondere Kap. 8, hingewiesen. — Das Zeichen $1 + \frac{A_1|}{|1} + \cdots + \frac{A_k|}{|1}$ bedeutet soviel wie

$$1 + \cfrac{A_1}{1 + \cdots \, \cfrac{\ddots}{\cfrac{A_{k-1}}{1 + \cfrac{A_k}{1}}}}.$$

Den der Potenzreihe „korrespondierenden" Kettenbruch kann man (vgl. PERRON [1], S. 307ff.) durch fortgesetzte Division erhalten:

Man hat nämlich (rein formal):

$$\mathfrak{P}(x) = 1 + Bx\mathfrak{Q}_1(x) = 1 + \frac{Bx}{\mathfrak{P}_1(x)} \quad \text{(falls } B \neq 0\text{)},$$

wo $\mathfrak{P}_1(x)$ eine Potenzreihe in x bedeutet und $\mathfrak{P}_1(0) = 1$. Wendet man auf $\mathfrak{P}_1(x)$ das gleiche Verfahren an wie auf $\mathfrak{P}(x)$, und fährt so fort, so kommt man zur gewünschten Kettenbruchentwicklung und erkennt, daß A_ν rational von den ν ersten Koeffizienten in $\mathfrak{P}(x)$ abhängt. Man beachte aber, daß unser Verfahren versagt, wenn z. B. der Koeffizient B in der Potenzreihe Null ist. Definition des Begriffes „mit einer Potenzreihe korrespondierender Kettenbruch" sowie notwendige und hinreichende *Bedingungen dafür, daß zu einer Potenzreihe ein unendlicher korrespondierender Kettenbruch existiert* bei PERRON [1], S. 304. *Aus der Konvergenz der Potenzreihe kann man im allgemeinen nicht auf die Konvergenz des korrespondierenden Kettenbruches schließen und umgekehrt.* (Siehe die Beispiele bei PERRON [1], S. 340ff.; ferner auch S. 354ff.)

Zu Seite 12. [*] Vgl. GAUSS [1], S. 135ff.; ferner PERRON [1], S. 352. Die GAUSSsche Kettenbruchentwicklung stützt sich auf die zwischen verwandten (bzw. benachbarten) Funktionen bestehenden Differenzengleichungen, nämlich auf die „relationes inter functiones contiguas". Es handelt sich also um die Auflösung von Differenzengleichungen durch Kettenbrüche. In dieser Hinsicht ist die GAUSSsche Entwicklung ein Spezialfall allgemeinerer Sätze. Man vgl. z. B. NÖRLUND [3], S. 438ff., sowie die Literaturangaben bei WALTHER [1], S. 1239.

Wegen anderer Kettenbruchentwicklungen im Zusammenhange mit der hypergeometrischen Funktion sei auf PERRON [1], S. 483ff., verwiesen.

Zu Seite 13. [*] Vgl. auch z. B. KNOPP [1], S. 297ff.
[**] Vgl. KNOPP [1], S. 179 und 419.

Zu Seite 14. [*] Zur Begründung sei bemerkt: Die Glieder unserer Reihe sind:

$$u_0 = 1, \quad u_\nu = \frac{a(a+1)\dots(a+\nu-1)\,b(b+1)\dots(b+\nu-1)}{\nu!\,(c+k)(c+k+1)\dots(c+k+\nu-1)}, \quad \nu = 1, 2, \dots$$

Die u_ν haben sämtlich das gleiche Vorzeichen für alle ν, die größer sind als $N_0 = \mathrm{Max}(1-a,\ 1-b,\ 1-c)$; denn der Übergang von u_ν zu $u_{\nu+1}$ erfolgt ja (für $\nu > N_0$) durch Multiplikation mit einem positiven Faktor (weil auch $k > 0$). Ferner strebt u_ν für beliebiges, aber festgehaltenes $\nu \geqq 1$ (und für $k > -c$) monoton gegen Null mit $k \to \infty$.

Da nun wegen $a + b - c < 0$ unsere Reihe für $k \geqq 0$ konvergiert (vgl. S. 15), so können wir ein $\nu_0 > N_0$ und ein $k_0 > -c$ so wählen, daß $|u_{\nu_0} + u_{\nu_0+1} + \cdots| = |R_{\nu_0}| < \frac{\varepsilon}{2}$ ist für $k = k_0$. Da aber die $u_{\nu_0}, u_{\nu_0+1}, \dots$ nach dem oben Bemerkten alle gleiches Zeichen haben und monoton gegen Null gehen mit $k \to \infty$, so ist sogar $|R_{\nu_0}| < \frac{\varepsilon}{2}$ für *jedes* $k \geqq k_0$ Wegen $u_\nu \to 0$, für $k \to \infty$ und für festes $\nu \geqq 1$, ist ferner $|u_1 + \cdots + u_{\nu_0-1}| < \frac{\varepsilon}{2}$, sobald nur k genügend groß, etwa $k > k_1 \geqq k_0$ (bei festem ν_0). Somit ist

$$\left|\sum_{\nu=1}^{\infty} u_\nu\right| < \varepsilon \text{ für } k > k_1, \text{ d. h. } \lim_{k\to\infty} \sum_{\nu=0}^{\infty} u_\nu = 1, \text{ w. z. z. w.}$$

Zu Seite 15. [*] Einen sehr durchsichtigen Beweis, der zugleich ein wesentlich allgemeineres Konvergenzkriterium liefert, hat WIRTINGER [4] gegeben. Der Gedankengang ist folgender: Es gelte für den Quotienten je zweier benachbarter Glieder der unendlichen Reihe $\sum_{\nu=1}^{\infty} u_\nu$ die Darstellung

$$\frac{u_{n+1}}{u_n} = 1 - \frac{h}{n} - \frac{\Theta_n}{n^2},$$

wobei h eine von Null verschiedene, reelle oder komplexe Zahl ist und die Θ_n (gleichmäßig für alle n) beschränkt sind. Man erhält daraus

$$\log \frac{u_{n+r}}{u_n} = -h\left(\sum_{\varrho=0}^{r-1} \frac{1}{n+\varrho}\right) - \Theta^*_{nr}\left(\sum_{\varrho=0}^{r-1} \frac{1}{(n+\varrho)^2}\right),$$

wo auch die Θ^*_{nr} gleichmäßig in n und r beschränkt sind, also in Rücksicht auf die bekannte Konvergenz von $\left[\sum_{\nu=1}^{k} \frac{1}{\nu} - \log k\right]$ für $k \to \infty$:

$$u_{n+r} = C_{nr}(n+r)^{-h},$$

wo die C_{nr} ebenfalls gleichmäßig beschränkt sind. Die Frage nach der Konvergenz von $\sum u_\nu$ ist damit zurückgeführt auf die nach der Konvergenz von $\sum \nu^{-h}$. Man vgl. Näheres bei WIRTINGER [4], a. a. O.

[**] Vgl. auch wegen weiterer Literatur KNOPP [1], S. 412—415; betr. Verallgemeinerungen des Folgenden vgl. man SCHLESINGER [1], Bd. 1, S. 228ff.

Zu Seite 16. [*] Wir wollen hier der Kürze wegen sagen: Die periodische Funktion $f(x)$ mit der Periode 2π sei durch ihre Fourierreihe darstellbar, wenn die „Fourierreihe von $f(x)$" nämlich

$$a_0 + \sum_{\nu=1}^{\infty} (a_\nu \cos \nu x + b_\nu \sin \nu x), \quad \text{mit} \quad a_\nu = \frac{1}{2\pi}\int_0^{2\pi} f(x) \cos \nu x \, dx \quad \text{usw.},$$

an jeder Stetigkeitsstelle von $f(x)$ gegen $f(x)$ konvergiert. Dabei ist $f(x)$ in $0 \leqq x \leqq 2\pi$ als reell, eindeutig und im RIEMANNschen Sinne integrierbar vorausgesetzt.

Zum Beweise der im Text aufgestellten Behauptungen seien die Werte von F auf $|x| = 1$ mit $f_1(\varphi) + i f_2(\varphi)$ bezeichnet, wo also $f_1(\varphi)$, $f_2(\varphi)$ reelle und, bis auf endlich viele Stellen φ, auch stetige Funktionen von φ sein sollen. *Wegen der über das Verhalten von F auf dem Kreise im Texte gemachten Annahmen* gilt (vgl. S. 19), abgesehen von den Unstetigkeitsstellen des f_1 bzw. f_2:

$$f_1(\varphi) = \sum_{\nu=0}^{\infty} (\alpha_\nu \cos \nu\varphi + \beta_\nu \sin \nu\varphi),$$

$$f_2(\varphi) = \sum_{\nu=0}^{\infty} (\gamma_\nu \cos \nu\varphi + \delta_\nu \sin \nu\varphi),$$

wo also die Reihen rechts (bis auf endlich viele Werte φ) konvergieren und wobei

$$\alpha_\nu = \frac{1}{2\pi}\int_0^{2\pi} f_1(\varphi) \cos \nu\varphi \, d\varphi, \quad \gamma_\nu = \frac{1}{2\pi}\int_0^{2\pi} f_2(\varphi) \cos \nu\varphi \, d\varphi \quad \text{usw.} \quad (\nu = 1, 2, \ldots).$$

(Die Integrale sind im RIEMANNschen Sinne zu verstehen; übrigens aber sind sie uneigentliche Integrale, falls F singuläre Stellen auf $|x| = 1$ besitzt.)

Betrachten wir andererseits unsere Potenzreihe im Innern des Kreises $|x| = |re^{i\varphi}| < 1$, und setzen

$$f_1(r, \varphi) + i f_2(r, \varphi) =$$
$$= \sum_{\nu=0}^{\infty} (A_\nu \cos\nu\varphi - B_\nu \sin\nu\varphi) r^\nu + i \sum_{\nu=0}^{\infty} (B_\nu \cos\nu\varphi + A_\nu \sin\nu\varphi) r^\nu,$$

so gilt (wegen der für $0 \leqq \varphi \leqq 2\pi$ und festes $r < 1$ gleichmäßigen Konvergenz der letzten Reihe):

$$\frac{1}{2\pi}\int_0^{2\pi} f_1(r, \varphi) \cos\nu\varphi \, d\varphi = A_\nu r^\nu \text{ usw.}$$

Da nach Voraussetzung $f_1(r, \varphi)$ und $f_2(r, \varphi)$ in $|x| \leqq 1$, abgesehen von der Umgebung der endlich vielen singulären Punkte von F gleichmäßig stetig sind, und da f_1 und f_2 in diesen singulären Punkten nicht zu stark unendlich werden, so ergibt sich

$$A_\nu = \lim_{r\to 1}\left(\frac{1}{2\pi}\int_0^{2\pi} f_1(r, \varphi)\cos\nu\varphi\, d\varphi\right) = \frac{1}{2\pi}\int_0^{2\pi} f_1(\varphi)\cos\nu\varphi\, d\varphi = \alpha_\nu \text{ usw.}$$

Daher konvergiert $\sum_{\nu=0}^{\infty} (A_\nu \cos\nu\varphi + B_\nu \sin\nu\varphi)$ usw., w. z. z. w. Aus der Theorie der Fourierreihen kann man ferner entnehmen, daß die Konvergenz unserer Reihe in jedem abgeschlossenen Stetigkeitsintervall gleichmäßig ist. (Vgl. auch Anmerkung [**] zu S. 16).

[**] Eine andere, auf funktionentheoretischem Wege erhältliche Konvergenzbedingung ist beispielsweise folgende: Wir beschränken uns auf den Fall $\Re(a + b - c) < 1$ und benutzen von den früheren Feststellungen hier nur, daß im vorliegenden Falle die Koeffizienten unserer hypergeometrischen Reihe mit wachsendem Index gegen Null konvergieren (vgl. S. 15). Nach einem von M. RIESZ herrührenden Satze (vgl. z. B. LANDAU [1], S. 73) konvergiert daher die Reihe und sogar gleichmäßig auf jedem abgeschlossenen Bogen des Einheitskreises, welcher keinen singulären Punkt der durch unsere Reihe definierten Funktion F enthält. Um weitergehende Aussagen machen zu können, muß man jetzt natürlich Näheres über die singulären Stellen von $F(x)$ wissen.

Zu Seite 17. [*] Der Satz von (FATOU-) RIESZ (vgl. S. 16, Anmerkung [**]) gestattet also zu schließen, daß *im Falle* $\Re(a + b - c) < 1$ *die hypergeometrische Reihe auf jedem den Punkt* $x = 1$ *nicht enthaltenden abgeschlossenen Bogen des Einheitskreises gleichmäßig konvergiert.* (Man vgl. damit das früher [S. 15] gewonnene Ergebnis.)

Zu Seite 19. [*] Man vgl. z. B. KNOPP [1], S. 384.

Zu Seite 20. [*] Vgl. z. B. KNOPP [1], S. 383.

Zu Seite 21. [*] Weitere Literatur bei HILB [1], S. 550.

[**] Man vgl. bezüglich der Lehre von den Kugelfunktionen auch HOBSON [1].

Zu Seite 22. [*] Vgl. z. B. HEINE [1], Bd. 1, S. 99ff.; ferner 109ff. und 120ff.

[**] Es mag noch darauf hingewiesen werden, daß sich auch für den Fall der HEINEschen Reihe Kettenbruchentwickelungen ergeben (vgl. PERRON [1], S. 314 und 354).

Zu Seite 23. [*] Ferner ist hier die Arbeit von SCHLESINGER [3] zu nennen, welcher von der Bemerkung ausgeht, daß die beiden hypergeometrischen Funktionen $y_1 = F(\alpha, \beta; \gamma; x)$ und $y_2 = F(\alpha, \beta; \gamma - 1; x)$: *Erstens* dem folgenden System von linearen Differentialgleichungen genügen:

$$x \frac{dy_1}{dx} = \alpha_{11} y_1 + \alpha_{21} y_2,$$

$$(x-1) \frac{dy_2}{dx} = \alpha_{12} y_1 + \alpha_{22} y_2,$$

wobei die α_{jk} von x unabhängig sind;

Zweitens durch bestimmte Integrale darstellbar sind:

$$y_1 = p_1 \int_{\mathfrak{D}} \zeta^{\alpha-\gamma} (\zeta - 1)^{\gamma-\beta-1} (\zeta - x)^{-\alpha} \, d\zeta \text{ usw.},$$

wo p_1 von x unabhängig und $\mathfrak{D}$ ein geeigneter Integrationsweg (Doppelumlauf) ist.

SCHLESINGER fragt nun allgemein nach solchen Systemen

$$(x - a_\varkappa) \frac{dy_\varkappa}{dx} = \sum_{\nu=1}^{n} \alpha_{\nu\varkappa} y_\nu, \qquad \varkappa = 1, \ldots, n, \tag{1}$$

mit von x unabhängigen $\alpha_{\nu\varkappa}$, deren Lösungen $y_\varkappa$ Integraldarstellungen der folgenden Form gestatten

$$y_\varkappa = p_\varkappa \int_{\mathfrak{D}} (\zeta - x)^z (\zeta - a_1)^{r_1} \ldots (\zeta - a_n)^{r_n} \, d\zeta$$

und findet:

$$\alpha_{\nu\varkappa} = (r_\nu + \delta_{\nu\varkappa} z) \frac{p_\varkappa}{p_\nu}, \qquad \delta_{\nu\varkappa} = 0 \text{ oder } 1 \quad \text{für} \quad \nu \neq \varkappa \text{ bzw. } \nu = \varkappa.$$

Er erhält damit für die POCHHAMMERschen Integrale (statt der komplizierten Differentialgleichung n-ter Ordnung) das einfach gebaute System (1), mit dessen Hilfe er die Theorie der $y_\varkappa$ in sehr durchsichtiger Weise aufbaut.

Betreffend weitere Literatur vgl. APPELL [1]; evtl. auch HILB [1], S. 551–553.

[**] Eine andere Verallgemeinerung der hypergeometrischen Funktion rührt von WIRTINGER [2] her. Es handelt sich dabei um bestimmte Integrale auf algebraischen Gebilden, und zwar betrachtet man die Integrale als Funktionen der Moduln dieser algebraischen Gebilde. Vgl.

die Angaben bei FRICKE [2], S. 469—470, wo auch weitere Literatur angegeben ist.

[***] Der Leser wird für eine strenge und einfachere Behandlung verwiesen auf NÖRLUND [2]. Man vgl. auch NÖRLUND [1], S. 718.

Zu Seite 24. [*] Vgl. aber die LIEsche Integrationstheorie, in welcher eine Systematik gegeben wird, in LIE [1]; auch SERRET-SCHEFFERS [1], Bd. 3, Kap. 3.

[**] Eine andere Frage wäre dann die nach einer Charakterisierung derjenigen Differentialgleichungen, die durch Funktionen einer vorgegebenen Klasse integrierbar sind; vgl. evtl. HILB [1], S. 524ff.

Zu Seite 25. [*] Die Theorie solcher (nicht notwendig analytischer) Funktionen (deren Untersuchung — im Falle komplexer Veränderlicher — sich übrigens immer auf die von *reellen* Funktionen *reeller* Veränderlicher zurückführen läßt) hat seit dem Jahre 1893, in welchem KLEIN die vorliegende Vorlesung abhielt, bekanntermaßen außerordentliche Fortschritte gemacht, wesentlich unter dem Einfluß der CANTORschen Mengenlehre. Man vgl. z. B. ROSENTHAL [1] und KAMKE [1] bzw. die dort zitierten Lehrbücher.

[**] Vgl. dazu die Anmerkung [*], S. 33.

[***] Zur Ergänzung dieses kurzen Hinweises bezüglich der Theorie der linearen Differentialgleichungen vgl. man etwa die geschichtlichen Bemerkungen bei SCHLESINGER [1], Bd. 1, S. 1ff.

Zu Seite 27. [*] Wegen einer anderen Darstellung sowie wegen anderer Methoden sei verwiesen z. B. auf SCHLESINGER [2], § 34—37.

Zu Seite 32. [*] Zunächst sieht man, daß $A_\nu^* > 0$, sobald nur $A_0^* \geqq 0$, $A_1^* \geqq 0$ (und nicht beide Null) $(\nu = 2, 3, \ldots)$. Es gilt aber sogar $A_{\nu+1}^* > A_\nu^*$ $(\nu \geqq 2)$, wenn etwa $P > 2$ ist $(A_0^* \geqq 0, A_1^* \geqq 0, A_0^* + A_1^* > 0)$. In der Tat: Es ist $\frac{\nu - 2 + P}{\nu} > 1$, ferner jedenfalls $A_2^* > 0$. Daher ist $A_3^* > A_2^*$. Allgemein folgt aus $A_\nu^* > 0$ sogleich $A_{\nu+1}^* > A_\nu^*$, w. z. z. w. Die *Annahme* $P > 2$ bedeutet natürlich für unsere Zwecke keine Einschränkung der Allgemeinheit und soll *im folgenden gemacht* werden. — Für $A_0^* = 1$, $A_1^* = 0$ bzw. $A_0^* = 0$, $A_1^* = 1$ erhält man insbesondere die Reihen $\sum L_\nu^* z^\nu$ bzw. $\sum M_\nu^* z^\nu$, nämlich Majoranten für $\sum L_\nu z^\nu$ bzw. $\sum M_\nu z^\nu$.

Zu Seite 33. [*] Setzt man fest, daß y_1 und y_2 linear unabhängig seien, daß sie z. B. an der Stelle $x = 0$ die Werte $y_1(0) = 1$, $y_1'(0) = 0$ bzw. $y_2(0) = 0$, $y_2'(0) = 1$ annehmen, so nehmen $c_1 y_1 + c_2 y_2$ und seine Ableitung bei passender Wahl von c_1, c_2 an der Stelle $x = 0$ beliebig vorgegebene Werte $y(0)$ und $y'(0)$ an. Ferner ist bekanntlich *durch* $y(0)$ *und* $y'(0)$ *die Lösung der Differentialgleichung bereits eindeutig bestimmt (Eindeutigkeitssatz)*, und die Lösung ist eine lineare (also regulär analytische) Funktion von $y(0)$ und $y'(0)$. (Vgl. auch SCHLESINGER [2], S. 43ff.)

[**] Zur Vermeidung von Mißverständnissen sei hervorgehoben: Bewiesen ist lediglich, daß etwaige singuläre Punkte der Lösungen unserer Differentialgleichung *nur* in die singulären Punkte der Koeffizienten $p(z)$ und $q(z)$ fallen *können*, aber *nicht*, daß jede Lösung dort singulär sein *muß*. Dies ist allgemein auch nicht beweisbar. Beispiel: $y'' - \frac{2}{x-1}y' + \frac{2}{(x-1)^2}y = 0$ besitzt als (linear unabhängige) Lösungen: $y = 1 - x$ und $y = 1 - 2x + x^2$. Die Reihenentwicklungen dieser Lösungen (an der Stelle $x = 0$) sind aber beständig konvergent, während doch $x = 1$ gewiß eine singuläre Stelle der Differentialgleichung ist.

In diesem Zusammenhang ist auf den folgenden allgemeinen Satz (PERRON [2], S. 23) hinzuweisen: Sind die Koeffizienten $A_\nu(x)$ von

$$A_0(x)\,y^{(n)} + A_1(x)\,y^{(n-1)} + \cdots + A_n(x)\,y = 0$$

ganze (rationale oder transzendente) Funktionen, hat ferner $A_0(x)$ nur s Nullstellen, jede ihrer Vielfachheit entsprechend gezählt, so sind mindestens $(n - s)$ Lösungen der Differentialgleichung ganze Funktionen. — Demzufolge hat z. B. unsere oben verwendete Hilfsdifferentialgleichung immer eine Lösung, welche (auch) in $x = 1$ regulär ist. — Ferner beachte man, daß im Falle *nichtlinearer* Differentialgleichungen die Lösungen auch an solchen Stellen Singularitäten besitzen können, an denen sich die Differentialgleichung (bzw. ihre Koeffizienten) selber regulär verhält. Beispiel: $y' + y^2 = 0$ besitzt die in $x = x_0$ singuläre Lösung $y = (x - x_0)^{-1}$. Diesbezügliche allgemeine Untersuchungen bei SCHLESINGER [2], § 14ff. Vgl. auch HILB [2].

Zu Seite 37. [*] Eine Ausnahme macht z. B. der Fall, daß γ und $-a$ oder daß γ und $-b$ nichtnegative ganze Zahlen sind. Dann ist die in $y = x^\alpha\mathfrak{P}(x)$ auftretende Potenzreihe $\mathfrak{P}(x)$ ein Polynom, und die Reihe konvergiert für alle endlichen x. Vgl. die Zusätze im Text auf S. 3 und 8.

Zu Seite 41. [*] Wegen anderweitiger Bestimmung von y_2 vgl. SCHLESINGER [2], S. 214. Beispiele für das Auftreten dieser Ausnahmefälle bei der hypergeometrischen Differentialgleichung finden sich etwa in der Theorie der elliptischen Modulfunktionen. Vgl. FRICKE [1], I. Teil, insbesondere S. 334ff.; auch KLEIN [4], Bd. 1, Abschnitt 1, Kap. 2.

[**] Setzen wir $\beta + \alpha' + \gamma = \tilde{a}$, $\beta' + \alpha' + \gamma' = \tilde{b}$, so gilt (nach dem Mittelwertsatz):

$$\begin{aligned}\frac{1}{\varepsilon}(Y_2 - Y_1) &= \frac{1}{\varepsilon}x^{\alpha'}(1-x)^\gamma\left[x^\varepsilon F(\tilde{a}+\varepsilon, \tilde{b}+\varepsilon; 1+\varepsilon; x) - F(\tilde{a}, \tilde{b}; 1-\varepsilon; x)\right] \\ &= x^{\alpha'}(1-x)^\gamma\Bigg[\Bigg\{\left(\frac{dx^\zeta}{d\zeta}\right)F(\tilde{a}+\zeta, \tilde{b}+\zeta; 1+\zeta; x) \\ &\quad + x^\zeta\frac{dF(\tilde{a}+\zeta, \tilde{b}+\zeta; 1+\zeta; x)}{d\zeta}\Bigg\}_{\zeta=\vartheta_1\varepsilon} \\ &\quad - \left\{\frac{dF(\tilde{a}, \tilde{b}; 1-\zeta; x)}{d\zeta}\right\}_{\zeta=\vartheta_2\varepsilon}\Bigg].\end{aligned}$$

Somit:

$$\lim_{\varepsilon\to 0}\frac{Y_2-Y_1}{\varepsilon}=x^{\alpha'}(1-x)^{\gamma}\left[\left\{\left(\frac{dx^{\varepsilon}}{d\varepsilon}\right)_{\varepsilon=0}F(\tilde a,\tilde b;1;x)+\frac{\partial F(\tilde a,\tilde b;1;x)}{\partial\tilde a}\right.\right.$$
$$\left.+\frac{\partial F(\tilde a,\tilde b;1;x)}{\partial\tilde b}+\left(\frac{\partial F(\tilde a,\tilde b;1+\varepsilon;x)}{\partial\varepsilon}\right)_{\varepsilon=0}\right\}$$
$$\left.+\left(\frac{\partial F(\tilde a,\tilde b;1+\varepsilon;x)}{\partial\varepsilon}\right)_{\varepsilon=0}\right],$$

woraus wegen

$$2\left(\frac{\partial F(\tilde a,\tilde b;1+\varepsilon;x)}{\partial\varepsilon}\right)_{\varepsilon=0}=\left(\frac{\partial F(\tilde a,\tilde b;1+2\varepsilon;x)}{\partial\varepsilon}\right)_{\varepsilon=0}$$

die Behauptung des Textes folgt.

Zu Seite 42. [*] Vgl. z. B. SCHLESINGER [2], S. 212ff; ferner GAUSS [1], S. 214ff.

Zu Seite 44. [*] Unter einer Diedergruppe versteht man eine endliche Gruppe $2n$-ter Ordnung, deren sämtliche Elemente sich aus zwei Elementen A und B erzeugen lassen, für welch letztere die Beziehungen bestehen: $A^n = \mathsf{E}$, $B^2 = \mathsf{E}$, $AB = BA^{-1}$ (E = Einselement der Gruppe). Vgl. Näheres bei SPEISER [1], S. 22 und 29.

Zu Seite 45. [*] Eine Tabelle der 24 Lösungen beispielsweise bei SCHLESINGER [1], Bd. 1, S. 265.

Zu Seite 50. [*] Daß die hier auftretenden Reihen *analytische* Funktionen der Parameter α, α' usw. sind, muß natürlich noch bewiesen werden. Man kann dies hier so zeigen: Die Koeffizienten u_ν der F-Reihen sind rationale Funktionen der $\alpha, \alpha', \ldots$ Sobald man ferner nur die $\alpha, \alpha', \ldots$ auf passend gewählte Gebiete beschränkt, z. B. auf eine Umgebung von $\alpha = 0$, $\alpha' = 0$, $\beta = 0$, $\beta' = 0$, $\gamma = 0$, $\gamma' = 0$, sind die $u_\nu x_1^\nu$ bei passendem x_1 (d. h. für $|x_1| < 1$, $|1 - x_1| < 1$) ihrem absoluten Betrage nach kleiner als die Glieder einer konvergenten geometrischen Reihe mit von $\alpha, \alpha', \ldots$ unabhängigen Gliedern. Daher konvergiert $\sum u_\nu x_1^\nu$ gleichmäßig; die Summe der Reihe ist mithin (nach dem WEIERSTRASSschen Doppelreihensatz) eine analytische Funktion von $\alpha, \alpha', \ldots$

Zu Seite 51. [*] In der soeben gewonnenen Darstellung für $F(a, b; c; 1)$ ist die rechte Seite — von trivialen Ausnahmen abgesehen — stets sinnvoll, während die linke Seite der Konvergenzbedingung $\Re(c - a - b) > 0$ zu unterwerfen ist. Die Beantwortung der in dieser Bemerkung liegenden Frage ergibt sich leicht aus der Betrachtung der vorhin (S. 50) entwickelten Relation (0) (in welcher wir jetzt statt der α, β, γ die a, b, c einführen):

$$F(a,b;c;x)=\alpha_\gamma F(a,b;a+b-c+1;1-x)$$
$$+\alpha_{\gamma'}(1-x)^{c-a-b}F(c-b,c-a;c-a-b+1;1-x).$$

Zu Seite 53. [*] Wobei aber mit dem Worte „Zweig", hier wenigstens, nicht gesagt sein soll, daß jeder „Zweig" aus jedem anderen durch analytische Fortsetzung gewonnen werden kann.

Zu Seite 55. [*] Da y_1^*, y_2^* aus y_1, y_2 durch analytische Fortsetzung erhalten sind, so müssen y_1^*, y_2^* linear unabhängig sein, wenn y_1, y_2 linear unabhängig sind, und es ist infolgedessen $|c_{ik}| \neq 0$, d. h. die Substitution ist nichtsingulär.

Zu Seite 59. [*] Ist nämlich $\varrho_1 \neq \varrho_2$, so kann die Matrix $\left\|\begin{matrix} c_{11}-\varrho_j & c_{21} \\ c_{12} & c_{22}-\varrho_j \end{matrix}\right\|$, $j = 1, 2$, nicht den Rang Null haben, d. h. es kann nicht $c_{11}-\varrho = c_{21} = c_{12} = c_{22}-\varrho = 0$ eintreten, weil andernfalls $c_{11} = c_{22}$, $c_{12} = c_{21} = 0$, also $\varrho_1 = \varrho_2$ wäre. Daher hat (im Falle $\varrho_1 \neq \varrho_2$) die Determinante den Rang 1, so daß $k_1 : k_2$ bzw. $l_1 : l_2$ tatsächlich bestimmt sind. Ferner sind z_1, z_2 für $\varrho_1 \neq \varrho_2$ sicher linear unabhängig, also ist $k_1 l_2 - k_2 l_1 \neq 0$. Man kann die Existenz der kanonischen Form unserer Substitution auch unmittelbar aus den allgemeinen Sätzen der Elementarteilertheorie entnehmen, die sich auf Substitutionen n-ter Ordnung beziehen. Vgl. hierüber z. B. KLEIN [1], S. 379ff.; HAUPT [1], S. 621ff. Zu den ganzen nachfolgenden Betrachtungen des Textes kann man noch vergleichen SCHLESINGER [2], S. 146ff.; betr. Differentialgleichungen beliebiger Ordnung, außer SCHLESINGER [1], auch HORN [1], § 37ff.

[**] Daß eine solche kanonische Form wirklich existiert, kann man etwa so einsehen: Setzt man wieder

$$z_1 = k_1 y_1 + k_2 y_2; \quad z_2 = l_1 y_1 + l_2 y_2,$$

so erhält man als Bedingungsgleichungen

$$\begin{aligned} (c_{11}-\varrho) k_1 + c_{21} k_2 &= \sigma l_1, \\ c_{12} k_1 + (c_{22}-\varrho) k_2 &= \sigma l_2, \end{aligned} \qquad \sigma \neq 0,$$

wo $(c_{11}-\varrho)(c_{22}-\varrho) - c_{12}c_{21} = \varrho^2 - (c_{11}+c_{22})\varrho + (c_{11}c_{22} - c_{12}c_{21}) = 0$ und etwa $l_1 = c_{22}-\varrho$, $l_2 = -c_{12}$ gesetzt werden kann. (Es darf ja $c_{12} \neq 0$ angenommen werden.) Die beiden linearen, inhomogenen Gleichungen zur Bestimmung von k_1, k_2 haben nun zwar die Determinante Null; aber die Lösbarkeitsbedingung $\sigma[c_{12}(c_{22}-\varrho) + (c_{11}-\varrho)c_{12}] = 0$ ist wegen $\varrho_1 = \varrho_2 = \varrho$ und $2\varrho = c_{11} + c_{22}$ erfüllt. Daher existiert eine nichttriviale Lösung k_1, k_2. (Es kann $\sigma = 1$ gesetzt werden.) Daß z_1 und z_2 linear unabhängig sind, ist aus ihrem Verhalten beim Umlauf klar. (Vgl. auch die allgemeinen Sätze der Elementarteilertheorie, Anmerkung [*] zu S. 59.)

Zu Seite 61. [*] Im Hinblick auf später mag noch erwähnt werden, daß sich die Gestalt derjenigen Funktionszweige, welche sich beim Umlauf um den betrachteten singulären Punkt kanonisch substituieren, auch durch folgenden allgemeinen Schluß bestimmen läßt: Betrachten wir der Einfachheit wegen nur den allgemeinen Fall ($\varrho_1 \neq \varrho_2$) und setzen $\varrho_j = e^{2\pi i \alpha_j}$ $(j = 1, 2)$, so bleibt $z_j x^{-\alpha_j} = u_j$ beim Umlauf um $x = a$ ungeändert, hat also in $x = a$ höchstens eine isolierte Singularität; d. h.

$u_j = L_j(x)$ oder $z_j = x^{\alpha_j} L_j(x)$, wo L_j als Laurentreihe darstellbar ist. Daß nun im hypergeometrischen Falle insbesondere $L_j(x)$ nur einen Pol in $x = a$ besitzt, bedarf allerdings eines besonderen Beweises, den wir übergehen können (vgl. dazu die Anmerkung [**] zu Seite 116).

Zu Seite 62. [*] Literatur: HILB [1]; auch WINKLER [1]. Lehrbücher: HORN [1], SCHLESINGER [1] und [2].

Zu Seite 63. [*] Vgl. die geschichtlichen Bemerkungen bei SERRET-SCHEFFERS [1], Bd. 2, S. 589.

[**] Vgl. z. B. WHITTAKER und WATSON [1], Kap. 12. Bibliographie bei BRUNEL [1] und bei NIELSEN [1] (bis 1906). Man sehe ferner die völlig elementare, äußerst einfache Einführung von ARTIN [1]; den Ausgangspunkt bildet dabei die Tatsache, daß die Gammafunktion die einzige für alle positiven x definierte und logarithmisch-konvexe Lösung der Funktionalgleichung $f(x+1) = x f(x)$ ist, wenn noch $f(1) = 1$ normiert wird. Eine Funktion heißt dabei „logarithmisch-konvex", wenn sie positiv ist und wenn ihr reeller Logarithmus eine konvexe Funktion ist.

[***] Bezüglich der durch die Gammafunktion vermittelten konformen Abbildung vgl. LENSE [1] sowie GINZEL [1].

Zu Seite 64. [*] Ein Schleifenintegral findet sich bereits bei RIEMANN [1], S. 146, allerdings für den Fall der ζ-Funktion. Es mag in diesem Zusammenhange (vgl. auch S. 95 und § 20 des Textes) auf ein anderes Verfahren der „Erweiterung" des bestimmten Integrals hingewiesen werden, welches auf CAUCHY [1] und WEIERSTRASS ([1], Bd. 1, S. 122) zurückgeht. Diese Erweiterung, welche in den meisten Fällen das gleiche leistet wie das Schleifen- (bzw. Doppelumlauf-) Integral und oft viel bequemer ist, kann andeutungsweise so erklärt werden: Es sei $f(x)$ regulär, etwa in $|x| < r$, und der Realteil von t sei größer als -1. Dann ist in

$$\int_0^a x^t f(x)\,dx = \sum_{\nu=0}^{\infty} \frac{a^{t+\nu+1}}{t+\nu+1} \frac{f^{(\nu)}(0)}{\nu!}$$

die Reihe rechts konvergent (falls $|a| < r$) und Element einer in t eindeutigen, meromorphen Funktion $\Phi(t)$, deren Pole in $t = -\varrho - 1$, $\varrho = 0, 1, \ldots$ liegen, vorausgesetzt, daß alle $f^{(\varrho)}(0)$ von Null verschieden sind. Die zugehörigen Residuen sind $f^{(\varrho)}(0) : \varrho!$. Mit anderen Worten: $\Phi(t)$ ist die durch das bestimmte Integral (solange es konvergiert) definierte analytische Funktion von t. Die in Rede stehende „Erweiterung" von CAUCHY-WEIERSTRASS hat gegenüber der Darstellung durch Schleifen- bzw. Doppelumlaufintegrale den Vorteil, auch im Falle ganzzahliger positiver t Aufschluß über das Verhalten der Funktion zu geben, während da die Schleifenintegrale usw. verschwinden bzw. auf „unbestimmte Ausdrücke der Form 0/0" führen.

Zu Seite 65. [*] Bezüglich des Aufbaues der in Rede stehenden RIEMANNschen Fläche sei für den Anfänger folgendes bemerkt. Man denke sich die u-Ebene längs der positiven reellen Achse (also von $u = 0$ über $u = 1$ bis $u = \infty$) aufgeschnitten; in einem solchen aufgeschnittenen Blatt ist dann $u^{p-1}(1-u)^{q-1}$ bzw. jeder Zweig dieser Funktion eindeutig. Die gewünschte RIEMANNsche Fläche erhält man jetzt, indem man jedem der verschiedenen Funktionszweige ein besonderes Blatt zuordnet und die einzelnen Blätter längs je eines der „Schnitte" von $u = 0$ bis $u = 1$ bzw. von $u = 1$ bis $u = \infty$ so „aneinanderheftet", daß die Funktionswerte an den zu verschmelzenden Schnittufern gleich sind. Der Anfänger vgl. hierzu KNOPP [2], S. 116ff.

[**] Vgl. weiter RIEMANN [2], S. 69ff. und ferner auch KLEIN [3], Bd. 2, S. 568.

[***] Man kann auch vergleichen OSGOOD [1], S. 98, Fußnote 239.

Zu Seite 67. [*] Vgl. die Literaturangaben in OSGOOD [1], S. 112ff. und FRICKE [3], Nr. 17.

Zu Seite 68. [*] Im Hinblick auf später mag hier noch folgendes angefügt werden: Wir nennen eine in den (komplexen) Veränderlichen x_1, x_2 analytische Funktion $f(x_1, x_2)$ eine *Form vom Grade (von der Dimension) k*, wenn

$$t^k f(x_1, x_2) = f(tx_1, tx_2)$$

für alle (komplexen) t in einer Umgebung der Stelle $t = 1$. Dabei bezeichnet k eine (komplexe oder speziell reelle) Konstante und t^k denjenigen Zweig der Potenz, welcher für $t = 1$ den Wert 1 hat; ferner sind x_1, x_2, ebenso wie tx_1, tx_2 natürlich stets auf den zugrunde liegenden Definitionsbereich zu beschränken. Wird nun $t = x_2^{-1}$ gewählt und $x = x_1 : x_2$ gesetzt (vorausgesetzt, daß dies zulässig ist), so erhält man

$$f(x_1, x_2) = x_2^k f(x; 1),$$

wo jetzt $f(x; 1)$ nur noch von *einer* komplexen Veränderlichen abhängt. Alles überträgt sich sinngemäß auf den Fall von n Veränderlichen $x_1, \ldots, x_n$ $(n \geqq 3)$ (vgl. auch OSGOOD [1], S. 112/113).

Zu Seite 69. [*] Vgl. HURWITZ-COURANT [1], S. 128ff.; ferner ARTIN [1].

[**] Literaturangaben bei NÖRLUND [1], S. 703. Vgl. ferner wegen weitergehender Sätze auch OSTROWSKI [1].

Zu Seite 72. [*] Zum Beweise, daß die Kurve wirklich so verläuft, daß also insbesondere ihre erste Ableitung nach p monoton ist, zeigt man, daß $\Gamma(p)\Gamma''(p) > 0$ für jedes in Frage kommende reelle p. Vgl. ARTIN [1], z. B. S. 16.

Zu Seite 73. [*] Für $p = -\nu$ $(\nu = 0, 1, 2, \ldots)$ wird das Glied $\frac{1}{\nu!\,(p+\nu)}$ sinnlos. Die nach Wegnahme dieses Gliedes übrigbleibende Reihe konvergiert aber auch noch für $p = -\nu$. Im übrigen ist die Konvergenz unserer ganzen Reihe sogar gleichmäßig hinsichtlich p in jedem beschränkten, abgeschlossenen, die Stellen $p = -\nu$ $(\nu = 0, 1, \ldots)$ nicht enthaltenden Bereiche der p-Ebene.

Zu Seite 74. [*] Die nähere Ausführung dieser Beweisandeutung (es handelt sich um die Vertauschung zweier Grenzübergänge) findet man z. B. bei WHITTAKER und WATSON [1], S. 242.

[**] Vgl. z. B. KNOPP [1], S. 455.

Zu Seite 76. [*] Auf S. 14 ist zwar nur der Fall *reeller* a, b, c behandelt; doch übertragen sich die Betrachtungen sogleich auch auf den Fall komplexer a, b, c.

Zu Seite 79. [*] Daß unser Schleifenintegral bzw. die dadurch definierte ganze Funktion keine anderen Nullstellen mehr besitzt, ergibt sich etwa durch Heranziehung des Komplementensatzes. Geschichtliches bezgl. der Darstellung der Gammafunktion durch das Schleifenintegral (nach SCHLÄFLI zuerst von WEIERSTRASS gefunden) bei NIELSEN [1], S. 148.

Auch STIELTJES [1] hat einen Beweis angegeben dafür, daß $\Gamma(x)$ keine Nullstellen besitzt, ihre Reziproke also ganz ist.

[**] Vgl. die geschichtlichen Bemerkungen bei NIELSEN [1], § 4.

Zu Seite 81. [*] Vgl. die Anmerkung [*] zu S. 82.

Zu Seite 82. [*] Es ist nämlich durch die soeben angestellten Überlegungen noch nicht gezeigt, daß außer den so gefundenen Nullstellen auch keine anderen mehr existieren. Die von KLEIN im Texte gestellte Frage, wie man auch diese Eindeutigkeitsbehauptung aus der Betrachtung des Doppelumlaufsintegrals ablesen könne, wird von H. SCHMIDT [1], S. 355, beantwortet

Zu Seite 86. [*] Die fraglichen Integrale, als *Funktionen der Integrationsgrenze* betrachtet („unbestimmte" Integrale), liefern übrigens bei reellen $\alpha, \beta, \ldots$ die konforme Abbildung von ebenen, schlichten, einfach zusammenhängenden, geradlinigen Polygonen auf eine Kreisscheibe, falls die Verzweigungspunkte des Integranden alle auf einem Kreise liegen; andernfalls liefern sie konforme Abbildungen der Oberflächen (der „Netze") von schlichtartigen Polyedern auf die Vollebene (die Abbildung ist konform natürlich nur bis auf die Ecken). Die zwischen den Verzweigungspunkten des Integranden erstreckten, bestimmten Integrale, soweit sie einen Sinn haben, geben dann die Seitenlängen des betrachteten Polyeders. Wir erläutern dies für den Fall des Tetraeders (vgl. SCHWARZ [2]). Hierbei handelt es sich um das Integral (inhomogen geschrieben)

$$w = w_0 + C\int_{x_0}^{x} (u-a)^{\alpha}(u-b)^{\beta}(u-c)^{\gamma}(u-d)^{\delta}\,du,$$

durch welches die x-Ebene auf das (in der w-Ebene gelegene) Netz eines Tetraeders ein-eindeutig und konform abgebildet wird, falls a, b, c, d nicht sämtlich auf einem Kreise liegen; und zwar kann man durch passende Wahl der $C, a, \ldots, \alpha, \ldots, \delta$ *jedes* Tetraedernetz als Bild erhalten; die $C, a, \ldots, \delta$ sind durch Vorgabe des Netzes im wesentlichen eindeutig bestimmt (d. h. die $a, \ldots, d$ bis auf eine lineare Transformation). (Weitere Literatur bei LICHTENSTEIN [1].) Bei dieser Konstantenbestimmung (wobei ohne Beschränkung der Allgemeinheit $a = 0$, $b = 1$, $c = \infty$ angenommen werden kann und wo $d = z$ gesetzt sei) handelt es sich dann (vgl. SCHWARZ, a. a. O., S. 96) im wesentlichen darum, dem Quotienten

$$\eta = \int_0^\infty u^\alpha (u-1)^\beta (u-z)^\delta du : \int_0^1 u^\alpha (u-1)^\beta (u-z)^\delta du$$

zweier *bestimmter* Integrale durch passende Wahl von z einen vorgeschriebenen Wert zu erteilen. Die Konstantenbestimmung führt hier also wieder auf die später im Text eingehend behandelte konforme Abbildung, welche durch den Quotienten η zweier Lösungen der hypergeometrischen Differentialgleichung vermittelt wird, also der Abbildung der Halbebene auf ein Kreisbogendreieck. Die eben benutzten bestimmten Integrale sind, wie erwähnt, als Funktionen der Verzweigungsstelle $z = d$ des Integranden, Lösungen der hypergeometrischen Differentialgleichung und können auch als „Perioden" der Funktion w (unbestimmtes Integral) aufgefaßt werden. Übrigens ist w seinerseits Lösung einer inhomogenen linearen Differentialgleichung. Wegen der Verallgemeinerung auf ABELsche Integrale vgl. HILB [1], S. 553. Siehe ferner RIEMANN [2], S. 90.

[**] Bei dem nachfolgenden Grenzübergang handelt es sich nicht um irgendwelche Konvergenzbetrachtungen, es wird vielmehr nur, sozusagen rein formal, die Verallgemeinerung der Gammafunktion ermittelt (vgl. S. 73/74). Nicht bewiesen wird hier also, daß das gefundene Integral Grenzwert der betrachteten EULERschen Integrale ist.

Zu Seite 87. [*] Betr. die solcherart im hypergeometrischen Falle erhaltene Funktion („confluent hypergeometric function") sehe man z. B. WHITTAKER und WATSON [1], Kap. 16, wo auch die einschlägige Literatur angegeben ist. Die Funktion ist wiederum Lösung einer homogenen Differentialgleichung zweiter Ordnung. Insbesondere gehören dazu die BESSELschen Funktionen (vgl. auch S. 156). Siehe WHITTAKER und WATSON [1], Kap. 17.

Zu Seite 90. [*] Vgl. dazu auch RIEMANN [2], S. 75.

Zu Seite 95. [*] Wegen der notwendigen Divisionen mit $1 - e^{2i\pi\alpha}$ usw. ist aber zunächst vom Falle abzusehen, daß α usw. eine (reelle) ganze Zahl ist; *alsdann würde allerdings auch* $\overline{I}_{ad} = 0$ *usw.*; es verschwinden also dann in der Darstellung für I_{ad}^{+} usw. Zähler *und* Nenner.

Zu Seite 104. [*] Vgl. aber dazu RIEMANN [2], III A.

Zu Seite 111. [*] RIEMANN [1], S. 83. Man vgl. dazu SCHELLENBERG [1], S. 38. Der Beweis ist geliefert von WIRTINGER [1] sowie [3], S. 293. Vgl. auch die Bemerkungen bei H. SCHMIDT [1], S. 372.

Zu Seite 116. [*] Vgl. die in DICKSON [1], Kap. 1 und 2, zitierte Literatur.

[**] *Zusatz:* Über den Begriff der singulären Stelle der Bestimmtheit bei einer linearen Differentialgleichung sei folgendes angemerkt (vgl. SCHLESINGER [1], Bd. 1, insbesondere S. 138ff.): Gegeben sei die Differentialgleichung

$$y^{(k)} + Q_1(x)\, y^{(k-1)} + \cdots + Q_{k-1}(x)\, y^{(1)} + Q_k(x)\, y = 0\,,$$

wo die $Q_\varkappa(x)$ an der Stelle $x = a$ höchstens isolierte Singularitäten besitzen, d. h. für $0 < |x - a| < r$ eindeutig und regulär analytisch sind. Dann kann man durch Verallgemeinerung der früher (Anmerkung [*] zu S. 61) angestellten Betrachtungen zeigen, daß ein System von linear unabhängigen Lösungen der Differentialgleichung (Fundamentalsystem) existiert, welches aus Funktionen der folgenden Form besteht:

$$y = x^\alpha S_0(x) \quad \text{bzw.} \quad y = x^\alpha[S_0(x) + S_1(x)\log x + \cdots + S_l(x)\,(\log x)^l]\,,$$

wobei die $S_\lambda(x)$, $\lambda = 0, 1, \ldots, l$, ebenfalls in $0 < |x - a| < r$ eindeutig und regulär sind. Besitzen *sämtliche* $S_0(x), \ldots, S_l(x)$ an der Stelle $x = a$ *nur Pole*, so sagt man, y verhalte sich in $x = a$ *„bestimmt"*. Verhalten sich *alle* Lösungen des Fundamentalsystems bestimmt, so heißt $x = a$ eine *Stelle der Bestimmtheit* für die Differentialgleichung. Andernfalls spricht man von einer *„Unbestimmtheitsstelle"*.

Es gilt nun folgender *Satz* (vgl. SCHLESINGER [1], Bd. 1, S. 219ff.): Die lineare Differentialgleichung k-ter Ordnung besitze die $n + 1$ singulären verschiedenen Stellen $x = a$, $x = b, \ldots, x = t$, $x = \infty$ und keine anderen ($n \geqq 1$). *Damit alle diese Stellen zugleich Bestimmtheitsstellen seien, ist notwendig und hinreichend,* daß

$$Q_\varkappa(x) = P_\varkappa(x) \cdot [N(x)]^{-\varkappa}\,, \qquad \varkappa = 1, \ldots, k\,,$$

wo $N(x) = (x - a)(x - b)\ldots(x - t)$ und $P_\varkappa(x)$ ein Polynom von höchstens dem Grade $\varkappa(n - 1)$ ist.

Die Summe der Exponenten z. B. an der Stelle $x = a$ ist

$$s_a = \binom{k}{2} - \frac{P_1(a)}{N'(a)}\,,$$

wo $\binom{k}{2} = \dfrac{k(k-1)}{2}$. Man erkennt dies durch Betrachtung der zu $x = a$ gehörigen determinierenden Fundamentalgleichung unter Benutzung der Partialbruchzerlegung von $\dfrac{P_1(x)}{N(x)}$. (Vgl. SCHLESINGER [1], Bd. 1, S. 240ff.) Übrigens hat man jetzt:

$$\frac{P_1(x)}{N(x)} = \frac{\binom{k}{2} - s_a}{x - a} + \frac{\binom{k}{2} - s_b}{x - b} + \cdots + \frac{\binom{k}{2} - s_t}{x - t}\,.$$

Für die Exponentensumme im unendlich fernen Punkt erhält man entsprechend

$$s_\infty = -\binom{k}{2} + \left(\frac{P_1(a)}{N'(a)} + \cdots + \frac{P_1(t)}{N'(t)}\right).$$

Die Summe *aller* Exponenten ist somit $(n - 1)\dfrac{k(k-1)}{2}$.

Insbesondere hat also eine *Differentialgleichung zweiter Ordnung* ($k=2$) mit lauter singulären Stellen der Bestimmtheit die Gestalt

$$y'' + \left(\frac{1-s_a}{x-a} + \cdots + \frac{1-s_t}{x-t}\right)y'$$
$$+ \frac{1}{N(x)}\left(\frac{P_2(a)}{N'(a)}\frac{1}{x-a} + \cdots + \frac{P_2(t)}{N'(t)}\frac{1}{x-t} + G_{n-2}(x)\right)y = 0,$$

wo $G_{n-2}(x)$ ein Polynom höchstens vom Grade $(n-2)$ bedeutet. Die auftretenden Koeffizienten $\frac{P_2(a)}{N'(a)}$ usw. lassen sich wieder durch die zu $x=a$ usw. gehörigen Exponenten ausdrücken; und zwar zeigt man (durch Betrachtung der determinierenden Fundamentalgleichung), daß

$$\frac{P_2(a)}{N'(a)} = \alpha'\alpha''(a-b)\ldots(a-t) \qquad \text{usw.}$$

Ebenso ergibt sich, daß $e_1 e_2 x^{n-2}$ das höchste Glied von $G_{n-2}(x)$ sein muß, unter e_1, e_2 die zu $x=\infty$ gehörigen Exponenten verstanden (vgl. SCHLESINGER [1], Bd. 1, S. 242).

Ist *der unendlich ferne Punkt keine singuläre Stelle der Differentialgleichung*, so sind (für $k=2$) die ihm zugehörigen Exponenten gleich Null und Eins. Man hat daher

$$s_a + \cdots + s_t = n-2.$$

Ferner darf $G_{n-2}(x)$ höchstens vom Grade $(n-4)$ sein (wie man bei Einführung der Ortsuniformisierenden $\xi = x^{-1}$ leicht erkennt); die Koeffizienten von G_{n-2} sind im übrigen ganz beliebig. Man kann (für $k=2$) auch vergleichen: BÔCHER [1], S. 105ff.

Zu Seite 118. [*] Weitere Literaturangaben bei: FRICKE [3], S. 437 und ff.; 470; HILB [1], S. 498.

Zu Seite 122. [*] Vgl. z. B. HILB [3], S. 1399, 1407 und 1413.

Zu Seite 125. [*] Vgl. SCHLESINGER [1], Bd. 1, S. 197 und 203 (Kriterien für das Auftreten eines Nebenpunktes).

[**] Über hypergeometrische Differentialgleichungen bzw. Funktionen mit Nebenpunkten vgl. SCHILLING [4, 5], RITTER [1].

Zu Seite 126. [*] Die zu einem Nebenpunkt gehörigen Exponenten müssen zufolge § 8 des Textes verschieden sein, weil keine Logarithmen auftreten sollen.

Zu Seite 130. [*] Für das Folgende kommt auch in Frage die in Anmerkung [*] zu S. 12 angegebene Literatur, insbesondere PERRON [1], S. 347ff.

Zu Seite 131. [*] Im Zusammenhang mit dieser Bemerkung KLEINS mag noch darauf hingewiesen werden, daß RIEMANN hier ([1], S. 428ff.) zur „asymptotischen Berechnung" eines hypergeometrischen Integrals die sogen. „*Sattelpunktmethode*" (vgl. COURANT-HILBERT [1], S. 455 ff.) anwendet. Es dürfte dies die erste Anwendung dieser Methode im komplexen Gebiete sein. — Vgl. auch die geschichtlichen Bemerkungen von WIRTINGER in RIEMANN [2], S. 110.

[**] Vgl. VAN VLECK [1], dessen zweites Kapitel geschichtliche Bemerkungen und Literaturangaben bringt. Vgl. dazu auch OSGOOD [1], S. 93. — In diesem Zusammenhang mag auch auf die Kettenbruchentwicklungen von Stieltjesintegralen der Form $\int\limits_0^\infty \frac{dw(\xi)}{x+\xi}$ hingewiesen werden sowie auf das damit zusammenhängende „Momentenproblem". Vgl. PERRON [1], Kap. 9.

Zu Seite 132. [*] Das hiermit gemeinte Problem aus der Theorie der ABELschen Integrale ist, etwas allgemeiner formuliert, folgendes: Gegeben eine geschlossene RIEMANNsche Fläche $\mathfrak{F}$ vom Geschlecht p $(p > 0)$, etwa als Überlagerungsfläche der komplexen x-Ebene. Man soll die Existenz von solchen Funktionen der komplexen Veränderlichen x beweisen, welche auf $\mathfrak{F}$ relativ unverzweigt und, bis auf gegebene Singularitäten, regulär sind und welche bei Überschreiten der Querschnitte von $\mathfrak{F}$ vorgeschriebene ganze lineare (inhomogene) Substitutionen erleiden. Dieses Problem ist, ebenso wie das in Rede stehende Problem betr. die hypergeometrische Funktion, ein Spezialfall des sog. RIEMANNschen Problems; vgl. Anmerkung [*] zu S. 137.

[**] Vgl. dazu z. B. § 36 des Textes, wo auch die späteren, weitergehenden Untersuchungen von SCHILLING zitiert werden.

Zu Seite 134. [*] Genauer gesagt geht jede der Substitutionen A, B, ... in eine zu ihr „ähnliche" $A^* = C^{-1}AC$ usw. über, wobei $C = \begin{Vmatrix} c_{11} & c_{12} \\ c_{21} & c_{22} \end{Vmatrix}$. Kennzeichnend für die Ähnlichkeit von Matrizen ist die Übereinstimmung der Elementarteiler (vgl. S. 59, Anmerkung [*]).

Zu Seite 135. [*] Vgl. z. B. die Angaben bei SCHLESINGER [1], Bd. II, 1, S. 299ff. sowie HILB [1], Nr. 13.

Zu Seite 136. [*] Vgl. Näheres bei HILB [1], Nr. 8.

Zu Seite 137. [*] Der hier geforderte Existenzbeweis ist inzwischen erbracht worden. Vgl. über die einschlägige Literatur HILB [1], S. 518ff.

Zu Seite 138. [*] Dazu kommt noch RIEMANN [2], S. 76ff.

Zu Seite 141. [*] Bezüglich des Begriffes der Differentialinvariante sei verwiesen z. B. auf KLEIN [1], S. 174, ferner auf SERRET-SCHEFFERS [1], Bd. 3, S. 421ff.

[**] Es folgt das z. B. daraus, daß einerseits D entweder nirgends oder überall Null ist (vgl. den ABELschen Satz [S. 148]) und daß an-

dererseits jede Lösung durch die Werte von y und y' an einer Stelle eindeutig bestimmt ist (vgl. S. 33, Anmerkung [*]).

Zu Seite 142. [*] Zur Bestimmung der im Text angegebenen Gestalt von $2q - \frac{1}{2}p^2 - p' = \Phi(x)$ bemerken wir: Da Φ eine rationale Funktion von x ist, genügt es, alle Pole und die zugehörigen Hauptteile von $\Psi(x) = (x-a)\dots(x-t)\,\Phi(x)$, sowie das Verhalten dieser letzteren Funktion $\Psi(x)$ in $x = \infty$ zu kennen. Und all dies ergibt sich aus der jetzt vorzunehmenden Untersuchung des Verhaltens von $[\eta]$ an den verschiedenen Stellen der x-Ebene. Wir haben zu unterscheiden (vgl. dazu § 28 des Textes):

a) *$x = x_0$ ist eine reguläre, im Endlichen gelegene Stelle der Differentialgleichung.* Es ist $\eta = \xi\mathfrak{P}(\xi)$, wo $\eta'(0) = \mathfrak{P}(0) \neq 0$, $\xi = x - x_0$ und $\mathfrak{P}(\xi)$ eine Potenzreihe in ξ bedeutet. Daher ist auch $\frac{\eta''}{\eta'} = \frac{d(\log\eta')}{dx}$ in der Umgebung von $\xi = 0$ regulär und ebenso $[\eta]$.

b) *$x = x_0$ ist eine gewöhnliche singuläre, im Endlichen gelegene Stelle der Differentialgleichung.* Es gilt: $\eta = \xi^\alpha\mathfrak{P}(\xi)$, wo α keine ganze Zahl ist und $\mathfrak{P}(0) = c \neq 0$. Mithin: $\eta' = c\xi^{\alpha-1}(\alpha + \xi\mathfrak{P}^*(\xi))$ und $\frac{\eta''}{\eta'} = (\alpha - 1)\,\xi^{-1} + \mathfrak{P}^{**}(\xi)$. Daher schließlich

$$[\eta] = \tfrac{1}{2}(1-\alpha^2)\,\xi^{-2} + A\,\xi^{-1} + \mathfrak{P}^{***}(\xi)\,.$$

c) *$x = x_0$ ist eine im Endlichen gelegene Ausnahmestelle erster Ordnung der Differentialgleichung.* Es gilt: $\eta = \xi^{-\beta}\,\mathfrak{P}(\xi) + \log\xi$, wo $\beta \geqq 0$ *eine ganze Zahl* ist ($\mathfrak{P}(0) = c \neq 0$). Daher $\eta' = c\,\xi^{-\beta-1}(-\beta + \xi\mathfrak{P}^*(\xi))$ und (wie unter b) $[\eta] = \frac{1}{2}(1-\beta^2)\,\xi^{-2} + A\,\xi^{-1} + \mathfrak{P}^{***}(\xi)$.

d) *$x = x_0$ ist eine im Endlichen gelegene Ausnahmestelle zweiter Ordnung der Differentialgleichung.* Wie unter b folgt: $[\eta] = \frac{1}{2}(1-\alpha^2)\,\xi^{-2} + \mathfrak{P}^{***}(\xi)$. Dabei fehlt im Falle eines uneigentlich singulären Punktes, also für $\alpha = 1$ (und nur dann), das Glied mit ξ^{-2}.

e) *Verhalten im unendlich fernen Punkt $x = \infty$.* Wir führen die Ortsuniformisierende $\zeta = x^{-1}$ ein. (Vgl. die Anmerkung [**] zu Seite 116.) Als Funktion von ζ ist η regulär an der Stelle $\zeta = 0$. Ferner ist $\eta' = \frac{d\eta}{dx} = -\zeta^2\frac{d\eta}{d\zeta}$; $\frac{\eta''}{\eta'} = \frac{d\log\eta'}{dx} = -\zeta^2\frac{\ddot\eta}{\dot\eta} - 2\zeta$, wo $\dot\eta = \frac{d\eta}{d\zeta}$ usw. Mithin hat $[\eta]$ im unendlich fernen Punkt eine Nullstelle mindestens von vierter Ordnung.

Aus a) bis e) folgt, daß $\Psi(x) = \frac{Z_{2n-4}(x)}{(x-a)\dots(x-t)}$ sein muß, wo $Z_{2n-4}(x)$ ein Polynom von höchstens dem Grade $(2n-4)$ ist. Die Partialbruchzerlegung dieses Quotienten liefert dann die im Text angegebene Gestalt von $[\eta]$, da sich $\Psi(x)$ wegen a) bis d) an den singulären Stellen, z. B. in $x = a$, wie $[\frac{1}{2}(1-\alpha^2)\,\xi^{-2} + A\,\xi^{-1} + \mathfrak{P}^{***}(\xi)]\,\xi(\xi + (a-b))\dots(\xi + (a-t))$ $= \frac{1}{2}(1-\alpha^2)\,\xi^{-1}(a-b)\dots(a-t) + \tilde{\mathfrak{P}}(\xi)$ verhält.

Zu Seite 151. [*] Vgl. bezüglich der RICCATIschen Differentialgleichung LIE [1], S. 282.

Zu Seite 154. [*] Es sei bei dieser Gelegenheit übrigens noch auf andere ausgezeichnete Eigenschaften der RICCATIschen Differentialgleichung hingewiesen, etwa auf die Tatsache, daß die RICCATIsche zugleich die einzige Differentialgleichung erster Ordnung $y' = f(x, y)$ ist, deren Lösungen keine „beweglichen" (d. h. von Anfangswerten der betrachteten Lösung abhängige) Verzweigungspunkte besitzen. Man vgl. hierüber SCHLESINGER [2], ferner HILB [2].

Zu Seite 155. [*] Vgl. die geschichtlichen Bemerkungen bei SERRET-SCHEFFERS [1], Bd. 3, S. 701.

[**] Für $m = -2$ sind $y_1 = x^{\lambda_1}$, $y_2 = x^{\lambda_2}$ zwei linear unabhängige Lösungen, wobei $\frac{\lambda_1}{\lambda_2} = \frac{1}{2}\left(1 \pm \sqrt{1+4k}\right)$ und $k \neq -\frac{1}{4}$. Für $k = -\frac{1}{4}$ hat man $y_1 = x^{\frac{1}{2}}$, $y_2 = x^{\frac{1}{2}} \log x$. *Über den Fall* $m \neq -2$ *vgl. man im Text weiter unten* (S. 284).

Zu Seite 156. [*] Vgl. die Anmerkung [*] zu S. 87.

Zu Seite 158. [*] Neuere Literatur bei SOMMER [1], S. 833ff.

Zu Seite 160. [*] Vgl. hierzu etwa STUDY [1], S. 124ff.; ferner die Literaturangaben bei SOMMER [1], S. 778/779.

Zu Seite 161. [*] Vgl. dazu SOMMER [1], S. 848ff.; auch die Bemerkungen und Literaturangaben bei KLEIN [2], S. 191ff. Ferner sei verwiesen auf STUDY [1], S. 131ff.; man findet dort u. a. Parameterdarstellungen für die R_3 (STUDY [1], 3. Abschnitt, § 5).

Zu Seite 162. [*] Eine Darstellung der sphärischen Trigonometrie, in welcher die Gedanken der STUDYschen Arbeit zur Geltung kommen, findet man bei JACOBSTHAL [1] = WEBER-WELLSTEIN [1].

[**] Eine Ausdehnung der STUDYschen Untersuchungen auf Vierecke und n-Ecke bzw. n-Flache hat FALCKENBERG [8] gegeben.

Zu Seite 169. [*] Für den vollständigen Beweis vergleiche man STUDY [1], S. 109ff.; auch JACOBSTHAL [1], S. 387ff.

Zu Seite 171. [*] Vgl. z. B. JACOBSTHAL [1], S. 377ff.

Zu Seite 173. [*] Dazu kommt noch SCHILLING [3]; vgl. auch SOMMER [1], Nr. 20ff.

Zu Seite 180. [*] Genauer: Sind ϱA, ϱB, ϱC die Koeffizienten der gegebenen quadratischen Gleichung ($\varrho \neq 0$, im übrigen beliebig wählbar) und sollen Zahlen a, b existieren, so daß $\varrho A = a + ib$, $-\varrho C = a - ib$, $\varrho B = 1 - a^2 - b^2$, so ist hierfür notwendig und hinreichend: $\varrho^2 AC - \varrho B + 1 = 0$. Es muß also $|AC| + |B| > 0$ sein, was bei $AC - B^2 \neq 0$ sicher der Fall ist.

Zu Seite 182. [*] Es sei noch verwiesen auf SCHILLING [6], insbesondere Bd. 2, Teil 1. Für den Raum vgl. auch HEFFTER [1], Kap. 2.

[**] Liegen p_1 und p_2 beide außerhalb der Kugel, so können o_1 und o_2 auch (zusammenfallen oder) nicht mehr „reell" sein. Für den Fall solcher (nichtreeller) Punkte können wir $\overline{p_1 o_1}$ arithmetisch genau so definieren wie für reelle Punkte. Entsprechendes gilt für den weiter unten besprochenen n. e. Winkel.

[***] Sind nämlich γ die Schnittlinie der beiden Ebenen e_1 und e_2, ferner t_1 und t_2 die beiden Tangentialebenen durch γ an die Kugel, so schneiden t_1 und t_2 die Kugel nach Minimalgeraden μ_1, μ_1' bzw. μ_2, μ_2'. Sind P_1 und P_2 die Schnittpunkte von γ mit der Kugel, ferner p_1 und p_2 die Tangentialebenen der Kugel in P_1 bzw. P_2, so ist das Doppelverhältnis von e_1, e_2, t_1, t_2 z. B. gleich dem Doppelverhältnis ihrer Schnittgeraden $\varepsilon_1, \varepsilon_2, \mu_1, \mu_2$ mit p_1, und letzteres führt zum euklidisch gemessenen Winkel von $\varepsilon_1, \varepsilon_2$. Besondere Lagen von e_1 und e_2 bezüglich der Kugel sind hier nicht berücksichtigt; auch ist ohne weiteres als erlaubt angenommen, daß mit imaginären Punkten usw. bei den hier in Frage kommenden Sachverhalten genau so operiert werden darf, wie mit reellen.

Zu Seite 184. [*] Diese Behauptung erkennt man z. B. als richtig, wenn man (durch eine n. e. Bewegung [vgl. S. 184]) das eine gemeinsame n. e. Perpendikel in einen Durchmesser der Fundamentalkugel legt (vgl. S. 190); dann ist das andere Perpendikel die uneigentliche Gerade derjenigen Durchmesserebene, welche auf dem Perpendikel im euklidischen Sinne senkrecht steht, also zum Perpendikel in der Tat konjugiert ist. Man sieht auch zugleich, daß der Durchmesser im euklidischen Sinne auf den vier Geraden senkrecht steht. Da nun bei n. e. Bewegungen die n. e. Winkel und Strecken ungeändert bleiben, so gelten die über unsere Perpendikel gemachten Feststellungen auch bei beliebiger Lage der Geraden.

Zu Seite 185. [*] Die Einbeziehung auch *nichtreeller* Kreise bedarf natürlich eingehender Rechtfertigung. Vgl. evtl. KLEIN [7], S. 46 und 53.

[**] Wegen des Beweises vgl. z. B. BIEBERBACH [2], S. 52, und betr. Entbehrlichkeit der Stetigkeitsannahme KAMKE [2]. Voraussetzung ist, daß es sich um den *reellen* projektiven Raum handelt.

Zu Seite 193. [*] Weitere Literaturangaben z. B. bei SOMMER [1], S. 844.

Zu Seite 196. [*] Zum Beweise braucht, wie man sich überlegt, nur mehr gezeigt zu werden:

Hilfssatz: Drei n. e. Schraubenbewegungen A, B, C, deren Aufeinanderfolge die Identität liefert, sind durch ihre Amplituden $2\lambda\pi$, $2\mu\pi$, $2\nu\pi$ im wesentlichen zweideutig bestimmt. — Umgekehrt sind bei drei gegebenen Schraubenachsen (welche die Kugel schneiden) die Amplituden derjenigen zugehörigen Schraubenbewegungen, deren Aufeinanderfolge die Identität liefert, eindeutig bestimmt bis auf ganzzahlige Vielfache von 2π.

Den *Beweis des Hilfssatzes* wollen wir im Anschluß an SCHILLING ([2], S. 193ff.) skizzieren:

Indem wir die *Fälle ganzzahliger* λ, μ, ν *beiseitelassen*, erinnern wir uns, daß unsere Schraubenbewegungen A, B, C ein-eindeutig linearen Substitutionen der komplexen η-Kugel entsprechen (S. 185), und zwar sind hier *parabolische Substitutionen ausgeschlossen*. Wir können daher A, B, C repräsentieren bzw. durch

$$\eta' = e^{2\pi i\lambda}\eta,$$

$$\frac{\eta' - b_1}{\eta' - b_2} = e^{2\pi i\mu}\frac{\eta - b_1}{\eta - b_2},$$

$$\frac{\eta' - c_1}{\eta' - c_2} = e^{2\pi i\nu}\frac{\eta - c_1}{\eta - c_2},$$

wo $b_1 \neq b_2$; $c_1 \neq c_2$. Dabei haben wir die Fixpunkte der A entsprechenden Bewegung nach $\eta = 0$ und $\eta = \infty$ gelegt. *Haben etwa A und B einen Fixpunkt gemeinsam, so ist dieser wegen $ABC = 1$ auch Fixpunkt von C; diese Fälle besprechen wir erst am Schluß.* Die Forderung, daß $ABC = 1$ sein soll, d. h. also, daß $AB = C^{-1}$, besagt nun, daß die beiden Substitutionen

$$\frac{\eta' - b_1}{\eta' - b_2} = e^{2\pi i\mu}\frac{e^{2\pi i\lambda}\eta - b_1}{e^{2\pi i\lambda}\eta - b_2} \quad \text{und} \quad \frac{\eta' - c_1}{\eta' - c_2} = e^{-2\pi i\nu}\frac{\eta - c_1}{\eta - c_2}$$

völlig übereinstimmen, also insbesondere die gleichen Fixpunkte besitzen. Daher erhalten wir aus der ersten Substitution für $\eta = c_1$ oder $\eta = c_2$:

$$\frac{c_1 - b_1}{c_1 - b_2} = e^{2\pi i\mu}\frac{e^{2\pi i\lambda}c_1 - b_1}{e^{2\pi i\lambda}c_1 - b_2} \quad \text{bzw.} \quad \frac{c_2 - b_1}{c_2 - b_2} = e^{2\pi i\mu}\frac{e^{2\pi i\lambda}c_2 - b_1}{e^{2\pi i\lambda}c_2 - b_2}. \tag{1}$$

Da ferner, gemäß der ersten Substitution, $\eta = e^{-2\pi i\lambda}b_2$ und $\eta' = b_2$ bzw. $\eta = e^{-2\pi i\lambda}b_1$ und $\eta' = b_1$ einander entsprechen, so erhält man aus der zweiten Substitution

$$\frac{b_2 - c_1}{b_2 - c_2} = e^{-2\pi i\nu}\frac{e^{-2\pi i\lambda}b_2 - c_1}{e^{-2\pi i\lambda}b_2 - c_2} \quad \text{bzw.} \quad \frac{b_1 - c_1}{b_1 - c_2} = e^{-2\pi i\nu}\frac{e^{-2\pi i\lambda}b_1 - c_1}{e^{-2\pi i\lambda}b_1 - c_2}. \tag{2}$$

Die so erhaltenen vier Gleichungen liefern durch Auflösung

$$\left.\begin{aligned}
\frac{c_1}{b_1} &= \frac{e^{-i\pi\lambda} \underset{(-)}{+} e^{i\pi(\nu-\mu)}}{e^{i\pi\lambda} \underset{(-)}{+} e^{i\pi(\nu-\mu)}},\\
\frac{c_2}{b_1} &= \frac{e^{-i\pi\lambda} \underset{(-)}{+} e^{-i\pi(\mu+\nu)}}{e^{i\pi\lambda} \underset{(-)}{+} e^{-i\pi(\mu+\nu)}},\\
\frac{c_1}{b_2} &= \frac{e^{-i\pi\lambda} \underset{(-)}{+} e^{i\pi(\mu+\nu)}}{e^{i\pi\lambda} \underset{(-)}{+} e^{i\pi(\mu+\nu)}},\\
\frac{c_2}{b_2} &= \frac{e^{-i\pi\lambda} \underset{(-)}{+} e^{i\pi(\mu-\nu)}}{e^{i\pi\lambda} \underset{(-)}{+} e^{i\pi(\mu-\nu)}}.
\end{aligned}\right\} \qquad (\mathrm{I}^{+}_{(-)})$$

Hierbei ist entweder *immer* das Plus- oder *immer* das (in der Klammer stehende) Minuszeichen zu wählen.

Durch Division der Gleichungen (1) oder (2) erhält man nach Abspaltung des von Null verschiedenen Faktors $(1 - e^{2\pi i\lambda})$

$$\frac{c_1}{b_1} \cdot \frac{c_2}{b_2} = e^{-2\pi i\lambda}. \tag{II}$$

Aus (II) folgert man sogleich die zweite Behauptung des Hilfssatzes. Beachtet man ferner, daß man außer den beiden Fixpunkten von A noch einen dritten, davon verschiedenen Punkt vermittels linearer Substitution des η in beliebige Lage bringen kann, daß man also z. B. $b_1 = 1$ nehmen darf, ohne die Allgemeinheit einzuschränken, so zeigen die Formeln (I): Durch Vorgabe von λ, μ, ν sind die übrigen Fixpunkte c_1, c_2, b_2 und damit die Schraubenachsen zweideutig bestimmt, w. z. z. w. (Dabei ist also vom Trivialfall abgesehen, daß alle drei Schraubenachsen koinzidieren, wobei $\lambda + \mu + \nu$ eine ganze Zahl sein muß.) *Betr. die Zweideutigkeit der Auflösung* mag noch bemerkt werden, daß man *die rechten Seiten von* $I^{(-)}$ *aus denen von* $I^{(+)}$ *dadurch erhält, daß man* λ, μ, ν *bzw. durch* $\lambda + n_1, \mu + n_2, \nu + n_3$ *ersetzt, wo die Summe der ganzen Zahlen* n_1, n_2, n_3 *ungerade ist:* $n_1 + n_2 + n_3 \equiv 1 \pmod 2$.

Die *Sonderfälle*, daß *die drei Substitutionen* A, B, C *gemeinsame Fixpunkte besitzen*, treten dann und nur dann ein, wenn eine der acht Zahlen $\pm\lambda \pm \mu \pm \nu$ eine ganze Zahl ist, und zwar im Falle der Gültigkeit von (I^+) bzw. von (I^-) eine ungerade bzw. eine gerade ganze Zahl (vgl. dazu S. 224 und § 49). Zum Beweise sei etwa $b_1 = c_1 = 0$; dann folgt die Behauptung betr. Festlegung des Kerns durch λ, μ, ν wieder aus der Beziehung $AB = C^{-1}$, welche zugleich lehrt, daß im betrachteten Sonderfall umgekehrt λ, μ, ν durch Vorgabe des Kerns nicht mehr eindeutig bestimmt sind. Dabei ist vom Fall abgesehen, daß zwei Achsen zusammenfallen.

Zum Schlusse sei noch darauf hingewiesen, daß mit Hilfe der Relationen (I) und (II) die *Grundformeln der sphärischen Trigonometrie* (vgl. S. 160) *für komplexe Argumente* λ, μ, ν *usw.* sich geometrisch deuten lassen (vgl. SCHILLING [2], S. 196ff.).

Zu Seite 203. [*] In einem Ausnahmefall erster Ordnung hat man statt dessen (vgl. § 28)

$$\eta = (x - a)^{\alpha} \mathfrak{P}(x - a) + \log(x - a), \tag{1}$$

wobei $\alpha \leqq 0$, so daß η beim Umlauf um $x = a$ die Substitution

$$\eta' = \eta + 2\pi i$$

erleidet (vgl. S. 60). Die Umgebung von $x = a$ wird also auf eine Umgebung von $\eta = \infty$ abgebildet, welche in $\eta = \infty$ einen Verzweigungspunkt unendlich hoher Ordnung besitzt. Insbesondere entspricht einem Umlauf um $x = a$ eine Parallelverschiebung der reellen Achse und gleichzeitige Drehung um $2\pi\alpha$, wie aus (1) ersichtlich ist (α ganze Zahl).

Zu Seite 207. [*] Genaueres über den Begriff der Membran in Anmerkung [*] zu S. 210.

Zu Seite 209. [*] Mit dem Fall, daß Nebenpunkte, also Verzweigungspunkte außerhalb der Ecken des Kreisbogendreiecks, auftreten, hat sich SCHILLING [4, 5] beschäftigt; ferner kann man vergleichen RITTER [1].

Zu Seite 210. [*] Unter einer „Fläche" („Flächenstück", „Membran") verstehen wir dabei ein (zusammenhängendes) Gebiet F, welches der η-Ebene nach Art einer gewöhnlichen RIEMANNschen Fläche überlagert ist. Etwas genauer gesagt: Jedem Wert η_0 von η sollen „Punkte" $P(\eta_0), Q(\eta_0), \ldots$ (evtl. aber auch keine Punkte) der Fläche F entsprechen derart, daß die „Umgebung" z. B. von $P(\eta_0)$ auf F umkehrbar-eindeutig und -stetig vermöge $\eta - \eta_0 = t^p$ auf die schlichte Umgebung des Nullpunktes der t-Ebene bezogen (abgebildet) werden kann [$p \geqq 1$, natürliche Zahl, die von $P(\eta_0)$ abhängt]; und eine Funktion $f(\eta)$ soll „analytisch auf F an der Stelle $P(\eta_0)$" heißen, wenn $f(\eta)$ in der Umgebung von $P(\eta_0)$ als gewöhnliche (konvergente) Potenzreihe von t darstellbar ist. Vermöge dieser Erklärung ist es möglich, den Begriff der „konformen" Abbildung von F auf ein ebenes Gebiet zu definieren (wovon S. 211 des Textes die Rede ist). Ferner kann man (vermöge der Abbildung auf die t-Umgebung) auf der Fläche F in der Umgebung eines jeden Punktes Koordinaten und damit den Begriff der Kurve auf F definieren. F heißt *schlichtartig*, wenn F durch jede, ganz in F verlaufende geschlossene Kurve in punktfremde Teilgebiete zerlegt wird. (Gegenbeispiel: RIEMANNsche Fläche von $\sqrt{x^4 + ax^3 + bx^2 + cx + d}$.) Ein schlichtartiges F heiße *einfach zusammenhängend*, wenn sein Rand von *einer* einfachen geschlossenen Kurve gebildet wird. Bemerkt sei noch: F heißt im Punkte $P(\eta_0)$ *unverzweigt* relativ zur η-Ebene, wenn $p = 1$ für η_0. Bezüglich einer ausführlichen Darstellung der hier besprochenen Sachverhalte sei verwiesen auf HURWITZ-COURANT [1], S. 376ff. sowie auf WEYL [1].

[**] Zu den im folgenden angestellten Betrachtungen ist ergänzend zu bemerken: Zu jedem „eigentlichen" Kreisbogendreieck (Dreieck erster Klasse, vgl. im Text § 34) läßt sich eine (RIEMANNsche) Fläche konstruieren, auf welcher der Rand des Dreiecks eine geschlossene Kurve bildet und von welcher ferner endlich viele, einfach zusammenhängende Teilgebiete („Membranstücke") in den Rand eingespannt werden können; der Gesamtflächeninhalt der Membranstücke ist gleich dem sphärischen Exzeß des Dreiecks. Dabei ist der Flächeninhalt mit Vorzeichen genommen und passend erklärt. Unsere Membrandreiecke, die ja spezielle eigentliche Dreiecke darstellen, sind demnach dadurch charakterisiert, daß ihr Rand sich (auf der Fläche) nicht überkreuzt und daß man mit einem einzigen Membranstück ausreicht. Diese (von KLEIN [2], Bd. 1, S. 199—201 vermuteten) Sätze hat FALCKENBERG [1] bewiesen.

Ferner hat FALCKENBERG [2, 3] eine Charakterisierung der Membrandreiecke durch die zugehörigen Vorzeichen in den sog. L'HUILIERschen Formeln gegeben und daraus rückwärts wieder die Ergänzungsrelationen gewonnen, welch letztere ja für die Membrandreiecke *charakteristisch* sind (vgl. die späteren Ausführungen im Text). Auch für den Fall komplexer Exponentendifferenzen, d. h. komplexer Winkel des Dreiecks hat FALCKENBERG [4] „Ergänzungsrelationen“ gefunden. Ergänzungsrelationen für Kreisbogen-N-Ecke sind von FALCKENBERG [5, 6, 7] aufgestellt worden.

Zu Seite 211. [*] Bezüglich des RIEMANNschen Abbildungssatzes für den hier vorliegenden Fall sei verwiesen z. B. auf HURWITZ-COURANT [1], S. 445 ff.

[**] In der Tat folgt aus den Eigenschaften unserer Abbildung, daß η eine wohldefinierte, lineare (evtl. gebrochene) Substitution erleidet, wenn x einen der Punkte $x = 0$ bzw. $x = 1$, bzw. $x = \infty$ umläuft und daß η für alle übrigen x regulär ist, mithin, daß $[\eta]$ sich genau wie $R(x; \lambda, \mu, \nu)$ verhält (vgl. Anmerkung [*] zu S. 142).

Zu Seite 212. [*] Die Behauptung sowohl als die Beweisskizze bedürfen der Präzisierung, die hier aber nicht näher ausgeführt werden kann. Das Muster eines solchen Kontinuitätsbeweises bei KOEBE [1].

Zu Seite 213. [*] In dieser Hinsicht hat sich durch die Forschung der letzten Jahrzehnte vieles geändert.

Zu Seite 214. [*] Wegen der Minimaleigenschaft gilt also: $\lambda_0 + \mu_0 + \nu_0 \leqq \lambda_0 + (1 - \mu_0) + (1 - \nu_0)$ oder $\mu_0 + \nu_0 \leqq 1$; ebenso $\nu_0 + \lambda_0 \leqq 1$, $\lambda_0 + \mu_0 \leqq 1$. Umgekehrt folgt aus den letzten drei Ungleichungen unter der Annahme $0 < \lambda_0 < 1$, $0 < \mu_0 < 1$, $0 < \nu_0 < 1$ im ersten Falle, daß das Dreieck λ_0, μ_0, ν_0 ein Minimaldreieck ist. Das zuerst betrachtete Nebendreieck ist dann und nur dann ebenfalls Minimaldreieck, wenn $\mu_0 + \nu_0 = 1$.

Zu Seite 219. [*] Bezüglich nichtarchimedischer Größensysteme vgl. etwa HAUPT [1], S. 605 ff. Der Grund, weshalb wir hier zu nichtarchimedischer Ordnung greifen müssen, liegt unter anderem darin, daß die Längen der Strecken im üblichen Sinne gemessen nicht wie im Falle I gleichmäßig beschränkt sind.

Zu Seite 222. [*] Man hat sich übrigens noch zu vergewissern, daß jedem Minimal*tripel* auch wirklich ein Minimal*dreieck* entspricht. Man erkennt dies sofort, wenn man zwei der Dreiecksseiten als geradlinig voraussetzt, was durch lineare Abbildung ja stets erreichbar ist.

Zu Seite 227. [*] Es handelt sich im Grunde um zwei Definitionen der Verwandtschaft, die im Falle II nicht übereinstimmen (von ganzzahligen λ, μ, ν stets abgesehen): Einmal heißen zwei P-Funktionen verwandt, wenn sie die gleiche Monodromiegruppe besitzen („*funktionentheoretische*“ Definition); das andere Mal, wenn die Exponenten beider Funktionen sich nur um ganze Zahlen unterscheiden („*arithmetische*“ Definition).

Man kann nun die arithmetische Definition leicht so ergänzen, daß sie mit der funktionentheoretischen auch im Falle II übereinstimmt. Dabei sind allerdings *stets ganzzahlige Exponentendifferenzen ausgeschlossen.* Diese ergänzte arithmetische Definition lautet:

Gegeben seien

$$P = P\begin{vmatrix} 0 & \infty & 1 & \\ \alpha & \beta & \gamma & x \\ \alpha' & \beta' & \gamma' & \end{vmatrix}$$

und

$$\tilde{P} = P\begin{vmatrix} 0 & \infty & 1 & \\ \tilde{\alpha} & \tilde{\beta} & \tilde{\gamma} & x \\ \tilde{\alpha}' & \tilde{\beta}' & \tilde{\gamma}' & \end{vmatrix},$$

wobei

$$\alpha + \alpha' + \beta + \beta' + \gamma + \gamma' = 1,$$
$$\tilde{\alpha} + \tilde{\alpha}' + \tilde{\beta} + \tilde{\beta}' + \tilde{\gamma} + \tilde{\gamma}' = 1,$$
$$\tilde{\alpha} = \alpha + n_\alpha, \qquad \tilde{\alpha}' = \alpha' + n'_{\alpha'} \text{ usw.},$$

und wo $n_\alpha, n'_{\alpha'}, \ldots$ ganze Zahlen bedeuten. Ferner *gelte eine Beziehung*

$$\pm(\alpha - \alpha') \pm (\beta - \beta') \pm (\gamma - \gamma') = 2k + 1,$$

wo k ganze Zahl. Es genügt den *Fall* zu nehmen, *daß die Pluszeichen gelten.* Dann sind $\alpha + \beta + \gamma = s$ und $\alpha' + \beta' + \gamma' = s'$ ganze Zahlen. Wegen $\alpha + \alpha' + \cdots + \gamma + \gamma' = 1$ ist eine dieser Zahlen positiv, etwa $s \geqq 1$, die andere nichtpositiv, also dann $s' \leqq 0$. *Es mögen nun P und $\tilde{P}$ dann und nur dann (arithmetisch) verwandt heißen, wenn auch $\tilde{\alpha} + \tilde{\beta} + \tilde{\gamma} = \tilde{s}$ positiv ist.* Diese (arithmetische) Verwandtschaft hat die funktionentheoretische zur Folge. Man erkennt dies, indem man das Verhalten von P und $\tilde{P}$ bei Umläufen um die singulären Stellen $x = 0$, $x = 1$, $x = \infty$ feststellt (was durch Ausrechnung der betreffenden Reihenentwicklungen geschieht) und beachtet, daß die Gleichheit der Monodromiegruppe durch gleiches Verhalten der zur nämlichen Stelle gehörigen Fundamentallösungen gewährleistet wird. In der Tat hat man z. B. an der Stelle $x = 0$

$$P^{\alpha'} = x^{\alpha'}(1-x)^{\gamma'} F(\alpha' + \beta + \gamma', \ \alpha' + \beta' + \gamma'; \ 1 + \alpha' - \alpha; \ x),$$
$$\tilde{P}^{\tilde{\alpha}'} = x^{\tilde{\alpha}'}(1-x)^{\tilde{\gamma}'} F(\tilde{\alpha}' + \tilde{\beta} + \tilde{\gamma}', \ \tilde{\alpha}' + \tilde{\beta}' + \tilde{\gamma}'; \ 1 + \tilde{\alpha}' - \tilde{\alpha}; \ x).$$

Die F-Reihe in der ersten Zeile rechter Hand ist ein Polynom, da $\alpha' + \beta' + \gamma' \leqq 0$ und ganzzahlig. Soll also $\tilde{P}^{\tilde{\alpha}'}$ gleiches Verhalten zeigen wie $P^{\alpha'}$, so muß auch die zweite F-Reihe abbrechen, und da nur $\tilde{\alpha}' + \tilde{\beta}' + \tilde{\gamma}'$, nicht aber $\tilde{\alpha}' + \tilde{\beta} + \tilde{\gamma}'$ ganzzahlig ist (sonst wäre ja $\tilde{\beta} - \tilde{\beta}'$ ganzzahlig), so muß $\tilde{s}' \leqq 0$ sein, also $\tilde{s} \geqq 1$ (vgl. Winston [1]).

Man hat also oben zwei wesentlich verschiedene Stämme verwandter Funktion, welche zu einer gegebenen P-Funktion gehören (vgl. auch Schilling [2, 3]).

Zu Seite 237. [*] Vgl. z. B. Hurwitz-Courant [1], S. 435 und 218ff., ferner Klein [4], Bd. 1, S. 110ff.

Zu Seite 238. [*] Eine abschließende und zugleich äußerst einfache Erledigung des im Texte behandelten Problems rührt von Wirtinger [3] her, welcher *explizite Formeln zur Berechnung der Größe und der gegenseitigen Lage der Seiten eines Kreisbogendreiecks mit beliebig vorgegebenen Winkeln herleitet und auch auf geometrischem Wege die zugehörige Dreiecksmembran konstruiert.* Damit ist dann auch die Aufgabe gelöst, zu bestimmen, wie oft irgendein Zweig, der die Abbildungen vermittelnden P-Funktion einen vorgegebenen Wert in der oberen Halbebene annimmt.

Über diese Arbeit soll hier in Kürze berichtet werden. Im Zusammenhange damit ist auch eine Arbeit von HERGLOTZ [1] zu nennen, in welcher ebenfalls eine erschöpfende formelmäßige Behandlung der Kreisbogendreiecke mit vorgegebenen Winkeln gegeben wird und über die wir am Schlusse dieser Anmerkung noch einige Andeutungen machen.

Die vorgegebenen Dreieckswinkel seien λ, μ, ν, *wobei immer* $\lambda \geqq \mu \geqq \nu \geqq 0$ *angenommen wird*[1].

I. Herr WIRTINGER geht aus von der *Darstellung geeignet gewählter Zweige der P-Funktion*

$$P\begin{pmatrix} 0 & 1 & \infty & \\ 0 & 0 & \alpha & x \\ -\lambda & -\nu & \beta & \end{pmatrix}$$

durch bestimmte Integrale, welche längs der reellen Achse zwischen 0 *und* 1 *erstreckt sind;* dabei soll sein $\alpha = \frac{1}{2}(1+\lambda+\mu+\nu)$, $\beta = \frac{1}{2}(1+\lambda-\mu+\nu)$. Und zwar handelt es sich um die drei an den Stellen $x = 0$ bzw. $x = 1$ bzw. $x = \infty$ zu den Exponenten Null bzw. Null bzw. α gehörigen, logarithmenfreien Zweige, welche mit $P^{(0)}$ bzw. $P^{(1)}$ bzw. $P^{(\infty)}$ bezeichnet und so normiert seien, daß

$$P^{(0)}(x) = P^{(0)}(\lambda, \mu, \nu; x) = \int_0^1 s^a (1-s)^b (1-sx)^c \, ds, \tag{1,0}$$

$$P^{(1)}(x) = P^{(0)}(\nu, \mu, \lambda; 1-x) = \int_0^1 s^a (1-s)^d (1-s(1-x))^c \, ds, \tag{1,1}$$

$$P^{(\infty)}(x) = (-x)^c P^{(0)}\left(\mu, \lambda, \nu; \frac{1}{x}\right) = (-x)^c \int_0^1 s^d (1-s)^b \left(1-\frac{s}{x}\right)^c ds; \tag{1,\infty}$$

dabei ist gesetzt

$$\left.\begin{aligned} a &= \tfrac{1}{2}(-1+\lambda-\mu+\nu), & b &= \tfrac{1}{2}(-1+\lambda+\mu-\nu), \\ c &= \tfrac{1}{2}(-1-\lambda-\mu-\nu) = -\alpha, & d &= \tfrac{1}{2}(-1-\lambda+\mu+\nu), \\ a' &= \tfrac{1}{2}(-1-\lambda+\mu-\nu) = -\beta, & b' &= \tfrac{1}{2}(-1-\lambda-\mu+\nu), \\ c' &= \tfrac{1}{2}(-1+\lambda+\mu+\nu), & d' &= \tfrac{1}{2}(-1+\lambda-\mu-\nu). \end{aligned}\right\} \tag{2}$$

Man beachte, daß die Integrale in (1, 1) und (1, ∞) nicht für beliebige λ, μ, ν definiert sind $[\lambda \geqq \mu \geqq \nu \geqq 0]$, wohl aber das Integral in (1, 0).

---

[1] Wir folgen im wesentlichen der Bezeichnung von WIRTINGER [3]. Den Übergang zu der von KLEIN (z. B. S. 109) gebrauchten Bezeichnung wird der Leser nötigenfalls ohne jede Mühe herstellen.

Gebraucht man schließlich noch die Abkürzung

$$\frac{\Gamma(-a')\Gamma(-b')}{\Gamma(1+\lambda)} = A(\lambda, \mu, \nu) = A(\lambda, \nu, \mu) = A(\lambda, -\mu, -\nu) = A(\lambda, -\nu, -\mu), \quad (3)$$

so gilt — unter $F(\alpha, \beta; 1+\lambda; x)$, wie bei KLEIN, die hypergeometrische Reihe verstanden und für passende x —

$$P^{(0)}(x) = A(\lambda, \mu, \nu) F(\alpha, \beta; 1+\lambda; x). \quad (4)$$

Da die Reihe bei Vertauschung von μ mit $-\mu$ sich nicht ändert, so folgt (vgl. auch die Anmerkung [*] zu Seite 111)

$$P^{(0)}(\lambda, \mu, \nu; x) = \frac{A(\lambda, \mu, \nu)}{A(\lambda, -\mu, \nu)} P^{(0)}(\lambda, -\mu, \nu; x). \quad (5)$$

Schließlich bemerke man noch (vgl. RIEMANN [1], S. 81; RIEMANN [2], S. 69ff.):

$$P^{(\infty)}(\lambda, \mu, \nu; x) = e^{-i\pi b'} P^{(0)}(\lambda, \mu, \nu; x) + e^{i\pi\lambda} P^{(1)}(\lambda, \mu, \nu; x). \quad (6)$$

II. Wir legen jetzt als Abbildungsfunktion den Quotienten

$$\eta(x) = \frac{P^{(1)}(x)}{P^{(0)}(x)}$$

zugrunde. Aus (1, 0) folgt, daß $P^{(0)}(x)$ für $-\infty \to x \to 1$ monoton wachsend von $0 \to +\infty$ geht, und zwar für beliebige λ, μ, ν $(\lambda \geqq \mu \geqq \nu \geqq 0)$. Im Zusammenhalt mit der Definition von $P^{(1)}(x)$ ergibt sich hieraus, daß keine derjenigen beiden Dreiecksseiten sich überschlagen kann, welche η-Bild des Intervalls $-\infty < x < 0$ bzw. $0 < x < 1$ ist. Also: *In einem Kreisbogendreieck kann sich höchstens eine Seite überschlagen, und zwar nur eine solche, welche dem größten Dreieckswinkel (hier $\lambda\pi$) gegenüberliegt.*

III. Macht man die weitere *Einschränkung, daß $\lambda \leqq \mu + \nu$ (Dreiecke erster Art)*, so haben die Integrale auch in (1, 1) und (1, ∞) einen Sinn. Sie zeigen, daß $P^{(1)}(x)$ positiv ist und von $+\infty \to 0$ (monoton) abnimmt für $0 \to x \to +\infty$, während $P^{(\infty)}(x)$ monoton zunehmend von $0 \to +\infty$ strebt, wenn x monoton abnehmend von 0 über $-\infty$ gegen $+1$ geht. In jedem der drei Intervalle $-\infty, 0$; $0, 1$; $1, +\infty$ sind also zwei der Zweige von Null verschieden. Also: *In einem Kreisbogendreieck erster Art überschlägt sich keine einzige Seite.*

Ferner erhält man *vollen Aufschluß über die Gestalt des Kreisbogendreiecks.* Zunächst entspricht der Strecke $0, 1$ der x-Achse das (im negativen Sinn durchlaufene) *Intervall* $0, +\infty$ *der reellen η-Achse; dies ist also die eine Seite des Kreisbogendreiecks.* Das η-Bild des Intervalles $1 \leqq x < +\infty$ erhält man vermöge (6) aus

$$\eta(x) = \frac{P^{(1)}(x)}{e^{i\pi b'} P^{(\infty)}(x) - e^{i\pi a} P^{(1)}(x)}. \quad (7)$$

Die Integraldarstellung in (1, ∞) zusammen mit der aus (1, 1) durch Änderung der Integrationsvariablen entstehenden

$$P^{(1)}(x) = x^c \int_0^1 s^d (1-s)^a \left(1 - s\frac{x-1}{x}\right)^c ds$$

zeigt, daß
$$p = \left| \frac{P^{(1)}(x)}{P^{(\infty)}(x)} \right|,$$
von $0 \to +\infty$ geht mit $1 \to x \to +\infty$ und daß längs dieses Weges
$$\frac{P^{(1)}(x)}{P^{(\infty)}(x)} = e^{i\pi c} p.$$
Somit erhalten wir längs dieses Weges aus (7)
$$e^{i\pi\nu}\eta = \frac{p}{1 - e^{i\pi d'} p} = u + iv, \tag{8}$$
wobei ersichtlich $(\sin\pi d')(u^2 + v^2) = v$. Daraus folgt: *Die zweite Seite des Kreisbogendreiecks*, nämlich das η-Bild der Strecke $1 < x < +\infty$, *ist ein Kreisbogen mit dem Zentrum* $\frac{i e^{-i\pi\nu}}{2\sin\pi d'}$, (falls $\sin\pi d' \neq 0$), *und mit dem Radius* $\frac{1}{2|\sin\pi d'|}$, *dessen Endpunkt man, aus* (8) *für* $p \to +\infty$, *erhält zu:* $-e^{-i\pi(\nu+d')} = e^{i\pi a'}$ *und dessen Länge (falls sie endlich ist) sich berechnet aus*
$$\int_0^p \frac{dp}{1 - 2p\cos\pi d' + p^2} = \frac{1}{\sin\pi d'} \operatorname{arc\,tg}\left(\frac{p\sin\pi d'}{1 - p\cos\pi d'}\right),$$
vermittels $p \to +\infty$; den verschiedenen Vorzeichen von $\sin\pi d'$ und $\cos\pi d'$ entsprechen Fallunterscheidungen. Entsprechend ergibt sich die *dritte Seite des Kreisbogendreiecks als Halbgerade der Richtung* $-\lambda\pi$ *durch* $e^{i\pi a'}$.

IV. *Die Dreiecke zweiter Art*, d. h. jeden der noch übrigen Fälle $\mu + \nu < \lambda$ erhält man, bei festen μ und ν, aus einem der Fälle erster Art, indem man lediglich λ hinreichend wachsen läßt. Für hinreichend große λ versagen die Integraldarstellungen, an deren Stelle man die aus (4) im Verein mit den ersten Gleichungen (1, 1) usw. zu entnehmenden Darstellungen vermittels der hypergeometrischen Reihe heranziehen kann.

Im übrigen *bleiben die in III hergeleiteten Formeln für Endpunkt, Mittelpunkt und Radius* des η-Bildes (Kreisbogens) der Strecke $1 < x < +\infty$ in wesentlichen *erhalten*. Da bei wachsendem λ gewiß einmal $d' = 0$ wird, normiert man die Abbildungsfunktion zu
$$\eta_1(x) = -2(\sin\pi d')\,\eta(x),$$
erhält also für Endpunkt, Mittelpunkt und Radius des in Rede stehenden Kreisbogens die Werte: $e^{-i\pi(\nu+\frac{1}{2})}(1 - e^{-2i\pi d'})$ bzw. $e^{-i\pi(\nu+\frac{1}{2})}$ bzw. 1.

Aus dem Ausdruck für die Länge des Bogens liest man ab, daß sie für $\lambda = \mu + \nu$, d. h. für $d' = -\frac{1}{2}$, den Wert π annimmt. Wie der Wert für den Endpunkt erkennen läßt, ergibt sich daher bei wachsendem λ die Länge des Bogens zu $\pi(1 + \lambda - \mu - \nu)$. *Mithin ist die Anzahl der Überschlagungen gleich* $E\left(\frac{1}{2}(1 + \lambda - \mu - \nu)\right)$, *womit auch die Ergänzungsrelation bewiesen ist.*

V. *Zur Konstruktion der Dreiecksmembran*, zunächst im Falle der *Dreiecke zweiter Art*, geht Herr WIRTINGER aus vom dreinullwinkligen Dreieck, dessen Ecken in die Punkte $\eta = 0, 1, \infty$ gelegt werden. Es sei K der Kreis über der Strecke $0; 1$ als Durchmesser, dessen in der oberen Halbebene gelegene Hälfte Dreiecksseite ist; ferner seien S_0 bzw. S_1 die beiden anderen Dreiecksseiten, also die in der oberen η-Halbebene gelegenen Halbgeraden durch $\eta = 0$ bzw. $\eta = 1$. Wir gehen nun längs K im negativen Sinn um den Winkel $\pi(\lambda - \mu - \nu)$ weiter und führen entsprechend die Halbtangente S_1 an K stetig über in die Halbtangente S_1' an K. Sodann drehen wir die Halbgerade S_1' um ihren Berührpunkt, und zwar wieder im negativen Sinne, um den Winkel $\pi\mu$. Drehen wir schließlich die Halbgerade S_0 um $\eta = 0$, und zwar im positiven Sinne, um $\nu\pi$, so liegt das gewünschte Dreieck bereits vor. Dabei haben wir im Punkte $\eta = \infty$ den Winkel $\pi\lambda$, und hier hängen alle Blätter der Membran zusammen, was in den beiden anderen Eckpunkten nicht der Fall zu sein braucht. Die schlichte η-Ebene, über der wir uns die Membran ausgebreitet denken, wird im vorliegenden Falle der Dreiecke zweiter Klasse durch die Projektion der Dreiecksbegrenzung in mindestens zwei und höchstens sechs Gebiete zerlegt, von denen jeweils leicht festzustellen ist, wie oft sie von der Membran überdeckt werden.

Für den *Fall eines Dreiecks erster Art* konstruiert man zuerst (gemäß III) die Begrenzung des Dreiecks. Sodann nimmt man, ganz entsprechend wie oben im Text (S. 230), nur sozusagen in umgekehrter Folge, laterale Anhängungen von Kreisscheiben (bzw. Halbebenen) längs der, zwei Endpunkte verbindenden Halbgeraden bzw. Kreisbogen vor. Da man von vornherein den Durchlaufungssinn des Dreiecks aus der konformen Abbildung kennt, weiß man auch, auf welcher Seite eines jeden seiner Kreisbogen (bzw. Halbgeraden) benachbarte innere Punkte der gesuchten Membran liegen müssen, womit die ersten und damit alle weiteren lateralen Anhängungen eindeutig bestimmt sind. Die Durchführung dieser Prozesse führt schließlich zur Begrenzung des zugehörigen reduzierten Dreiecks, dessen Hinzufügung zu dem durch die lateralen Anhängungen erhaltenen Bereiche das gesuchte Dreieck liefert.

Wegen weiterer Einzelheiten sei auf die Abhandlung (WIRTINGER [3]) selbst verwiesen. Insbesondere findet sich dort die soeben skizzierte Konstruktion der Membran an verschiedenen Beispielen explizite durchgeführt.

Zusatz: Schließlich möge noch eine Andeutung über den Inhalt der Arbeit von HERGLOTZ [1] gegeben werden. Ihren Ausgangspunkt bildet eine sehr einfache Bestimmung der Überdeckungszahl eines Kreisbogenpolygons bezüglich eines vorgegebenen Punktes, ausgedrückt durch die Winkel sowie durch die (in geeigneter Weise gemessenen) „Längen" der Polygonseiten „bezüglich des betrachteten Punktes". Für den Fall der Kreisbogen*dreiecke* handelt es sich dann vor allem darum, die genannten Seitenlängen auszudrücken mit Hilfe der Dreieckswinkel und gewisser Doppelverhältnisse, in welche die Ecken des Dreiecks sowie der betrachtete Punkt nebst seinen Spiegelbildern relativ zu den Dreieckskreisen eingehen. Dies geschieht in sehr durchsichtiger, alle Möglichkeiten erschöpfenden Weise. Zum Schlusse wird übrigens eine notwendige und zugleich hinreichende Bedingung angegeben, der die Winkel eines *schlichten* Dreiecks genügen.

Zu Seite 239. [*] Die Aufgabe verlangt also die Untersuchung des Verhaltens analytischer Funktionen in der Nähe wesentlich singulärer Stellen, insbesondere mit Methoden der konformen Abbildung. Vgl. BIEBERBACH [1], S. 417ff.; ferner NEVANLINNA [1].

Zu Seite 241. [*] Vgl. deswegen Anmerkung [*] zu S. 209.

Zu Seite 242. [*] Vgl. z. B. HORN [1], S. 90—94.

Zu Seite 243. [*] Weitere Literaturangaben bei HILB [1], S. 548. Vgl. insbesondere VAN VLECK [2], HURWITZ [2].

Zu Seite 251. [*] Man pflegt das Symmetrieprinzip heutzutage (einfacher als es nachstehend im Text geschieht) mit Hilfe des CAUCHYschen Integralsatzes zu beweisen. Dabei ergibt sich außer Verallgemeinerungen zugleich die Fortsetzbarkeit der betrachteten Funktion, die hier als bereits bekannt benutzt wurde; vgl. HURWITZ-COURANT [1], S. 372—376.

Zu Seite 253. [*] Dazu kommt noch RIEMANN [2], S. 81ff.

Zu Seite 257. [*] Es sei hierzu bemerkt: Dieser Fall (daß nämlich die symmetrischen Reproduktionen eines reduzierten Kreisbogendreiecks zu einer geschlossenen, endlich-vielblättrigen RIEMANNschen Fläche führen), kann nur eintreten, wenn $\lambda + \mu + \nu > 1$ ist. Andernfalls besitzen nämlich die drei Dreiecksseiten (Symmetriekreise) einen gemeinsamen (evtl. in einen Punkt ausgearteten) Orthogonalkreis. Man erkennt dies, indem man zwei Seiten des Dreiecks als Gerade wählt und bemerkt, daß die dritte Seite dann entweder selbst eine Gerade ist ($\lambda + \mu + \nu = 1$) oder daß sie dem Dreieck ihre konvexe Seite zuwendet ($\lambda + \mu + \nu < 1$). — Für $\lambda + \mu + \nu \leqq 1$ wird das durch die fortgesetzten Spiegelungen aus dem reduzierten Dreieck erzeugte Dreiecksnetz den Orthogonalkreis zur Grenze haben, sich also nicht schließen (vgl. S. 291ff.). — Im Falle $\lambda + \mu + \nu > 1$ kann man bekanntlich durch passende Kollineationen erreichen, daß unser Dreieck ein (von Hauptkreisen der Kugel begrenztes, also ein) sphärisches Dreieck wird (vgl. S. 214/215).

Zu Seite 267. [*] Weitere Literatur bei HILB [1], S. 547.
[**] Die geometrische Deutung des Problems findet sich bei RIEMANN [2], S. 81ff.

Zu Seite 270. [*] Zwei linearunabhängige Zweige einer P-Funktion können nämlich, als linear unabhängige Lösungen einer linearen homogenen Differentialgleichung zweiter Ordnung, höchstens in deren singulären Stellen gleichzeitig verschwinden. Und das gilt entsprechend auch für Π. Letzteres ist hier aber gerade so normiert, daß gleichzeitiges Verschwinden in den singulären Stellen vermieden wird.

Zu Seite 272. [*] Man vgl. zur Einführung in die Invariantentheorie etwa Dickson [1] sowie die dort (S. 22) genannten Lehrbücher.

Zu Seite 275. [*] Ist $1 - \varepsilon\lambda$ eine ganze, nichtpositive Zahl, so wird man $1 - \varepsilon'\mu$ oder $1 - \varepsilon''\nu$ an Stelle von $1 - \varepsilon\lambda$ setzen.

Sind aber alle drei Zahlen $1 - \varepsilon\lambda$ *usw. ganz und nichtpositiv*, so müssen für $\lambda > 0$, $\mu > 0$, $\nu > 0$ zunächst $\varepsilon = \varepsilon' = \varepsilon'' = 1$ und mithin $\lambda \geqq 1$, $\mu \geqq 1$, $\nu \geqq 1$ ganze Zahlen sein; somit ist für $\lambda \geqq \mu \geqq \nu$ sicher $\lambda + \mu - \nu = 1 + 2r^*$; daher ist eine Relation $\varepsilon\lambda + \varepsilon'\mu + \varepsilon''\nu = 2r + 1$ auch für $\varepsilon = \varepsilon' = 1$, $\varepsilon'' = -1$ erfüllt, wobei dann $1 - \varepsilon''\nu = 1 + \nu \geqq 2$ wird und $F(\frac{1}{2}(-\lambda - \mu + \nu + 1), \frac{1}{2}(-\lambda + \mu + \nu + 1); 1 + \nu; x)$ ein Polynom liefert.

Zu Seite 277. [*] Mehrfache Nullstellen von $\varphi_r(x)$ dürfen nicht auftreten, weil andernfalls die Abbildung in $x = x_0$ sicher nicht mehr eineindeutig wäre. [Übrigens besitzt $\varphi_r(x)$ als Lösung einer linearen, homogenen, in $x = x_0$ nichtsingulären Differentialgleichung zweiter Ordnung höchstens eine einfache Nullstelle in $x = x_0$].

Zu Seite 278. [*] In der Tat ist vorhin gezeigt, daß die Bedingung notwendig sei; die Auswahl eines speziellen η entspricht ja linearer Abbildung der η-Ebene. Sie ist aber auch hinreichend; hat nämlich unsere Monodromiegruppe die fragliche Eigenschaft, so können wir sie in der Form $\eta^* = A\eta + B$ zugrunde legen; die (aus drei Spiegelungen erzeugbare) Gruppe enthält also lediglich Drehstreckungen und Translationen, was nur mit dem Fall des geradlinigen Dreiecks, also mit Fall II vereinbar ist.

Zu Seite 279. [*] Bezüglich neuerer Literatur siehe vor allem Vessiot [2]. Über den gegenwärtigen Stand der Theorie ist folgendes zu bemerken:

Die Picard-Vessiotsche Theorie erstrebt den Aufbau einer „algebraischen" Theorie der (homogenen) linearen Differentialgleichungen, also insbesondere einen Aufbau, welcher der Theorie der algebraischen Gleichungen parallel läuft, oder besser gesagt, eine Verallgemeinerung von ihr darstellt. Die Komplikation gegenüber der Theorie der algebraischen Gleichungen ergibt sich durch das Hinzutreten des Differentiationsprozesses: Faßt man nämlich die Differentiation einer Funktion als (nichtkommutative, vordere) Multiplikation einer Funktion mit einem neuen Element (Operator) auf, so erscheinen die linearen Differentialgleichungen als Polynome in jenem Operator und bilden einen nichtkommutativen Ring (ohne Nullteiler), wobei die Koeffizienten etwa einem gegebenen differenzierbaren (Funktionen-) Körper K angehören. (Ein [abstrakter] Körper K heißt „differenzierbar", oder kurz „D-Körper", wenn in K neben den rationalen Operationen auch eine Differentiation [„Ableitung"] erklärt ist und wenn K auch gegenüber der Ableitung abgeschlossen ist; als „Konstante in K" bezeichnet man alle Elemente, deren Ableitung Null ist. Eine Theorie der D-Körper gibt Baer [1].) Bei dieser Formulierung des Problems ist zunächst die Teilbarkeitstheorie für Polynome der in Rede stehenden Art zu entwickeln (vgl. ORE [1] sowie die dort zitierten Arbeiten von LOEWY, BLUMBERG und NOETHER-SCHMEIDLER). Sodann wäre ein Satz über die Wurzelexistenz algebraisch zu formulieren und zu beweisen. In dem *im Texte ausschließlich in Betracht kommenden Falle, daß K aus gewöhnlichen (etwa analytischen) Funktionen erzeugt wird („analytischer D-Körper")*, ist die Wurzelexistenz mit Methoden der Analysis bewiesen; für andere Körper K scheint aber bislang nichts veröffentlicht zu sein, insbesondere keine algebraischen Wurzelexistenzbeweise[1]. Um auf dieser Basis sodann eine GALOISsche Theorie der linearen Differentialgleichungen, etwa für den Fall eines analytischen D-Körpers als Koeffizientenbereiches, zu entwickeln, wird man so vorgehen: Sind L und K beides D-Körper und $L > K$, so definiere man als „*Gruppe von L über K*", in Zeichen $G = G(L:K)$ die Gesamtheit aller „Automorphismen"[2] von L, welche K elementweise festlassen; ferner als den „*zur Untergruppe U von G gehörigen Zwischenkörper T(U; G) von L über K*" die Gesamtheit aller Elemente von L, welche bei U invariant bleiben. Nimmt man insbesondere für L eine kleinste D-Erweiterung N von K, welche ein Fundamentalsystem von Lösungen der vorgelegten Differentialgleichung enthält, so ist $G(N:K)$ isomorph zu einer Gruppe linearer Substitutionen (mit nichtverschwindender Determinante) des Fundamentalsystems („Rationalitätsgruppe"). (Für den obengenannten Fall eines analytischen D-Körpers K ist dies zuerst von LOEWY [1] bewiesen.) Nun wäre weiter zu zeigen, daß die auf vorstehende Definitionen gegründeten Zuordnungen: Körper → Gruppe → Körper und: Gruppe → Körper → Gruppe je zum Ausgangspunkt zurückführen, d. h. daß beide identisch sind, also daß Zwischenkörper und Untergruppen einander ein-eindeutig entsprechen[3]. (Beweise hierfür scheinen bis jetzt nicht vorzuliegen.) Der weitere Aufbau der Theorie ist alsdann klar. (Man vgl. zum Ganzen noch LOEWY [2] und FREUDENTHAL [1]; die in letzterer Arbeit skizzierte Theorie ist allerdings verschieden von der PICARD-VESSIOTschen.)

Zusatz: Es sei speziell $L = K(z_1, \ldots, z_n)$ aus K durch Adjunktion von n „Unbestimmten" $z_1, \ldots, z_n$ nebst ihren sämtlichen Ableitungen gewonnen; ferner sei M der kleinste Zwischen-D-Körper, welcher die „symmetrischen Funktionen" der $z_1, \ldots, z_n$ enthält, d. h. die Koeffizienten der Differentialgleichung in z

$$f(z) = \begin{vmatrix} z & z' & \ldots & z^{(n)} \\ z_1 & z_1' & \ldots & z_1^{(n)} \\ \vdots & \vdots & \vdots\vdots\vdots & \vdots \\ z_n & z_n' & \ldots & z_n^{(n)} \end{vmatrix} = 0 .$$

[1] Der algebraische Wurzelexistenzbeweis ist ziemlich trivial. Ein schwieriges, bisher ungeklärtes Problem entsteht erst, wenn man im Falle der Körpercharakteristik Null die zusätzliche Forderung stellt, daß keine Konstanten adjungiert werden, welche transzendent sind bezüglich des Konstantenkörpers der Koeffizienten. Diese Zusatzforderung wird von den analytischen Wurzelexistenzbeweisen erfüllt.

[2] Genauer: Operatorautomorphismen; bei diesen soll natürlich nicht nur jede rationale Operation invariant sein, sondern es soll auch das Bild der Ableitung eines Elementes die Ableitung des Bildelementes sein.

[3] Vgl. für den Fall der algebraischen Gleichungen z. B. HAUPT [1], S. 496ff.

Dann ist $G(L:M)$ isomorph zur Gruppe *aller* nichtsingulären linearen Substitutionen von $z_1, \ldots, z_n$ mit Koeffizienten aus dem Konstantenkörper von K (vgl. LOEWY [2]). Und überdies ist M der Körper aller Invarianten von $G(L:M)$ zwischen L und M (Fundamentalsatz von den „symmetrischen" Funktionen; in dieser Allgemeinheit bisher scheinbar nicht bewiesen).

Aus den vorstehenden Darlegungen entnimmt man die *Vorbehalte, mit welchen wir die Wiedergabe der* KLEIN*schen Ausführungen über die* PICARD-VESSIOT*sche Theorie und ihre Heranziehung zum Studium der hypergeometrischen Differentialgleichung* (vgl. S. 279ff.) *versehen müssen* und auf die wir im Texte nicht jedesmal wieder hingewiesen haben. Entsprechendes gilt für die von PICARD [3] gegebene Einführung in den PICARD-VESSIOTschen Gedankenkreis. Auf die Frage nach der Gültigkeit der Aufzählung Seite 280/281 des Textes gehen wir nicht ein.

Zu Seite 281. [*] Allgemein gilt der Satz, daß eine homogene lineare Differentialgleichung der FUCHSschen Klasse (welche also nur Stellen der Bestimmtheit besitzt) dann und nur dann algebraisch integrierbar ist, wenn ihre Monodromiegruppe endlich ist (vgl. HILB [1], S. 525).

Zu Seite 283. [*] In der Tat sind 1 bis 6 die algebraisch integrierbaren Fälle, während 7 und 9 bis 11 durch Quadratur lösbar sind. Es ist also nur noch der Fall 8 zu besprechen. Man erkennt aber aus der Form der einfachsten Invariante der Gruppe, nämlich $\left(\frac{\eta'}{\eta}\right)^2$, daß die Lösung durch Quadratur algebraischer Funktionen geleistet wird. Ist die allgemeine projektive Gruppe selbst Rationalitätsgruppe, so führt nach Definition die Differentialgleichung auf einen nicht reduziblen Fall.

Zu Seite 285. [*] Man vgl. bezüglich weiterer hier anschließender Fragen die neueren Untersuchungen von RITT [1], sowie auch BIEBERBACH [3].

Zu Seite 291. [*] Über die weitere Entwicklung dieser Probleme, nämlich der Theorie der sog. automorphen Funktionen sowie der Uniformisierung vgl. zur Einführung z. B. HURWITZ-COURANT [1], S. 495 ff. Bezüglich der Literatur siehe FRICKE [3, 4].

[**] Vgl. indes RIEMANN [2], S. 93.

Zu Seite 293. [*] Näheres hierüber z. B. bei KLEIN [7], insbesondere auch S. 195 ff.

Zu Seite 294. [*] Definition von „diskontinuierlich" z. B. bei FRICKE (-KLEIN) [4], Bd. 1, S. 60.

[**] Man vgl. hierüber den Bericht in FRICKE [3], Nr. 12; vgl. auch FRICKE(-KLEIN) [4], Bd. 1, Abschnitt 3.

Zu Seite 295. [*] Über die einschlägige Literatur orientiert, auch für das Folgende, FRICKE [3], Nr. 20.

Zu Seite 296. [*] Vgl. z. B. HURWITZ-COURANT [1], S. 372.

Zu Seite 302. [*] Die gewünschte explizite Darstellung eines beliebigen η als Funktion von $\eta(0, 0, 0; x)$ ist inzwischen von WIRTINGER [1] gegeben worden. Man findet übrigens kurze Berichte über diese Arbeit von WIRTINGER bei FRICKE [3], Nr. 34, sowie KLEIN [3], Bd. 2, S. 581.

[**] Der in vorliegender Ausgabe weggelassene Schluß der Vorlesung brachte verschiedene Bemerkungen über den *Fall komplexer Exponenten*, ohne aber zu einer Konstruktion der in diesem Falle durch die η-Funktion gelieferten Bildbereiche der x Ebene vorzudringen. Eine volle Lösung dieses Problems gab erst SCHILLING [2, 3]. Nur einige Grundgedanken seiner Konstruktion seien hier angedeutet. Während als Fundamentalbereich im Falle *reeller* Exponenten λ, μ, ν die η-Bilder der (komplexen) x-*Halb*ebene verwendet wurden, betrachtet man im Falle *komplexer* Exponenten die η-Bilder der geeignet aufgeschnittenen, *vollen* x-Ebene; im ersten Falle erhält man so Kreisbogen*drei*ecke, im letzteren hingegen Kreisbogen*vier*ecke. Wir beschränken die weiteren Andeutungen auf den Fall, daß keiner der drei Exponenten λ, μ, ν rein imaginär und daß $\pm\lambda \pm \mu \pm \nu$ für keine Vorzeichenkombination eine ungerade ganze Zahl ist. Durch Vorgabe von λ, μ, ν ist zunächst der Kern bestimmt, d. h. es sind die Achsen der drei zugehörigen linearen Substitutionen festgelegt (vgl. Anmerkung [*] zu S. 196; vgl. ferner S. 201). Unter den so erhaltenen Fixpunkten seien a_1, b_1, c_1 drei der Ecken des zu konstruierenden Fundamentalbereiches. Der vierte Eckpunkt c_2' wird dann so bestimmt, daß eines seiner Doppelverhältnisse mit a_1, b_1, c_1 gleich ist $\exp(i\pi(\nu - \mu - \lambda + 1))$. In diese vier Ecken ist nun ein Kreisbogenviereck einzuhängen, welches als Fundamentalbereich dienen kann. Die hiermit geforderte Konstruktion vereinfacht man, analog wie im Falle des Dreiecks, durch Zurückgehen auf „reduzierte" Vierecke, d. h. auf solche, bei denen die Realteile der Exponenten sämtlich nicht größer als zwei (und nichtnegativ) sind. Dabei stellt sich dann wieder die Unterscheidung ein in Vierecke erster bzw. zweiter Art, als welche Vierecke bezeichnet werden, bei denen keiner bzw. einer der Realteile größer ist als die Summe der beiden anderen.

Wir verweisen im übrigen auf die zitierten Arbeiten von SCHILLING, die leicht zu lesen und (in den Mathematischen Annalen) bequem zugänglich sind.

Literaturverzeichnis[1].

Appell, P. [1] Sur les fonctions hypergéométriques de plusieurs variables, les Polynomes d'Hermite et autres fonctions sphériques dans l'hyperespace. Mém. Sci. math. Heft 3. Paris 1925. [*23**.]

— [2] Sur les fonctions hypergéométriques de deux variables et sur des équations linéaires aux dérivées partielles. C. R. Acad. Sci., Paris Bd. 90 (1880) S. 296ff., 731ff.; vgl. auch S. 977ff. [*22.*]

Artin, E. [1] Einführung in die Theorie der Gammafunktion. Hamb. math. Einzelschr. Heft 11. Leipzig 1931. [*63***; *69**; *72**.]

Baer, R. [1] Algebraische Theorie der differentiierbaren Funktionenkörper, I. S.-B. Heidelberg. Akad. Wiss., math.-naturw. Klasse, 8. Abhandl. 1927 S. 15ff. [*279**.]

Bernoulli, D. [1] Danielis Bernoulli exercitationes quaedam mathematicae. Venedig 1724, sowie Acta eruditorum 1725, S. 473ff. [*155.*]

Bieberbach, L. [1] Neuere Untersuchungen über Funktionen von komplexen Variablen. Enzykl. d. math. Wiss. II, C, 4. [*239**.]

— [2] Projektive Geometrie. Leipzig 1931. [*185***.]

— [3] Operationsbereiche von Funktionen, Verhandl. d. intern. Math.-Kongr. Zürich 1932, Bd. 1, S. 162ff. [*285**.]

Binet, J. Ph. M. [1] Mémoire sur les intégrales eulériennes etc. J. École polytechn. Cah. 27 (1839) S. 131. [*63.*]

Bôcher, M. [1] Über die Reihenentwicklungen der Potentialtheorie. Leipzig 1894. [*116***.]

Bolza, O. [1] Über die linearen Relationen zwischen den zu verschiedenen singulären Punkten gehörigen Fundamentalsystemen von Integralen der Riemannschen Differentialgleichung. Math. Ann. Bd. 42 (1893) S. 526ff. [*52*; *107*; *108*; *202*; *203.*]

Brunel, G. [1] Bestimmte Integrale. Enzykl. d. math. Wiss. II, A, 3. [*63***.]

— [2] Monographie de la fonction Gamma. Mém. Bordeaux (3) Bd. 3. Paris 1886. [*69.*]

Cauchy, A. [1] Œuvres complètes, 2. Serie Bd. 6, Paris 1887, S. 78ff. [*64**.]

Courant, R. [1] Vorlesungen über Differential- und Integralrechnung. 2 Bde. 1. Aufl. Berlin 1927 und 1929. [*5**; *5***.]

Courant-Hilbert [1] = Courant, R., und D. Hilbert: Methoden der mathematischen Physik Bd. 1. 2. Aufl. Berlin 1931. [*1**; *131**.]

Dickson, L. E. [1] Höhere Algebra. Deutsche Ausgabe von E. Bodewig. Leipzig 1929. [*116**; *272**.]

Dini, U. [1] Grundlagen für eine Theorie der Funktionen einer reellen, veränderlichen Größe. Deutsch bearbeitet von J. Lüroth und A. Schepp. Leipzig 1892. [*25.*]

Dirichlet, P. G. Lejeune- [1] Gesammelte Werke Bd. 1. Berlin 1889. [*19.*]

Dyck, W. v. [1] Gruppentheoretische Studien. Math. Ann. Bd. 20 (1882) S. 1ff. [*253.*]

---

[1] Die hinter den einzelnen Schriften in eckigen Klammern gesetzten Zahlen bedeuten die Seiten des Textes, auf welchen die betreffende Schrift zitiert ist; Sterne hinter einer Zahl bedeuten Anmerkungen zu der betreffenden Seite.

Euler, L. [1] Specimen transformationis singularis serierum. Nova acta acad. sc. Petrop. Bd. 12 (1794; gedruckt 1801) S. 58ff. = Euleri Opera omnia, Ser. I Bd. 16 (noch nicht erschienen). [*3*; *4*; *53*.]

— [2] Institutiones calculi integralis Bd. 2. Petropoli 1769 = Opera omnia, Ser. I Bd. 12. Leipzig und Berlin 1914. [*3*; *3**.]

Faber, G., u. A. Pringsheim [1] Algebraische Analysis. Enzykl. d. math. Wiss. II, C, I, S. 45. [*2**.]

Falckenberg, H. [1] Eine geometrische Charakterisierung der Studyschen eigentlichen Kreisbogendreiecke (Dreiecke erster Klasse). Math. Z. Bd. 29 (1928) S. 335ff. [*210***.]

— [2] Ableitung der „Ergänzungsrelationen" aus den Formeln von Simon L'Huilier. Math. Z. Bd. 10 (1921) S. 17ff. [*210***.]

— [3] Zur Theorie der Kleinschen Ergänzungsrelationen. Erste Mitteilung. Math. Ann. Bd. 88 (1922) S. 123ff. [*210***.]

— [4] Analogon zu den Kleinschen Ergänzungsrelationen im Falle komplexer Exponenten der Schwarzschen s-Funktion. Math. Ann. Bd. 106 (1932) S. 395ff. [*210***.]

— [5] Ergänzungsrelationen für Kreisbogen-N-Ecke. Göttinger Nachr., math.-phys. Klasse 1914, S. 230ff. [*210***.]

— [6] Zur Theorie der Kreisbogenpolygone. I. Teil. Math. Ann. Bd. 77 (1915) S. 65ff. [*210***.]

— [7] Zur Theorie der Kreisbogenpolygone. II. Teil. Math. Ann. Bd. 78 (1918) S. 234ff. [*210***.]

— [8] Verallgemeinerung der Gauss-Studyschen Untersuchungen über Dreiflache (Kreisbogendreiecke) auf Vierflache. Math. Z. Bd. 23 (1925) S. 210ff. [*162***.]

Fischer, O. [1] Konforme Abbildung sphärischer Dreiecke auf einander mittels algebraischer Funktionen. Dissert. Leipzig 1885. [*259*; *265*; *268*; *297*; *298*; *299*.]

Freudenthal, H. [1] Zur „Galoisschen" Theorie der linearen Differentialgleichungen. 1. Mitt. K. Akad. van Wetensch. Amsterdam, Proc. Bd. 34 (1931) S. 1124ff. [*279**.]

Fricke, R. [1] Die elliptischen Funktionen und ihre Anwendungen. I. Teil. Leipzig 1916; II. Teil Leipzig 1922. [*41**; *290*.]

— [2] Elliptische Funktionen. Enzykl. d. math. Wiss. II, B, 3. [*23***.]

— [3] Automorphe Funktionen mit Einschluß der elliptischen Modulfunktionen. Enzykl. d. math. Wiss. II, B, 4. [*67**; *118**; *291**; *294***; *295**; *302**.]

— [4] Fricke u. F. Klein: Vorlesungen über die Theorie der automorphen Funktionen. 2 Bde., Leipzig 1897/1912. [*291**; *294**; *294***.]

Fuchs, L. [1] Zur Theorie der linearen Differentialgleichungen mit veränderlichen Koeffizienten. Crelles J. Bd. 68 (1868) S. 376ff. [*40*.]

Fuss, P. H. [1] Correspondance mathém. et phys. de quelques célèbres géomètres du XVIIIième siècle. 2 Bde. Petersburg 1843. 1. Bd. S. 3ff. [*70*.]

Gauss, C. F. [1] Ges. Werke, herausgeg. von der Ges. d. Wiss. zu Göttingen, Bd. 3 (1866), S. 123ff., auch 207ff. [*1**; *8*; *9*; *12**; *13*; *42**; *53*; *63*; *69*; *74*.] Die Arbeit über die hypergeometrische Reihe auch gesondert in deutscher Übersetzung von H. Simon. Berlin 1888.

— [2] Ges. Werke Bd. 7 (1871). [*160*; *162*.]

— [3] Briefwechsel zwischen Gauss und Bessel, Leipzig 1880. Vgl. etwa S. 170. [*69*.]

Gegenbauer, L. [1] Zur Theorie der hypergeometrischen Reihe. Wiener Ber. Bd. 100 (1891) S. 225ff. [*246*.]

Ginzel, J. [1] Die konforme Abbildung durch die Gammafunktion. Acta math. Bd. 56 (1931) S. 273ff. [*63****.]

Gordan, P. [1] Über die Auflösung der Gleichungen vom fünften Grade. Math. Ann. Bd. 13 (1878) S. 375. [*299*.]

GOURSAT, E. [1] Mémoire sur les fonctions hypergéométriques d'ordre supérieur. Ann. École norm. (2) Bd. 12 (1883) S. 261ff., 393ff. [23.]
— [2] Sur les intégrales rationelles de l'équation de KUMMER. Math. Ann. Bd. 24 (1884) S. 445ff. [268.]
— [3] Recherches sur l'équation de KUMMER. Acta Soc. Sci. Fennicae Bd. 15 (1888) S. 45ff. [268.]
— [4] Sur les transformations rationelles des équations linéaires. Ann. École norm. (3) Bd. 2 (1885) S. 37ff. [268.]
— [5] Recherches sur les intégrales algébriques de l'équation de KUMMER. J. de math. (4) Bd. 3 (1887) S. 255ff. [268.]
HANKEL, H. [1] Die EULERschen Integrale bei unbeschränkter Variabilität des Argumentes. Schlömilchs Z. f. Math u. Phys. Bd. 9 (1864) S. 1ff. [64; 69; 79.]
HAUPT, O. [1] Einführung in die Algebra. 2 Bde. Leipzig 1929. [59*; 219*; 279*.]
HEFFTER, L. [1] Analytische Geometrie. 3. Bd. Karlsruhe 1929. [182*.]
HEINE, E. [1] Handbuch der Kugelfunktionen. 2 Bde. Berlin 1878/1881. [21; 22*.] — Neuere Lehrbücher, z. B. HOBSON, L. W. [1].
— [2] Auszug eines Schreibens über Kettenbrüche. CRELLES J. Bd. 53 (1857) S. 284—285. Vgl. noch Crelles J. Bd. 57 (1860) S. 231ff. [130.]
HERGLOTZ, G. [1] Über die Nullstellen der hypergeometrischen Funktion. Ber. Verh. sächs. Akad. Leipzig Bd. 69 (1917) S. 510ff. [238*.]
HILB, E. [1] Lineare Differentialgleichungen im komplexen Gebiet. Enzykl. d. math. Wiss. II, B, 5. [2*; 21*; 23*; 24**; 62*; 86*; 118*; 135*; 136*; 137*; 243*; 267*; 281*.]
— [2] Nichtlineare Differentialgleichungen. Enzykl. d. math. Wiss. II, B, 6. [33**; 154*.]
— [3] Kugelfunktionen, BESSELsche und verwandte Funktionen = PASCAL: Repertorium der höheren Mathematik, 2. Aufl., Bd. 1. Herausgeg. von E. SALKOWSKI. 3. Teilband, Kap. 26. Leipzig 1929. [122*.]
HILBERT, D. [1] Über eine Darstellungsweise der invarianten Gebilde im binären Formengebiete. Math. Ann. Bd. 30 (1887) S. 15ff. [118.]
HIRSCH, A. [1] Zur Theorie der linearen Differentialgleichung mit rationalem Integral. Dissert. Königsberg (1892). [118.]
— [2] Zur Theorie der linearen Differentialgleichung mit eindeutigem Integral. Schr. Königsberg. gel. Ges. Bd. 33 (1892). [118.]
HOBSON, L. W. [1] The theory of spherical and ellipsoidal harmonics. Cambridge 1931. [21**.]
HÖLDER, O. [1] Über die Eigenschaft der Gammafunktion, keiner algebraischen Differentialgleichung zu genügen. Math. Ann. Bd. 28 (1887) S. 1ff. [69.]
HORN, J. [1] Gewöhnliche Differentialgleichungen. 2. Aufl. Berlin und Leipzig 1927. [59*; 62*; 242*.]
— [2] Über ein System linearer partieller Differentialgleichungen. Acta math. Bd. 12 (1889) S. 113ff. [22.]
HURWITZ, A. [1] Über die Nullstellen der hypergeometrischen Reihe. Math. Ann. Bd. 38 (1891) S. 452ff. [243.]
— [2] Über die Nullstellen der hypergeometrischen Funktion. Math. Ann. Bd. 64 (1907) S. 517ff. [243*.]
— u. R. COURANT [1] Vorlesungen über allgemeine Funktionentheorie und elliptische Funktionen. 3. Aufl. Berlin 1929. [69*; 210*; 211*; 237*; 251*; 291*; 296*.]
JAKOBSTHAL, W. [1] Sphärik und sphärische Trigonometrie. In WEBER-WELLSTEIN: Enzykl. d. Elementarmathematik Bd. 2. 3. Aufl. Leipzig 1915. [162*; 169*; 171*.]
JORDAN, C. [1] Cours d'analyse Bd. 3. 3. Aufl. Paris 1915. z. B. S. 251ff. [65.]

KAMKE, E. [1] Neuere Theorie der reellen Funktionen = PASCAL: Repertorium der höheren Mathematik. 2. Aufl. Bd. 1. Herausgeg. von E. SALKOWSKI. 3. Teilband, Kap. 20. Leipzig 1929. [*25**.]
— [2] Zur Definition der affinen Abbildung. Jber. Deutsch. Math.-Vereinig. Bd. 36 (1927) S. 145. [*185***.]
KLEIN, F. [1] Vorlesungen über höhere Geometrie. 3. Aufl. Herausgeg. von W. BLASCHKE. Berlin 1926. [*59**; *141**.]
— [2] Elementarmathematik vom höheren Standpunkt. 3. Aufl. Herausgeg. von W. SEYFARTH. Bd. 1 (Berlin 1924); Bd. 2 (1925); Bd. 3 (1928.) [*161**; *210***.]
— [3] Gesammelte mathematische Abhandlungen. 3 Bde. Berlin 1921—1923. [*65***; *210*; *240*; *273*; *301*; *302**.]
— [4] u. R. FRICKE: Vorlesungen über die Theorie der elliptischen Modulfunktionen. 2 Bde. Leipzig 1890 u. 1892. [*41**; *164*; *237**; *253*; *290*; *292*.]
— [5] Vorlesungen über das Ikosaeder und die Auflösung der Gleichungen vom fünften Grade. Leipzig 1884. [*257*; *258*; *262*; *263*; *281*; *298*.]
— [6] Über Normierung der linearen Differentialgleichungen zweiter Ordnung. Math. Ann. Bd. 38 (1891) S. 144. [*118*.]
— [7] Vorlesungen über nichteuklidische Geometrie. Bearbeitet von W. ROSEMANN. Berlin 1928. [*182*; *183*; *185**; *186*; *216*; *217*; *293**.]
KNOPP, K. [1] Theorie und Anwendung der unendlichen Reihen. 3. Aufl. Berlin 1931. [*13**; *13***; *15***; *19**; *20**; *74***.]
— [2] Aufgabensammlung zur Funktionentheorie. 2. Teil. Berlin und Leipzig 1928. (Sammlung Göschen.) [*65**.]
KOEBE, P. [1] Über die Uniformisierung der algebraischen Kurven. IV. Math. Ann. Bd. 75 (1914) S. 42ff. [*212**.]
KUMMER, E. [1] Über die hypergeometrische Reihe $1 + \frac{\alpha \cdot \beta}{1 \cdot \gamma} x + \cdots$. Crelles J. Bd. 15 (1836) S. 39ff., 127ff. [*23*; *45*; *121*; *267*.]
LANDAU, E. [1] Darstellung und Begründung einiger neuerer Ergebnisse der Funktionentheorie. 2. Aufl. Berlin 1929. [*16***.]
LEGENDRE, A. M. [1] Traité des fonctions elliptiques et des intégrales Eulériennes. Bd. 2. Paris 1826. (1. Ausg. unter dem Titel: Exercises de calcul intégral. Bd. 1 (1811) S. 221.) [*63*; *69*.]
LENSE, J. [1] Über die konforme Abbildung durch die Gammafunktion. Münch. Ber., math.-naturwiss. Klasse (1928) S. 267ff. [*63****.]
LICHTENSTEIN, L. [1] Neuere Entwicklung der Potentialtheorie. Konforme Abbildung. Enzykl. d. math. Wiss. II, C, 3, S. 274ff. [*86**.]
LIE, S. [1] = LIE-SCHEFFERS [1] Vorlesungen über Differentialgleichungen mit bekannten infinitesimalen Transformationen. Bearbeitet und herausgeg. von G. SCHEFFERS. Leipzig 1891. [*24**; *151**; *153*.]
LIOUVILLE, J. [1] Mémoire sur l'intégration d'une classe d'équations différentielles du seconde ordre en quantités finis explicites. J. de math. Bd. 4 (1839) S. 423ff. [*283*.]
— [2] Remarques nouvelles sur l'équation de RICCATI. J. de math. Bd. 6 (1841) S. 1ff. [*285*.]
LOEWY, A. [1] Die Rationalitätsgruppe einer linearen homogenen Differentialgleichung. Math. Ann. Bd. 65 (1908) S. 129ff. [*279**.]
— [2] Über die Irreduzibilität der linearen homogenen Substititionsgruppen und Differentialgleichungen. Math. Ann. Bd. 70 (1911) S. 94ff. [*279**.]
MARKOFF, A. [1] Sur l'équation différentielle de la série hypergéométrique (1. Mitt.). Math. Ann. Bd. 28 (1887) S. 586ff. [*283*.]
— [2] Sur l'équation différentielle de la série hypergéométrique (2. Mitt.). Math. Ann. Bd. 29 (1887) S. 247ff. [*283*.]
MÖBIUS, A. F. [1] Gesammelte Werke. 4 Bde. Leipzig 1885—87. [*162*.]

NEKRASSOFF, P. A. [1] Über lineare Differentialgleichungen, welche mittels bestimmter Integrale integriert werden. Math. Ann. Bd. 38 (1891) S. 509ff. [*65*; *88*.]
NEVANLINNA, R. [1] Le théorème de PICARD-BOREL et la théorie des fonctions méromorphes. Paris 1929. [*239**.]
NIELSEN, N. [1] Handbuch der Theorie der Gammafunktion. Leipzig 1906. [*63***; *79**; *79***.]
NÖRLUND, N. E. [1] Neuere Untersuchungen über Differenzengleichungen. Enzykl. d. math. Wiss. II, C, 7. [*23****; *69***.]
— [2] Sur une classe de fonctions hypergéométriques. Bull. Acad. Sci. Copenhagen (1913) S. 135ff. [*23****.]
— [3] Vorlesungen über Differenzenrechnung. Berlin 1924. [*12**.]
ORE, Ö. [1] Formale Theorie der linearen Differentialgleichungen. I. Teil, Crelles J. Bd. 167 (1932) S. 221ff.; II. Teil, Crelles J. Bd. 168 (1932) S. 233ff. [*279**.]
OSGOOD, W. F. [1] Analytische Funktionen komplexer Größen. Enzykl. d. math. Wiss. II, B, 1. [*65****; *67**; *68**; *131***.]
OSTROWSKI, A. [1] Über DIRICHLETsche Reihen und algebraische Differentialgleichungen. Math. Z. Bd. 8 (1920) S. 241. [*69***.]
PAPPERITZ, E. [1] Über verwandte s-Funktionen. Math. Ann. Bd. 25 (1885) S. 212ff. [*26*; *227*.]
— [2] Untersuchungen über die algebraische Transformation der hypergeometrischen Funktion. Math. Ann. Bd 27 (1886) S. 315ff. [*202*; *203*; *268*.]
PERRON, O. [1] Kettenbrüche. 2. Aufl. Leipzig 1929. [*10***; *12**; *22***; *130**; *131***.]
— [2] Unbestimmtheitsstellen linearer Differentialgleichungen. Math. Ann. Bd. 70 (1911) S. 1ff. [*33***.]
PFAFF, JOH. FR. [1] Nova disquisitio de integratione aequationis differentio-differentialis. Disquisitiones analyticae Bd. 1 Helmstadii 1797 S. 133ff. [*3*; *283*.]
PICARD, E. [1] Sur une extension aux fonctions de deux variables du problème de RIEMANN relatif aux fonctions hypergéométriques. Ann. École norm. (2) Bd. 10 (1881) S. 305ff. [*22*.]
— [2] Sur les équations différentielles linéaires et les groupes algébriques de transformations. Ann. Toulouse Bd. 1 (1887) S. A 1ff. [*279*.]
— [3] Traité d'analyse, 3. Bd., 2. Aufl. Paris 1908. Kap. 17. [*279**.]
PICK, G. [1] Über eine Normalform gewisser Differentialgleichungen 2. und 3. Ordnung. Math. Ann. Bd. 38 (1891) S. 139. [*118*.]
— [2] Über adjungierte lineare Differentialgleichungen. Wiener Ber. Bd. 101 (1892) S. 893ff. [*118*.]
PLÜCKER, J. [1] Über ein neues Koordinatensystem. Crelles J. Bd. 5 (1830) S. 1ff. [*67*.]
POCHHAMMER, L. [1] Über hypergeometrische Funktionen n-ter Ordnung. Crelles J. Bd. 71 (1870) S. 316. [*23*.]
— [2] Über ein Integral mit doppeltem Umlauf. Math. Ann. Bd. 35 (1890) S. 470ff. — Zur Theorie der EULERschen Integrale. Math. Ann. Bd. 35 (1890) S. 495ff. [*65*.]
— [3] Über lineare Differentialgleichungen 2. Ordnung mit linearen Koeffizienten. Math. Ann. Bd. 36 (1890) S. 84ff. [*65*.]
— [4] Über eine Klasse von Integralen mit geschlossener Integrationskurve. Math. Ann. Bd. 37 (1890) S. 500ff. — Über die TISSOTsche Differentialgleichung. Math. Ann. Bd. 37 (1890) S. 512ff. [*65*.]
POINCARÉ, H. [1] Sur les résidus des intégrales doubles. Acta math. Bd. 9 (1887) S. 321ff. [*65*.]
— [2] Sur les groupes des équations linéaires. Acta math. Bd. 4 (1884) S. 201ff. [*135*.]
— [3] Mémoire sur les fonctions zétafuchsiennes. Acta math. Bd. 5 (1884) S. 209ff. [*300*.]

RICCATI, J. [1] Appendix ad animadversiones in aequationes differentiales secundi gradus. Acta eruditorum Nov. 1723, S. 502. [*155.*]

RIEMANN, B. [1] Gesammelte math. Werke. Herausgeg. von H. WEBER. 2. Aufl. Leipzig 1892. [*2*; *16*; *23*; *64**; *111**; *118*; *119*; *127*; *130*; *131**; *132*; *138*; *227*; *238**; *253*; *257*; *267*.]

— [2] Gesammelte math. Werke. Nachträge. Herausgeg. von M. NOETHER und W. WIRTINGER. Leipzig 1902. [*2***; *5***; *65***; *86**; *90**; *104**; *131**; *138**; *238**; *253**; *267***; *291***.]

RITT, J. F. [1] On the integration in finite terms of linear differential equations of the second order. Bull. Amer. Math. Soc. Bd. 33 (1927) S. 51ff. [*285**.]

RITTER, E. [1] Über die hypergeometrische Funktion mit einem Nebenpunkt. Math. Ann. Bd. 48 (1897) S. 1ff. [*125***; *209**.]

ROSENTHAL, A. [1] Neuere Untersuchungen über Funktionen reeller Veränderlichen. Enzykl. d. math. Wiss. II, C, 9, S. 851ff. [*25**.]

SCHEIBNER, W. [1] Über unendliche Reihen und deren Konvergenz (Gratulationsschrift für E. S. UNGER). Leipzig 1860. S. 27ff. [*16*.]

SCHELLENBERG, C. [1] Neue Behandlung der hypergeometrischen Funktion auf Grund ihrer Definition durch das bestimmte Integral. Dissert. Göttingen 1892. [*67*; *85*; *89*; *97*; *108*; *111**.]

SCHILLING, F. [1] Über die geometrische Bedeutung der Formeln der sphärischen Trigonometrie im Falle komplexer Argumente. Math. Ann. Bd. 39 (1891) S. 598ff. — Vgl. auch Göttinger Nachr. (1891) S. 188ff. [*173*.]

— [2] Beiträge zur geometrischen Theorie der SCHWARZschen *s*-Funktion. Math. Ann. Bd. 44 (1894) S. 161ff. [*173*; *194*; *196**; *227**; *234*; *238*; *302***.]

— [3] Die geometrische Theorie der SCHWARZschen *s*-Funktion für komplexe Exponenten. Math. Ann. Bd. 46 (1895) S. 62ff., 529ff. [*173**; *204*; *227**; *302***.]

— [4] Geometrisch-analytische Theorie der symmetrischen *s*-Funktionen mit einem einfachen Nebenpunkte. Nova acta Leop. Carol. Acad. Bd. 61 (1897) S. 207ff. [*125***; *209**.]

— [5] Über die Theorie der symmetrischen *s*-Funktionen mit einem einfachen Nebenpunkte. Math. Ann. Bd. 51 (1899) S. 481ff. [*125***; *209**.]

— [6] Projektive und nichteuklidische Geometrie. 2 Bde. Leipzig und Berlin 1931. [*182**.]

SCHLESINGER, L. [1] Handbuch der Theorie der linearen Differentialgleichungen. 3 Bde. Leipzig 1895—1898. [*15***; *25****; *45**; *59**; *62**; *116***; *125**; *135**.]

— [2] Einführung in die Theorie der gewöhnlichen Differentialgleichungen auf funktionentheoretischer Grundlage. 2. Aufl. Berlin und Leipzig 1922. [*27**; *33**; *33***; *41**; *42**; *59**; *62**; *154**.]

— [3] Über die hypergeometrischen Differentialsysteme. Math. Z. Bd. 28 (1928) S. 504ff. [*23**.]

— [4] Über GAUSS' Arbeiten zur Funktionentheorie = GAUSS, Ges. Werke Bd. X 2, Berlin 1933. [*2**].

SCHMIDT, H. [1] Über multiplikative Funktionen und die daraus entspringenden Differentialsysteme. Math. Ann. Bd. 105 (1931) S. 325ff. [*82**; *111**.]

SCHWARZ, H. A. [1] Über diejenigen Fälle, in welchen die GAUSSische hypergeometrische Reihe eine algebraische Funktion ihres vierten Elementes darstellt. Crelles J. Bd. 75 (1873) S. 292ff. = Ges. Abh. Bd. 2, S. 211ff. Berlin 1890. [*40*; *139*; *143*; *207*; *253*; *257*; *290*.]

— [2] Konforme Abbildung der Oberfläche eines Tetraeders auf die Oberfläche einer Kugel. Ges. Abh. Bd. 2, S. 84ff. [*86**.]

SERRET, J. A., u. G. SCHEFFERS [1] Lehrbuch der Differential- und Integralrechnung. 2. Bd. 6. und 7. Aufl., Leipzig 1921. [*63**; *290*.] — Bd. 3, 6. Aufl., 1924. [*24**; *141**; *155**.]

SOMMER, J. [1] Elementare Geometrie vom Standpunkte der neueren Analysis aus. Enzykl. d. math. Wiss. III, AB 8. [*158**; *160**; *161**; *173**; *193**.]

SPEISER, A. [1] Theorie der Gruppen von endlicher Ordnung. 2. Aufl. Berlin 1927. [*44**.]

STIELTJES, TH. J. [1] = HERMITE-STIELTJES, Correspondance, Bd. 1, Paris 1905, S. 460ff. [*79**.]

STUDY, E. [1] Sphärische Trigonometrie, orthogonale Substitutionen und elliptische Funktionen. Abh. d. kgl. sächs. Ges. der Wiss. Bd. 33 (1893) = Abh. d. math.-physikal. Klasse d. kgl. sächs. Ges. d. Wiss. Bd. 20 (1893) S. 85ff. [*160**; *161**; *162*; *166*; *168*; *169**.]

THOMAE, J. [1] Über die höheren hypergeometrischen Reihen usw. Math. Ann. Bd. 2 (1870) S. 427ff. [*20*; *65*.]

— [2] Über die Funktionen, welche durch Reihen von der Form dargestellt werden: $1 + \frac{p p' p''}{1 q' q''} + \cdots$ Crelles J. Bd. 87 (1879) S. 26ff. [*23*.]

THOMÉ, L. W. [1] Über die Kettenbruchentwicklung der GAUSSschen Funktion $F(\alpha, 1, \gamma; x)$. Crelles J. Bd. 66 (1866) S. 322ff. [*130*.]

— [2] Über die Kettenbruchentwicklung des GAUSSschen Quotienten $\frac{F(\alpha, \beta+1, \gamma+1; x)}{F(\alpha, \beta, \gamma; x)}$. Crelles J. Bd. 67 (1867) S. 299ff. [*130*.]

VESSIOT, M. E. [1] Sur l'intégration des équations différentielles linéaires. Ann. École norm. (3) Bd. 9 (1892), S. 197ff. bzw. Thèse Paris 1892. [*279*.]

— [2] Methodes d'intégration élémentaires. Etude des équations différentielles ordinaires au point de vue formel. Encyclopédie des sciences math. pures et appliquées Bd. 2; 16. Nr. 40ff. [*279**.]

VLECK, E. B. VAN [1] Zur Kettenbruchentwicklung LAMÉscher und ähnlicher Integrale. Dissert. Göttingen 1893. [*131*; *131***; *268*; *279*.]

— [2] A determination of the number of real and imaginary roots of the hypergeometric series. Trans. Amer. Math. Soc. Bd. 3 (1902) S. 110ff. [*243**.]

WÄLSCH, E. [1] Zur Geometrie der linearen algebraischen Differentialgleichungen und binären Formen. Mitt. deutsch. math. Ges. Prag 1892 S. 78ff. [*118*.]

WALTHER, A. [1] Differenzenrechnung = PASCAL: Repertorium der höheren Mathematik, 2. Aufl., Bd. 1. Herausgeg. von E. SALKOWSKI, 3. Teilband, Kap. 23. Leipzig 1929. [*12**.]

WEBER, H., u. J. WELLSTEIN [1] Enzyklopädie der Elementarmathematik. Bd. 2: Elemente der Geometrie, 6. Abschnitt. 3. Aufl. Leipzig 1915. [*162**.]

WEIERSTRASS, K. [1] Gesammelte Werke. 7 Bde. Berlin u. Leipzig 1894—1927. [*15*; *64**; *75*.]

WEYL, H. [1] Die Idee der RIEMANNschen Fläche. 2. Aufl. Leipzig und Berlin 1923. [*210**.]

WINSTON, M. [1] Eine Bemerkung zur Theorie der hypergeometrischen Funktion. Math. Ann. Bd. 46 (1895) S. 159ff. [*227**.]

WHITTAKER, E. T., u. G. N. WATSON [1] A course of modern analysis. 3. Aufl. Cambridge 1920. [*2**; *63***; *74**; *87**.]

WINKLER, E. [1] Über die hypergeometrische Differentialgleichung n-ter Ordnung mit zwei endlichen singulären Punkten. Dissert. München 1931. [*62**.]

WIRTINGER, W. [1] Zur Darstellung der hypergeometrischen Funktion durch bestimmte Integrale. Wiener Ber. Bd. 111 (1902) S. 894. [*111**; *302**].

— [2] Eine neue Verallgemeinerung der hypergeometrischen Integrale. Wiener Ber. math.-naturw. Klasse Abt. IIa Bd. 112 (1903) S. 1721. [*23***.]

— [3] Über die konforme Abbildung der Halbebene auf ein Kreisbogendreieck. Atti Pontif. Accad. Sci. Nuovi Lincei Bd. 80 (1927) S. 291ff. [*111**; *238**.]

— [4] Einige Anwendungen der EULER-MACLAURINschen Summenformel, insbesondere auf eine Aufgabe von ABEL. Acta math. Bd. 26 (1902) S. 264ff. [*15**.]

Sachverzeichnis.

Grundlehren der mathematischen Wissenschaften

A Series of Comprehensive Studies in Mathematics

A Selection

10. Schouten: Der Ricci-Kalkül
23. Pasch: Vorlesungen über neuere Geometrie
41. Steinitz: Vorlesungen über die Theorie der Polyeder
45. Alexandroff/Hopf: Topologie. Band I
46. Nevanlinna: Eindeutige analytische Funktionen
57. Hamel: Theoretische Mechanik
63. Eichler: Quadratische Formen und orthogonale Gruppen
91. Prachar: Primzahlverteilung
102. Nevanlinna/Nevanlinna: Absolute Analysis
114. Mac Lane: Homology
127. Hermes: Enumerability, Decidability, Cumputability
131. Hirzebruch: Topological Methods in Algebraic Geometry
135. Handbook for Automatic Computation. Vol. I/Part a: Rutishauser: Description of ALGOL 60
137. Handbook for Automatic Computation. Vol. I/Part b: Grau/Hill/Langmaack: Translation of ALGOL 60
138. Hahn: Stability of Motion
139. Mathematische Hilfsmittel des Ingenieurs. 1. Teil
140. Mathematische Hilfsmittel des Ingenieurs. 2. Teil
141. Mathematische Hilfsmittel des Ingenieurs. 3. Teil
142. Mathematische Hilfsmittel des Ingenieurs. 4. Teil
143. Schur/Grunsky: Vorlesungen über Invariantentheorie
144. Weil: Basic Number Theory
145. Butzer/Berens: Semi-Groups of Operators and Approximation
146. Treves: Locally Convex Spaces and Linear Partial Differential Equations
147. Lamotke: Semisimpliziale algebraische Topologie
148. Chandrasekharan: Introduction to Analytic Number Theory
149. Sario/Oikawa: Capacity Functions
150. Iosifeseu/Theodorescu: Random Processes and Learning
151. Mandl: Analytical Treatment of One-dimensional Markov Processes
152. Hewitt/Ross: Abstract Harmonic Analysis. Vol. 2: Structure and Analysis for Compact Groups. Analysis on Locally Compact Abelian Groups
153. Federer: Geometric Measure Theory
154. Singer: Bases in Banach Spaces I
155. Müller: Foundations of the Mathematical Theory of Electromagnetic Waves
156. van der Waerden: Mathematical Statistics
157. Prohorov/Rozanov: Probability Theory. Basic Concepts. Limit Theorems. Random Processes
158. Constantinescu/Cornea: Potential Theory on Hormonic Spaces
159. Köthe: Topological Vector Spaces I
160. Agrest/Maksimov: Theory of Incomplete Cylindrical Functions and their Applications
161. Bhatia/Szegö: Stability Theory of Dynamical Systems
162. Nevanlinna: Analytic Functions
163. Stoer/Witzgall: Convexity and Optimization in Finite Dimensions I
164. Sario/Nakai: Classification Theory of Riemann Surfaces
165. Mitrinović/Vasić: Analytic Inequalities
166. Grothendieck/Dieudonné: Eléments de géometrie algébrique I
167. Chandrasekharan: Arithmetical Functions
168. Palamodov: Linear Differential Operators with Constant Coefficients
169. Rademacher: Topics in Analytic Number Theory
170. Lions: Optimal Control of Systems Governed by Partial Differential Equations
171. Singer: Best Approximation in Normed Linear Spaces by Elements of Linear Subspaces
172. Bühlmann: Mathematical Methods in Risk Theory
173. Maeda/Maeda: Theory of Symmetric Lattices
174. Stiefel/Scheifele: Linear and Regular Celestial Mechanics
175. Larsen: An Introduction to the Theory of Multipliers
176. Grauert/Remmert: Analytische Stellenalgebren
177. Flügge: Practical Quantum Mechanics I
178. Flügge: Practical Quantum Mechanics II
179. Giraud: Cohomologic non abélienne
180. Landkof: Foundation of Modern Potential Theory
181. Lions/Magenes: Non-Homogeneous Boundary Value Problems and Applications I
182. Lions/Magenes: Non-Homogeneous Boundary Value Problems and Applications II
183. Lions/Magenes: Non-Homogeneous Boundary Value Problems and Applications III

184. Rosenblatt: Markov Processes. Structure and Asymptonic Behavior
185. Rubinowicz: Sommerfeldsche Polynommethode
186. Handbook for Automatic Computation. Vol. 2. Wilkinson/Reinsch: Linear Algebra
187. Siegel/Moser: Lectures on Celestial Mechanics
188. Warner: Harmonic Analysis on Semi-Simple Lie Groups I
189. Warner: Harmonic Analysis on Semi-Simple Lie Groups II
190. Faith: Algebra: Rings, Modules, and Categories I
191. Faith: Algebra II, Ring Theory
192. Mal'cev: Algebraic Systems
193. Pólya/Szegö: Problems and Theorems in Analysis I
194. Igusa: Theta Functions
195. Berberian: Baer*-Rings
196. Athreya/Ney: Branching Processes
197. Benz: Vorlesungen über Geometrie der Algebren
198. Gaal: Linear Analysis and Representation Theory
199. Nitsche: Vorlesungen über Minimalflächen
200. Dold: Lectures on Algebraic Topology
201. Beck: Continuous Flows in the Plane
202. Schmetterer: Introduction to Mathematical Statistics
203. Schoenberg: Elliptic Modular Functions
204. Popov: Hyperstability of Control Systems
205. Nikol'skii: Approximation of Functions of Several Variables and Imbedding Theorems
206. André: Homologie des algèbres commutatives
207. Donoghue: Monotone Matrix Functions and Analytic Continuation
208. Lacey: The Isometric Theory of Classical Banach Spaces
209. Ringel: Map Color Theorem
210. Gihman/Skorohod: The Theory of Stochastic Processes I
211. Comfort/Negrepontis: The Theory of Ultrafilters
212. Switzer: Algebraic Topology – Homotopy and Homology
213. Shafarevich: Basic Algebraic Geometry
214. van der Waerden: Group Theory and Quantum Mechanics
215. Schaefer: Banach Lattices and Positive Operators
216. Pólya/Szegö: Problems and Theorems in Analysis II
217. Stenström: Rings on Quotients
218. Gihman/Skorohod: The Theory of Stochastic Processes II
219. Duvaut/Lions: Inequalities in Mechanics and Physics
220. Kirillov: Elements of the Theory of Representations
221. Mumford: Algebraic Geometry I: Complex Projective Varieties
222. Lang: Introduction to Modular Forms
223. Bergh/Löfström: Interpolation Spaces
224. Gilbarg/Trudinger: Elliptic Partial Differential Equations of Second Order
225. Schütte: Proof Theory
226. Karoubi: K-Theory
227. Grauert/Remmert: Theorie der Steinschen Räume
228. Segal/Kunze: Integrals and Operators
230. Klingenberg: Lectures on Closed Geodesics
231. Lang: Elliptic Curves. Diophantine Analysis

Springer-Verlag Berlin Heidelberg New York